钣金工
完全自学一本通
（图解双色版）

周斌兴　邵健萍　主编

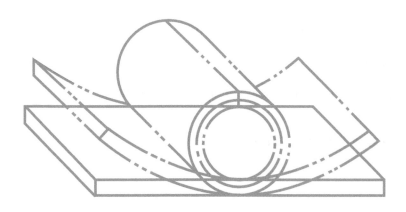

化学工业出版社

·北京·

内 容 简 介

《钣金工完全自学一本通（图解双色版）》是一本面向钣金加工技术工人的图书。本书对钣金制作全流程的基础知识和实用技能写得非常详尽，尤其是对各种构件的钣金展开过程，以大量实例，采用图文结合的方式，详细地讲解了各种形状构件的展开方法和展开图的画法，同时也在此基础上对弯曲成形和压制成形进行了重点解读，适合初学者入门并得到提高，真正做到一本读通钣金工。

本书可供钣金加工人员和生产一线的初、中、高级工人和技师使用，也可作为技工学校、职业技术院校广大师生参考学习用书。

图书在版编目（CIP）数据

钣金工完全自学一本通：图解双色版/周斌兴，邵健萍主编 . —北京：化学工业出版社，2021.5（2024.4 重印）

ISBN 978-7-122-38457-7

Ⅰ．①钣⋯ Ⅱ．①周⋯ ②邵⋯ Ⅲ．①钣金工 - 基本知识 Ⅳ．① TG38

中国版本图书馆 CIP 数据核字（2021）第 021872 号

责任编辑：雷桐辉 张兴辉 　　　　装帧设计：王晓宇
责任校对：王鹏飞

出版发行：化学工业出版社（北京市东城区青年湖南街 13 号　邮政编码 100011）
印　　装：涿州市般润文化传播有限公司
787mm×1092mm　1/16　印张 26$\frac{1}{4}$　字数 701 千字　2024 年 4 月北京第 1 版第 3 次印刷

购书咨询：010-64518888 　　　　　　售后服务：010-64518899
网　　址：http://www.cip.com.cn

定　　价：99.00 元 　　　　　　　　　　　　　　　　　版权所有　违者必究

前　言

　　钣金工是设备制造、机械加工及各种机器设备检修生产中重要和不可缺少的专业工种，它在机械、冶金、石化、航空、造船、电子等行业都有广泛的应用。钣金工在焊工、管工和起重工的协助配合下，可以完成各种零部件及机器、设备的加工制造。为了满足培养合格钣金工的需要，我们组织编写了本书。

　　本书共分七章，内容主要包括：钣金常用资料、各种构件的钣金展开图、放样与下料、弯曲成形、压制成形、连接、矫正等。根据行业习惯，书中使用的部分名词、术语、标准等未使用最新国家标准。本书在编写时力求以好用、实用为原则，指导自学者快速入门、步步提高，逐渐提高工作能力。本书突出技能操作，以图解的形式，配以简明的文字说明具体的操作过程与操作工艺，有很强的针对性和实用性，克服了传统培训教材中理论内容偏深、偏多、抽象的弊端，注重操作技能和生产实例，生产实例均来自生产实际，并吸取一线工人师傅的经验。

　　本书内容丰富，浅显易懂，图文并茂，取材实用而精练。本书可供钣金加工人员和生产一线的初、中、高级工人和技师使用，也可作为技工学校、职业技术院校广大师生参考学习用书。

　　本书由周斌兴和邵健萍主编。参加编写的人员还有：张能武、周文军、陶荣伟、王吉华、高佳、钱革兰、李稳、魏金营、王荣、邱立功、任志俊、陈薇聪、唐雄辉、刘文花、张茂龙、钱瑜、张道霞、邓杨、唐艳玲、张业敏、章奇、陈锡春、方光辉、刘瑞、周小渔、胡俊、王春林、许佩霞、过晓明、李德庆、沈飞、刘瑞、庄卫东、张婷婷、赵富惠、袁艳玲、蔡郭生、刘玉妍、王石昊、刘文军、徐嘉翊、孙南羊、吴亮、刘明洋、周韵、刘欢等。本书在编写过程中得到江南大学机械工程学院、江苏机械学会、无锡机械学会等单位大力的支持和帮助，在此表示感谢。

　　由于时间仓促，编者水平有限，书中不妥之处在所难免，敬请广大读者批评指正。

编　者

目录

目 录

第二章　各种构件的钣金展开图　/96

目 录

目录

目录

目录

目录

目录

第一章

钣金常用资料

第一节 常用几何公式

一、常用平面图形计算公式

常用平面图形计算公式见表 1-1。

表 1-1 常用平面图形计算公式

图形	各符号意义	计算公式
	①三角形 ABC h——高 BD——AC 上的中线 a, b, c——边长 S——重心 l——周长	面积 $A = \dfrac{1}{2}bh = \dfrac{1}{2}ab\sin\alpha$ $= \sqrt{\dfrac{l}{2}\left(\dfrac{l}{2}-a\right)\left(\dfrac{l}{2}-b\right)\left(\dfrac{l}{2}-c\right)}$ 半周长 $\dfrac{l}{2} = \dfrac{1}{2}(a+b+c)$ $DS = \dfrac{1}{3}BD$
	②直角三角形 ABC a, b——直角边 c——斜边 S——重心 D——AB 的中点	面积 $A = \dfrac{1}{2}ab = \dfrac{1}{4}c^2\sin 2\alpha$ $SD = \dfrac{1}{3}DC$
	③平行四边形 $ABCD$ a, b——邻边 h——高 S——重心	面积 $A = ah = ab\sin\beta$ $= \dfrac{AC \times BD}{2}\sin\alpha$ 周长 $2l = 2(a+b)$ S 为对角线 AC 和 BD 的交点

图形	各符号意义	计算公式
④四边形 $ABCD$	④四边形 $ABCD$ d_1, d_2——对角线 α——对角线夹角 h_1——$\triangle ABD$ 之高 h_2——$\triangle BCD$ 之高	面积 $A = \dfrac{1}{2}d_2(h_1 + h_2)$ $= \dfrac{1}{2}d_1 d_2 \sin\alpha$
⑤梯形 $ABCD$	⑤梯形 $ABCD$ a——CD 之长 b——AB 之长 $CE = AB$ $AF = CD$ h——高 S——重心	面积 $A = \dfrac{1}{2}h(a + b)$ 取 H 为 CD 之中点，G 为 AB 之中点 $HS = \dfrac{h}{3} \times \dfrac{a + 2b}{a + b}$ $GS = \dfrac{h}{3} \times \dfrac{2a + b}{a + b}$
⑥正多边形	⑥正多边形 r——内切圆半径 R——外接圆半径 a——边长 n——边数 α——中心角的一半	面积 $A = \dfrac{n}{2}R^2 \sin 2\alpha$ $= \dfrac{1}{2}nar$ 重心 S 在圆心 O 点上
⑦菱形	⑦菱形 a——边长 α——夹角（锐角） d_1, d_2——对角线	面积 $A = a^2 \sin\alpha = \dfrac{1}{2}d_1 d_2$ 重心 S 在对角线的交点上
⑧圆形	⑧圆形 r——半径 d——直径 S——重心	面积 $A = \pi r^2 = \dfrac{\pi}{4}d^2$ 周长 $P = 2\pi r = \pi d$ 重心 S 在圆心上
⑨圆环	⑨圆环 D——外径 d——内径 S——重心	面积 $A = \dfrac{\pi}{4}(D^2 - d^2)$ 重心 S 在圆心上
⑩弓形	⑩弓形 r——圆半径 l——弧长 b——弦长 h——高 α——中心角 S——重心	面积 $A = \dfrac{1}{2}\left[rl - b(r - h)\right]$ $b = 2\sqrt{h(2r - h)}$ $SO = \dfrac{1}{12} \times \dfrac{b^3}{A}$ $A = \dfrac{1}{2}r^2\left(\dfrac{\alpha\pi}{180} - \sin\alpha\right)$ $h = r - \dfrac{1}{2}\sqrt{4r^2 - b^2}$

图形	各符号意义	计算公式
	⑪扇形 b——弦长 r——圆半径 l——弧长 α——中心角 S——重心	面积 $A=\dfrac{1}{2}rl$ $l=\dfrac{\alpha}{360}\times 2\pi r=\dfrac{\alpha}{180}\pi r$ $SO=\dfrac{2}{3}\times\dfrac{rb}{l}$
	⑫椭圆形 a——长轴 b——短轴 S——重心	面积 $A=\dfrac{1}{4}\pi ab$ 重心位置 S 与 a 和 b 的交点 O 重合
	⑬抛物线构成的平面 b——底 h——高 S——重心 O——底边中点	面积 $A=\dfrac{2}{3}bh$ $SO=\dfrac{2}{5}h$

二、常用几何体的计算公式

常用几何体的计算公式见表 1-2。

表 1-2　常用几何体的计算公式

图形	各符号意义	计算公式
	①球体 r——半径 O——球心	体积 $V=\dfrac{4}{3}\pi r^3$ 面积 $A=4\pi r^2$ 重心在球心 O 上
	②球截体 r——球半径 h——截体高 S——重心 O——球心	体积 $V=\pi h^2\left(r-\dfrac{h}{3}\right)$ 总面积 $A=\pi h(2r-h)+2\pi rh=\pi h(4r-h)$ $SO=\dfrac{3}{4}\times\dfrac{(2r-h)^2}{3r-h}$
	③椭圆球 a——长轴的一半 b——短轴的一半	体积 $V=\dfrac{4}{3}\pi ab^2$ 重心在长轴与短轴的交点上
	④立方体 a——棱长 d——对角线 S——重心	体积 $V=a^3$ 全面积 $A=6a^2$ 重心 S 在对角线的交点上
	⑤圆锥体 r——底面半径 h——高 l——母线 S——重心 P——底面中心	面积 $V=\dfrac{1}{3}\pi r^2 h$ $l=\sqrt{r^2+h^2}$ 总面积 $A=\pi r\sqrt{r^2+h^2}+\pi r^2$ $\quad\quad =\pi r(\sqrt{r^2+h^2}+r)$ $SP=\dfrac{1}{4}h$

图形	各符号意义	计算公式
	⑥棱锥 n——侧面组合三角形数 f——每一组合三角形面积 F——底面积 h——高 S——重心 P——底面中心	体积 $V = \dfrac{1}{3}hF$ 总面积 $A = nf + F$ $SP = \dfrac{1}{4}h$
	⑦正六棱柱 a——边长 h——高 S——重心 O——底面对角线交点	底面积 $F = \dfrac{3\sqrt{3}}{2}a^2$ 体积 $V = \dfrac{3\sqrt{3}}{2}a^2h$ $SO = \dfrac{1}{2}h$
	⑧正棱台 F_1，F_2——棱台两平行底面的面积 h——底面间的距离 f——每一组合梯形的面积 n——组合梯形数 S——重心	体积 $V = \dfrac{1}{3}h(F_1 + F_2 + \sqrt{F_1 F_2})$ 总面积 $A = nf + F_1 + F_2$ $SP = \dfrac{1}{4}h \times \dfrac{F_1 + 2\sqrt{F_1 F_2} + 3F_2}{F_1 + \sqrt{F_1 F_2} + F_2}$
	⑨圆柱体 r——半径 h——高 S——重心 O——底面中点	体积 $V = \pi r^2 h$ 总面积 $A = 2\pi r(r+h)$ $SO = \dfrac{1}{2}h$
	⑩空心圆柱 R——外半径 r——内半径 h——高 t——柱壁厚度 O——底面中点	体积 $V = \pi h(R^2 - r^2)$ 总面积 $A = 2\pi h(R+r) + 2\pi$ $R^2 - r^2 = 2\pi(R+r)(h+t)$ $SO = \dfrac{1}{2}h$
	⑪截头圆锥 r——上底半径 R——下底半径 h——高 S——重心 P——底面中点	面积 $V = \dfrac{1}{3}\pi h(R^2 + r^2 + Rr)$ 总面积 $A = \pi(R^2 + r^2) + \pi(R+r)\sqrt{(R-r)^2 + h^2}$ $SP = \dfrac{1}{4}h \times \dfrac{R^2 + 2Rr + 3r^2}{R^2 + Rr + r^2}$
	⑫圆环胎 D——胎平均直径 R——胎平均半径 d——环截面直径 r——环截面半径	体积 $V = 2\pi^2 Rr^2 = \dfrac{\pi^2}{4}Dd^2$ 总面积 $A = 4\pi^2 Rr$ 重心 S 在环中心

图形	各符号意义	计算公式
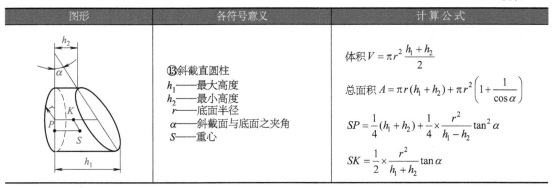	⑬斜截直圆柱 h_1——最大高度 h_2——最小高度 r——底面半径 α——斜截面与底面之夹角 S——重心	体积 $V = \pi r^2 \dfrac{h_1 + h_2}{2}$ 总面积 $A = \pi r(h_1 + h_2) + \pi r^2 \left(1 + \dfrac{1}{\cos \alpha}\right)$ $SP = \dfrac{1}{4}(h_1 + h_2) + \dfrac{1}{4} \times \dfrac{r^2}{h_1 - h_2} \tan^2 \alpha$ $SK = \dfrac{1}{2} \times \dfrac{r^2}{h_1 + h_2} \tan \alpha$

第二节 识 图

一、识图基础知识

（一）制图的基本规定

（1）图纸幅面及格式

① 图纸幅面。绘制图样时，应优先采用表 1-3 中规定的基本幅面。必要时，也允许采用加长幅面，其尺寸是由相应基本幅面的短边成整数倍增加后得出的，如图 1-1 所示，图中粗实线所示为基本图幅，虚线为加长幅面。

表 1-3　图纸幅面尺寸

幅面代号	A0	A1	A2	A3	A4
$B \times L$/（mm×mm）	841×1189	594×841	420×594	297×420	210×297
a/mm	25				
c/mm	10			5	
e/mm	20		10		

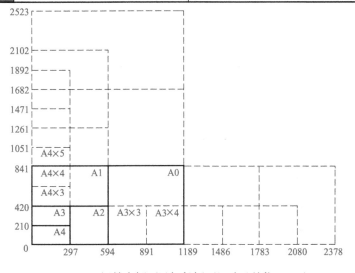

图 1-1　图纸基本幅面及加长幅面尺寸（单位：mm）

② 图框格式。绘制图样时,图纸可以横放,也可以竖放。图纸上必须用粗实线绘制图框,其格式分为留装订边和不留装订边两种,如表1-4所示。幅面的尺寸按表1-3确定。图纸装订时一般采用 A3 幅面横装或 A4 幅面竖装。

表 1-4　常用图纸类型

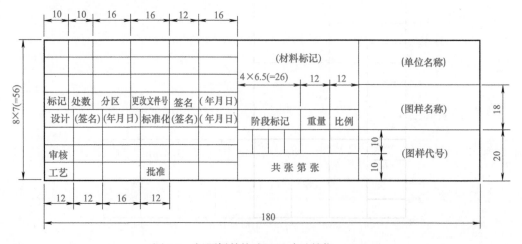

③ 标题栏。每张图样上都必须绘制标题栏,标题栏的内容包含零部件及其管理等信息,其格式和尺寸如图1-2所示。标题栏通常位于图样的右下角,紧贴在图框线内侧,标题栏中的文字方向通常即为读图方向。

图 1-2　标题栏的格式及尺寸（单位：mm）

（2）比例

比例是指图样中机件要素的线性尺寸与实物相应要素的线性尺寸之比。绘制图样时，应当尽量按照机件的真实大小按照 1 ： 1 的比例绘制。必要时，也可根据物体的大小及结构的复杂程度，采用放大比例或缩小比例绘制图样。国家标准规定了各种比例的比例数值，如表 1-5 所示。

表 1-5　绘图比例

比例种类	优先使用比例			可使用比例				
原值比例	1 ： 1			—				
放大比例	5 ： 1	2 ： 1	1 ： 1	4 ： 1	2.5 ： 1			
	5×10^n ： 1	2×10^n ： 1	1×10^n ： 1	4×10^n ： 1	2.5×10^n ： 1			
缩小比例	1 ： 2	1 ： 5	1 ： 10	1 ： 1.5	1 ： 2.5	1 ： 3	1 ： 4	1 ： 6
	$1 ： 2 \times 10^n$	$1 ： 5 \times 10^n$	$1 ： 1 \times 10^n$	$1 ： 1.5 \times 10^n$	$1 ： 2.5 \times 10^n$	$1 ： 3 \times 10^n$	$1 ： 4 \times 10^n$	$1 ： 6 \times 10^n$

在使用放大或者缩小比例进行绘图时还应当注意：标注尺寸时，应按实物的真实尺寸进行标注，尺寸数值与所采用的绘图比例无关，如图1-3 所示。

（3）字体

图样上除了图形外，还需要用文字、数字和符号来说明机件的大小和技术要求等内容。因此，字体是图样的一个重要组成部分，国家标准对图样中字体的书写规范作了规定。

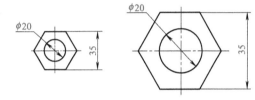

(a) 1:2比例的图样　　(b) 1:1比例的图样

图 1-3　按实物尺寸进行标注

书写字体的基本要求是：字体工整，笔画清楚，间隔均匀，排列整齐。具体规定如下：

① 字高。字体高度代表字体的号数。国家标准中，字体高度（h）的公称尺寸（单位为 mm）系列为 1.8、2.5、3.5、5、7、10、14、20。如需要书写更大号的文字，其字体高度数值应按 $\sqrt{2}$ 的比率等比递增。

② 汉字。图样中的汉字应采用长仿宋体，并采用国家正式公布的规范简化字。汉字的高度一般不小于 3.5mm，其宽度为字高的 $1/\sqrt{2}$。图 1-4 为长仿宋体汉字的书写示例。

③ 数字与字母。图样中的数字主要是阿拉伯数字和罗马数字，字母主要是拉丁字母和希腊字母。机械图样中字母一般采用斜体写法，数字一般采用正体写法。斜体字书写时，字头向右倾斜，与水平基准线成 75° 角。图 1-5 为数字与字母的书写示例。

10号字

字体工整笔画清楚间隔均匀排列整齐

0123456789
ABCDEFGHIJKLMNO
abcdefghijklmnopq
αβγδεζηθικλμν
IIIIIIVVVIVIIVIIIIXX

7号字

横平竖直注意起落结构均匀填满方格

5号字

技术制图机械电子汽车航舶土木建筑矿山井坑港口纺织服装

3.5号字

参数齿轮端子接线飞行指导驾驶舱位挖填施工引水通风闸阀闸坝棉麻化纤

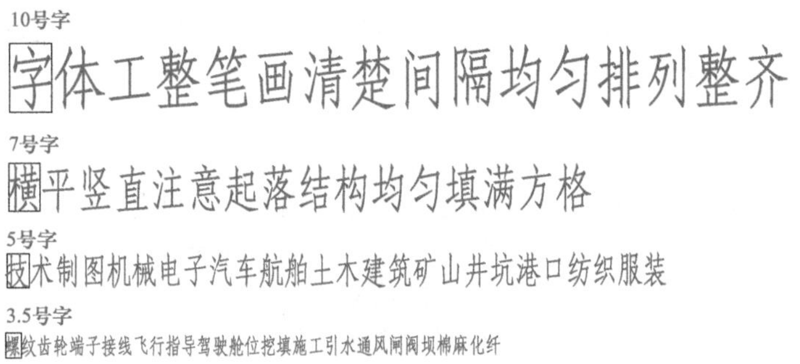

图 1-4　长仿宋体汉字的书写示例 　　　　　　　　图 1-5　数字与字母的书写示例

（4）图线

① 图线的形式及其应用。在绘制图样时，应当采用国家标准规定的标准图线。表 1-6 为

机械图样中常用图线的名称、形式、宽度与主要用途，相关应用如图 1-6 所示。

表 1-6　图线的基本线型与应用

图线名称	图线形式	图线宽度	主要用途
粗实线	——————————————	d	可见轮廓线、可见的过渡线
细实线	——————————————	$d/2$	尺寸线、尺寸界线、剖面线、辅助线、重合断面的轮廓线、引出线
波浪线	～～～～～～～	$d/2$	断裂处的边界线、视图和剖视的分界线
折线	——／\——／\——	$d/2$	断裂处的边界线
虚线	- - 12d - 3d - -	$d/2$	不可见的轮廓线、不可见的过渡线
细点画线	-·- 24d - 6.5d -·-	$d/2$	轴线、对称中心线、轨迹线、齿轮的分度圆及分度线
粗点画线	—·—·—·—·—	d	有特殊要求的线或表面的表示线
双点画线	—··—··—··—	$d/2$	相邻辅助零件的轮廓线、极限位置的轮廓线、假想投影轮廓线

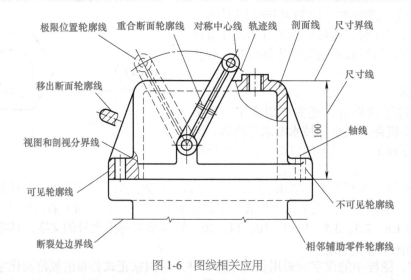

图 1-6　图线相关应用

② 图线的宽度。机械图样中一般采用两种图线宽度，即粗线和细线。粗线的宽度为 d，细线的宽度约为 $d/2$。所有线型的图线宽度（d 和 $d/2$）都应根据图形大小和复杂程度在以下数列中选取：0.13mm，0.18mm，0.25mm，0.35mm，0.5mm，0.7mm，1mm，1.4mm，2mm，一般粗线的宽度（d）不宜小于 0.5mm。

③ 图线画法。在绘图过程中，除了正确掌握图线的标准和用法以外，还应遵守以下要求：

a. 两条平行线之间的最小间隙不得小于 0.7mm。

b. 图样中同类图线的宽度应保持一致。

c. 虚线、点画线及双点画线的线段长度和间隔大小应各自大致相等。

d. 当虚线或点画线位于粗实线的延长线上时，其连接处应断开，粗实线画到分界点。

e. 点画线和双点画线的首末两端应是线段，且应超出图形轮廓线约 2 ～ 5mm。

f. 在较小图形上绘制点画线或双点画线有困难时，可用细实线代替。

g. 当各种线条重合时，应按粗实线、虚线、点画线的优先顺序绘制。

（二）绘图仪器及其使用

（1）图板和丁字尺

图板是用作画图的垫板，图板板面应当平坦光洁，其左边用作导边，所以必须平直，如

图 1-7 所示。

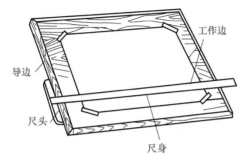

图 1-7 图板和丁字尺

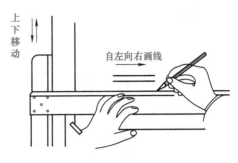

图 1-8 丁字尺的使用及画水平线

丁字尺的主要作用是用来画水平线,由尺头和尺身组成。丁字尺的尺头内边与尺身的工作边必须垂直。使用时,尺头要紧靠在图板的左边,左手按住尺身,右手持笔,自左向右绘制水平线,如图 1-8 所示。

（2）三角板

三角板有 45° 和 30° 两块。一块三角板配合丁字尺可以绘制垂直线（图 1-9）和 30°、45°、60° 斜线;两块三角板配合可以绘制 15°、75° 斜线（如图 1-10 所示）,此外还可以绘制任意已知直线的平行线或者垂直线。

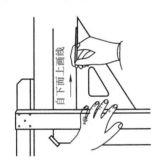

图 1-9 绘制垂直线

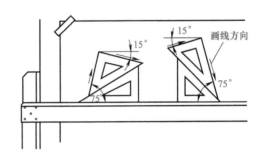

图 1-10 绘制 15° 和 75° 斜线

（3）铅笔

绘制图样时,要使用"绘图铅笔"。绘图铅笔铅芯的软硬分别以 B 和 H 表示,铅芯越硬,画出的线条越淡。因此,根据不同的使用要求,绘图时应准备以下几种硬度不同的铅笔:

B 或 HB——画粗实线用,加深圆弧时用的铅芯应比画粗实线的铅芯软一号。

HB 或 H——画细线、箭头和写字用。

H 或 2H——画底稿用。

铅笔的铅芯可削磨成锥形和楔形两种形式,如图 1-11 所示,锥形用于画细实线和写字,楔形用于描粗和加深图线。

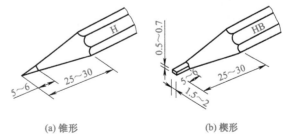

(a) 锥形   (b) 楔形

图 1-11 铅笔的削法

（4）圆规

圆规用来画圆和圆弧。圆规针尖两端的形状不同,普通针尖用于绘制底稿,带台阶支承面的小针尖用于圆和圆弧的加深,以避免针尖插入图板太深。圆规使用前应调整针尖长度,使其略长于铅芯,如图 1-12（a）所示。

画圆时，应使圆规向前进方向稍微倾斜，用力要均匀。画大圆时应注意使针尖和铅芯尽可能与纸面垂直，因此要随着圆弧的半径大小不同适当调整铅芯插腿和钢针的长度，如图1-12（b）所示。

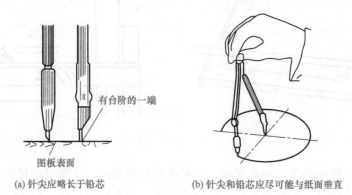

(a) 针尖应略长于铅芯　　　　　　　(b) 针尖和铅芯应尽可能与纸面垂直

图 1-12　圆规的针尖及画圆

（5）分规

分规用来量取和等分线段。为了准确地度量尺寸，分规两脚的针尖并拢后应能对齐。分规的用法如图 1-13 所示。

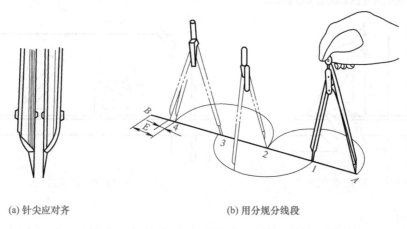

(a) 针尖应对齐　　　　　　　　　　(b) 用分规分线段

图 1-13　分规的用法

（6）曲线板

曲线板的主要作用是绘制非圆曲线，如图 1-14 所示，绘制曲线时，应先徒手把曲线上

(a) 徒手连接曲线　　　　　　　　　(b) 使用曲线板连接曲线

图 1-14　曲线板的用法

各点轻轻地连接起来，然后选择曲线板上曲率相当的部分，分段拟合绘制。每画一段，至少应使四个点与曲线板上的某一段重合，并与已画成的相邻曲线重合一部分，每次连接时，留下 1～2 个点不画，与下一次要连接的曲段重合，以保持绘制的曲线过渡平滑。

（三）尺寸标注

（1）标注尺寸的基本规则

图形只能表达机件的形状，而机件的大小是通过图样中的尺寸来确定的，因此，标注尺寸是一项极为重要的工作，必须严格遵守国家标准中的有关规定：

① 图样中标注的尺寸，其数值应以机件的真实大小为依据，与图形的大小及绘图的准确度无关。

② 图样中标注的尺寸，其默认单位为毫米，此时不需标注单位的代号或名称；必要时也可以采用其他单位，此时必须注明相应单位的代号或名称，如 30°、10m。

③ 图样中标注的尺寸，应为该图样所示机件的最后完工的尺寸，否则应另加说明。

④ 机件结构的尺寸，应当尽量标注在能够最清晰反映该结构的图形上，同一结构尺寸原则上只标注一次。

（2）尺寸的组成

一个完整的尺寸一般由尺寸界线、带有终端符号的尺寸线和尺寸数字组成，如图 1-15 所示，其说明见表 1-7。

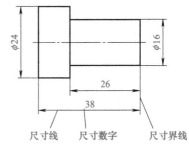

图 1-15　尺寸的组成

表 1-7　尺寸的组成

类别	说　明
尺寸界线	①尺寸界线用细实线绘制，并应由图形的轮廓线、轴线或对称中心线处引出，也可以利用轮廓线、轴线或对称中心线作尺寸界线 ②尺寸界线一般与尺寸线垂直，并超出尺寸线约 2～3mm。当尺寸界线贴近轮廓线时，允许尺寸界线与尺寸线倾斜
尺寸线	①尺寸线用细实线单独绘制，不能用其他图线代替，一般也不得与其他图线重合或画在其延长线上。其终端一般采用箭头。当标注尺寸的位置不够时，允许用圆点或斜线代替箭头 ②标注线性尺寸时，尺寸线必须与所注的线段平行。当有几条互相平行的尺寸线时，其间隔要均匀，并将大尺寸注在小尺寸外面，以免尺寸线与尺寸界线相交 ③圆的直径和圆弧的半径的尺寸终端应画成箭头，尺寸线或其延长线应通过圆心
尺寸数字	①尺寸数字一般注写在尺寸线的上方，也允许注写在尺寸线的中断处 ②尺寸数字一般采用 3.5 号字，线性尺寸数字的注写一般按图 1-16（a）所示的方向注写，并应尽可能避免在 30°范围内标注尺寸。当无法避免时，可按图 1-16（b）所示的形式引出标注 (a) 填写尺寸数字的规则　　(b) 无法避免时的注写方法 图 1-16　线性尺寸数字注法

类别	说　明
尺寸数字	③标注角度尺寸时，尺寸数字一律水平书写，一般注写在尺寸线的中断处，如图1-16（a）所示，必要时也可引出标注 ④尺寸数字不可被任何图线通过，否则应将尺寸数字处的图线断开，或者引出标注，如图1-17所示 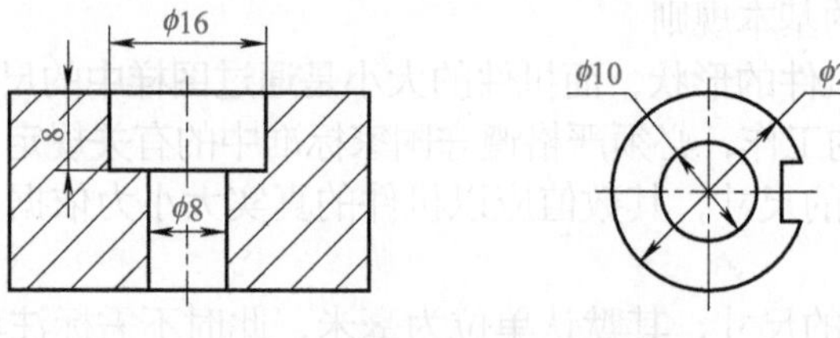 图1-17　尺寸数字不能被图线通过 ⑤标注尺寸时，应尽可能使用符号和缩写词，表1-8为常用的符号和缩写词

表1-8　常用的符号和缩写词

名称	直径	半径	球直径	球半径	45°倒角	厚度	均布	正方形	深度	埋头孔	沉孔或锪平
符号或缩写词	ϕ	R	$S\phi$	SR	C	t	EQS	□	▽	⊻	⊔

（3）尺寸标注示例

表1-9列出了国家标准规定的一些尺寸标注。

表1-9　尺寸标注示例

内容	图例	说明
直径	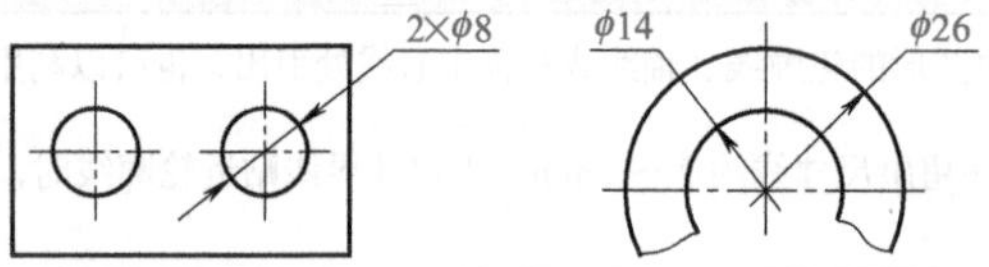	①圆或大于半圆的圆弧，注直径尺寸，尺寸线通过圆心，以圆周为尺寸界线 ②直径尺寸在尺寸数字前加"ϕ"
半径	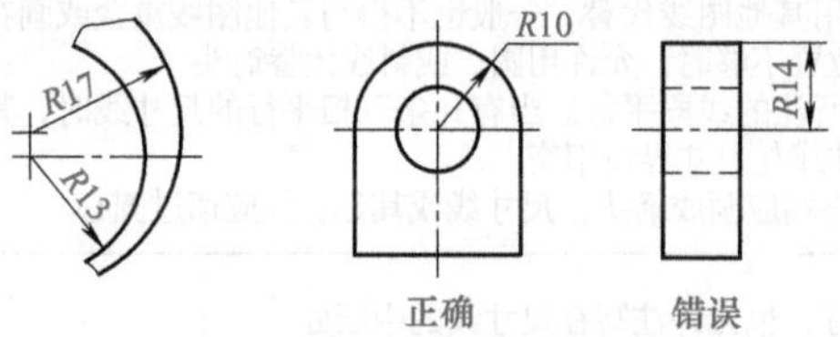 正确　　　　错误	①小于或等于半圆的圆弧，注半径尺寸，且必须注在投影为圆弧的图形上，尺寸线自圆心引向圆弧 ②半径尺寸在尺寸数字前加"R"
大圆弧	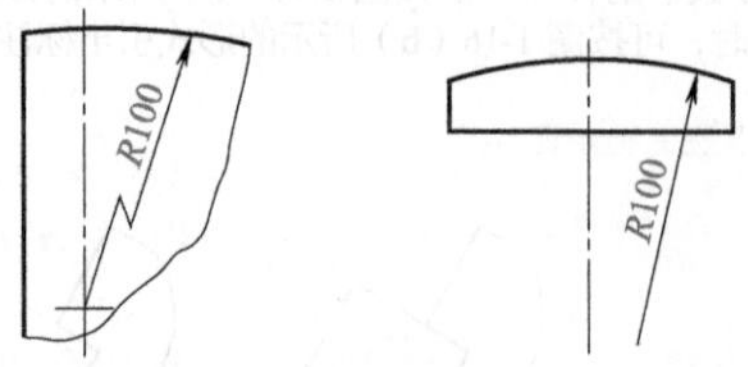	①在图纸范围内无法标出圆心位置时，可按左图标注 ②不需标出圆心位置时，可按右图标注
球面	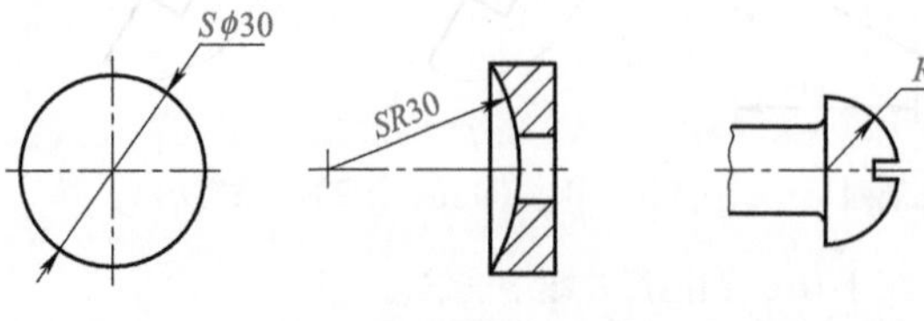	①标注球面的直径和半径时，应在"ϕ"或"R"前加注"S" ②对于螺钉、铆钉的头部，轴及手柄的端部，在不致引起误解的情况下可省略"S"

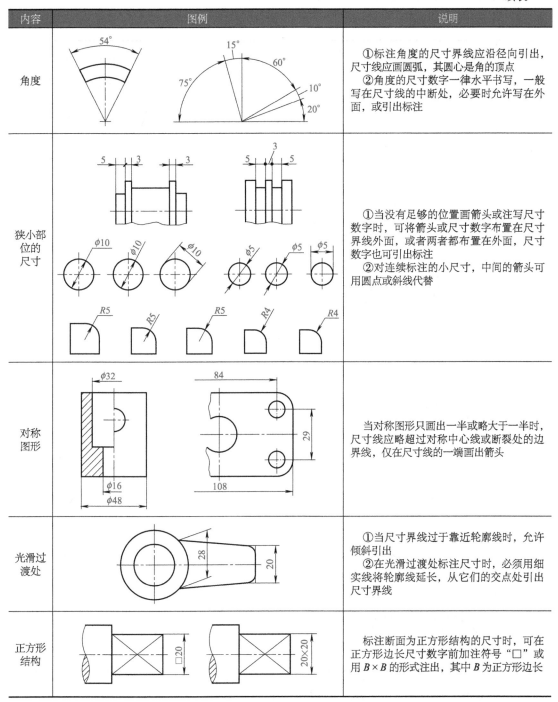

内容	图例	说明
角度		①标注角度的尺寸界线应沿径向引出，尺寸线应画圆弧，其圆心是角的顶点 ②角度的尺寸数字一律水平书写，一般写在尺寸线的中断处，必要时允许写在外面，或引出标注
狭小部位的尺寸		①当没有足够的位置画箭头或注写尺寸数字时，可将箭头或尺寸数字布置在尺寸界线外面，或者两者都布置在外面，尺寸数字也可引出标注 ②对连续标注的小尺寸，中间的箭头可用圆点或斜线代替
对称图形		当对称图形只画出一半或略大于一半时，尺寸线应超过对称中心线或断裂处的边界线，仅在尺寸线的一端画出箭头
光滑过渡处		①当尺寸界线过于靠近轮廓线时，允许倾斜引出 ②在光滑过渡处标注尺寸时，必须用细实线将轮廓线延长，从它们的交点处引出尺寸界线
正方形结构		标注断面为正方形结构的尺寸时，可在正方形边长尺寸数字前加注符号"□"或用 $B×B$ 的形式注出，其中 B 为正方形边长

（四）几何作图

机械零件的轮廓形状是复杂多样的，为了确保绘图质量，提高绘图速度，必须熟练掌握一些常见几何图形的作图方法和作图技巧。

（1）正多边形的画法

正多边形的作图方法常常利用其外接圆，并将圆周等分进行。表1-10列出了正五边形、

正六边形及正 n 边形（以七边形为例）的作图方法及步骤。

表 1-10　多边形的作图方法及步骤

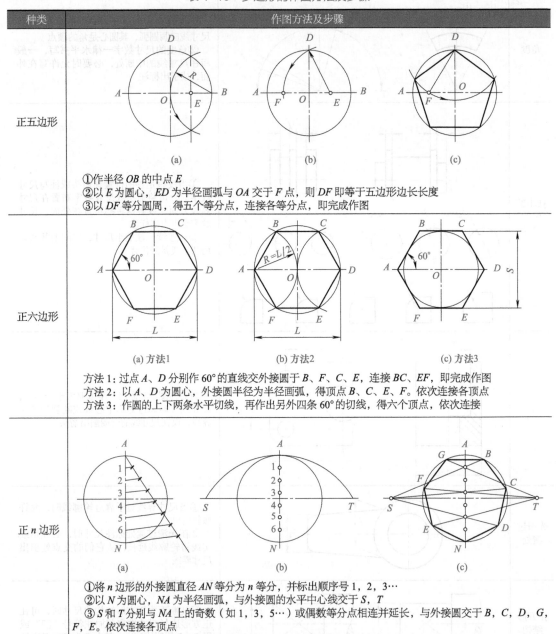

种类	作图方法及步骤
正五边形	(a)　　　　(b)　　　　(c) ①作半径 OB 的中点 E ②以 E 为圆心，ED 为半径画弧与 OA 交于 F 点，则 DF 即等于五边形边长长度 ③以 DF 等分圆周，得五个等分点，连接各等分点，即完成作图
正六边形	(a) 方法1　　　(b) 方法2　　　(c) 方法3 方法 1：过点 A、D 分别作 60° 的直线交外接圆于 B、F、C、E，连接 BC、EF，即完成作图 方法 2：以 A、D 为圆心，外接圆半径为半径画弧，得顶点 B、C、E、F。依次连接各顶点 方法 3：作圆的上下两条水平切线，再作出另外四条 60° 的切线，得六个顶点，依次连接
正 n 边形	(a)　　　　(b)　　　　(c) ①将 n 边形的外接圆直径 AN 等分为 n 等分，并标出顺序号 1，2，3… ②以 N 为圆心，NA 为半径画弧，与外接圆的水平中心线交于 S，T ③S 和 T 分别与 NA 上的奇数（如 1，3，5…）或偶数等分点相连并延长，与外接圆交于 B，C，D，G，F，E。依次连接各顶点

（2）斜度和锥度

① 斜度。斜度是指一直线或平面对另一直线或平面的倾斜程度。其大小用两者间夹角的正切值来表示，在图上通常将其值注写成 1：n 的形式，标注斜度时，符号方向应与斜度的方向一致。表 1-11 列出了斜度的定义、标注和作图方法。

② 锥度。锥度是指正圆锥底圆直径与圆锥高度之比。如果是圆台，锥度则为底圆直径与顶圆直径之差与圆台高度之比。在图上通常将其值注写成 1：n 的形式，标注锥度时，符号方向应与锥度的方向一致。表 1-12 列出了锥度的定义、标注和作图方法。

表 1-11　斜度的定义、标注及作图方法

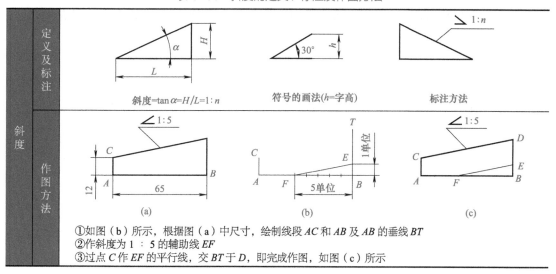

斜度	定义及标注	斜度=tan α=H/L=1∶n　　符号的画法(h=字高)　　标注方法
	作图方法	(a)　　(b)　　(c)

①如图（b）所示，根据图（a）中尺寸，绘制线段 *AC* 和 *AB* 及 *AB* 的垂线 *BT*
②作斜度为 1∶5 的辅助线 *EF*
③过点 *C* 作 *EF* 的平行线，交 *BT* 于 *D*，即完成作图，如图（c）所示

表 1-12　锥度的定义、标注和作图方法

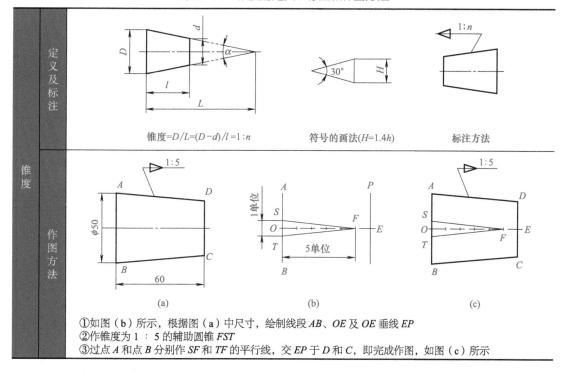

锥度	定义及标注	锥度=D/L=(D-d)/l=1∶n　　符号的画法(H=1.4h)　　标注方法
	作图方法	(a)　　(b)　　(c)

①如图（b）所示，根据图（a）中尺寸，绘制线段 *AB*、*OE* 及 *OE* 垂线 *EP*
②作锥度为 1∶5 的辅助圆锥 *FST*
③过点 *A* 和点 *B* 分别作 *SF* 和 *TF* 的平行线，交 *EP* 于 *D* 和 *C*，即完成作图，如图（c）所示

（3）圆弧连接

圆弧连接是指用已知半径的圆弧将两个已知元素（直线、圆弧、圆）光滑地连接起来，即平面几何中的相切。其中的连接点就是切点，所作圆弧称为连接弧。作图的要点是准确地作出连接弧的圆心和切点。连接弧的圆心是利用圆心的动点运动轨迹相交的概念确定的。

① 连接圆弧的圆心轨迹和切点。

a. 与已知直线相切。如图 1-18（a）所示，半径为 *R* 的圆与直线 *AB* 相切，其圆心轨迹是一条直线，该直线与 *AB* 平行且距离为 *R*。自圆心向直线 *AB* 作垂线，垂足 *K* 即为切点。

b. 与圆弧相切。半径为 R 的圆与已知圆弧相切，其圆心轨迹为已知圆弧的同心圆，半径要根据相切的情形而定，如图 1-18（b）、（c）所示，两圆外切时 $R_{外}=R_1+R$；两圆内切时，$R_{内}=R_1-R$。两圆弧的切点 K 在连心线与圆弧的交点处。

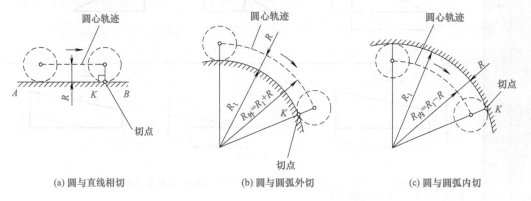

图 1-18　连接圆弧的圆心轨迹和切点

② 圆弧连接作图示例。表 1-13 列举了用已知半径为 R 的圆弧连接两已知线段的五种典型情况。

表 1-13　典型圆弧连接作图方法

连接形式	作图步骤		
	求圆心	求切点处	画连接圆弧
两直线			
直线和圆弧			
外切两圆弧			
内切两圆弧			

连接形式	作图步骤		
	求圆心	求切点处	画连接圆弧
混切两圆弧	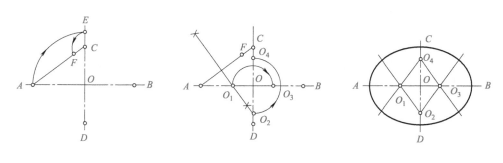		

（4）椭圆

在工程图样中绘制椭圆或者椭圆弧时，一般采用近似画法。其中最常用的是四心圆法，如图1-19所示。其作图步骤如下。

(a) 作椭圆长短轴及F点　　　(b) 作垂直平分线得圆心　　　(c) 作圆弧，完成作图

图1-19　椭圆的近似画法——四心圆法

① 连接长、短轴端点 A、C。以 O 为圆心，OA 为半径画弧交 OC 的延长线于 E。再以 C 为圆心，CE 为半径画弧交 AC 于 F。

②作 AF 的垂直平分线，与 AB、CD 分别交于 O_1 和 O_2，再取对称点 O_3、O_4。

③自 O_1 和 O_3 两点分别向 O_2 和 O_4 两点连接，此四条直线即为四段圆弧的分界线。

④ 分别以 O_1、O_2、O_3、O_4 为圆心，以 O_1A、O_2C、O_3B、O_4D 为半径画弧，完成作图。

（五）平面图形的分析和画法

平面图形一般由一个或多个封闭线框组成，这些封闭线框是由一些线段连接而成。因此，要想正确地绘制平面图形，首先必须对平面图形进行尺寸分析和线段分析。

（1）尺寸分析

在进行尺寸分析时，首先要确定水平方向和垂直方向的尺寸基准，也就是标注尺寸的起点。对于平面图形而言，常用的基准是对称图形的对称线，较大的圆的中心线或图形的轮廓线。例如，图1-20中轮廓线 AC 和 AB 分别为水平和垂直方向的尺寸基准。

平面图形中的尺寸按其作用可以分为两大类：

① 定形尺寸：确定平面图形上几何元素的形状和大小的尺寸称为定形尺寸。例如，直线的长短、圆的直径、圆弧的半径等。如图1-20

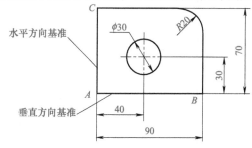

图1-20　平面图形的尺寸分析

中的 90、70、R20 确定了外面线框的形状和大小，φ30 确定里面的线框的形状和大小，这些都是定形尺寸。

② 定位尺寸：确定平面图形上几何元素间相对位置的尺寸称为定位尺寸。例如，直线的位置、圆心的位置等。如图 1-20 中 40、30 确定了 φ30 的圆的圆心位置，这些是定位尺寸。

（2）线段分析

如图 1-21（a）所示的平面图形为一手柄，线段分析如图 1-21（b）所示。平面图形中的线段根据所标注的尺寸可以分为以下三种。

① 已知线段：注有完全的定形尺寸和定位尺寸，能直接按所注尺寸画出的线段。如图 1-21（a）中的直线段，φ5 的圆，R15 和 R10 的圆弧。

② 中间线段：只注出一个定形尺寸和一个定位尺寸，必须依靠与相邻的一段线段的连接关系才能画出的线段。如图 1-21（a）中的 R50 的圆弧。

③ 连接线段：只给出定形尺寸，没有定位尺寸，必须依靠与相邻的两段线段的连接关系才能画出的线段。如图 1-21（a）中的 R12 的圆弧。

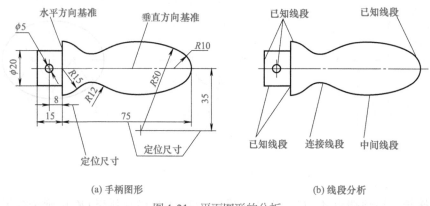

(a) 手柄图形　　　　　　　　(b) 线段分析

图 1-21　平面图形的分析

（3）作图步骤

根据上述对图形中的尺寸和线段分析，可以将平面图形手柄的作图步骤归纳如表 1-14 所示。

表 1-14　手柄的作图步骤

步骤	作图	说明
1		画出长度和宽度方向的基准线，定出 φ5 的圆的圆心 E 和 R10 的圆弧的圆心 F
2		画出各已知线段
3		半径为 50 的圆弧与半径为 10 的圆弧内切，作出其圆心 A 和 B，定出切点 T_1、T_2

步骤	作图	说明
4		画出中间线段
5		半径为12的圆弧与半径为15和50的圆弧外切，作出其圆心 C 和切点 T_1、T_2
6		画出连接线段，并整理加深

（4）平面图形的尺寸标注

图形中标注的尺寸，必须能唯一地确定图形的大小，既不能遗漏又不能重复。其方法和步骤如下：

① 分析图形，确定尺寸基准。

② 进行线段分析，确定哪些线段是已知线段、中间线段和连接线段。

③ 按已知线段、中间线段、连接线段的顺序逐个标注尺寸。

图 1-22 为几种常见平面图形尺寸的注法示例。

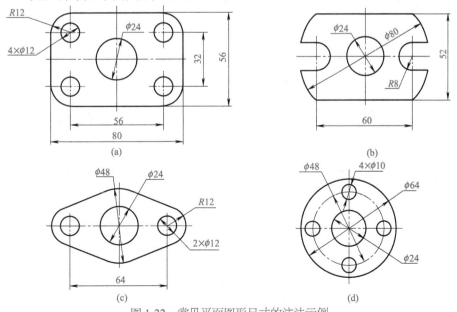

图 1-22　常见平面图形尺寸的注法示例

二、投影基础知识

（一）点的投影

（1）点的投影图

如图 1-23（a）所示，在三投影面体系中，设有一空间点 A，自 A 分别作垂直于 H、V、W 面的投射线，得交点 a、a'、a''，则 a、a'、a'' 分别称为点 A 的水平投影、正面投影、侧面投影。

在投影法中规定，凡空间点用大写字母表示，其水平投影用相应的小写字母表示，正面投影和侧面投影分别在相应的小写字母上加"'"和"''"。

为了使点的三面投影画在同一图面上，规定 V 面不动，将 H 面绕 OX 轴向下旋转 $90°$，将 W 面绕 OZ 轴向右旋转 $90°$，使 H、V、W 三个投影面共面。画图时一般不画出投影面的边界线，也不标出投影面的名称，则得到点的三面投影图，如图 1-23（b）所示。

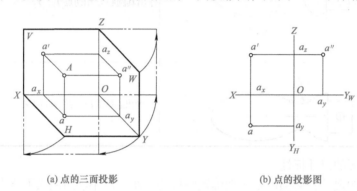

(a) 点的三面投影　　　　　　　　　　(b) 点的投影图

图 1-23　点的投影

（2）点的投影特性

通过对图 1-23（a）中点的投影分析，可以概括出点的三面投影特性：

① 投影连线垂直投影轴。点的正面投影 a' 与水平投影 a 的连线垂直于投影轴 OX，即 $a'a \perp OX$。点的水平投影 a 与侧面投影 a'' 的连线垂直于投影轴 OY，即 $aa'' \perp OY$。点的正面投影 a' 与侧面投影 a'' 的连线垂直于投影轴 OZ，即 $a'a'' \perp OZ$。

② 点的投影到各投影轴的距离等于空间点到相应投影面的距离。即

$$a'a_x = a''a_y = 点 A 到 H 面的距离$$
$$aa_x = a''a_z = 点 A 到 V 面的距离$$
$$aa_y = a'a_z = 点 A 到 W 面的距离$$

根据上述点的投影特性，在点的三面投影中，只要知道其中任意两个面的投影就可求出点的第三个投影。

例　如图 1-24（a）所示，已知点 A 的正面投影和水平投影，求其侧面投影。

解：由点的投影规律可知，$a'a'' \perp OZ$，且 $a''a_z = aa_x$，则其作图步骤为：

① 过原点 O 作 $45°$ 辅助线。

② 过 a' 作水平线，与 OZ 轴交于 a_z。

③ 过 a 作水平线与 $45°$ 辅助线相交，过其交点作垂直线与过 a' 的水平线交于 a''，见图 1-24（b）。也可以在过 a' 的水平线上直接量取 $a''a_z = aa_x$，见图 1-24（c）。

（3）点的投影与坐标之间的关系

在工程上，有时也用坐标法来确定点的空间位置，三投影面体系中的三根投影轴可以构成一个空间直角坐标系。如图 1-25 所示，空间点 A 的位置可以用三个坐标（x_A，y_A，

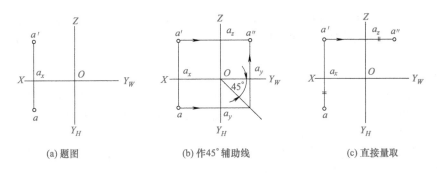

(a) 题图	(b) 作45°辅助线	(c) 直接量取

图 1-24　已知点的两个投影求第三个投影

z_A）表示，则点的投影与坐标之间的关系为：

$$aa_y=a'a_z=x_A$$
$$aa_x=a''a_z=y_A$$
$$a'a_x=a''a_y=z_A$$

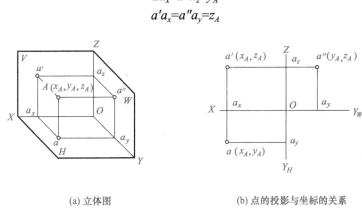

(a) 立体图　　　　　　　　　　(b) 点的投影与坐标的关系

图 1-25　点的投影与坐标之间的关系

（4）两点的相对位置

两点的相对位置是指空间两点的上下、左右、前后位置关系。如图 1-26 所示，两点的投影沿 OX、OY、OZ 三个方向的坐标差，即为这两个点对投影面 W、V、H 的距离差。因此，两点的相对位置可以通过这两点在同一投影面上的投影之间的相对位置来判断。X 坐标大的点在左，Y 坐标大的点在前，Z 坐标大的点在上。

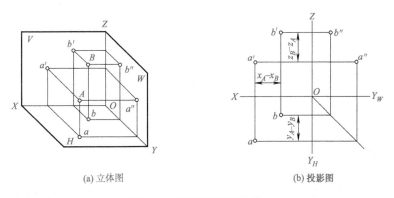

(a) 立体图　　　　　　　　　　(b) 投影图

图 1-26　两点的相对位置

由于投影图是由 H 面绕 OX 轴向下旋转 $90°$ 和 W 面绕 OZ 轴向右旋转 $90°$ 而形成的, 所以必须注意: 对水平投影而言, 由 OX 轴向下代表向前; 对侧面投影而言, 由 OZ 轴向右也代表向前。

（5）重影点

如果空间两点位于某一投影面的同一条投射线上, 则这两点在该投影面上的投影就会重合于一点, 此两点称为对该投影面的重影点。如图 1-27（a）所示, A、B 两点的正面投影重合为一点, 则称 A、B 两点为对 V 面的重影点。

由于空间点的相对位置, 重影点在某个投影面的重合投影存在一个可见性问题, 沿投射方向进行观察, 看到者为可见, 被遮挡者为不可见。为了表示点的可见性, 可在不可见点的投影上加括号, 如图 1-27（b）所示。

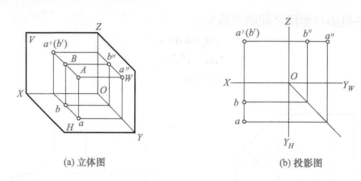

(a) 立体图 (b) 投影图

图 1-27 重影点

（二）直线的投影

直线的空间位置可由直线上两点确定。因此, 直线的投影可由直线上两点在同一个投影面上的投影（同名投影）相连而得。

（1）投影特性

如图 1-28 所示, 直线对投影面的投影特性取决于直线对投影面的相对位置, 直线对一个投影面有三种相对位置。

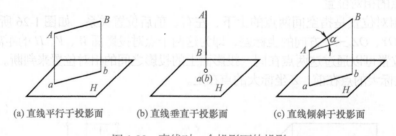

(a) 直线平行于投影面 (b) 直线垂直于投影面 (c) 直线倾斜于投影面

图 1-28 直线对一个投影面的投影

① 直线平行于投影面。其投影仍为直线, 投影的长度反映空间线段的实际长度, 即 $ab = AB$。

② 直线垂直于投影面。其投影重合为一点。直线的投影重合为一点, 这种特性称为积聚性。

③ 直线倾斜于投影面。其投影仍为直线, 投影的长度小于空间线段的实际长度, 即 $ab = AB\cos\alpha$。

直线与投影面的夹角称为直线对投影面的倾角。直线对 H 面的倾角用 α 表示, 对 V 面

的倾角用 β 表示，对 W 面的倾角用 γ 表示。

（2）直线在三投影面体系中的投影特性

在三投影面体系中，根据直线与三投影面之间的相对位置，可将直线分为一般位置直线和特殊位置直线两类，其中特殊位置直线又可分为投影面平行线和投影面垂直线。各种位置直线的立体图、投影图及其投影特性见图 1-29 和表 1-15。

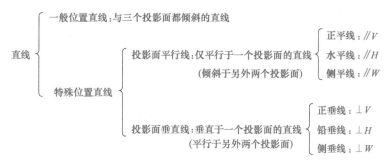

图 1-29　各种位置直线的投影特性

表 1-15　各种位置直线的立体图、投影图及其投影特性

名称		立体图	投影图
一般位置直线		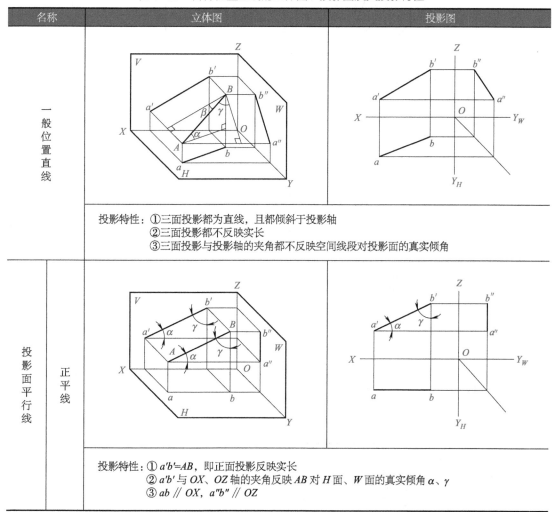	
		投影特性：①三面投影都为直线，且都倾斜于投影轴 ②三面投影都不反映实长 ③三面投影与投影轴的夹角都不反映空间线段对投影面的真实倾角	
投影面平行线	正平线		
		投影特性：① $a'b'=AB$，即正面投影反映实长 ② $a'b'$ 与 OX、OZ 轴的夹角反映 AB 对 H 面、W 面的真实倾角 α、γ ③ ab // OX，$a''b''$ // OZ	

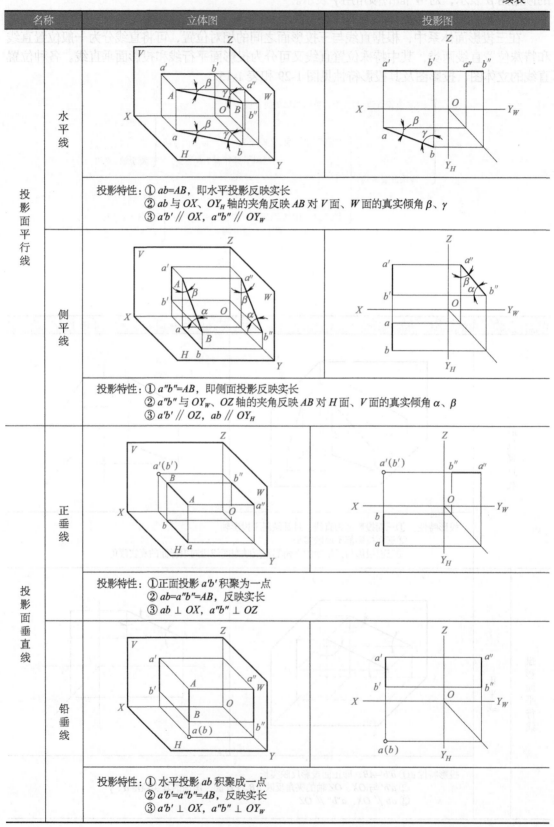

名称		立体图	投影图
投影面平行线	水平线		
	投影特性：① $ab=AB$，即水平投影反映实长 ② ab 与 OX、OY_H 轴的夹角反映 AB 对 V 面、W 面的真实倾角 β、γ ③ $a'b'$ // OX，$a''b''$ // OY_W		
	侧平线		
	投影特性：① $a''b''=AB$，即侧面投影反映实长 ② $a''b''$ 与 OY_W、OZ 轴的夹角反映 AB 对 H 面、V 面的真实倾角 α、β ③ $a'b'$ // OZ，ab // OY_H		
投影面垂直线	正垂线		
	投影特性：①正面投影 $a'b'$ 积聚为一点 ② $ab=a''b''=AB$，反映实长 ③ $ab \perp OX$，$a''b'' \perp OZ$		
	铅垂线		
	投影特性：① 水平投影 ab 积聚成一点 ② $a'b'=a''b''=AB$，反映实长 ③ $a'b' \perp OX$，$a''b'' \perp OY_W$		

名称		立体图	投影图
投 影 面 垂 直 线	侧 垂 线	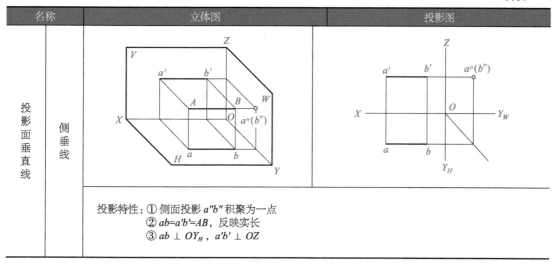	

投影特性：① 侧面投影 $a''b''$ 积聚为一点
② $ab=a'b'=AB$，反映实长
③ $ab \perp OY_H$，$a'b' \perp OZ$

（3）直线上的点

当点位于直线上时，如图 1-30 所示，根据平行投影的性质，该点具有两个性质。

① 若点在直线上，则点的投影必在直线的同名投影上；反之亦然。

② 若点在直线上，则点分线段之比，在其各投影上保持不变；反之亦然。即：

$$ac ： cb=a'c' ： c'b'=a''c'' ： c''b''=AC ： CB$$

利用直线上点的这两个性质，可以求直线上点的投影或判断点是否在直线上。

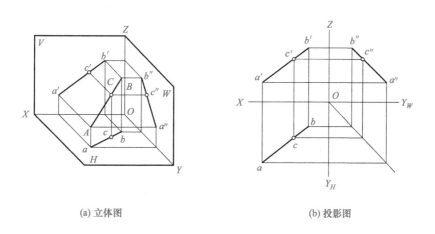

(a) 立体图　　　　　　　　　　　(b) 投影图

图 1-30　直线上的点

例　如图 1-31（a）所示，判断点 K 是否在直线 AB 上。

解：有两种判断方法。

① 作出侧面投影。如图 1-31（b）所示，由于 k'' 不在 $a''b''$ 上，所以点 K 不在直线 AB 上。

② 根据直线上点的性质。如图 1-31（c）所示，由于 $ak ： kb \neq a'k' ： k'b'$，所以点 K 不在直线 AB 上。

（4）两直线的相对位置

空间两直线的相对位置有三种：平行、相交和交叉（异面），其说明见表 1-16。

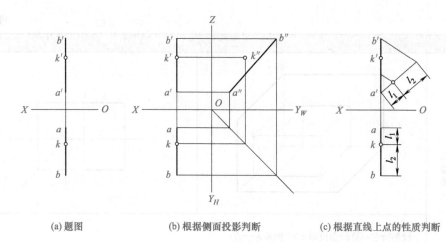

(a) 题图　　　　　　(b) 根据侧面投影判断　　　　(c) 根据直线上点的性质判断

图 1-31　判断点是否在直线上

表 1-16　空间两直线的相对位置

类别	说　明
两直线平行	若空间两直线平行，则其同名投影必平行。反之，若空间两直线的各组同名投影平行，则该两直线必平行。如图 1-32 所示，*AB ∥ CD*，则 *ab ∥ cd，a'b' ∥ c'd'* 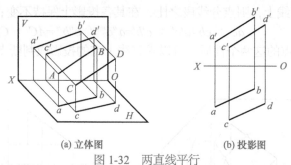 (a) 立体图　　　　　　　　　(b) 投影图 图 1-32　两直线平行 一般情况下，判断两直线是否平行，只需检查两面投影即可判定，但若两直线为某投影面平行线，则需视其在所平行的投影面上的投影是否平行而判定 　　例　如图 1-33（a）所示，判断两直线 *AB* 和 *CD* 是否平行 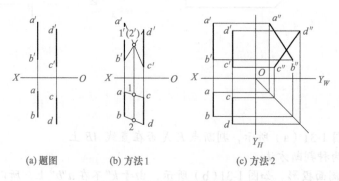 (a) 题图　　　　　(b) 方法 1　　　　(c) 方法 2 图 1-33　判断两直线是否平行 解：有两种判断方法 ①如图 1-33（b）所示，连接 *ac* 和 *bd*、*a'c'* 和 *b'd'*，由于两交点不是同一点的两个投影，因此，*AC* 和 *BD* 是交叉直线，直线 *AB* 和 *CD* 不共面，所以 *AB* 和 *CD* 不平行 ②如图 1-33（c）所示，求出侧面投影，由于 *a"b"* 不平行于 *c"d"*，所以直线 *AB* 与 *CD* 不平行

类别	说　明

若空间两直线相交，则其同名投影必相交，且交点的投影符合点的投影规律，反之亦然

如图 1-34 所示，直线 AB、CD 相交于 K，由于点 K 是两直线的共有点，因此，两直线水平投影 ab 与 cd，正面投影 $a'b'$ 与 $c'd'$ 应分别相交于 k，k'，且 $kk' \perp OX$

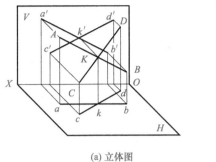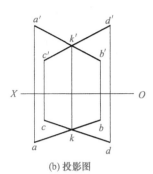

(a) 立体图　　　　　　　　(b) 投影图

图 1-34　两直线相交

判断两直线是否相交，在一般情况下，只需判断两面同名投影是否相交，且交点是否符合点的投影规律即可，但如果两直线中有一条直线是投影面的平行线，则需进一步判断

例　如图 1-35（a）所示，判断两直线 AB 和 CD 是否相交

两直线相交

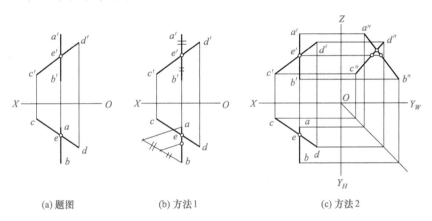

(a) 题图　　　　　　(b) 方法1　　　　　　(c) 方法2

图 1-35　判断两直线是否相交

解：有两种判断方法

①如图 1-35（b）所示，由于 $be : ea \neq b'e' : e'a'$，根据直线上点的性质，可以判断点 K 不在直线 AB 上，所以直线 AB 与 CD 不相交

②如图 1-35（c）所示，求出侧面投影，由于 $a''b$ 与 $c''d$ 的交点不是点 E 的侧面投影，即点 K 不在直线 AB 上，所以直线 AB 与 CD 不相交

两直线交叉

既不平行又不相交的两直线称为交叉两直线。在投影图上，若两直线的各同名投影既不具有平行两直线的投影性质，又不具有相交两直线的投影性质，即可判定为交叉两直线

交叉两直线可能有一个或两个投影平行，但不会有三个同名投影平行。交叉两直线的同名投影也可能会相交，但它们的交点不符合点的投影规律，交点实际上是两直线上对投影面的一对重影点的投影。如图 1-36 所示，直线 AB 和 CD 的水平投影的交点是直线 CD 上的点Ⅰ和 AB 上的点Ⅱ（对 H 面的重影点）的水平投影，直线 AB 和 CD 的正面投影的交点是直线 AB 上的点Ⅲ和 CD 上的点Ⅴ（对 V 面的重影点）的正面投影

类别	说 明

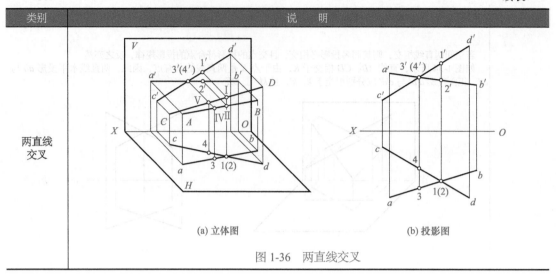

(a) 立体图   (b) 投影图

图 1-36　两直线交叉

（5）直角投影定理

空间两直线成直角（相交或交叉），若两边都与某一投影面倾斜，则在该投影面内的投影不是直角；若其中一边平行于某投影面，则在该投影面上的投影仍是直角如图 1-37 所示。以一边平行于水平面的直角为例，证明如下。

设空间相交直线 $AB \perp CD$，且 $AB \mathbin{/\mkern-5mu/} H$ 面。因为 $AB \mathbin{/\mkern-5mu/} H$ 面，$Bb \perp H$ 面，所以 $AB \perp Bb$；因为 $AB \perp CD$、$AB \perp Bb$，所以，$AB \perp$ 平面 $CcdD$；又因 $ab \mathbin{/\mkern-5mu/} AB$，所以 $ab \perp$ 平面 $CcdD$。所以 $ab \perp cd$，即 $\angle abd = 90°$。

反之，若相交两直线在某投影面上的投影为直角，且其中一直线与该投影面平行，则该两直线在空间必相互垂直。

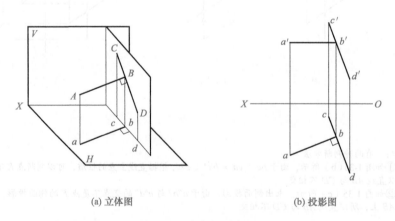

(a) 立体图   (b) 投影图

图 1-37　直角投影定理

例　如图 1-38 所示，求作交叉两直线 AB 和 CD 的公垂线以及 AB 和 CD 之间的距离。

解：直线 AB 和 CD 的公垂线是与 AB 和 CD 都垂直相交的直线。设垂足分别为 E 和 F，则 EF 的实长即为两交叉直线 AB 和 CD 之间的距离。

因为 $CD \perp H$ 面，$EF \perp CD$，所以 $EF \mathbin{/\mkern-5mu/} H$ 面，并且垂足 F 的水平投影应与 CD 在水平面的积聚性投影重合。根据直角投影定理，AB 与 EF 在 H 面的投影仍为直角，即 $ef \perp ab$。又由于 $EF \mathbin{/\mkern-5mu/} H$ 面，则 ef 即为 EF 的实长，即为 AB 和 CD 之间的距离。

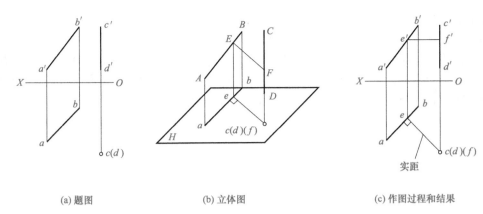

| (a) 题图 | (b) 立体图 | (c) 作图过程和结果 |

图 1-38　求直线 *AB* 和 *CD* 之间的距离

作图步骤：

① 过 *CD* 的积聚性投影作 *ef* ⊥ *ab*，与 *ab* 交于 *e*。

② 由 *e* 作 *OX* 轴的垂直线，交 *a′b′* 于 *e′*。

③ 过 *e′* 作 *e′f′* ∥ *OX*，交 *c′d′* 于 *f′*。则 *e′f′*、*ef* 即为公垂线 *EF* 的两面投影，*ef* 即为 *AB* 和 *CD* 之间的距离。

（三）平面的投影

（1）投影特性

平面对一个投影面的投影特性取决于平面对投影面的相对位置，平面对一个投影面有三种相对位置（见表 1-17）。

表 1-17　平面对一个投影面的三种相对位置

类别	示例	说明
平面垂直 于投影面		其投影积聚成一条直线，平面上所有的几何元素在该面上的投影都重合在这条直线上。这种投影特性称为积聚性
平面平行 于投影面		其投影反映该平面的实形，这种投影特性称为实形性
平面倾斜于 投影面		其投影不反映平面的实形，但形状与该面是类似的，这种投影特性称为类似性

（2）平面对投影面的倾角

空间平面与投影面之间的夹角称为平面对投影面的倾角。平面对 *H* 面的倾角用 α 表示，

平面对 V 面的倾角用 β 表示，平面对 W 面的倾角用 γ 表示。

（3）平面在三投影面体系中的投影特性

在三投影面体系中，根据平面与三投影面之间的相对位置，可将平面分为一般位置平面和特殊位置平面两类，其中特殊位置平面又可分为投影面垂直面和投影面平行面。各种位置平面的立体图、投影图及其投影特性见图1-39及表1-18。

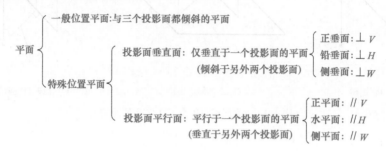

图 1-39　平面在三投影面体系中的投影特性

表 1-18　各种位置平面的投影特性

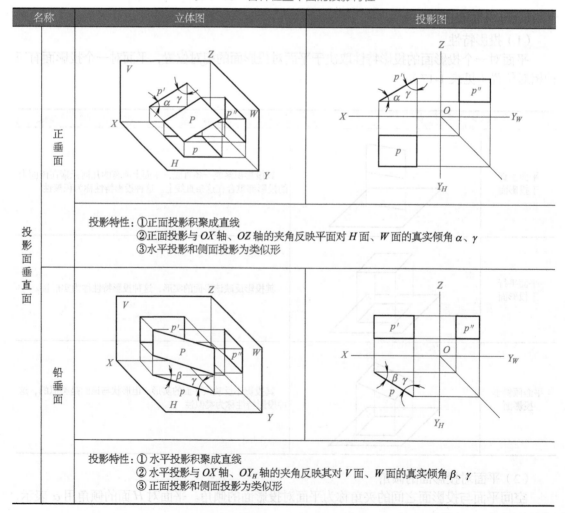

名称		立体图	投影图
投影面垂直面	正垂面		
	投影特性：①正面投影积聚成直线 ②正面投影与 OX 轴、OZ 轴的夹角反映平面对 H 面、W 面的真实倾角 α、γ ③水平投影和侧面投影为类似形		
	铅垂面		
	投影特性：①水平投影积聚成直线 ②水平投影与 OX 轴、OY_H 轴的夹角反映其对 V 面、W 面的真实倾角 β、γ ③正面投影和侧面投影为类似形		

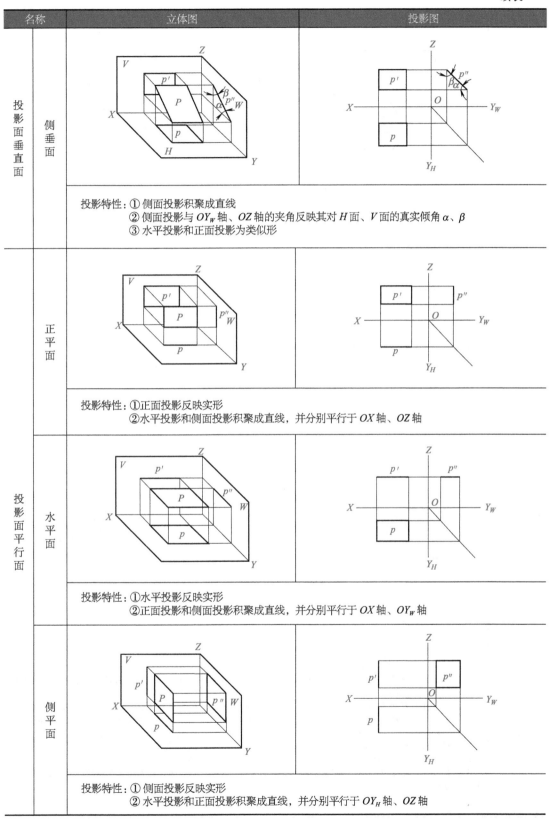

名称		立体图	投影图
投影面垂直面	侧垂面		
	投影特性：①侧面投影积聚成直线 ②侧面投影与 OY_W 轴、OZ 轴的夹角反映其对 H 面、V 面的真实倾角 α、β ③水平投影和正面投影为类似形		
投影面平行面	正平面		
	投影特性：①正面投影反映实形 ②水平投影和侧面投影积聚成直线，并分别平行于 OX 轴、OZ 轴		
	水平面		
	投影特性：①水平投影反映实形 ②正面投影和侧面投影积聚成直线，并分别平行于 OX 轴、OY_W 轴		
	侧平面		
	投影特性：①侧面投影反映实形 ②水平投影和正面投影积聚成直线，并分别平行于 OY_H 轴、OZ 轴		

名称	立体图	投影图
一般位置平面	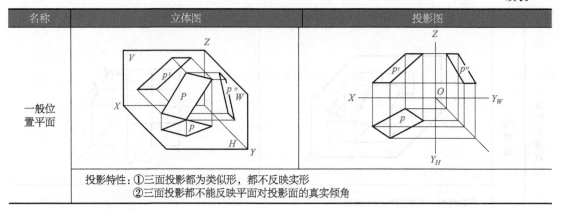	

投影特性：①三面投影都为类似形，都不反映实形
②三面投影都不能反映平面对投影面的真实倾角

（4）平面内的直线与点

平面内的直线与点的形式见表1-19。

表1-19　平面内的直线与点的形式

类别	说　明
平面内取直线	直线在平面内必须具备下列条件之一： ①直线通过平面内的两点 ②直线通过平面内的一点且平行于平面内的另一直线 依此条件，在平面内取直线，可在平面内取两已知点连线，或取一已知点，过该点作平面内已知直线的平行线，如图1-40所示 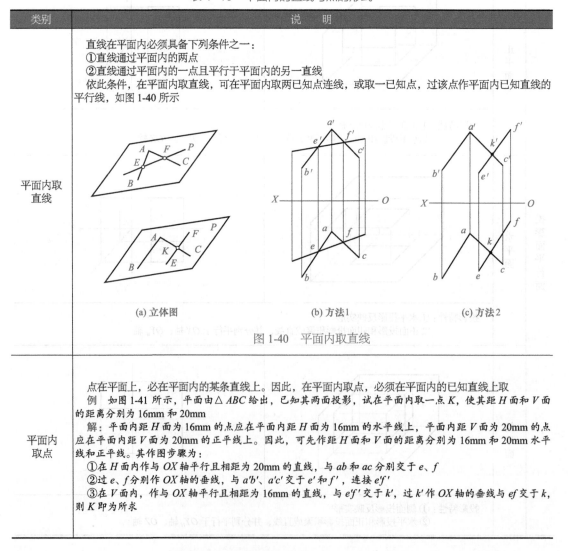 (a) 立体图　　　　(b) 方法1　　　　(c) 方法2 图1-40　平面内取直线
平面内取点	点在平面上，必在平面内的某条直线上。因此，在平面内取点，必须在平面内的已知直线上取 例　如图1-41所示，平面由△ABC给出，已知其两面投影，试在平面内取一点K，使其距H面和V面的距离分别为16mm和20mm 解：平面内距H面为16mm的点应在平面内距H面为16mm的水平线上，平面内距V面为20mm的点应在平面内距V面为20mm的正平线上。因此，可先作距H面和V面的距离分别为16mm和20mm水平线和正平线。其作图步骤为： ①在H面内作与OX轴平行且相距为20mm的直线，与ab和ac分别交于e、f ②过e、f分别作OX轴的垂线，与$a'b'$、$a'c'$交于e'和f'，连接$e'f'$ ③在V面内，作与OX轴平行且相距为16mm的直线，与$e'f'$交于k'，过k'作OX轴的垂线与ef交于k，则K即为所求

类别	说　明
平面内取点	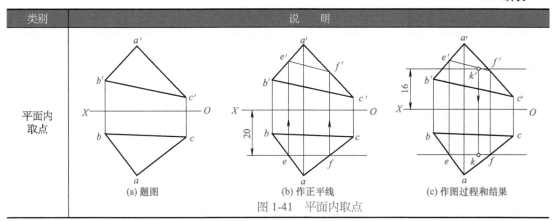 (a) 题图　　　　(b) 作正平线　　　　(c) 作图过程和结果 图 1-41　平面内取点

第三节　金属材料

一、金属材料的分类

（1）金属材料的分类

金属材料一般分为钢铁材料（黑色金属）和有色金属两大类，具体的分类方法见表1-20。

表 1-20　金属材料的分类

金属材料	钢铁材料		铸钢	铸造碳钢
				铸造合金钢
			碳素钢	结构钢
				工具钢
		钢	合金钢	合金结构钢
				渗碳钢
				调质钢
				弹簧钢
				滚动轴承钢
				合金工具钢
				低合金工具钢
				高速钢
				合金模具钢
				冷作模具钢
				热作模具钢
				特殊性能钢
				不锈钢
				耐热钢
				耐磨钢
				磁钢
				粉末冶金
		铸铁		白口铸铁
				灰铸铁
				可锻铸铁
				球墨铸铁
	有色金属			铜及铜合金
				铝及铝合金
				其他合金：镁、钛、镍、铅、锌、锡合金等

（2）钢铁的分类（表1-21）

表1-21　钢铁的分类

名称	定　义	用　途
工业纯铁	杂质总含量<0.2%及含碳量在0.02%～0.04%的纯铁	重要的软磁材料，也是制造其他磁性合金的原材料
生铁	含碳量>2%，并含硅、锰、硫、磷等杂质的铁碳合金	通常分为炼钢用生铁和铸造用生铁两大类
铸铁	用铸造生铁为原料，在重熔后直接浇注成铸件，是含碳量>2%的铁碳合金	主要有灰铸铁、可锻铸铁、球墨铸铁、耐磨铸铁和耐热铸铁
铸钢	铸钢是指采用铸造方法生产出来的一种钢铸件，其含碳量一般在0.15%～0.60%之间	一般分为铸造碳钢和铸造合金钢两大类
钢	以铁为主要元素，含碳量一般为0.04%～2%，并含有其他元素的材料	炼钢生铁经炼钢炉熔炼的钢，除少数是直接浇注成钢铸件外，绝大多数是先铸成钢锭、连铸坯，再经过锻压或轧制成锻件或各种钢材。通常所讲的钢，一般是指轧制成各种型材的钢

（3）钢的分类（表1-22）

表1-22　钢的分类

分类方法	分类名称		特征说明
按化学成分分	碳素钢		按含碳量不同，可分为： ①低碳钢：含碳量≤0.25% ②中碳钢：0.25%<含碳量≤0.60% ③高碳钢：含碳量>0.60%
	合金钢		在冶炼碳素钢的基础上，加入一些合金元素而炼成的钢。按其合金元素总含量，可分为： ①低合金钢：合金元素总含量≤5% ②中合金钢：5%<合金元素总含量≤10% ③高合金钢：合金元素总含量>10%
	按炉别分		①平炉钢：又分为酸性和碱性两种 ②转炉钢：又分为酸性和碱性两种 ③电炉钢：有电弧炉钢、感应炉钢和真空感应炉钢
	按脱氧程度分： 沸腾钢F、半镇静钢B、镇静钢Z、特殊镇静钢TZ（一般Z、TZ予以省略）		①沸腾钢：该钢脱氧不完全，浇注时产生沸腾现象。优点是冶炼成本低，表面质量及深冲性能好；缺点是化学成分和质量不均匀，抗腐蚀性能和机械强度较差，且晶粒粗化，有较大的时效趋向性、冷脆性。在温度为0℃以下焊接时，接头内可能出现脆性裂纹。一般不宜用于重要结构 ②镇静钢：完全获得脱氧的钢，化学成分均匀，晶粒细化，不存在非金属夹杂物，其冲击韧性比晶粒粗化的钢提高1～2倍。一般优质碳素钢和合金钢均是镇静钢 ③半镇静钢：脱氧程度介于上述两种钢之间。因生产较难控制，产量较少
按钢的品质分	普通钢		$w_P \leqslant 0.045\%$，$w_S \leqslant 0.055\%$；或$w_{P(S)} \leqslant 0.05\%$
	优质钢		$w_{P(S)} \leqslant 0.04\%$
	高级优质钢		$w_P \leqslant 0.030\%$；$w_S \leqslant 0.020\%$；通常在钢号后面加"A"
按结构钢的强度等级分	Q235		屈服强度为235MPa，使用很普遍
	Q345		屈服强度为345MPa，使用很普遍
	Q390		屈服强度为390MPa，综合性能好，如15MnVR，15MnTi
	Q400		屈服强度为400MPa，如30SiTi
	Q440		屈服强度为440MPa，如15MnVNR
按钢的用途分	结构钢	建筑及工程用结构钢	建筑及工程用结构钢，简称建造用钢，它是指用于建筑、桥梁、船舶、锅炉或其他工程上制作金属结构件的钢。这类钢大多为低碳钢，因为它们多要经过焊接施工，含碳量不宜过高，一般都是在热轧供应状态或正火状态下使用 属于这一类型的钢，主要有： 普通碳素结构钢——按用途又分为：一般用途的普碳钢和专用普碳钢 低合金钢——按用途又分为：低合金结构钢、耐腐蚀用钢、低温用钢、钢筋钢、钢轨钢、耐磨钢、特殊用途的专用钢

分类方法	分类名称		特征说明
按钢的用途分	结构钢	机械制造用结构钢	机械制造用结构钢是指用于制造机械设备上结构零件的钢。这类钢基本上都是优质钢或高级优质钢，它们往往要经过热处理、冷塑成形和机械切削加工后才能使用 属于这一类型的钢，主要有：优质碳素结构钢、合金结构钢、易切结构钢、弹簧钢及滚动轴承钢 优质碳素结构钢和合金结构钢按其工艺特征又分为：调质结构钢、表面硬化结构钢及冷塑性成形用钢（如冷冲压钢、冷镦钢、冷挤压用钢等）。其中，表面硬化结构钢又可分为：渗碳钢、渗氮钢、液体碳氮共渗钢及表面淬火用钢
	工具钢		工具钢是指用于制造各种工具的钢 这类钢按其化学成分，通常分为：碳素工具钢、合金工具钢、高速工具钢等 按用途又可分为：刃具钢（或称刀具钢）、模具钢（包括冷作模具钢和热作模具钢）及量具钢
	专用钢		锅炉用钢（牌号末位用 g 表示） 桥梁用钢（牌号末位用 q 表示），如 16q、16Mnq 等 船体用钢，一般强度钢分为 A、B、C、D、E 五个等级 压力容器用钢（牌号末位用 R 表示） 低温压力容器用钢（牌号末位用 DR 表示） 汽车大梁用钢（牌号末位用 L 表示） 焊条用钢（手工电弧焊条冠以"E"，埋弧焊焊条冠以"H"）
	特殊钢		特殊钢是指用特殊方法生产，具有特殊物理、化学性能或力学性能的钢 属于这一类型的钢主要有：不锈耐酸钢、耐热不起皮钢、高电阻合金钢、低温用钢、耐磨钢、磁钢（包括硬磁钢和软磁钢）、抗磁钢、超高强度钢（指屈服强度 ≥ 1400MPa 的钢）

（4）钢材的分类（表 1-23）

表 1-23 钢材的分类

类别	说　　明
型钢	按断面形状分圆钢、扁钢、方钢、六角钢、八角钢、角钢、工字钢、槽钢、丁字钢、乙字钢等
钢板	①按厚度分厚钢板（厚度 >4mm）和薄钢板（厚度 ≤ 4mm） ②按用途分一般用钢板、锅炉用钢板、造船用钢板、汽车用厚钢板、一般用薄钢板、屋面薄钢板、酸洗薄钢板、镀锌薄钢板、镀锡薄钢板和其他专用钢板等
钢带	按交货状态分热轧钢带和冷轧钢带
钢管	①按制造方法分无缝钢管（有热轧、冷拔两种）和焊接钢管 ②按用途分一般用钢管、水煤气用钢管、锅炉用钢管、石油用钢管和其他专用钢管等 ③按表面状况分镀锌钢管和不镀锌钢管 ④按管端结构分带螺纹钢管和不带螺纹钢管
钢丝	①按加工方法分冷拉钢丝和冷轧钢丝等 ②按用途分一般用钢丝、包扎用钢丝、架空通信用钢丝、焊接用钢丝、弹簧钢丝、琴钢丝和其他专用钢丝等 ③按表面情况分抛光钢丝、磨光钢丝、酸洗钢丝、光面钢丝、黑钢丝、镀锌钢丝和其他金属钢丝等
钢丝绳	①按绳股数目分单股钢绳、六股钢绳和十八股钢绳等 ②按内芯材料分有机物芯钢绳和金属芯钢绳等 ③按表面状况分不镀锌钢绳和镀锌钢绳

二、钢铁材料的性能简介

钢铁材料的性能主要是指力学性能、物理性能、化学性能和工艺性能等。

（1）力学性能

钢铁材料的力学性能是指钢铁材料在外力作用下表现出来的特性，如强度、硬度、塑性和冲击韧性等，详细见表 1-24。

表 1-24　常用金属材料力学性能术语

术语	符号	释义
弹性模量	E	低于比例极限的应力与相应应变的比值，杨氏模量为正应力和线性应变下的弹性模量特例
泊松比	v	低于材料比例极限的轴向应力所产生的横向应变与相应轴向应变的负比值
伸长率	A	原始标距（或参考长度）的伸长与原始标距（或参考长度）之比的百分率
断面收缩率	Z	断裂后试样横截面积的最大缩减量与原始横截面积之比的百分率
抗拉强度	R_m	与最大力 F_m 相对应的应力
屈服强度	—	当金属材料呈现屈服现象时，在试验期间会发生塑性变形而应力不增加时的应力。应区分上屈服强度和下屈服强度
上屈服强度	R_{eH}	试样发生屈服而力首次下降前的最高应力值
下屈服强度	R_{eL}	在屈服期间不计初始瞬时效应时的最低应力值
规定非比例延伸强度	$R_{p0.2}$	非比例伸长率等于引伸计标距规定百分率时的应力。使用的符号应附以下脚注说明所规定的百分率，例如 $R_{p0.2}$
规定非比例压缩强度	$R_{pc0.2}$	试样标距段的非比例压缩变形达到规定的原始标距百分比时的压缩应力。使用的符号应附以下脚注说明所规定的百分率，例如 $R_{pc0.2}$
规定残余延伸强度	$R_{r0.2}$	卸除应力后残余伸长率等于规定的引伸计标距百分率时对应的应力。使用的符号应附以下脚注说明所规定的百分率，例如 $R_{r0.2}$
布氏硬度	HBW	材料抵抗通过硬质合金球压头施加试验力所产生永久压痕变形的度量单位
努氏硬度	HK	材料抵抗通过金刚石菱形锥体压头施加试验力所产生永久压痕变形的度量单位
马氏硬度	HM	材料抵抗通过金刚石棱锥体（正四棱锥体或正三棱锥体）压头施加试验力所产生塑性变形和弹性变形的度量单位
洛氏硬度	HR	材料抵抗通过硬质合金或钢球压头，或对应某一标尺的金刚石圆锥体压头施加试验力所产生永久压痕变形的度量单位
维氏硬度	HV	材料抵抗通过金刚石四棱锥体压头施加试验力所产生永久压痕变形的度量单位
里氏硬度	HL	用规定质量的冲击体在弹性力作用下以一定速度冲击试样表面，用冲头在距试样表面 1mm 处的回弹速度与冲击速度的比值计算硬度值

注：本表摘自《金属材料　力学性能试验术语》（GB/T 10623—2008）。

（2）物理性能

钢铁材料的物理性能是指金属的密度、熔点、热膨胀、热导率、导电性和磁性等，它们的代号和含义见表 1-25 和表 1-26。

表 1-25　钢铁材料的物理性能的代号和含义

名称	含义	计量单位
密度（ρ）	单位体积金属的质量 $\rho<5\times10^3$，称为轻金属 $\rho>5\times10^3$，称为重金属	kg/m^3
熔点	金属或合金的熔化温度。钨、钼、铬、钒等属于难熔金属；锡、铅、锌等属于易熔金属	℃
热膨胀（线胀系数）（α）	金属或合金受热时，体积增大，冷却时收缩的性能。热膨胀大小用线胀系数来表示	℃ $^{-1}$
热导率（导热系数）（λ）	金属材料在加热或冷却时能够传导热能的性质。设导热性最好的银为 1，则铜为 0.9，铝为 0.5，铁为 0.15	$W/(m\cdot K)$
导电性	金属能够传导电流的性能。导电性最好的是银，其次是铜、铝	—
磁性	金属能导磁的性能，具有导磁能力的金属能被磁铁吸引	—

表 1-26　常用材料的热导率和线胀系数

加工材料	热导率 $\lambda[W/(m\cdot K)]$	线胀系数 $\alpha/℃^{-1}$
45 钢	0.115	12
灰铸铁	0.12	8.7～11.1

加工材料	热导率 λ[W/(m·K)]	线胀系数 α/℃⁻¹
黄铜	0.14～0.58	18.2～20.6
紫铜	0.94	19.2
锡青铜	0.14～0.25	17.5～19
铝合金	0.36	24.3
不锈钢	0.039	15.5～16.5

（3）化学性能

钢铁在常温或高温时抵抗各种化学作用的能力称为化学性能，如耐腐蚀性和化学稳定性等，它们的名称和含义见表1-27。

表1-27 钢铁材料化学性能种类和含义

名称	含义
耐腐蚀性	钢铁材料抵抗各种介质（如大气、水蒸气、其他有害气体及酸、碱、盐等）侵蚀的能力
抗氧化性	金属材料在高温下抵抗氧化作用的能力
化学稳定性	钢铁材料耐腐蚀性和抗氧化性的总和。钢铁材料在高温下的化学稳定性又称为热稳定性

（4）工艺性能

钢铁材料是否易于加工成形的性能称为工艺性能，如铸造性能、锻造性能、焊接性能、切削加工性能和热处理工艺性能等，它们的名称和含义见表1-28。

表1-28 钢铁材料工艺性能的含义

名称	含义
铸造性能	钢铁能否用铸造方法制成优良铸件的性能，包括金属的液态流动性、冷却时的收缩率等
锻造性能	钢铁在锻造时的抗氧化性能及氧化皮的性质，以及冷镦性、锻后冷却要求等
焊接性能	钢铁是否容易用一定的焊接方法焊成优良接缝的性能。焊接性好的材料能获得没有裂缝、气孔等缺陷的焊缝，并且焊接接头具有一定的力学性能
切削加工性能	钢铁在切削加工时的难易程度
热处理工艺性能	钢铁在热处理时的淬透性、变形、开裂、脆性等

三、钢材规格表示方法

钢材规格表示方法见表1-29。

表1-29 钢材规格表示方法

名称	规格表示方法	示例
圆钢、线材	直径	圆钢 10mm 或 φ10mm
方钢	边长 × 边长	方钢 15mm×15mm 或（15mm）²
六角钢	内切圆直径	六角钢 8mm
八角钢	内切圆直径	八角钢 70mm
扁钢	边宽 × 厚度	扁钢 40mm×20mm
等边角钢	边宽 × 边宽 × 边厚	等边角钢 40mm×40mm×3mm 或（40mm）²×3mm 或 4#
不等边角钢	长边宽 × 短边宽 × 边厚	不等边角钢 80mm×50mm×6mm 或 8/5#
槽钢	高度 × 腿宽 × 腰厚	槽钢 50mm×37mm×4.5mm 或 5#
工字钢	高度 × 腿宽 × 腰厚	工字钢 160mm×88mm×6mm 或 16#
钢轨	每米长的公称质量（kg）	钢轨 50kg
钢板	厚度 × 宽度 × 长度	钢板 10mm×1000mm×2000mm（若长度和宽度无要求，只写厚度）
钢带	厚度 × 宽度	钢带 0.5mm×100mm
无缝钢管	外径 × 壁厚 × 长度	无缝管 32mm×2.5mm 或 32mm×2.5mm×3000mm
焊接钢管	公称直径（内径近似值）用英制	焊管 8mm 或 1/4#
圆形钢丝	直径或线规号	钢丝 0.16mm 或 φ0.16mm，或 AWG 线规号 34#
钢线绳（圆股）	股数 × 每股丝数—线直径	钢丝绳 6×7—3.8mm，捻向要求、强度要求等需分别注明

四、金属材料理论质量计算

（1）钢材理论质量计算简式（表1-30）

表1-30　钢材理论质量计算简式

材料名称	理论质量 $W/(\text{kg/m})$
扁钢、钢板、钢带	$W=0.00785\times$ 宽 $\times$ 厚
方钢	$W=0.00785\times$ 边长^2
圆钢、线材、钢丝	$W=0.00617\times$ 直径^2
六角钢	$W=0.0068\times$ 对边距离^2
八角钢	$W=0.0065\times$ 对边距离^2
钢管	$W=0.02466\times$ 壁厚（外径－壁厚）
等边角钢	$W=0.00785\times$ 边厚（2×边宽－边厚）
不等边角钢	$W=0.00785\times$ 边厚（长边宽＋边宽－边厚）
工字钢	$W=0.00785\times$ 腰厚［高＋f×（腿宽－腰厚）］
槽钢	$W=0.00785\times$ 腰厚［高＋e×（腿宽－腰厚）］

注：1. 角钢、工字钢和槽钢的准确计算公式很烦琐，本表列简式用于计算近似值。
　　2. f值：一般型号及带 a 级的为 3.34mm，带 b 级的为 2.65mm，带 c 级的为 2.26mm（a、b、c 为同一型号槽钢中的不同腰厚，下同）。
　　3. e 值：一般型号及带 a 级的为 3.26mm，带 b 级的为 2.44mm，带 c 级的为 2.24mm。
　　4. 各长度单位均为 mm。

（2）基本公式

$$W = AL\rho \times \frac{1}{1000}$$

式中　W——金属材料质量，kg；
　　　A——截面积，m^2；
　　　L——长度，m；
　　　ρ——金属的密度，g/cm^3。碳素钢密度数值为 7.85，不锈钢密度数值为 7.75，铝密度数值为 2.73，铜密度数值为 8.9。

五、金属材料的热处理

热处理就是将金属加热到一定温度，并在此温度停留一段时间，然后冷却至一定温度的工艺过程。热处理的过程一般都要经过加热、保温和冷却三个阶段。

热处理虽不能改变金属零件的形状和大小，但能改变金属内部的组织，从而改善金属的性能，提高产品质量，延长使用寿命。常用的热处理种类见表1-31。

表1-31　常用的热处理种类

类型	处理方法	目的及应用说明
退火	将钢件加热到 Ac_3＋（30～50）℃ 或 Ac_1＋（30～50）℃ 或 Ac_1 以下的温度，经透烧和保温后，一般随炉缓慢冷却	目的： ①降低硬度，提高塑性，改善切削加工与压力加工性能 ②细化晶粒，改善力学性能，为下一步工序做准备 ③消除热、冷加工所产生的内应力 应用： ①适用于合金结构钢、碳素工具钢、合金工具钢、高速钢等的锻件、焊接件以及供应状态不合格的原材料 ②一般在毛坯状态进行退火

类型	处理方法	目的及应用说明
正火	将钢件加热到 Ac_3 或 Ac_{cm} 以上 30～50℃，保温后以稍大于退火的冷却速度冷却	目的： 正火的目的与退火相似 应用： 正火通常作为锻件、焊接件以及渗碳零件的预先热处理工序。对于性能要求不高的低碳和中碳的碳素结构钢及低合金钢件，也可以作为最后的热处理。对于一般中、高合金钢，空冷可导致完全或局部淬火，因此不能作为最后热处理工序
淬火	将钢件加热到相变温度 Ac_3 或 Ac_1 以上，保温一定时间，然后在水、硝盐、油或空气中快速冷却	目的： 淬火一般是为了得到高硬度的马氏体组织，有时对某些高合金钢（如不锈钢、耐磨钢）淬火时，则是为了获得单一均匀的奥氏体组织，以提高其耐蚀性和耐磨性 应用： ①一般均用于含碳量大于 0.30% 的碳钢和合金钢 ②淬火能充分发挥钢的强度和耐蚀性潜力，但同时会造成很大的内应力，降低钢的塑性和冲击韧度，故需进行回火以得到较好的综合力学性能
回火	将淬火后的钢件重新加热到 Ac_1 以下某一温度，经保温后，于空气或油、热水、水中冷却	目的： ①降低或消除淬火后的内应力，减少工件的变形和开裂 ②调整硬度，提高塑性和韧性，获得所要求的力学性能 ③稳定工件尺寸 应用： ①保持钢在淬火后的高硬度和耐磨性时用低温回火；在保持一定韧性的条件下提高弹性和屈服强度时用中温回火；以保持高的冲击韧度和塑性为主，又有足够强度时用高温回火 ②一般钢尽量避免在 230～280℃、不锈钢在 400～450℃ 之间回火，因这时会产生一次回火脆性
调质	淬火后高温回火称为调质，即钢件加热到比淬火时高 10～20℃ 的温度，保温后进行淬火，然后在 400～720℃ 的温度下进行回火	目的： ①改善切削加工性能，提高加工表面光滑程度 ②减小淬火时的变形和开裂 ③获得良好的综合力学性能 应用： ①适用于淬透性较高的合金结构钢、合金工具钢和高速钢 ②不仅可以作为各种较为重要的结构件的最后热处理，而且还可作为某些精密件，如丝杠等的预先热处理，以减小变形
时效	将钢件加热到 80～200℃，保温 5～20h 或更长一些时间，然后取出在空气中冷却	目的： ①稳定钢件淬火后的组织，减小存放或使用期间的变形 ②减轻淬火以及磨削加工后的内应力，稳定形状和尺寸 应用： ①适用于经淬火后的各钢种 ②常用于要求形状不再发生变形的精密工件，如精密丝杠、测量工具、床身、箱体等
冷处理	将淬火后的钢件，在低温介质（如干冰、液氮）中冷却到 -60～-80℃ 或更低，温度均匀一致后取出均温到室温	目的： ①使淬火钢件内的残余奥氏体全部或大部分转变为马氏体，从而提高钢件的硬度、强度、耐磨性和疲劳极限 ②稳定钢的组织，以稳定钢件的形状和尺寸 应用： ①钢件淬火后应立即进行冷处理，然后再经低温回火，以消除低温冷却时的内应力 ②冷处理主要适用于合金钢制作的精密刀具、量具和精密零件
火焰加热表面淬火	用氧乙炔混合气体燃烧的火焰，喷射到钢件表面上，快速加热，当达到淬火温度后立即喷水冷却	目的： 提高钢件表面硬度、耐磨性及疲劳强度，心部仍保持韧性状态 应用： ①多用于中碳钢制作，一般淬透层深为 2～6mm ②适用于单件或小批生产的大型工件和需要局部淬火的工件

类型	处理方法	目的及应用说明
感应加热表面淬火	将钢件放入感应器中，使钢件表层产生感应电流，在极短的时间内加热到淬火温度，然后立即喷水冷却	目的： 提高钢件表面硬度、耐磨性及疲劳强度，心部仍保持韧性状态 应用： ①多用于中碳钢和中碳合金结构钢制件 ②由于集肤效应，高频感应加热淬火淬透层一般为 1～2mm，中频感应加热淬火一般为 3～5mm，低频感应加热淬火一般大于 10mm
渗碳	将钢件放入渗碳介质中，加热至 900～950℃并保温，使钢件表面获得一定浓度和深度的渗碳层	目的： 提高钢件表面硬度、耐磨性及疲劳强度，心部仍保持韧性状态 应用： ①多用于含碳量为 0.15%～0.25% 的低碳钢及低合金钢制件。一般渗碳层深 0.5～2.5mm ②渗碳后必须经过淬火，使表面得到马氏体，才能实现渗碳的目的
渗氮	利用在 500～600℃时氨气分解出来的活性氮原子，使钢件表面被氮饱和，形成氮化层	目的： 提高钢件表面的硬度、耐磨性、疲劳强度以及抗蚀能力 应用： 多用于含有铝、铬、钼等合金元素的中碳合金结构钢，以及碳钢和铸铁。一般氮化层深度为 0.025～0.8mm
氮碳共渗	向钢件表面同时渗碳和渗氮	目的： 提高钢件表面的硬度、耐磨性、疲劳强度以及抗蚀能力 应用： ①多用于低碳钢、低合金结构钢以及工具钢制件。一般氮化层深度为 0.02～3mm ②氮化后还需淬火和低温回火

注：表中 Ac_1、Ac_3、Ac_{cm} 指钢的加热临界点。

六、金属塑性变形的基本知识

钣金、冷作加工中的矫形、弯曲、卷板、冲压等工序，都是利用金属在常温或高温下产生的塑性变形而成为所需的形状。因此，金属的塑性变形是金属成形的基础。

（1）金属的冷塑性变形

金属在冷状态下受外力作用时，其形状和尺寸将发生变化，这种变化可以是弹性的，也可以是塑性的。当外力解除后，金属能恢复其原来形状和尺寸的，这种变形称为弹性变形。反之，则为塑性变形。

金属是由许多晶粒组成的，金属的塑性变形是金属内部晶粒产生相对滑移的结果。所以，金属最基本的塑性变形方式是滑移。由于金属大都是多晶体，即它们是由方向不同的许多小晶粒组成。所以金属在受到外力作用时，最有利于滑移的那些晶粒首先产生滑移，然后再逐步扩展到其他晶粒。因此，多晶体金属的变形抗力较大，晶粒愈细，其晶界愈多，金属的塑性变形抗力也愈大。

金属在冷塑性变形时，随着滑移的进行，滑移面附近的晶格发生歪曲和畸变，滑移区的晶粒破碎，造成金属进一步滑移困难，从而使其强度、硬度升高，塑性和韧性降低。这种因金属冷塑性变形引起的金属力学性能的变化，称为冷加工硬化或冷作硬化。

冷作硬化是金属的一种重要性质，它不但使金属进一步成形需消耗更大的能量，造成成形困难，且由于金属的塑性和韧性降低，在成形时可能会产生裂纹和断裂，为防止这种现象的产生，一些冷加工后的工件需进行退火热处理。可见冷作硬化有很重要的实际意义。冷作硬化也有其有用的一面，例如利用加工硬化可提高某些工件的强度。

金属冷塑性变形的另一种后果是产生内应力。这种内应力的存在会削弱金属的强度，而应力若释放后又会造成工件的变形。

（2）金属的再结晶

金属经过冷塑性变形后加热至较高温度时，由于原子的活动能力增加，畸变和破碎的晶粒原子重新排列，即产生新的晶核和晶核不断长大，一直到金属的冷塑性变形组织完全消失，这一过程称为金属的再结晶。

金属再结晶后强度和硬度显著下降，塑性和韧性大大提高，内应力完全消除，金属恢复到原来状态。金属再结晶温度与熔点之间存在如下关系：

$$T_{再} = (0.35 \sim 0.4) T_{熔}$$

式中　$T_{再}$——再结晶热力学温度，℃；

　　　$T_{熔}$——熔化的热力学温度，℃。

（3）金属的热塑性变形

金属在再结晶温度以上进行压力加工，因塑性变形引起的冷作硬化由于再结晶过程而消除，即金属在再结晶温度以上进行的压力加工称为热加工。

金属在热塑性变形时，金属内部发生加工硬化和再结晶软化两个相反的过程。再结晶过程是边加工边发生的。当变形程度大而加热温度低时，由于变形所引起的强化占优势，金属的强度、硬度增加，塑性和韧性降低，金属的晶格畸变得不到恢复，变形阻力愈来愈大，甚至会造成金属破裂。相反，当变形程度较小而加热温度较高时，由于再结晶和晶粒长大占优势，金属的晶粒愈来愈粗，金属的性能也变差。由此可见，在热加工时应掌握好加热温度与变形程度，使其很好地相互配合。

（4）钢材的热加工温度范围

钢材开始压力加工时的温度称为始锻温度，加工结束时的温度称为终锻温度。始锻温度和终锻温度的范围称为锻造温度范围，即热加工温度范围。钢材的加热温度愈高，则塑性愈好，变形抗力愈小，易于成形。但加热温度过高，会使钢产生过热或过烧，同时使钢的氧化和脱碳更严重。

过热是由于加热温度过高或保温时间过长引起的，过热会使奥氏体晶粒变得粗大，钢的力学性能尤其是塑性会降低而影响成形。过烧是由于钢加热到接近熔化温度时，氧气沿晶界渗入，晶界会发生氧化变脆，塑性大大降低，使钢变脆而无法成形。

钢的最高加热温度（即始锻温度），通常要比固相线低 200℃。终锻温度应保证在加工结束时，金属有足够的塑性和获得再结晶组织。对亚共析钢为 Ac_3 以上 15 ~ 30℃，但碳的质量分数在 0.3% 以下的钢，由于有足够的塑性，终锻温度可低于 Ac_3；对过共析钢可在 A_1 线以上 50 ~ 100℃。

有些热加工成形，是在不太高的温度下进行的，如弯头及容器接管口的热冲压翻边约 700 ~ 750℃；筒节的中温卷圆和矫圆约 650℃。加工这些零件时，应考虑到钢材的脆化温度区，可能会对其性能产生不良影响。

钢材的热加工温度范围随钢材的成分而确定，常用金属材料的热加工温度范围见表 1-32。

表 1-32　常用金属材料的热加工温度范围

材料牌号	热加工温度 /℃	
	加热	终止（不低于）
Q235, 15, 15g, 20, 20g, 22g	900 ~ 1050	700
16Mn, 16MnRE, 15MnV, 15MnVRE	950 ~ 1050	750
15MnTi, 14MnMoV	950 ~ 1050	750
18MnMoNb, 15MnVN	950 ~ 1050	750
15MnVNRe	950 ~ 1050	750

材料牌号	热加工温度 /℃	
	加热	终止（不低于）
Cr5Mo，12CrMo，15CrMo	900～1000	750
14MnMoVBRe	1050～1100	850
12MnCrNiMoVCu	1050～1100	850
14MnMoNbB	1000～1100	750
0Cr13，1Cr13	1000～1100	850
1Cr18Ni9Ti，12Cr1MoV	950～1100	850
黄铜 H62，H68	600～700	400
铝及其合金 L2，LF2，LF21	350～450	250
钛	420～560	350
钛合金	600～840	500

钢加热时其颜色也随之变化，所以加热温度的高低一般可根据钢材的颜色做粗略地判断。在暗处观察时，钢的颜色与加热温度的关系见表1-33。

表 1-33　钢的颜色与加热温度的关系

颜色	温度 /℃	颜色	温度 /℃
暗褐色	530～580	亮红色	830～900
红褐色	580～650	橙色	900～1050
暗红色	650～730	暗黄色	1050～1150
暗樱红色	730～770	亮黄色	1150～1250
樱红色	770～800	炫目白色	1250～1300
亮樱红色	800～830		

七、金属材料的表面清理

常用的表面清理方法有化学除锈法和机械除锈法。

（1）化学除锈法

化学除锈法一般用酸、碱溶液按一定配方装入槽内，将工件放入浸泡一定时间，然后取出用水冲洗干净，以防止余酸的腐蚀。酸洗法可除去金属表面的氧化皮、锈蚀物、焊接熔渣等污物。碱洗法主要用于去除金属表面的油污。钝化主要作为酸洗后的防锈处理。表1-34列举了几种常用的化学清洗及钝化配方。

表 1-34　化学清洗及钝化配方

名称	配方（体积分数）/%		溶液温度 /℃	浸泡时间 /min	备注
碳钢去油	氢氧化钠 水玻璃 水	3～5 0.1～3 余量	70～90	10～30	—
碳钢酸洗去氧化皮	硫酸 盐酸 若丁 水	5～10 10～15 约0.5 余量	50～60	30～60	需有环保措施
不锈钢酸洗	浓硝酸 氢氟酸 水	20 10 70	室温	15～30	需有环保措施
不锈钢酸洗	硝酸（36波美度） 氢氟酸（65%） 水	100L 20L 900L	60	20	需有环保措施

名称	配方（体积分数）/%		溶液温度/℃	浸泡时间/min	备注
不锈钢酸洗软膏	浓硝酸　20 浓盐酸　80 白土或滑石粉调成糊状		室温	30～40	需有环保措施
不锈钢钝化	硝酸（相对密度1.42）　35 水　65		室温	30～40	—
	重铬酸钾　0.5～1 硝酸　5 水　余量		室温	60	加热至40～60℃加速钝化
Cr13型不锈钢碱、酸联合清洗	碱洗 氢氧化钠　65～80 硝酸　20～35		38～55	10～30	Cr13型不锈钢氧化皮十分致密牢固，此法清洗效果较好
	水浸（碱洗后接着水浸）		—	—	
	酸洗 硫酸　15～18 食盐　3～5		70～80	1～2	
铝及其合金碱洗去油	氢氧化钠　5 水　95		60～70	2～3	—
铝及其合金酸洗	硝酸　20 氢氟酸　10～15 水　65～70		室温	数秒钟	—
铝合金钝化	硝酸　35 铬酐　0.5～1.5 水　余量		室温	呈银白色为止，2～3min	—

（2）机械除锈法

常用有喷砂法、弹丸法或抛丸法，其说明见表1-35。

表1-35　机械除锈法

类别	说　明
喷砂法	喷砂法是目前广泛用于钢板、钢管、型钢及各种钢制设备的预处理方法，它能清除工件表面的铁锈、氧化皮等各种污物，并使之产生一层均匀的粗糙表面。喷砂设备系统如图1-42所示，压缩空气经导管流经混砂管内的空气喷嘴时，空气喷嘴前端造成负压，将贮存砂斗中的砂粒经放砂旋塞吸入与气流混合，然后经软管从喷嘴喷出，冲刷到工件的表面，将铁锈和氧化皮剥离，从而达到除锈目的 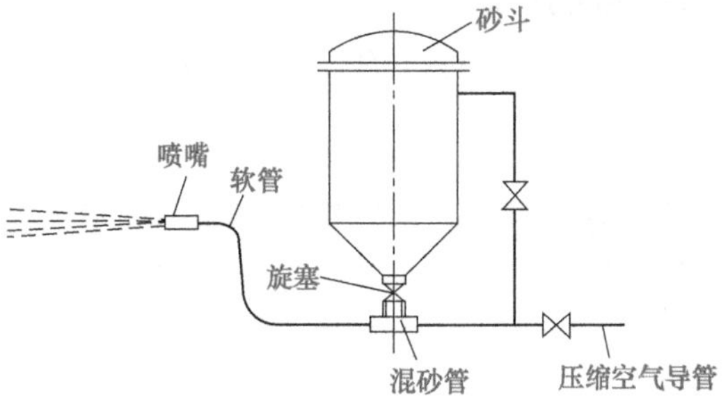 图1-42　喷砂设备系统 压缩空气的压力一般为0.5～0.7MPa。喷嘴采用硬质合金、陶瓷等耐磨材料制成。砂粒采用坚硬的清洁干燥的硅砂，粒度应均匀。喷砂法质量好、效率高，但粉尘大，应在密闭的喷砂室内进行
弹丸法	利用压缩空气导管中高速流动的气流，使铁丸冲击金属表面的锈层，达到除锈的目的。弹丸除锈的铁丸直径一般为0.8～1.5mm（厚板可用2.0mm），压缩空气压力一般为0.4～0.5MPa 弹丸法用于零件或部件的整体除锈，这种除锈法生产率不高，约6～15m²/h

类别	说　明
抛丸法	抛丸法是利用专门的抛丸机将铁丸或其他磨料高速地抛射到原材料表面上，以除去表面的氧化皮、铁锈和污垢。抛丸机有立式和卧式两种，如图 1-43 所示。立式抛丸机不易形成连续生产，一般较少应用，卧式抛丸机其表面处理质量比较均匀，可直接用传送辊道输送，应用较广。原材料经喷砂、抛丸除锈后，一般在 10～20min 范围内，随即进行防护处理，其步骤为： 　　①用经净化过的压缩空气将原材料表面吹净 　　②涂刷防护底漆或浸入钝化处理槽中作钝化处理，钝化剂可用 10% 磷酸锰铁水溶液处理 10min 或用 2% 亚硝酸钠溶液处理 1min 　　③将涂刷防护底漆后的原材料送入烘干炉中，用加热到 70℃ 的空气进行干燥处理 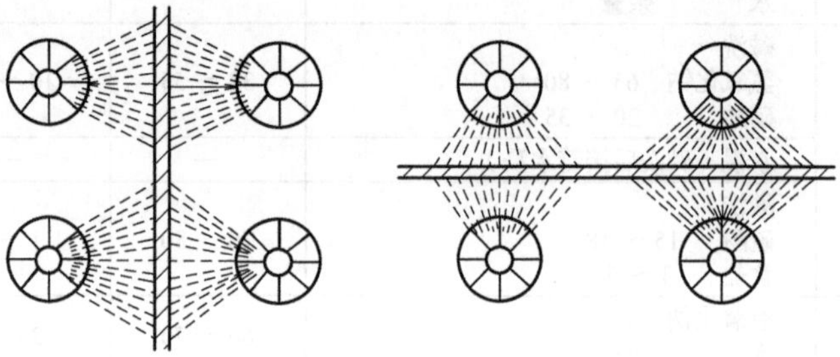 (a) 立式　　　　(b) 卧式 图 1-43　抛丸机结构

第四节　表面粗糙度与极限配合

一、表面粗糙度

表面粗糙度是指加工表面所具有的较小间距和微小峰谷的微观几何形状的尺寸特征。工件加工表面的这些微观几何形状误差称为表面粗糙度。

（一）评定表面粗糙度的参数

表面粗糙度基本术语符号新旧标准的对照见表 1-36。表面粗糙度参数符号新旧标准的对照见表 1-37。

表 1-36　表面粗糙度基本术语符号新旧标准的对照

GB/T 3505—2009	GB/T 3505—1983	基本术语
lp、lw、lr	l	取样长度
ln	l_n	评定长度
$Z(x)$	y	纵坐标值
Zp	y_p	轮廓峰高
Zv	y_v	轮廓谷深
Zt	—	轮廓单元的高度
Xs	—	轮廓单元的宽度
$Ml(c)$	η_p	在水平位置 c 上轮廓的实体材料长度

表 1-37　表面粗糙度参数符号新旧标准的对照

GB/T 3505—2009	GB/T 3505—1983	参　　数
Rsm	S_m	轮廓单元的平均宽度
$Rmr(c)$	—	轮廓的支承长度率
Rv	R_m	最大轮廓谷深
Rp	R_p	最大轮廓峰高
Rz	R_y	轮廓的最大高度
Ra	R_a	评定轮廓的算术平均偏差
Rmr	t_p	相对支承比率
—	R_z	十点高度

　　规定评定表面粗糙度的参数应从幅度参数、间距参数、混合参数及曲线和相关参数中选取。这里主要介绍幅度参数。

　　（1）幅度参数

　　① 评定轮廓的算术平均偏差（Ra）。指在取样长度内纵坐标值的算术平均值，符号为 Ra，如图 1-44 所示。其表达式近似为：

$$Ra \approx \frac{1}{n}\left(|Z_1| + |Z_2| + \cdots + |Z_n|\right) = \frac{1}{n}\sum_{i=1}^{n}|Z_i|$$

式中，$|Z_1|$，$|Z_2|$，$\cdots$，$|Z_n|$ 分别为轮廓线上各点的轮廓偏距，即各点到轮廓中线的距离。

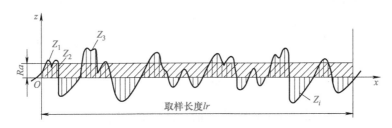

图 1-44　轮廓算术平均偏差 Ra

Ra 测量方便，能充分反映表面微观几何形状的特性。Ra 的系列值见表 1-38。

表 1-38　轮廓算术平均偏差 Ra 的系列值　　　　　单位：μm

系列值	补充系列值	系列值	补充系列值	系列值	补充系列值
0.012	0.008, 0.010	0.4	0.25, 0.32	12.5	8.0, 10.0
0.025	0.016, 0.020	0.8	0.50, 0.63	25	16.0, 20
0.05	0.032, 0.040	1.6	1.00, 1.25	50	32, 40
0.1	0.063, 0.080	3.2	2.0, 2.5	100	63, 80
0.2	0.125, 0.160	6.3	4.0, 5.0		

　　② 轮廓的最大高度（Rz）。指在取样长度内，最大轮廓峰高 Rp 与最大轮廓谷深 Rv 之和的高度，符号为 Rz，如图 1-45 所示。Rz 的表达式可表示为：

$$Rz = Rp + Rv$$

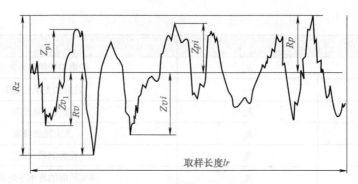

图 1-45　轮廓最大高度 Rz

Rz 的系列值见表 1-39。

表 1-39　轮廓的最大高度（Rz）的系列值　　　　　　单位：μm

系列值	补充系列值	系列值	补充系列值	系列值	补充系列值
0.025	—，—	1.6	1.00，1.25	100	63，80
0.05	0.032，0.040	3.2	2.0，2.5	200	125，160
0.1	0.063，0.080	6.3	4.0，5.0	400	250，320
0.2	0.125，0.160	12.5	8.0，10.0	800	500，630
0.4	0.25，0.32	25	16.0，20.0	1600	1000，1250
0.8	0.50，0.63	50	32，40		

（2）取样长度（lr）

取样长度是指用于判别被评定轮廓不规则特征的 X 轴上的长度，符号为 lr。为了在测量范围内较好反映表面粗糙度的实际情况，标准规定取样长度按表面粗糙程度选取相应的数值，在取样长度范围内，一般至少包含 5 个轮廓峰和轮廓谷。规定和选择取样长度目的是限制和削弱其他几何形状误差，尤其是表面波度对测量结果的影响。

（3）评定长度（ln）

评定长度是指用于判别被评定轮廓的 X 轴上方向的长度，符号为 ln。它可以包含一个或几个取样长度。为了较充分和客观地反映被测表面的粗糙度，需连续取几个取样长度的平均值作为测量结果。国家标准规定，$ln=5lr$ 为默认值。选取评定长度的目的是减小被测表面上表面粗糙度的不均匀性的影响。

取样长度与幅度参数之间有一定的联系，一般情况下，在测量 Ra、Rz 时推荐按表 1-40 选取对应的取样长度值。

表 1-40　取样长度（lr）和评定长度（ln）的数值

Ra/μm	Rz/μm	lr/mm	ln（$ln=5lr$）/mm
>0.006 ~ 0.02	>（0.025）~ 0.1	0.08	0.4
>0.02 ~ 0.1	>0.1 ~ 0.5	0.25	1.25
>0.1 ~ 2	>0.5 ~ 10	0.8	4
>2 ~ 10	>10 ~ 50	2.5	12.5
>10 ~ 80	>50 ~ 200	8	40

（二）表面粗糙度符号、代号及标注

（1）表面粗糙度的图形符号（表 1-41）

表 1-41　表面粗糙度的图形符号

符号类型		图形符号	意　义
基本图形符号		√	仅用于简化代号标注，没有补充说明时不能单独使用
扩展图形符号	要求去除材料的图形符号	▽	在基本图形符号上加一短横，表示指定表面是用去除材料的方法获得，如通过机械加工获得的表面
	不去除材料的图形符号	◯√	在基本图形符号上加一个圆圈，表示指定表面是用不去除材料方法获得
完整图形符号	允许任何工艺	√‾	当要求标注表面结构特征的补充信息时，应在图形符号的长边上加一横线
	去除材料	▽‾	
	不去除材料	◯√‾	
工件轮廓各表面的图形符号		◯√‾	当在图样某个视图上构成封闭轮廓的各表面有相同的表面结构要求时，应在完整图形符号上加一圆圈，标注在图样中工件的封闭轮廓线上。如果标注会引起歧义时，各表面应分别标注

（2）表面粗糙度代号

在表面粗糙度符号的规定位置上，注出表面粗糙度数值及相关的规定项目后就形成了表面粗糙度代号。表面粗糙度数值及其相关的规定在符号中注写的规定如图 1-46。其标注方法说明如下。

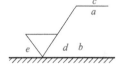

图 1-46　表面粗糙度标注方法

① 位置 a 注写表面粗糙度的单一要求。标注表面粗糙度参数代号、极限值和取样长度。为了避免误解，在参数代号和极限值间应插入空格。取样长度后应有一斜线"/"，之后是表面粗糙度参数符号，最后是数值，如：$-0.8/Rz\ 6.3$。

② 位置 a 和 b 注写两个或多个表面粗糙度要求。在位置 a 注写第一个表面粗糙度要求，方法同①。在位置 b 注写第二个表面粗糙度要求。如果要注写第三个或更多个表面粗糙度要求，图形符号应在垂直方向扩大，以空出足够的空间。扩大图形符号时，a 和 b 的位置随之上移。

③ 位置 c 注写加工方法。注写加工方法、表面处理、涂层或其他加工工艺要求等，如车、磨、镀等加工表面。

④ 位置 d 注写表面纹理和方向。注写所要求的表面纹理和纹理的方向，如"="
"×""M"。

⑤ 位置 e 注写加工余量。注写所要求的加工余量，以 mm 为单位给出数值。

（3）表面粗糙度评定参数的标注

表面粗糙度评定参数必须注出参数代号和相应数值，数值的单位均为微米（μm），数值的判断规则有两种。

① 16% 规则，是所有表面粗糙度要求默认规则。

② 最大规则，应用于表面粗糙度要求时，则参数代号中应加上"max"。

当图样上标注参数的最大值（用 max 表示）或（和）最小值（用 min 表示）时，表示参数中所有的实测值均不得超过规定值。当图样上采用参数的上限值（用 U 表示）或（和）下限值（用 L 表示）时（表中未标注 max 或 min 的），表示参数的实测值中允许少于总数的16% 的实测值超过规定值。具体标注示例及意义见表 1-42。

表 1-42　表面粗糙度代号的标注示例及意义

符号	含义 / 解释
$Rz\ 0.4$	表示不允许去除材料，单向上限值，粗糙度的最大高度 0.4μm，评定长度为 5 个取样长度（默认），"16% 规则"（默认）
$Rzmax\ 0.2$	表示去除材料，单向上限值，粗糙度最大高度的最大值 0.2μm，评定长度为 5 个取样长度（默认），"最大规则"
$-0.8/Ra3\ 3.2$	表示去除材料，单向上限值，取样长度 0.8μm，算术平均偏差 3.2μm，评定长度包含 3 个取样长度，"16% 规则"（默认）
U $Ramax\ 3.2$ L $Ra\ 0.8$	表示不允许去除材料，双向极限值。上限值：算术平均偏差 3.2μm，评定长度为 5 个取样长度（默认），"最大规则"；下限值：算术平均偏差 0.8μm，评定长度为 5 个取样长度（默认），"16% 规则"（默认）
车 $Rz\ 3.2$	零件的加工表面的粗糙度要求由指定的加工方法获得时，用文字标注在符号上边的横线上
$Fe/Ep·Ni15pCr0.3r$ $Rz\ 0.8$	在符号的横线上面可注写镀（涂）覆或其他表面处理要求。镀覆后达到的参数值要求也可在图样的技术要求中说明
铣 $Ra\ 0.8$ $Rz1\ 3.2$ ⊥	需要控制表面加工纹理方向时，可在完整符号的右下角加注加工纹理方向符号
车 $Rz\ 3.2$ 3	在同一图样中，有多道加工工序的表面可标注加工余量时，加工余量标注在完整符号的左下方，单位为 mm（左图为 3mm 加工余量）

注：评定长度（ln）的标注。若所标注的参数代号没有 "max"，表明采用的是有关标准中默认的评定长度；若不存在默认的评定长度时，参数代号中应标注取样长度的个数，如 $Ra3$，$Rz3$，$Rsm3$……，（要求评定长度为 3 个取样长度）。

（三）各级表面粗糙度的表面特征、经济加工方法及应用举例

各级表面粗糙度的表面特征、经济加工方法及应用举例见表 1-43。

表 1-43　各级表面粗糙度的表面特征、经济加工方法及应用举例

表面粗糙度		表面外观情况	获得方法举例	应用举例
级别	名称			
$Ra\ 1.6$	光面	可辨加工痕迹方向	金刚石车刀精车、精铰、拉刀加工、精磨、珩磨、研磨、抛光	要求保证定心及配合特性的表面，如轴承配合表面、锥孔等
$Ra\ 0.8$		微辨加工痕迹方向		要求能长期保持规定的配合特性，如标准公差为 IT6、IT7 的轴和孔
$Ra\ 0.4$		不可辨加工痕迹方向		主轴的定位锥孔，d<20mm 淬火的精确轴的配合表面
$Ra\ 12.5$	半光面	可见加工痕迹	精车、精刨、精铣、刮研和粗磨	支架、箱体和盖等的非配合面，一般螺纹支承面
$Ra\ 6.3$		微见加工痕迹		箱、盖、套筒要求紧贴的表面，键和键槽的工作表面
$Ra\ 3.2$		看不见加工痕迹		要求有不精确定心及配合特性的表面，如支架孔、衬套、带轮工作表面

48　钣金工完全自学一本通（图解双色版）

表面粗糙度		表面外观情况	获得方法举例	应用举例
级别	名称			
$\sqrt{}$ Ra 0.2	最光面	暗光泽面	超精磨、研磨抛光、镜面磨	保证精确的定位锥面、高精度滑动轴承表面
$\sqrt{}$ Ra 0.1		亮光泽面		精密机床主轴颈、工作量规、测量表面、高精度轴承滚道
$\sqrt{}$ Ra 0.05		镜状光泽面		精密仪器和附件的摩擦面、用光学观察的精密刻度尺
$\sqrt{}$ Ra 0.025		雾状镜面		坐标镗床的主轴颈、仪器的测量表面
$\sqrt{}$ Ra 0.012		镜面		量块的测量面、坐标镗床的镜面轴
$\sqrt{}$ Ra 100	粗面	明显可见刀痕	毛坯经过粗车、粗刨、粗铣等加工方法所获得的表面	一般的钻孔、倒角、没有要求的自由表面
$\sqrt{}$ Ra 50		可见刀痕		
$\sqrt{}$ Ra 25		微见刀痕		

二、极限与配合

（一）术语及定义

基本术语和定义见表1-44。

表 1-44 基本术语和定义

基本术语		术语定义
尺寸	尺寸	以特定单位表示线性尺寸值的数值
	基本尺寸	通过它应用上、下偏差可算出极限尺寸的尺寸，如图1-47所示（基本尺寸可以是一个整数或一个小数值） 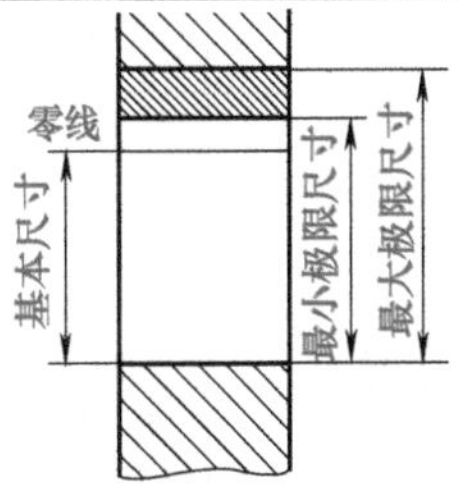 图 1-47 基本尺寸、最大极限尺寸和最小极限尺寸
	局部实际尺寸	一个孔或轴的任意横截面中的任一距离，即任何两相对点之间测得的尺寸
	极限尺寸	一个孔或轴允许的尺寸的两个极端。实际尺寸应位于其中，也可达到极限尺寸
	最大极限尺寸	孔或轴允许的最大尺寸
	最小极限尺寸	孔或轴允许的最小尺寸
	实际尺寸	通过测量所得到的尺寸
	极限制	经标准化的公差与偏差制度

基本术语		术语定义
零线		在极限与配合图解中，表示基本尺寸的一条直线，以其为基准确定偏差和公差，如图 1-48 所示。通常零线沿水平方向绘制，正偏差位于其上，负偏差位于其下
偏差	偏差	某一尺寸（实际尺寸、极限尺寸等）减其基本尺寸所得的代数差
	极限偏差	包含上偏差和下偏差。轴的上、下偏差代号分别用小写字母 es、ei 表示；孔的上、下偏差代号分别用大写字母 ES、EI 表示
	上偏差	最大极限尺寸减其基本尺寸所得的代数差
	下偏差	最小极限尺寸减其基本尺寸所得的代数差
	基本偏差	在（GB/T 1800.4—2009）极限与配合制中，确定公差带相对零线位置的那个极限偏差（它可以是上偏差或下偏差），一般以靠近零线的那个偏差为基本偏差，当公差带位于零线上方时，其基本偏差为下偏差，当公差带位于零线下方时，其基本偏差为上偏差（如图 1-48 所示） 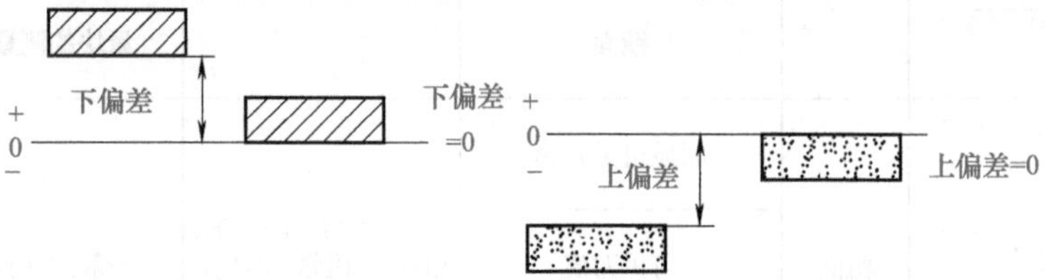 (a) 基本偏差为下偏差　(b) 基本偏差为上偏差 图 1-48　基本偏差
尺寸公差	尺寸公差（简称公差）	最大极限尺寸减最小极限尺寸之差，或上偏差减下偏差之差。它是允许尺寸的变动量（尺寸公差是一个没有符号的绝对值）
	标准公差（IT）	极限与配合制标准中，所规定的任一公差
	标准公差等级	极限与配合制标准中，同一公差等级（如 IT7）对所有基本尺寸的一组公差被认为具有同等精确程度
	公差带	在公差带图解中，由代表上偏差和下偏差或最大极限尺寸和最小极限尺寸的两条直线所限定的一个区域。它是由公差大小和其相对零线的位置（如基本偏差）来确定，如图 1-49 所示 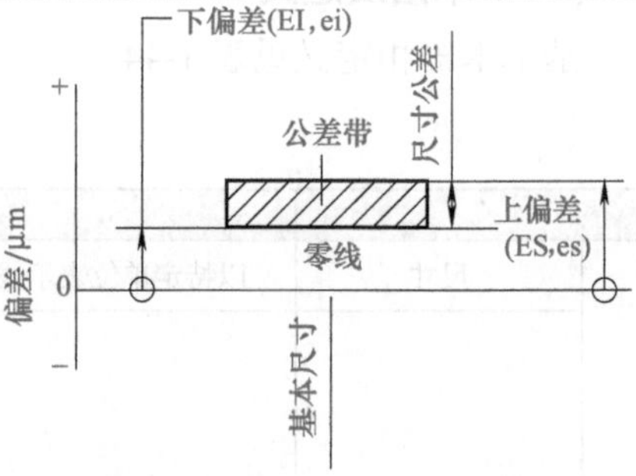 图 1-49　公差带图解
	标准公差因子（i，I）	在本极限与配合制标准中，用以确定标准公差的基本单位，该因子是基本尺寸的函数（标准公差因子 i 用于基本尺寸至 500mm；标准公差因子 I 用于基本尺寸大于 500mm）
间隙	间隙	孔的尺寸减去相配合轴的尺寸为正值，如图 1-50 所示 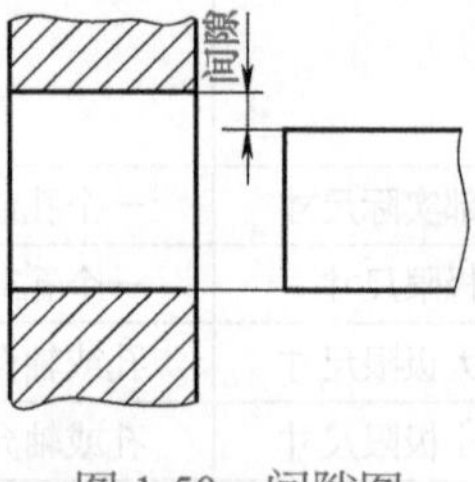 图 1-50　间隙图
	最小间隙	在间隙配合中，孔的最小极限尺寸减轴的最大极限尺寸，如图 1-51 所示

基本术语		术语定义
间隙	最大间隙	在间隙配合或过渡配合中,孔的最大极限尺寸减轴的最小极限尺寸,如图 1-51 和如图 1-52 所示 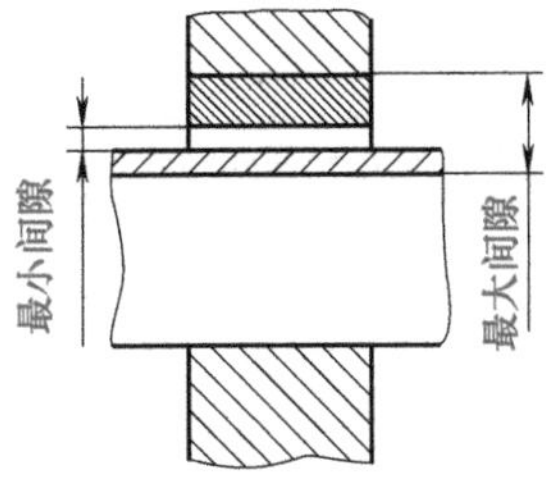 图 1-51 间隙配合 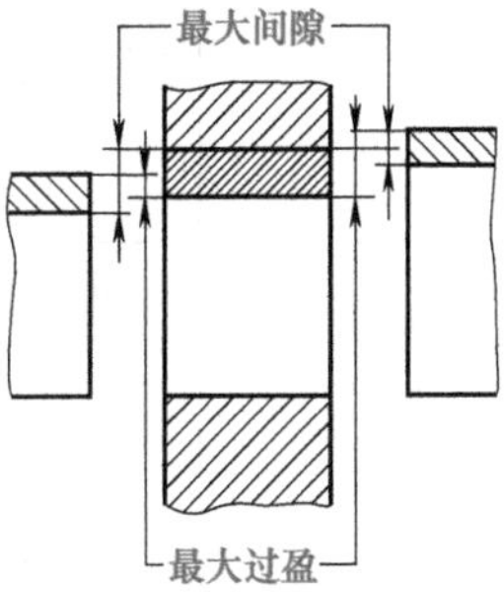　　图 1-52 过渡配合
过盈	过盈	孔的尺寸减去相配合的轴的尺寸为负值,如图 1-53 所示 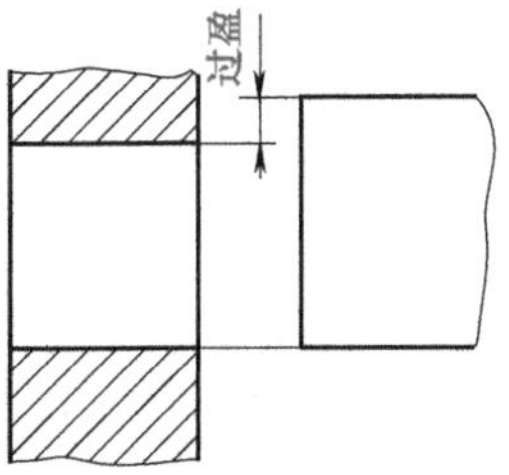 图 1-53 过盈 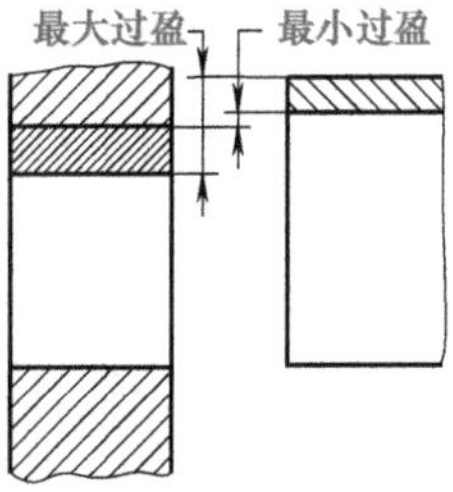　　图 1-54 过盈配合
	最小过盈	在过盈配合中,孔的最大极限尺寸减轴的最小极限尺寸,如图 1-54 所示
	最大过盈	在过盈配合或过渡配合中,孔的最小极限尺寸减轴的最大极限尺寸,如图 1-54 所示
配合	配合	基本尺寸相同、相互结合的孔和轴公差带之间的关系
	间隙配合	具有间隙(包括最小间隙等于零)的配合。此时,孔的公差带在轴的公差带之上,如图 1-55 所示 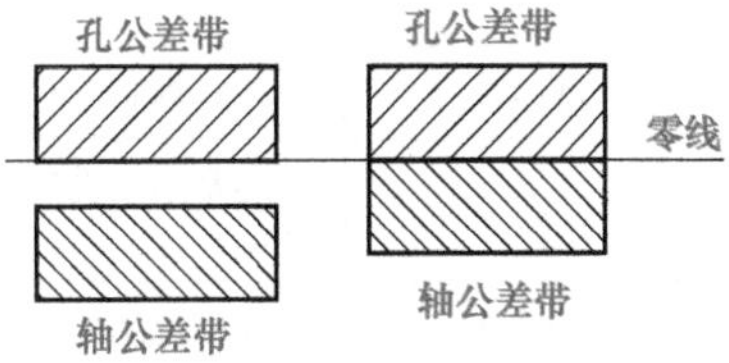 图 1-55 间隙配合的示意图
	过盈配合	具有过盈(包括最小过盈等于零)的配合。此时,孔的公差带在轴的公差带之下,如图 1-56 所示 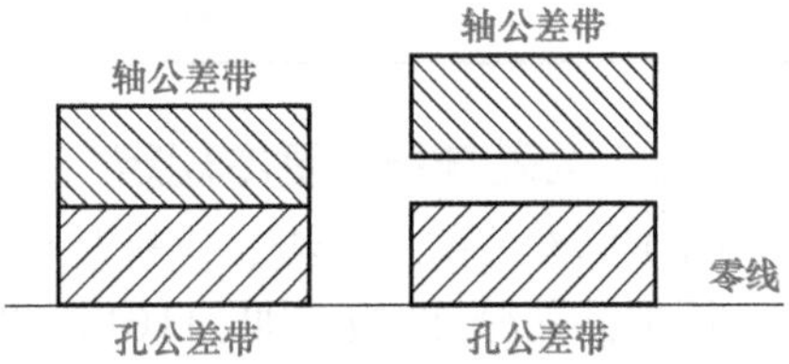 图 1-56 过盈配合的示意图

基本术语		术语定义
配合	过渡配合	可能具有间隙或过盈的配合。此时，孔的公差带与轴的公差带相互交叠，如图 1-57 所示 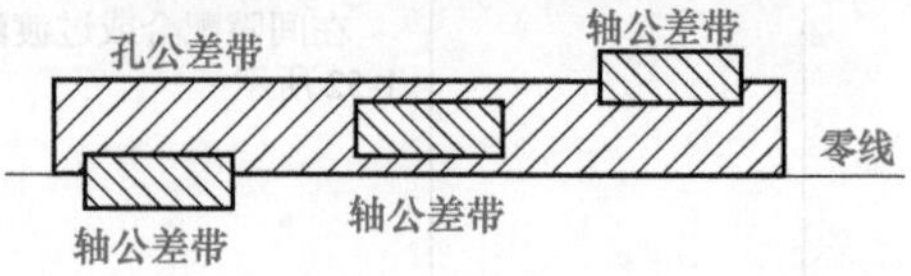 图 1-57 过渡配合的示意
	配合公差	组成配合的孔、轴公差之和。它是允许间隙或过盈的变动量（配合公差是一个没有符号的绝对值）
配合制	配合制	同一极限制的孔和轴组成配合的一种制度
	基轴制配合	基本偏差一定的轴的公差带，与不同基本偏差的孔的公差带形成各种配合的一种制度。对极限与配合制标准，是轴的最大极限尺寸与基本尺寸相等、轴的上偏差为零的一种配合制，如图 1-58 所示 在图 1-58 中：①水平实线代表轴或孔的基本偏差。 ②虚线代表另一极限，表示轴和孔之间可能的不同组合，与它们的公差等级有关 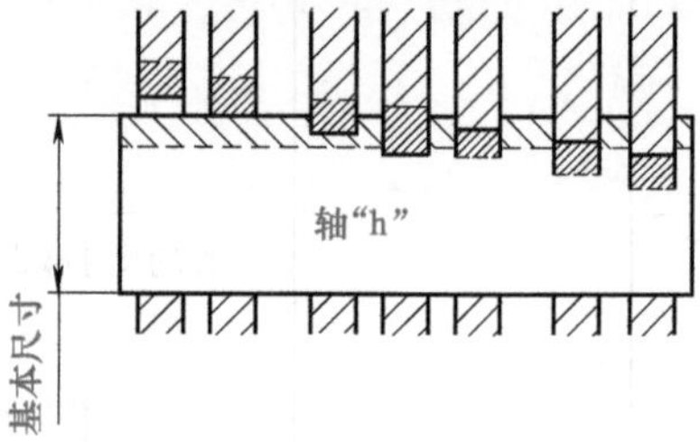 图 1-58 基轴制配合
	基孔制配合	基本偏差一定的孔的公差带，与不同基本偏差的轴的公差带形成各种配合的一种制度。对极限与配合制标准，是孔的最小极限尺寸与基本尺寸相等，孔的下偏差为零的一种配合制，如图 1-59 所示 在图 1-59 中：①水平实线代表孔或轴的基本偏差。 ②虚线代表另一极限，表示孔和轴之间可能的不同组合，与它们的公差等级有关 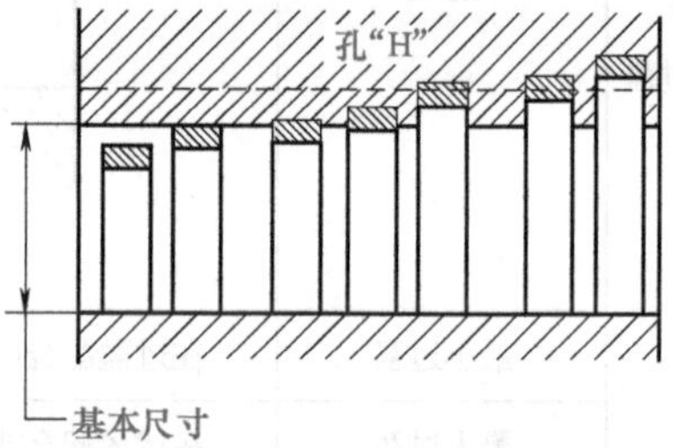 图 1-59 基孔制配合
轴	轴	通常指工件的圆柱形外表面，也包括非圆柱形外表面（由两个平行平面或切面形成的被包容面）
	基准轴	在基轴制配合中选作基准的轴。对极限与配合制标准，即上偏差为零的轴
孔	孔	通常指工件的圆柱形内表面，也包括非圆柱形内表面（由两个平行平面或切面形成的包容面）
	基准孔	在基孔制配合中选作基准的孔。对极限与配合制标准，即下偏差为零的孔
最大实体极限 （MML）		对应于孔或轴的最大实体尺寸的那个极限尺寸，即：轴的最大极限尺寸、孔的最小极限尺寸。最大实体尺寸是孔或轴具有允许的材料量为最多的状态下的极限尺寸
最小实体极限 （LML）		对应于孔或轴的最小实体尺寸的那个极限尺寸，即：轴的最小极限尺寸、孔的最大极限尺寸。最小实体尺寸是孔或轴具有允许材料量为最少的状态下的极限尺寸

（二）公差与配合基本规定

（1）标准公差的等级、代号及数值

标准公差分 20 级，即：IT01、IT0、IT1 至 IT18。IT 表示标准公差，公差的等级代号用阿拉伯数字表示。从 IT01 至 IT18 等级依次降低，当其与代表基本偏差的字母一起组成公差带时，省略"IT"字母，如 h7，各级标准公差的数值规定见表 1-45。

表 1-45　标准公差数值规定

基本尺寸/mm		公差等级									
大于	至	IT01	IT0	IT1	IT2	IT3	IT4	IT5	IT6	IT7	IT8
		μm									
—	3	0.3	0.5	0.8	1.2	2	3	4	6	10	14
3	6	0.4	0.6	1	1.5	2.5	4	5	8	12	18
6	10	0.4	0.6	1	1.5	2.5	4	6	9	15	22
10	18	0.5	0.8	1.2	2	3	5	8	11	18	27
18	30	0.6	1	1.5	2.5	4	6	9	13	21	33
30	50	0.6	1	1.5	2.5	4	7	11	16	25	39
50	80	0.8	1.2	2	3	5	8	13	19	30	46
80	120	1	1.5	2.5	4	6	10	15	22	35	54
120	180	1.2	2	3.5	5	8	12	18	25	40	63
180	250	2	3	4.5	7	10	14	20	29	46	72
250	315	2.5	4	6	8	12	16	23	32	52	81
315	400	3	5	7	9	13	18	25	36	57	89
400	500	4	6	8	10	15	20	27	40	63	97

基本尺寸/mm		公差等级									
大于	至	IT19	IT10	IT11	IT12	IT13	IT14	IT15	IT16	IT17	IT18
		μm			mm						
—	3	25	40	60	0.10	0.14	0.25	0.40	0.60	1.0	1.4
3	6	30	48	75	0.12	0.18	0.30	0.48	0.75	1.2	1.8
6	10	36	58	90	0.15	0.22	0.36	0.58	0.90	1.5	2.2
10	18	43	70	110	0.18	0.27	0.43	0.70	1.10	1.8	2.7
18	30	52	84	130	0.21	0.33	0.52	0.84	1.30	2.1	3.3
30	50	62	100	160	0.25	0.39	0.62	1.00	1.60	2.5	3.9
50	80	74	120	190	0.30	0.46	0.74	1.20	1.90	3.0	4.6
80	120	87	140	220	0.35	0.54	0.87	1.40	2.20	3.5	5.4
120	180	100	160	250	0.40	0.63	1.00	1.60	2.50	4.0	6.3
180	250	115	185	290	0.46	0.72	1.15	1.85	2.90	4.6	7.2
250	315	130	210	320	0.52	0.81	1.30	2.10	3.20	5.2	8.1
315	400	140	230	360	0.57	0.89	1.40	2.30	3.60	5.7	8.9
400	500	155	250	400	0.63	0.97	1.55	2.50	4.00	6.3	9.7

注：基本尺寸小于或等于 1mm 时，无 IT14 至 IT18。

（2）公差等级的应用范围（表 1-46）

表 1-46　公差等级的应用范围

公差等级	应用范围
IT01 ～ IT1	块规
IT1 ～ IT4	量规、检验高精度用量规及轴用卡规的校对塞规
IT2 ～ IT5	特别精密零件的配合尺寸
IT5 ～ IT7	检验低精度用量规、一般精密零件的配合尺寸
IT5 ～ IT12	配合尺寸
IT8 ～ IT14	原材料公差
IT12 ～ IT18	未注公差尺寸

（3）公差等级与加工方法的关系（表 1-47）

表 1-47　公差等级与加工方法的关系

公差等级	加工方法	公差等级	加工方法	公差等级	加工方法
IT01 ~ IT1	精研磨	IT6 ~ IT8	细拉削	IT10 ~ IT12	粗车、粗刨、粗镗
IT1 ~ IT5	细研磨	IT5 ~ IT7	金刚石车削	IT10 ~ IT12	插削
IT3 ~ IT6	粗研磨	IT5 ~ IT7	金刚石镗孔	IT11 ~ IT14	钻削
IT4 ~ IT6	终珩磨	IT6 ~ IT8	粉末冶金成形	IT12 ~ IT15	冲压
IT6 ~ IT7	初珩磨	IT7 ~ IT10	粉末冶金烧结	IT15 ~ IT16	压铸、锻造
IT2 ~ IT5	精磨	IT6 ~ IT8	精铰	IT14 ~ IT15	砂型铸造
IT4 ~ IT6	细磨	IT8 ~ IT11	细铰	IT15 ~ IT16	压力加工
IT6 ~ IT8	粗磨	IT8 ~ IT10	精铣床	IT14 ~ IT15	金属模铸造
IT5 ~ IT7	圆磨	IT9 ~ IT11	粗铣	IT15 ~ IT18	火焰切割
IT5 ~ IT8	平磨	IT7 ~ IT9	精车、精刨、精镗	IT17 ~ IT18	冷作焊接
IT5 ~ IT7	精拉削	IT8 ~ IT10	细车、细刨、细镗	IT13 ~ IT17	塑料成形

（4）基本偏差的代号

基本偏差的代号用拉丁字母表示，大写的代号代表孔，小写的代号代表轴，各28个。

孔的基准偏差代号有：A，B，C，CD，D，E，EF，F，FG，G，H，J，JS，K，M，N，P，R，S，T，U，V，X，Y，Z，ZA，ZB，ZC。轴的基准偏差代号有：a，b，c，cd，d，e，ef，f，fg，g，h，j，js，k，m，n，p，r，s，t，u，v，x，y，z，za，zb，zc。其中，H 代表基准孔，h 代表基准轴。

（5）偏差代号

偏差代号规定如下：孔的上偏差 ES，孔的下偏差 EI；轴的上偏差 es，轴的下偏差 ei。

（6）孔的极限偏差

孔的基本偏差从 A 到 H 为下偏差，从 J 至 ZC 为上偏差。

孔的另一个偏差（上偏差或下偏差），根据孔的基本偏差和标准公差，按以下代数式计算：

$$ES=EI+IT \text{ 或 } EI=ES-IT$$

（7）轴的极限偏差

轴的基本偏差从 a 到 h 为上偏差，从 j 到 zc 为下偏差。轴的另一个偏差（下偏差或上偏差），根据轴的基本偏差和标准公差，按以下代数式计算：

$$ei=es-IT \text{ 或 } es=ei+IT$$

（8）公差带代号

孔、轴公差带代号由基本偏差代号与公差等级代号组成。如 H8、F8、K7、P7 等为孔的公差带代号；h7、f7 等为轴的公差带代号。其表示方法可以用下列示例之一：

$$\text{孔：} \phi50H8, \quad \phi50^{+0.039}_{0}, \quad \phi50H8\left(^{+0.039}_{0}\right)$$

$$\text{轴：} \phi50f7, \quad \phi50^{-0.025}_{-0.050}, \quad \phi50f7\left(^{-0.025}_{-0.050}\right)$$

（9）基准制

标准规定有基孔制和基轴制。在一般情况下，优先采用基孔制。如有特殊需要，允许将任一孔、轴公差带组成配合。

（10）配合代号

用孔、轴公差带的组合表示，写成分数形式，分子为孔的公差带，分母为轴的公差带，例如：H8/f7 或 $\frac{H8}{f7}$。其表示方法可用以下示例之一：

$$\phi 50 \text{H}8 / \text{f}7 \text{或} \phi 50 \frac{\text{H}8}{\text{f}7}; \ 10\text{H}7 / \text{n}6 \text{或} 10\frac{\text{H}7}{\text{n}6}$$

（11）配合分类

标准的配合有三类，即间隙配合、过渡配合和过盈配合。属于哪一类配合取决于孔、轴公差带的相互关系。基孔制（基轴制）中，a到h（A到H）用于间隙配合；j到zc（J到ZC）用于过渡配合和过盈配合。

（12）公差带及配合的选用原则

孔、轴公差带及配合，首先采用优先公差带及优先配合，其次采用常用公差带及常用配合，再次采用一般用途公差带。必要时，可按标准所规定的标准公差与基本偏差组成孔、轴公差带及配合。

（13）极限尺寸判断原则

孔或轴的尺寸不允许超过最大实体尺寸。即对于孔，其尺寸应不小于最小极限尺寸；对于轴，则应不大于最大极限尺寸。

在任何位置上的实际尺寸不允许超过最小实体尺寸。即对于孔，其实际尺寸应不大于最大极限尺寸；对于轴，则应不小于最小极限尺寸。

（三）一般公差

《一般公差　未注公差的线性和角度尺寸的公差》（GB/T 1804—2000）规定了未注出公差的线性和角度尺寸的一般公差的公差等级和极限偏差数值，适用于金属切削加工的尺寸，也适用于一般冲压加工的尺寸。非金属材料和其他工艺方法加工的尺寸可参照采用。

（1）线性尺寸的极限偏差数值

线性尺寸的极限偏差数值见表1-48。

表1-48　线性尺寸的极限偏差数值

公差等级	尺寸分段 /mm			
	0.5 ～ 3	>3 ～ 6	>6 ～ 30	>30 ～ 120
精密 f	±0.05	±0.05	±0.1	±0.15
中等 m	±0.1	±0.1	±0.2	±0.3
粗糙 c	±0.2	±0.3	±0.5	±0.8
最粗 v	—	±0.5	±1	±1.5

公差等级	尺寸分段 /mm			
	>120 ～ 400	>400 ～ 1000	>1000 ～ 2000	>2000 ～ 4000
精密 f	±0.2	±0.3	±0.5	—
中等 m	±0.5	±0.8	±1.2	±2
粗糙 c	±1.2	±2	±3	±4
最粗 v	±2.5	±4	±6	±8

（2）倒圆半径与倒角高度尺寸的极限偏差

倒圆半径与倒角高度尺寸的极限偏差数值见表1-49。

表1-49　倒圆半径与倒角高度尺寸的极限偏差数值

公差等级	尺寸分段 /mm			
	0.5 ～ 3	>3 ～ 6	>6 ～ 30	>30
精密 f	±0.2	±0.5	±1	±2
中等 m	±0.2	±0.5	±1	±2
粗糙 c	±0.4	±1	±2	±4
最粗 v	±0.4	±1	±2	±4

（3）角度尺寸的极限偏差

角度尺寸的极限偏差数值见表1-50。

表1-50　角度尺寸的极限偏差数值

公差等级	长度				
	≤ 10mm	>10 ～ 50mm	>50 ～ 120mm	>120 ～ 400mm	>400mm
精密 f	±1°	±30′	±20′	±10′	±5′
中等 m					
粗糙 c	±1° 30′	±1°	±30′	±15′	±10′
最粗 v	±3°	±2°	±1°	±30′	±20′

（四）优先、常用和一般用途的轴、孔公差带

（1）尺寸 ≤ 500mm 的轴公差带（图1-60）

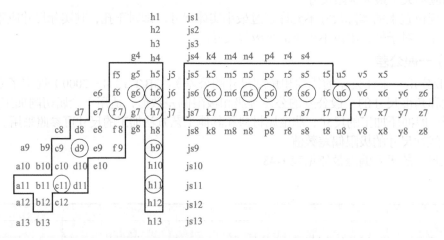

图1-60　优先、常用和一般用途的轴公差带

注：1. 轴的一般公差带，共116个（包括常用和优先）；
　　2. 带方框的为常用公差带，共59个（包括优先）；
　　3. 带圆圈中的为优先公差带，共13个

（2）尺寸 ≤ 500mm 的孔公差带（图1-61）

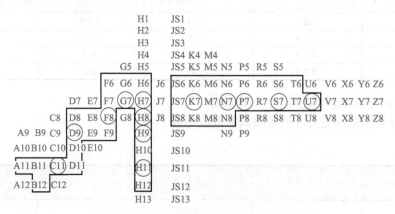

图1-61　优先、常用和一般用途的孔公差带

注：1. 孔的一般公差带，共105个（包括常用和优先）；
　　2. 带方框的为常用公差带，共44个（包括优先）；
　　3. 带圆圈中的为优先公差带，共13个

（五）基孔制与基轴制优先、常用配合

（1）基孔制优先、常用配合（见表1-51）

表1-51　基孔制优先、常用配合

基准孔	a	b	c	d	e	f	g	h	js	k	m	n	p	r	s	t	u	v	x	y	z
	间隙配合								过渡配合				过盈配合								
H6	—	—	—	—	—	$\frac{H6}{f5}$	$\frac{H6}{g5}$	$\frac{H6}{h5}$	$\frac{H6}{js5}$	$\frac{H6}{k5}$	$\frac{H6}{m5}$	$\frac{H6}{n5}$	$\frac{H6}{p5}$	$\frac{H6}{r5}$	$\frac{H6}{s5}$	$\frac{H6}{t5}$	—	—	—	—	—
H7	—	—	—	—	—	$\frac{H7}{f6}$	$\frac{H7}{g6}$	$\frac{H7}{h6}$	$\frac{H7}{js6}$	$\frac{H7}{k6}$	$\frac{H7}{m6}$	$\frac{H7}{n6}$	$\frac{H7}{p6}$	$\frac{H7}{r6}$	$\frac{H7}{s6}$	$\frac{H7}{t6}$	$\frac{H7}{u6}$	$\frac{H7}{v6}$	$\frac{H7}{x6}$	$\frac{H7}{y6}$	$\frac{H7}{z6}$
H8	—	—	—	—	$\frac{H8}{e7}$	$\frac{H8}{f7}$	$\frac{H8}{g7}$	$\frac{H8}{h7}$	$\frac{H8}{js7}$	$\frac{H8}{k7}$	$\frac{H8}{m7}$	$\frac{H8}{n7}$	$\frac{H8}{p7}$	$\frac{H8}{r7}$	$\frac{H8}{s7}$	$\frac{H8}{t7}$	$\frac{H8}{u7}$	—	—	—	—
H8	—	—	—	$\frac{H8}{d8}$	$\frac{H8}{e8}$	$\frac{H8}{f8}$	—	$\frac{H8}{h8}$	—	—	—	—	—	—	—	—	—	—	—	—	—
H9	—	—	$\frac{H9}{c9}$	$\frac{H9}{d9}$	$\frac{H9}{e9}$	$\frac{H9}{f9}$	—	$\frac{H9}{h9}$	—	—	—	—	—	—	—	—	—	—	—	—	—
H10	—	—	$\frac{H10}{c10}$	$\frac{H10}{d10}$	—	—	—	$\frac{H10}{h10}$	—	—	—	—	—	—	—	—	—	—	—	—	—
H11	$\frac{H11}{a11}$	$\frac{H11}{b11}$	$\frac{H11}{c11}$	$\frac{H11}{d11}$	—	—	—	$\frac{H11}{h11}$	—	—	—	—	—	—	—	—	—	—	—	—	—
H12	—	$\frac{H12}{b12}$	—	—	—	—	—	$\frac{H12}{h12}$	—	—	—	—	—	—	—	—	—	—	—	—	—

注：1. $\frac{H6}{n5}$、$\frac{H7}{p6}$ 在基本尺寸小于或等于3mm 和 $\frac{H8}{r7}$ 在基本尺寸小于或等于10mm 时，为过渡配合。

2. 标注▪的配合为优先配合。

（2）基轴制优先、常用配合

基轴制优先、常用配合见表1-52。

表1-52　基轴制优先、常用配合

基准孔	孔																				
	A	B	C	D	E	F	G	H	JS	K	M	N	P	R	S	T	U	V	X	Y	Z
	间隙配合								过渡配合				过盈配合								
h5	—	—	—	—	—	$\frac{F6}{h5}$	$\frac{G6}{h5}$	$\frac{H6}{h5}$	$\frac{JS6}{h5}$	$\frac{K6}{h5}$	$\frac{M6}{h5}$	$\frac{N6}{h5}$	$\frac{P6}{h5}$	$\frac{R6}{h5}$	$\frac{S6}{h5}$	$\frac{T6}{h5}$	—	—	—	—	—
h6	—	—	—	—	—	$\frac{F7}{h6}$	$\frac{G7}{h6}$	$\frac{H7}{h6}$	$\frac{JS7}{h6}$	$\frac{K7}{h6}$	$\frac{M7}{h6}$	$\frac{N7}{h6}$	$\frac{P7}{h6}$	$\frac{R7}{h6}$	$\frac{S7}{h6}$	$\frac{T7}{h6}$	$\frac{U7}{h6}$	—	—	—	—
h7	—	—	—	—	$\frac{E8}{h7}$	$\frac{F8}{h7}$	—	$\frac{H8}{h7}$	—	$\frac{K8}{h7}$	$\frac{M8}{h7}$	$\frac{N8}{h7}$	—	—	—	—	—	—	—	—	—
h8	—	—	—	$\frac{D8}{h8}$	$\frac{E8}{h8}$	$\frac{F8}{h8}$	—	$\frac{H8}{h8}$	—	—	—	—	—	—	—	—	—	—	—	—	—
h9	—	—	—	$\frac{D9}{h9}$	$\frac{E9}{h9}$	$\frac{F9}{h9}$	—	$\frac{H9}{h9}$	—	—	—	—	—	—	—	—	—	—	—	—	—
h10	—	—	—	$\frac{D10}{h10}$	—	—	—	$\frac{H10}{h10}$	—	—	—	—	—	—	—	—	—	—	—	—	—
h11	$\frac{A11}{h11}$	$\frac{B11}{h11}$	$\frac{C11}{h11}$	$\frac{D11}{h11}$	—	—	—	$\frac{H11}{h11}$	—	—	—	—	—	—	—	—	—	—	—	—	—
h12	—	$\frac{B11}{h12}$	—	—	—	—	—	$\frac{H11}{h12}$	—	—	—	—	—	—	—	—	—	—	—	—	—

注：标注■的配合为优先配合。

（六）优先配合选用说明

优先配合选用说明见表1-53。

表 1-53　优先配合选用说明

优先配合		说　　明
基孔制	基轴制	
$\dfrac{H11}{c11}$	$\dfrac{C11}{h11}$	间隙非常大，用于很松的、转动很慢的动配合，要求大公差与大间隙的外露组件，要求装配方便的、很松的配合
$\dfrac{H9}{d9}$	$\dfrac{D9}{h9}$	间隙很大的自由转动配合，用于精度为非主要要求时，或有大的温度变动、高转速或大的轴颈压力时
$\dfrac{H8}{f7}$	$\dfrac{F8}{h7}$	间隙不大的转动配合，用于中等转速与中等轴颈压力的精确转动，也用于较容易装配的中等定位配合
$\dfrac{H7}{g6}$	$\dfrac{G7}{h6}$	间隙很小的滑动配合，用于不希望自由转动但可自由移动和滑动并精密定位时，也可用于要求明确的定位配合
$\dfrac{H7}{h6}$	$\dfrac{H7}{h6}$	均为间隙定位配合，零件可自由装拆，而工作时一般相对静止不动。在最大实体条件下的间隙为零，在最小实体条件下的间隙由公差等级决定
$\dfrac{H8}{h7}$	$\dfrac{H8}{h7}$	
$\dfrac{H9}{h9}$	$\dfrac{H9}{h9}$	
$\dfrac{H11}{h11}$	$\dfrac{H11}{h11}$	
$\dfrac{H7}{k6}$	$\dfrac{K7}{h6}$	过渡配合，用于精密定位
$\dfrac{H7}{n6}$	$\dfrac{N7}{n6}$	过渡配合，允许有较大过盈的更精密定位
$\dfrac{H7}{p6}$	$\dfrac{P7}{h6}$	过盈定位配合，即小过盈配合，用于定位精度特别重要时，能以最好的定位精度达到部件的刚性及对中的性能要求，而对内孔承受压力无特殊要求，不依靠配合的紧固性传递摩擦负荷
$\dfrac{H7}{s6}$	$\dfrac{S7}{h6}$	中等压入配合，适用于一般钢件，或用于薄壁件的冷缩配合，用于铸铁件可得到最紧的配合
$\dfrac{H7}{u6}$	$\dfrac{U7}{h6}$	压入配合，适用于可以承受高压力的零件或不宜承受大压入力的冷缩配合

（七）各种配合特性及应用

各种配合特性及应用见表1-54。

表 1-54　各种配合特性及应用

配合	基本偏差	配合特性及应用
间隙配合	a、b	可得到特别大的间隙，应用很少
	c	可得到很大的间隙，一般适用于缓慢、松弛的动配合。用于工作条件较差（如农业机械），受力变形，或为了便于装配而必须保证有较大的间隙时，推荐配合为H11/c11。其较高等级的配合，如H8/c7适用于轴在高温工作的紧密动配合，例如内燃机排气阀和导管
	d	配合一般用于IT7～IT11级。适用于松的转动配合，如密封盖、滑轮、空转带轮等与轴的配合，也适用于大直径滑动轴承配合，如汽轮机、球磨机、轧滚成形和重型弯曲机及其他重型机械中的一些滑动支承
	e	多用于IT7～IT9级。通常适用于要求有明显间隙，易于转动的支承配合，如大跨距支承、多支点支承等配合。高等级的e轴适用于大的、高速、重载支承，如涡轮发电机、大电动机的支承及内燃机主要轴承、凸轮轴支承、摇臂支承等配合
	f	多用于IT6～IT8级的一般转动配合。当温度影响不大时，被广泛用于普通润滑油（或润滑脂）润滑的支承，如齿轮箱、小电动机、泵等的转轴与滑动支承的配合
	g	配合间隙很小，制造成本高，除很轻负荷的精密装置外，不推荐用于转动配合。多用于IT5～IT7级，最适合不回转的精密滑动配合，也用于插销等定位配合，如精密连杆轴承、活塞及滑阀、连杆销等
	h	多用于IT4～IT11级。广泛用于无相对转动的零件，作为一般的定位配合。若没有温度、变形影响，也用于精密滑动配合

配合	基本偏差	配合特性及应用
过渡配合	js	为完全对称偏差（±IT/2），平均起来为稍有间隙的配合，多用于 IT4～IT7 级，要求间隙比 h 轴小，并允许略有过盈的定位配合，如联轴器。可用手或木锤装配
	k	平均起来没有间隙的配合，适用于 IT4～IT7 级，推荐用于稍有过盈的定位配合，例如为了消除振动用的定位配合。一般用木锤装配
	m	平均起来具有不大过盈的过渡配合，适用于 IT4～IT7 级，一般可用木锤装配，但在最大过盈时要求有相当的压入力
	n	平均过盈比 m 轴稍大，很少得到间隙，适用于 IT4～IT7 级，用锤或压力机装配，通常推荐用于紧密的组件配合。H6/n5 配合时为过盈配合
过盈配合	p	与 H6 孔或 H7 孔配合时是过盈配合，与 H8 孔配合时则为过渡配合。对非铁类零件为较轻的压入配合，当需要时易于拆卸。对钢、铸铁或铜、钢组件装配是标准压入配合
	r	对铁类零件为中等打入配合。对非铁类零件为轻打入的配合，当需要时可以拆卸。与 H8 孔配合，直径在 100mm 以上时为过盈配合，直径较小时为过渡配合
	s	用于钢和铁制零件的永久性和半永久性装配，可产生相当大的结合力。当用弹性材料（如轻合金）时，配合性质与铁类零件的 p 轴相当，例如套环压装在轴上、阀座等配合；尺寸较大时，为了避免损伤配合表面，需用热胀或冷缩法装配
	t、u、v、x、y、z	过盈量依次增大，一般不推荐

三、形状和位置公差

（一）形状和位置公差符号
（1）形状和位置公差特征项目的符号（见表 1-55）

表 1-55　形状和位置公差特征项目的符号表

公差		特征项目	符号	有无基准要求
形状		直线度	—	无
		平面度	▱	无
		圆度	○	无
		圆柱度	⌀	无
形状或位置	轮廓	线轮廓度	⌒	有或无
		面轮廓度	⌓	有或无
位置	定向	平行度	∥	有
		垂直度	⊥	有
		倾斜度	∠	有
	定位	位置度	⊕	有或无
		同轴（同心）度	◎	有
		对称度	═	有
	跳动	圆跳动	↗	有
		全跳动	⌰	有

（2）被测要素、基准要素的标注方法

被测要素、基准要素的标注方法见表 1-56。如要求在公差带内进一步限制被测要素的形状，则应在公差值后面加注符号，见表 1-57。

表 1-56　被测要素、基准要素的标注方法

符号	说明		符号	说明
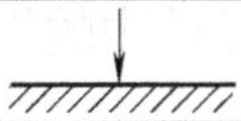	直接	被测要素的标注	Ⓜ	最大实体要求
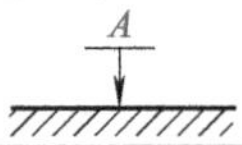	用字母		Ⓛ	最小实体要求
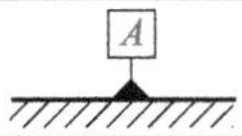	基准要素的标注		Ⓡ	可逆要求
$\phi 2$ / A1	基准目标的标注		Ⓟ	延伸公差带
50	理论正确尺寸		Ⓕ	自由状态（非刚性零件）零件
Ⓔ	包容要求			全周（轮廓）

表 1-57　被测要素形状的加注符号

含义	符号	举例
只许中间向材料内凹下	（-）	— ｜ t (-)
只许中间向材料外凸起	（+）	⏥ ｜ t (+)
只许从左至右减小	（▷）	⌭ ｜ t (▷)
只许从右至左减小	（◁）	⌭ ｜ t (◁)

（二）表面形状公差和位置公差未注公差值

（1）表面形状公差的未注公差值

直线度和平面度的未注公差值见表 1-58。选择公差值时，对于直线度应按其相应线的长度选择；对于平面应按其表面的较长一侧或圆表面的直径选择。

表 1-58　直线度和平面度的未注公差值

公差等级	基本长度范围 /mm					
	≤ 10	>10 ～ 30	>30 ～ 100	>100 ～ 300	>300 ～ 1000	>1000 ～ 3000
H	0.02	0.05	0.1	0.2	0.3	0.4
K	0.05	0.1	0.2	0.4	0.6	0.8
L	0.1	0.2	0.4	0.8	1.2	1.6

圆度的未注公差值等于标准的直径公差值，但不能大于表 1-59 中圆跳动的未注公差值。

表 1-59　圆跳动的未注公差值

公差等级	圆跳动公差值 /mm
H	0.1
K	0.2
L	0.5

圆柱度的未注公差值不做规定。圆柱度误差由三个部分组成：圆度、直线度和相对素线的平行度误差。而其中每一项误差均由它们的注出公差或未注公差控制。如因功能要求，圆柱度应小于圆度、直线度和平行度的未注公差的综合结果，应在被测要素上按 GB/T 1182—

2018 的规定注出圆柱度公差值，或采用包容要求。

（2）位置公差的未注公差值

平行度的未注公差值等于给出的尺寸公差值，或直线度和平面度未注公差值中的相应公差值取较大者。应取两要素中的较长者作为基准；若两要素的长度相等，则可选任一要素为基准。

垂直度的未注公差值，见表1-60。取形成直角的两边中较长的一边作为基准，较短的一边作为被测要素；若边的长度相等则可取其中的任意一边为基准。

表 1-60　垂直度的未注公差值

公差等级	基本长度范围 /mm			
	≤ 100	>100 ～ 300	>300 ～ 1000	>1000 ～ 3000
H	0.2	0.3	0.4	0.5
K	0.4	0.6	0.8	1
L	0.6	1	1.5	2

对称度的未注公差值见表1-61。应取两要素中较长者作为基准，较短者作为被测要素；若两要素长度相等则可选任一要素为基准。

表 1-61　对称度的未注公差值

公差等级	基本长度范围 /mm			
	≤ 100	>100 ～ 300	>300 ～ 1000	>1000 ～ 3000
H	0.5			
K	0.6		0.8	1
L	0.6	1	1.5	2

同轴度的未注公差值未做规定。在极限状况下，同轴度的未注公差值与圆跳动的未注公差值相等。

圆跳动（径向、端面和斜向）的未注公差值见表1-59。对于圆跳动未注公差值，应以设计和工艺给出的支承面作为基准，否则应取两要素中较长的一个作为基准；若两要素的长度相等，则可选任一要素为基准。

（三）图样上标注公差值的规定

（1）规定了公差值或数系表的项目

① 直线度、平面度。

② 圆度、圆柱度。

③ 平行度、垂直度、倾斜度。

④ 同轴度、对称度、圆跳动和全跳动。

⑤ 位置度数系。

《产品几何技术规范（GPS）几何公差形状、方向、位置和跳动公差标注》（GB/T 1182—2018）附录提出的公差值，是以零件和量具在标准温度（20℃）下测量为准。

（2）公差值的选用原则

① 根据零件的功能要求，并考虑加工的经济性和零件的结构、刚性等情况，按表中数系确定要素的公差值，并考虑下列情况。

a. 在同一要素上给出的形状公差值应小于位置公差值。如果求平行的两个表面，其平面度公差值应小于平行度公差值。

b. 圆柱形零件的形状公差值（轴线的直线度除外）一般情况下应小于其尺寸公差值。

c. 平行度公差值应小于其相应的距离公差值。

② 对于下列情况，考虑到加工的难易程度和除主参数外其他参数的影响，在满足零件功能的要求下，适当降低 1～2 级选用。

a. 孔相对于轴。

b. 长径比较大的轴或孔。

c. 距离较大的轴或孔。

d. 宽度较大（一般大于 1/2 长度）的零件表面。

e. 线对线和线对面相对于面对面的平行度。

f. 线对线和线对面相对于面对面的垂直度。

（四）形位公差代号标注示例（表 1-62）

表 1-62 形位公差代号标注示例

特征项目		图注示例	含义
直线度	素线直线度	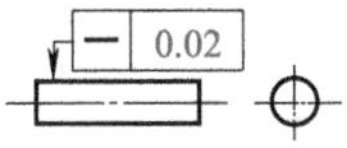	圆柱表面上任一素线必须位于轴向平面内，距离为公差值 0.02mm 的平行直线之间
	轴线直线度	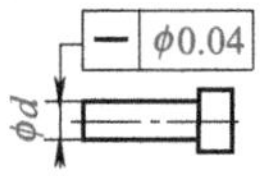	ϕd 圆柱体的轴线须位于公差值为 0.04mm 的圆柱面内
	平面度	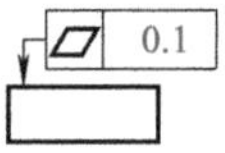	上表面必须位于距离为公差值 0.1mm 的平行平面之间
圆度	圆柱表面圆度	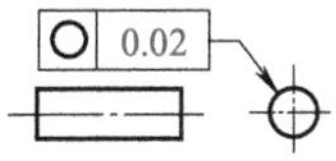	在垂直于轴线的任一正截面上，该圆必须位于半径差为公差值 0.02mm 的两同心圆之间
	圆锥表面圆度	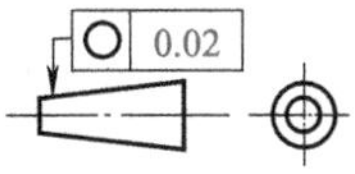	
平行度	平面对平面的平行度	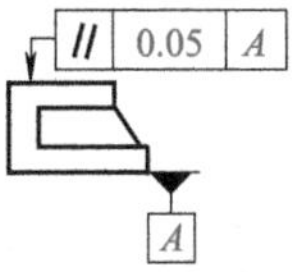	上表面必须位于距离为公差值 0.05mm，且平行于基准平面 A 的两平行平面之间
	轴线对平面的平行度	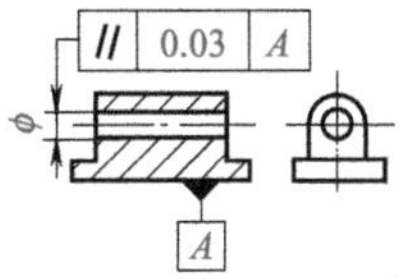	孔的轴线必须位于距离为公差值 0.03mm，且平行于基准平面 A 的两平行平面之间
	轴线对轴线在任意方向上的平行度	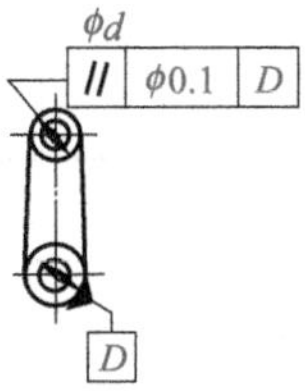	ϕd 的实际轴线必须位于平行于基准孔 D 的轴线，直径为 0.1mm 的圆柱面内

特征项目		图注示例	含义
垂直度	平面对平面的垂直度	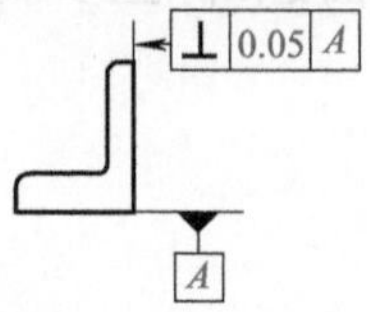	侧表面必须位于距离为公差值 0.05mm，且垂直于基准平面 A 的两平行平面之间
	在两个互相垂直的方向上，轴线对平面的垂直度		ϕd 的轴线必须位于正截面为公差值 0.2mm×0.1mm，且垂直于基准平面 A 的四棱柱内
同轴度	同轴度		ϕd 的轴线必须位于直径为公差值 0.1mm，且与基准线 A 同轴的圆柱面内
对称度	中心面对中心面的对称度	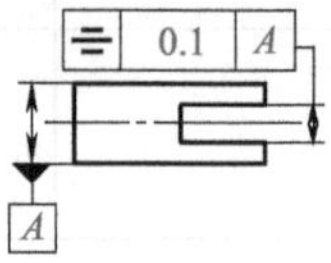	槽的中心面必须位于距离为公差值 0.1mm，且相对基准中心平面对称位置的两平行平面之间
位置度	轴线的位置度		ϕD 孔的轴线必须位于直径为公差值 0.1mm，且以相对基准面 A、B、C 所确定的理想位置为轴线的圆柱面内
圆跳度	径向圆跳动		ϕD 圆柱面绕基准轴 A 的轴线，作无轴向移动的回转时，在任一测量平面内的径向跳动量均不得大于公差值 0.05mm
	端面圆跳动	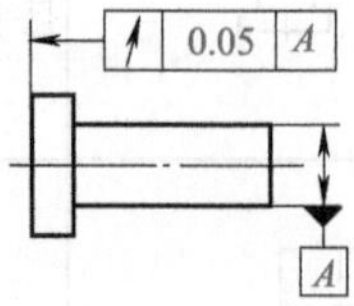	当零件基准轴 A 的轴心线作无轴向移动的回转时，端面上任一测量直径处的轴向跳动量均不得大于公差值 0.05mm

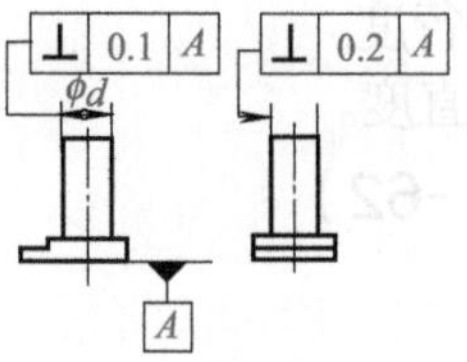

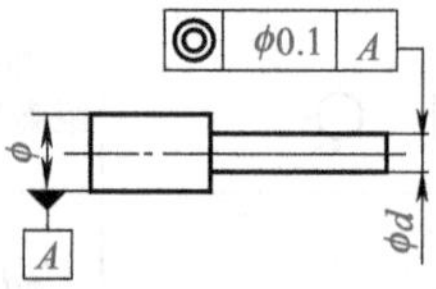

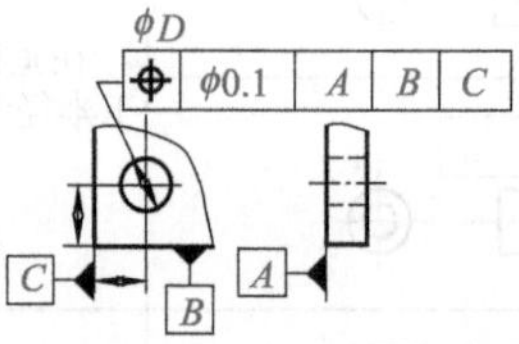

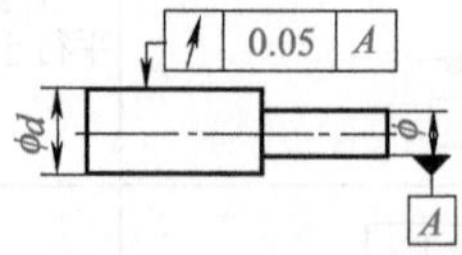

（五）公差数值表

（1）直线度、平面度公差值（表 1-63）

表 1-63　直线度、平面度公差值

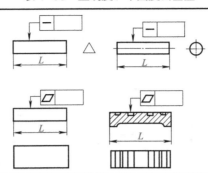

主参数 L /mm	公差等级											
	1	2	3	4	5	6	7	8	9	10	11	12
	公差值 /μm											
≤ 10	0.2	0.4	0.8	1.2	2	3	5	8	12	20	30	60
>10 ～ 16	0.25	0.5	1	1.5	2.5	4	6	10	15	25	40	80
>16 ～ 25	0.3	0.6	1.2	2	3	5	8	12	20	30	50	100
>25 ～ 40	0.4	0.8	1.5	2.5	4	6	10	15	25	40	60	120
>40 ～ 63	0.5	1	2	3	5	8	12	20	30	50	80	150
>63 ～ 100	0.6	1.2	2.5	4	6	10	15	25	40	60	100	200
>100 ～ 160	0.8	1.5	3	5	8	12	20	30	50	80	120	250
>160 ～ 250	1	2	4	6	10	15	25	40	60	100	150	300
>250 ～ 400	1.2	2.5	5	8	12	20	30	50	80	120	200	400
>400 ～ 630	1.5	3	6	10	15	25	40	60	100	150	250	500

（2）圆度、圆柱度公差值（表1-64）

表 1-64　圆度、圆柱度公差值

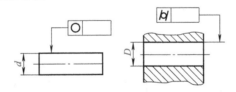

主参数 d（D） /mm	公差等级												
	0	1	2	3	4	5	6	7	8	9	10	11	12
	公差值 /μm												
≤ 3	0.1	0.2	0.3	0.5	0.8	1.2	2	3	4	6	10	14	25
>3 ～ 6	0.1	0.2	0.4	0.6	1	1.5	2.5	4	5	8	12	18	30
>6 ～ 10	0.12	0.25	0.4	0.6	1	1.5	2.5	4	6	9	15	22	36
>10 ～ 18	0.15	0.25	0.5	0.8	1.2	2	3	5	8	11	18	27	43
>18 ～ 30	0.2	0.3	0.6	1	1.5	2.5	4	6	9	13	21	33	52
>30 ～ 50	0.25	0.4	0.6	1	1.5	2.5	4	7	11	16	25	39	62
>50 ～ 80	0.3	0.5	0.8	1.2	2	3	5	8	13	19	30	46	74
>80 ～ 120	0.4	0.6	1	1.5	2.5	4	6	10	15	22	35	54	87
>120 ～ 180	0.6	1	1.2	2	3.5	5	8	12	18	25	40	63	100
>180 ～ 250	0.8	1.2	2	3	4.5	7	10	14	20	29	46	72	115
>250 ～ 315	1.0	1.6	2.5	4	6	8	12	16	23	32	52	81	130
>315 ～ 400	1.2	2	3	5	7	9	13	18	25	36	57	89	140
>400 ～ 500	1.5	2.5	4	6	8	10	15	20	27	40	63	97	155

（3）平行度、垂直度、倾斜度公差值（见表 1-65）

表 1-65　平行度、垂直度、倾斜度公差值

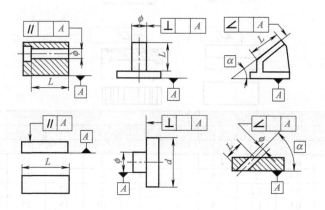

主参数 L，d（D） /mm	公差等级											
	1	2	3	4	5	6	7	8	9	10	11	12
	公差值 /μm											
≤ 10	0.4	0.8	1.5	3	5	8	12	20	30	50	80	120
>10 ～ 16	0.5	1	2	4	6	10	15	25	40	60	100	150
>16 ～ 25	0.6	1.2	2.5	5	8	12	20	30	50	80	120	200
>25 ～ 40	0.8	1.5	3	6	10	15	25	40	60	100	150	250
>40 ～ 63	1	2	4	8	12	20	30	50	80	120	200	300
>63 ～ 100	1.2	2.5	5	10	15	25	40	60	100	150	250	400
>100 ～ 160	1.5	3	6	12	20	30	50	80	120	200	300	500
>160 ～ 250	2	4	8	15	25	40	60	100	150	250	400	600
>250 ～ 400	2.5	5	10	20	30	50	80	120	200	300	500	800
>400 ～ 630	3	6	12	25	40	60	100	150	250	400	600	1000
>630 ～ 1000	4	8	15	30	50	80	120	200	300	500	800	1200
>1000 ～ 1600	5	10	20	40	60	100	150	250	400	600	1000	1500
>1600 ～ 2500	6	12	25	50	80	120	200	300	500	800	1200	2000
>2500 ～ 4000	8	15	30	60	100	150	250	400	600	1000	1500	2500
>4000 ～ 6300	10	20	40	80	120	200	300	500	800	1200	2000	3000
>6300 ～ 10000	12	25	50	100	150	250	400	600	1000	1500	2500	4000

（4）同轴度、对称度、圆跳动和全跳动公差值（表 1-66）

表 1-66　同轴度、对称度、圆跳动和全跳动公差值

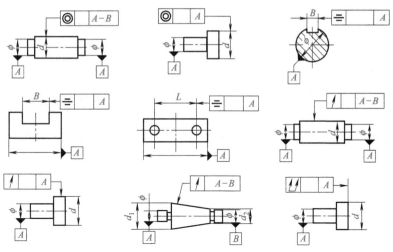

当被测要素为圆锥面时，取 $d = \dfrac{d_1 + d_2}{2}$

主参数 $d(D)$, B, L /mm	公差等级											
	1	2	3	4	5	6	7	8	9	10	11	12
	公差值 /μm											
≤ 1	0.4	0.6	1.0	1.5	2.5	4	6	10	15	25	40	60
>1 ～ 3	0.4	0.6	1.0	1.5	2.5	4	6	10	20	40	60	120
>3 ～ 6	0.5	0.8	1.2	2	3	5	8	12	25	50	80	150
>6 ～ 10	0.6	1	1.5	2.5	4	6	10	15	30	60	100	200
>10 ～ 18	0.8	1.2	2	3	5	8	12	20	40	80	120	250
>18 ～ 30	1	1.5	2.5	4	6	10	15	25	50	100	150	300
>30 ～ 50	1.2	2	3	5	8	12	20	30	60	120	200	400
>50 ～ 120	1.5	2.5	4	6	10	15	25	40	80	150	250	500
>120 ～ 250	2	3	5	8	12	20	30	50	100	200	300	600
>250 ～ 500	2.5	4	6	10	15	25	40	60	120	250	400	800
>500 ～ 800	3	5	8	12	20	30	50	80	150	300	500	1000
>800 ～ 1250	4	6	10	15	25	40	60	100	200	400	600	1200
>1250 ～ 2000	5	8	12	20	30	50	80	120	250	500	800	1500
>2000 ～ 3150	6	10	15	25	40	60	100	150	300	600	1000	2000
>3150 ～ 5000	8	12	20	30	50	80	120	200	400	800	1200	2500
>5000 ～ 8000	10	15	25	40	60	100	150	250	500	1000	1500	3000
>8000 ～ 10000	12	20	30	50	80	120	200	300	600	1200	2000	4000

（5）位置度数系（表 1-67）

表 1-67　位置度数系　　　　　　　　　　　　　单位 :μm

1	1.2	1.5	2	2.5	3	4	5	6	8
1×10^n	1.2×10^n	1.5×10^n	2×10^n	2.5×10^n	3×10^n	4×10^n	5×10^n	6×10^n	8×10^n

注 : n 为正整数。

第五节　常用工夹量具

一、常用工具

（一）衬垫工具

衬垫工具有型锤、方杠、圆杠、型胎、平台等，其用途见表 1-68。

表 1-68　衬垫工具的用途

名称	图示	用途
平面型锤	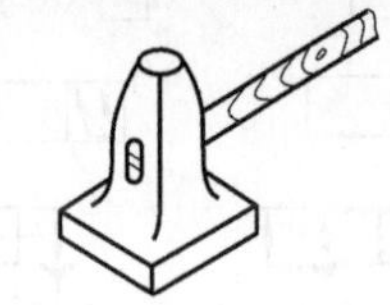	
外圆型锤	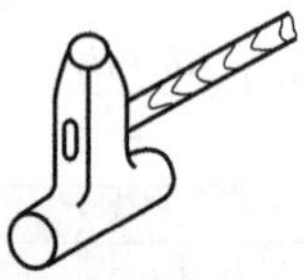	用于表面质量要求较高工件的矫形或成形，可防止锤痕
内圆型锤	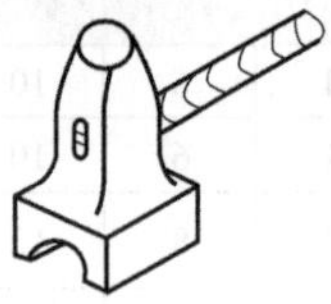	
方杠	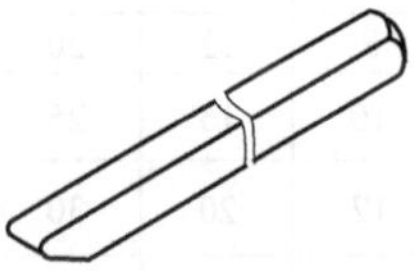	用于薄板弯曲成形、咬缝等，其端部用于板边的放边、拔缘等
圆杠	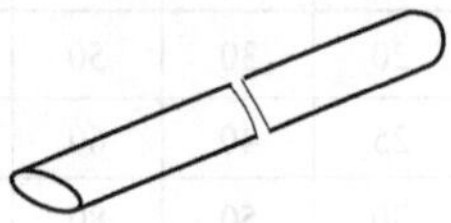	用于薄板弯曲成形等，其端部用于拱曲等
型胎	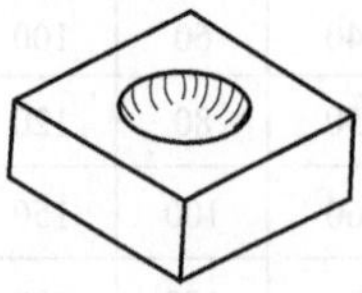	用于薄板拱曲等
平台	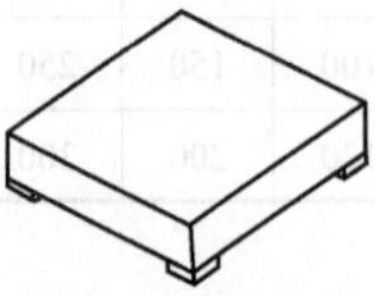	用于工件的矫形或装配
带孔平台	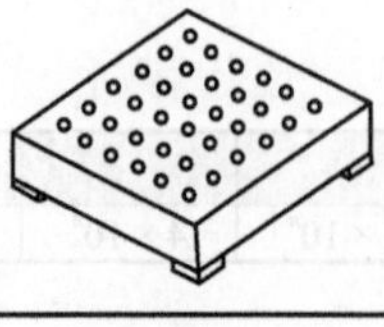	在孔中插入卡子，固定工件，用于型材或管材的矫形或成形

名称	图示	用途
带 T 形槽平台	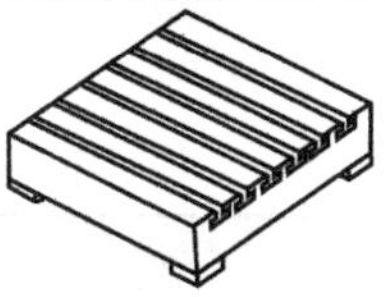	在 T 形槽中，插入螺栓固定工件，用于工件矫形或成形以及装配、焊接等

（二）锤子

锤子有钣金锤、钳工锤等多种，其规格和用途见表1-69。

表 1-69　锤子的规格和用途

名称	图示	规格	用途
方木棒		宽×厚×长为45mm×45mm×400mm	用于薄板的卷边和咬接
钣金斩口锤	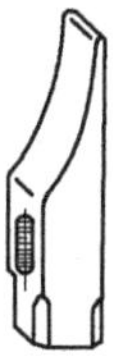	0.0625kg、0.125 kg、0.25 kg、0.5kg、1.0kg	用于矫形、弯形、放边等
钣金专用锤		0.25 ～ 0.5kg	用于薄板的弯曲、收边、拱曲等
木锤	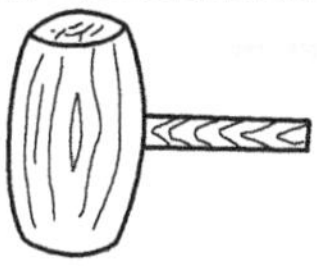	0.25 ～ 1.5kg，用硬质木料，如檀木制成	用于锤击薄钢板、有色金属板材及粗糙度要求较高的金属表面，可防止产生锤痕
钢锤	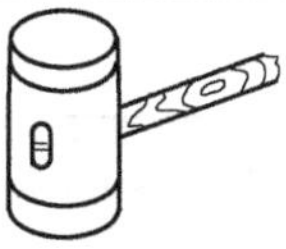	0.25kg、0.5kg、0.75kg、1.0kg、1.25kg	—
钳工锤		0.11kg、0.22kg、0.33kg、0.44kg、0.66kg、0.88kg、1.10kg、1.32kg、1.50kg	用于錾削、矫形、铆接等
八角锤		0.9kg、1.4kg、1.8kg、2.0kg、2.7kg、3.0kg、3.6kg、4.0kg、4.5kg、5.0kg、5.4kg、6.0kg、6.4kg、7.0kg、8.0kg、9.0kg、10.0kg	较大原材料的矫形、弯形用

（三）錾子

錾子有挑焊根錾、风錾和扁錾等多种形式，详见表1-70，主要用作錾断板料，錾削坡口，錾掉工件上的毛刺、焊疤和挑焊根等。

表1-70 錾子的形式及用途

名称	简图	材料	用途
挑焊根錾		70、80钢或17、118钢等	用于挑焊根，錾除焊缝的夹渣、裂纹等
风錾		70、80钢或T7、T8钢等	与风铲配合使用，能提高錾削效率
扁錾		70、80钢或T7、T8钢等	用于錾掉焊疤，錾断薄板、开坡口和錾除毛刺等

（四）锉刀

（1）钳工锉

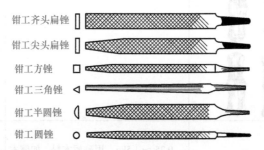

钳工齐头扁锉
钳工尖头扁锉
钳工方锉
钳工三角锉
钳工半圆锉
钳工圆锉

用途：用于锉削或修整金属工件的表面、凹槽及内孔。

规格：钳工锉的规格见表1-71。

表1-71 钳工锉的规格 单位：mm

锉身长度	扁锉（齐头、尖头）		半圆锉			三角锉	方锉	圆锉
	宽	厚	宽	厚（薄型）	厚（厚型）	宽	宽	直径
100	12	2.5	12	3.5	4.0	8.0	3.5	3.5
125	14	3.0	14	4.0	4.5	9.5	4.5	4.5
150	16	3.5	16	5.0	5.5	11.0	5.5	5.5
200	20	4.5	20	5.5	6.5	13.0	7.0	7.0
250	24	5.5	24	7.0	8.0	16.0	9.0	9.0
300	28	6.5	28	8.0	9.0	19.0	11.0	11.0
350	32	7.5	32	9.0	10.0	22.0	14.0	14.0
400	36	8.5	36	10.0	11.5	26.0	18.0	18.0
450	40	9.5	—	—	—	—	22.0	—

（2）整形锉

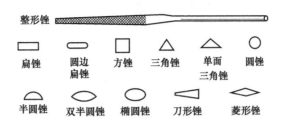

整形锉

扁锉　圆边扁锉　方锉　三角锉　单面三角锉　圆锉

半圆锉　双半圆锉　椭圆锉　刀形锉　菱形锉

用途：用于锉削小而精细的金属零件，是制造模具、电器、仪表等的必需工具。

规格：整形锉的长度规格见表1-72。

表1-72　各种整形锉的长度规格　　　　　　　　　　　单位：mm

全长		100	120	140	160	180
扁锉 （齐头，尖头）	宽	2.8	3.4	5.4	7.3	9.2
	厚	0.6	0.8	1.2	1.6	2.0
半圆锉	宽	2.9	3.8	5.2	6.9	8.5
	厚	0.9	1.2	1.7	2.2	2.9
三角锉	宽	1.9	2.4	3.6	4.8	6.0
方锉	宽	1.2	1.6	2.6	3.4	4.2
圆锉	直径	1.4	1.9	2.9	3.9	4.9
单面三角锉	宽	3.4	3.8	5.5	7.1	8.7
	厚	1.0	1.4	1.9	2.7	3.4
刀形锉	宽	3.0	3.4	5.4	7.0	8.7
	厚	0.9	1.1	1.7	2.3	3.0
	刃厚	0.3	0.4	0.6	0.8	1.0
双半圆锉	宽	2.6	3.2	5.0	6.3	7.8
	厚	1.0	1.2	1.8	2.5	3.4
椭圆锉	宽	1.8	2.2	3.4	4.4	5.4
	厚	1.2	1.5	2.4	3.4	4.3
四边扁锉	宽	2.8	3.4	5.4	7.3	9.2
	厚	0.6	0.8	1.2	1.6	2.1
菱形锉	宽	3.0	4.0	5.2	6.8	8.6
	厚	1.0	1.3	2.1	2.7	3.5

（五）手钻类

（1）麻花钻

标准麻花钻是最常用的一种钻头。它由柄部、颈部和工作部分组成。麻花钻的柄部是钻头的夹持部分，用来传递钻孔时所需要的扭矩和轴向力。它有直柄和锥柄两种，直柄所能传递的扭矩比较小，其钻头直径在20mm以内，锥柄可以传递较大的扭矩。常用的钻头，一般直径大于13mm的都制成锥柄，其尾部采用莫氏锥度规格详见表1-73。

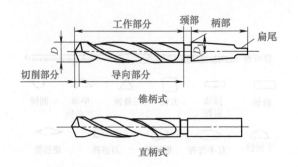

锥柄式

直柄式

表 1-73　莫氏锥度钻头直径与锥柄大端直径

莫氏锥柄号	1	2	3	4	5	6
大端直径 D_1/mm	12.240	17.980	24.051	31.542	44.731	63.760
钻头直径 D/mm	6～15.5	15.6～23.5	23.6～32.5	32.6～49.5	49.6～65	65.5～80

（2）手摇台钻

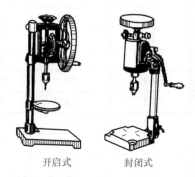

开启式　　　　封闭式

用途：用于在金属工件或其他材料上手摇钻孔，对无电源或缺乏电动设备的机械工场、修配场所及工地等。

规格：规格分开启式和封闭式两种，具体规格见表 1-74。

表 1-74　手摇台钻的规格

型式	钻孔直径 /mm	钻孔深度 /mm	转速比
开启式	1～12	80	1：1，1：2.5
封闭式	1.5～13	50	1：2.6，1：7

（3）手摇钻

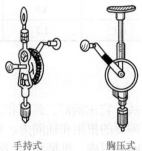

手持式　　　　胸压式

用途：手摇钻按使用方式分为手持式（用 S 表示）和胸压式（用 X 表示），并根据其结构分为 A 型和 B 型。手摇钻装夹圆柱柄钻头后，在金属或其他材料上手摇钻孔。

规格：有手持式和胸压式两种，具体规格见表 1-75。

表 1-75　手摇钻的规格

型式		规格	L_{max}/mm	L_{1max}/mm	L_{2max}/mm	d_{max}/mm	夹持直径（max）/mm
手持式	A 型	6	200	140	45	28	6
		9	250	170	55	34	9
	B 型	6	150	85	45	28	6
胸压式	A 型	9	250	170	55	34	9
		12	270	180	65	38	12
	B 型	9	250	170	55	34	9

（4）手板钻

用途：在各种大型钢铁工程上，当无法使用钻床或电钻时，就用手板钻来进行钻孔或攻制内螺纹或铰制圆（锥）孔。

规格：手板钻的规格见表 1-76。

表 1-76　手板钻的规格

手柄长度/mm	250	300	350	400	450	500	550	600
最大钻孔直径/mm	25				40			

（六）手锯

（1）钢锯架

用途：安装手用锯条后，可用于手工锯割金属等材料。

规格：钢锯架的长度规格见表 1-77。

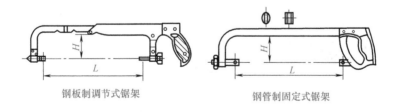

钢板制调节式锯架　　　　　　　钢管制固定式锯架

表 1-77　钢锯架的长度规格

类型		规格 L/mm（可装锯条长度）	长度/mm	高度/mm	最大锯切深度 H/mm
钢板制	调节式	200，250，300	324～328	60～80	64
	固定式	300	325～329	65～85	
钢管制	调节式	250，300	330	≥80	74
	固定式	300	324	≥85	

（2）小钢锯架

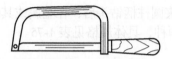

用途：装上小锯条，其可用于手工锯切金属或非金属小工件。

规格：小钢锯架的长度规格见表1-78。

表1-78 小钢锯架的长度规格

装用小锯条长度/mm	锯架长度/mm	锯架高度/mm
146～150	132～153	51～70

（七）画线工具

（1）划规

普通式　　弹簧式

用途：用于在工件上画圆或圆弧、分角度、排眼子等。

规格：分普通式和弹簧式两种，其长度规格见表1-79。

表1-79 划规长度规格

品种	规格（脚杆长度）/mm							
普通式	100	150	200	250	300	350	400	450
弹簧式	—	150	200	250	300	350	—	—

（2）划针

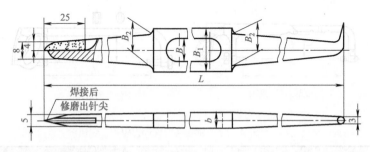

用途：用于在工件上画线。

规格：划针的基本尺寸见表1-80。

表1-80 划针的基本尺寸　　　　　　　　　　单位：mm

L	B	B_1	B_2	b	展开大致长度
320	11	20	15	8	330
450					460

L	B	B_1	B_2	b	展开大致长度
500	13	25	20	10	510
700		30	25		710
800	17	38	33	12	860
1200		45	37		1210
1500			40		1510

（3）长划规

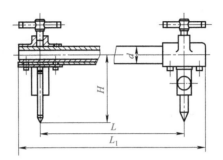

用途：用于画圆、分度用的工具，其划针可在横梁上任意移动、调节，适应于尺寸较大的工件，可画最大半径为 800～2000mm 的圆。

规格：长划规的规格见表 1-81。

表 1-81　长划规的规格

两划脚中心距 L_{max}/mm	总长度 L_1/mm	栋梁直径 d/mm	大致脚深 H/mm
800	850	20	70
1250	1315	32	90
2000	2065		

（4）画线用 V 形铁

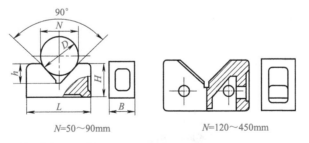

N=50～90mm　　　　　　N=120～450mm

用途：用于钳工画线时支承工件。

规格：画线用 V 形铁规格见表 1-82。

表 1-82　画线用 V 形铁规格

N/mm	D/mm	L/mm	B/mm	H/mm	h/mm
50	15～60	100	50	50	26
90	40～100	150	60	80	46
120	60～140	200	80	120	61
150	80～180	250	90	130	75

N/mm	D/mm	L/mm	B/mm	H/mm	h/mm
200	100～240	300	120	180	100
300	120～350	400	160	250	150
350	150～450	500	200	300	175
450	180～550	500	250	400	200

（八）虎钳类

（1）普通台虎钳

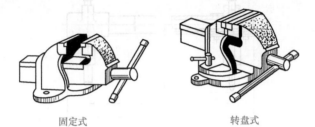

固定式　　　　　　　　　转盘式

用途：安装在工作台上，用以夹持工件，使钳工便于进行各种操作。回转式的钳体可以旋转，使工件旋转到合适的工作位置。

规格：普通台虎钳的规格见表1-83。

表1-83　普通台虎钳的规格

规格		75	90	100	115	125	150	200
钳口宽度/mm		75	90	100	115	125	150	200
开口度/mm		75	90	100	115	125	150	200
外形尺寸/mm	长度	300	340	370	400	430	510	610
	宽度	200	220	230	260	280	330	390
	高度	160	180	200	220	230	260	310
夹紧力/kN	轻级	7.5	9.0	10.0	11.0	12.0	15.0	20.0
	重级	15.0	18.0	20.0	22.0	25.0	30.0	40.0

（2）多用台虎钳

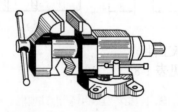

用途：与一般台虎钳相同，但其平钳口下部设有一对带圆弧装置的管钳口及V形钳口，专用来夹持小直径的钢管、水管等圆柱形工件，以使加工时工件不转动；并在其固定钳体上端铸有铁砧面，便于对小工件进行锤击加工。

规格：多用台虎钳的规格见表1-84。

表 1-84 多用台虎钳的规格

规格		75	100	120	125	150
钳口宽度 /mm		75	100	120	125	150
开口度 /mm		60	80	100		120
管钳口夹持范围 /mm		7～40	10～50	15～60		15～65
夹紧力 /kN	轻级	15	20	25		30
	重级	9	20	16		18

（3）手虎钳

用途：它是一种手持工具，用来夹持轻巧小型工件。

规格：手虎钳的规格见表 1-85。

表 1-85 手虎钳的规格

规格（钳口宽度）/mm	25	30	40	50
钳口弹开尺寸 /mm	15	20	30	36

（4）管子台虎钳

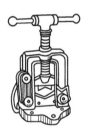

用途：安装在工作台上，用于夹紧管子进行铰制螺纹或切断及连接管子等，为管工必备工具。

规格：按工作范围（夹紧管子外径）分为 1 号至 6 号等 6 种。其直径规格见表 1-86。

表 1-86 管子台虎钳直径规格

型号（号数）	1	2	3	4	5	6
夹持管子直径 /mm	10～60	10～90	15～115	15～165	30～220	30～300
加于试验棒力矩 /（N·m）	90	120	130	140	170	200

（九）大力钳

用途：用以夹紧零件进行铆接、焊接、磨削等加工。钳口可以锁紧，并产生很大的夹紧力，使被夹紧零件不会松脱；钳口有多挡调节位置，供夹紧不同厚度零件使用；可作扳手使用。

规格：大力钳的规格见表1-87。

表1-87 大力钳的规格

品种	直形钳口	圆形钳口	曲线形钳口	尖嘴形钳口
全长 /mm	140、180、220	130、180、230、255、290	100、140、180、220	135、165、220

（十）电动工具

（1）手持式电剪刀（JB/T 8641—1999）

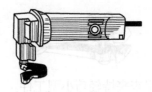

用途：它用于剪切薄钢板、钢带、有色金属板材、带材及橡胶板、塑料板等。尤其适宜修剪工件边角，切边平整。

规格：手持式电剪刀的型号规格见表1-88。

表1-88 手持式电剪刀的型号规格

型号	规格 / mm	额定输出功率 / W	刀杆额定每分钟往复次数	剪切进给速度 / (m/min)	剪切余料宽度 / mm	每次剪切长度 / mm
J1J-1.6	1.6	≥ 120	≥ 2000	2 ～ 2.5	45 ± 3	560 ± 10
J1J-2	2	≥ 140	≥ 1100			
J1J-2.5	2.5	≥ 180	≥ 800	1.5 ～ 2	40 ± 3	470 ± 10
J1J-3.2	3.2	≥ 250	≥ 650	1 ～ 1.5	35 ± 3	500 ± 10
J1J-4.5	4.5	≥ 540	≥ 400	0.5 ～ 1	30 ± 3	400 ± 10

注：规格是指电剪刀剪切抗拉强度为390MPa的热轧钢板的最大厚度。

（2）双刃电剪刀

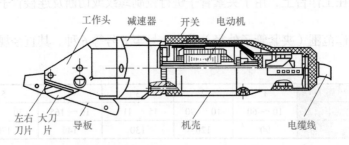

用途：用于剪切各种薄壁金属异型材。

规格：双刃电剪刀的型号规格见表1-89。

表1-89 双刃电剪刀的型号规格

型号	规格 /mm	最大剪切厚度 /mm	额定输出功率 /W	额定往复次数 /min⁻¹
J1R-1.5	1.5	1.5	≥ 130	≥ 1850
J1R-2	2	2	≥ 180	≥ 1500

（十一）射吸式焊炬

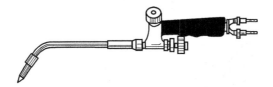

用途：利用氧气和低压（或中压）乙炔作热源，进行焊接或预热被焊金属。

规格：射吸式焊炬规格见表1-90。

表 1-90　射吸式焊炬规格

型号	焊接低碳钢厚度 / mm	氧气工作压力 / MPa	乙炔使用压力 / MPa	可换焊 嘴数 / 个	焊嘴孔径 / mm	焊炬总长度 / mm
H01-2	0.5 ～ 2	0.1，0.125，0.15，0.2，0.25			0.5，0.6，0.7，0.8，0.9	300
H01-6	2 ～ 6	0.2，0.25，0.3，0.35，0.4	0.001 ～ 0.1	5	0.9，1.0，1.1，1.2，1.3	400
H01-12	6 ～ 12	0.4，0.45，0.5，0.6，0.7			1.4，1.6，1.8，2.0，2.2	500
H01-20	12 ～ 20	0.6，0.65，0.7，0.75，0.8			2.4，2.6，2.8，3.0，3.2	600

二、常用夹具

在画线、装配和焊接工作中，夹具用于工件的定位和夹紧等工作。按夹具的动作分类，可分为手动夹具、气动夹具、液压夹具和磁力夹具等。

（1）手动夹具

手动夹具有杠杆夹具、楔条夹具、螺旋夹具、肘节夹具、偏心夹具等多种形式，见表1-91。

表 1-91　手动夹具的形式与用途

名称	简图	用途
杠杆夹具	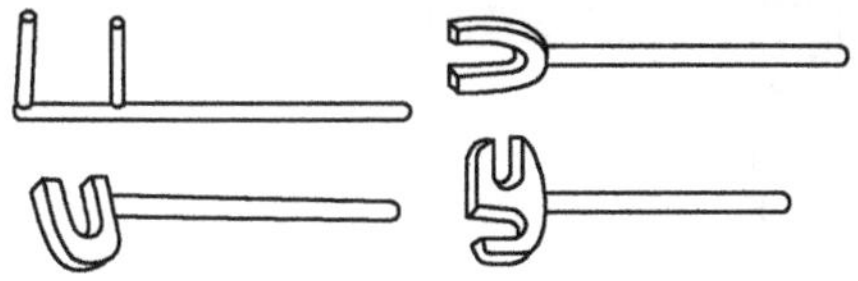	利用杠杆原理夹紧工件，又能用于矫形和翻转工件
楔条夹具	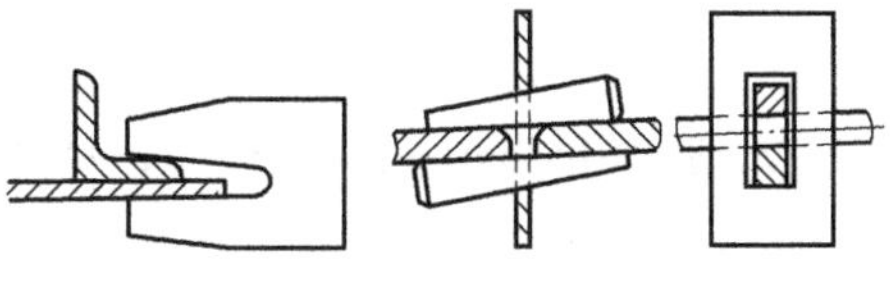	利用开口或开孔的夹板和楔条配合，将工件夹紧。将楔条打入时，楔条的斜面可产生夹紧力，从而达到夹紧的目的
螺旋夹具	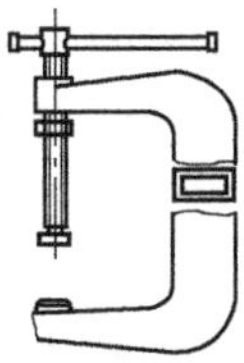	利用螺杆的作用起到夹、拉、顶、撑等多种功能。弓形螺旋夹是夹紧器中常用的一种

名称	简图	用途
	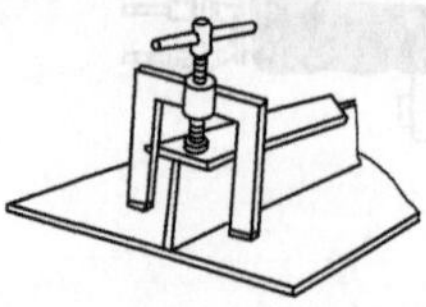	借助冂形或L形铁和螺杆起压紧作用
螺旋夹具	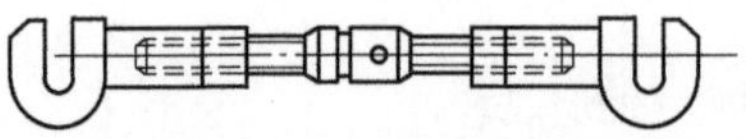	利用螺栓两端相反方向的螺纹，旋转螺栓时，只要改变两弯头的距离，可达到拉紧目的
	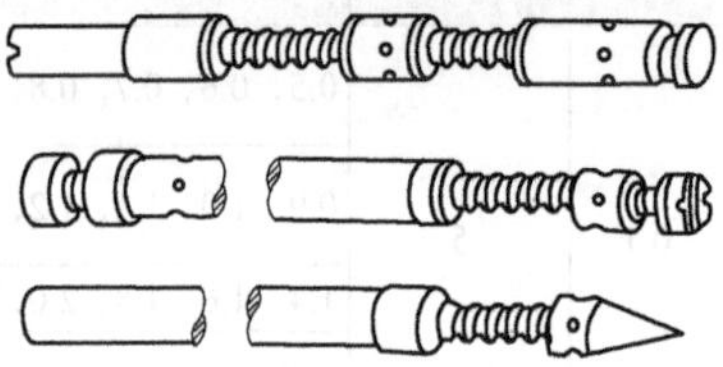	推撑器螺杆具有正反方向的螺纹，旋转螺杆时起到顶紧或撑开的作用
偏心夹具	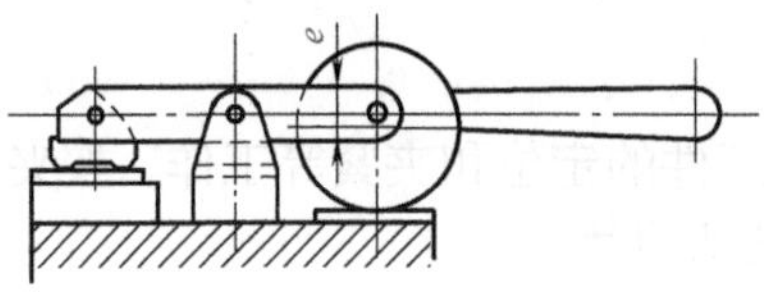	用手柄旋转偏心轮，从而改变偏心距e，达到夹紧目的。偏心夹具优点是动作快，缺点是夹紧力小
肘节夹具	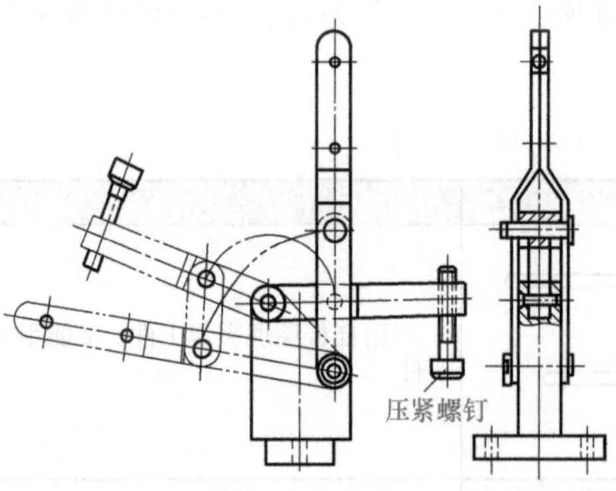 压紧螺钉	用于中、薄板的拼装，其特点是夹紧快，夹紧厚度的调节范围大

（2）气动夹具

气动夹具（图1-62）是利用压缩空气的压力，推动活塞杆做往复移动，从而达到夹紧目的。气动夹具适用于中、薄板构件的夹紧。

（3）液压夹具

液压夹具（图1-63）主要由液压缸、活塞和活塞杆等组成。液压缸使活塞杆产生直线运动，推动杠杆装置来夹紧工件。液压夹具的优点是夹紧力大、工作可靠，缺点是液体易泄漏、维修不便。

（4）磁力夹具

磁力夹具有永磁式和电磁式两种类型，如图1-64所示为磁力夹具的应用情况，这种夹具是利用磁铁吸住钢板，靠磁力或靠旋转压力马上的丝杆或作杠杆来夹紧工件。

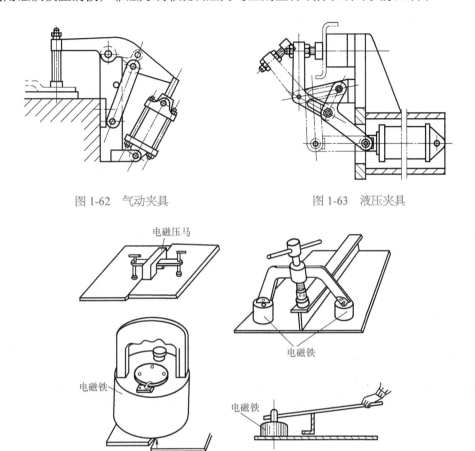

图 1-62　气动夹具　　　　　　　　图 1-63　液压夹具

图 1-64　磁力夹具

三、常用量具

（1）钢直尺

钢直尺

用途：用于测量一般工件的尺寸。

规格：标称长度有 150mm，300mm，500mm，1000mm，1500mm，2000mm。

（2）塞尺（JB/T 8788—1998）

用途：用于测量或检验工件两平行面间的空隙大小。

规格：塞尺的规格型号见表 1-92。

表 1-92　塞尺的规格型号

	单片塞尺厚度系列 /mm
	0.02, 0.03, 0.04, 0.05, 0.06, 0.07, 0.08, 0.09, 0.10, 0.11, 0.12, 0.13, 0.14, 0.15, 0.20, 0.25, 0.30, 0.35, 0.40, 0.45, 0.50, 0.55, 0.60, 0.65, 0.70, 0.75, 0.80, 0.85, 0.90, 0.95, 1.00

成组塞尺常用规格				
A 型	B 型	塞尺片长度 /mm	片数	塞尺片厚度及组装顺序 /mm
级别标记				
75A13 100A13 150A13 200A13 300A13	75B13 100B13 150B13 200B13 300B13	75 100 150 200 300	13	保护片, 0.02, 0.02, 0.03, 0.03, 0.04, 0.04, 0.05, 0.05, 0.06, 0.07, 0.08, 0.09, 0.10, 保护片
75A14 100A14 150A14 200A14 300A14	75B14 100B14 150B14 200B14 300B14	75 100 150 200 300	14	1.00, 0.05, 0.06, 0.07, 0.08, 0.09, 0.10, 0.15, 0.20, 0.25, 0.30, 0.40, 0.50, 0.75
75A17 100A17 150A17 200A17 300A17	75B17 100B17 150B17 200B17 300B17	75 100 150 200 300	17	0.50, 0.02, 0.03, 0.04, 0.05, 0.06, 0.07, 0.08, 0.09, 0.10, 0.15, 0.20, 0.25, 0.30, 0.35, 0.40, 0.45
75A20 100A20 150A20 200A20 300A20	75B20 100B20 150B20 200B20 300B20	75 100 150 200 300	20	1.00, 0.05, 0.10, 0.15, 0.20, 0.25, 0.30, 0.35, 0.40, 0.45, 0.50, 0.55, 0.60, 0.65, 0.70, 0.75, 0.80, 0.85, 0.90, 0.95
75A21 100A21 150A21 200A21 300A21	75B21 100B21 150B21 200B21 300B21	75 100 150 200 300	21	0.50, 0.02, 0.02, 0.03, 0.03, 0.04, 0.04, 0.05, 0.05, 0.06, 0.07, 0.08, 0.09, 0.10, 0.15, 0.20, 0.25, 0.30, 0.35, 0.40, 0.45

注：1. A 型塞尺片端头为半圆形；B 型塞尺片前端为梯形，端头为弧形。
2. 塞尺片按厚度偏差及弯曲度，分特级和普通级。

（3）90°角尺

(a) 圆柱角尺　　(b) 刀口矩形角尺　　(c) 矩形角尺　(d) 三角形角尺　　(e) 刀口角尺　　(f) 宽度角尺

用途：用于精确地检验零件、部件的垂直误差，也可对工件进行垂直画线。
规格：90°角尺的规格见表 1-93。

表 1-93　90°角尺的规格

圆柱角尺	精度等级	00级, 0级				
	高度 /mm	200	315	500	800	1250
	直径 /mm	80	100	125	160	200
刀口矩形 角尺	精度等级	00级, 0级				
	高度 /mm	63	125	200		
	长度 /mm	40	80	125		
矩形角尺	精度等级	00级, 0级, 1级				
	高度 /mm	125	200	315	500	800
	长度 /mm	80	125	200	315	500

三角形角尺	精度等级	00 级，0 级							
	高度 /mm	125	200	315	500	800	1250		
	长度 /mm	80	125	500	315	500	800		
刀口角尺	精度等级	0 级，1 级							
	高度 /mm	63	125	200					
	长度 /mm	40	80	125					
宽度角尺	精度等级	0 级，1 级，2 级							
	长边 /mm	63	125	200	315	500	800	1250	1600
	短边 /mm	40	80	125	200	315	500	800	1000

（4）万能角尺

用途：用于测量一般的角度、长度、深度、水平度以及在圆形工件上定中心等，也可进行角度画线。

规格：万能角尺的规格见表 1-94。

表 1-94　万能角尺的规格

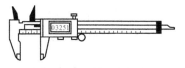

公称长度 /mm	角度测量范围
300	0°～180°

（5）电子数显卡尺

用途：测量精度要求比一般游标卡尺高，且具有读数清晰、准确、直观、迅速、使用方便的优点。

规格：电子数显卡尺的规格见表 1-95。

表 1-95　电子数显卡尺的规格

形式	名称	测量范围 /mm	分辨率 /mm
Ⅰ 型	三角数显卡尺	0～150，0～200	0.01
Ⅱ 型	两用数显卡尺	0～200，0～300	
Ⅲ 型	双面卡脚数显卡尺	0～200，0～300	
Ⅳ 型	单面卡脚数显卡尺	0～500	

（6）深度游标卡尺

用途：用于测量工件上阶梯形、沟槽和盲孔的深度。

规格：深度游标卡尺的规格见表 1-96。

表 1-96　深度游标卡尺的规格

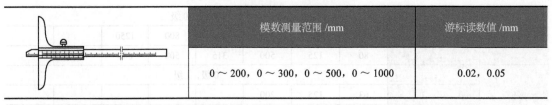

	模数测量范围 /mm	游标读数值 /mm
	$0 \sim 200$，$0 \sim 300$，$0 \sim 500$，$0 \sim 1000$	0.02，0.05

（7）游标卡尺

用途：用于测量工件的内径和外径尺寸，带深度尺的还可以用手测量工件的深度尺寸。利用游标可以读出毫米小数值，测量精度比钢直尺高，使用也方便。

规格：游标卡尺的规格见表 1-97。

表 1-97　游标卡尺的规格

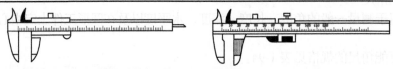

形式	名称	测量范围 /mm	游标读数值 /mm
Ⅰ型	三角游标卡尺	$0 \sim 125$，$0 \sim 150$	
Ⅱ型	两用游标卡尺	$0 \sim 200$，$0 \sim 300$	0.02，0.05
Ⅲ型	双面卡脚游标卡尺	$0 \sim 200$，$0 \sim 300$	
Ⅳ型	单面卡脚游标卡尺	$0 \sim 500$，$0 \sim 1000$	

（8）电子数显深度卡尺

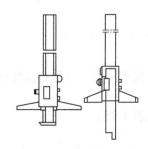

电子数显深度卡尺

用途：用于测量工件上阶梯形、沟槽和盲孔的深度。

规格：测量范围有 $0 \sim 300$mm，$0 \sim 500$mm；分辨率为 0.01mm。

（9）游标万能角度尺

用途：用于测量精密工件的内、外角度或进行角度画线。

规格：游标万能角度尺的规格见表 1-98。

表 1-98　游标万能角度尺的规格

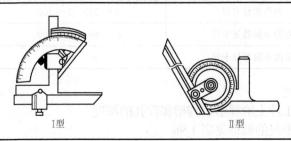

Ⅰ型　　　　　　　Ⅱ型

型式	游标读数值	测量范围	直尺测量面	附加直尺测量面	其他测量面
			公称长度 /mm		
Ⅰ型	2′, 5′	0°～320°	≥ 150	—	≥ 50
Ⅱ型	5′	0°～360°	200 或 300	不规定	—

（10）深度千分尺

用途：用于测量精密工件的孔、沟槽的深度和台阶的高度，工件两平行面间的距离，等，其测量精度较高。

规格：深度千分尺的规格见表1-99。

表 1-99　深度千分尺的规格

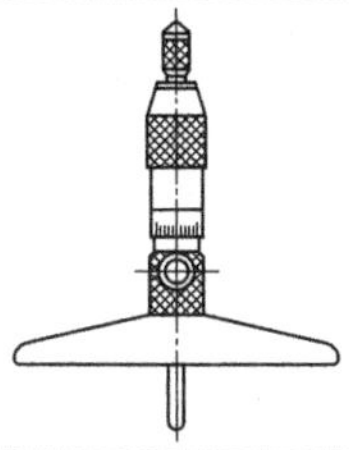

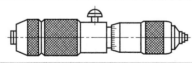

测量范围 /mm	分度值 /mm
0～25, 0～50, 0～100, 0～150, 0～200, 0～300	0.01

（11）内径千分尺（GB/T 8177—2004）

用途：用于测量工件的孔径、槽宽、卡规等的内尺寸和两个内表面之间的距离，其测量精度较高。

规格：内径千分尺的规格见表1-100。

表 1-100　内径千分尺的规格

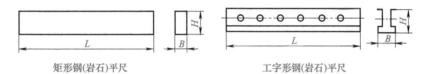

测量范围 /mm	分度值 / mm	测量范围 /mm	分度值 /mm
50～250, 50～600	0.01	250～2000, 250～4000, 250～5000	0.01
100～1225, 100～1500, 100～5000			
150～1250, 150～1400, 150～2000, 150～3000, 150～4000, 150～5000		1000～3000, 1000～4000, 1000～5000	
		2500～5000	
测微头分度值 /mm	0.002	测微螺杆和测量端直径 /mm	6.5

（12）钢平尺和岩石平尺

矩形钢(岩石)平尺　　　　工字形钢(岩石)平尺

用途：用于测量工件的直线度和平面度。

规格：钢平尺和岩石平尺的规格见表1-101。

表 1-101 钢平尺和岩石平尺的规格

规格 /mm	L/mm	岩石平尺 000 级，00 级，0 级和 1 级		钢平尺 /mm 00 级和 0 级		1 级和 2 级	
		H	B	H	B	H	B
400	400	60	25	45	8	40	6
500	500	80	30	50	10	45	8
630	630	100	35	60	10	50	10
800	800	120	40	70	10	60	10
1000	1000	160	50	75	10	70	10
1250	1250	200	60	85	10	75	10
1600	1600	250	80	100	12	80	10
2000	2000	300	100	125	12	100	12
2500	2500	360	120	150	14	120	12

（13）铸铁平板

用途：用于工件的检验和画线。

规格：铸铁平板的长度规格见表 1-102。

表 1-102 铸铁平板的长度规格

	工作面尺寸（长 × 宽）/mm				精度等级
	160×100	400×250	800×800	1600×1000	000 级，00 级，0 级，1 级，2 级，3 级
	160×160	400×400	1000×630	1600×1600	
	250×160	630×400	1000×1000	2500×1600	
	250×250	630×630	1250×1250	4000×2500	

第六节　基本图形作法

一、平行线的画法

平行线的画法及要求说明见表 1-103。

表 1-103 平行线的画法及要求说明

类别	简图	说明
作 ab 的平行线，距离为 s		作 ab 的平行线，距离为 s，具体要求如下： ①在 ab 线上分别任取两点为圆心，以 s 为半径，作两圆弧； ②作两圆弧的切线 cd，则 cd//ab
过 p 点作 ab 的平行线		过 p 点作 ab 的平行线，具体要求如下： ①以已知点 p 为圆心，取 R_1（大于 p 点到 ab 的距离）为半径画弧交 ab 于 e； ②以 e 为圆心、R_1 为半径画弧交 ab 于 f； ③以 e 为圆心，取 $R_2=fp$ 为半径画弧交于 g，过 p、g 两点作 cd，则 cd//ab

二、垂直线的画法

垂直线的画法及要求说明见表1-104。

表1-104　垂直线的画法及要求说明

类别	简图	说明
作过 ab 上定点 p 的垂线	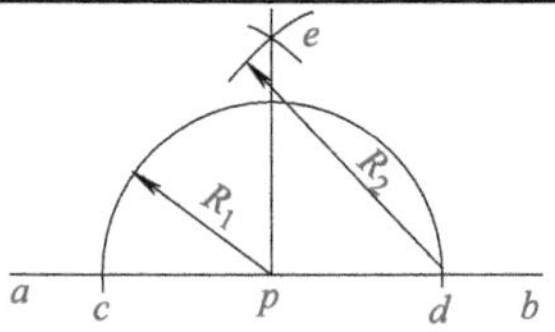	作过 ab 上定点 p 的垂线，具体要求如下： ①以 p 为圆心，任取适当 R_1 为半径画弧交 ab 于 c、d 点； ②分别以 c、d 点为圆心，取 R_2（$>R_1$）为半径画弧得交点 e，连接 ep，则 ep $\perp$ ab
作过 ab 外任意点 p 的垂线	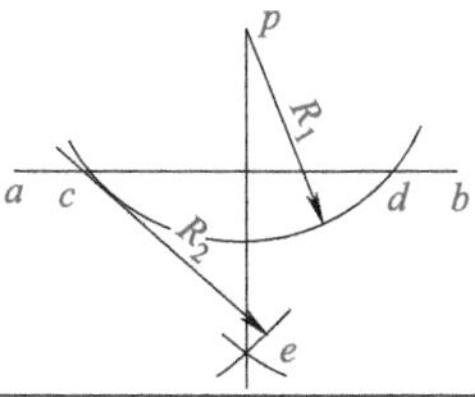	作过 ab 外任意点 p 的垂线，具体要求如下： ①以 p 为圆心，任取适当 R_1 为半径画弧，交 ab 于 c、d 点； ②分别以 c、d 点为圆心，任取 R_2 为半径画弧得交点 e，连接 ep，则 ep $\perp$ ab
作过 ab 端点外定点 p 的垂线	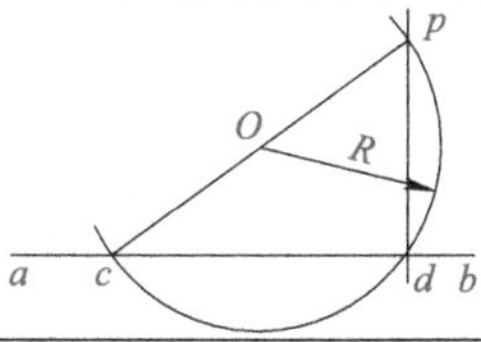	作过 ab 端点外定点 p 的垂线，具体要求如下： ①过 p 点作一倾斜线交 ab 于 c，取 cp 中点为 O； ②以 O 为圆心，取 R=cO 为半径画弧交 ab 于 d 点，连接 dp，则 dp $\perp$ ab
作过 ab 的端点 b 的垂线	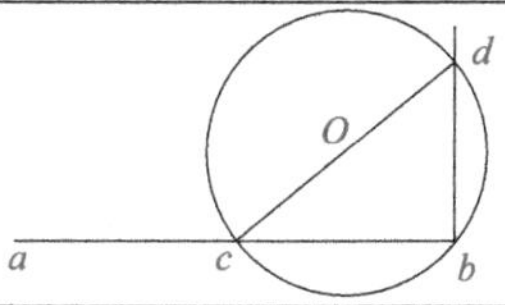	作过 ab 的端点 b 的垂线，具体要求如下： ①任取线外一点 O，并以 O 为圆心，取 R=Ob 为半径画圆交 ab 于 c 点； ②连接 cO 并延长，交圆周于 d 点，连接 bd，则 bd $\perp$ ab
作过 ab 的端点 b，用 3∶4∶5 比例法作垂线	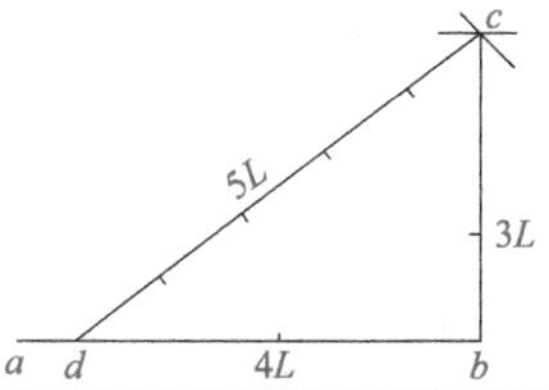	作过 ab 的端点 b，用 3∶4∶5 比例法作垂线，具体要求如下： ①在 ab 上取适当之长为半径 L，然后以 b 为顶点量取 bd=4L； ②以 d、b 为顶点，分别量取以 5L、3L 长作半径交弧得 c 点，连接 bc，则 bc $\perp$ ab
作过 ab 的端点 b 用斜边两等分法作垂线	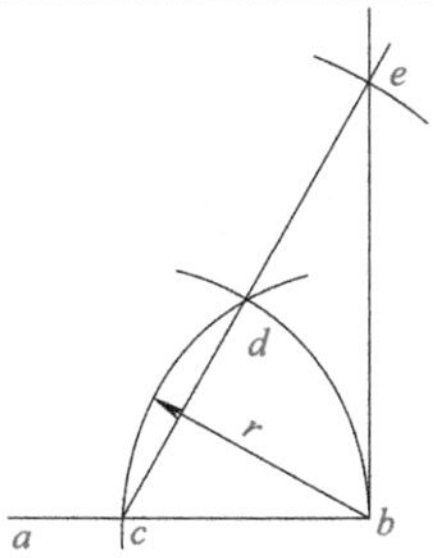	作过 ab 的端点 b 用斜边两等分法作垂线，具体要求如下： ①取适当长度为半径 r，以 b 为圆心作圆弧交 ab 直线于 c； ②以相同长度 r 为半径，c 点为圆心作圆弧交于 d； ③以相同长度 r 为半径，d 点为圆心作圆弧。连接 c、d，并延长交圆弧得 e 点； ④连接 eb，则 eb $\perp$ ab

三、圆弧的画法

圆弧连接有三种类型，见表1-105。

四、圆的等分

（1）作图法

作图法的操作要求见表1-106。

表 1-105　圆弧连接的类型及说明

类别	说明
用圆弧连接两已知直线	如图 1-65（a）、（b）所示，两直线成锐角或钝角，可分别作两已知直线的平行线，其距离为连接圆弧半径 R，将交点 O 定为连接圆弧的圆心，以 R 为半径，即可画出连接弧。如图 1-65（c）所示，两直线成直角，也可用上述方法。为了使作图更简单，可以两直线的交点为圆心，以 R 为半径画圆弧，与两直线的两交点 k、k' 即为两切点；分别以两切点为圆心，以 R 为半径画两圆弧得交点 O，以 O 为圆心，以 R 为半径，即可画出连接弧 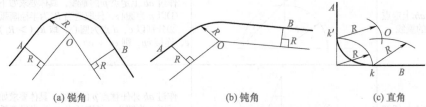 (a) 锐角　　　　　　(b) 钝角　　　　　　(c) 直角 图 1-65　用圆弧连接两已知直线
用圆弧连接两已知圆弧	图 1-66（a）为半径分别是 R_1、R_2 的圆，现要作半径为 R 的外公切圆弧，与两已知相切。可先分别以两已知圆弧的圆心 O_1、O_2 为圆心，分别以 $R+R_1$ 和 $R+R_2$ 为半径作两辅助圆弧，求得其交点 O，然后过 O 点分别连接两已知圆弧的圆心 O_1 和 O_2，得交点 k、k'；最后以 O 点为圆心，以 R 为半径在两切点之间画出连接圆弧 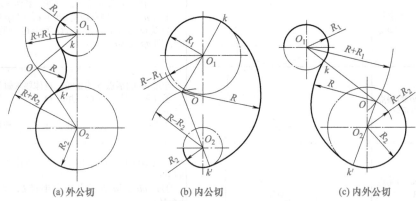 (a) 外公切　　　　　(b) 内公切　　　　　(c) 内外公切 图 1-66　用圆弧连接两已知圆弧 　　图 1-66（b）为半径分别是 R_1、R_2 的圆，现要作半径为 R 的内公切圆弧，与两已知圆相切。可分别以两已知圆弧的圆心 O_1、O_2 为圆心，以 $R-R_1$ 和 $R-R_2$ 为半径作两辅助圆弧，其交点为 O，过 O 点分别连接两已知圆弧的圆心 O_1 和 O_2 并延长，与两已知圆交于点 k、k'；最后以 O 点为圆心，以 R 为半径在两切点之间画出连接圆弧 　　图 1-66（c）为半径分别是 R_1、R_2 的圆，现要作半径为 R 的内外公切圆弧，与两已知圆相切。可分别以两已知圆弧的圆心 O_1、O_2 为圆心，分别以 $R+R_1$ 和 $R-R_2$ 为半径作两辅助圆弧，得交点 O。过 O 点分别连接两已知圆的圆心 O_1 和 O_2，得交点 k、k'，最后以 O 点为圆心，以 R 为半径，在两切点 k、k' 之间画出连接圆弧
用圆弧连接已知直线和圆弧	图 1-67 中可以看出，连接圆弧与已知圆弧呈外切，故可以已知圆的圆心 O_1 为圆心，以 $R+R_1$ 为半径画辅助圆弧；再作与已知直线 A 距离为 R 的平行线 B；两者交于 O 点，自 O 点向已知直线作垂线得垂足 k，再连接 O 点和已知圆弧的圆心 O_1，得交点 k'；最后以 O 点为圆心，以 R 为半径在两切点 k、k' 之间画出连接圆弧 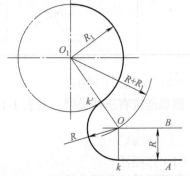 图 1-67　用圆弧连接已知直线和圆弧

表 1-106　作图法的操作要求

类别	简图	说明
求圆的 3、4、5、6、7、10、12 等分		求圆的 3、4、5、6、7、10、12 等分，具体操作如下： ①过圆心 O 作 $ab \perp cd$ 的两条直径线； ②以 b 为圆心、R 为半径画弧交圆周于 e、f，连接 ef 并交 ab 于 g 点； ③以 g 为圆心，$R_1=cg$ 为半径画弧 ab 交于 h； ④则 ef、bc、ch、bO、eg、hO、ce 长分别等分该圆周的 3、4、5、6、7、10、12 等分长； ⑤用 ef、bc、ch、bO、eg、hO、ce 长等分圆周，然后连接各点，即为该圆周的正 3、4、5、6、7、10、12 边形
作圆的任意等分（图中 7 等分）		作圆的任意等分（图中 7 等分），具体操作如下： ①把圆的直径 cd 七等分； ②分别以 c、d 为圆心，取 $R=cd$ 为半径画弧得 p 点； ③ p 点与直径等分的偶数点 $2'$ 连接，并延长与圆周交于 e 点，则 ce 即是所求的等分长； ④用 ce 长等分圆周，然后连接各点，即为正 7 边形
作圆的任意等分（图中为 9 等分）		作圆的任意等分（图中为 9 等分），具体操作如下： ①将圆直径等分，等分数与圆周等分数相同（图中 9 等分）； ②量取其中三等分之长 a 即可等分圆周（图中 9 等分）； ③连接各点，得正多边形（图中正 9 边形）
作半圆弧的任意等分（图中 5 等分）		作半圆弧的任意等分（图中 5 等分），具体操作如下： ①将直径 ab 五等分； ②分别以 a、b 为圆心，以 $R=ab$ 为半径，画弧交于 p 点； ③分别连接 $p1'$、$p2'$、$p3'$、$p4'$，并延长与圆周得交点为 $1''$、$2''$、$3''$、$4''$ 点，即各点将半圆弧 5 等分

（2）计算法

已知圆的直径和等分数，则正多边形的每边长 S 可按下式计算：

$$S=KD$$

式中　S——边长（等分圆周的弦长）；

D——圆的直径；

K——圆等分数的系数（表 1-107）。

例　已知一法兰（图 1-68）24 孔均布，求其排孔的孔距。

解：$S=KD$

上述 $D=1000$；查表 1-107，当 $n=24$ 时，则得 $K=0.13053$。

所以 $S=KD=0.13053 \times 1000=130.53$（mm），法兰排孔孔距为 130.53mm。

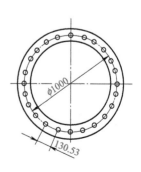

图 1-68　法兰

表 1-107　圆内接正多边形边数（n）与系数（K）的值

n	K	n	K	n	K	n	K
1	—	26	0.12054	51	0.06156	76	0.04132
2	—	27	0.11609	52	0.06038	77	0.04079
3	0.86603	28	0.11196	53	0.05924	78	0.04027
4	0.70711	29	0.10812	54	0.05814	79	0.03976
5	0.58779	30	0.10453	55	0.05700	80	0.03926
6	0.50000	31	0.10117	56	0.05607	81	0.03878
7	0.43388	32	0.09802	57	0.05509	82	0.03830
8	0.38268	33	0.09506	58	0.05414	83	0.03784
9	0.34202	34	0.09227	59	0.05322	84	0.03739
10	0.30902	35	0.08964	60	0.05234	85	0.03693
11	0.28173	36	0.08716	61	0.05148	86	0.03652
12	0.25882	37	0.08481	62	0.05065	87	0.03610
13	0.23932	38	0.08258	63	0.04985	88	0.03559
14	0.22252	39	0.08047	64	0.04907	89	0.03529
15	0.20791	40	0.07846	65	0.04831	90	0.03490
16	0.19509	41	0.07655	66	0.04758	91	0.03452
17	0.18375	42	0.07473	67	0.04687	92	0.03414
18	0.17365	43	0.07300	68	0.04618	93	0.03377
19	0.16459	44	0.07134	69	0.04551	94	0.03341
20	0.15643	45	0.06976	70	0.04486	95	0.03306
21	0.14904	46	0.06824	71	0.04423	96	0.03272
22	0.14231	47	0.06679	72	0.04362	97	0.03238
23	0.13617	48	0.06540	73	0.04302	98	0.03205
24	0.13053	49	0.06407	74	0.04244	99	0.03173
25	0.12533	50	0.06279	75	0.04188	100	0.03141

五、线段的等分

线段的等分及说明见表 1-108。

表 1-108　线段的等分及说明

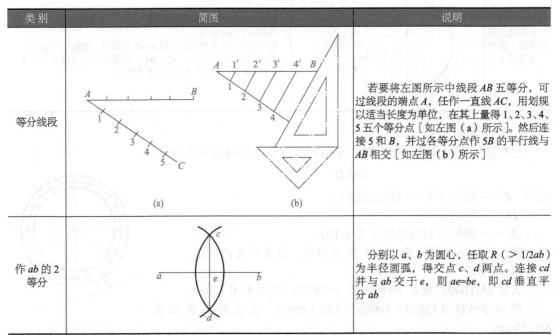

类 别	简图	说明
等分线段	(a)　(b)	若要将左图所示中线段 AB 五等分，可过线段的端点 A，任作一直线 AC，用划规以适当长度为单位，在其上量得 1、2、3、4、5 五个等分点［如左图（a）所示］。然后连接 5 和 B，并过各等分点作 5B 的平行线与 AB 相交［如左图（b）所示］
作 ab 的 2 等分		分别以 a、b 为圆心，任取 R（＞1/2ab）为半径画弧，得交点 c、d 两点。连接 cd 并与 ab 交于 e，则 ae=be，即 cd 垂直平分 ab

六、作圆的切线

若要过圆上已知点 A 作圆的切线，可连接 O、A 两点并适当延长；再以 A 点为圆心，用适当的半径作弧线，在直线 OA 上得交点 a、b；分别以 a、b 为圆心，用相等的半径作弧线，求得交点 c；连接 cA 即可，如图 1-69 所示。

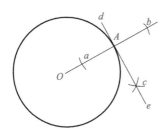

图 1-69　作圆的切线

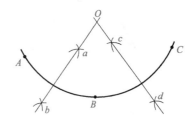

图 1-70　求圆弧的圆心

七、求圆弧的圆心

若要求一段圆弧的圆心，可先在其上任选三点 A、B、C，如图 1-70 所示；分别以 A、B 点为圆心，用适当的半径作弧线，得交点 a、b；再分别以 B、C 点为圆心，用适当的半径作弧线，得交点 c、d；连接 ab 和 cd，其交点 O 即为所求。

八、作角与角度的等分

作角与角度的等分的作图条件、要求及操作要点见表 1-109。

表 1-109　作角与角度的等分的作图条件、要求及操作要点

类别	简图	说明
$\angle abc$ 两等分		左图为 $\angle abc$ 二等分。操作要点如下： ①以 b 为圆心，适当长 R_1 为半径，画弧交角的两边为 1、2 两点； ②分别以 1、2 两点为圆心，任意长 R_2（大于 1—2 线长的一半）为半径相交于 d 点； ③连接 bd，则 bd 即为 $\angle abc$ 的角平分线
作无顶点角的角平分线		作无顶点角的角平分线，操作要点如下： ①取适当长 R_1 为半径，作 ab 和 cd 的平行线交于 m 点； ②以 m 为圆心，适当长度 R_2 为半径画弧，交两平行线于 1、2 两点； ③以 1、2 两点为圆心，适当长 R_3 为半径画弧交于 n 点； ④连接 mn，则 mn 即为 ab 和 cd 两角边的角平分线
90° 角三等分		90° 角 $\angle abc$ 三等分，操作要点如下： ①以 b 为圆心，任意长 R 为半径画弧，交两直角边于 1、2 两点； ②分别以 1、2 点为圆心，用同样长 R 为半径画弧得 3、4 点； ③连接 $b3$、$b4$，即为三等分 90° 角

类别	简图	说明
∠abc 三等分	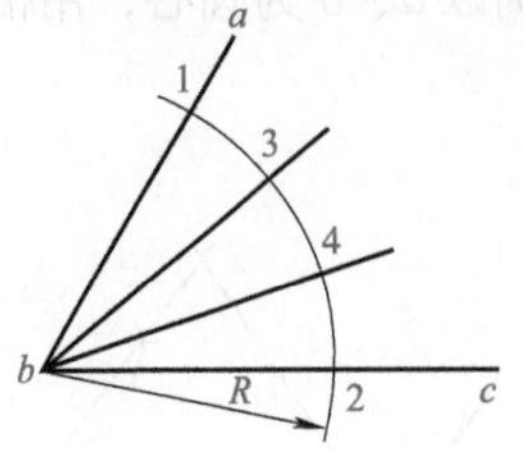	∠abc 三等分，操作要点如下： ①以 b 为圆心，适当长 R 为半径画弧，交角边于1、2两点； ②将 $\overset{\frown}{12}$ 用量规截取三等分，得3、4两点； ③连接 b3、b4 即为三等分∠abc
90°角五等分	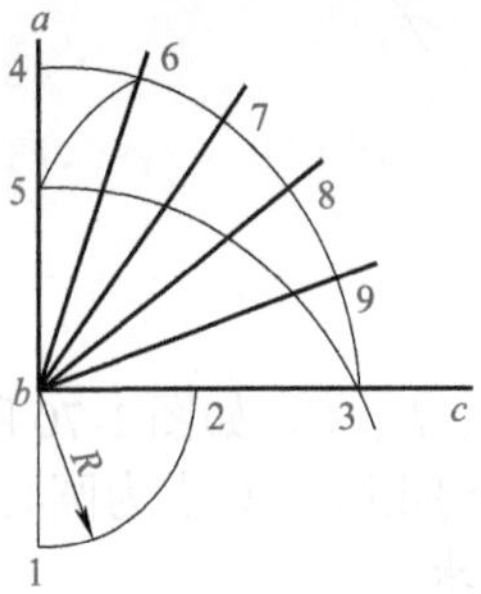	90°角五等分，操作要点如下： ①以 b 为圆心，取适当长 R 为半径画弧，交 ab 延长线于点1，交 bc 于点2，量取点3使 2—3=b—2； ②以 b 为圆心，b—3 为半径画弧交 ab 于点4； ③以点1为圆心，1—3 为半径画弧交 ab 于点5； ④以点3为圆心，3—5 为半径画弧交 $\overset{\frown}{34}$ 于点6； ⑤以 $\overset{\frown}{46}$ 长，在 $\overset{\frown}{34}$ 上量取7、8、9各点； ⑥连接 b6、b7、b8、b9 即为五等分 90°角∠abc
作∠a'b'c' 等于已知角∠abc	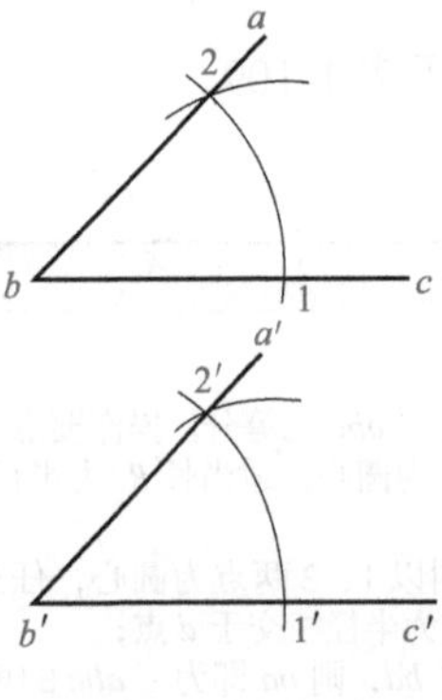	作∠a'b'c' 等于已知角∠abc，操作要点如下： ①作一直线 b'c'； ②分别以∠abc 的 b 和 b'c' 的 b' 为圆心，适当长 R 为半径画弧，交∠abc 于1、2点和 b'c' 于点1'； ③以1'点为圆心，取 1—2 为半径画弧交于点2'； ④连接 b'2'，并适当延长到 a'，则∠a'b'c'=∠abc
用近似法作任意角度（图中为49°）	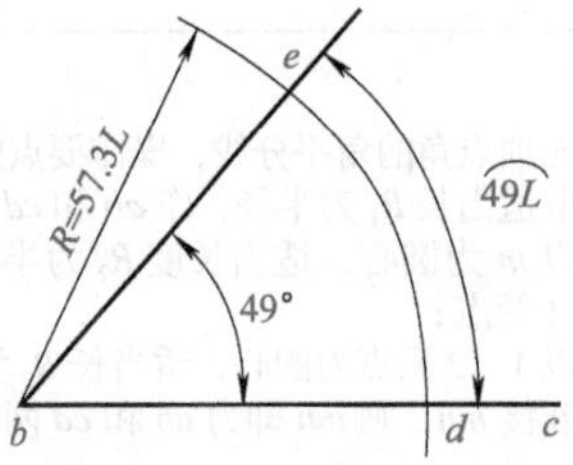	用近似法作任意角度（图中为49°），操作要点如下： ①以 b 为圆心，取 R=57.3L 长为半径画弧（L 为适当长度）交 bc 于 d； ②由于作49°角，可取 49L 的长度为所作的圆弧，从 d 点开始用卷尺取到 e 点； ③连接 be，则∠ebd=49°； ④作任意角度，均可用此方法，只要以 57.3L 为半径，以"角度数 ×L"作为弧长（L 是任意适当数）

九、椭圆的画法

椭圆的画法及操作要点见表1-110。

十、正多边形的作法

正多边形的作法及操作要点见表1-111。

表 1-110 椭圆的画法及操作要点

类别	简 图	说 明
四心圆法		求得四个圆心，画四段圆弧，可近似代替椭圆，作法如下： ①以 O 点为圆心，以半长轴 OA 为半径画圆弧，与短轴的延长线交于 E 点； ②以短轴 D 点为圆心，以 DE 为半径画圆弧，与 AD 线交于 F 点； ③作 AF 线的垂直平分线，与长轴 AB 交于点 1，与短轴 CD 的延长线交于点 2； ④求 1、2 两点的对称点 3、4，并连线； ⑤以点 2 为圆心，以 2D 为半径，在 12 线和 23 线之间画圆弧，同理，以点 4 为圆心，以 4C 为半径，在 14 线和 43 线之间画圆弧； ⑥分别以 1 和 3 为圆心，以 1A 和 3B 为半径画出两段圆弧即完成椭圆的绘制
同心圆法		以长、短轴为直径画两个同心圆，求得椭圆上的数点，依次连接成曲线，其作法是： ①以长、短轴为直径画两个同心圆； ②将两圆十二等分（其他等分也可，等分数越多越准确）； ③过各等分点作垂线和水平线，得 8 个交点（1、2、…、8）； ④用曲线板依次连接 A、1、2、D、3、4、B、5、6、C、7、8、A 即完成椭圆的绘制

表 1-111 正多边形的作法及操作要点

类别	简 图	说 明
已知边长 ab，作正五边形		已知一边长 ab，作正五边形，操作要点如下： ①分别以 a 和 b 为圆心，取 R=ab 为半径画两圆，并相交于 c、d 两点； ②以 c 为圆心，同样半径画圆，分别交 a 圆于点 1，交 b 圆于点 2； ③连接 cd 交 c 圆于 p 点，分别连接 1p 并延长交 b 圆于点 3，连接 2p 并延长交 a 圆于点 4； ④分别以点 3、4 为圆心，同样以 R=ab 为半径画弧相交于点 5，连接各点即为正五边形
已知边长 ab，作正六边形		已知一边长 ab 作正六边形，操作要点如下： ①延长 ab 到 c，使 ab=bc； ②以 b 为圆心取 R=ab 画圆； ③分别以 a 和 c 为圆心，取同样 R=ab 为半径画圆弧，交圆周于点 1、2、3、4，连接各点即为正六边形
已知边长 ab，作正七边形		已知边长 $\overline{ab}$ 作正七边形，操作要点如下： ①分别以 a、b 为圆心，取 R=ab 为半径画弧交于 c 点； ②过 c 作 ab 的垂线； ③由于作正七边形，可以 c 点上方取 O 点使 $cO=\dfrac{ab}{6}$（若作九边形，应以 c 向上取 3 倍 $\dfrac{ab}{6}$ 的长，若五边形可向下取 1 倍 $\dfrac{ab}{6}$ 的长）； ④以 O 为圆心，取 Oa 为半径画圆； ⑤以 ab 为长，在圆周上量取 1、2、3、4、5 点。则连接各点即为正七边形

类别	简　图	说　明
已知边长 ab，作任意正多边形（图中作正九边形）	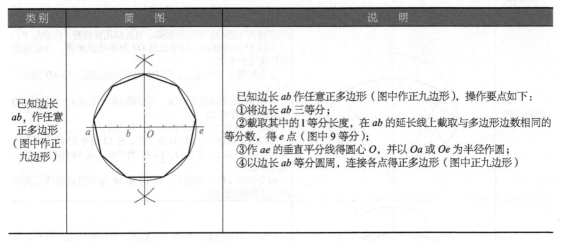	已知边长 ab 作任意正多边形（图中作正九边形），操作要点如下： ①将边长 ab 三等分； ②截取其中的 1 等分长度，在 ab 的延长线上截取与多边形边数相同的等分数，得 e 点（图中 9 等分）； ③作 ae 的垂直平分线得圆心 O，并以 Oa 或 Oe 为半径作圆； ④以边长 ab 等分圆周，连接各点得正多边形（图中正九边形）

十一、抛物线与涡线的画法

抛物线与涡线的画法及操作要点见表 1-112。

十二、阿基米德螺旋线的画法

阿基米德螺旋线作法如图 1-75 所示。作图步骤如下：
① 将圆的半径 OA 分成若干等分，图示为 8 等分；
② 将圆周作同样数量的等分，得 1′、2′、3′、…、8′；
③ 以 O 为圆心，O1、O2、O3、…、O8 为半径作弧；
④ 各弧与相应射线 O1′、O2′、O3′、…、O7′、O8′ 相交于 P_1、P_2、P_3、…、P_7、8′，将各点连成曲线即为所求螺旋线。

表 1-112　抛物线与涡线画法及操作要点

类别	说　明
抛物线的画法	①抛物线的函数式为 $y=x^2$，故在直角坐标系中的 X 轴上标出单位长度及一动点 x；利用两个相似三角形作出 x^2 的高度，则点 (x, x^2) 的轨迹就是抛物线 $y=x^2$，如图 1-71 所示 ②已知抛物线的 1/2 跨度为 ad，拱高为 cd，作抛物线（图 1-72），操作要点如下： a. 过 a 和 c 作 cd 和 ad 平行线得矩形，交点为 e； b. 分别将以 ad、ce 和 ae 作相同的等分（图中 4 等分），把 ad 和 ce 上的等分对应相连和从 c 点与 ae 上的等分点的连线对应相交于 1、2、3 点； c. 用曲线圆滑连接 a、1、2、3、c 各点即得所求抛物线 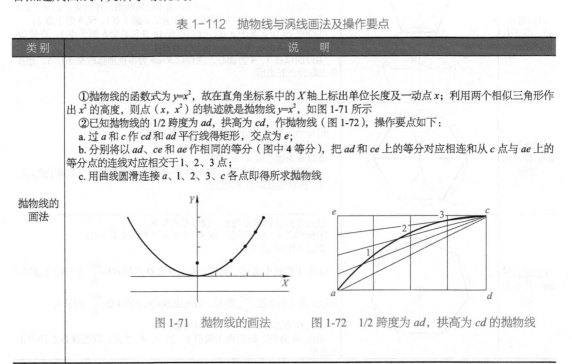 图 1-71　抛物线的画法　　图 1-72　1/2 跨度为 ad，拱高为 cd 的抛物线

类别	说　明
涡线的画法	①已知正方形 *abcd* 作涡线（图 1-73）。分别作 *ab*、*bc*、*cd* 和 *ad* 的延长线，以 *a* 为圆心，取 *ac* 为半径，自 *c* 点起作圆弧得点 1；以 *b* 为圆心，取 *b*1 为半径画弧交 *cb* 延长线于点 2；同理以 *c*、*d* 为圆心，取 *c*2、*d*3 为半径画弧得 3、4 点，依次类推得所求的涡线 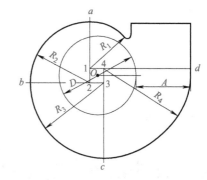 图 1-73　涡线的画法　　　　　图 1-74　涡壳曲线的放样图 ②作风机涡壳出口尺寸为 *A* 的曲线放样图。设涡壳 1234 四边形的边长为 $\dfrac{A}{4}$，以四角的顶点 1、2、3、4 为圆心，取 $R_1 = \dfrac{D}{2} + \dfrac{A}{8}$，其中 *a*、*b*、*c*、*d* 是圆弧的起止点，涡壳曲线的放样图如图 1-74 所示

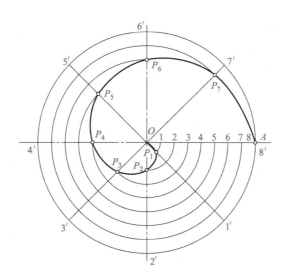

图 1-75　阿基米德螺旋线作法

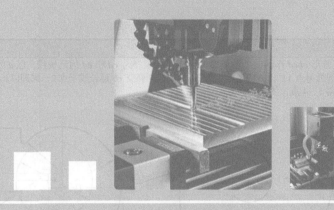

第二章
各种构件的钣金展开图

一、展开作图

（一）展开作图方法

展开作图实质是求得需展开构件各表面的实形并依次展开，以便考虑板厚处理。展开作图方法有图解法（平行线法、放射线法和三角形法）、计算法、公式展开法、软件贴合形体法、经验展开法。图解法和计算法的原理如下。

（1）图解法

图解法是运用"投影原理"把三维空间形体各表面实体摊平到一个平面上，如图 2-1 所示。

（2）计算法

计算法是运用"解析计算"方法，把三维空间形体各表面展开所需的线段实长或曲线建立数学表达式，而后绘出展开图，如图 2-2 所示。

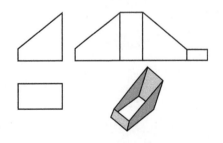

图 2-1　图解法投影原理示意

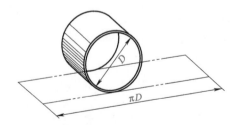

图 2-2　计算法的"解析计算"方法示意

(二)空间直线段的位置

求构件各表面的实形时，往往会遇到需先求出平面各边长的问题。空间直线段的三种位置见表2-1。

表2-1 空间直线段的三种位置

三种位置	投影图	立体图与三视图
一般线——EF是与三投影面都倾斜的空间直线；投影特点——三个投影都不反映实长	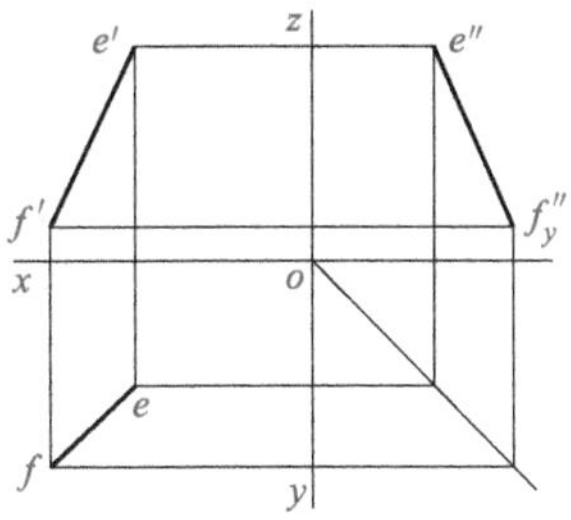	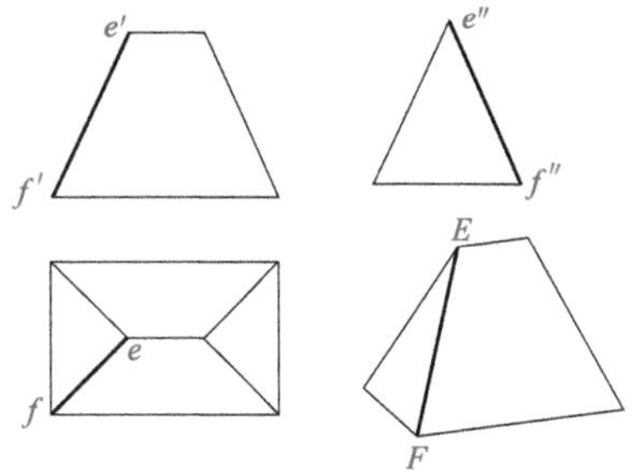
平行线——AC是与一个投影面平行的空间直线（与另外投影面倾斜）；投影特点——有一个投影反映实长（a'c'）	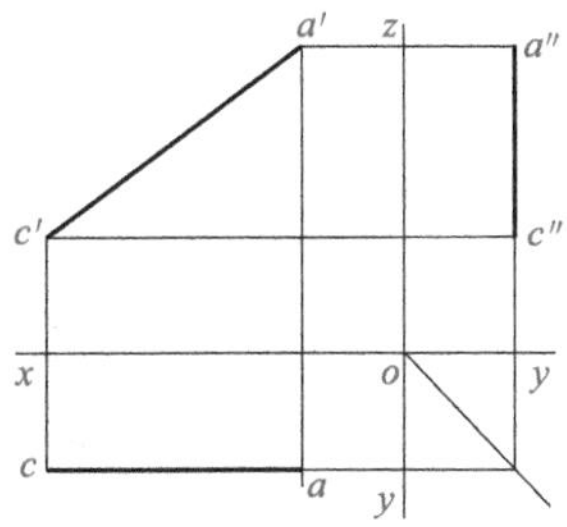	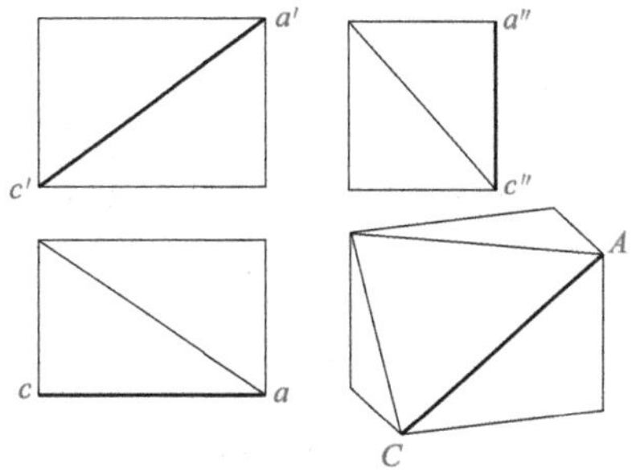
垂直线——AB是与一个投影面垂直的空间直线（与另外投影面平行）；投影特点——有两个投影反映实长（a'b'和a"b"）	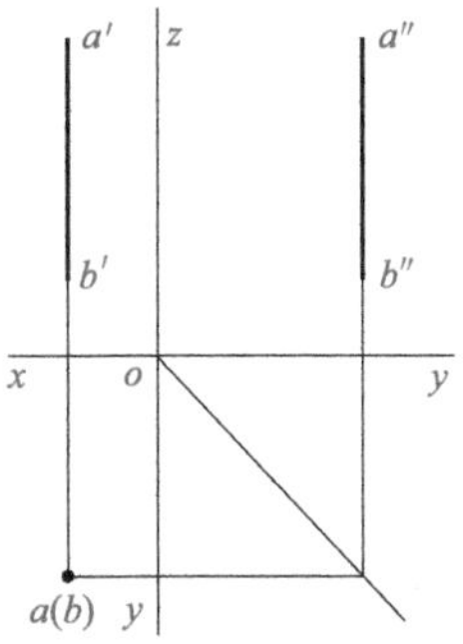	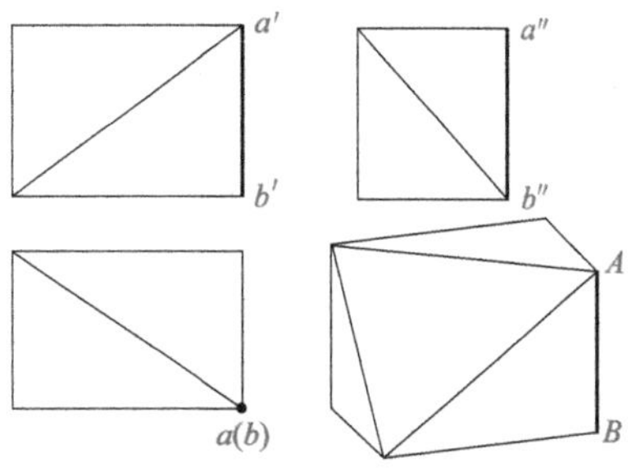

(三)工件圆周等分数

表2-2为圆管直径和等分数。

表2-2 圆管直径和等分数

圆管直径/mm	等分数	圆管直径/mm	等分数
< 220	8	950～1550	32
220～350	12	1550～2550	48
350～550	16	> 2550	72
550～950	24		

(四)等分垂直高度计算

等分垂直高度计算如图2-3（a）～（g）所示。

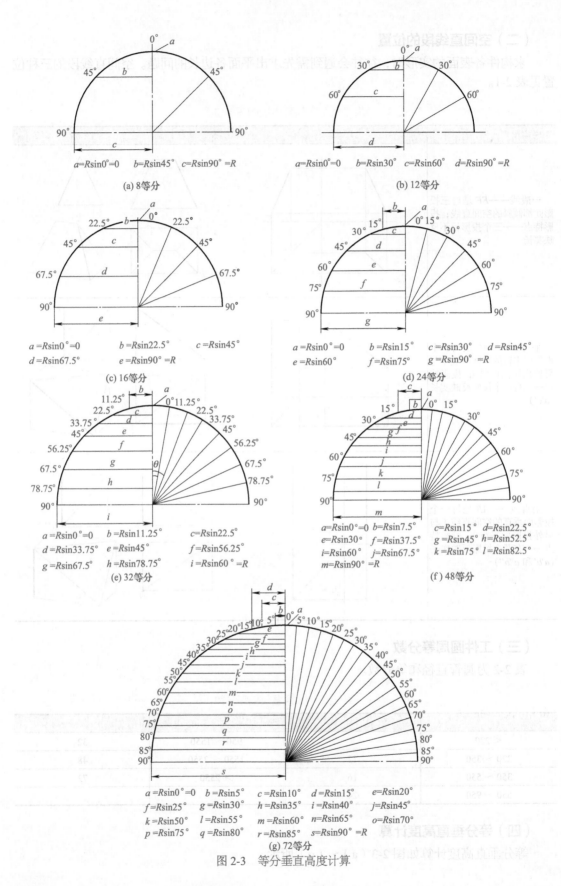

$a=R\sin0°=0$　$b=R\sin45°$　$c=R\sin90°=R$

(a) 8等分

$a=R\sin0°=0$　$b=R\sin30°$　$c=R\sin60°$　$d=R\sin90°=R$

(b) 12等分

$a=R\sin0°=0$　　$b=R\sin22.5°$　　$c=R\sin45°$
$d=R\sin67.5°$　　$e=R\sin90°=R$

(c) 16等分

$a=R\sin0°=0$　$b=R\sin15°$　$c=R\sin30°$　$d=R\sin45°$
$e=R\sin60°$　$f=R\sin75°$　$g=R\sin90°=R$

(d) 24等分

$a=R\sin0°=0$　　$b=R\sin11.25°$　　$c=R\sin22.5°$
$d=R\sin33.75°$　　$e=R\sin45°$　　$f=R\sin56.25°$
$g=R\sin67.5°$　　$h=R\sin78.75°$　　$i=R\sin60°=R$

(e) 32等分

$a=R\sin0°=0$　$b=R\sin7.5°$　$c=R\sin15°$　$d=R\sin22.5°$
$e=R\sin30°$　$f=R\sin37.5°$　$g=R\sin45°$　$h=R\sin52.5°$
$i=R\sin60°$　$j=R\sin67.5°$　$k=R\sin75°$　$l=R\sin82.5°$
$m=R\sin90°=R$

(f) 48等分

$a=R\sin0°=0$　$b=R\sin5°$　$c=R\sin10°$　$d=R\sin15°$　$e=R\sin20°$
$f=R\sin25°$　$g=R\sin30°$　$h=R\sin35°$　$i=R\sin40°$　$j=R\sin45°$
$k=R\sin50°$　$l=R\sin55°$　$m=R\sin60°$　$n=R\sin65°$　$o=R\sin70°$
$p=R\sin75°$　$q=R\sin80°$　$r=R\sin85°$　$s=R\sin90°=R$

(g) 72等分

图 2-3　等分垂直高度计算

二、直线段实长的求法

图解法中经常会遇到求直线段实长的问题，所以要掌握其方法。由于一般位置直线的三面投影都不反映实长，所以要通过下述投影改造的方法来求。V 为垂直面，H 为正投影中水平面。求一般位置线段实长的方法有：直角三角形法、换面法、旋转法和计算法等。部分方法的原理和作图步骤见表 2-3。

表 2-3　求一般位置线段实长的方法及其作图步骤

类别		说　明	简　图
直角三角形法	原理	①倾斜直线 AB 的正面投影为 $a'b'$，水平投影为 ab； ②空间直角三角形中，斜边为空间直线 AB，底边为 $AB_0=ab$（该直线的水平投影），另一直角边 $BB_0=\Delta z$（B、A 两点的高度差）	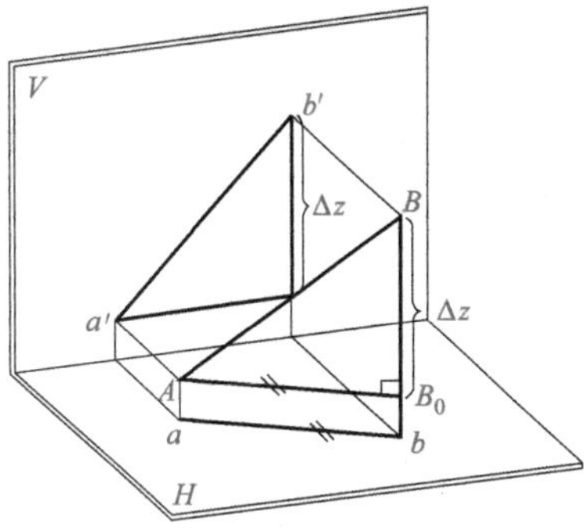
	作图步骤	①画出空间直线的正面、水平投影 $a'b'$ 和 ab； ②作垂线 $BB_0=\Delta z$（b' 与 a' 的高度差）； ③作水平线 $B_0A=ab$； ④连线 AB 即为实长	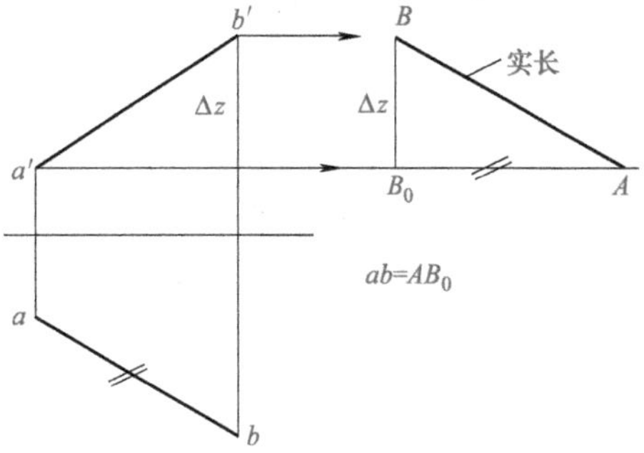
换面法	原理	①倾斜直线 AB 的正面投影为 $a'b'$，水平投影为 ab； ②设新投影面 V_1 平行于空间直线 AB（但必须垂直保留的一个旧投影面 H），使倾斜位置直线 AB 变成新投影体系中的平行线； ③空间直线 AB 的新投影 $a'_1b'_1$ 便能反映实长	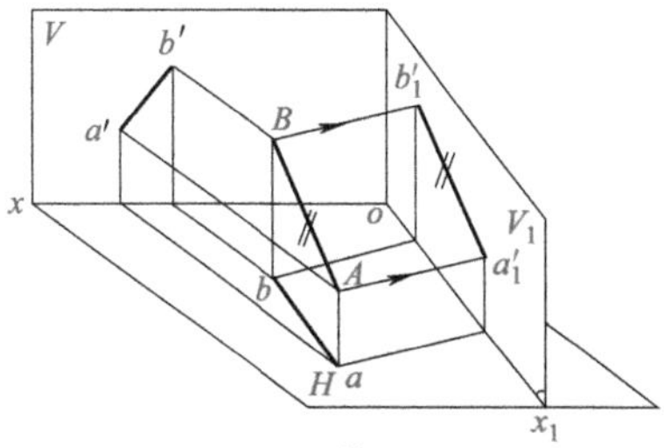
	作图步骤	①分别画出空间直线的正面投影、水平投影 $a'b'$ 和 ab； ②作新投影轴 o_1x_1 平行于 ab； ③过 a、b 分别作直线 aa' 和 bb' 垂直于 o_1x_1； ④截取 $a'_1x_1=a'a_x$，$b'_1x_1=b'b_x$； ⑤连线 $a'_1b'_1$ 即为实长	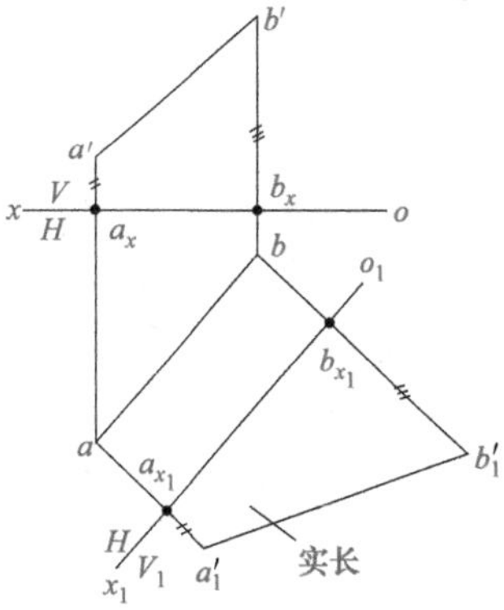

类别		说　明	简　图
旋转法	原理	①倾斜直线 AB 的正面投影为 a'b'，水平投影为 ab； ②将空间直线 AB 绕 Aa 轴（过 A 点的铅垂线）旋转到与正面投影平行的位置（AB_0）； ③正面投影 $a'b_0'$ 即为 AB 实长	
	作图步骤	①分别画出空间直线 AB 的正面投影、水平投影 a'b' 和 ab； ②确定旋转轴（过 A 点的铅垂线）； ③以 a 为圆心，以 ab 为半径画圆弧，再过 a 点画水平线，两者交于 b_0，连线得到新水平投影 ab_0； ④过 b_0 作垂线，与过 b' 所作水平线交于 b_0'，线 $b_0'a'$ 即为实长	

三、截交线画法

平面与立体表面相交，可以看作是立体表面被平面切割，如图 2-4 所示为平面与立体表面相交，切割立体的平面 P 称为截平面，截平面与立体表面的交线ⅠⅡ、ⅡⅢ、ⅢⅠ为截交线，截交线所围成的平面图形△ⅠⅡⅢ称为截断面。平面与立体表面相交可以分为以下两种情形。

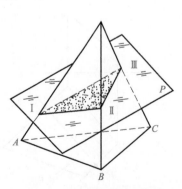

图 2-4　平面与立体表面相交

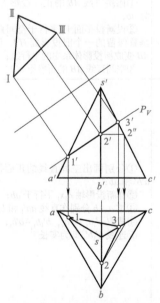

图 2-5　正垂面截切三棱锥时截交线的画法

（一）平面与平面立体相交

这种截交线是由平面折线组成的封闭多边形。折线的各边是平面立体各棱线与截平面的交线，其各点则是平面立体各棱线与截平面的交点。因此，求作平面时，立体的截交线可有两种方法：一种是求各棱面与截平面的交线——棱面法；另一种是求各棱线与截平面的交点并依次连接——棱线法。

它们的实质都是求立体表面与截平面的共有线、共有点。作图时，两种方法可结合应用。例如求正垂面 P 与正三棱锥相交的截交线，如图 2-5 所示。P 为正垂面，正面投影 P_V 有积聚性。

① 用棱线法直接求出 P 平面与 sa、sb、sc 各棱的交点 Ⅰ、Ⅱ、Ⅲ的正面投影 $1'$、$2'$、$3'$。

② 分别求出各点的水平投影 1、2、3。其中点 Ⅱ所在的 sb 棱为侧平线，不能直接求出该点的水平投影 2。

③ 为求得点 Ⅱ的水平投影，过点 Ⅱ在 sbc 棱面上作水平辅助线。即引 $2'2''$ 平行于 $b'c'$，再由 $2''$ 引垂线与 sc 相交（图 2-5 中未注符号）。

④ 由 sc 交点引与 bc 平行的线交 sb 于 2 点。连接 1、2、3、1 即为所求截交线的水平投影。若截交线所在的表面可见，则截交线可见；反之则不可见。

求截断面 △ⅠⅡⅢ的实形，可采用一次换面法。

（二）平面与曲面立体相交

平面与曲面立体相交，其截交线为平面曲线。曲线上的每一点都是平面与曲面立体表面的共有点。所以，要求截交线，就必须找出一系列共有点，然后用光滑曲线把这些点的同名投影连接起来，即得所求截交线的投影。作曲面立体的截交线，有如下两种基本方法。

素线法，即在曲面体上取若干素线，求每条素线与截平面的交点，然后依次相连成截交线；纬线法，在曲面体（一般为回转体）上取若干纬线（一般为平行于投影面的圆），求每条纬线与截平面的交点，然后依次相连成截交线。

常见的曲面基本几何体的截切情况如下。

（1）圆柱

平面截切圆柱时，由于平面对圆柱轴线的相对位置不同，其截交线可有三种情况，见表 2-4。

表 2-4　圆柱面的截交线

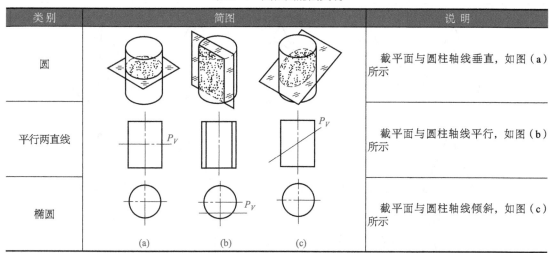

类别	简图	说明
圆		截平面与圆柱轴线垂直，如图（a）所示
平行两直线		截平面与圆柱轴线平行，如图（b）所示
椭圆	(a)　(b)　(c)	截平面与圆柱轴线倾斜，如图（c）所示

圆柱被正垂面 P 截切时的截交线投影如图 2-6 所示。

由于截平面与圆柱轴线倾斜，所以截交线是椭圆。截交线的正面投影积聚于 P_V，水平投

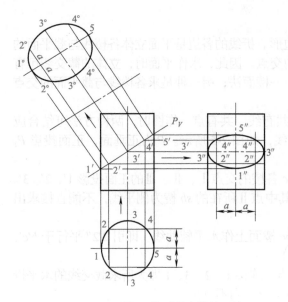

图2-6　平面截切圆柱时截交线的画法

影积聚于圆周。侧面投影在一般情况下为一椭圆，需通过取素线求点的方法作出。

先求出特殊点，截交线的最左点和最右点（同时也是最低点和最高点）的正面投影 $1'$、$5'$，是圆柱左右轮廓线与 P_V 的交点；其侧面投影 $1''$、$5''$ 位于圆柱轴线上，可按视图的主视图、左视图"高平齐"的规律求得，$1''5''$ 为椭圆短轴。截交线的最前点与最后点（两点重影）的正面投影 $3'$ 位于轴线与 P_V 的交点；其侧面投影 $3''$、$3''$ 点在左视图的轮廓线上，$3''3''$ 是椭圆长轴。按主视图、左视图"高平齐"和俯视图、左视图"宽相等"的投影关系求出截交线上一般位置若干点的正面投影 $2'$、$4'$ 和侧面投影 $2''$、$2''$、$4''$、$4''$。通过各点连成椭圆曲线（$3''1''3''$ 为可见，$3''5''3''$ 为不可见）。同样，用换面法可求得截断面实形 $1° 2° 3° 4° 5° 4° 3° 2° 1°$，也为一椭圆。

（2）圆锥

圆锥截交线随截平面与圆锥面的相对位置不同而不同，一般有五种，见表2-5。

例如，圆锥被正垂面 P 截切时的截交线的投影和截断面实形，如图2-7所示。

截平面 P 与圆锥所有素线相交，截交线为一椭圆。截平面为正垂面，截交线的正面投影积聚于 P_V，而水平投影仍为椭圆。为了找出椭圆上任意点的投影，可用素线或纬线法。

表2-5　圆锥截交线

类别	说　　明
圆	截平面与圆锥轴线垂直，如图（a）所示
椭圆	截平面与圆锥轴线倾斜，并与所求线相交，如图（b）所示
抛物线	截平面与圆锥轴线相交且平行一母线，如图（c）所示
双曲线	截平面与圆锥轴线平行，如图（d）所示
相交两直线	截平面过锥顶，如图（e）所示

(a)	(b)	(c)	(d)	(e)

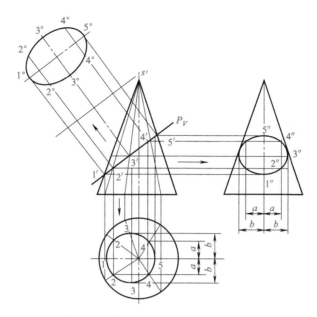

图 2-7　平面截切圆锥时截交线的画法

先求出特殊点，P 平面与圆锥母线交点的正面投影 1′、5′ 为椭圆长轴的两端点，其水平投影在俯视图水平中心线上，按"长对正"投影关系直接画出为 1、5。短轴为正垂线垂直于正投影面，在 1′5′ 线的中点 3′，过 3′ 向锥顶引素线，并画出素线的水平投影，则 3′ 点的水平投影必在该素线的水平投影上，可按"长对正"求得短轴两端点的水平投影 3、3。为了画出截交线的水平投影——椭圆，还需求出一般位置若干点的投影，即在主视图截交线，以 3′ 点为中心，左右对称截取 2′、4′ 两点（不在各线段的中点），同样用素线法求出各点的水平投影 2、4，通过各点连成椭圆曲线得截交线的水平投影。截交线的侧面投影仍为椭圆。可根据截交线的正面投影和水平投影，按"高平齐、宽相等"的投影关系求点画出。

截断面实形为椭圆，可用换面法求得。

四、相贯线画法

多个形体互相贯穿交接时，其表面上产生的交线称为相贯线。相贯线的形状各异，但都具有两个特性：一是两形体表面的共有线，也是两形体的分界线；二是封闭的（图 2-8）。由于相贯线是相交两形体表面的共有线和分界线，于是可将其一一展开。

求相贯线的实质就是在两形体的表面上，找出一定数量的共有点，并依次连接。相贯线的求法主要有素线法、辅助平面法和球面法。

（1）素线法

本法是依据相贯线是两形体表面共有线这一特性，从相贯线的积聚投影分点引素线求出相贯线的另一投影。现以求异径正交三通管的相贯线为例，其作图步骤如下（图 2-9）：

① 画出相贯线的最高点（即主视图中的左、右端点）的正面投影 1′、1′ 和水平投影 1、1；

② 画出相贯线最前点的水平投影 3，在支管断面竖直直径上，其正面投影 3′ 点，可由侧视图上 3″ 按"高平齐"的关系求出；

③ 按俯视图、左视图"宽相等"原则，通过 2、2 求得其侧面投影 2″、2″；

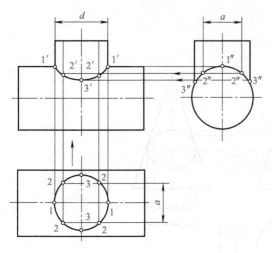

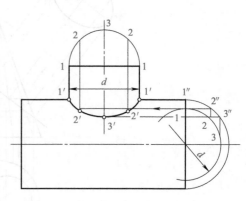

图 2-9　用素线法求异径正交三通管的相贯线　　　　图 2-10　相贯线的简便画法

④ 根据 2、2″ 点求得其一般点的正面投影 2′、2′；

⑤ 连接各点得相贯线 1′3′1′ 即为所求。

相贯线的简便画法如图 2-10 所示。上述求相贯线的作图方法是通过俯视图支管断面等分点及其对应的侧面投影求出其正面投影。为简化作图过程，实际工作中求这类构件的相贯线多不画出俯视图和左视图，而是在主视图中画出支管 1/2 断面并作若干等分取代俯视图；同时在主管轴线任意端画出两管 1/2 同心断面；再分支管断面为相同等份；将各等分点按主视图支管断面等分点旋转 90°，投影至主管断面圆周上，取代俯视图、左视图"宽相等"的投影关系。

（2）辅助平面法

其原理也是根据相贯线是相交两形体表面的共有线和分界线这一特性，它适用于截交线为简单几何图形（平行线、三角形、长方形、圆）的情况。

现以求圆管与圆锥管水平相交的相贯线为例，其作图步骤，如图 2-11 所示：

① 按已知尺寸画出相贯体三面视图，8 等分左视图圆管断面圆周，等分点为 1″、2″、3″、4″、5″、4″、3″、2″；

② 由等分点引水平线得与主视图轮廓交点，由圆锥母线各交点引下垂线交俯视图水平中心线上各点；

③ 以 s 为圆心，以它到各交点距离为半径画出三个同心圆，得与圆管断面圆周等分点转向所引素线的水平投影交点为 2、3、4；

④ 由 2、3、4 点引上垂线，与前所引各水平线（纬线）对应交点 2′、3′、4′ 为相贯线上一般点和最前点的正面投影；

⑤ 连接各点得相贯线 1′3′5′ 即为所求（水平投影 313 为可见曲线；353 为不可见曲线）。

（3）球面法

本方法特别适用于求回转体在倾斜相交情况下的相贯线，其基本原理与辅助平面法基本相同，用的截平面是通过球内截切相贯体以获得共有点。

现以求圆管斜交圆锥的相贯线为例，说明其作图步骤（如图 2-12 所示）：

① 以两回转体轴线交点 O 为中心（球心），以适当长度 R_1、R_2 为半径，画两同心圆弧（球面）与两回转轮廓线分别相交；

② 在各回转体内分别连接各弧的弦线，对应交点为 2、3；

③ 连接各点得 134 即为所求。

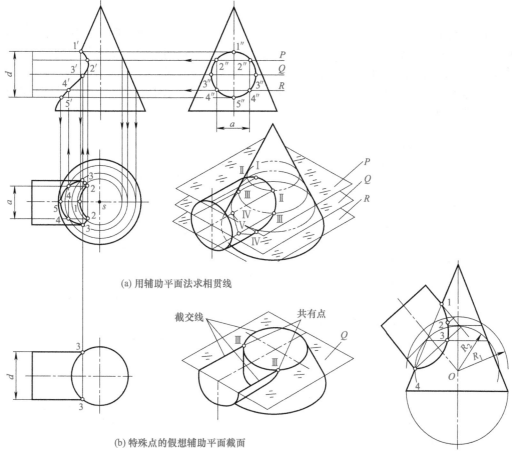

(a) 用辅助平面法求相贯线

(b) 特殊点的假想辅助平面截面

图 2-11　用辅助平面法求圆管与圆锥管水平相交的相贯线

图 2-12　用球面法求圆管斜
交圆锥的相贯线

回转体相贯线一般为空间曲线，在特殊情况下可为平面曲线。例如，当两个外切于同一球面的任意回转体相贯时，其相贯线为平面曲线（椭圆）。图 2-13 为两回转体的轴线都平行于某个投影面，则相贯线在该面上的投影为相交两直线，图 2-14 为等径圆管弯头及三通管的相贯线。

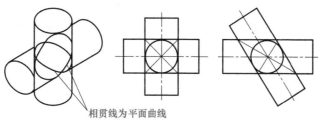

图 2-13　公切于球面时四通管的相贯线为椭圆

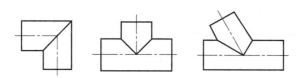

图 2-14　等径圆管弯头及三通管的相贯线

五、断面实形的求法与应用

求取断面实形是展开放样的重要内容之一,它与断面实形图既有联系,又有不同。前者一般是指截平面沿基本形体轴线垂直或平行截切所得图形;而一般所说的断面图,多数指构件的端面视图,它是作构件展开图时确定周长伸直长度的依据。

通常运用求截交线的投影法求构件的截断面实形,现以求矩形锥筒内四角角钢角度为例说明,如图2-15(a)所示。

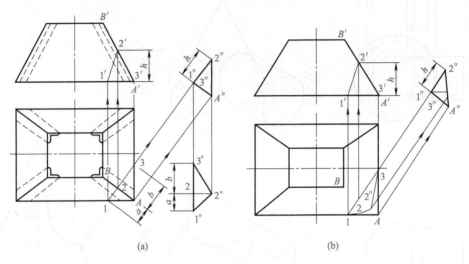

图 2-15　矩形锥筒内四角角钢角度及其简化求法

由于矩形锥筒内各侧面交线为一般位置线,在各面投影都不反映实长,所以要用二次换面法。作图步骤如下:

① 按已知尺寸画出主视图和俯视图,由俯视图 *AB* 线上任意点 2,引 *AB* 的垂线得与底断面两边交点 1、3,由 1、2、3 点引上垂线,得与主视图底边和 *A′B′* 交点为 1′、2′、3′(*A′*),令 2′ 点至底边高度为 *h*,1′2′3′(*A′*) 表示俯视图 *A* 角两面的局部视图;

② 用一次换面法求两面交线实长,在俯视图 13 延长线上,取 1″(3″) 2″ 等于主视图 *h*,由 1″ 引 1″2″ 的垂线,与由 *A* 引 *AB* 的垂线交于 *A″*,则 2″*A″* 即为两面交线部分实长;

③ 用二次换面法求两面交角,在 2″*A″* 延长线上作垂线 22°,与由 1″(3″) 引与 2″*A″* 平行线交点为 2,取 1°2、23°等于俯视图 12(等于 *a*)、23(等于 *b*),得 1°、3° 点,连接 1° 2°、2° 3°,则 ∠1° 2° 3° 即为所求相邻两面交角,也就是角钢两面应有的角度,若在俯视图中取 22° 等于夹角实形图 22°,则 △123 与 △1° 2° 3° 全等。

为简化作图步骤,实际工作中只需通过一次换面法便可在俯视图中求出两面交角,如图2-15(b)所示。

六、板厚处理

当板厚大于 1.5mm、零件尺寸要求精确时,作展开图就要对板厚进行处理,其主要内容是构件的展开长度、高度及相贯构件的接口等。

(一)板料弯曲中性层位置的确定

板料或型材弯曲时,在外层伸长与内层缩短的层面之间,存在一个长度保持不变的中性层。根据这一特点,就可以用它来作为计算展开长度的依据。当弯曲半径较大时,中性层位于其厚度的二分之一处。

在塑性弯曲过程中，中性层的位置与弯曲半径 r 和板厚 t 的比值有关。当 $r/t > 8$ 时，中性层几乎与板料中性层重合，否则靠近弯曲中心的内侧。相对弯曲半径 r/t 愈小，中性层离弯板内侧愈近。

中性层的位置可用其弯曲半径 ρ 表示，ρ 由经验公式确定：

$$\rho = r + Kt$$

式中　r——工件内弯曲半径，mm；

　　　t——板料厚度，mm；

　　　K——中性层位移系数，板料弯曲和棒料弯曲的中性层位移系数分别见表2-6和表2-7。

表2-6　板料弯曲的中性层位移系数

r/t	0.1	0.2	0.3	0.4	0.5	0.6	0.7	0.8	1.0	1.2
K	0.21	0.22	0.23	0.24	0.25	0.26	0.28	0.30	0.32	0.33
r/t	1.3	1.5	2.0	2.5	3.0	4.0	5.0	6.0	7.0	$\geqslant 8.0$
K	0.34	0.36	0.38	0.39	0.40	0.42	0.44	0.46	0.48	0.50

表2-7　棒料弯曲的中性层位移系数

r/d	$\geqslant 1.5$	1.0	0.5	0.25
K	0.50	0.51	0.53	0.55

注：d 为棒料直径，mm。

（二）不同构件的板厚处理

不同构件的板厚处理见表2-8。

表2-8　不同构件的板厚处理

类　别	说　　明
弯折件的板厚处理	金属板弯折时（断面为折线状）的变形与弯曲成弧状的变形是不相同的。弯折时（半径很小，接近于零），板料的里皮长度变化不大，板料的中心层和外皮都发生较大伸长。因此，折弯件的展开长度，应以里皮的展开长度为准，如图2-16所示。展开长度为 L_1 和 L_2 之和 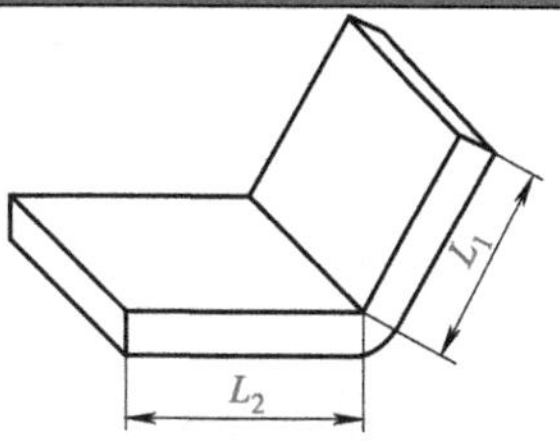 图2-16　金属板的折弯
单件板厚处理	单件的板厚处理主要考虑展开长度及制件的高度，其处理方法见表2-9
板厚处理小结	①凡回转体类构件，即断面为曲线状的展开长度，应以中性层作为放样与计算基准； ②凡棱柱、棱锥体构件，即断面为折线状的展开长度，应以内表面边长作为放样与计算的基准； ③对上圆下方的构件，即断面为曲线状和折线状的投影展开，应分别以曲线状和折线状的处理原则综合应用； ④倾斜的侧表面高度均以投影高度为放样与计算基础

（三）相贯件的板厚处理

相贯件的板厚处理，除需解决各形体展开尺寸的问题外，还要处理好形体相贯的接口线。板厚处理的一般原则是：展开长度以构件的中性层尺寸为准，展开图中曲线高度是以构件接触处的高度为准。

表 2-9 不同形状的构件板厚处理方法

名称	零件图	放样图	处理方法
圆管类			①断面为曲线形状，其展开以中径（d_1）为准计算（$R/\delta < 4$ 除外），放样图画出中径即可 ②其高度 H 不变 ③展开长度 $L=\pi d_1$
矩形管类			①断面为折线形状，其展开以里皮为准计算，放样图画出里皮即可 ②其高度 H 不变
圆锥台类			①上下口断面均为曲线状，其放样图上、下均以中径（d_1、D_1）为准 ②因侧表面倾斜，其高度以 h_1 为准
棱锥台类			①上、下口断面均为折线状，其放样图上、下口均应以里皮（a_1、b_1）为准 ②因侧表面倾斜，其高度以 h_1 作为放样基准线
上圆下方类			①上口断面为曲线状，放样图应取中径（d_1），下口断面为折线状，故放样图应以里皮（a_1）为准 ②因侧表面倾斜，其高度应以 h_1 作为放样的基准线

（1）等径直角弯头

圆管弯头的板厚处理，应分别从断面的内、外圆引素线作展开。即两管里皮接触部分，以圆管里皮高度为准，从断面的内圆引素线；外皮接触部分，以圆管外皮高度为准，从断面的外圆引素线；中间则取圆管的板厚中性层高度。作图步骤如下：

① 据已知尺寸画出两节弯头的主视图和断面图，如图 2-17 所示；

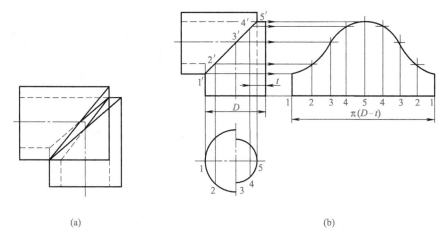

图 2-17　等径直角弯头的板厚处理

② 4 等分内外断面半圆周（等分点为 1、2、3、4、5），由等分点向上引垂线，得与结合线 1′5′ 交点；

③ 作展开图，在主视图底口延长线上截取线 11 等于 $\pi(D-t)$，并将之 8 等分，由等分点向上引垂线，与由结合线各点向右所引水平线对应交点连成光滑曲线，即得弯头展开图。

（2）异径直交三通管

图 2-18 是异径直交三通管。当考虑板厚时，由左视图可知，支管的里皮与主管的外皮

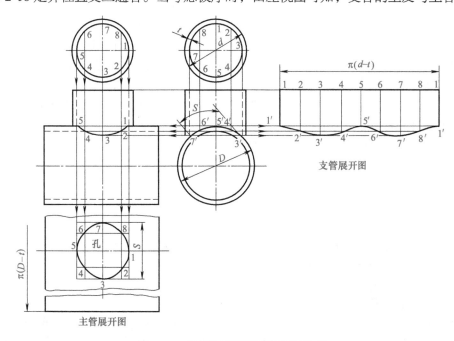

图 2-18　异径直交三通管的板厚处理

相接触，所以支管展开图中各素线长以里皮高度为准；主管孔的展开长度以主管接触部分的中性层尺寸为准；大小圆管的展开长度均按各管的平均直径计算。

第二节　圆柱面构件的展开

圆柱面构件的展开下料是钣金工作者在施工中经常遇到的。此类构件在制造中一般可分为钢板卷制和成品钢管两种。因钢管有皮厚存在，所以在实际施工中有中径、内径、外径的区分，即在展开中要使用其中的一个直径去放样和展开，也可能是用其中的一个直径去展开而用另一个直径去放样和求素线实长。这要根据构件的施工图样和施工要求去决定。但在一般情况下，钢板卷制的钢管在展开下料时都是以中径乘以 π 为周长展开长度。成品管一般是在下料时用样板围在外壁上画线，所以现场施工中均是以外径加样板厚度再乘以 π 为周长展开长度来做样板。现场多习惯用油毡做样板，而厚度多在 2mm 左右，所以一般取"（外径 +2mm）× π"为圆管展开周长。本节中所有圆柱面展开时，放样计算时无论是内径还是外径，展开周长均是用上述方法计算，因而不再说明。在实际施工时操作者可根据自己所使用的样板材料取厚度值。

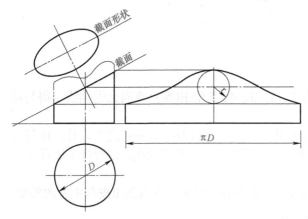

图 2-19　圆柱面被平面斜截后的展开图

一、被平面斜截后的圆柱管构件

圆柱面被平面斜截后的截面形状是平面椭圆，而被斜截后的圆柱面椭圆截面的展开线是以圆柱展开周长为周期，以截面在轴线位置上 r 为振幅的正弦曲线，如图 2-19 所示。

这种形体是在钣金展开放样中经常遇到的形体，这里介绍这种形体的计算展开通用计算公式和专用计算公式，并在部分例题中代入具体数值算出展开实长线尺寸。这种形体的展开只要求出截面与圆柱轴线垂面的夹角后就可用计算公式计算展开，如能熟练掌握运算过程，此种方法应是圆柱管构件展开中最实用而又快速准确的展开方法。

（1）通用计算公式

被平面斜截圆柱管的展开计算通用公式：

$$x_n = \tan\alpha\left(L - R\cos\frac{180°l_n}{\pi r}\right) \tag{2-1}$$

式中　x_n——圆周 l_n 值对应素线实长值；

α——截面和圆柱管轴线的垂面间的夹角；

L——截面和圆柱管轴线的垂面的交线到圆柱管轴线的距离；

R——圆柱管放样图半径；

r——圆柱管展开图用半径；

l_n——圆周展开长度、运算变量（0～2πr）。

此公式通用于圆柱管被平面斜截后各种构件中这种形体的展开，对于放样半径和展开半径是否相同都不必考虑，直接套用公式就可计算圆周展开的各素线实长值。而且在计算时直

接用 $l_n=\pi r$ 或 $l_n=2\pi r/3$ 的值输入运算就可得出半圆周和 2/3 圆周等中心线位置的素线实长值，使作图十分方便。公式（2-1）示意图如图 2-20 所示。

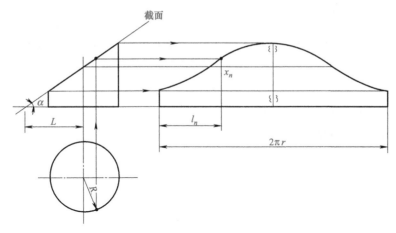

图 2-20　平面斜截圆柱管的展开示意图

（2）专用计算公式

通用计算公式一般可以适合被平面斜截后圆柱管形体在各种构件中的展开计算，在展开运算时不必考虑放样半径和展开半径的不同会在做展开图时带来错误，尤其对施工中习惯求出圆周展开时 4 个中心线的位置也十分方便。但在其他参考资料和现场施工中仍习惯用等分圆周或等分角度的作法，所以本节对这两种作法也列出计算公式，供读者参考。而且它们也只是式（2-1）的演变，也较适合特殊情况的使用，本书将在后面题型中讨论。示意图如图 2-21 所示。

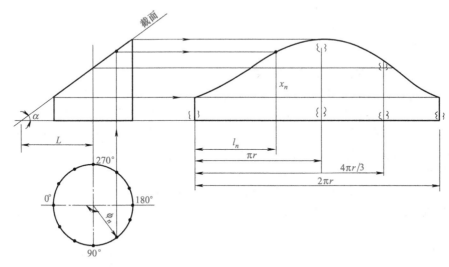

图 2-21　平面斜截圆柱管的展开示意图

① 斜截圆柱管的圆周等分展开计算公式：

$$x_n = \tan\alpha\left(L - R\cos\frac{180°n_x}{n}\right) \qquad (2\text{-}1)$$

式中　x_n——圆周 n_x 等分点对应素线实长值；

　　　α——截面和圆柱管轴线的垂面间夹角；

L——截面和圆柱管轴线的垂面的交线到圆柱管轴线的距离；

R——圆柱管放样图半径；

n——圆柱管半圆周等分数；

n_x——等分变量（$0 \sim 2n$）。

此公式计算展开用周长等分点距离应和展开计算时的等分相同，其计算公式是：

$$l_n = \frac{\pi r n_x}{n}$$（2-3）

式中　l_n——圆周等分数 n_x 对应展开长度；

r——圆柱管展开图用半径；

n——圆柱管半圆周等分数；

n_x——等分变量（$0 \sim 2n$）。

② 斜截圆柱管的角度等分展开计算公式：

$$x_n = \tan\alpha\left(L - R\cos\phi_n\right)$$（2-4）

式中　x_n——角度 ϕ_n 等分对应素线实长值；

α——截面和圆柱管轴线的垂面间夹角；

L——截面和圆柱管轴线的垂面的交线到圆柱管轴线的距离；

R——圆柱管放样图半径；

ϕ_n——圆心角等分变量（$0° \sim 360°$）。

此公式计算用圆心角值在展开计算时应对应相同，其计算公式是：

$$l_n = \frac{\pi r \phi_n}{180°}$$（2-5）

式中　l_n——圆周与圆心角 ϕ_n 对应展开长度；

r——圆柱管展开图用半径；

ϕ_n——圆心角等分变量（$0° \sim 360°$）。

实例（一）：两节直角圆管弯头的展开

弯头是圆柱体管件中常见的构件。用圆管制造弯头一般是由多节组成的，而每节圆管又可以是钢板卷制或成品管两种。弯头展开放样中必须考虑相贯线的板厚关系。如图 2-22 所示为钢板卷制的两节直角圆管弯头。

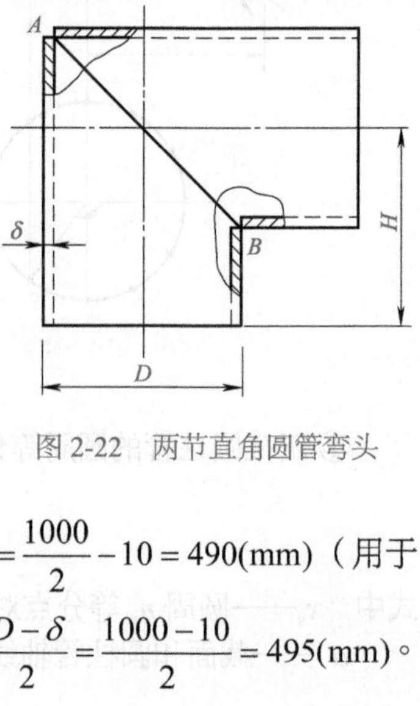

① 用计算公式法展开。为便于说明展开方法此处将构件代入具体数值。

如图 2-22 所示，设 D=1000mm，δ=10mm，H=1000mm，n=16，采用式（2-2）和式（2-3）计算：

$$x_n = \tan\alpha\left(L - R\cos\frac{180° n_x}{n}\right)$$

$$l_n = \frac{\pi r n_x}{n}$$

图 2-22　两节直角圆管弯头

式中，α=45°；$L = H\tan\alpha = 1000 \times \tan45° = 1000\text{(mm)}$；

$R = \dfrac{D}{2} = \dfrac{1000}{2} = 500\text{(mm)}$（用于 n_x=0 $\sim$ 8 等分时）；$R' = \dfrac{D}{2} - \delta = \dfrac{1000}{2} - 10 = 490\text{(mm)}$（用于

n_x=9 $\sim$ 16 等分时）；n=16［圆周展开 $\pi(D-\delta)$=3110（mm）］。$r = \dfrac{D-\delta}{2} = \dfrac{1000-10}{2} = 495\text{(mm)}$。

将以上数据代入公式得：

$$x_n = \tan 45° \times \left(1000 - 500 \times \cos \frac{180° n_x}{16} \right) \quad (n_x = 0 \sim 8 \text{ 时}),$$

$$x_n = \tan 45° \times \left(1000 - 490 \times \cos \frac{180° n_x}{16} \right) \quad (n_x = 9 \sim 16 \text{ 时}),$$

$$l_n = \frac{495 \times \pi n_x}{16}$$

因构件展开图形是对称图形，所以只要作半圆周 16 等分展开计算就可以作出全部展开图形。为了方便作展开图，根据 l_n 的值可作出 32 等分的全部展开图形，同时也可输入 n_x 的几个等分点对 x_n 的值进行检验或全部算出，因运算可十分方便地得出结果，故使作展开图形时更加方便。现将上面三个计算式进行运算，所得结果见表 2-10。

表 2-10　两节直角圆管弯头的展开计算值

变量 n_x 值	对应 l_n 值 /mm	对应 x_n 值 /mm （R=500mm）	对应 x_n 值 /mm （R=490mm）	变量 n_x 值	对应 l_n 值 /mm	对应 x_n 值 /mm （R=500mm）	对应 x_n 值 /mm （R=490mm）
0	0	500.0	—	17	1652.3	—	1480.6
1	97.2	509.6	—	18	1749.5	—	1457.7
2	194.4	538.1	—	19	1846.7	—	1407.4
3	291.6	584.3	—	20	1943.9	—	1346.5
4	388.3	646.4	—	21	2041.1	—	1272.2
5	486.0	722.2	—	22	2138.2	—	1187.5
6	583.2	808.7	—	23	2235.4	—	1095.6
7	680.4	907.5	—	24	2332.6	1000.0	1000.0
8	777.5	1000.0	1000.0	25	2430.0	907.5	—
9	874.4	—	1095.6	26	2527.0	808.7	—
10	971.9	—	1187.5	27	2624.2	722.2	—
11	1069.1	—	1272.2	28	2721.0	646.4	—
12	1166.3	—	1346.5	29	2818.6	584.3	—
13	1263.5	—	1407.4	30	2915.8	538.1	—
14	1360.7	—	1457.7	31	3013.0	509.6	—
15	1457.9	—	1480.6	32	3110.2	500.0	—
16	1555.1	—	1490.0				

展开图形作法：取线段长度为 3110.2mm，并将线段按表 2-10 中 l_n 的数值进行 32 等分取点，过各点作线段的垂线，在各垂线上按表 2-10 中 32 等分的各对应 x_n 值取点，然后光滑连接各点就可得到全部展开图，如图 2-23 所示。

圆管的展开等分数一般施工中以 50 ～ 100 作等分较合适。本节中图解法展开时，为使图

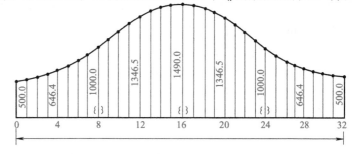

图 2-23　两节直角圆管弯头的计算展开图

线清楚，一般采用 12 等分，实际施工时可根据管径大小来决定等分数。在计算法展开的应用中均采用 50～100mm 长度范围作展开等分，此例展开长度为 3110.2mm，所以用 32 等分。本节中所有例题均采用这种方法进行等分或取值展开，后面不再说明。

② 用图解法展开。此构件在接点 A 处是内壁相交，在接点 B 处是外壁相交，所以需以接点 A 的内壁点和接点 B 的外壁点至圆管中心点为基准来作弯头展开曲线，因此圆管放样图分别各以 D/2 和 (D/2)−δ 为半径来作图，如图 2-24 所示。因为直角弯头构件的两节圆管完全相同，所以仅作一节圆管的展开就可以了。

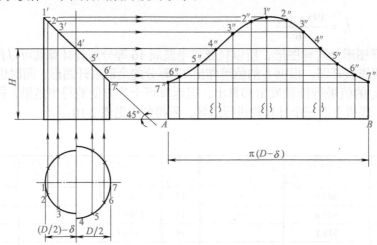

图 2-24　两节直角圆管弯头的放样展开示意图

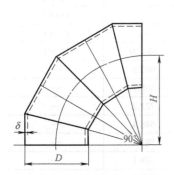

图 2-25　四节圆管弯头投影图

此构件用平行线法展开。将两个半圆在平面图中各作六等分得 1、2、3、…、6、7 各点，由各点上引轴线的平行线交相贯线得 1′、2′、3′、…、6′、7′ 各点，沿正视图底边作水平线，在线上截取线段等于展开周长 π(D−δ)，并 12 等分，过各等分点作垂线与过 1′、2′、3′、…、6′、7′ 所作水平线交于 1″、2″、3″、…、6″、7″ 各点。光滑连接各点即得到构件的全部展开图形。

实例（二）：四节圆管弯头的展开

图 2-25 为四节圆管弯头的投影图。本例用计算公式法展开。

① 形体分析。和三节弯头相同，如果将 90° 角分为 6 等分，即得到 6 个相同的圆管部分，只要计算作出一部分的展开图就可得到全部的展开图。设 D=377mm、δ=10mm、H=350mm，已知 90° 进行 6 等分后每等分为 15°。此圆管件因焊接的条件要求结合处均作外坡口处理，这样结合处就均是内壁接触，所以放样图半径即应是 R=178.5mm，而如用成品管制造时画线样板的展开半径即应是 r=189.5mm。并且展开是对称图形，作半圆周展开计算即可。

② 作计算和展开用草图。如图 2-26 所示，为提高展开精确度，计算时半圆周作 12 等分计算，而在样板制作时可根据曲线情况选用。

③ 选用展开计算式（2-2）和式（2-3）。

$$x_n = \tan\alpha \left(L - R\cos\frac{180°\, n_x}{n} \right)$$

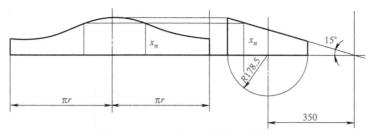

图 2-26　四节圆管弯头计算放样草图

$$l_n = \frac{\pi r n_x}{n}$$

已知：$\alpha=15°$，$L=H=250\text{mm}$，$R=178.5\text{mm}$，$r=189.5\text{mm}$，$n=12$。

代入公式得：$x_n = \tan 15° \times \left(350 - 178.5 \times \cos \frac{180° n_x}{12}\right)$；

$$l_n = \frac{189.5 \pi n_x}{12}$$

以 n_x 为变量计算得到的 x_n 和 l_n 的对应计算值见表 2-11。

表 2-11　四节圆管弯头展开计算值

变量 n_x 值	0	1	2	3	4	5	6	7	8	9	10	11	12
对应 l_n 值 /mm	0	49.6	99.2	148.8	198.4	248	297.7	347.3	396.8	446.5	496.0	545.7	595.3
对应 x_n 值 /mm	46.0	47.6	52.4	60.0	69.8	81.4	93.8	106.2	117.7	127.6	135.2	140.0	141.6

④ 圆管画线样板作法。取线段长等于 595.3mm，在线段上作 12 等分。过各等分点作线段的垂线，在各垂线上分别截取 x_n 所对应的 l_n 的值的长度得各点。光滑连接各点即得到半圆周的展开曲线，对称作图就可得到半节圆管的展开画线样板。再对称作图就可得到中间节的展开画线整体样板，如图 2-27 所示。

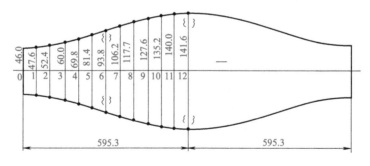

图 2-27　圆管画线样板的计算展开示意图

实例（三）：任意角度两节圆管弯头展开

如图 2-28 所示为两节圆管弯头。在正视图和左视图中均不反映实形。在正视图中上节管的中心线表示实长，左视图中下节管的中心线表示实长，是在两面视图各面反映一件实长的任意角度弯头，要用换面法求出两件圆管中心线同时反映实长的实投影面才能够作展开图。

构件的实长投影面作图，如图 2-29 所示。先将原投影中上下两节管的轴线位置画出，左视图中下节管轴线 OB 反映实长。过 O 点和 B 点作 OB 线的两条垂线，在垂线上取 O'、B' 两点并使 $O'B'$ 平行于 OB。过 A 点作 OO' 的平行线与以 O' 为圆心 a 为半径的圆弧相交于 A' 点。

$O'A'$ 即是上节管的轴线的实长。此例以中径作放样半径和展开半径，沿 $O'B'$ 和 $O'A'$ 两轴线以中径作出实投影面图，此时两管的相贯线投影为一直线。

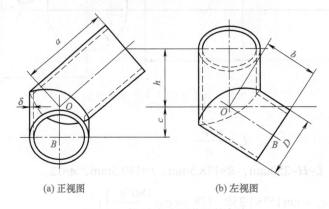

(a) 正视图   (b) 左视图

图 2-28　任意角度两节圆管弯头

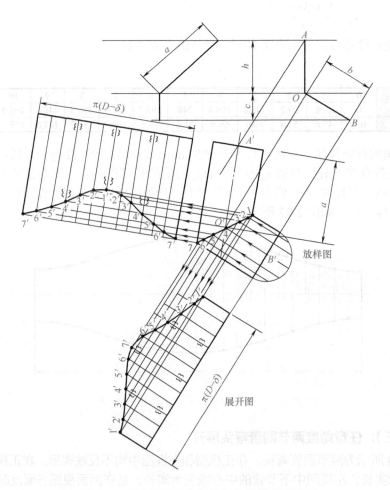

图 2-29　任意角度两节圆管弯头的放样展开图

下节管展开图画法：用平行线法进行展开，先将圆管截面作 12 等分，过各等分点作素线的平行线交相贯线于 1、2、3…各点。在 BB' 延长线上取线段长等于圆周中径展开长度

$\pi(D-\delta)$，12 等分线段，过各等分点作垂线，过相贯线上 1、2、3…各点作 BB' 的平行线与线段上各垂线对应交于 1′、2′、3′…各点，光滑连接各点即得到下节管的全部展开图形。上节管同样用平行线法展开。如将接缝安排在 $O'B'$ 的位置时展开应注意下料时的正反曲面，避免出现十字接缝。

实例（四）：平面任意角度三节圆管弯头展开

如图 2-30 所示为任意角度三节圆管弯头的投影图。两端节较长，中节较短。但如将 β 角 4 等分即得到 4 个相同的部分，只要展开其中的一个部分，然后对称作图就可得到中节的展开，加上直管部分就可得到两端圆管的展开。本例中如用钢板卷制双面坡口形式时，放样图半径和展开图半径都是应用圆管的中径去计算作图或展开作图。

① 用计算公式法展开。为便于计算，我们在构件中代入具体数值。如图 2-30 所示，设 D=820mm，δ=20mm，H=1600mm，β=75°，选用展开计算通用公式（2-1）：

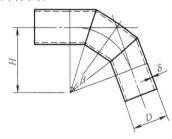

图 2-30　任意角度三节圆管弯头

$$x_n = \tan\alpha\left(L - R\cos\frac{180°l_n}{\pi r}\right)$$

式中，$\alpha = \dfrac{\beta}{4} = \dfrac{75°}{4} = 18.75°$；$L=H=1600$mm；

$$R = \frac{D-\delta}{2} = \frac{820-20}{2} = 400(\text{mm})；r=R=400\text{mm}。$$

代入公式得：$x_n = \tan18.75° \times \left(1600 - 400 \times \cos\dfrac{180°l_n}{400\pi}\right)$

为作图方便，将素线实长值编序号并以 l_n 为变量代入计算式，计算结果见表 2-12。

表 2-12　任意角度三节圆管弯头展开计算值

序号	1	2	3	4	5	6	7	8	9	10	11	12	13	14	15
l_n 值 /mm	0	100	200	300	400	500	600	$\dfrac{\pi r}{2}$	700	800	900	1000	1100	1200	πr
对应 x_n 值 /mm	407.3	411.6	424.0	443.8	469.8	500.3	533.5	543.1	567.3	599.6	628.4	651.9	668.3	677.5	678.9

表 2-12 中 $\pi r/2$ 的值为 628.3mm，πr 的值为 1256.6mm，这两值在计算时可直接代入并求出，以便在作展开图时使用。

展开图作法：取线段长度等于 $2\pi r$，将线段按表 2-12 中 l_n 的值进行等分。等分时将线 8 作为接缝位置，因是对称图形，表中仅列出半圆周展开值。过各等分点作线段的垂线，在垂线上线段两面各按 l_n 对应的 x_n 值取点并将各点光滑连接，即得到中节的全部展开图形，如图 2-31 所示。

② 用图解法展开。此构件的展开放样图用中径画出。如图 2-32 所示，用平行线法展开。作角度等于 β 角并将其四等分，在中心等分线上从圆心截取 H 长度得点 A。过 A 点作垂线，即为中节圆管的轴线。在轴线两侧 $(D-\delta)/2$ 距离处作轴线的平行线交相邻两角平分线，即

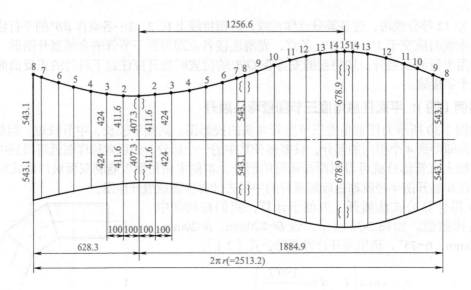

图 2-31 任意角度三节圆管弯头的计算展开示意图

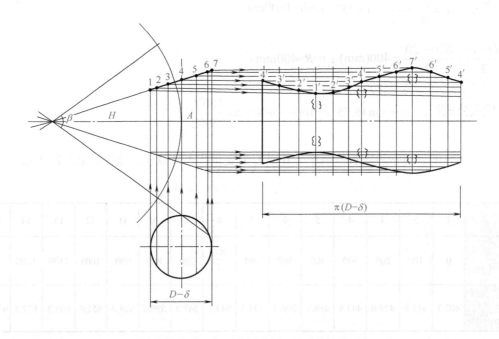

图 2-32 任意角度三节圆管弯头放样展开示意图

得到中节的放样正视图，沿轴线作出圆管的俯视图，将俯视图中的圆周 12 等分，过各等分点作圆管的素线和相贯线交于 1、2、3、…、6、7 各点，将中心角平分线沿长，截取线段长度为圆管中径展开长度并且 12 等分，过各等分点作垂线与相贯线上过 1、2、3…各点作水平线交于 1′、2′、3′…各点，光滑连接各点即可得到相贯线的展开曲线，对称作图就得到中节的全部展开图形。作展开图形时为错开相贯线处的丁字焊缝和下料时节省材料，接缝位置一般选在如图 2-32 中 4 线的位置，但这样下料后在制造中就要注意正曲和反曲的不同，下料时应注明正反曲面，以防止十字焊缝的出现。

实例（五）：带补料的任意角度二节圆管弯头展开

带补料任意角度二节圆管弯头的投影图如图 2-33 所示。此构件为两圆管轴线相交为 α 角的等径圆柱管弯头，在其外角增添补料，相贯线仍是正面投影为直线的平面曲线，构件内侧两半圆柱管间是外壁接触，外侧和补料间是内壁接触，所以放样图中内侧半径 $R=D/2$，外侧半径 $r=(D-\delta)/2$，放样展开图如图 2-34 所示。

补料展开图法：取线段长度为半圆管展开长度为 $\pi(D-\delta)/2$，并和圆管作同样等分，过各等分点作垂线，在垂线上截取补料半圆管素线对应长度得各点，光滑连接各点即得到补料展开图形，如图 2-34（a）所示。

圆管展开图法：取线段长度为圆管展开长度 $\pi(D-\delta)$，并和圆管截面作同样等分，过等分点作垂线，在垂线上截取圆管素线对应长度得各点，光滑连接各点即得到圆管展开图形，如图 2-34（b）所示。另节圆管可用同样办法进行展开。

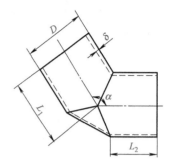

图 2-33 带补料任意角度二节圆管弯头投影图

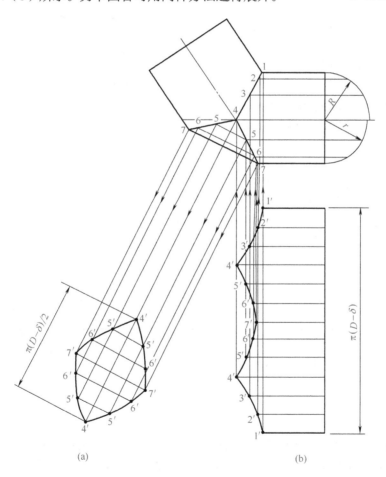

图 2-34 带补料任意角度二节圆管弯头放样展开图

实例（六）：等径正交三通管展开

等径三通管无论正交还是斜交，相交两轴线所在平面投影的相贯线均是直线，并且平

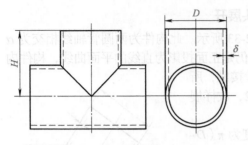

图 2-35　正交等径三通管投影图

分两轴线夹角，同时也是圆柱体被平面斜截后的截面部分投影，所以三通管的展开仍可以利用平面斜截圆柱管的展开计算公式来进行计算展开。图 2-35 为正交等径三通管的投影图。

从图中可以看出，两条相贯线相同并且同为 1/4 圆周部分相贯线的重叠投影。相交两管的展开在相贯线部分为曲线，而且由 4 条相同曲线组成，管截面在曲线以外部分的展开是一个矩形，对于这种形体的展开可以用斜截圆柱管的角度等分计算公式来进行计算展开，用计算法展开此构件的计算公式是式（2-4）和式（2-5）。

当 R=L 时，式（2-4）就变成下面公式：

$$x_n = R \tan \alpha (1 - \cos \phi_n) \tag{2-6}$$

用此公式计算的结果就是没有了圆管的直段部分，需要在展开作图时加上直段部分，此公式的示意图如图 2-36 所示。

① 从如图 2-35 所示的投影图中可以看出，此构件的相贯线处是外壁接触，在没有加工坡口要求的情况时就应以圆管外径画出放样图，为展开计算设 D=820mm、δ=10mm、H=710mm，因是同径，又均是外径作放样图，所以 α=45°。

② 根据以上分析画出计算用展开草图，如图 2-37 所示。因是部分投影展开，并且展开半径和放样半径都不

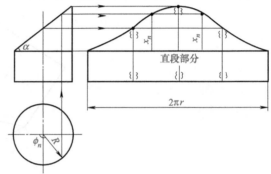

图 2-36　平面斜截圆柱管的展开图

相同，所以 ϕ_n 在 1/4 圆周部分应取 0°～90° 范围值，半圆周 πr=1272mm，如展开时取 12 等分，1/4 时为 6 等分，90° 分 6 等分，每等分为 15°，所以 ϕ_n 可以取 15° 为一次变量值。

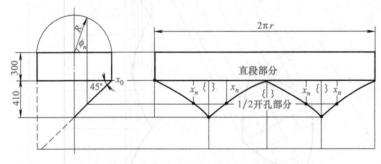

图 2-37　等径正交三通管计算展开草图

③ 展开计算时如用钢板卷制则 r=405mm，当用成品钢管外画线时 r=411mm，因主管的开孔画线一般用样板外壁画线，因此本例算出供参考。选用展开计算公式为式（2-6）和式（2-5）：

$$x_n = R \tan \alpha (1 - \cos \phi_n) \text{ 和 } l_n = \frac{\pi r \phi_n}{180°}$$

已知：α=45°；$R = \dfrac{D}{2} = \dfrac{820}{2} = 410(\text{mm})$；R=405mm（用于钢板卷制时），R=411mm（用

于成品管外画线用样板时）。

将已知条件代入式（2-6）和式（2-5）得：

$$x_n = 410\text{mm} \times \tan 45° \times (1 - \cos\phi_n)$$

$$l_{n_1} = \frac{405\text{mm} \times \pi\phi_n}{180°} \quad （用于钢板卷制）$$

$$l_{n_2} = \frac{411\text{mm} \times \pi\phi_n}{180°} \quad （用于画线样板）$$

以 ϕ_n 为变量计算得值见表 2-13。

表 2-13 等径正交三通管展开计算值

变量值 ϕ_n 值	0°	15°	30°	45°	60°	75°	90°
对应 x_n 值 /mm	0	14.0	54.9	120.1	205.0	303.9	410.0
对应 l_{n_1} 值 /mm（r=405mm 时）	0	106.0	212.0	318.1	424.1	530.1	636.2
对应 l_{n_2} 值 /mm（r=411mm 时）	0	107.6	215.2	322.8	430.4	538.0	645.2

④ 展开图形和样板作法：作图时在实际施工中如曲线连接不够光滑或要求精度较高时可增加 ϕ_n 的数量，可以不按等分增加，但 x_n 值和 l_n 值计算时都应同时增加，以便于作图。如图 2-38 所示，当用钢板卷制时，取线段 $l_1=2\pi r=2544.7\text{mm}$，当用样板在外壁上画线时取 $l_2=2\pi r=2582.4\text{mm}$，将线段 4 等分，过各等分点作 l 线的垂线，中心等分定为 x_0 线，在其中 1/4 内以 l_n 的计算值取点并作 l 线垂线，在各垂线上以 x_n 和 l_n 的对应值取点，光滑连接各点即得到 1/4 的曲线展开。同时，如图对称作其他三部分，在距离 l 线 300mm 处作 l 线的平行线和过 l 线两端作垂线得到直管部分的展开，这部分和曲线展开部分合起来就是插管的全部展开图形。

开孔用样板作法：作十字中心线 x_0 和 y_0，距离中心点 410mm 作 y_0 线的两条平行线，并且以 x_0 为中心在 y_0 线上各取两个 1/4，在中间两个 1/4 部分以 l_{n_2} 值为长度取点，过各点作 y_0 线的垂线，以 x_0 为中心在四个 1/4 部分内各以（x_n, l_n）为坐标取点，光滑连接各点，中间部分即为主管的开孔图形。开孔画线时应以 x_0 线和主管轴线平行，y_0 线和插管垂直线对正。

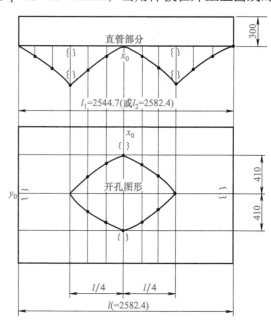

图 2-38 正交等径三通管的计算展开图

实例（七）：等径裤形三通管展开

等径裤形三通管的投影图如图 2-39 所示。构件由五节圆管构成，件Ⅱ和件Ⅲ各为两件完全相同部分，相贯线也均是在正视图上投影为直线的平面曲线，件Ⅰ和件Ⅱ的相贯线部分与等角等径三通完全相同，件Ⅱ和件Ⅲ的相贯线与任意角度二节弯头完全相同，而且也都是用平行线法展开，件Ⅰ与件Ⅱ的所有相贯线处是外壁接触，件Ⅱ与件Ⅲ相贯线处轴线夹角内侧是外壁接触，外侧是内壁接触，展开图仍为中径展开。展开方法参阅前例，展开图形如图 2-40 所示。

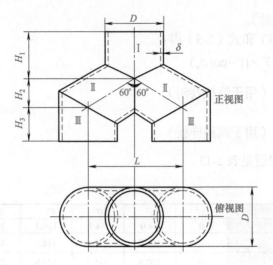

图 2-39　等径裤形三通管投影图

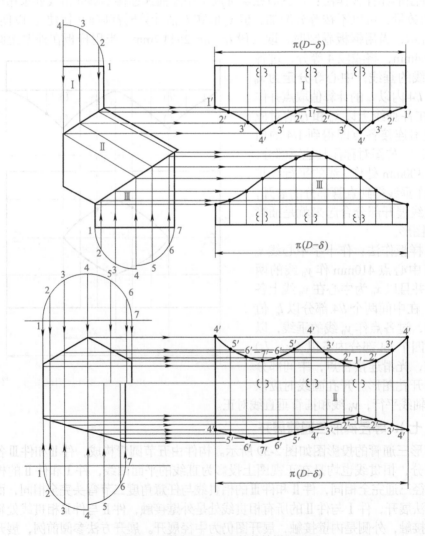

图 2-40　等径裤形三通管的放样展开图

实例（八）：等径斜交三通管展开

等径斜交三通管的投影图如图 2-41 所示。

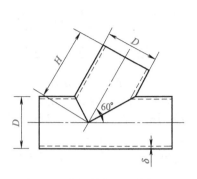

图 2-41　等径斜交三通管投影图

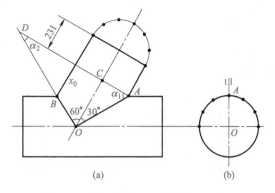

图 2-42　等径斜交三通管计算展开草图

① 斜交三通和正交三通的不同处是两条相贯线投影长度不相同，但相贯点和正交三通一样在无坡口处理时均是外壁接触，所以放样图仍是以外径画出，本例仍以计算公式法进行展开。根据形体分析画计算用草图，如图 2-42 所示。图中相贯线 OA 和 OB 各平分两轴线夹角，并且各是插管半圆周部分的截面垂直投影，过 A 点作插管轴线的垂面和 OB 截面的夹角为 α_2、垂面和 OA 截面的夹角为 α_1。

即得到：$\alpha_1=90°-30°=60°$，$\alpha_2=90°-60°=30°$。

设图 2-41 所示中 $D=426mm$、$\delta=8mm$、$H=600mm$，钢管为成品管需用样板去画线下料，因此圆管画线样板展开周长 $l=2\pi r=2\pi\times(213mm+1mm)=1344.6mm$，$l$ 可作 24 等分展开。此例的 OA 部分和 OB 部分分别用展开计算式（2-6）和式（2-4）。展开周长用展开计算式（2-5）。

OA 部分用：$x_n=R\tan\alpha(1-\cos\phi_n)$

OB 部分用：$x_n=\tan\alpha(L-R\cos\phi_n)$

圆周展开用：$l_n=\dfrac{\pi r\phi_n}{180°}$

对于 OA 和 OB 两截面所在的圆管部分就可分别用公式计算展开。因 OA 和 OB 是垂直投影，和正交三通相同，只要计算出各 1/4 圆管部分的展开尺寸就可。OB 部分以 x_0 线为展开样板中心线，OA 部分 $x_0=0$。直管段长度等于 $600mm-213mm\times\tan60°=231mm$。主管开孔以过 A、B 两点的素线为展开样板的轴向中心线，仍然利用 OA 和 OB 的展开计算值画出开孔样板。

公式中已知：$\alpha_1=60°$（用于 OA 部分）；$\alpha_2=30°$（用于 OB 部分）；$R=\dfrac{D}{2}=\dfrac{426}{2}=213(mm)$；

$L_1=R=213mm$（用于 OA 部分），$L_2=R\tan\alpha\tan\alpha=213\times\tan60°\times\tan60°=639mm$（用于 OB 部分）；$r=214mm$。

将已知条件代入式（2-4）～式（2-6）得：

$x_{n_1}=213\times\tan60°(1-\cos\phi_n)$（用于 OA 部分）

$x_{n_1}=\tan30°\times(639-213\cos\phi_n)$（用于 OB 部分）

$l_n=\dfrac{214\times\pi\phi_n}{180°}$

圆周作 24 等分展开时，在 1/4 圆周中 ϕ_n 在 $0°\sim90°$ 的范围内取值，即每等分为 15°，

将以上三公式以 ϕ_n 为变量计算后结果列表见表2-14。

表2-14 等径斜交三通管展开计算值

变量 ϕ_n 值	0	15°	30°	45°	60°	75°	90°
对应 l_n 的 In 值 /mm	0	56.0	112.0	168.1	224.1	280.1	336.2
对应 x_{n_1} 值 /mm	0	12.6	49.4	108.1	184.5	273.4	369.0
对应 x_{n_2} 值 /mm	246.0	250.1	262.4	282.0	307.4	337.1	369.0

② 插管样板作法。如图2-43所示，取线段 l=1344.6mm，并且4等分，过等分点作 l 线的垂线，定中间垂线为展开样板中心线，同时也为 OB 部分展开的 x_0 线。两边缘的 l/4 部分为 OA 部分，端点为 A 点，然后将这两 l/4 部分各自按 l_n 值6等分，过各等分点作 l 线垂线，在垂线上以 l_n 和 x_{n_1}、x_{n_2} 的对应值各自取点并光滑连接各点即是 1/2 曲线部分展开，如图对称作图作出另 1/2 部分，距离 l 线为231mm作平行线和过 l 线两端作垂线相交，矩形为插管直段部分展开，和曲线部分合起来即是插管的全部展开图形。

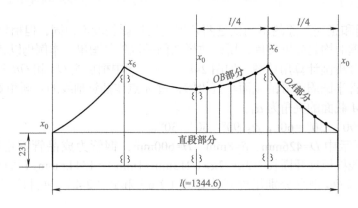

图2-43 等径斜交三通插管样板计算展开图

③ 主管开孔样板作法。取线段 l=1344.6mm，并且4等分，过各等分点作 l 线的垂线，在 l 线两边距离369mm各作平行线，以 l 线上中心垂线为 x_0 线，在 l/4 部分各作 OA 和 OB 部分的曲线展开（作法同插管展开），对称 l/4 部分同时作出图形，如图2-44所示，中心部分即为开孔展开图形，画线时样板 x_0 中心线应和主管轴线平行。

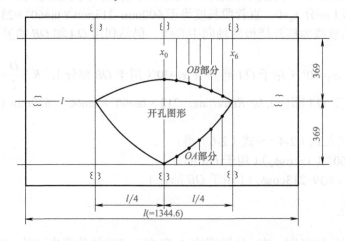

图2-44 等径斜交三通主管开孔样板计算展开图

实例（九）：带补料的等径正交三通管展开

带补料的等径正交三通管的投影图如图 2-45 所示。

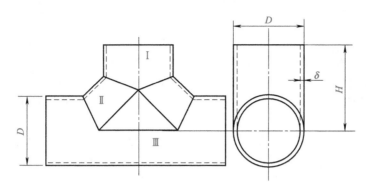

图 2-45　带补料的等径正交三通管投影图

此构件在无坡口处理时仍然是外壁接触，仍然是以外径作放样图以中径作展开图。相贯线投影为直线，也分别是相邻两圆管轴线的角平分线，三角部分应为平面图形，以外径为尺寸作出放样展开，如图 2-46 所示。

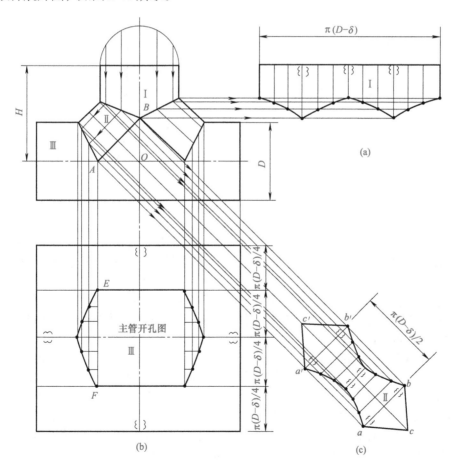

图 2-46　带补料的等径正交三通管放样展开图

件Ⅰ展开图作法：沿件Ⅰ上端口投影线作水平延长线并在线上截取线段长为π(D−δ)，将此线段12等分，过各等分点作垂线。6等分半圆周并沿素线方向作平行线交相贯线于各点，过各点作上端口投影线的平行线与各垂线对应交于各点，光滑连接各点即得到件Ⅰ的展开图形，如图2-46（a）所示。

件Ⅱ展开图作法：作半圆管轴线的垂直平分线，在线上截取线段长为π(D−δ)/2，并将线段6等分，过各等分点作线段的垂线，过相贯线上的相应等分点作垂直平分线的平行线，与垂线对应交于各点，光滑连接各点，以a、b两点为圆心，以OA为半径画弧交于c点，连接ac和bc，同理作出c′点，连接a′c′和a′b′，得到的图形即为件Ⅱ的展开图，如图2-46（c）所示。

件Ⅲ展开图作法：沿长件轴线，在延长线上取线段长为π(D−δ)，4等分此线段，过相贯线上A点作件Ⅰ轴线的平行线与过4等分点的水平线交于E、F点，将EF线6等分，过各等分点作垂线与过相贯线各对应点作EF的平行线对应交于各点，光滑连接各点并作对称部分的图形即得到件Ⅲ的开孔展开图形如图2-46（b）所示。

实例（十）：带补料的等角等径三通管展开

带补料的等角等径三通管的投影图如图2-47所示。构件中三支管及补料间的相贯线仍是正面投影为直线的平面曲线，板厚处理均是外壁接触，仍以外径作放样图，以平行线法进行展开。

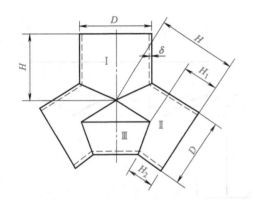

图2-47　带补料等角等径三通管投影图

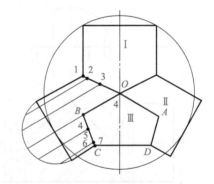

图2-48　带补料等角等径三通管放样图

放样图作法：画圆作三等分线为三管中心轴线，以D为直径和H为高，作出三个等角圆管，以H2高度作出补料半圆管外壁线。作各相邻管轴线夹角的角平分线，作出所有相贯线即得放样图，如图2-48所示。

件Ⅰ展开图作法：作线段长为圆管展开长度π(D−δ)，将此线段和圆管截面作相同等分，过各等分点作垂线，在垂线上取圆管对应素线长度得各点，并光滑连接各点即得到件Ⅰ展开图，如图2-49（a）所示。

件Ⅱ展开图作法：因两节圆管是对称相同构件，所以只作一侧展开，同样作线段长为圆管展开长度π(D−δ)，将此线段和圆管截面作相同等分，过各等分点作垂线，在垂线上取圆管对应素线长度得各点并光滑连接各点即得到件Ⅱ展开图，如图2-49（b）所示。

件Ⅲ展开图作法：作线段长为半圆管展开长度π(D−δ)/2，并和补料半圆管同样等分，过各等分点作垂线，在各垂线上取半圆管对应素线长度得各点并光滑连接各点，以a、b点为圆心，以OB长为半径画弧交于c点，连接ac和bc，同理作出c′点，连接a′c′和b′c′即得到件Ⅲ的展开图形，如图2-49（c）所示。

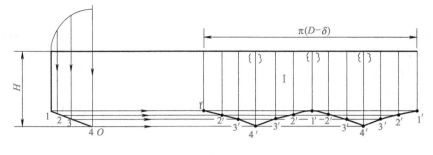

(a) 件I展开图

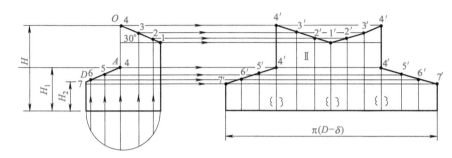

(b) 件II展开图

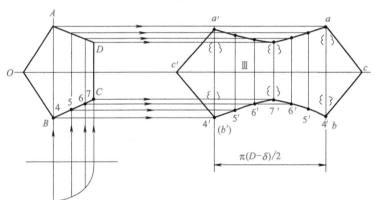

(c) 件III展开图

图 2-49　带补料等角等径三通管展开图

实例（十一）: 三节蛇形圆柱弯管展开

三节蛇形圆柱弯管的投影图如图 2-50 所示。此种构件是圆柱管构件中展开较复杂的构件，一般都是由轴线不在同一平面上的三节以上的圆管构成，这类构件的展开方法和平面内弯管的展开方法相同，但由于轴线不在同一平面内，需要在中节管两端的相贯线间错开一个角度。一般作法都是在管的中部设立一个与中节管两椭圆

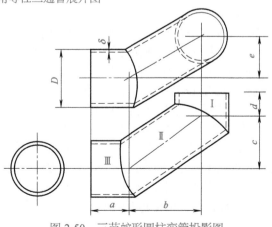

图 2-50　三节蛇形圆柱弯管投影图

端面都不相交的辅助平面，用辅助平面上的辅助圆作带有错心差的圆管展开。错心差是指圆管两端相贯线到辅助圆最短素线在辅助圆上相错的劣弧长度，图2-51中的弧$\overset{\frown}{AB}$即为错心差，α角为错心角。所以此类构件的展开只要先求出错心差或对应错心角，再求出相贯线和轴线所成的夹角，即相邻两管间的正面投影实形，即可按一般圆柱管用平行线法进行展开，如用计算器计算法展开就更加方便准确，读者可自行试作。在作展开图时应以辅助圆展开后，以错心差分别作出两端的展开曲线。对轴线不反映实长的图形可参考实例（三）先求出轴线实长后再进行放样图的作图和展开。

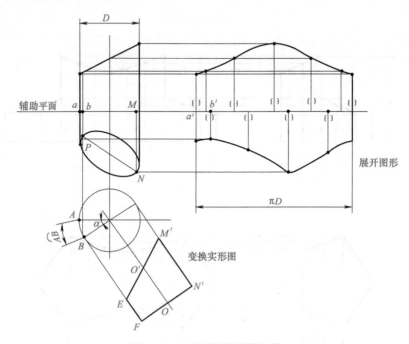

图 2-51　蛇形圆柱弯管错心差

在辅助平面上的上半节圆管因截面垂直于投影面，所以轴线反映实长。而下半节因相贯线投影不是直线，即截面不垂直于投影面而不反映实长，经过投影变换而求出OO'即为轴线实长。展开图中$a'b'$长即为$\overset{\frown}{AB}$展开长度，也是错心差长度。实形图中$M'N'$和EF是下半节圆管截面到辅助平面的最长和最短素线，即$M'N'=MN$、$EF=bp$，p点也叫作截面到辅助平面的最近点。

用辅助面的方法就可以作图2-50中蛇形圆柱弯管的展开。先作正视图和俯视图轴线的投影，如图2-52所示。为作图方便可用轴线尺寸放样。

在轴线投影图的放样图中先作中节的投影面变换求出轴线实长OO'。作法是过正视图中A、B两点作AB的两条垂线，在过B点的垂线上取线段OC'，长度等于c，过C'点作$C'O'$垂直于AO'，OO'即为中节圆管轴线实长。同时在$O'A$轴线两边和OO'两边作出圆管放样线（放样图均用圆管中径作图），得到的图形中角α即是件Ⅰ和件Ⅱ圆管轴线间实际夹角。在一次变换图上作辅助垂面的投影线MN，沿长OO'轴线并作出二次投影变换图，在二次投影变换图中角ϕ即是错心角，也就是MN截面两部分圆管相贯线最近点间的夹角，EF即是错心差。同理再作出三次投影变换图，图中角β即是件Ⅱ和件Ⅲ圆管轴线间的实际夹角。

在放样图中已求出各轴线实长和相邻两管间实际夹角，并且也求出中节管件Ⅱ在辅助圆上的错心差，根据这些条件就可以用平行线法作出三节圆管各自的展开图形，如图2-53所示。

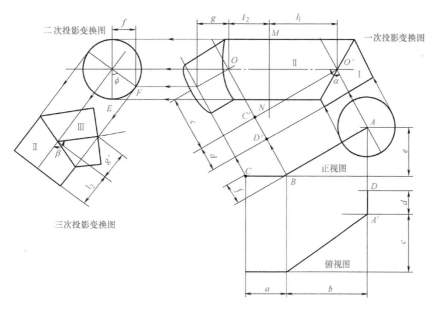

图 2-52 三节蛇形圆柱弯管放样图

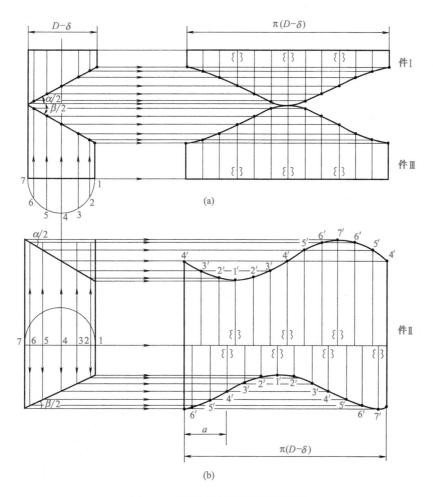

图 2-53 三节蛇形圆柱弯管展开图

展开图中件Ⅰ和件Ⅲ直接用平行线法等分展开，件Ⅱ的展开要按放样图中辅助截面 MN 的位置画直线，在直线上取线段长度等于截面展开长度，再等分作图。两端相贯线相位差 a 值应是放样图中 $\overparen{EF}$ 的展开长度。并且件Ⅱ在制作中应根据展开图注意是反曲面还是正曲面。

实例（十二）：双直角五节蛇形圆柱弯管展开

图 2-54 为双直角五节蛇形圆柱弯管的投影图。

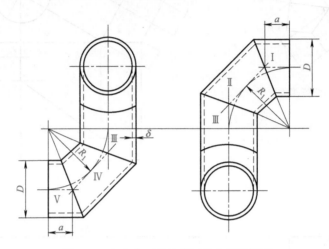

图 2-54　双直角五节蛇形圆柱弯管投影图

此构件由五节直径相等的圆柱管组成，相当于两个三节直角弯管扭转 90° 后拼成。管Ⅰ、管Ⅱ和管Ⅲ的轴线在同一平面上反映实长和实角，管Ⅲ、管Ⅳ和管Ⅴ的轴线也在同一平面上反映实长和实角，而且两部分相同，均是相邻轴线间夹角为 135°，相贯线平面和轴线间夹角为 67.5°。管Ⅲ两端相贯线的错心角为 90°。相贯线处的板厚处理可按圆柱管和平面相交的规律进行处理。本例仍以中径作放样和展开，用计算法作展开图形，为计算方便设 $D=500\text{mm}$，$\delta=14\text{mm}$，$R_1=500\text{mm}$，用角度等分计算。

公式：$x_n=\tan\alpha\,(L-R\cos\phi_n)$

$$l_n=\frac{\pi r\phi_n}{180°}$$

已知：$\alpha=90°-67.5°=22.5°$

$\qquad L=R_1=500\text{mm}$

$$R=\frac{D-\delta}{2}=\frac{500-14}{2}=243(\text{mm})$$

将已知数值代入公式，以 ϕ_n 作变量，用法计算对应 x_n 和 l_n 值，见表 2-15。因是对称图形，所以仅作半圆周计算即可。把圆周 24 等分，每等分 15°。

表 2-15　双直角五节蛇形圆柱弯管展开计算值

变量 ϕ_n 值	0°	15°	30°	45°	60°	75°	90°	105°	120°	135°	150°	165°	180°
对应 x_n 值 /mm	106.4	110.0	119.9	135.9	156.8	181.1	207.1	233.2	257.0	278.3	294.3	304.3	307.8
对应 l_n 值 /mm	0	63.6	126.7	190.1	253.4	316.8	380.1	443.5	506.8	570.2	633.6	696.9	760.3

展开图作法：如图 2-55 所示，作一矩形使一边长为圆管中径展开周长，另一边长为 8a，然后根据管Ⅲ两端相贯线的错心差为 1/4 圆周长度，作出展开图形。$a=$

$R_1 \tan\alpha = 500 \times \tan 22.5° = 207.1$（mm）。

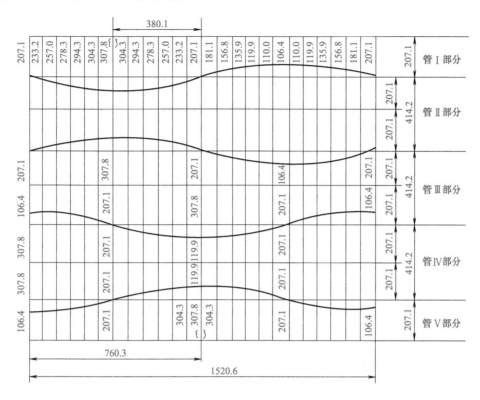

图 2-55　双直角五节蛇形圆柱弯管计算展开示意图

实例（十三）：交叉直角四节蛇形圆柱弯管展开

图 2-56 为交叉直角四节蛇形圆柱弯管的投影图。此构件每相邻三管的轴线都不在同一平面上，需要求出管Ⅱ和管Ⅲ间相贯线所在平面和轴线夹角大小。管Ⅰ和管Ⅱ与管Ⅱ和管Ⅲ间相贯线的投影和轴线的夹角大小都相等，而且可在投影图中反映实形大小，本例板厚处理参考前面例中板厚处理规律仍以中径作放样和展开图。

放样图作法：如图 2-57 所示，先作出管件轴线的正视图和俯视图，在视图中夹角 α 和 β 分别反映管Ⅰ、管Ⅱ和管Ⅲ、管Ⅳ间的真实夹角。在俯视图中作管Ⅲ轴线的垂直投影面，管Ⅲ轴线在该面的投影为 O 点。以 O 点为圆心，以圆管中径为直径作圆，$\overset{\frown}{ab}$ 即为管Ⅱ和管Ⅲ间的错心差，角 θ 为错心角，在图上用支线法可求出角 ϕ 为管Ⅱ和管Ⅲ的真实夹角。利用角 α、角 β、角 ϕ 以及错心差 $\overset{\frown}{ab}$ 长度就可作展开图形。

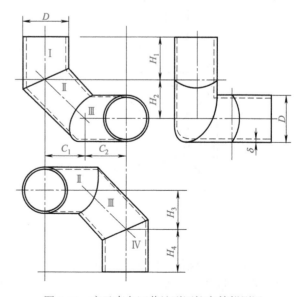

图 2-56　交叉直角四节蛇形圆柱弯管投影图

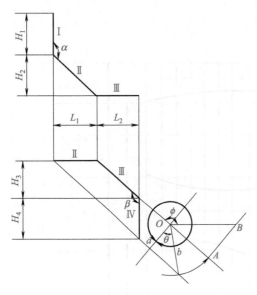

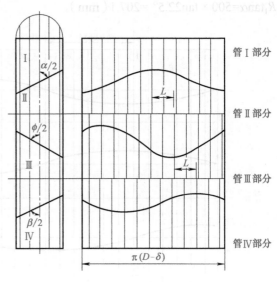

图 2-57 交叉直角四节蛇形圆柱弯管放样图　　　　图 2-58 交叉直角四节蛇形圆柱弯管展开图

展开图作法：作一矩形如图 2-58 所示，使一边长为圆管展开周长，另一边为四节圆管轴线实长之和，利用已知各相邻管间真实夹角和错心差作出展开图形，作法同实例（十二），用计算法展开。图中 L 为错心差 $\overset{\frown}{ab}$ 长度。

实例（十四）：正方锥台正插的圆柱管展开

图 2-59 为正方锥台正插的圆柱管的投影图。从正视图中可以看出，圆管内壁与正方锥台的外壁接触，上节的圆管被 4 个与管轴线成 45°的平面同时截切，各占 1/4 圆周，从形体分析看仍然是圆柱管被平面截切的形体。此类形体的构件只作圆柱管的展开，本例圆柱管用计算公式法展开。

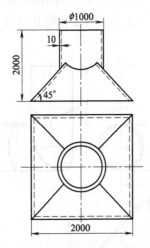

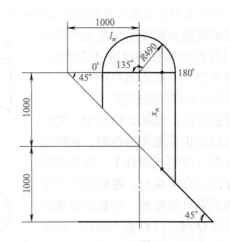

图 2-59 正方锥台正插的圆柱管投影图　　　　图 2-60 正方锥台正插的圆柱管展开计算草图

① 从形体分析结果作出计算草图，如图 2-60 所示，图中圆柱管用内径画出，而且每 1/8 截切部分在圆周上对应角度为 135°～180°范围内，对称作图得 1/4 圆周。计算公式：

$$x_n = \tan\alpha\,(L - R\cos\phi_n)$$

$$l_n = \frac{\pi r \phi_n}{180°}$$

式中已知：$\alpha=45°$，$L=1000\text{mm}\times\tan45°=1000\text{mm}$，$R=490\text{mm}$（内径），$r=495\text{mm}$（中径）。

将已知条件代入公式以 ϕ_n 为变量求得展开计算值，见表 2-16。为作图方便可将 l_n 值全部求出。

表 2-16　正方锥台正插的圆柱管计算展开值

变量 ϕ_n 值	135°	150°	165°	180°
对应 x_n 值 /mm	1346.5	1424.4	1473.3	1490.0
对应 l_n /mm	1166.3	1295.9	1425.5	1555.1

② 展开作图法：取线段长为圆管中径展开周长 3110.2mm，将线段 4 等分，以中间等分为 180° 展开计算对应线，用表中 l_n 值取点，过各点作线段的垂线，在垂线取 l_n 对应 x_n 值取点，并对称作图即得到圆周 1/4 的展开图形，对称作出其他三部分即得到圆管全部展开图形，如图 2-61 所示。

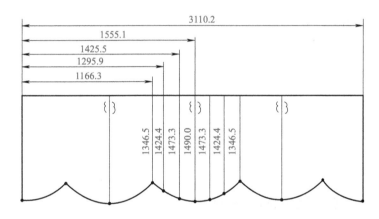

图 2-61　正方锥台正插的圆柱管计算展开图

实例（十五）：长方锥台正插圆柱管展开

图 2-62 为长方锥台正插圆柱管的投影图。此构件仍然是圆管内壁与锥台外壁接触，上节圆管同时被 4 个平面截切，但截切平面和轴线夹角不同，此例用图解法进行展开。

① 放样图作法：如图 2-63 所示，为展开作图的方便，以圆管轴线为中心，在轴线两侧各作出正视图和侧视图的 1/2，圆管以内径画出，锥台以外径画出。在俯视图中过圆周上的第 4 点作圆管轴线的平行线和正视图中 45° 锥台边线交于 A 点，过 A 点作圆管轴线的垂线，和另一半视图中过第 4 点平行于轴线的直线相交于 B 点。AC 线和 BD 线即为圆周 1/4 部分在正视图和侧视图中的投影线。

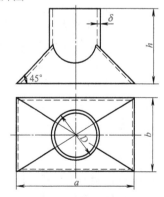

图 2-62　长方锥台正插圆柱管投影图

② 展开图作法：用平行线法作圆管的展开，先将俯视图中$\overset{\frown}{14}$和$\overset{\frown}{47}$各自 3 等分，过等分点作轴线的平行线，在正视图上和 AC 线、BD 线交于各点。另沿圆管端面边作延长线，在线上取线段长为 $\pi(D-\delta)$，将线段 4 等分，在一个等分段中用$\overset{\frown}{14}$和$\overset{\frown}{47}$的各自 3 等分长度取点，过各点作垂线，和过相贯线 AC、BD 上各对应点的水平线交于 $1'$、$2'$、$3'$、$4'$、$5'$、$6'$、$7'$各点，光滑连接各点并对称作出其他 3 个等分部分的曲线即得到全部展开图形，如图 2-63 所示。

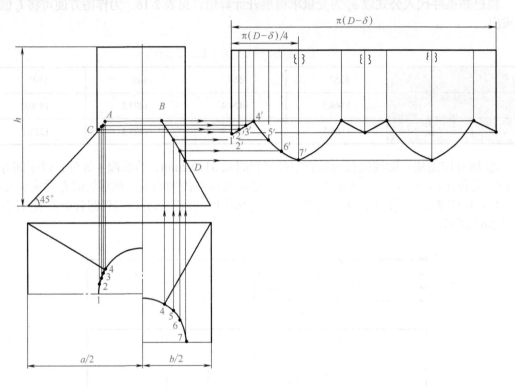

图 2-63　长方锥台正插圆柱管放样展开图

实例（十六）：正方锥台偏插圆柱管展开

图 2-64 为正方锥台偏插圆柱管的投影图，此构件中圆管偏插在锥台一个侧面上，截面是平面椭圆，圆管是被与轴线成 60°夹角的平面截切后的形体，从正视图中可以看出，靠锥台内侧圆管是外壁接触，外侧圆管是内壁接触。将图 2-65 所示的放样展开图中圆管内侧和外侧分别用外径和内径画出并作 12 等分，过各等分点作轴线的平行线交相贯线于各点，然后用平行线法作圆管的展开图形，圆管用中径展开。

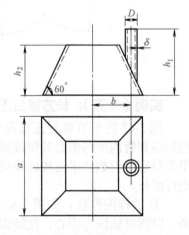

图 2-64　正方锥台偏插圆柱管投影图

二、被圆柱面截切后的圆柱管构件展开

被圆柱面截切后的圆柱管展开也是工程中常遇到的一种形体展开。在施工中这种形体展开均比平面截切的圆柱管复杂，图解法展开一般均是用平行线法，但相贯线均为曲线而使作图复杂，而且准确度较差。这种形体中的正交、斜交三通在设备制造中的人孔脖和接管经常遇到，尤其是大型管结构，如在火炬塔架等的施工中有大量的正交、斜交盲三通，如果用图解法展开就存在复杂的作图过程，而用一般的计算法也

存在大量繁杂的计算过程。本书中将介绍这种形体的计算公式，只要在计算器进行程序编排时将已知量用寄存器编入程序中，在使用中改变寄存器中主管、支管的半径值等就可快速得出各种半径管互相交接的展开实长线值。就是说各种不同半径的三通管的展开只要一次编程就可以多次使用，而且计算器可随身携带，十分方便。

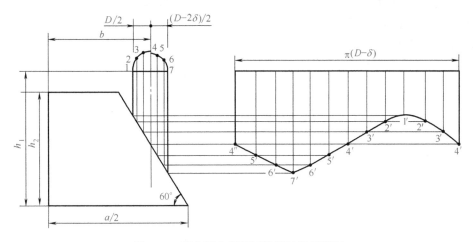

图 2-65　正方锥台偏插圆柱管放样展开图

（1）正交异径三通圆管支管展开

正交异径三通圆管支管展开（图 2-66）通用计算公式如下：

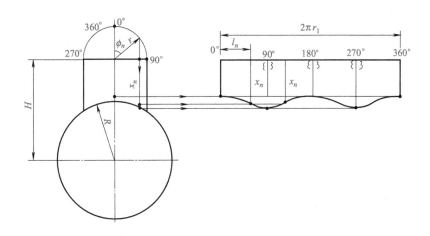

图 2-66　正交异径三通圆管支管展开示意图

$$x_n = H - \sqrt{R^2 - \left(r\sin\frac{180°l_n}{\pi r_1}\right)^2}　\qquad （2-7）$$

式中　H——两管轴线的交点到支管上端面的距离；

　　　R——放样图主管半径；

　　　r——放样图支管半径；

　　　r_1——展开图支管半径，即支管中径；

　　　l_n——支管展开对应圆心角 ϕ_n 的弧长值；

x_n——支管素线对应 l_n 的实长值。

此公式适用于正交异径三通不用等分的展开计算，可用圆周展开的任意位置值直接求得对应素线实长，使作展开图形所需的计算十分方便，但计算时一般先求出 $r_1\pi/2$、$r_1\pi$、$3\pi r_1/4$、$2\pi r_1$ 四点对应的素线实长值，这四点是展开曲线的交点，同时也是圆管素线在 0°、90°、180°、360° 处的习惯装配中心线。

（2）正交异径圆管三通支管等分展开

正交异径圆管三通支管等分展开计算公式如下：

$$x_n = H - \sqrt{R^2 - (r\sin\phi_n)^2} \tag{2-8}$$

式中　R——放样图主管半径；

　　　r——放样图支管半径；

　　　H——两管轴线的交点到支管上端面的距离；

　　　ϕ_n——支管展开 l_n 值对应圆心角值；

　　　x_n——支管素线对应 ϕ_n 的实长值。

此公式适用于支管用等分的展开计算，如圆周分为 24 等分时，即每等分就是 $\phi_n=15°$，如 12 等分时，每等分就是 $\phi_n=30°$。

（3）斜交异径圆管三通支管展开

斜交异径圆管三通支管展开（图2-67）计算公式如下：

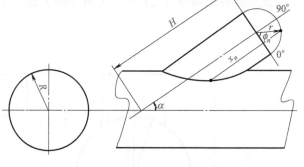

$$x_n = H - \frac{\sqrt{R^2 - (r\sin\phi_n)^2}}{\sin\alpha} - \frac{r\cos\phi_n}{\tan\alpha} \tag{2-9}$$

式中　H——支管上端面到两管轴线交点的距离；

　　　R——放样图主管半径；

　　　r——放样图支管半径；

　　　α——两管轴线间夹角；

　　　ϕ_n——支管展开 l_n 对应圆心角的值；

　　　x_n——支管展开对应 ϕ_n 的实长值。

图 2-67　斜交异径圆管三通支管展开示意图

实例（一）：正交异径圆管三通展开1

图 2-68 为正交异径圆管三通的投影图。此种形体的构件在设备制造中的插管、人孔脖和管道施工中经常可以见到，一般是支管插入主管、主管以外坡口形式处理。本例主管以内径、支管以外径作放样图，以中径用平行线法作图展开。

此构件的正视图反映出两管相贯线的投影，所以用正视图放样，用平行线法就可直接作出展开图形，如图 2-69 所示。

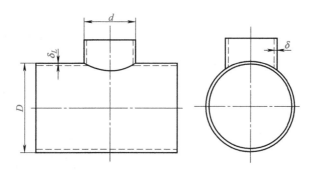

图 2-68　正交异径圆管三通投影图

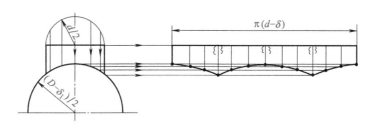

图 2-69　正交异径圆管三通放样展开图

实例（二）：正交异径圆管三通展开 2

图 2-70 为较大直径的正交异径圆管三通的施工图。本例因直径较大，在施工中用图解法放样作图工作量就十分大，故本例用计算公式法展开。公式如下：

$$x_n = H - \sqrt{R^2 - \left(r\sin\phi_n\right)^2}$$

$$l_n = \frac{\pi r_1 \phi_n}{180°}$$

式中已知：H=1824mm；R=1500mm（放样图主管取内径）；r=1024mm（放样图支管取外径）；r_1=1012mm（支管展开取中径）。

将已知数据代入公式进行运算，因圆管半径较大，所以圆周取 36 等分，即圆周每等分 ϕ_n=10° 来分别计算周长展开值 l_n 和其对应圆管素线实长值 x_n，见表 2-17。

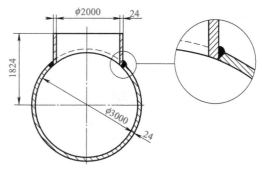

图 2-70　正交异径圆管三通施工图

表 2-17　正交异径圆管三通计算展开值

变量 ϕ_n 值	对应 x_n 值 /mm	对应 l_n 值 /mm	变量 ϕ_n 值	对应 x_n 值 /mm	对应 l_n 值 /mm
0°	324.0	0	100°	713.6	1766.3
10°	334.6	176.6	110°	673.3	1942.9
20°	365.5	353.3	120°	614.2	2119.5
30°	414.1	529.9	130°	545.5	2296.2
40°	476.1	706.5	140°	476.1	2472.8
50°	545.5	883.1	150°	414.1	2649.4
60°	614.2	1059.8	160°	365.5	2826.0
70°	673.3	1236.4	170°	334.6	3002.7
80°	713.6	1413.0	180°	324.0	3179.3
90°	727.9	1589.6	190°	334.6	3355.9

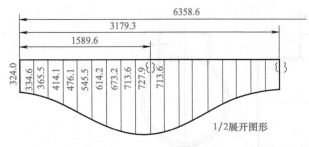

图 2-71 正交异径三通支管计算展开图

因是对称图形，从表中可以看出只要作出 90° 以内值就可以知道 90°～180° 的对称 x_n 值。为作图的方便，一般求得 180° 以内值就可以作出一半展开图形，再对称作另一半展开图形。利用表中 x_n 和 l_n 的对应数值取点并光滑连接各点就可求得支管的展开图形，如图 2-71 所示。

图在施工中对支管直径较小的情况，一般以支管的实物在主管上画线开孔，既简单又实用。

本例中支管直径较大，在圆管上直接开孔就较困难，尤其是为节省材料，主管在下料时先行开孔并需要钢板拼接时，就必须先作出开孔图。主管的开孔也可用计算法展开。本例用作图法结合计算展开，如图 2-72 所示，将相贯线投影 $\overset{\frown}{ab}$ 作 6 等分，过等分点作垂线交俯视图支管圆周上各点，作 ab 线的延长线，在线上取线段 l 等于 $\overset{\frown}{ab}$ 的展开长度，$l=0.017453R\alpha$，$\alpha=2\arcsin(r/R)$。同样作 6 等分，过各等分点作垂线，和俯视图中对应各点的水平线交于 o'、d'、c'、b' 各点，光滑连接各点得到开孔图。

主管的开孔：为避免较复杂的作

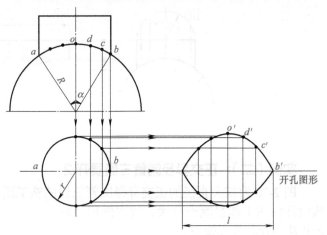

图 2-72 正交异径三通主管的开孔

实例（三）：斜交异径圆管三通展开

图 2-73 为常见塔设备填料孔接管的截面图。此构件是斜交异径圆管三通形体，支管插入设备筒体内 15mm，塔体内径 $D=2400$mm，厚度为 28mm，接管为 $\phi530\times14$ 钢管，轴线中心长度为 246mm，两轴交线为 60°。根据图形用计算法展开，塔体用内径，接管用外径进行计算。公式如下：

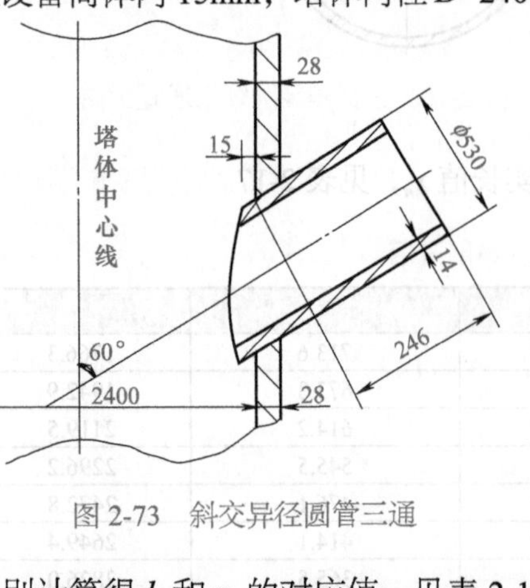

$$x_n = H - \frac{\sqrt{R^2 - (r\sin\phi_n)^2}}{\sin\alpha} - \frac{r\cos\phi_n}{\tan\alpha}$$

$$l_n = \frac{\pi r_1 \phi_n}{180°}$$

图 2-73 斜交异径圆管三通

式中已知：$H=1228$mm/sin60° +246mm=1664mm；$R=1200$mm–15mm=1185mm；$r=530$mm/2=265mm；$r_1=(530–12)$mm/2=259mm。

将以上数值代入公式，以 15° 为单位等分圆周，分别计算得 l_n 和 x_n 的对应值，见表 2-18。

因是对称图形，故仅作半圆周计算值。

展开图形作法：取线段长等于 1621mm，并且四等分线段，在 1/2 等分内以表 2-18 内 l_n

的值取点并过各点作垂线，在垂线上以和 l_n 对应的 x_n 的值取点并光滑连接各点即得到 1/2 的展开图形，对称作图即得到全部展开图，如图 2-74 所示。

表 2-18　斜交异径圆管三通计算展开值

变量 ϕ_n 值	0°	15°	30°	45°	60°	75°	90°	105°	120°	135°	150°	165°	180°
对应 x_n 值 /mm	142.7	150.2	171.8	204.7	245.0	288.4	330.0	367.6	398.0	406.2	437.0	445.7	449.0
对应 l_n/mm	0	67.5	135.0	202.6	270.0	337.5	405.3	472.8	540.0	607.9	675.0	743.0	810.5

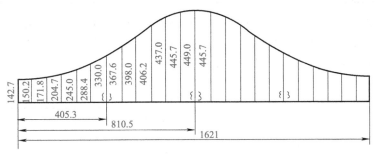

图 2-74　斜交异径圆管三通计算展开图

实例（四）：斜交异径圆管盲三通展开

斜交异径圆管盲三通的投影图如图 2-75 所示。这种构件在管架结构的施工中经常遇到，这种构件一般均为较长管件异径相交为盲三通，即主管不开孔而支管不作坡口处理。因一般管径较小，用作图法就很难分析出放样图两管的接触部位而无法准确作出相贯线，支管展开实长线的准确度也很难保证。而用计算展开就能很容易解决这一技术难题，可得到准确的展开图形。因支管是较长杆件，H 值一般取样板用来下料的合适尺寸，本例取 H=675mm。为求得相贯线处的准确接触点，支管放样半径以内径和外径同时计算。公式如下：

$$x_n = H - \frac{R^2 - (r\sin\phi_n)^2}{\sin\alpha} - \frac{r\cos\phi_n}{\tan\alpha}$$

$$l_n = \frac{\pi r_1 \phi_n}{180°}$$

式中已知：H=675mm；R=162.5mm（盲三通主管取外径）；ϕ_n=37°，r_1=（159+2）mm/2=80.5mm（支管外径加样板厚度）；r=79.5mm（支管外径），r=73.5mm（支管内径）。

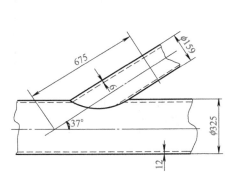

图 2-75　斜交异径圆管盲三通投影图

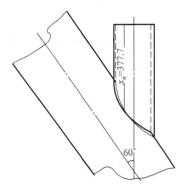

图 2-76　两管相贯线分析

将以上数值代入公式，以 15° 为单位等分圆周，分别计算出对应 x_n 和 l_n 值，见表 2-19。

表 2-19 斜交异径圆管盲三通计算展开值

变量 ϕ_n 值	0°	15°	30°	45°	60°	75°	90°	105°	120°	135°	150°	165°	180°
对应 l_n 值 /mm	0	21.1	42.2	63.2	84.3	105.4	126.5	147.5	168.6	189.2	210.7	231.8	252.9
对应 x_n 值 /mm（r=79.5mm 时）	299.5	305.3	321.8	347.1	377.7	409.7	439.5	464.3	483.2	496.3	504.6	509.1	510.5
对应 x_n 值 /mm（r=73.5mm 时）	307.4	312.6	327.5	350.2	377.7	406.9	434.2	457.4	475.3	488.1	496.5	501.5	502.5

从表 2-19 中可以看出当 ϕ_n=60° 时，内、外壁的相贯线长度一致，所以应是以 ϕ_n=60° 时为中心点，小于 60° 时用外径作相贯线，大于 60° 时用内径作相贯线，如图 2-76 所示。所以应是以表 2-20 中所列数值为圆管展开素线实长值。

表 2-20　圆管展开素线实长值

l_n 值 /mm	0	42.2	84.3	126.5	168.6	210.7	252.9
x_n 值 /mm	299.5	321.8	377.7	434.2	475.3	496.5	502.5

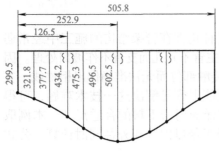

图 2-77　支管画线样板计算展开图

表 2-19 中所列值是为求内外壁接触点的分界线而使 ϕ_n 值取得很小，在实际展开中 l_n 值取 50～100mm 较合适，所以表 2-19 的 l_n 和 x_n 值在计算时取 ϕ_n 每等分为 30°。按表 2-20 中所列数值取点作图即得到 1/2 的展开图形，对称作出另一半图形即得到支管画线用样板的全部图形，如图 2-77 所示。

三、被球面截切后的圆柱管构件展开

球面是曲线旋转面，也就是工程中常说的双曲面形体，此类构件一般是较大半径的球面，图解法展开时工作量就很大，所以一般用计算法展开。本小节用三个例子介绍这类形体的展开，此类形体因球面半径一般较大，使在球面某些位置的相贯线的投影曲线对圆管素线实长的影响较小，所以这时一般要加大线条密度，这也是计算比作图法展开较方便而又准确之处。

实例（一）：球罐圆柱管支腿展开

图 2-78 为 120m³ 球罐支腿施工图样。球罐准确度要求较高，用图解法作图存在大量的放线工作量，而且切口曲线展开准确度低，所以一般应以计算法展开。此构件因球面和圆管相贯线沿圆管轴线方向延伸较长，所以展开时多以展开切口图形较为合适，用切口样板在圆管上画线也较方便。此切口样板如按习惯作法沿轴线方向取素线实长，由于相贯线的原因作图连接曲线时十分困难，所以一般取与轴线垂直方向，即

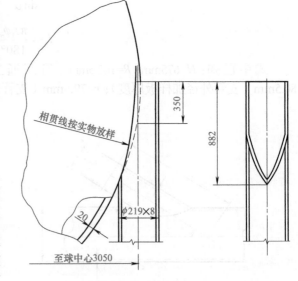

图 2-78　120m³ 球罐支腿施工图

用圆周展开长度来取点求相贯线展开曲线。因用样板画线，所以圆管和球体均以外径作放样图，本例用图解法和计算法两种方法展开。

① 用图解法展开。如图 2-79 所示，先将球体外径圆画出，再将支腿圆管外径圆画出，将相贯线部分圆管轴线以 50mm 为单位分成 18 等分，最后第 18 等分为 32mm，过各等分点作轴线的垂线和球外径圆交于 1、2、3、…、18、19 等各点，从各点上引圆管轴线的平行线交球的水平中心线于各点，以各点到球心距离为半径，以球心为圆心画弧交圆管外圆于 1′、2′、3′、…、18′、19′各点，圆上 $\overset{\frown}{1'19'}$、$\overset{\frown}{2'19'}$、$\overset{\frown}{17'19'}$、$\overset{\frown}{18'19'}$等各段弧长即为相贯线切口部分圆管截面弧长的一半。

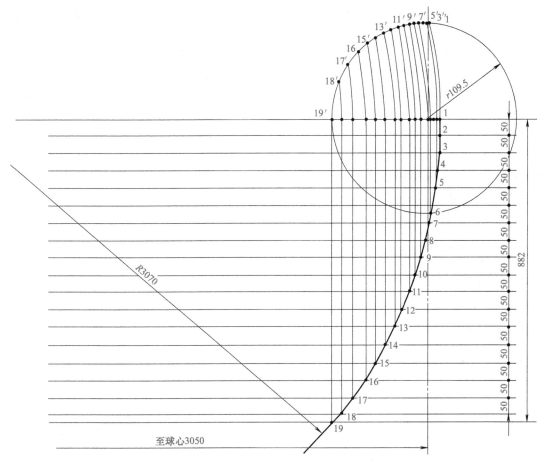

图 2-79　圆管支腿放样图

图 2-80 为用各段弧长在 882mm 长度线段的垂线上对称取点作图得到的切口样板的展开图形。

② 用计算法展开。只要按施工图样已知尺寸套公式运算后就可直接作出切口展开图形。为便于和图解法进行对照比较，本例计算仍用图 2-79 中的展开等分进行计算。公式如下：

$$x_n = r \arccos \frac{R_1 - \sqrt{R_2^2 - l_n^2}}{r}$$

式中已知：R_1=3050mm（球体内径）；R_2=3070mm（球体外径）；r=109.5mm（圆管外半径）；l_n 为圆管上端面到轴线任意点的距离；x_n 为 l_n 对应圆管切口的一半值。

将以上已知数值代入公式以 l_n 每等分为 50mm 计算得 x_n 的对应值，圆管切口样板计算展开值如表 2-21 所示。

表 2-21　圆管切口样板计算展开值

变量 l_n 值 /mm	对应 x_n 值 /mm	变量 l_n 值 /mm	对应 x_n 值 /mm
0	192.1	500	150.9
50	191.7	550	142.0
100	190.5	600	131.9
150	188.4	650	120.5
200	185.5	700	107.5
250	181.8	750	92.1
300	177.3	800	73.0
350	172.0	850	45.9
400	165.8	882	4.0
450	158.8	882.23	0

由表中可以看出相贯线的真实长度约为 882.23mm。实际操作时可以令 l_n=882mm 时，x_n 为 0 就可以达到要求。从利用这些 l_n 和 x_n 的对应数值，和放样作图中展开作图一样就可作出切口样板的图形，如图 2-80 所示。

实例（二）：半球平插圆柱管展开

如图 2-81 所示为半球平插圆柱管的截面图。此构件圆管插入半球内，从截面图可以清楚看到圆管外壁和半球内壁接触，所以应用半球内径和圆管外径作放样图，用中径展开，用计算法来展开本例。

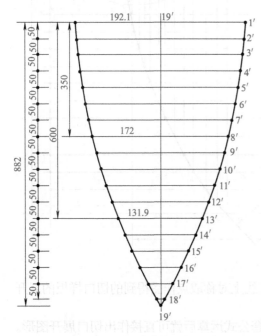

图 2-80　切口样板展开图

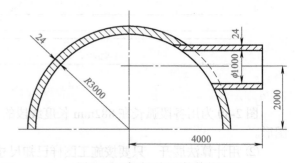

图 2-81　半球平插圆柱管截面图

计算公式：

$$x_n = H - \sqrt{R^2 - L^2 - r^2 + 2Lr\cos\phi_n} \qquad (2\text{-}10)$$

$$l_n = \frac{\pi r \phi_n}{180°}$$

式中　H——圆管上端平面到球心距离；

　　　R——球面半径；

　　　L——圆管轴线到球心距离；

　　　r——圆管展开用半径；

　　　ϕ_n——圆管展开素线对应圆心角；

　　　x_n——ϕ_n角对应素线实长值。

式中已知：$H=4000mm$，$R=3000mm$，$L=2000mm$，$r=524mm$，$r_1=512mm$。

将以上数值代入公式，用 ϕ_n 作变量分别计算得 l_n 和 x_n 的对应值，见表2-22。

表2-22　半球平插圆柱管计算展开值

变量 ϕ_n 值	0°	15°	30°	45°	60°	75°	90°	105°	120°	135°	150°	165°	180°
对应 x_n 值 /mm	1146.3	1165.2	1221.0	1312.5	1436.5	1588.9	1764.1	1954.0	2148.7	2333.8	2491.1	2599.0	2637.8
对应 l_n 值 /mm	0	134.0	268.1	402.1	536.2	670.2	804.2	938.3	1072.3	1206.4	1340.4	1474.5	1608.5

如图2-82所示，取线段长为3217mm，在线上以 l_n 的各值取点，过各点作垂线，在垂线上取 l_n 对应的各 x_n 值得各点，光滑连接各点即得到圆管的全部展开图形。

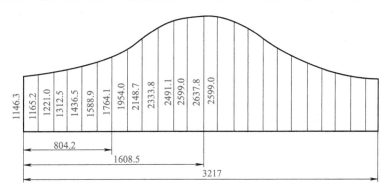

图2-82　半球平插圆柱管计算展开示意图

实例（三）：储罐罐顶正插圆柱管展开

图2-83为储罐罐顶正插圆柱管的放样图，此类构件因储罐顶圆为球缺面，而且半径一般较大，而圆管相对板厚较小所以施工中一般不做板厚处理，用中径或外径直接作放样图计算展开，一般用展开半径作放样图半径。

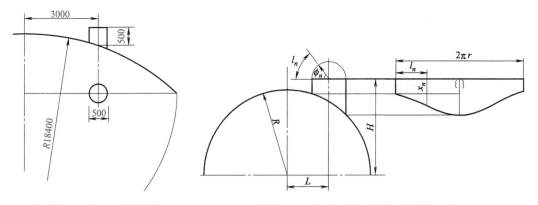

图2-83　储罐罐顶正插圆柱管放样示意图　　　　图2-84　球面正插圆柱管展开计算示意图

图 2-84 为展开计算示意图，这类形体的展开计算公式，选用公式为：

$$x_n = H - \sqrt{R^2 - L^2 - r^2 + 2Lr\cos\phi_n}$$

本例用程编计算法展开，选用公式：

$$x_n = H - \sqrt{R^2 - L^2 - r^2 + 2Lr\cos\phi_n}$$

$$l_n = \frac{\pi r_1 \phi_n}{180°}$$

式中已知：$H = \sqrt{18400^2 - 3000^2}$ mm + 500mm = 18654mm；R=18400mm；L=3000mm；r=250mm。

将以上数值代入公式，以 ϕ_n 为变量计算得值见表 2-23，对称图形只作半圆周计算。

表 2-23　球面正插圆柱管展开计算值

变量 ϕ_n 值	0°	30°	60°	90°	120°	150°	180°
对应 x_n 值 /mm	460.7	466.2	481.3	501.9	522.6	537.8	543.3
对应 l_n 值 /mm	0	130.9	261.8	392.7	523.6	654.5	785.4

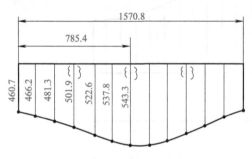

图 2-85　球面正插圆柱管计算展开图

利用表中 l_n 和 x_n 的对应数值作图即得到圆管的展开图形，如图 2-85 所示。

四、被圆锥面截切的圆柱管构件展开

此种形体的圆柱管仍是用平行线法展开，但相贯线的求作也仍较难保证作图时的准确，在施工中一般仍是不必求作相贯线，只要将与相贯线相交的素线的实长线求出即可。本小节用图解法和计算法介绍三例常见的这种形体的展开。

实例（一）：圆锥面上正插圆柱管展开

图 2-86 为圆锥面上正插圆柱管的放样展开图，本例用图解法展开。如图 2-86 所示，在俯视图中将圆管作等分，以每等分点到中心 O 点距离为半径，以 O 点为圆心画弧交水平轴线于 1、2、3…各点，过各点作圆管轴线的平行线交正视图中锥面素线于 1′、2′、3′…各点，这些点到圆管上端面的距离即为圆管过各对应等分点的素线实长。利用这些实长值用平行线法即可作出圆管的全部展开图形。板厚处理可参考前面各例题。

实例（二）：圆锥面上平插圆柱管展开

图 2-87 为水解反应釜下锥体水平插管的施工截面图。此构件是水平插入设备下锥体的圆管，圆管和锥体作外坡口处理。从图中可以看出，圆管外壁和锥体内壁接触，所以用圆管外径和锥体内径作放样图，本例用计算法展开。计算公式如下：

$$x_n = L - \sqrt{(H - R\cos\phi_n)^2 - \tan^2\alpha - R^2\sin^2\phi_n} \qquad (2-11)$$

式中　L——圆管外端面到锥体轴线距离；

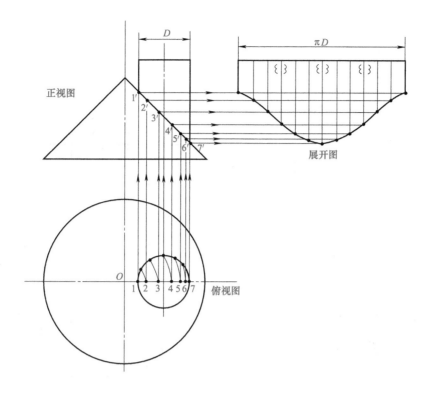

图 2-86　圆锥面上正插圆柱管的放样展开图

H——圆管轴线到锥顶距离；

R——圆管放样图半径；

α——锥体锥顶角的一半；

ϕ_n——圆管展开任意点到最长素线点之间的夹角；

x_n——ϕ_n角对应素线实长值。

公式示意如图 2-88 所示。利用此公式和式（2-5）进行本例题的计算法展开。

式中已知：$L=1027mm$，$H=160mm/\tan30° +340mm=617mm$，$\alpha=30°$；$r=157.5mm$（圆管展开用中径），$R=162.5mm$（圆管放样用外径）。

此构件因圆柱插入锥体内，插入长度为 50mm/$\sin60°$ =57.5mm，所以 x_n 值按公式计算完后均应增加

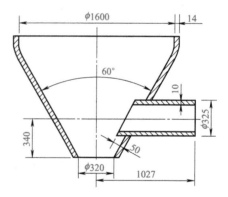

图 2-87　圆锥面上平插圆柱管的截面图

57.7mm，当计算器容量较大时可将此数加入公式同时运算。将已知数值代入公式，以 ϕ_n 为变量进行计算得对应 x_n 和 l_n 值，见表 2-24。

因是对称图形只作半圆周计算。利用表中 x_n 和 l_n 的对应值对称作图就得到全部展开图形，如图 2-89 所示。

实例（三）：圆锥面上斜插圆柱管展开

图 2-90 为圆锥面上斜插圆柱管的放样展开图，本例用图解法展开。在正视图中将圆管截面等分，过各等分点作圆管轴线的平行线交锥体边线于 1、2、3…各点，过各点作锥体轴线的平行线交俯视图中圆管对应轴向截面等分点的水平投影线于 1′、2′、3′…各点，以 $O1'$、$O2'$…为半径，以 O 为圆心画弧交水平轴线各点，过这些点向上引锥体轴线的平行线与锥体

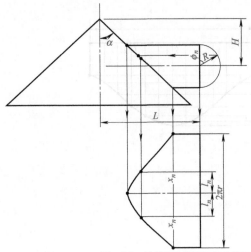

图 2-88　圆锥面上平插圆柱管展开示意图

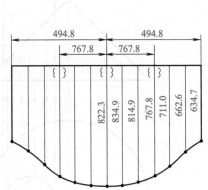

图 2-89　圆锥面上平插圆柱管计算展开图

表 2-24　圆锥上平插圆柱管展开计算值

变量 ϕ_n 值	0°	30°	60°	90°	120°	150°	180°
对应 x_n 值 /mm	822.3	834.9	814.9	767.8	711.0	662.6	634.7
对应 l_n 值 /mm	0	82.5	164.9	247.4	329.9	412.3	494.8

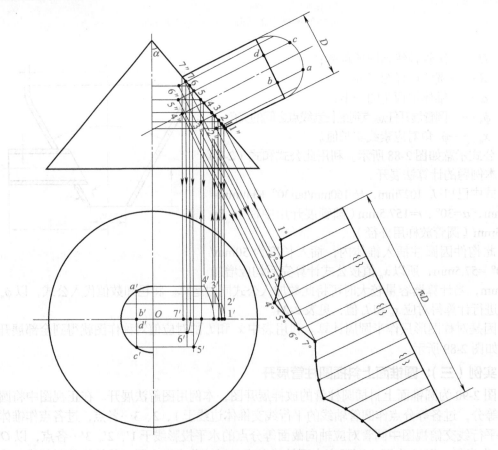

图 2-90　圆锥面上斜插圆柱管放样展开图

的轮廓素线交于各点，再过这些点作锥体轴线的垂线，与过圆管各等分点的轴线的平行线对应交于 1″、2″、3‴…各点，这些点到圆管上端面的距离即为各对应等分点上素线的实长。延长上端面投影线，在线上取线段长等于圆管展开长度，并和放样图作同样等分，并过各等分点作垂线，与过 1″、2″、3‴…各点作上端面投影线的平行线对应交于 1°、2°、3°…各点，光滑连接各点即得到圆管的全部展开图形。

五、被椭圆面截切后的圆柱管构件展开

被椭圆面截切后的圆柱管构件可以分为两种情况，一种是被椭圆柱面截切，一种是被旋转椭圆面截切。前种情况的相贯线较直观，而后种情况相贯线的求作就较复杂。本节中以两个实例介绍此种形体的展开，并用一例介绍计算法展开。

实例（一）：椭圆柱面截切后的圆柱管展开

图 2-91 为椭圆柱面截切圆柱管的投影图。此构件中圆管直插椭圆柱面，圆管外壁和椭圆柱内壁接触，所以放样图中圆管以外径而椭圆管以内径画出。两管相贯线在左视图中的投影是椭圆柱截面的一部分，所以利用右视图可直接求取圆管素线的实长。圆管用中径展开，利用平行线法展开可作出圆管展开的全部图形，如图 2-92 所示。主管开孔一般在圆管直径不大时以实物直接画线，如果需要作开孔图可参考圆柱三通的开孔法。

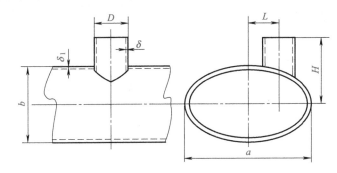

图 2-91　椭圆柱面截切圆柱管投影图

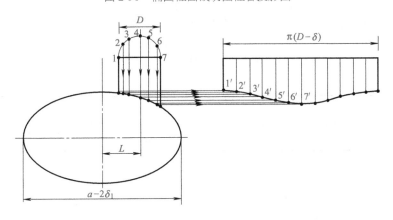

图 2-92　椭圆柱面截切圆柱管放样展开图

实例（二）：标准椭圆封头上正插圆柱管展开

图 2-93 为标准椭圆封头上正插圆柱管的截面图。此构件中椭圆的画法和上例不同，上例中一般用于椭圆柱筒体类的储罐接管，这种设备制造中对椭圆曲线的要求不太严格，可采

用较方便施工的椭圆曲线作法。而本例中封头在压力容器制造中要求必须是标准椭圆曲线，作图时应先用轨迹法或计算法作出标准椭圆曲线才能展开作图。本例以计算法展开，计算公式示意如图 2-94 所示。公式如下：

$$x_n = H - \frac{\sqrt{\dfrac{D^2}{4} - r^2 - L^2 + 2rL\cos\phi_n}}{2} \quad\quad (2\text{-}12)$$

式中　H——椭圆长轴到插管上端口距离；

　　　D——椭圆长轴长度；

　　　r——放样图圆管半径；

　　　L——圆管轴线到椭圆短轴间距离；

　　　ϕ_n——圆管上任意素线对应圆心角；

　　　x_n——ϕ_n 对应素线实长值。

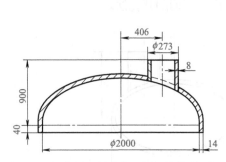

图 2-93　标准椭圆封头上正插圆柱管截面图

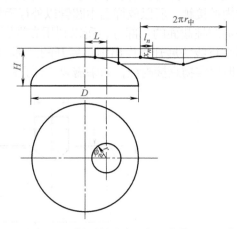

图 2-94　椭圆封头上正插圆柱管展开示意图

应用式（2-12）和式（2-5）进行计算，式中已知：H=900mm；D=2000mm（封头用内径放样）；r=136.5mm（圆管用外径放样）；L=406mm；r_1=132.5mm（圆管用中径展开）。

将已知数值代入公式计算，以 ϕ_n 为变量每等分取 30°，计算得 x_n 和 l_n 的对应值，见表 2-25。因是对称图形，只作半圆周计算。用表中 x_n 对应值和 l_n 对应值作图即可得到圆管一半的展开图形，然后对称作图就可以得到全部展开图形，如图 2-95 所示。

表 2-25　圆柱管展开素线实长计算值

变量 ϕ_n 值	0°	30°	60°	90°	120°	150°	180°
对应 x_n 值 /mm	418.4	422.4	433.1	448.2	463.8	475.6	480.0
对应 l_n 值 /mm	0	69.4	138.8	208.1	277.5	346.9	416.0

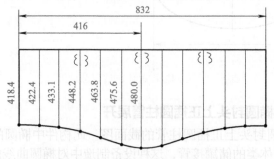

图 2-95　封头上正插圆柱管计算展开图

第三节 圆锥面构件的展开

本节中不考虑板厚，仅作各种锥台的展开。作图法一般用放射线法展开。

实例（一）：正圆锥台展开

如图 2-96 所示为正圆锥台的展开。此锥台以作图法和计算法展开。

（1）作图法展开

在正视图中延长 AB 线交轴线于 O 点，以 O 点为圆心分别以 OB 和 OA 为半径画弧，在以 OB 为半径的弧上截取 $\overset{\frown}{be}$ 长度等于 πD，D 为锥台下底直径，连接 Ob、Oe 得到的扇形 $abec$ 即为锥台展开图。

（2）计算法展开

计算法展开只要计算出展开半径 R 和 r 后不用放样，依照作图法直接画出扇形展开图即可。作图时一般不必求圆心角 α，而直接在弧上取弧长。展开半径 R 和 r 计算公式如下：

$$R = \sqrt{\left(\frac{hD}{D-d}\right)^2 + \left(\frac{D}{2}\right)^2}$$

$$r = R - \sqrt{\left(\frac{D-d}{2}\right)^2 + h^2}$$

式中　R——锥台下底展开半径；
　　　r——锥台上底展开半径；
　　　D——锥台下底直径；
　　　d——锥台上底直径；
　　　h——锥台上下底间高度。

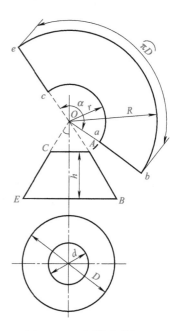

图 2-96　正圆锥台的展开

实例（二）：斜圆锥台展开

如图 2-97 所示为斜圆锥台的展开。此种形体是上下底均为圆形的形体，也是在各种构件制造中经常见到的形体，一般也是用放射线法展开，实长线的求法可用作图法或计算法。

（1）作图法展开

如图 2-97 所示，在放样图中将斜圆锥底圆周等分，因是对称图形，只作半圆周等分即可，得到 1、2、3…各点，以锥顶点作底圆投影线的垂线得垂足 O'，以 O' 为圆心以 $O'1$、$O'2$、$O'3$…为半径画弧交底圆 $O'7$ 线上 $1'$、$2'$、$3'$…各点，$1'$、$2'$、$3'$…各点到锥顶的连线即为旋转法求得的各条素线的实长。然后以 O 为圆心，以各素线实长为半径画弧，在以 $O1$ 为半径的弧上任取一点 $1''$ 为圆心，以弧长 $\overset{\frown}{12}$ 为半径画弧，交以 $O'2$ 为半径的圆弧于 $2''$ 点，再以 $2''$ 点为圆心依次截取 $2''3''$、$3''4''$、$4''5''$…

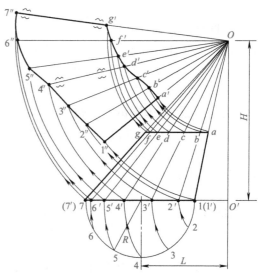

图 2-97　斜圆锥台的展开

等于弧长$\overset{\frown}{12}$。光滑连接1″、2″、3″、…、7″各点，即得到下底的一半展开曲线。连接O1′、O2′、O3′、…、O7，分别与上底的投影线交于a、b、c、…、g各点。再分别以Oa、Ob、Oc…为半径，以O为圆心画弧，交O1″、O2″、O3″…各线于a′、b′、c′…各点，光滑连接a′、b′、c′…各点即得到1/2斜圆锥的展开图形。

（2）计算法展开

计算法展开是用计算公式求出每条素线的实长值x_n和底圆每等分的弧长l_n直接作展开图形。求取斜圆锥素线实长的计算公式如下，公式示意如图2-98所示。

$$x_n = \sqrt{H^2 + L^2 + R^2 - 2LR\cos\phi_n}$$

式中　　H——斜圆锥台高度；

　　　　L——圆锥顶点在底面的投影到底圆圆心的距离；

　　　　R——底圆放样半径；

　　　　ϕ_n——每条素线在底圆上对应的圆心角；

　　　　x_n——ϕ_n对应素线实长值。

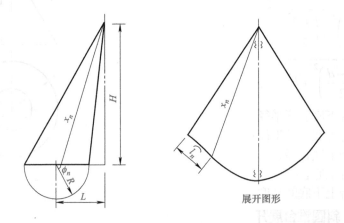

图2-98　斜圆锥台计算展开示意图

计算时ϕ_n可用任意角度，底圆弧长的计算应以两素线在底圆上对应的圆心角度来计算，计算式为$l_n=0.017453r\phi_n$，式中r为展开半径。为作图方便，ϕ_n一般按底圆等分作计算，即l_n只要计算一个等分段的ϕ_n对应的弧长值就可以。展开计算时只要计算出底圆等分点对应的各素线实长值和一个等分段对应的展开弧长。

实例（三）：椭圆锥台展开

如图2-99所示为椭圆锥台的放样展开图。此椭圆锥台是正圆锥面被两平行平面截切后形成上下口均为椭圆形的形体，这种形体和前面几种形体一样，也是在各类构件中常见的形体，它的展开仍是用放射线法。

（1）实长线的求法

在锥点的中部取线段O7等于线段O1，直线17为圆锥的正截面投影线，以其为直径画半圆周并作6等分，过各等分点作直径的垂线交于1′、2′、…、7′各点，再将O1′、O2′、…、O7′各线延长，和锥台下上口投影线交于a、b、…、p各点，ah、bi、cj、…、gp各条线即是各条素线的投影线，再过上下口各条素线的端点作17线的平行线，与轮廓线Og交于各点，各点到O的长度即为对应各条素线的实长。

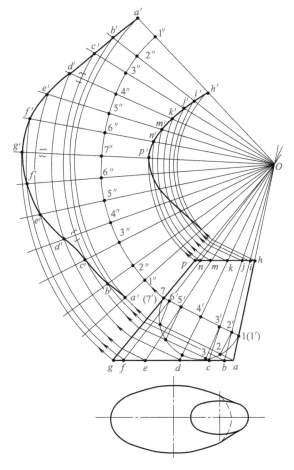

图 2-99　椭圆锥台的放样展开示意图

（2）展开图的作法

以 O 为圆心，以 $O7$ 为半径画弧，在弧上截取弧长为截面圆周长，并作同样等分得 $1''$、$2''$、$3''$…各点，作 $1''$、$2''$、$3''$…各点和锥顶 O 的连线。再以 O 为圆心，分别以椭圆锥台下上口的各素线实长为半径画弧，和 $O1''$、$O2''$、…、$O7''$ 各线及其延长线对应交于 a'、b'、…、p' 各点，光滑连接各点即得到椭圆锥台的全部展开图形。

实例（四）：两节任意角度圆柱圆锥弯管展开

如图 2-100 所示为两节任意角度圆柱圆锥弯管的投影图。此构件由轴线夹角为 α 的圆柱和圆锥管组成，板厚仍以双面坡口处理，用中径作出放样和展开图。本例仅作圆锥管的放样图说明。

（1）放样图作法

如图 2-101 所示，取 17 线段等于（$D-\delta$），并过中点 O 作垂线，在垂线上取 $O'O$ 等于 H。以 O' 为圆心以（$D_1-\delta$）/2 为半径画圆，并过 O' 点作线段 $O_1O'=L$，使 O_1O' 和线段 OO' 间夹角为角度 α。过 1 点和 7 点作圆的切线，过 O_1 作 O_1O' 的垂线并以 O' 为中心取线段 CD 长

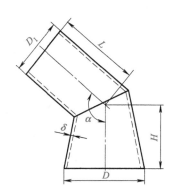

图 2-100　两节任意角度圆柱圆锥弯管
投影图

度等于（D_1-δ），过 C 和 D 点作圆的切线分别和锥体部分切线交于 M 和 N 点，MN 即为圆柱和圆锥的相贯线投影。

（2）展开图作法

展开图作法参见上例，用正圆锥面的放射线法作出展开图形。

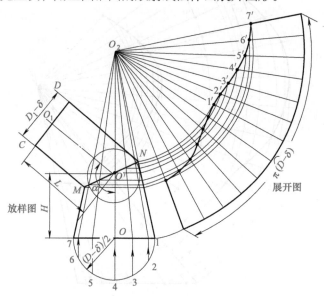

图 2-101　两节任意角度圆柱圆锥放样展开图

实例（五）：两节任意角度圆锥弯管展开

如图 2-102 所示为两节任意角度圆锥弯管的投影图，此圆锥弯管在施工中一般都是给定大口和小口的直径 D 和 d，以及两端面夹角 α 和弯管半径 R，所以一般展开前应根据这些条件作出放样图，然后根据放样图求出相贯线位置并求出素线实长；利用素线实长作出相贯线展开曲线而得到展开图。圆锥弯管的板厚接触点如图 2-103 所示，它在不进行坡口处理时，内壁和外壁的结合点不在特殊点位置，而和圆管构件中异径斜三通相似，需要用作图或计算的方法求出图中所示内壁和外壁接触的分界点 M，放样时在分界点内侧部分用外径作图，外侧部分用内径作图，而展开一般用中径或外壁加样板厚度作图。因此这类构件在施工时若板厚 δ 较大，一般采用双面坡口，而且全部用中径放样；较小时采取单面外坡口，而且全部用内径放样，这样就可以把两节圆锥合并起来用正圆锥的展开方法一起展开。本例采用双面坡口用中径来进行放样。

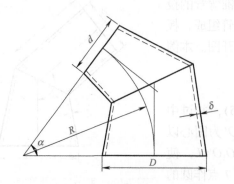

图 2-102　两节任意角度圆锥弯管投影图

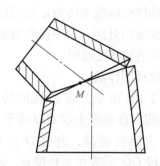

图 2-103　圆锥弯管的板厚接触点

（1）放样图作法

如图 2-104 所示，先作夹角为 α 的交叉直线，以交点 O 为圆心，以 R 为半径画弧交两交叉直线于 O_1 和 O_2 两点，过 O_1 和 O_2 各作两交叉直线的垂线，两垂线相交于 O' 点，O_1O' 和 O_2O' 即为两锥管的轴线。在 O_1O' 的延长线上取 $O'O_3$ 等于 $O'O_2$，O_1O_3 即为两节锥管拼起来后的高度。然后在 OO_1 线上以 O_1 为中心取 AB 等于 $(D-\delta)$，过 O_3 点作 AB 的平行线并以 O_3 为中心取 CD 等于 $(d-\delta)$，连接 AC、BD 并延长，交于 O_4 点，即得到两节锥管拼起来后的正圆锥管投影图。然后以 O' 为圆心作正圆锥的内切圆，并用此圆作为公切圆即可作出同锥度两节任意角度圆锥弯管的放样图。

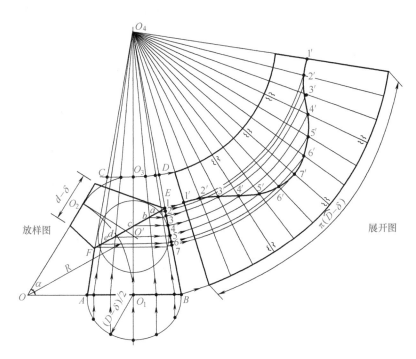

图 2-104　两节圆锥弯管放样展开示意图

（2）实长线求法

在放样图中两锥管交线 EF 即为相贯线投影。在正圆锥的底圆上作半圆周截面并且等分半圆周，过各等分点作 AB 的垂线，各垂足与 O_4 的连线和相贯线交于 a、b、c、d、e 各点，过 a、b、c、d、e 各点作 AB 的平行线交 O_4B 于 2、3、4、5、6 各点，O_41、O_42…即为圆锥管素线实长。

（3）展开图作法

以 O_4 为圆心，以 O_4B 和 O_4D 为半径分别画弧，在大弧上取弧长等于 $\pi(D-\delta)$，并将这段弧作与放样图中底圆弧同样的等分，将各等分点和 O_4 连接起来，再以 O_4 为圆心，以 O_41、O_42、O_43…各素线实长为半径画弧与各等分线对应相交于 1'、2'、3'…各点，光滑连接各点即得到两节锥管的分界曲线，整个图形就是两节锥管的展开图形。

实例（六）：两节直角圆柱圆锥弯管展开

如图 2-105 所示为两节直角圆柱圆锥弯管的投影图。此构件是由正圆锥管和圆柱组成的直角弯管，相贯线是平面椭圆，在正视图中投影为直线，因为由锥管组成，它们在相贯线上的接触点需作图求出，如图 2-103 所示。本实例相贯处作内坡口处理，即是用外径作放样图，用中径展开。圆柱管的展开参见本章第二节圆柱管构件的展开部分，这里仅作圆锥管的

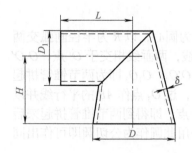

图 2-105　两节直角圆柱圆锥弯管
投影图

展开。

（1）放样图作法

如图 2-106 所示取线段 AB 等于圆锥下口直径 D，过中点 O 作垂线，在垂线上取 OO_2 等于 H，过 O_2 作 AB 的平行线并在平行线上取 O_1O_2 等于 L，OO_2 和 O_1O_2 就分别为圆锥和圆管的轴线。以 O_2 为圆心，以 $D_1/2$ 为半径作圆，过 A 和 B 两点作圆的切线相交于 O' 点，并在 O_1 点作 O_1O_2 的垂线，在垂线上以 O_1 为中点取 CE 等于圆柱直径 D_1，过 C 和 E 两点作圆的切线与 $O'B$ 和 $O'A$ 分别交于 M 和 N 点，MN 即为圆管和圆锥的相贯线。

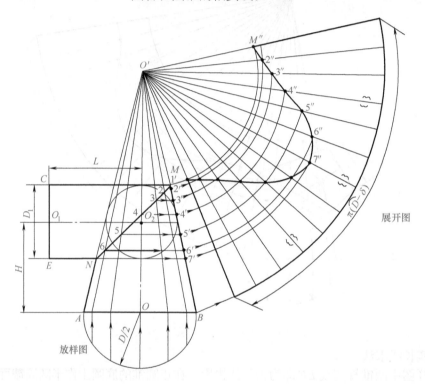

图 2-106　圆锥管的放样展开示意图

（2）展开图作法

将底圆截面半圆周作等分，过等分点作 AB 的垂线交 AB 于各点，将这些点与 O' 点连接，和 MN 线交于 M、2、3、…、N 各点，过 M、2、3、…、N 点作 AB 线的平行线交圆锥边线于 M'、$2'$、$3'$、…、$7'$ 各点，$O'M$、$O'2'$、$O'3'$、…、$O'7'$ 即为圆锥管各素线的实长。以 O' 为圆心，以 $O'B$ 为半径画弧并截取弧长为底圆展开周长 $\pi(D-\delta)$，将这段弧作与底圆同样等分，并将等分点和 O' 点连接，以 O' 为圆心以各素线实长为半径画弧，和各等分段对应交于点 M''、$2''$、$3''$、…、$7''$，光滑连接各点即得锥管的全部展开图形。

实例（七）：三节异径圆柱圆锥弯管展开

如图 2-107 所示为三节异径圆柱圆锥弯管投影图。此构件由两节异径圆柱管和一节圆锥管组成，圆锥管是被两平行平面同时截切。板厚仍是以外坡口处理，即放样图以内径作出，而展开仍用中径展开。本实例仍只介绍圆锥管的展开。

（1）放样图作法

如图 2-108 所示，作直角三角形 OO_1O_2，使直角边 OO_1 的长度等于 H_1，OO_2 等于 L，O_1O_2 即为圆锥管轴线。分别以 O_1 和 O_2 为圆心，以两圆柱管内径画圆，这两圆分别为圆锥管和两圆柱管的公切圆，用这两公切圆分别作出圆锥和圆柱的内径线，它们的交线 AB 和 CD 即为三管相互间的相贯线。

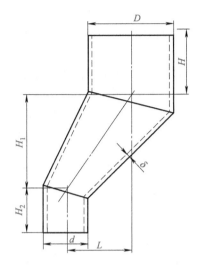

图 2-107　三节异径圆柱圆锥弯管投影图

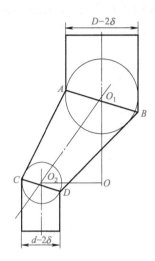

图 2-108　三节异径圆柱圆锥弯管放样图

（2）展开图作法

如图 2-109 所示在圆锥管中部作圆锥管的正截面投影线 MN，以 MN 为直径作半圆并 6 等分半圆周，过等分点作 MN 的垂线得 M、2、3、…、N 各点，作这些点和圆锥顶点的连线，这

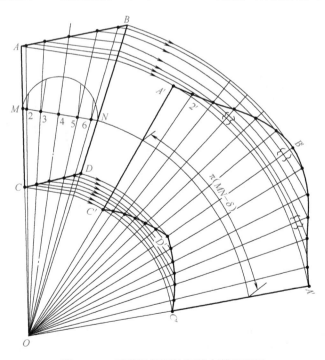

图 2-109　三节异径圆柱圆锥弯管展开图

些线和圆锥两端相贯线交于各点，过这些点作 MN 的平行线在 OB 边上得到对应的交点，这些交点到顶点 O 的距离即为各条展开素线的实长线。再以 O 为圆心，以 ON 为半径画弧，在弧上截取截面 MN 中径的展开圆周长度，并作与圆锥同样的等分。将各等分点和顶点 O 连接，这些等分线和以 O 为圆心以各素线实长为半径的圆弧对应交于 $A'\cdots B'\cdots A'$ 和 $C'\cdots D'\cdots C'$ 各点，将这些点光滑连接即得到圆锥管的全部展开图。

实例（八）：三节任意角度圆锥弯管展开

如图 2-110 所示为三节任意角度圆锥弯管的投影图。本例仍以双面坡口处理，用中径放样展开。

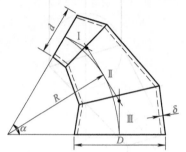

图 2-110　三节任意角度圆锥弯管投影图

如图 2-111（a）所示，作交叉直线夹角为 α，以交点 O 为圆心，以 R 为半径画弧交 α 角的边线于 O_1 和 O_2 点，2 等分圆弧，过等分点及 O_1 和 O_2 点分别作圆弧的三条切线相交于 O_3 和 O_4 点，O_1O_3、O_3O_4 和 O_4O_2 即为弯管各节轴线。然后用这三段轴线长度在如图 2-111（b）所示的圆锥轴线 $O'_1O'_2$ 上分别截取线段 $O'_2O'_4$、$O'_4O'_3$ 和 $O'_3O'_1$。过 O'_1 和 O'_2 作轴线的垂线，分别以 O'_1 和 O'_2 为中心作线段 ab 和 cd 分别等于 $D-\delta$ 和 $d-\delta$，然后以 O'_3 和 O'_4 为圆心分别作锥体的内切圆，半径分别为 R_1 和 R_2，然后在图 2-111（a）中分别以 O_3 和 O_4 为圆心、以 R_1 和 R_2 为半径作圆，在 α 角的两条边线上以 O_1 和 O_2 为中心，分别作 AB 和 CD 等于 ab 和 cd，过 A、B 两点作圆 O_3 的切线，过 C、D 两点作圆 O_4 的切线，并分别和两圆的公切线相交，依次连接各交点即得出三节圆锥弯管的放样图。

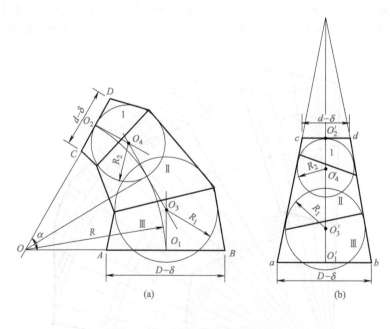

(a)　　　　　　　(b)

图 2-111　三节圆锥弯管的放样图

将各节锥管交线连接起来即得到它们之间的相贯线，然后将相贯线移到图 2-111（b）所示相应位置，再按本小节实例（五）两节任意角度圆锥弯管展开的作图法可将全部展开图作出，如图 2-112 所示。

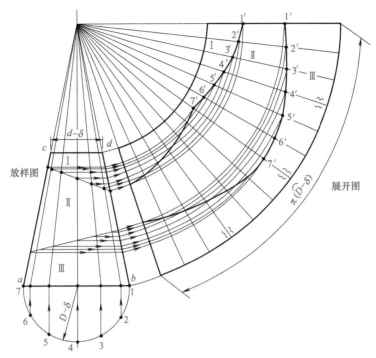

放样图

展开图

$d-\delta$

$\pi(D-\delta)$

$D-\delta$

图 2-112　三节圆锥弯管的展开图

实例（九）：正交圆柱的圆锥管展开

此类构件的相贯线一般在两个视图中都不为直线，是空间曲线，但仍可利用它们在某一个视图中的较简单投影线如圆形来求实线长度，只要条件许可，应尽量避免较复杂的相贯线和图形的求作。本实例也是用放射线法展开，而相贯线的求作多用球面法，板厚处理仍是用中径展开的方法。

（1）正交圆柱的圆锥管展开 1

如图 2-113 所示为正交圆柱的圆锥管投影图。此构件是圆锥管小口在上端，并和圆管轴线互相垂直组成的三通管。以中径展开锥管，以锥管的内径和圆管的外径来作出放样图，并用放射线法对锥管进行展开，如图 2-114 所示。

放样展开图作法：按如图 2-113 所示尺寸，锥管用内径，圆管用外径作出放样图，如图 2-114 所示延长锥管两边线交于 O 点，将锥管上端面半圆周作 6 等分，过各等分点作端面投影线的垂线，将各垂足分别连接 O 点并延长到相贯线上得 1、2、3…各点，过 1、2、3…各点作上端面的平行线交边线于 1′、2′、3′…各点，1′、2′、3′…各点到上端面间的长度即为锥管各条素线的实长。再在上端面截面圆上用中径画出同心圆，过中径端点 A 和 B 点作边线的平行线交于 O' 点，以 O' 为圆心，以 $O'B$ 为半径画弧，在弧上截取中径展开弧长并作和放样图同样的等分，将各等分点分别连接 O' 点并延长，在延长线上用各实长线对应取点并光滑连接即得到锥管的全部展开图形。

本实例的展开仍没有考虑锥管上端面的板厚处理而仅作中径层的板厚处理，上端的板厚处理可见图 2-103。如对精度要求不高时可不做板厚处理，因在实际施工时中性层板厚处理和端口的板厚处理对展开图形影响不是很大，因锥管在制造过程中钢材有形变，所以在锥管展开时可不考虑端口的板厚处理和中性层的位移，但在板材较厚或形状要求较高时就不仅要做放样和展开的板厚处理，同时应做内外径和中径在放样中的位移和板厚处理。后面各实例中不再具体说明。

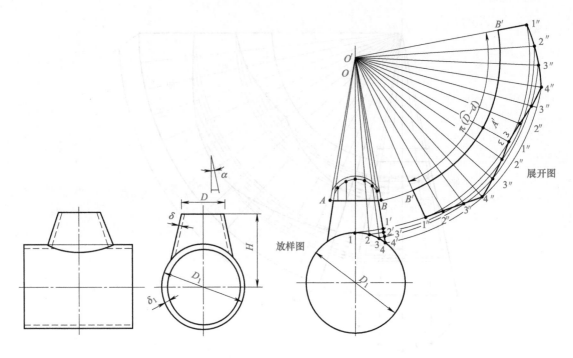

图 2-113　正交圆柱的圆锥管投影图　　　　　　　图 2-114　正交圆柱的圆锥管放样展开图

（2）正交圆柱的圆锥管展开 2

如图 2-115 所示为正交圆柱的圆锥管投影图。本例和上例不同之处是锥管小口和圆管相交而大口在上端面。仍以中径作展开图，以锥管的外径和圆管的内径作板厚处理来作出放样图，用放射线法展开。

放样展开图作法：用如图 2-115 中所示尺寸，锥管用外径，圆管用内径作出放样图。和上例相同也是由于侧视图中相贯线的投影是圆形而省去相贯线的求作。如图 2-116 所示，将锥管上端面截面半圆周 6 等分，过等分点作直径 ag 的垂线，并将各垂足分别和锥管两边线延长线的交点 O 连接，和相贯线交于 1、2、3…各点，过这些点作上端面投影线的平行线交 Oa 边于各点，这些点到 a 点距离即是锥管素线的实长。再在锥管上端面将端口中径 AB 尺寸画出，过 A、B 两点作锥管外径边线的平行线交于 O' 点，以 O' 点为圆心 $O'B$ 为半径画弧，在弧上截取锥管上端口中径展开长度并作 12 等分，过各等分点连接 O' 点，用锥管素线的各实长线在各等分线对应截取得 1′、2′、3′…各点，并光滑连接各点即得到锥管的全部展开图形。

实例（十）：V 形斜圆锥三通管的展开

如图 2-117 所示是 V 形斜圆锥三通管立体及两面视图。此构件由两个对称的椭圆锥管侧交组成，由于两锥管上口具有公共的圆形底面，并且下口两端面是同直径在同一平面的两圆形，所以两斜圆锥对称，它们的相贯线是平面图形，在平面和平面视图中的投影都是直线，并且每个斜圆锥都是被平面斜切掉一部分的不完整斜圆锥。

如图 2-118 所示是以三通管的中径尺寸所画的放样展开图。由于构件左右对称，视图上两管交界线也是它们的相贯线。放样时只要画出 1/2 主视图，先按整体斜圆锥台画出各基本素线的实长，再在相贯线与素线交点上作平行于端口的直线，它们与对应实长线的交点才是这一素线的实长。

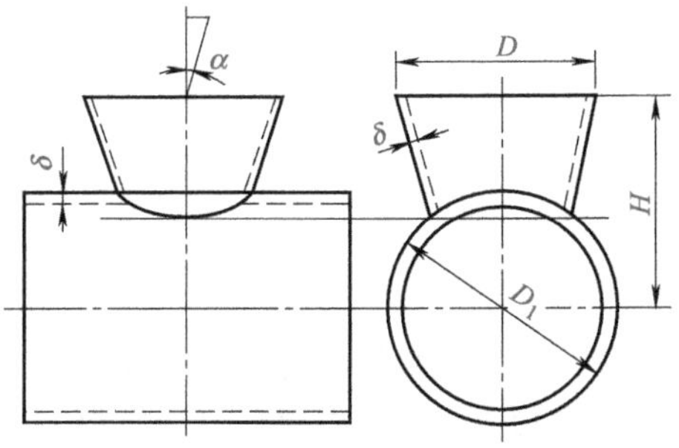

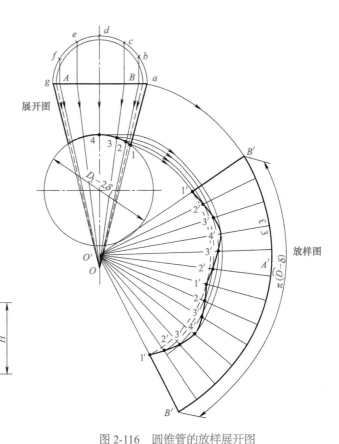

图 2-116 圆锥管的放样展开图

展开图

放样图

$D-2\delta$

$\pi(D-\delta)$

图 2-115 正交圆柱的圆锥管

（1）放样图画法

放样图画法如图 2-118 所示，画法步骤如下。

① 用已知尺寸画出 1/2 主视图和 d_1 端口的 1/2 俯视图。4 等分俯视图半圆周，得到 1～5 点。连接 O（由圆锥管壁线交点 O'，画 d_1 端口延长线的垂线，垂足为 O）与 2、3、4 点，得到俯视图的基本素线。过 2、3 点画 d_1 端口的垂线，垂足与 O' 连接，得到 2、3 点对应相贯部位的 2、3 号基本素线。

② 以 O 为圆心，分别以 O 到 2、3、4 各点的距离为半径画弧，各弧与 d_1 端口相交，交点与 O' 连接，得到主视图各素线的实长线，它们与 d_2 端口相交于 1^*～5^* 点。

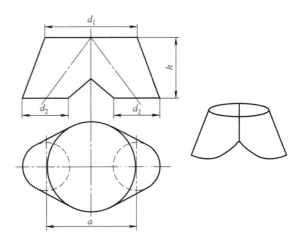

图 2-117 V 形斜圆锥三通管立体及两面视图

③ 在放样图上确定出俯视图相贯线与它的基本素线交点 e、f，与之对应的主视图相贯线与它的基本素线交点为 e'、f'。过 e' 画水平线，交主视图 2 号素线实长线于 e^* 点。

（2）展开图画法

展开图画法如图 2-118 所示，画法步骤如下。

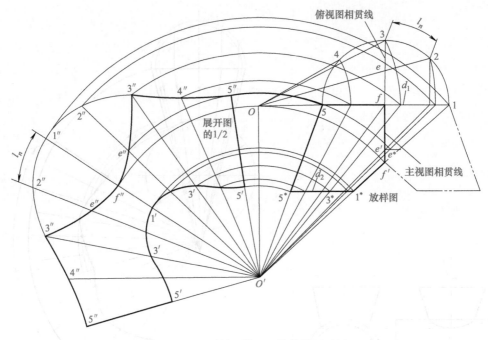

图 2-118　Ｖ形斜圆锥三通管放样展开图

① 以 O' 为圆心，分别以 O' 到主视图各素线实长与 d_1 端口交点距离为半径画弧，用 d_1 端口圆周等分距 l_n 截取各相邻弧线，得到 $1''\sim 5''$ 点。O' 点与 $1''\sim 5''$ 点连接，得到展开图的基本素线。

② 以 O' 为圆心，分别以 O' 到 $1^*\sim 5^*$ 和 e^*、f^* 的距离为半径画弧，它们交展开图上各对应素线于 $1'\sim 5'$ 点和 e''、f'' 点。

③ 用曲线连接 $1'\sim 5'$ 各点，得到 d_2 端口的展开曲线；用曲线连接 $3''\sim 5''$ 各点，得到 d_1 端口的展开曲线；用曲线连接 $3''$、e''、f''、e''、$3''$ 各点，得到相贯线部位的展开曲线；用直线连接曲线两端点 $5'$、$5''$，即得所求展开图。

实例（十一）：一字排列斜圆锥四通管的展开

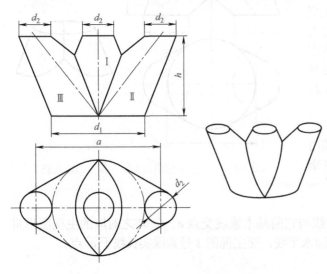

图 2-119　一字排列斜圆锥四通管视图

如图 2-119 所示是一字排列斜圆锥四通管的立体及两面视图，由两节斜圆锥和一节正圆锥组合而成。如图 2-120 所示是以四通管的中径尺寸所画的放样展开图。展开放样时管Ⅰ按正圆锥方法进行，管Ⅱ按斜圆锥方法进行。

（1）放样图画法

放样图画法如图 2-120 所示，画法步骤如下。

① 用已知尺寸画出主视图和下端口 d_1 的 1/2 截面图。4 等分截面图半圆周，得到 $1\sim 5$ 点。

② 过管Ⅱ壁线延长线交点 O'

画 d_1 端口延长线的垂线，垂足为 O 点。过 3、4 点画 d_1 端口的垂线，垂足与管 I 壁线延长线交点 O'' 连接，得到管 I 的基本素线（管 I 左右对称）。过 4 号素线与相贯线的交点画水平线，交管壁线于 4′ 点。

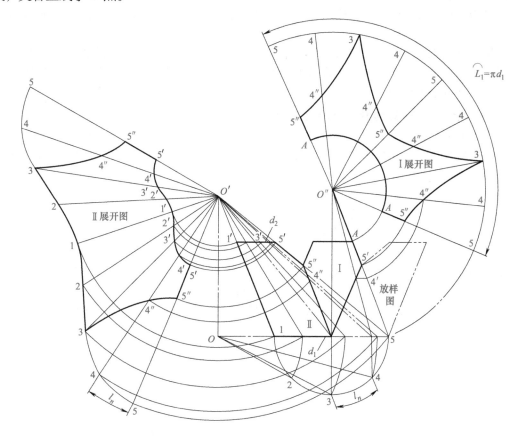

图 2-120　一字排列斜圆锥四通管放样展开图

③ 过 3、4 点画 d_1 端口的垂线，垂足点及 5 点与 O' 点连接，得到管 II 的基本素线（图中为双点画线）。以 O 为圆心，以 O 到 2 ～ 4 点的距离为半径画弧，弧线与 d_1 端口相交，得到的交点与 O' 相连，得到上述素线的实长线，各实长线交 d_2 端口于 1′ ～ 5′ 点。

④ 管 II 放样图中过相贯线与基本素线的交点画水平线，交实长线于 4″ 点、5″ 点在管壁线上。

（2）展开图画法

展开图画法如图 2-120 所示，画法步骤如下。

① 作管 I 展开图

a. 以 O'' 为圆心，O'' 到 5 距离为半径画弧，截取弧长 $L_1=\pi d_1$，8 等分 L_1，各等分点与 O'' 点连接，得到管 I 展开图的基本素线。

b. 以 O'' 为圆心，O'' 到管 I 端口 A 的距离为半径画弧，得到 d_2 端口展开曲线。

c. 以 O'' 为圆心，分别以 O'' 到 5′ 和 4′ 的距离为半径画弧，弧线交管 I 展开图对应素线于 5″、4″ 点。用曲线连接 3、4″、5″ 各点，用直线连接 A、5″ 点，即得管 I 展开图。

② 作管 II 展开图

a. 以 O' 为圆心，分别以 O' 到 d_1 端口各素线的实长线交点的距离为半径画弧，用 d_1 圆周等分距 l_n 截取相邻弧线，在管 II 展开图上得到 1 ～ 5 点。连接 1 ～ 5 点与 O' 点，得到展开图的基本素线。

b. 以 O' 为圆心，以 O' 到 d_2 端口上各交点 $1'\sim5'$ 的距离为半径画弧，弧线交管 II 展开图上各对应素线于 $1'\sim5'$ 点。

c. 以 O' 为圆心，O' 到 $5''$、$4''$ 点的距离为半径画弧，弧线交管 II 展开图上各对应素线于 $5''$、$4''$ 点。

d. 用曲线连接 1、2、3 各点，得到 d_1 端口的展开曲线；用曲线连接 3、$4''$、$5''$ 各点，得到相贯部分的展开曲线；用曲线连接 $1'\sim5'$ 各点，得到 d_2 端口展开曲线；用直线连接 $5'$、$5''$ 点，即得管 II 展开图。

实例（十二）：斜交圆锥管三通的展开

如图 2-121 所示为斜交圆锥管三通的立体图和正面视图。三通管的两圆锥管轴线相交为 α 角，如设置两圆锥曲面公切于一球面时，两锥管相交的相贯线为两平面曲线，在正面视图中的投影为两条直线。

（1）放样图画法

如图 2-122 所示是三通的放样图，画法步骤如下。

① 先按视图尺寸画出正圆锥的投影图，轴线为 O_2O_3，两端面圆的直径为锥管的中径尺寸 d_2+t 和 d_1+t。作斜圆锥的轴线 O_1O_4 和端面圆的投影 EF。

② 以 O_1 为圆心作正圆锥的内切圆，交轮廓线上于 A'、B' 点，过 E、F 点作内切圆的切线，交内切圆于 E'、F' 两点。同时得到两轮廓线的交点 a 和 g。

③ 连接 $A'B'$ 和 $E'F'$ 得交点 d，连接 d 点和两轮廓线的交点，得直线 ad 和 dg 为两圆锥的相贯线。

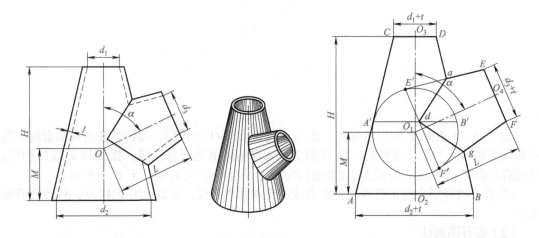

图 2-121 斜交圆锥管三通的立体图和正面视图　　图 2-122 斜交圆锥管三通的放样图

（2）展开图画法

① 斜交圆锥管三通中垂直圆锥管的展开图，如图 2-123 所示，图中两圆锥的相贯线为 ad 和 gd。画法步骤如下：

a. 放样图中将下端面半圆周 6 等分，先作出整圆锥管的展开图形，并在展开图中作出 12 条等分线。

b. 在放样图中连接 Od，并延长，交端面线于 $8'$ 点，过该点作端面的垂线交半圆周于 8 点。

c. 在展开图中以 $4''$ 为圆心，以放样图中 4 点和 8 点间的弧长为半径画弧，交底圆展开线得到 $8''$ 点，连接 $O8''$。

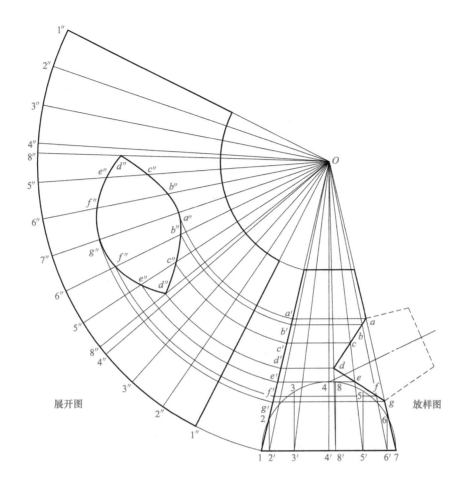

图 2-123   斜交圆锥管三通中垂直圆锥管的展开图

d. 在放样图中，将下端面半圆周 6 等分，过各等分点作底圆投影线的垂线，过各垂足连接 O 点得各素线，在相贯线上交得 $a \sim g$ 点，过 $a \sim g$ 点作轴线的垂线，在左边轮廓线上得到 $a' \sim g'$ 各点，过这些点以 O 为圆心画弧，在展开图中和各等分线对应交于 $a'' \sim g''$ 各点，光滑连接各点即得到的曲线组成垂直圆锥管展开的开孔图。

② 斜交圆锥管三通中斜插圆锥管的展开图如图 2-124 所示，图中两相贯线的投影为 ah 和 gh。画法步骤如下：

a. 放样图中将上端面半圆周 6 等分，向端面线作垂线相交于各点，将各点与 O' 点连接并延长，与相贯线交于 a、b、c…各点。

b. 连接 hO' 交上端面线于一点，过这点作端面的垂线交半圆周于 H 点。

c. 作上端面的展开并 12 等分，在 C' 和 D' 等分间取出放样图中 C 和 D 等分间的弧长得到 H' 点，将各等分线延长。

d. 过相贯线上 a、b、c…各点作轴线的垂线，在圆锥轮廓线的延长线上交于各点，过这些点以 O' 为圆心画弧，各弧在展开图中与各等分线对应交于 a'、b'、c'…各点，光滑连接各点即得到曲线组成斜插圆锥管的展开图。

实例（十三）：圆锥水壶展开

如图 2-125 所示是圆锥水壶的壶体视图，此水壶是由正圆锥壶体和斜圆锥壶嘴组成，展开时可不考虑板厚，壶体的开孔可用壶嘴实物。壶嘴的展开用放射线法。

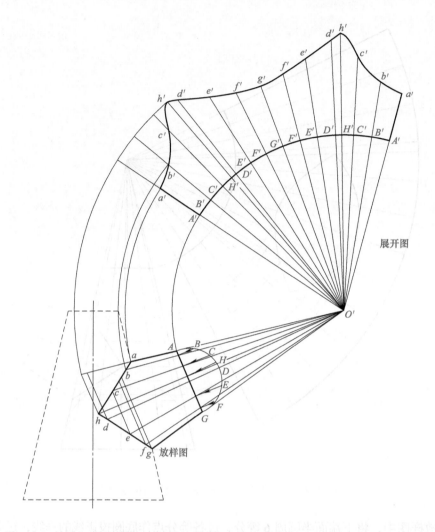

图 2-124 斜交圆锥管三通中斜插圆锥管的展开图

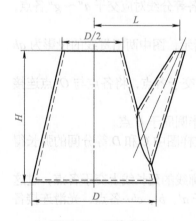

图 2-125 圆锥水壶

展开图作法：先用如图 2-125 所示尺寸作出壶体和壶嘴的轮廓线，如图 2-126 所示，延长壶嘴两边线交于 O 点，交壶底边线于 1、5 两点，以 1 点和 5 点间距离为直径作半圆周并 4 等分，过等分点作底边的垂线，将各垂足点分别连接 O 点和壶体边线交于各点，过各点作水平线和下垂线，下垂线交 O_1O_2 轴线于 b_1、c_1、d_1 各点。再将壶嘴轮廓线投影到俯视图中，分别以 b_1、c_1、d_1 三点为圆心，作壶嘴对应这三点处的截面圆，再以 O_2 为圆心以 O_2b_1、O_2c_1、O_2d_1 为半径画弧交对应截面圆于各点，过这些点上引壶体轴线的平行线，与各水平线对应交于 b、c、d 点，连接 Ob、Oc、Od 并延长到壶底边线上得 2、3、4 点，$O1$、$O2$、$O3$…各线即为斜圆锥被壶底面截断后的素线实长。利用各实长线用斜圆锥展开的作图法作出展开图形。

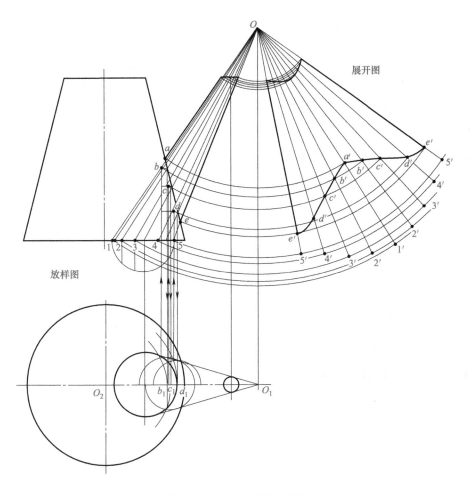

图 2-126　壶嘴的放样展开图

第四节　平板构件的展开

平板构件多数是棱锥棱柱面或由它们拼接而成，平板构件的板厚处理一般是用内壁尺寸放样和展开。平板构件的展开一般三种展开方法都可用到，所以展开前应分析清楚构件形体每个面是平面还是折面。是棱锥面时要尽量用放射线法，是棱柱面时应尽量用平行线法，对其他形状再采用分割的办法用三角形法展开。用计算法展开平板构件时对板面的分析就更为重要，计算前必须对构件属于什么形体分析清楚。

对棱锥构件一般用放射线法展开，对棱柱构件一般用平行线法展开，在两种办法都不适合时可采用三角形法展开，板厚处理则一般均按内壁尺寸作图展开。

实例（一）：矩形锥管展开

此构件因表面既不是棱锥面又不是棱柱面，所以展开图的画法多用三角形法。

如图 2-127 所示为矩形锥管的三视图。此构件由前后对称和左右对称的四块梯形板组成，四条棱线不能交于一点。以内壁尺寸做板厚处理进行放样。每块梯形板的上下底边在俯视图中反映实长。正视图和侧视图中棱线的投影长度反映了相应梯形面的高的实长，所以此构件展开时可利用相邻两板在两面视图中的投影线长度求出各投影面梯形板展开的实际高度。

展开图形作法：先用内壁尺寸作出放样图，如图 2-128（a）所示，然后以 L_1 作高，用 CD 和 AB 作上、下底边，用 L_2 作高，用 cd 和 ab 作上、下底边作出等腰梯形 $A'B'C'D'$ 和 $a'b'c'd'$，即前后面和左右面矩形锥管的展开图形，如图 2-128（b）所示。

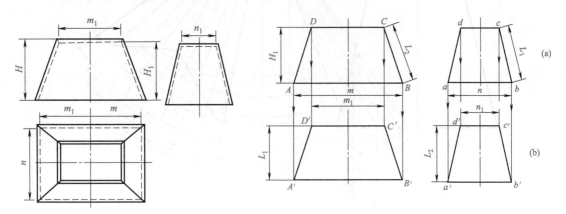

图 2-127　矩形锥管三视图　　　　　　　图 2-128　正四棱锥放样展开图

实例（二）：矩形口斜漏斗展开

如图 2-129 所示为矩形口斜漏斗的三面投影图。此构件上口为水平位置的大矩形口，下口为垂直于侧面投影的小矩形口。从正视图看前后面板为平面梯形，而四边不共面的两侧面板是由两个三角形组成的向外折的面板。全部用内径做板厚处理来作出放样展开图。

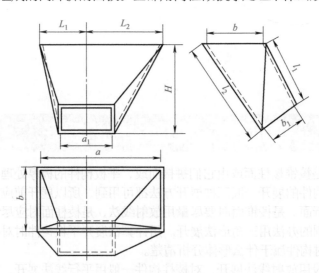

图 2-129　矩形口斜漏斗三面投影图

展开图形作法：用内径作出漏斗的三视图。从三视图可以看出正视图中前后面的展开图形是以 a 和 a_1 为底边，以侧视图中 l_1 和 l_2 为高的两个梯形。在梯形的实形中就可反映出 4 条棱线的实长，而折线的实长从正视图中用支线法求出 l_3 和 l_4 的长度就分别是两折线的实长，如图 2-130（a）所示。利用所有折线和棱线实长就可作出矩形漏斗的全部展开图形。作图时先作出从正面看后面板的展开图形，然后依次向两面用三角形法就可作出全部展开图形，如

图 2-130（b）所示。

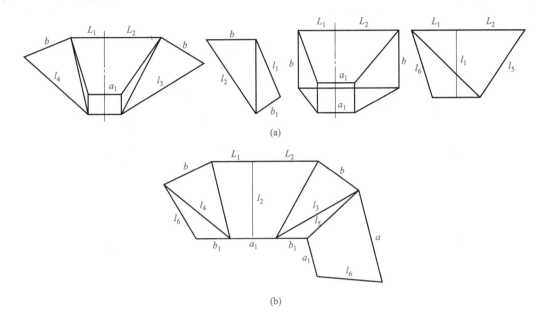

图 2-130　矩形口斜漏斗放样展开图

实例（三）：上下矩形口扭转连接管展开

此构件因表面既不是棱锥面又不是棱柱面，所以展开图的画法多用三角形法。

如图 2-131 所示为上下矩形口扭转连接管的投影图。展开图形作法：用矩形管内壁尺寸作出放样图，如图 2-132（a）所示，然后以 L_2 为高以 m 和 m_1 为底边的等腰梯形 $A'B'C'D'$ 为正面板的展开图形，再以 L_1 为高以 n 和 n_1 为底边的等腰梯形 $a'b'c'd'$ 为侧面板的展开图形，如图 2-132（b）所示。

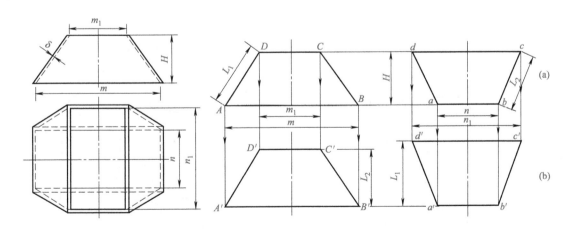

图 2-131　上下矩形口扭转连接管投影图　　　　图 2-132　矩形口扭转连接管放样展开图

实例（四）：正四棱锥展开

如图 2-133 所示为正四棱锥的主视图和俯视图。用内壁作出主视图，如图 2-134 所示，底边 AB 反映实长，OB 为四棱锥面其中一面高的实长，而且四面均为相同的三角形。以

OB 为高作三角形，使底边 *A'B'*=*AB*，则 *OB'* 为棱线实长。用放射线法展开，以 *O* 为圆心以 *OB'* 为半径画弧，在弧上用 *L* 长度作弦长依次截得 *a*、*b*、*c*、*d*、*a* 点，再将 *O* 点与各点连接，得到的四个相同三角形为四棱锥的展开图。

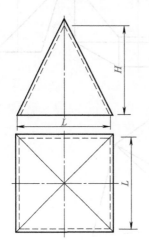

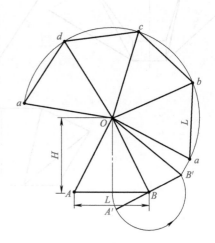

图 2-133　正四棱锥主视图和俯视图　　　　　　图 2-134　正四棱锥放样展开图

实例（五）：方锥管展开

　　如图 2-135 所示为方锥管的主视图和俯视图。此方锥管由 4 个相同的等腰梯形组成，上下口各边长反映实长，梯形的高等于正视图中棱线投影的长度。用放射线法展开，全部用内壁尺寸作图。

　　作方锥管内壁的主视图，用旋转法作出等腰梯形的实形，延长两边线交轴线于 *O* 点，以 *O* 为圆心以 *O2* 和 *OB* 为半径画圆，在外圆上用长度 *m* 作弦长截取得 *a*、*b*、*c*、*d*、*a* 各点，将各点分别与 *O* 点连接，在内圆上用长度 *n* 为弦长截得 1′、2′、3′、4′、1′ 各点，依次连接各点得到 4 个相同的等腰梯形即为方锥管的展开图，如图 2-136 所示。

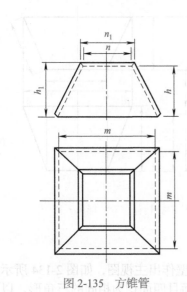

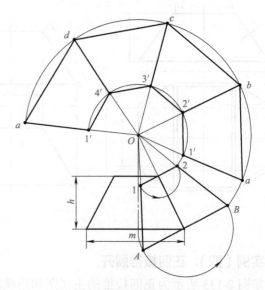

图 2-135　方锥管　　　　　　　　　　　图 2-136　方锥管放样展开图

实例（六）：两节直角矩形管弯头展开

如图 2-137 所示为两节直角矩形管弯头的投影图。此弯头由被 45° 斜截的两个相同的矩形管组成，所以可只作一节矩形管的展开，板厚处理用内径展开，内侧板高度应是外壁棱线高度。

用内径作出一节矩形管的正面和侧面放样图，并作出内侧板棱线的高度，其余各棱线均反映实长。用平行线法进行展开，取线段长为 $2(a+b)$，并以 b、a、b、a 的顺序取点，过各点作垂线，在垂线上对应截取各棱线的实长得 $1'$、$2'$、$3'$⋯各点，将各点依次连接即得到一节矩形管的放样展开图形，如图 2-138 所示。

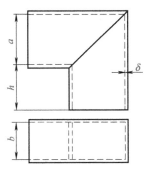

图 2-137　两节直角矩形管弯
　　　　　头投影图

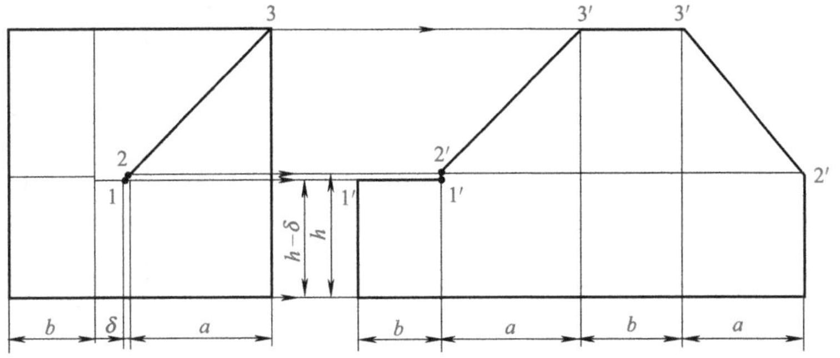

图 2-138　矩形管放样展开图

实例（七）：弧形直角方口弯头展开

如图 2-139 所示为弧形直角方口弯头的投影图。此构件从两面投影看比较易展开，从主视图看前后面板是平面圆环，两侧板是柱面。全部用内径作放样和展开图。板厚处理分析清楚也可以直接计算弧长作出展开图。前后弧面用内径展开时为展开半径是 $R-\delta$ 和 $r+\delta$ 的同心圆环的 1/4，而内外侧板则应用中径为 $r+\delta/2$ 和 $R-\delta/2$ 的展开圆周长的 1/4 作长度，用 a 作宽度的矩形，如图 2-140 所示。

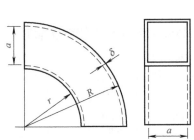

图 2-139　弧形直角方口弯头投影图

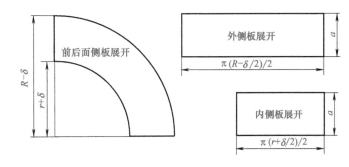

图 2-140　弧形方管的展开示意图

实例（八）：任意角度换向矩形管弯头展开

如图 2-141 所示为任意角度换向矩形管弯头投影图。此构件由上下两节锥管组成，上口为水平位置的大矩形口，下口为垂直于主视图和俯视图的小矩形口，每节由 4 块平面板组成，全部用内径放样和展开。

展开图形作法：从内径作出弯头的主视图和左视图，可以看出主视图中 l_1、l_2、l_3 和 l_4 反映 4 块侧板展开图形高度的实长。在左视图上用各块板宽度 a_1 和 b 的实长可作出 4 块板的展开实形，上节两块侧板为矩形，下面两块板为等腰梯形，如图 2-142（a）所示。同时两

等腰梯形斜边长 l_6 和 l_7，反映出下节锥管棱线的实长。上节管前后面在主视图中反映实形，利用相贯线 l_5 反映实长和 α_1 为两面实角的关系，用三角形法先作出角 α_1，然后在角线上截取 l_5 和 l_6，以 l_5 和 l_6 的不相交端点为圆心，以 l_7 和 b_1 为半径画弧得交点并连线，就得到下节锥管前后面的展开图形，如图 2-142（b）所示。

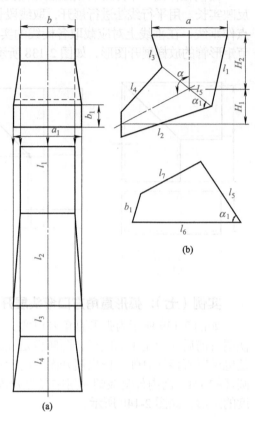

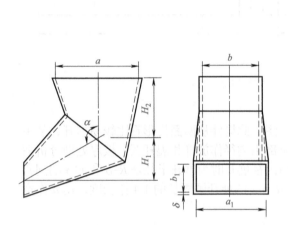

图 2-141 任意角度换向矩形管弯头投影图

图 2-142 弯头的放样展开图

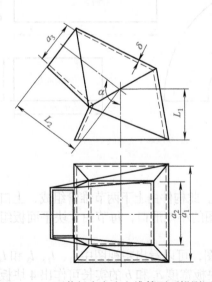

图 2-143 两节任意角度方锥管两面投影图

实例（九）：两节任意角度方锥管弯头展开

如图 2-143 所示为两节任意角度方锥管的两面投影图。此构件由上、下两节组成，上口为垂直于正视图的方形口，下口为水平位置的方形口，两节锥管从正视图看两侧面板均为平面梯形板，而上节和下节的前后面板均由两个三角形组成。放样和展开图形全部用内径作出。

展开图形作法：用内径作出弯头的主视图和俯视图，如图 2-144（a）所示，在正视图的各边线 l_1、l_2、l_3 和 l_4 是两侧面 4 个梯形展开的高度。在俯视图中利用 a_1、a_2 和 a_3 的实长为底边，以 l_1、l_2、l_3、l_4 为高的 4 个等腰梯形即是 4 个侧面板的展开图形，如图 2-144（b）所示。在正视图中上节和下节管的相贯线 l_5 反映实长，利用在图 2-144（b）中求出的各棱线实长 l_5、l_6、l_7 和 l_8，用两面实角 α_1 和 l_2 可求出折线实长,再用三角形法可作出上节管和下节管前后面折板的展开图形,如图 2-144（c）和图 2-144（d）所示。

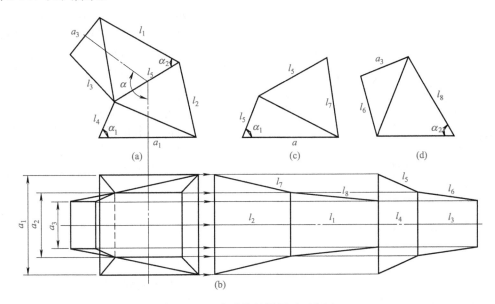

图 2-144　弯头的放样展开示意图

实例（十）：弧形矩形口三通管展开

如图 2-145 所示为弧形矩形口三通管的投影图。此构件由矩形管和弧形矩形口管组合构成三通管,上口为水平位置矩形口,侧面为垂直于主视图和俯视图的弧形管矩形口,下口为水平位置两管结合矩形口。全部用内径放样,弧形管两侧面柱面板用中径展开,其他均用内径展开。

此构件不用作放样图可直接根据投影图尺寸展开。在侧面管高为 H,宽为 a 的矩形和前后面内径投影图形构成前后和左侧面的展开图,如图 2-146（a）所示。矩形管右侧面板仍是一块矩形板,按内径展开是宽度为 H 减去缺口尺寸,而长度为 a 的矩形板,缺口长度为 $R_2/1.414$。弧形管内外侧柱面板的展开是边长为 a,宽为弧面中径展开尺寸的矩形板。所有展开图如图 2-146（b）所示。

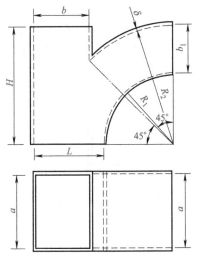

图 2-145　弧形矩形口三通管投影图

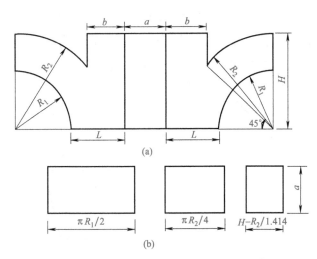

图 2-146　弧形矩形口三通管展开示意图

实例（十一）：裤形方口三通管展开

如图 2-147 所示为裤形方口三通管的三视图。此三通构件前后面的形状相同，左右两侧内外侧板的形状也分别相同，所以分别展开其中的一面就可以。上口是水平位置的大方形口，下口是两个水平位置的小方形口。全部用内径作放样和展开图样。

展开图形作法：如图 2-148 所示，用内径作出正视图和侧视图。在侧视图中 h_1 和 h_2 反映了正视图中 H_1 和 H 的展开图形实际高度，将正视图中心轴线延长，在上面截取 h_1 和 h_2 的长度得 O_1、O_2 和 O_3 点，过这三点作水平线，过正视图中各棱线和端面线交点下引垂线，和三条水平线对应得各交点，用直线连接各点得到裤形三通前后面板的展开图形。

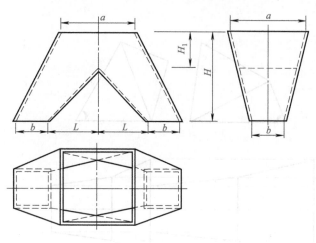

图 2-147　裤形方口三通管三视图

在正视图中两侧面板的投影棱线长 h_3 和 h_4 反映内外侧板展开等腰梯形的高。在侧视图上用上面同样的作法可画出内外侧板的展开图形，如图 2-148 所示。

实例（十二）：偏心斜接方口三通管展开

如图 2-149 所示为偏心斜接方口三通的两面投影图。此构件左右对称，上部是垂直方向的方管，上端口为水平位置的正方形，下部是两个水平方向的小方管，下端口垂直于俯视图，中部是两个过渡管。全部用内径作放样和展开图。

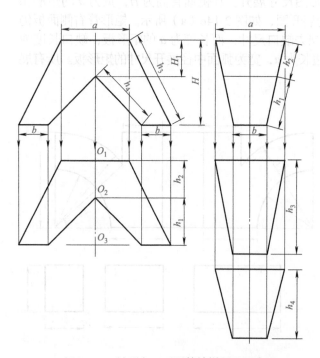

图 2-148　裤形方口三通管放样展开示意图

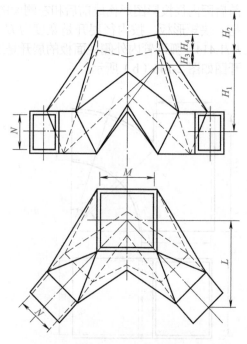

图 2-149　偏心斜接方口三通两面投影图

上节和下节方管展开图形作法：先用内径作出构件的主视图和俯视图，因是对称构件，下节管和过渡管仅作出一侧的放样图形即可。上节棱柱管在主视图中反映出各棱线的实长，水平位置的上口在俯视图中反映实形。下节棱柱管在俯视图中反映各棱线的实长，而且在两面投影中反映出端口边线的实长。因此用平行线法可展开上节和下节正棱柱管。

在正视图中作上节管的上端面的延长线，在延长线上截取线段长度为 *4M* 并作 4 等分，同时在前后面的展开等分内再分别作 2 等分，过各等分点作线段的垂线，然后从正视图中过 4 条棱线的端点 *a*、*b*、*c*、*d* 作端面的平行线，和各垂线对应交于 *a'*、*b'*、*c'*、*d'* 各点，用直线连接各点即得到上节正四棱管的展开图形，如图 2-150（a）所示。同理用平行线法在俯视图中作出下节正四棱管的展开，如图 2-150（b）所示。

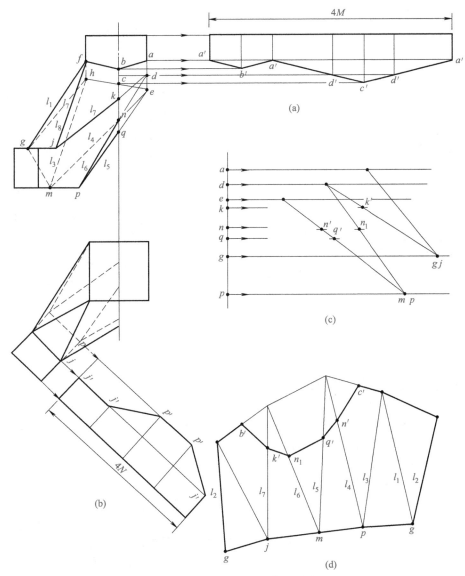

图 2-150　偏心斜三通正四棱管放样展开图

中节过渡管的展开图作法：中节过渡管是由 4 个三角形面和 4 个四边形面组成的，各个三角形面和上下节棱管交接的棱线实长在图 2-150（a）和（b）的展开实形中已求出。从正视图中可分析出 *f*、*g*、*h* 三点组成三角形，它相邻两侧也是三角形，两侧的三角形各自再有两个四边形相邻，最后在内侧由 l_5、l_6 线和 nq 组成的三角形将两面围过来的四边形相连组成过渡管的八个面。并且前后相邻两四边形的相邻棱线延长交于 d 和 e 点，所以可先用三角形作图求实长，然后再减去延长的部分得出四边形。利用各棱线在正视图和俯视图的位置，用直角三角形法求出各线的实长，如图 2-150（c）所示，然后先作内侧由 l_5、l_6 和 de 实长组成的三角形，再依次按顺序向两边用各实长作出各个三角形，最后在棱线上截取出 b'、k'、n_1、q'、n'、c' 等点，得到由 4 个四边形和 4 个三角形组成的图形就是中节过渡管的全部展开图，如图 2-150（d）所示。

第五节　不可展曲面构件的展开

一、正圆柱螺旋面

正圆柱螺旋面在机械制造、农机、建筑和化工等工业部门中应用很广泛。例如螺旋输送器中的转轴（又称绞龙）是由正圆柱螺旋面构成的，它是不可展曲面，只能用近似的方法展开。

如图 2-151（a）所示为螺旋送料器的结构。螺旋面在制造时常按每一个导程的螺旋面展开下料，然后再焊接起来。为掌握其展开方法，应先了解圆柱螺旋线与螺旋面的形成原理和画法。

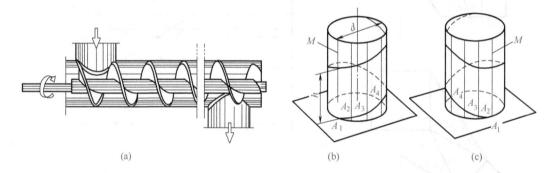

| (a) | (b) | (c) |

图 2-151　螺旋面的应用和形成

（一）圆柱螺旋线的形成要素

（1）圆柱螺旋线形成

当一点 A 沿着正圆柱的一条素线 M 做等速移动，而 M 又绕圆柱轴线做等速旋转时，A 点在空间的轨迹是一条圆柱螺旋线，如图 2-151（b）、（c）所示。

（2）螺旋线的三个要素

① 圆柱直径 d——螺旋线直径。

② 导程 h——当素线 M 旋转一周，线上的 A 点沿轴向移动的距离。

③ 旋向——如果 A 点移动方向不变而素线 M 旋向不同时，所产生的螺旋线方向就不同，所以，螺旋线分右旋［如图 2-151（b）所示］和左旋［如图 2-151（c）所示］两种。

这三个要素决定螺旋线的大小。当螺旋线的三个要素确定后，就可画出它的投影图。

（二）正圆柱螺旋面的形成及画法

（1）正圆柱螺旋面的形成

假设以直线 AB 为直母线，沿直径为 d 的正圆柱做螺旋线运动，如图 2-152 所示，并使直母线的延长线始终与圆柱轴线垂直相交，这样形成的曲面就是正圆柱螺旋面。

（2）形成螺旋面的条件

当直母线 *AB* 运动时，*A* 点也形成一条圆柱螺旋线，螺旋线的直径为 $D=d+2AB$，它的导程与原螺旋线相同。因此只要根据已知尺寸 *d*、*D*、*h* 即可作出正圆柱螺旋面的投影。

（3）螺旋面的画法

按已知直径 *d*、*D* 和导程 *h* 作两正圆柱面，如图 2-153（a）所示，将圆周进行 12 等分，导程高度也作相应等分，并引水平线，如图 2-153（b）所示。作直径为 *d* 的螺旋线 $1'_1$、$2'_1$、$3'_1$、…、$12'_1$ 各点投影，并用光滑曲线连接，如图 2-153（c）所示。再作直径为 *D* 的螺旋线 $1'$、$2'$、$3'$、…、$12'$ 各点投影，用光滑曲线连接，如图 2-153（d）所示，两螺旋线组成的面即为所求的正圆柱螺旋面。

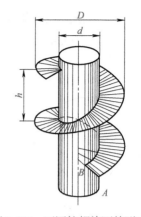

图 2-152　正圆柱螺旋面的形成

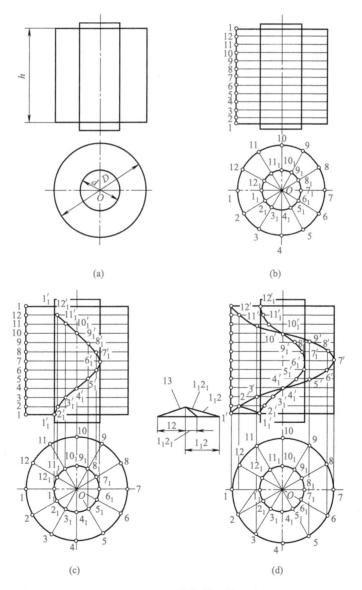

(a)

(b)

(c)

(d)

图 2-153　正圆柱螺旋面的画法

（三）正圆柱螺旋面的近似展开

（1）三角形法

将正圆柱螺旋面分成若干个三角形，然后求出各个三角形的实形，依次排列画出展开图。其作图步骤如下：

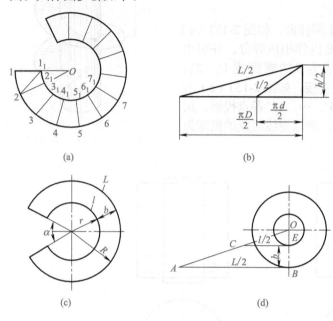

(a)

(b)

(c)

(d)

图 2-154　正圆柱螺旋的展开图

在一个导程内将螺旋面进行12等分，如图 2-153（a）所示，每一部分曲面 11_12_12 可近似地看作它是一个空间的四边形。连接四边形的对角线，将四边形分成两个三角形。其中 11_1 和 22_1 就是实长，其余三边用直角三角形法求实长 [如图 2-153（d）所示左面的实长图]，然后作出四边形 11_12_12 的展开图，如图 2-154（a）所示，在作其余各四边形时可将 11_1 和 22_1 线延长交于 O，以 O 为圆心，$O1$ 及 $O1_1$ 为半径分别作大小两圆弧，在大圆弧上截取 11 份的 12 弧长，即得一个导程螺旋面的展开图。

（2）计算法

若已知螺旋面的外径 D、内径 d 和导程 h，可不画螺旋面的投影，直接用计算法作图。如图 2-154（c）所示为一个导程之间螺旋面的展开图，它是一个开口的圆环，其中：

$$r=bl/(L-l)$$
$$R=r+b$$
$$\alpha=360°\times(2\pi R-L)/2\pi R$$

式中　b——螺旋面的宽度；

L、l——分别为大、小螺旋线一个导程的展开长度，即：

$$L=\sqrt{h^2+(\pi D)^2}$$

$$l=\sqrt{h^2+(\pi d)^2}$$

用计算法计算出 r、R、α、l、L，然后根据这五个参数作图简便画法。

（3）简便画法

① 分别作出大小螺旋线各半圆的展开长度，得 $L/2$ 和 $l/2$，如图 2-154（b）所示。

② 作 $AB=L/2$，过 B 作 $BE\perp AB$，并使 $BE=(D-d)/2=b$。过 E 作 $CE /\!/ AB$，并使 $CE=l/2$。连接 AC 并延长，使之与 BE 的延长线交于 O 点，如图 2-154（d）所示。

③ 以 O 点为圆心，分别以 OE、OB 为半径作圆，则得正圆柱螺旋面一圈多一点的展开图。只要沿半径方向剪开便可加工成螺旋面。

二、球体表面

球体是典型的不可展曲面，它在两个方向都弯曲，所以不能自然地展开成为平面，只能作近似的展开。将球体表面分割成若干小的曲面，每一个曲面看作是单向弯曲，这样便能作出每一小块曲面的展开图，将各小块下料成形后，拼接成完整的球体。由于分割方式的不同，也就有不同的展开方法。

（一）球体的分瓣展开

分瓣展开时应注意两个问题：一是分瓣的多少。分瓣的多少不仅要考虑展开的需要，还要考虑的是下料的问题。分瓣的大小应根据球的大小而定，一般来说，瓣的最宽处不要大于板料的宽度。二是两极小圆板的大小。一般情况下，

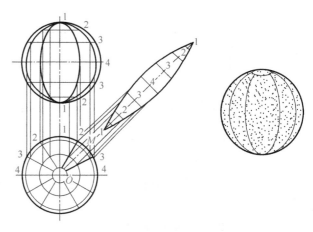

图 2-155　球体的分瓣展开图

焊接结构忌讳多条焊缝集中于一点，故这个小圆板不宜过小，在不用拼接的情况下尽量取大。

球体的分瓣展开是球体展开的一种形式，如图 2-155 所示。展开步骤见表 2-26。

表 2-26　球体的分瓣展开步骤

步骤	说　　明
分瓣	先将俯视图圆周分成 12 等分。各等分点与中心 O 相连，各线即为分瓣的结合线在俯视图上的投影
求主视图投影	用辅助圆的方法求出各结合线在主视图上的投影。即分别在主视图上量取 2、3 点到垂直轴线的距离，在俯视图上画圆，再将各圆与分瓣线的交点投到主视图，得到各个点；用平滑的曲线将各点连接起来，即得出分瓣在主视图上的投影
展开	由于分瓣大小相同，所以只要展开一个分瓣即可。在俯视图上取等分段中点 M，在 OM 延长线上量取主视图上的半圆周长得 1、2、3、4…1 各点。过各点作垂线，并量取分瓣各处弧长，用曲线连接各点后得分瓣（球体展开图的 1/12）的展开图
两极处理	为避免 12 条接缝汇交于一点，在球的两端用小圆板连接

（二）球体的分带展开

球体的分带展开是球体展开的另一种形式，如图 2-156 所示，具体展开方法见表 2-27。

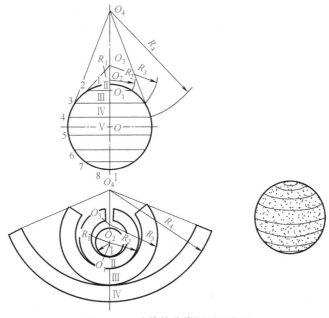

图 2-156　球体的分带展开示意图

表 2-27　球体的分带展开方法

类别	说　明
分带展开处理方法	将球体分割成若干横带，横带的数量根据球的大小而定，每节横带近似看作正圆锥台，然后用放射线法作展开图
分带	将圆周分成 7 个横带和两个大小相等的圆板 I。中间一个横带 V 为圆柱形，其展开为一矩形。II、III、IV 各横带为圆锥形
展开	现以横带 IV 为例，展开时在主视图上连接 4、3 两点并延长，与垂直中心线相交得 O_4 点。取 O_4 为圆心，分别以 O_44 和 O_43 的长 R_4、R_3 为半径作圆弧，由中点向两边各量取 IV 段大圆周的一半，得横带 IV 的展开图，其余各段的展开图也用同样方法求得
两极处理	这种展开方法的两极就是两块小圆板，量取两极上小圆的半径画圆即可

这种展开方法对材料要求较高，一般的板材都保证不了尺寸。因此，这种展开方法应用很少。

（三）球体的分块展开

大直径球体由于受原材料尺寸和压力机吨位的限制以及材料供货尺寸的限制，常采用分块展开下料的方法制造，即联合应用分瓣和分带的方法，将球体表面分成若干小块。各块接缝一般为错开布置。展开方法如下：

（1）分块方法

① 分带。如图 2-157 所示为半只球体的分块方法。在主视图中将半圆周六等分得等分点 A、B、C、D。连接 A、C 和 B、D，则半球分上、中、下三个球带。

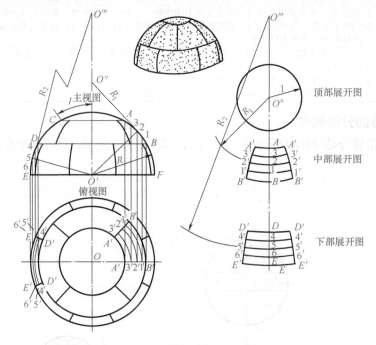

图 2-157　球体的分块展开示意图

② 分块。把 A、B、C、D 点向下作投影至水平中心并作圆，各圆周作八等分，为使接缝交错布置，等分点应错开，各等分点与中心点 O 引连线，得各块在俯视图中的投影。然后根据俯视图中的接缝线向主视图投影，作得主视图中接缝的投影。

（2）展开

在同一球带中，各块大小相同，但顶部、中部和下部三块的大小不同，应分别作展开图。

① 顶部。顶部展开为一圆板，圆的半径即是弧长 l。

② 中部。将主视图中 AB 四等分，得等分点 1、2、3。在俯视图中作圆弧。主视图中过 AB 的中点 2 作 $O'2$ 线的垂线得 O'' 点。在展开图中以 $O''2$ 的长 R_1 为半径作圆弧。以 2 为基点，将 AB 弧展开在垂直中心线上。并以 O'' 为圆心，过各点作同心圆弧。在各圆弧上分别量取俯视图中各段弧长。得 B'、$1'$、$2'$、$3'$ 和 A' 点，用曲线连接后得中部分块的展开图。

③ 下部。方法与中部相同。将 ED 弧四等分，得等分点 4、5、6。作 $O'5$ 的垂线，得 O''' 点。展开图中以 O''' 为圆心，$O'''5$ 的长 R_2 为半径作圆弧。以点 5 为基准，把 ED 展开在垂直中心线上，过各点作圆弧，并量取俯视图中各圆弧长，得各交点，连接后得下部分块的展开图。

（四）球体表面的球瓣展开

球瓣展开与前三种展开方法不同，既有瓣展对材料的宽度要求不高的优势，又有块展容易压制成形的特点。具体展开方法如图 2-158 所示，展开说明如下。

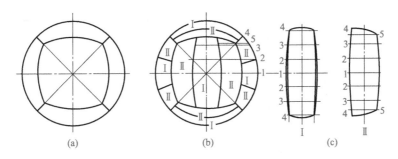

图 2-158　球体表面的球瓣展开示意图

（1）作视图并分瓣

① 作视图。在不熟悉球瓣展开的情况下，最好认真作好三视图，以了解各瓣的视图关系。

② 求分瓣线。整个球体分 6 大瓣，作完后的正、俯、左三个视图相同，每瓣都应在四条 45° 线之间。并且形体和视图都一样。

③ 分小瓣。每一大瓣应分三个小瓣，这个分瓣同分瓣展开一样，如图 2-158（b）所示。

（2）展开

① 中间瓣。从视图中可以看出，中间瓣上下左右全对称。展开时先将图 2-158（b）所示中的 1～4 均分成三等分，并在点 2、3、4 水平作直线穿越中瓣；作水平、垂直两条中心线；分别量取 12、23、34，沿十字线上下分别确定点 2、3、4，并在各点处作水平线；从图 2-158（b）所示上分别量取 2、3、4 线的宽度在展开图上取点，并将各点用平滑的曲线连接起来。中瓣的展开图如图 2-158（c）Ⅰ所示。

② 两侧瓣。中间部分与中间瓣相同。在 34 之间再取一条水平直线交于圆周上点 5，量取 35 的弧长，在展开图上确定点 5 的位置，并用旋转法确定中心线的上下端点，平滑连接得到图 2-158（c）Ⅱ。

第六节　型钢构件的展开计算

钢材在弯曲前后只有中性层的长度没有变化，所以把它作为展开长度的计算依据，而中性层的位置视材料的弯曲程度和断面形状而定。因此，先要确定中性层的位置后，才能进行展开计算。下面分别叙述常用钢材展开长度的计算方法。

一、钢板展开长度的计算

钢板弯曲时，中性层的位置随弯曲变形的程度而定，当弯曲的相对半径（弯曲内半径 R 与材料厚度 t 之比）大于 4 时，则中性层的位置就在板厚的中间，中性层与中心层重合。随着变形程度的增加，即 $R/t \leqslant 4$ 时，中性层位于材料的内侧层，随变形程度而定。中性层位置的系数见表 2-28。钢板的展开长度计算见表 2-29。

表 2-28　中性层位置的系数

R/t	0.1	0.25	0.5	1.0	2.0	3.0	4.0	> 4.0
x_0	0.32	0.35	0.38	0.42	0.455	0.47	0.475	0.5

表 2-29　钢板展开长度的计算

弯曲形式	工件结构	展开长度公式
基本弯曲形式		总展开长度：$L = \Sigma L_{\text{直}} + \Sigma L_{\text{弯}}$ 弯曲半径：$R_0 = R + x_0 t$ 式中　R_0——中性层的曲率半径，mm； 　　　R——钢板内层的曲率半径，mm； 　　　t——钢板的厚度，mm； 　　　x_0——中性层位置的经验系数，mm
弯曲半径 $R \geqslant 0.5t$		$L = A + B + \pi\alpha(R + x_0 t)/180°$ 式中　L——展开长度，mm； 　　　R——内弯曲半径，mm； 　　　A，B——直段长度，mm 当 $\alpha = 90°$ 时，$L = A + B + \dfrac{\pi}{2}(R + x_0 t)$
折角或 $R \geqslant 0.3t$		$L = A + B + 0.785t$ 经验公式：$L = A + B + 0.5t$
		$L = A + B + C - R\dfrac{\pi(R + x_0 t)}{2} + 0.5t$

二、圆钢展开长度的计算

圆钢弯曲的中性层一般总是与中心线重合，所以圆钢的展开可按中心线长度计算，其计算方法见表 2-30。

三、扁钢圈展开长度的计算

有关扁钢圈的常见结构的展开长度计算见表 2-31。

表 2-30　圆钢展开长度的计算

弯曲形式	工件结构	展开长度公式
直角形		$$L = A + B - 2R + \frac{\pi(R + d/2)}{2}$$ 式中　L——展开长度，mm； R——内圆角半径，mm； A，B——直段长度，mm； d——圆钢直径，mm
圆弧形		$$L = \pi R \times \frac{\alpha}{180°}$$ $$L = \pi R \times \frac{(180° - \beta)}{180°}$$ $$L = \pi \left(R_1 + \frac{d}{2} \right) \times \frac{\alpha}{180°}$$ $$L = \pi \left(R_2 - \frac{d}{2} \right)(180° - \beta) \times \frac{1}{180°}$$
正三角形件		$$L = 3(A - 2R - d) + 3\left[\pi R \times (180° - \alpha)/180° \right]$$
圆柱形螺旋弹簧		$$L = N\sqrt{t^2 + (2\pi D)^2}$$ 式中　N——圈数； t——节距，mm； D——中径，mm

表 2-31　扁钢圈展开长度的计算

弯曲形式	工件结构	展开长度公式
圆扁钢圈、对口处理		$$L = \pi(D + b)$$ $$L = \pi(D_1 - b)$$ 式中　L——展开长度，mm； D——扁钢圈的内径，mm； D_1——扁钢圈的外径，mm； b——扁钢的宽度，mm
圆扁钢圈、对口处理		为了保证扁钢圈的接口平齐，可留3～5mm的余量；也可预先切成斜口，斜口作法如下： ①作扁钢圈及相互垂直的中心线，中心为 O，顶点为 B； ②取 $OA = b$； ③连接 AB 两点与内圈交于 C； ④ BC 即为所求的扁钢两端切成的斜面
椭圆扁钢圈		$$L = \pi \left(\frac{D_1 + D_2}{2} - b \right)$$ 式中　D_1——椭圆扁钢圈的外长轴尺寸，mm； D_2——椭圆扁钢圈的外短轴尺寸，mm； b——扁钢的宽度，mm

続表

弯曲形式	工件结构	展开长度公式
扁钢混合弯曲	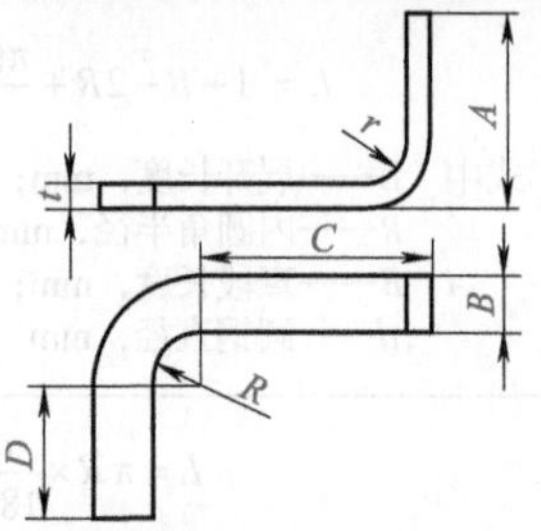	$L = A + C + D - 2(r+t) + \dfrac{\pi}{2}\left(R + r + \dfrac{B+t}{2}\right)$ 式中 A, C, D——直段长，mm; R——平弯半径，mm; r——立弯半径，mm; B——扁钢宽，mm; t——扁钢厚，mm

四、角钢展开长度的计算

角钢的截面是不对称的，所以，中性层的位置不在截面的中心，而是位于角钢根部的重心处，即中性层与重心重合，设中性层离开角钢根部的距离为 Z_0，Z_0 值与角钢的断面形状有关。有关展开长度计算见表 2-32。

表 2-32 角钢的展开长度计算

弯曲形式	工件结构	展开长度公式
角钢内弯任意角	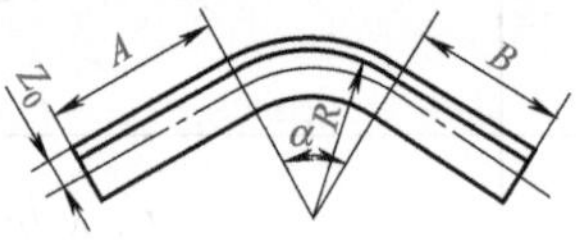	$L = A + B + \dfrac{\pi(R - Z_0)\alpha}{180°}$ $L = A + B + \dfrac{\pi(R - Z_0)}{180°}$
角钢外弯任意角	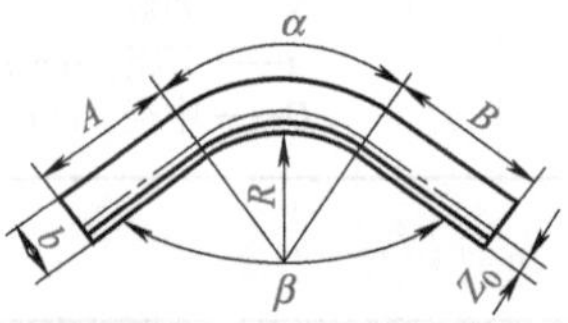	$L = A + B + \dfrac{\pi(R + Z_0)(180° - \beta)}{180°}$ $L = A + B + \dfrac{\pi(R + Z_0)\alpha}{180°}$
角钢内弯框架	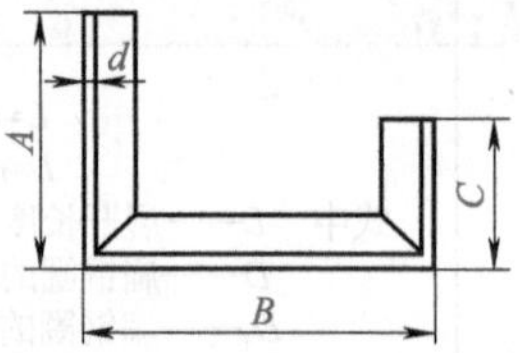	$L = A + B + C - 4d$
框架下料	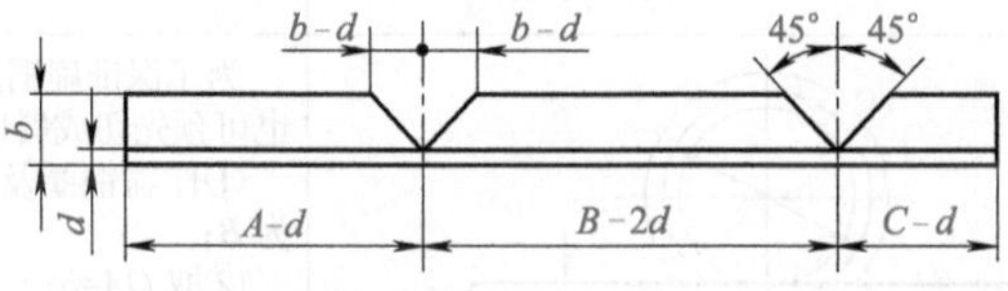	
角钢内弯三角形框架	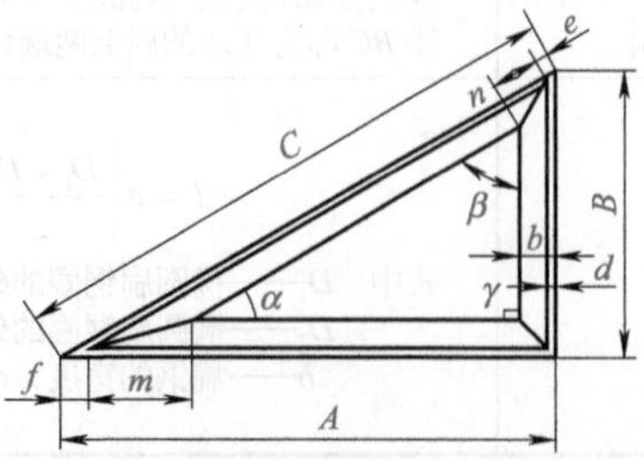	$L = A + B + C - 2(d + e + f)$ $e = \dfrac{d}{\tan\dfrac{\beta}{2}}$ $f = \dfrac{d}{\tan\dfrac{\alpha}{2}}$

弯曲形式	工件结构	展开长度公式
三角形框架下料	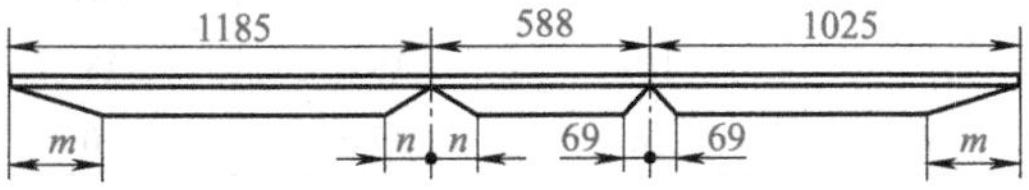	此件用75角钢，制作 $A=1040\text{mm}$、$B=600\text{mm}$、$C=1200\text{mm}$ 三角形框架的展开下料
角钢内弯切口框架	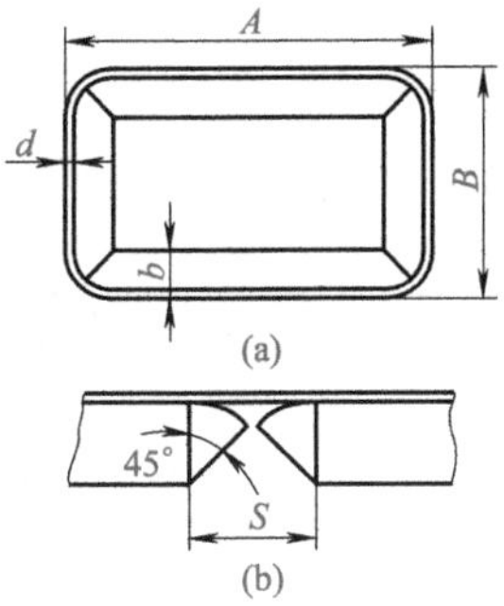	展开长度： $L=2(A+B)-8b+2\pi(b-d/2)$ 每个切口圆角的展开长度 S 为： $$S=\frac{(b-d/2)\pi}{2}$$
角钢圈	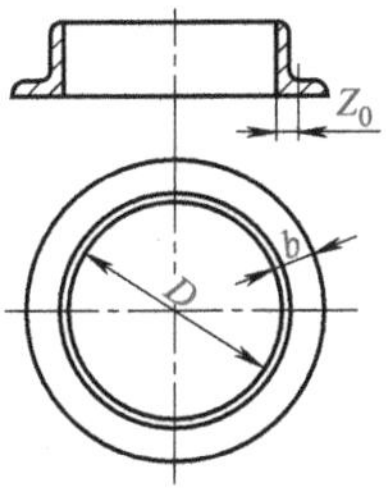	展开长度：$L=\pi(D+2Z_0)$ 或 $L=\pi(D+0.6b)$ 接缝处的处理与扁钢圈相同 不等边角钢应注意两个方向的 Z_0 不同

五、槽钢展开长度的计算

槽钢的展开长度计算见表 2-33。

表 2-33　槽钢的展开长度计算

弯曲形式	工件结构	展开长度公式
槽钢圈	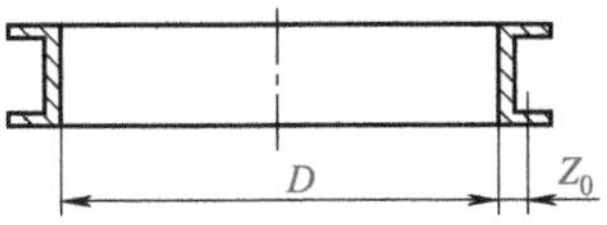	$L=\pi(D+2Z_0)$ 式中　D——内径，mm； 　　　Z_0——槽钢的重心距，mm（从表 2-34 查得）
槽钢内直角切口折弯	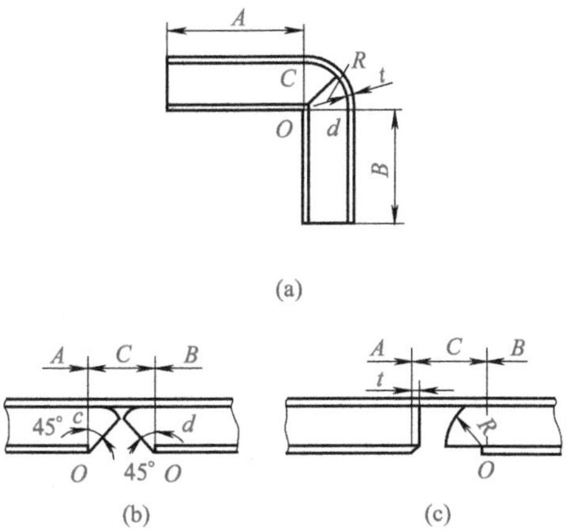	展开长度： $L=A+B+\pi(R+t/2)/2$ 切口处的总长 C 为： $C=\pi(R+t/2)/2$

表2-34 各种型号槽钢的 Z_0 值

型号	Z_0/mm	型号	Z_0/mm	型号	Z_0/mm	型号	Z_0/mm
5	13.5	10	15.2	14b	16.7	18a	18.8
6.3	13.6	12.6	15.9	16a	18.0	18	18.4
8	14.3	14a	17.1	16	17.5	20	20.1

六、工字钢的展开计算

工字钢的展开计算见表2-35。

表2-35 工字钢的展开计算

工件结构	展开长度公式	示例
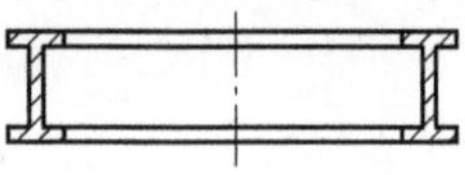	展开长度： $$L=\pi(D+b)$$ 式中 D——内直径，mm； 　　　b——工字钢翼板宽度，mm	例：用翼板宽 b=100mm 的工字钢，弯成内径为 2000mm 的圈，求它的展开长度 解：展开长度为： $L=\pi(D+b)=\pi(2000+100)=2100\pi=6597.36(mm)$

第三章

放样与下料

第一节　放样与下料基础

一、场地的设置

焊接结构生产用场地较多。其中，对于下料用场地有两个，一个是放样用场地，一个是切割用场地。另外还要有足够的原材料和已下完的坯料、边角料头的放置场地。

（1）放样用场地

放样用场地应当采用厚度为 $\delta=16 \sim 20mm$ 的钢板铺成，高度以离开地面 50 ～ 300mm 为宜。钢板的厚度不足时，在长时间使用过程中容易变形，影响继续使用的性能。放样场地的大小是根据常规产品的大小确定的。对于临时性产品的放样，也可采用产品用材料中的钢板或其他平滑的地面进行。

放样用地板的拼接处应用焊接对其固定，焊缝高度不应高出钢板表面，钢板间错边量不宜超出 0.5mm。对于长期使用的放样地板，须有稳定的防雨、防风、防露水及照明等功能。

（2）切割用场地

切割用场地不得有沙砾或采用水泥、沥青等在切割热的作用下产生迸裂、燃烧、气体、烟尘等现象的地面。支垫物用来保持被切割材料与地面间有一定的距离，保证气割工作的正常进行。支垫高度根据支垫物的采用条件和气割厚度、气割量、是否采用切割机等具体条件而定，一般为 50 ～ 200mm 不等。当采用专用切割机时，由于气割位置的限制，支垫高度应高一些，以延长清理熔渣的间隔时间。对于气割用场地，支垫物的选取多采用槽钢、角钢、工字钢的料头甚至砖头等。当采用砖头时，应将砖头避开切割线，避免切割到该处时出现熔渣上返的现象，影响切割质量和切割工作的正常进行。用槽钢、角钢的料头作支垫物时，必须保持大面朝下与地面接触，如图 3-1 所示，以保证支垫的稳定和气割工作的正常。

（3）切割材料的摆放

切割材料的铺放应整齐，同一品种、同一型号、同一规格的材料应分门别类地铺放在一起，以便于下料、画线、检查和管理。料与料之间的间隔应当在保证有最小气割操作空间和吊卸卡具所需空间的前提下最小，尽可能地多摆放材料，以达到最大限度地利用场地。

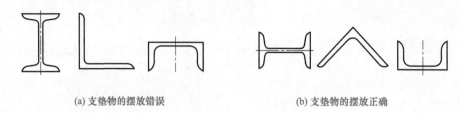

(a) 支垫物的摆放错误　　　　　　　　　　(b) 支垫物的摆放正确

图 3-1　支垫物的摆放

对于槽钢、工字钢铺放的间隔以 100 ~ 120mm 为宜，角钢为 30 ~ 50mm 即可。对于大型 H 钢，由于高度尺寸较大，间隔应以 350 ~ 500mm 为宜，以人员能水平通过，避免上下通过，减少体力消耗为好。角钢、槽钢、工字钢、H 钢等型钢的摆放，应当满足图 3-2（b）所示的要求。

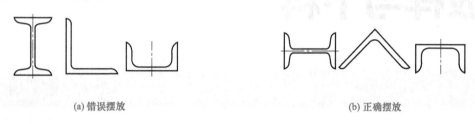

(a) 错误摆放　　　　　　　　　　　　(b) 正确摆放

图 3-2　型钢下料时的摆放

型钢的翻个摆放时，应考虑对型钢的翻个是经常的、必须进行的。型钢的翻个有人工和机械两种，如图 3-3 所示。对于型号不大的型钢，多采用人工翻个，使用的工具一般都是一种叫作掰子的工具，如图 3-4 所示。

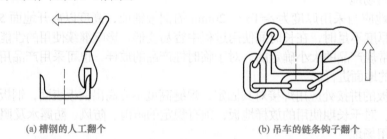

(a) 槽钢的人工翻个　　　　　　　　　(b) 吊车的链条钩子翻个

图 3-3　型钢的翻个摆放

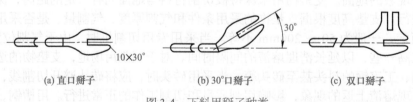

(a) 直口掰子　　　　　　　(b) 30°口掰子　　　　　　(c) 双口掰子

图 3-4　下料用掰子种类

型钢翻个所需的力量随型钢型号的增大而增加，人工翻个不仅体力消耗较大，而且存在一定的危险。这是由于翻个时，隐藏着没有达到翻个的预期位置时而停止用力，掰子极易出现反弹的现象。在这种状态下，向操作者打回来的后果是严重的。人工翻个时，经常是两个人在型钢的两端共同协作进行，这是一个需要配合十分默契的工作。

　　掰子的工作部位用钢板割制而成。厚度根据型钢的型号选择。一般为型钢翼缘最厚部位的尺寸增加 5 ～ 8mm 即可。厚度过大，重量增加，使用不方便；厚度不足，强度、刚度都不足。开口宽度比型钢翼缘最厚部位的尺寸增加 5 ～ 10mm 即可。开口过宽，使用同样不方便。开口前部增加 10×30° 倒角，便于掰子插入型钢部位。掰子杆的中、后部多采用 ϕ33（1″）的钢管焊接而成。

二、放样与下料相关符号

　　放样与下料是冷作工作中的第一道工序。在下料尤其是料单的抄写过程中，经常会遇到仅凭图样上给出的尺寸条件很难得出甚至根本得不出需要的构件工艺尺寸的情况。例如，典型的天圆地方就是采用放样的手段进行展开，确定坯料的具体几何形状与尺寸的。在放样与下料及展开的过程中，不仅需要将图样中所要求的各个构件的空间几何尺寸与形状、相互位置关系进行处理，同时还需要将下料及以后的相关工序中所涉及的影响这些工艺的所有因素，都预先进行完整的处理。这一点，和单纯展开有着根本区别。同时，有许多构件的实际形状与尺寸的确定往往采用直接放样方法，既快又方便。由于节点板的尺寸和几何形状受到各杆件的规格、倾斜程度、焊缝长度等因素的影响，通过计算，在许多情况下，都不如放样方便。同时，这类问题通过放样的处理，还有有效进行先行检验的作用。

　　放样时所得到的实际大样是组装时离不开的依据，尤其对图样尺寸较大的单件产品，例如屋架类的构件，更是如此。

　　（1）放样与下料中常用符号

　　放样与下料中常用的符号目前没有统一规定，都是根据习惯自行掌握用法。表 3-1 中列举一些常用的画线符号用法，供参考。

表 3-1　放样与下料中习惯的常用符号

简图	说明
 中心线	中心线。在线的两端距线端部 10 ～ 20mm 处连打 3 个样冲孔。样冲孔距一般为 20 ～ 30mm
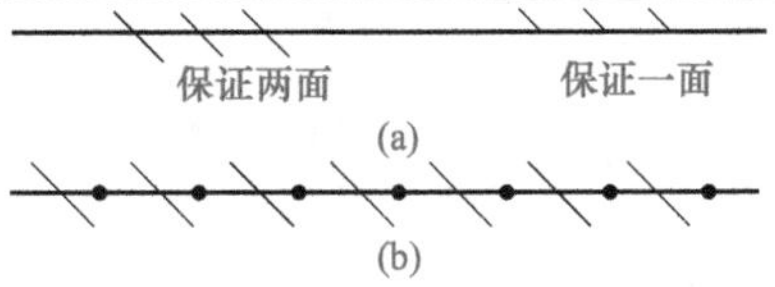 保证两面　　　保证一面 (a) (b)	切断线。在被切断的线上，徒手用石笔画出图示短线。为了使切断线能保留较长时间而不消失，应在切断线上打上样冲孔［图（b）］，以利于重新描线时便于识别
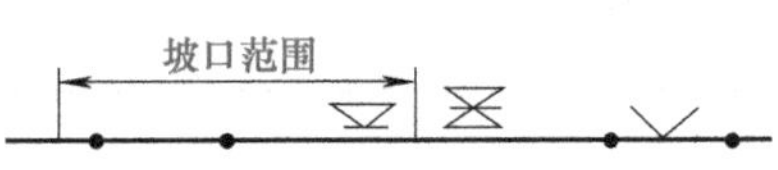 坡口范围	▽——单面坡口。坡口角度、方向等另标 ⧖——双面坡口。坡口角度、方向等另标 ╲——切削加工面 局部坡口时，应标出坡口的位置和长度
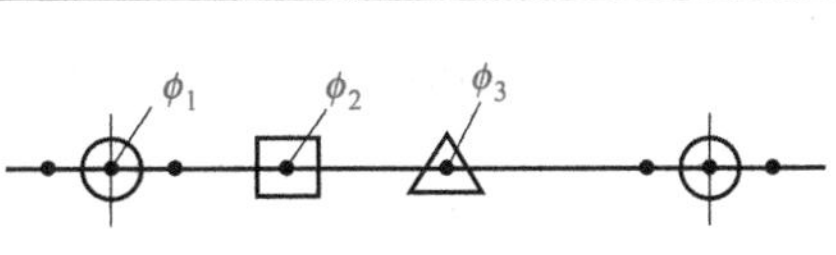 ϕ_1　ϕ_2　ϕ_3	孔的标记。孔的位置确定后，须用样冲精确打出标记。打确定孔用样冲时，先用顶角为 60° ～ 90° 的顶角样冲确定孔的位置，再用顶角 90° ～ 120° 的样冲将样冲孔精确扩大，以便于下道工序的钻孔 不同直径的孔可分别用圆、三角形或四边形等图形圈起来并标出孔径，以示区别
	线两侧对称
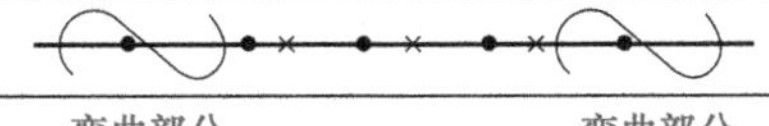	折弯线用于（r/δ）< 50 的 90° 角的弯曲
 弯曲部分　　　弯曲部分 非弯曲部分	圆弧的弯曲及弯曲范围。主要用于留压头的筒节卷圆的下料，天圆地方等圆弧与平板的相贯处

简图	说明
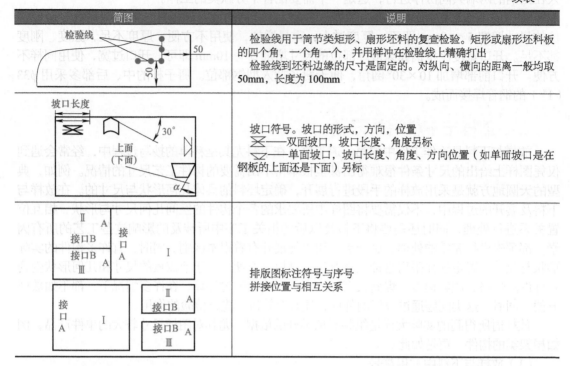	检验线用于简节类矩形、扇形坯料的复查检验。矩形或扇形坯料板的四个角，一个角一个，并用样冲在检验线上精确打出 检验线到坯料边缘的尺寸是固定的。对纵向、横向的距离一般均取50mm，长度为100mm
	坡口符号。坡口的形式，方向，位置 ⋉——双面坡口，坡口长度、角度另标 ▷——单面坡口，坡口长度、角度、方向位置（如单面坡口是在钢板的上面还是下面）另标
	排版图标注符号与序号 拼接位置与相互关系

（2）型钢符号

在抄写下料明细单时，对型钢的形状标注一般也采用符号形式，以求简洁明了。对型钢的形状标注符号目前也没有统一规定，都是根据型钢的形状与个人的习惯自行选用的。具体见表 3-2，以供参考。

表 3-2　常用型钢的形状标注符号

名称	符号	示例	说明			
钢板	—	$-\delta \times$ 长 $\times$ 宽	厚度			
角钢	∟	∟边长 $\times$ 边长 $\times$ 壁厚	边长	边长	边厚度	
钢管	◎	◎$\phi \times 8 \times$ 长度	直径	壁厚	长度	
槽钢	匚	匚$a \times$ 长度	型号	规格	长度	
工字钢	工	工 $\times$ 长度	型号	规格	长度	
花纹钢板	*	*$\delta \times$ 长 $\times$ 宽	厚度	长度	宽度	花纹　型号
H 钢	H	H$\times$ 长 $\times$ 宽	厚度	长度	宽度	

三、影响下料的因素

影响下料的因素有壁厚处理、气割间隙、剪切硬化层、成形方法与成形中的变形程度、焊接变形、焊缝分布、材料利用率等各种因素。

（一）壁厚与斜度的处理

当构件所用的材料壁厚 $\delta \geq 1.5mm$ 或材料的断面出现斜度时，材料的这种现象不仅会直接影响到构件的尺寸精度和工艺性，还会使构件发生应力集中现象。在抄料单时，要对这种因素进行全面的、完整的工艺处理。

（1）壁厚处理

壁厚处理影响板的下料，这与结构形式及成形的方式有关。常见非弯曲成形的壁厚处理有如下两种类型，见表 3-3。

表 3-3　非弯曲成形的壁厚处理类型

类别	说　明
厚度占据了构件的有效尺寸	非成形的壁厚处理是因为当材料的厚度占据了构件的有效尺寸时，相邻构件的下料尺寸相应减小。具体如图 3-5 所示 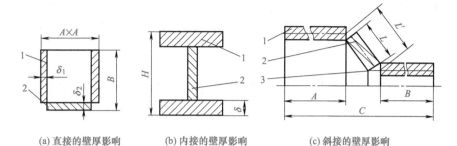 (a) 直接的壁厚影响　　(b) 内接的壁厚影响　　(c) 斜接的壁厚影响 图 3-5　非弯曲成形的壁厚影响 图 3-5（a）序号 1 的高度下料尺寸：$h=B-\delta_2$ 　　　　　　序号 2 的宽度尺寸：$b=A-2\delta_1$ 图 3-5（b）序号 2 的宽度尺寸：$b=H-2\delta$ 图 3-5（c）序号 2 的宽度尺寸应采用 L'。L' 可用图解法或计算法求得
筒内插板的壁厚处理	筒内插板的壁厚处理如图 3-6 所示。内插板倾斜置于筒中，其展开为一椭圆，短轴 $b=D_n$，长轴 $a=D_n/\cos\alpha$。由于板厚 δ 的存在，展开的长轴 a' 应符合下式计算结果，如图 3-6（c）所示 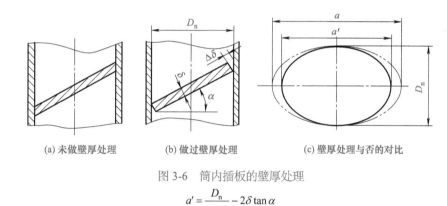 (a) 未做壁厚处理　　(b) 做过壁厚处理　　(c) 壁厚处理与否的对比 图 3-6　筒内插板的壁厚处理 $$a' = \frac{D_n}{\cos\alpha} - 2\delta\tan\alpha$$

（2）板弯曲成形中的中性层变化特点

板的弯曲成形分为中心层与中性层重合（图 3-7）和中心层与中性层不重合（图 3-8）两种类型。板弯曲的两种区别在于板的弯曲半径与板的厚度的比值范围。具体见表 3-4。

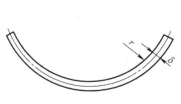

图 3-7　中心层与中性层重合

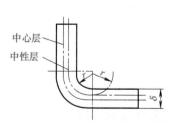

图 3-8　中心层与中性层不重合

表 3-4　板的卷曲和折弯的区别

弯曲半径 r 与板厚 δ 的比值	中心层与中性层重合	中心层与中性层不重合
r/δ	> 5.5	$\leqslant 5.5$

钢板中心层与中性层不重合的壁厚处理，一般是用内圆弧半径与壁厚的比值区分。当弯曲的内半径与板的厚度的比值 $r/\delta \leqslant 5.5$ 时，中性层不在板的中心，而是向板的内侧移动。因此，在焊接结构中，当 $r/\delta \leqslant 5.5$ 的板的弯曲范围，下料尺寸的确定有计算法、试验法和近似计算法，见表 3-5。

表 3-5　下料尺寸的确定方法

类别	说　　明
计算法	折弯时，中性层半径的确定可由如下经验公式确定 $$R = r + K\delta$$ 式中　R——中性层曲率半径； 　　　r——弯曲内圆的曲率半径； 　　　K——系数，查以表 3-6； 　　　δ——弯曲的钢板厚度
试验法	折弯的下料尺寸通过试验确定。这是由于受折弯用模具种类、规格等既定条件的限制，成形部位圆弧半径的可选择范围受到限制所致。试验方法如下 　　取一宽度约为 100 ~ 200mm，长度尺寸为 L，精度已经确定的同等折弯条件的料头［如图 3-9（b）所示］，进行折弯试验，然后根据测量折弯后两个直边的长度，如图 3-9（c）所示，对下料的宽度尺寸进行调整。同时，也是对折弯限位挡铁位置的确定 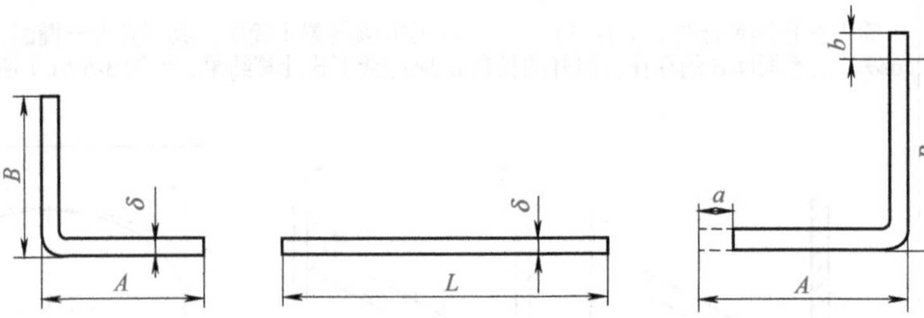 (a) 图样要求　　　　(b) 确定折弯长度的试验料头　　　　(c) 折弯后的尺寸检验 图 3-9　试验法确定折弯坯料的尺寸
近似计算法	当板的厚度较小，并且构件的尺寸精度要求又不高，弯曲的圆弧半径与厚度比值 $r/\delta \leqslant 5.5$ 时，坯料展开长度可按其内表面尺寸计算，如图 3-10 所示，即坯料展开长度：$L = A + B$ 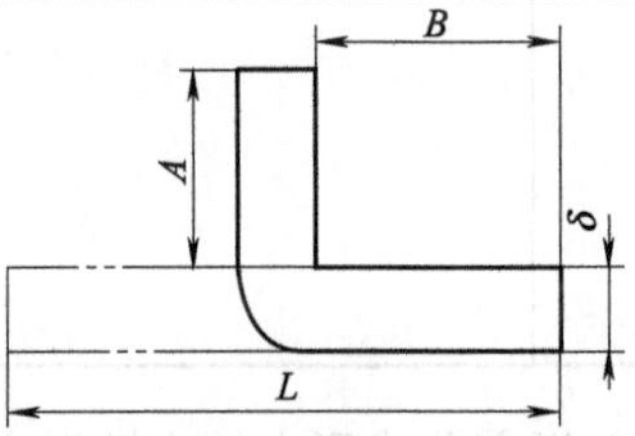 图 3-10　弯曲展开长度的近似计算法

表 3-6　中性层系数 K 值表

r/δ	$\leqslant 0.1$	0.2	0.25	0.3	0.4	0.5	0.8	1.0	1.5	2.0	3.0	4.0	5.0	> 5.0
K_1 [1]	0.3	0.33	0.35			0.36	0.38	0.40	0.42	0.44	0.47	0.475	0.48	0.50
K [2]	0.23	0.28	0.30	0.31	0.32	0.33	0.34	0.35	0.37	0.40	0.43	0.45		

[1] K_1——适用于无压料条件的 V 形压弯。

[2] K——适用于有压料条件的 V 形或 U 形压弯。其他弯曲状况下，通常取 K_1 值。

（二）工序周期的安排

对于生产周期长，中间加工工序多，尤其是需要到外厂加工的构件，如旋压封头等，要先下料。

（三）提高材料的利用率

材料利用率可用下述公式计算

$$\psi = \frac{Z_c}{Z_s}$$

式中　ψ——材料利用率，%；

　　　Z_c——产品质量；

　　　Z_s——必需的实际消耗质量。

关于材料的利用率是按相关部门制订的定额标准执行的。例如容器、塔器、热交换器中部分组成部件的主材利用率可见表 3-7。

表 3-7　容器、塔器、热交换器中部分组成部件的主材利用率

名称	筒体		圆形盖		封头		法兰		其他结构	换热管束
	常压	压力	平底	伞形	椭圆	锥形	≤ 500	> 500		
利用率 /%	94	93	75	70	60	50	30	55	90	86
名称	接管	裙座	鞍座	拉杆	管板	管箱隔板	定距管	折流板	基础模板	螺旋盘管
利用率 /%	90	85	84	98	30	88	98	31	62	92

提高材料利用率主要有如下几个方面。

（1）原材料定尺的合理性选择

选择定尺合理的原材料是提高材料利用率的最有效、最方便、最简单的方法。尤其是同一材质、规格的材料需用批量大的产品，其优越性就更加突出。有时采用定制某一定尺的材料所需增加的成本，不仅能够很容易地被防料利用率的提高而补偿，同时因减少和避免拼接焊缝额外增加的成本非常容易抵消，表现出明显的时间成本的经济效益。

对于锥形、天圆地方等构件，由于几何图形及周边都是呈不规则的展开，则应优先选用宽度尺寸较大的板材，而不是选用宽度较小的板材。在许多情况下，这有利于大幅度提高套裁的可能性。

材料配尺的选择在材料计划的制订时就应当提出，以便在采购时进行。因为材料一旦进入生产现场，就成了难以改变的既定事实。

当然，如何选用到最合理定尺宽度的板材，还涉及材料的供应和批量状况等许多因素的影响，要根据具体的条件进行分析和选择、实践。

（2）下料顺序的原则

下料顺序应当遵循先大后小的原则。即先下尺寸长大的料，后下尺寸短小的料。

（3）合理排料

对于加强筋板类呈不规则多边形 [图 3-11（a）] 的套裁，可采用如图 3-11（b）所示的排料方法进行。

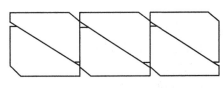

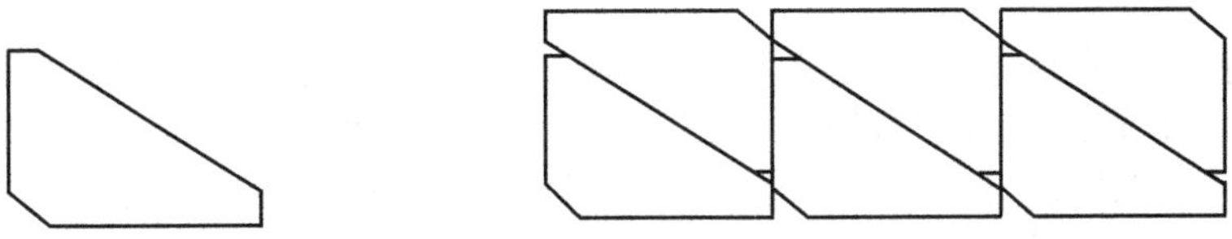

(a) 加强筋板　　　　　　　　　　　(b) 排料方法

图 3-11　加强筋板的排料

不规则四边形排料时，存在四边形的四个边中任何一组对应边都不相互平行的问题。整体呈四边形的几何图形有一个性质，即内角和等于 360°。不管这个四边形的形状不规则程

度如何，都能够按图 3-12（b）、（c）的方法进行排料。

如图 3-12 所示的排料是根据剪切下料的要求进行的。排料时，须保证先剪成条形，然后才能剪出所需的构件。这样，就有一个可以利用的剪切直边的存在。

如图 3-12（b）、（c）所示中的排料合理与否，通过图面上直观的判断即可看出来。对于不规则四边形排料的合理性有如下规律。

由于剪切边的存在，不规则四边形剪切构件的最长边应相互接触，选择相邻两边中的长边作为剪切边，这样，剩余的余料面积能够保证最小。因为三角形的边长与高的乘积越小，剩余面积就越小。显然，剩余面积与四边形最小边的乘积有直接关系。

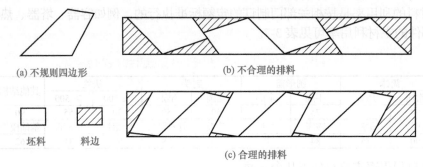

(a) 不规则四边形　　　　　　　　　(b) 不合理的排料

坯料　　　料边

(c) 合理的排料

图 3-12　不规则四边形排料的合理性

（4）拼接焊缝

拼接焊缝分布须在满足相关标准、规范要求和工艺合理性的前提下进行。

拼接的焊缝安排须满足如下条件：

a. 焊缝间的最小距离不得小于一定长度。

b. 通过焊缝的排布，改善焊接与冷作的操作条件。

c. 注意材料的各向异性，例如双相不锈钢的弯曲成形中，拼接方向与位置的影响是不可忽视的。

d. 优化选择拼接焊缝，因为拼接焊缝的增加，不仅是焊接工作量的增加，而且还因焊缝数量的额外增加，导致变形的矫形等也随着增加。材料利用率的提高所带来的经济效益，显然要因额外增加的焊接成本而受到影响，这种影响还要包括至少两项管理成本的增加，即时间成本和检验成本的增加。

e. 拼接的原则是接长不接短，就是拼接焊缝应当分布在较长的部位上，而不应当分布在较短的部位上。

如何拼接，拼接部位的排布设计的合理性，在很大程度上还影响着材料利用率的提高所带来的经济效益和视觉美的效果。当剩余材料能够在其他项目中得到利用时，就应当不采用或少采用增加拼接的方法来提高材料利用率，避免因焊接的增加而使新的成本项目增加。

（a）环状拼接。在压力容器的制造中，如图 3-13（a）所示，将环状构件分解成 1/3 瓣、1/4 瓣、1/6 瓣、1/8 瓣，甚至更多的瓣数进行拼接是经常发生的。其目的是为了使小尺寸剩余料的尺寸进一步减小，而大尺寸剩余料的尺寸进一步增大。如图 3-13（b）～（e）所示，不难看出，不同的分解数量和不同的排布方法，产生的剩余材料的尺寸是有一定差别的。这种差别的选用，应根据后续生产中的材料应用的几何形状和尺寸要求来确定。例如，长宽比较大的构件多时，宜采用图 3-13（e）所示的排料法。反之，宜采用图 3-13（d）所示的排料法。

采用图 3-13 所示的排料方法，是在样板或计算机排版下进行的。

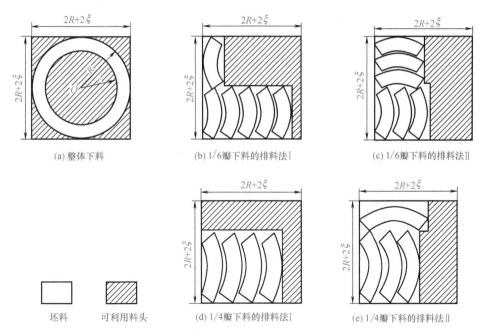

图 3-13 环形构件的不同下料方法的材料利用率示图

（b）不规则形状的套裁。天圆地方类都是属于不规则多边形类型的。对于这类展开坯料的套裁是根据展开的具体几何形状具体对待的。某混凝土搅拌机的一个漏斗形构件，如图 3-14 所示，其形状就是一个比较典型的天圆地方。它的展开如图 3-15 所示，有整体形、1/2 展开等。坯料的排料从图 3-15（a）中不难看出，这是一种不可能采用的方法。因为材料利用率不仅过于低下，而且在成形中，随着天圆地方的边长和高的尺寸增加，使成形时位置保持的难度也逐步增加。一般都是采用坯料的 1/2 方法进行下料和成形的。具体方法可分别见图 3-15（b）~（d）所示。

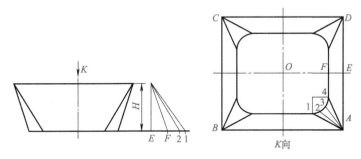

图 3-14　混凝土搅拌机料斗

通过计算机坐标的显示计算，天圆地方展开坯料排料方法的不同，材料利用率也不相同。以图 3-15（c）所示为参照标准，得出结果见表 3-8。

如图 3-15（b）、（c）所示的方式是经常采用的方法。对于图 3-15（d）所示的方式，是将天圆地方的平面部分和曲面部分，全部分解成单独的展开，这样，材料的利用率会进一步明显提高。但是，这里有一个不可忽视的问题，即在对天圆地方进行组装时，所有拼接焊缝全部分布在平面和曲面的相贯线上。在焊接的常规技术要求中，这种焊缝分布是应当避免的。可是，由于采用将焊缝分布在平面和曲面相贯的部位的天圆地方，是用在混凝土搅拌机类的通用机械中，结构尺寸比较大，长边达 3000mm，高度达 800mm，材料的厚度比较薄，仅为 5 ～ 6mm，在受力影响不复杂的场合中使用。并且随着焊接技术水平的提高，制造天圆地方用材料材质性能的稳定，人们对焊接技术应用的认识不断深入和提高，此种方法也是一种创新。采用此种方法，不仅材料的利用率明显提高，而且成形时，由于成形部位的宽度尺寸相对明显变窄，操作难度显著降低。这些因素产生的利大于焊缝分布在平面和曲面相贯的位置所产生的弊。也可采用将焊缝的位置在曲线部位向平面方向的外侧扩延 100mm，如图 3-16 所示，平面两端各缩进 100mm。这样，就避开了焊缝处于平面、曲面的相贯线上。将焊缝由常规的 2 ～ 4 条增加至 8 条，焊接工作量有了一定的增加，产生的额外成本也相应增加。这些额外增加的成本通过材料利用率的提高和成形的简便得到补偿。

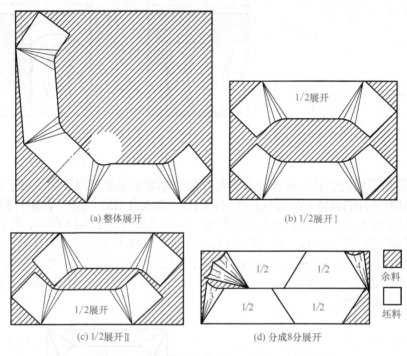

图 3-15　不同排料方式对材料利用率的影响

表 3-8　天圆地方展开坯料的不同排料方式

项目	图 3-15（a）	图 3-15（b）	图 3-15（c）	图 3-15（d）
坐标计算值	79223	29156	27960	20767
比值	2.83	1.04	1	0.742

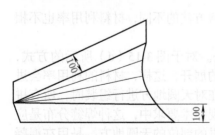

图 3-16　弯曲部位直边拼接的外延

（c）杆状拼接。杆状拼接主要用于管、型钢等杆状构件的长度拼接。

杆状件的套裁下料特点主要是长短搭配，进行最优的排列组合，使普遍出现料头最小，最终剩余料头最大。

当来料的长度不等时，套裁下料显得尤为重要。因为长度不等的材料在许多情况下都是不经常用的，或比较少见的、稀缺的，其特点为材料用量少，来源难度大，价格偏高。例如材质为 15CrMoV 的钢管，就有这样的现象发生。应当对其长度逐根测量，并做好详细记录。根据需要下料的长度和数量进行优化排列组合，对应下料，尽量减少拼接焊缝。采用这种套裁下料，有时不能完全遵循先下长料、后下短料的原则，而是要全面地权衡利弊，进行优化组合，达到剩余料头长度都应呈最小，最后的剩余材料最长的目的。

　　f.拼接的原则是接长不接短，就是拼接焊缝应当分布在较长的部位上，而不应当分布在较短的部位上。同时，还应当遵循焊缝的分布接长不接短的原则，如图 3-17（a）所示，就是避开在小长度构件上采取拼接，而把拼接接缝安排在较长的构件上。如图 3-17（b）所示，杆状结构的下料长度与数量见表 3-9。

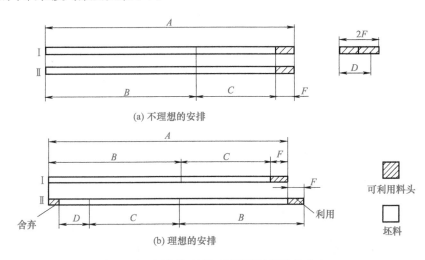

图 3-17　杆状件套裁下料及拼接焊缝的分布

表 3-9　杆状结构的下料长度与数量

项目	供应材料 I、II	件号 1	件号 2	件号 3	料头长度	最终剩余料头
长度	A	B	C	D	$D > F > D/2$	$2F-D$
数量	2	2	2	1	2	1

　　如图 3-17（a）所示，将两个剩余长度为 F 的料头拼接成一个长度为 D 的构件。其结果是将焊缝安排在最短的构件上。图 3-17（b）中，将焊缝安排在最长的构件上，使最短的构件保持无焊缝。

　　（5）尺寸的变更

　　材料的各部分尺寸能够达到理想的下料程度，在生产过程中是很少能够遇到的。如果出现下料的尺寸略大于材料的可用最大尺寸时，在保证产品的使用性能、安全性能、安装性能等要求时，可以适当考虑尺寸的设计变更。以 2.5M 卷扬机油箱为例，可以考虑采取如下措施，见表 3-10。

表 3-10　尺寸的变更措施

类别	说　　明
采取下偏差	由于产品的尺寸都有一个偏差范围。只要实际尺寸在允许的偏差范围之内，都为合格。操作者对尺寸的心理状态是宁大勿小。采取相应措施，在保证下偏差能够稳定实现的前提下，采用下偏差进行下料，解决来料尺寸存在的微小不足。以图 3-18 所示的油箱为例，根据焊接结构件未注尺寸公差与形位公差的规定，当油箱的长和宽的尺寸范围大于 400～1000mm 时，允许偏差在采用 B 级标准时为 ±3mm，采取 C 级时为 ±5mm。于是，根据执行的允许偏差的不同标准，下料的总长尺寸就可以分别短到 4×3=12（mm），或 4×5=20（mm）

类别	说　明
采取下偏差	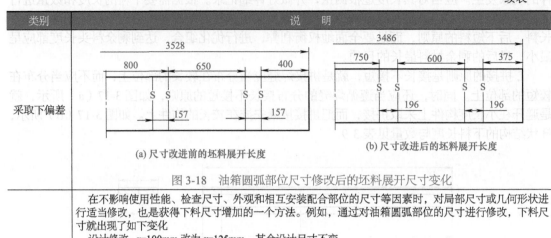 图 3-18　油箱圆弧部位尺寸修改后的坯料展开尺寸变化
局部尺寸的修改	在不影响使用性能、检查尺寸、外观和相互安装配合部位的尺寸等因素时，对局部尺寸或几何形状进行适当修改，也是获得下料尺寸增加的一个方法。例如，通过对油箱圆弧部位的尺寸进行修改，下料尺寸就出现了如下变化 　　设计修改：$r=100$mm 改为 $r=125$mm，其余设计尺寸不变 　　圆弧增加长度：$125×2π-100×2π=785-628=157$（mm） 　　直边减少长度：$(125-100)×8=200$（mm） 　　坯料减少总长度：直边减少总长度-圆弧增加总长度，即 $200-157=43$（mm） 　　通过上述处理，使坯料尺寸又余出 42mm，如图 3-19 所示 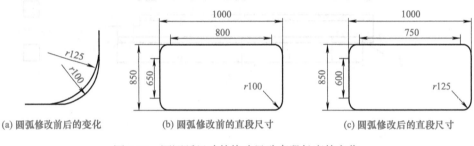 图 3-19　因圆弧尺寸的修改导致直段长度的变化
适当修改主要尺寸设计	例如将油箱的长度或宽度，局部或全部共同进行适当地减小 5～10mm。这样，又可以得到 20～40mm 的余量，如图 3-18 所示

（6）套裁下料注意的原则

套裁下料应当遵循如下原则：

① 焊缝分布的合理性；

② 生产操作的可行性；

③ 最终剩余料头的最大性；

④ 设计修改的合法性。

合理的套裁，可以用相关的数学理论知识去解释和解决，涉及的理论是"线性规划"。

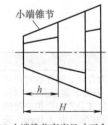

(a) 小端锥节高度尺寸不合理

(b) 小端锥节高度尺寸合理

图 3-20　锥节高度安排的合理性

（四）改善操作的适应性

如天圆地方类构件、小端直径较小的锥形体等，不论能否应用机械设备进行成形，为了便于成形，一般都是下成 1/2 或更多的瓣数，而不是下成一个整体的坯料。对于由多节组成的锥形体，也是如此。如图 3-20 所示的多节锥体，一般都是将小端的锥节高度尺寸安排到技术要求允许的最低程度。这样，能够在很大程度上改善冷作成形时的操作可行性。

封头、球瓣类拉伸构件应留出一定的变形余量。卷筒压头的工艺余量须根据卷筒是否留压头、卷板机及成形时的温度状态等因素确定。对于弯头、圆锥及需要在弯曲的坯料上开孔的构件等，由于轴向长度的不等，卷曲时的变形程度也是不等的，如图 3-21 所示。为了保证成形时的曲率精度，宜采取图 3-22 所示的措施，待成形后再气割。

(a) 单节弯头的展开坯料　　(b) 一次下料斜截正圆锥的展开坯料　　(c) 先开孔的卷曲坯料

图 3-21　未留成形工艺余量的展开坯料

(a) 双节弯头的展开坯料　　(b) 二次下料斜截正圆锥的展开坯料　　(c) 后开孔的卷曲坯料

图 3-22　留出成形工艺余量的展开坯料

（五）拼接焊缝的合理安排

应使焊缝既不发生被覆盖，也不重叠，焊缝间的距离最小，如图 3-23（a）、（b）所示。还要满足相应的技术要求：将焊缝的分布由操作困难的隐蔽处改到操作容易的明显处，焊缝分布的最小距离符合规范要求，如图 3-24 所示。焊缝的位置安排成垂直、水平或对称状态，而不出现倾斜状态，使拼接焊缝具有一定的美学效果，如图 3-25 所示。

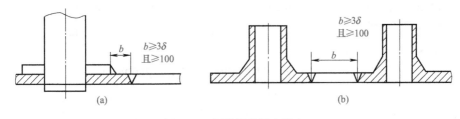

图 3-23　焊缝间的最小距离

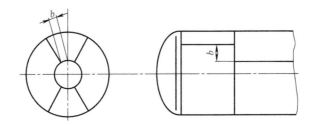

图 3-24　焊缝分布的最小距离

焊缝分布方式合理性的处理如图 3-26 所示。补强板应由图 3-26（a）所示的形式改成图 3-26（b）所示的形式。

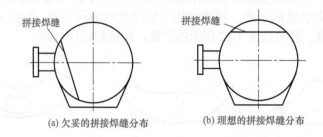

(a) 欠妥的拼接焊缝分布   (b) 理想的拼接焊缝分布

图 3-25　拼接焊缝分布的美学效果

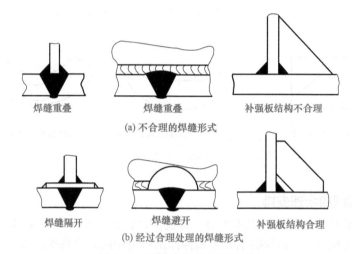

焊缝重叠　　　　焊缝重叠　　　　补强板结构不合理

(a) 不合理的焊缝形式

焊缝隔开　　　　焊缝避开　　　　补强板结构合理

(b) 经过合理处理的焊缝形式

图 3-26　焊缝分布方式的合理性

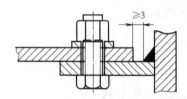

图 3-27　螺栓连接板边缘与焊缝的最小距离

（六）螺栓连接板边缘与焊缝的最小距离

螺栓连接板边缘与焊缝边缘的最小距离，以焊缝与连接板边缘不得接触为原则，一般应不小于 3mm，具体如图 3-27 所示。

（七）切割间隙与剪切变形的影响

对于间隙，下料时留出必要的工艺余量。对于弯曲，尤其是扭曲的变形，一般都是通过矫形得到纠正。气割和等离子切割间隙可见表 3-11。

表 3-11　切割间隙　　　　　　　　　　　　　　　单位：mm

材料厚度	气割		等离子切割	
	手工	半自动	手工	半自动
≤10	3	2	9	6
12～30	4	3	11	8
32～50	5	4	14	10
52～65	6	4	16	12
70～130	8	5	20	14
135～200	10	6	24	16

剪切件尺寸公差见表 3-12。

表 3-12 剪切件尺寸公差

剪切件尺寸 /mm	钢板厚度 /mm		
	6 ~ 8	10 ~ 12	14 ~ 16
	剪切件尺寸公差 /μm		
≤ 100	1.0	1.5	1.5
>100 ~ 250	1.5	1.5	2.0
>250 ~ 650	1.5	2.0	2.5
>650 ~ 1000	2.0	2.0	2.5
>1000 ~ 1600	2.0	2.5	3.0
>1600 ~ 2500	2.5	2.5	3.5
>2500 ~ 4000	2.5	3.0	3.5
>4000 ~ 6500	3.0	3.0	3.5
>6500 ~ 10000	3.0	3.5	4.0

（八）焊接变形的控制

通过下料工序，采取有效控制焊接变形的措施。其中，梁类构件焊接变形产生下挠的主要控制措施之一，就是预先留出一定工艺拱度。对于尺寸精度要求高的结构，如热套装筒节的坯料展开尺寸，就必须充分考虑每一道焊缝产生的收缩量。立柱类由于长度较大，不仅较多的横向焊缝能够引起长度的缩短，就连纵向焊缝也同样能够引起长度的缩短。

（九）切削加工工艺余量

切削加工的工艺余量既要包括切削加工本身的工艺余量，还要考虑到切削后，因应力释放产生的变形对切削后精度的影响。这种影响主要来源于材料的轧制、气割和焊接等应力的作用。例如，对于 8000mm 长、气割下料的焊接 H 钢翼缘板边缘一侧经刨边机加工后，弯曲拱度达 8mm 是经常出现的，如图 3-28 所示。

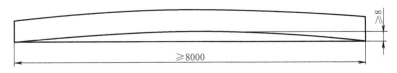

图 3-28　切削后的弯曲变形

拼接法兰焊接接头的角变形的存在和增大，使切削的加工工艺余量增加，如图 3-29 所示。

影响切削加工工艺余量的因素很多，有材料气割前的内部应力状况、气割的变形、焊接的变形、切削的工艺方法、卡紧方法等。

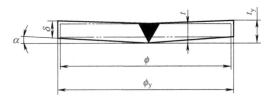

图 3-29　拼接法兰焊接接头的角变形对切削的影响

（十）尺寸偏差的选择

虽然气割的宽度随切割的厚度增加而增加，但是气割的后拖量、坡口、气割的异常现象发生等因素的普遍存在，不可避免地影响着坯料实际尺寸的增加。剪切也同样存在一定的偏差。这些尺寸偏差对组装产生明显影响。尺寸偏差正负的选择是根据构件的功能、用途及所在部位，在考虑各项工艺余量的前提下进行的。一般说来，筒节中的构件，如辐板、塔盘等的直径，宜优先选择负偏差。框架结构中的立柱等中部存在横向焊缝的型钢，宜优先选择正偏差。而横向或斜向杆件则宜优先选择负偏差。总的说来，凡是属于镶嵌于其他构件中，下料的尺寸应宜短不宜长；反之，宜长不宜短。

（十一）排料方向

由于材料轧制方向的存在，使材料的力学性能产生了各向异性。其主要表现为在不同方向的弯曲性能的不相同。这种变形不仅随着弯曲半径的变小而显著增加，并且与材质有密切关系。如双相不锈钢等材料的各向异性现象就比较明显。对板的常温折弯，下料后的排料时，轧制方向不得与折弯方向平行。对于焊接试板，焊缝方向应与轧制方向垂直，以保证弯曲试样在弯曲时弯曲线与钢板的轧制方向垂直。具体如图3-30所示和表3-13的说明。

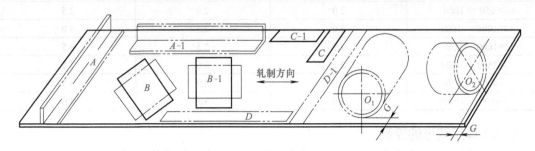

图 3-30　轧制方向对弯曲影响的排料图

注：G 为筒体端部与板料边缘的距离，即下料时去除剪切冷作硬化层的切割宽度

表 3-13　钢板的轧制方向与成形的弯曲方向排料说明表

名称	布料状态	选择原则
90°单角折弯	A	优先选择
	A-1	避开
90°四边单角折弯	B	优先选择
	B-1	避开
焊接试板	C	优先选择
	C-1	避开
扁钢横向弯曲	D	优先选择
	D-1	避开
卷制筒体	O_1	优先选择
	O_2	对于重要结构，不应采用这种方向的筒节排料

在钢板上排料时，对图3-30中 B-1 的90°折弯钢板坯料轧制方向与成形的弯曲方向应保持30°~60°。

对于已经标出材质、规格的材料，在下料时，应从无标志的一端进行排料、画线。把材料的标记保留下来，便于以后使用该材料时查阅。

四、下料清单与排版图的抄写

下料清单的抄写是下料过程中的一个重要的组成部分，是下料中的第一道工序，是对所有需要下料的构件在图样中的名称、图号、序号，每件构件的所有尺寸、几何形状、对称与否、数量，同一序号的构件间存在的所有细微差别等的工艺处理，不同构件的不同规格、材质、工艺参数及下料进度等的明细与汇总。这是由于从图样到下料所需的尺寸经过展开、计算、工艺参数处理后，所得的结果与图样的要求是截然不同的。要把这些通过展开、计算和工艺参数处理后的结果进行详细的、全面的记录，以便在下料中应用。

下料清单的格式分为表格式和空白纸式。表格式可参考图 3-31（该图只列出表格的上部）。下料的几何形状千变万化，而清单中必须全部清楚、详细地说明。固定的下料清单格式是不能完全适用的，尤其是筒节、锥体类的拼接，比较复杂的展开，型钢相接的端部处理与孔的分布等。表格的说明栏对这类构件的简图和说明是满足不了需要的，一般在使用这种表格时，通常都是在相应序号下面的表格栏中直接画出简图并写出说明，或另用一张纸画出并附在该页，同时须标清楚页数之间的关系，不可遗漏。

下料清单

图号：		名称：		数量：	/台	下料日期：	第　页
序号	钢材与规格		材质	下料长度	数量	说明(含简图)	
1							
2							
3							
...							
$n-1$							
n							

图 3-31　表格式下料清单（表格上部）

一般说来，下料清单的完整性，应当达到在下料的过程中，不再需要图样相辅，仅靠下料清单就能够全部完成。这里是采用无表格的空白纸举例说明下料清单的抄写方法。

（1）排版图

排版图（容器下料排版图如图 3-32 所示）是容器下料清单的一部分，主要用于容器和较大型焊接结构中各个构件的相互关系与拼接焊缝的位置，也是交工资料的组成部分。排版图一般都是采用空白纸或专用排版图用纸画出。

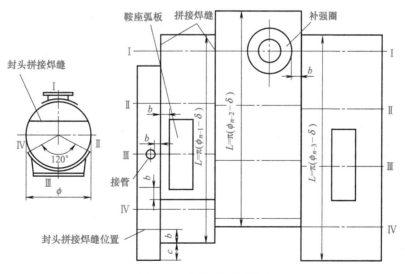

图 3-32　容器下料排版图

（2）下料清单的抄写

下料清单（图 3-31）抄写示例如下。

下料清单举例：型钢类结构下料清单。

以图 3-33 所示混凝土搅拌机底盘为例，进行简单说明。

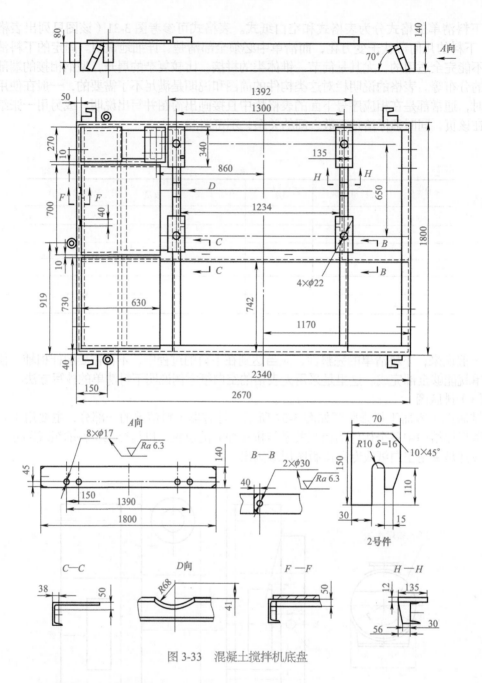

图 3-33 混凝土搅拌机底盘

五、放样的允许偏差

（1）放样、样板、样杆的尺寸允差（表 3-14）

（2）画线、号料的尺寸允差（表 3-15）

六、样板

（1）样板的类型

样板有下料样板、成形样板与检验样板。对于形状复杂的构件，为了下料时准确、方便快捷，一般都采用样板进行。样板的使用还给套裁下料工作中的排料带来极大的方便，因为采用样板排料是一种直接、方便、明了的方法。样板不仅具有构件的几何形状与各部位的精确尺寸，还要反映出构件所在的产品、图号、序号甚至生产批号，以及所需要材料的材质、规格、数量、方向等。在许多情况下，样板的数量较多，但又较小，相关的图号、序号、材质、规格等诸多项目就不可能全部写在样板上。在这种情况下，不能标写在样板上的项目就可以标写在下料清单上，并做好编号。

底盘下料清单　　　　　　　第　页

图号：JS500B.7.1A；部件名称：底盘；产品名称：混凝土搅拌站；数量：1 台份
序号：钢材　　材质　　长度　　**数量**　　说明（孔的尺寸与分布、对称与否、手绘简图等）
1. 槽　钢　〔14a Q235-A　2870=2 件；
2. 吊　耳　Q235-A　-16　70×150=4 件　见样板（样板按件号 2 图形与尺寸制）；
3. 支撑板　Q235-A　-10　56×140=4 件　见简图与样板；

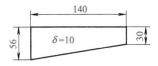

4. 底板Ⅰ　Q235-A　-12　135×340=4 件　每块板上有 1 个 $\phi22$ 孔，与底座组焊后钻孔；
5. 底板Ⅱ　Q235-A　-8　270×180=1 件　板上 $4\phi11$ 孔，与底座组焊后钻孔；

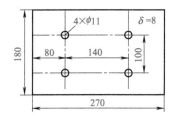

6. 角　钢　Q235-A　∟50×50×6　L=493=1 件　端头样板借用序号 14 样板；

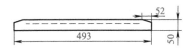

7. 焊　管　Q235-A　◎ 1″L=80=3 件；
8. 花纹板　Q235-A　-3　350×270=1 件；
9. 角　钢　Q235-A　∟50　50×6　L=332=2 件　有方向，端头样板借用序号 14 样板；

10. 槽　钢　〔14a Q235-A　L=1786=1 件；
11. 花纹板　Q235-A　-3　630×700=1 件；
12. 挡线板　Q235-A　-3　30×145=6 件　具体位置现场由电工组装确定；
13. 花纹板　Q235-A　-3　630×730=1 件；
14. 槽　钢　〔14a Q235-A　L=736=2 件（端头样板省略）；

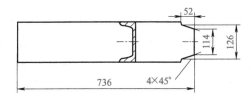

15. 槽　钢　〔14a Q235-A　L=2324=1 件　见图，两端相同，端头样板借用序号 14 样板；

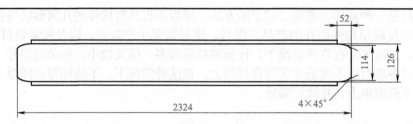

16. 槽　钢　〔14a　Q235-A　L=1046=2 件　见图，左右各一件，端头样板借用序号 14 样板，ϕ30 孔钻后组装；

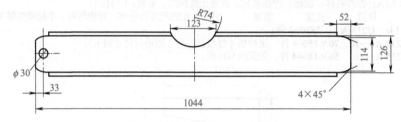

17. 弧　板　Q235-A　-6　50×145=2 件　样板（内）R=74（弧形样板省略）；

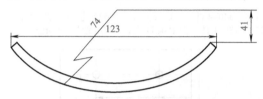

18. 槽　钢　〔14a　Q235-A　1786　L=2 件　两端相同，端头样板借用序号 14 样板。

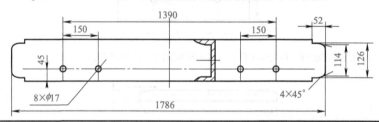

表 3-14　放样、样板、样杆的尺寸允差

尺寸名称	公差 /mm	尺寸名称	公差 /mm
相邻中心线间公差	± 0.2	长度、宽度公差	± 0.5
板与邻孔中心线距离公差	± 0.5	样板的角度公差	± 20′（± 0.3333°）
对角线公差	± 1.0		

表 3-15　画线、号料的尺寸公差

尺寸名称	公差 /mm	尺寸名称	公差 /mm
相邻两孔中心距离公差	± 0.5	构件外形尺寸公差	± 1.0
板与邻孔中心线距离公差	± 0.1	两端两孔中心距离公差	± 1.0
样冲孔与邻孔中心距离公差	± 0.5		

　　对于圆筒类用样板，其展开长度有两种存在条件。以制作 ϕ273 × 14 钢管弯头为例，样板是通过钢管外圆进行画线的，样板的展开长度应另外再加上样板与管的间隙和样板材料的厚度对展开长度的影响，一般的展开总长度应按 D+3 的长度后，再进行等分。对于采用钢板卷制，其样板的展开长度是样板的中径进行计算的。具体如图 3-34 所示。

　　样板用材料有金属薄板、纸质两大类。金属薄板制样板经久耐用，能够长期保持精度，不受天气、温度、湿度等因素的影响。金属薄板制样板，应该用钢字头打出相应的所有编号或用附着牢固的颜料笔写出。单件小批、形状不大的产品用样板可选用马粪纸、油毡纸等材料制成，马粪纸怕潮、怕湿、怕晒，在潮湿和暴晒及烘烤的状态下，会产生严重的变形，对于采用这类材料做成的样板，一般只适用于一次性产品。当样板的尺寸较大时，油毡纸可采用搭接拼接的方法扩大有效使用尺寸，拼接时，对两个搭接部位分别同时用氧炔焰加热到沥青熔化程度后立即压合即可。对于批量产品、单件数量较大、几何形状相对复杂的构件，宜采用 $\delta=0.27 \sim 0.5mm$ 厚的薄钢板类金属板材作样板。

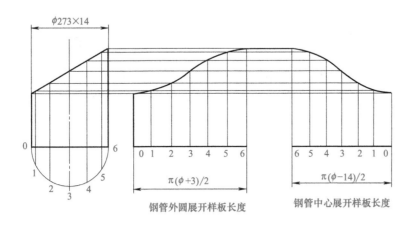

图 3-34　不同材料对样板展开长度的影响

（2）样杆

在一条线上有多个尺寸，并且同样的线或构件有多个时，采用样杆具有效率高、尺寸精度高、失误出现率低的特点。如果一旦出现失误，则质量事故的后果是成批出现的。样杆一般都是采用窄而薄的钢带或报废的大长度钢卷尺的尺条，在相应长度的位置上做出准确、清晰、牢固的标记。然后通过样杆上的标记对构件进行画线。该方法多用于铆钉孔类的画线。

（3）样板与样杆的标注

样板与样杆制成后，应交专业检查人员检查，并确认无误后，在每个样板和样杆上都须注明图号、材质、每台数量、图形符号、孔径及加工方法等后，方可投入使用。

第二节　剪切下料

剪切是利用上下两剪刀的相对运动来切断钢材。剪切具有生产效率高、切口光洁、能切割各种型钢和中等厚度（< 30mm）的钢板等优点，所以是应用很广的一种切割方法。

一、剪床的种类

剪床的结构形式很多，按传动方式分机械和液压两种，按其工作性质又可分为剪直线和剪曲线两大类。

（1）剪直线的剪床

按两剪刀的相对位置，剪直线的剪床分平口剪床、斜口剪床和圆盘剪床三种，如图 3-35 所示，其说明见表 3-16。

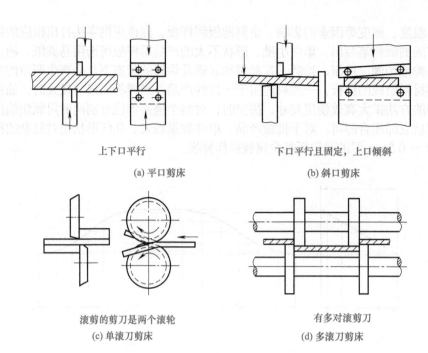

上下口平行

(a) 平口剪床

下口平行且固定，上口倾斜

(b) 斜口剪床

滚剪的剪刀是两个滚轮

(c) 单滚刀剪床

有多对滚剪刀

(d) 多滚刀剪床

图 3-35　剪床的种类

表 3-16　剪床的种类及应用

类别	说　明
平口剪床	平口剪床上下刀板的刀口是平行的，剪切时，下刀板固定，上刀板做上下运动。这种剪床工作时受力较大，但剪切时间较短，适宜于剪切狭而厚的条钢
斜口剪床	斜口剪床的下刀板成水平位置，一般固定不动，上刀板倾斜成一定的角度（ϕ）作上下运动，由于刀口逐渐与材料接触而发生剪切作用，所以剪切时间虽较长，但所需要的剪力远比平口剪床要小，因而这种剪床应用较广泛
圆盘剪床	圆盘剪床的剪切部分是由一对圆形滚刀组成的，称单滚刀剪床；由多对滚刀组成的称多滚刀剪床。剪切时，上下滚刀做反向转动，材料在两滚刀间，一面剪切，一面进送。所以这种剪床适宜于剪切长度很长的条料。而且剪床操作方便，生产效率高，所以应用较广泛

（2）剪曲线的剪床

剪曲线的剪床有滚刀斜置式圆盘剪床和振动式斜口剪床两种。如图 3-36 所示，滚刀斜置式圆盘剪床又分单斜滚刀和全斜滚刀两种。单斜滚刀的下滚刀是倾斜的，适用于剪切直线、圆、圆环；全斜滚刀的上、下滚刀都是倾斜的，所以适用于剪切圆、圆环及任意曲线。

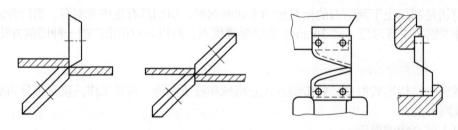

(a)下滚刀为斜置式圆盘剪床　(b) 上、下滚刀均为斜置式圆盘剪床　(c) 振动式斜口剪床

图 3-36　剪曲线的剪床

振动式剪床的上、下刀板都是倾斜的，其交角较大，剪切部分极短，工作时上刀板每分钟的行程数有数千次之多，所以工作时上刀板似振动状，这种剪床能剪切各种形状复杂的板料，并能在材料中间切割出各种形状的穿孔。

二、剪床的切料过程

将被剪材料置于剪床的上、下两个剪刀间，下剪刀固定不动，而上剪刀垂直做向下运动，这样材料便在两刀刃的强大压力下剪开，完成剪切工作。

材料的剪断面可分成四个区域，如图3-37所示，当上剪刀开始向下运动时，便压紧钢板，由于钢板受上、下剪刀的压力，剪刀压入钢板而造成圆角，形成圆角带1和揉压带4。

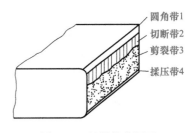

图3-37 材料的剪断面

当剪刀继续压下时，材料受剪力而开始被剪切，这时剪切所得的表面称为切断带2，由于这一平面是受剪力而剪下的，所以比较平整光滑。当剪刀继续向下时，材料内部的应力迅速达到材料的最大抗剪力，使材料突然断裂，形成一个粗糙不平的剪裂带3，所以在钢板的剪切面上形成了四个区域。

三、剪切刀刃的几何形状和角度

剪切质量与材料剪切时受力情况有着密切的关系，为了正确掌握剪切操作及避免发生事故，必须了解材料剪切时的受力情况，而剪切力与剪刀刃的几何形状有关。

（1）剪刀刃的几何形状和角度

无论是平口剪，还是斜口或圆盘剪，在垂直于剪刀刃断面内观察时，剪刀刃的几何形状都基本相同，如图3-38所示。各种剪床剪刀刃的几何形状及角度见表3-17。

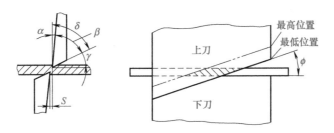

图3-38 剪刀刃的几何形状

表3-17 各种剪床剪刀刃的几何形状及角度

类别		说明
平口剪床	后角 α	为减少剪切过程中刀刃与材料间的摩擦，刀刃后面应做成倾斜的，以形成后角 α，一般 α 为 $1.5°\sim3°$
	切削角 δ	为了使剪刀容易切入金属内，切削角 δ 以小于90°为宜，δ 值的大小直接影响到刀刃的强度、剪切质量和剪切力。通常 δ 值随材料的硬度而定。当剪切硬的或较硬的材料时，δ 在 $75°\sim85°$ 之间；剪软的材料如紫铜时，δ 在 $65°\sim70°$ 之间。有时为便于刀刃四面调用和修磨，常使 $\delta=90°$
	楔角 β	$\beta=\delta-\alpha$
	前角 γ	$\gamma=90°-\delta$
	间隙 S	上下刀刃间为避免碰撞和减小剪切力，留有一定的间隙 S，若剪切低碳钢板，S 约为材料厚度的 $2\%\sim7\%$。合理的间隙随板厚和材料种类而定，可按图3-39所示的曲线选取
斜口剪床		用斜口剪床剪切时，由于存在斜角 ϕ，板料被剪开时，剪切作用只在刀刃的中间部分，其剪切力与斜角 ϕ 的大小关系很大

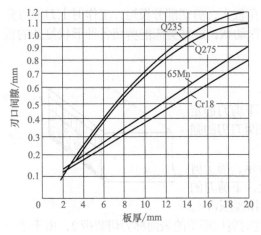

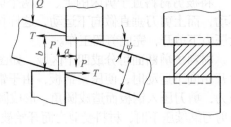

图 3-39　材料厚度与刃口间隙的关系 　　　图 3-40　平口剪床剪切时材料的受力情况

（2）各类剪床剪切力的分析

各种剪床由于其工作原理不同，在工作中其剪切力是不同的。各种剪床剪切时的受力情况和剪切力的计算见表 3-18。

表 3-18　各类剪床剪切力的分析

类别	说　　明
平口剪床的剪切力分析	平口剪床剪切时材料的受力情况如图 3-40 所示，刀刃进入材料一定的深度时，剪力 P 已经离开刃口而移到板料与剪刃接触面的重心处，同时，上下剪刃的剪力 P 不在同一直线上，而是相距 a，因而产生了力矩 Pa。使材料旋转一角度 ϕ，但由于这一转动趋势随即又在刀口的后面产生反力矩 Tb，两力矩必趋平衡，即： $$Pa=Tb$$ 式中　a——剪力 P 的力臂，mm； 　　　b——侧压力 T 的力臂，mm。 侧压力 T 太大会使上刀刃产生向右的弯曲变形，致使间隙增大，同时使机床磨损加剧，甚至使刀刃折断。因此，必须设法减少侧压力和防止材料旋转。为此，剪切时在材料一侧应加压力 Q，在实际操作中，压力 Q 一般是由剪床上的压紧装置产生的。 平口剪床剪切时的理论剪力可按下式计算： $$P_{理}=F\tau=bt\tau$$ 式中　$P_{理}$——剪切时所需的理论剪力，N； 　　　F——剪切面积，mm^2； 　　　b——板料的宽度，mm； 　　　t——板料的厚度，mm； 　　　τ——材料的抗剪强度，MPa
斜口剪床的剪切力分析	斜口剪床的剪切受力要比平口剪床复杂，如图 3-41 所示为斜口剪床剪切时的受力图，上剪刀压下时的合力 R_1，分解成剪刀向下时的剪力 P_1 和沿刀刃方向将材料推出的水平力 P_2，以及垂直刀刃方向将材料推离刀口的离 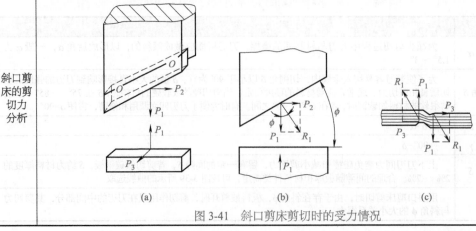 (a)　　　　　　　　　(b)　　　　　　　　　(c) 图 3-41　斜口剪床剪切时的受力情况

类别	说　明
斜口剪床的剪切力分析	口力 P_3。对下刀刃而言，只有向上的剪力 P_1 和离口力 P_3，此两力与上刀刃相应的力大小相等，方向相反。如图 3-41 所示中（b）和（c），即从剪刀的正面和侧面来观察的受力情况。上刀刃斜角 ϕ 越大，则剪切力 P_1 越小，而水平力 P_2 越大。此水平力的大小应以材料不被推出为极限。其条件为： $$P_2 \leqslant 2P_1 f$$ 式中，f 为摩擦因数，一般钢与钢的摩擦因数 f=0.15。由上式可求出 ϕ 角的极限值，$\phi \leqslant 16° \, 41'$ 被剪下的材料产生向下弯曲和扭转的现象，如图 3-42 所示。斜口剪床的理论剪切力可按下式计算： $$P_{理}=0.5t^2\tau/\tan\phi$$ 式中　$P_{理}$——斜口剪床的理论剪力，N； 　　　　t——板料厚度，mm； 　　　　τ——材料的抗剪强度，MPa。对于碳钢，τ=（0.8～0.86）σ_b，σ_b 为抗拉强度； 　　　　ϕ——上刀刃斜角 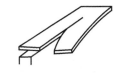 图 3-42　斜口剪床的弯、扭现象 同理，实际剪切力应比理论剪切力大 20%～30% 实际采用的 ϕ 要比此数值小，一般在 9°～14° 之间。对于杠杆剪床 ϕ 为 7°～12°。对于龙门剪床 ϕ 为 2°～6°，另由剪切材料的厚度而定，材料厚度为 3～10mm 时，取 ϕ=2°～3°；材料厚度为 12～35mm 时，取 ϕ=3°～6°
圆盘剪床的剪切力分析	圆盘剪床的剪刀为一对圆形的刀刃，刀刃间可有一定的重叠部分，当圆滚刀做同速反向旋转时材料被剪断。如图 3-43 所示为圆盘剪床剪切时的受力情况。剪切时，由于滚刀与板料间的摩擦力 F 而引起的水平力 R，使板料被迫进入两滚刀之间而剪开，与此同时，滚刀作用于板料的径向水平反力 P_1，有使板料从滚刀中推出的趋势 要使板料顺利地进入滚刀之间，摩擦力 F 的合力 R 必须大于推出力 P_1，即： $$R \geqslant 2P_1$$ 而摩擦力 F=fP 式中　f——摩擦因数，$f \geqslant \tan\alpha$ 为使剪切能顺利地进行，进条角 α 一般为 7°～14°，这时相应的滚刀直径 D 为材料厚度 t 的 30～70 倍，即 D=（30～70）t	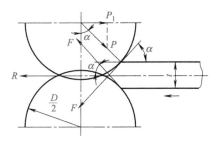 图 3-43　圆盘剪床剪切时的受力情况

四、剪切方法

（一）手动剪切

（1）手动剪切机械

手动剪切是冷作钣金工一项基本操作技术。在手动剪切操作中，最重要的工具就是剪切机械。手动剪切机械主要用于剪切小而薄的板料，应用灵活，比起用笨重的大型剪床要方便得多，所以至今还有一定的实用价值。各种手动剪切机械的种类和用途见表 3-19。

表 3-19　各种手动剪切机械的种类和用途

类别	说　明
手剪刀	如图 3-44 所示为几种常用的手剪刀，用于剪薄钢板、紫铜皮、黄铜皮等。如图 3-44（a）所示为小手剪刀，可剪 1mm 以下的钢板。如图 2-44（b）所示为一种大手剪刀，可剪 2mm 以下的钢板。如图 2-44（c）所示为刀头弯曲的手剪刀，用于剪切圆板或曲线。手剪刀还有许多种，用于不同情况的薄板剪切 （a）小手剪刀　　　　　（b）大手剪刀　　　　　（c）弯头手剪刀 图 3-44　手剪刀类型

类别	说　　明
台剪	为了能剪切较厚的板料，可在手柄与刀刃间增添杠杆或齿轮构件，目的在于使用同样的作用力时剪力可增大。如图 3-45（a）所示为小型台剪，由于手柄较长，利用杠杆作用可产生比手剪刀大的剪切力，可剪 3～4mm 厚的钢板。如图 3-45（b）、（c）所示为大型台剪结构，利用两级杠杆的作用，剪切厚度可达 10mm。为防止板料在剪切时移动，可装有能调节的压紧机构。台剪可剪切厚度较大的钢板 （a）小型台剪　　　　（b）杠杆式大型台剪　　　　（c）齿轮杠杆式大型台剪 图 3-45　台剪类型
振动剪	这种剪根据动力的来源不同分为风剪（图 3-46）和电动剪。这类剪机的剪切是靠上剪刀的上下往复运动，并与下剪刀形成剪切动作来完成剪切的。这种剪切机械的剪切厚度不大，一般不超过 2mm。能够完成直线和曲线的剪切。风剪是以压缩空气为动力
闭式机架手动剪切机	如图 3-47 所示为闭式机架手动杠杆式剪切机。可动刀片装置在两个固定机架的中间，手柄的端头制有齿轮，并与机架上的齿轮相啮合。扳动手柄，就能使可动刀片在两机架中上下运动，刀片上制有圆形、方形及 T 字形等形状的刀刃，与固定机架上的刀刃形状相一致。剪切时，只要将被剪材料置于相应的刀刃中，并用止动螺钉 1 或压板 2 压紧，然后扳动手柄即可进行剪切。调整轴 3 的位置，就可以改变剪切力的大小及可动刀刃的行程。这种剪切机用于剪切圆钢、方钢、扁钢、角钢或 T 字钢

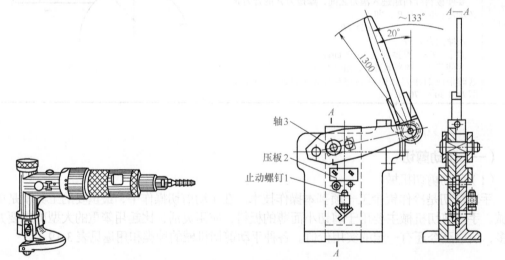

图 3-46　风剪　　　　　　图 3-47　闭式机架手动杠杆式剪切机

（2）剪切工艺

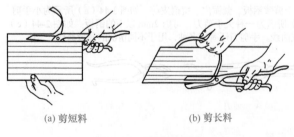

（a）剪短料　　　　　　（b）剪长料

图 3-48　手剪剪直料

　　由于剪切板料时所选择的剪切机类型不同，剪切工艺也有差异，这里介绍手剪和在剪床上的剪切操作法。

　　手工剪切是利用手剪刀等工具进行剪切，剪切方法如图 3-48 所示，一般按画好的线进行剪切。剪短直料时，被剪去的部分，一般都放在剪刀的右面。左手拿板料，右手握住剪刀柄的末端。

剪切时，剪刀要张开大约2/3刀刃长。上下两刀片间不能有空隙，否则剪下的材料边上会有毛刺，若间隙过大，材料就会被刀口夹住而剪不下来。为此应把下柄往右拉，使上刀片往左移，上下刀片的间隙就能消除。如图3-48（a）所示是剪短直料时的情形。当板料较

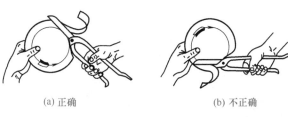

(a) 正确　　　　　　(b) 不正确

图 3-49　剪切圆料

宽，剪切长度超过400mm时，必须将被剪去的那部分放在左面 [图3-48（b）]，否则，板料较长，剪刀的刀口较短，剪切过程中就必须把左面的大块板料向上弯曲，很费力。把被剪去的部分放在左边，就容易向上弯曲了。剪切圆料时，应按图3-49（a）所示的方法逆时针剪切。顺时针剪切时 [图3-49（b）] 会把所画的线遮住，影响操作。

手剪刀还可夹持在虎钳上使用，如图3-50（a）所示，只要把剪刀的下柄用虎钳夹住，上柄

(a) 在虎钳上剪切　　　　(b) 敲剪

图 3-50　手剪刀的使用

套一根管子，右手握住上柄，使剪刀能张合，就可以剪切了，这样剪切起来也就省力，并能剪切较厚板料。用手剪刀剪切较厚板料时，还可以用敲剪法，如图3-50（b）所示。敲剪时要两人操作，一人敲，一人掌握剪切方向。

（二）机械剪切

（1）斜口剪床及斜口剪床上的剪切工艺

① 斜口剪床。斜口剪床的外形如图3-51（a）所示，它由机架部分、运动部分、传动部分、动力装置和控制装置等组成。剪床由电动机带动，经过带传动和齿轮传动而减速，再带动剪床的主轴旋转，然后通过主轴端头的偏心轮使主轴的旋转运动转变成刀板的上下运动。如图3-51（b）所示为剪床的传动系统简图。

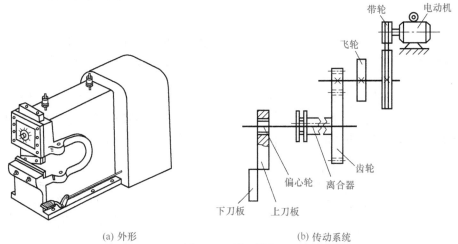

(a) 外形　　　　　　　　　(b) 传动系统

图 3-51　斜口剪床

剪床主轴的旋转运动转变成刀板上下的直线运动是剪床运动部分的关键，它是通过偏心轮来实现的。如图3-52（a）所示为剪床运动部分的工作原理，当偏心轮处于图示的位置时，偏心轮5的顶点位于最高位置。设主轴1做顺时针方向转动时，偏心轮带动滑块2在刀板3的孔槽中向右滑动，同时使刀板下行，当主轴旋转90°时，滑块移至孔槽的最右端，当主轴旋转180°时，刀板移至最低位置，偏心轮的顶点处于最低位置。主轴从180°旋转至270°时，

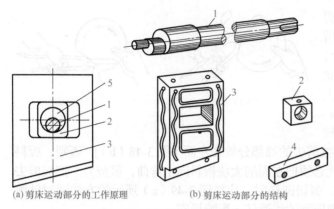

(a) 剪床运动部分的工作原理　　　(b) 剪床运动部分的结构

图 3-52　斜口剪床运动部分的工作原理及结构

1—主轴；2—滑块；3—刀板；4—上刀片；5—偏心轮

偏心轮驱使滑块在孔槽中向左滑动，并移至最左位置，同时刀板从最低位置逐渐上升。当主轴从 270° 旋转至 360° 时，偏心轮回复至原始位置，刀板处于最高位置。由上分析可见：刀板上下的行程为偏心轮偏心距的两倍。当主轴回转一周，剪床完成了一次剪切，在实际结构中，主轴和偏心轮是一体的，如图 3-52（b）所示为主轴 1、刀板 3、上刀片 4 和滑块 2 的实际构造。由于刀板在剪床机架的轨道中上下滑动和滑块在刀板的孔槽中滑动，所以在刀板的四周应开有油槽，在滑块的上部开有油孔，以通润滑油减少运动时的摩擦。

剪床的控制装置也是剪床的一个重要组成部分。控制装置的作用是，使电动机启动后，能控制刀板的运动，这种控制通过离合器和制动器来实现，离合器装设在电动机与主轴之间。

离合器分刚性离合器和摩擦式离合器两种。在中、小型的剪床上一般采用牙嵌式的刚性离合器，它通过杠杆系统，由操作者用脚踏来控制，如图 3-53 所示，大齿轮 4 空套于主轴上，与左边的离合器固定，在主轴 6 上空转。当踏下踏板 7 时，通过杠杆系统使滚轮 5 与制动器 2 脱离，则离合器 3 在两根弹簧 1 的推动下向右移动与大齿轮上的离合器相啮合。主轴通过滑动离合器孔中的花键带动而旋转。当脚离开踏板时，杠杆系统在平衡重锤 8 的作用下回复原位，制动器为端面凸轮，由于斜面的作用，滚轮迫使离合器向左移动，离合器即脱离啮合，同时使主轴停止转动，刀架停在最高位置上。

摩擦式离合器依靠摩擦片压紧时产生的摩擦力来传递动力，这种离合器工作稳定，当剪床超负荷时，摩擦片组间能自动打滑，从而防止剪床的损坏，故广泛应用在大中类型的剪床中。

有的斜口剪床除能剪切外还能冲孔，成为联合冲剪机，如图 3-54 所示为 QA34-25 型剪刀板纵放联合冲剪机。该剪切机型号所表示的含义如下：

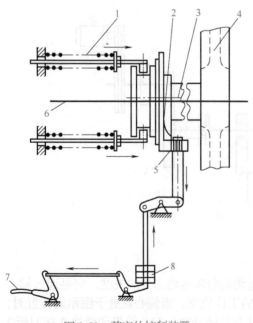

图 3-53　剪床的控制装置

1—弹簧；2—制动器；3—离合器；4—大齿轮；5—滚轮；
6—主轴；7—踏板；8—平衡重锤

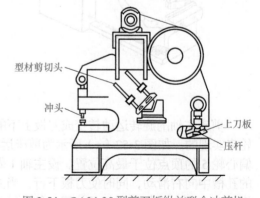

型材剪切头

冲头

上刀板

压杆

图 3-54　QA34-25 型剪刀板纵放联合冲剪机

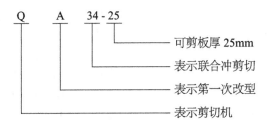

可剪板厚 25mm
表示联合冲剪切
表示第一次改型
表示剪切机

联合冲剪机的一头能冲孔，另一头能剪切，中部能剪切型钢，一机多用，以同一电动机为动力。

QA34-25 型剪刀板纵放联合冲剪机的技术性能见表 3-20。

表 3-20　QA34-25 型剪刀板纵放联合冲剪机的技术性能

可剪最大板厚 /mm		25	剪切型钢最大规格 /mm	圆钢	65
一次行程可剪扁钢 /mm		28×160		方钢	55
冲孔	厚度 /mm	25		角钢	50×150×8
	最大直径 /mm	35		T 字钢	150×150×18
滑块行程 /mm		36		工字钢	300×126×9
剪板刀片角度 /(°)		11		槽钢	300×85×7.5
剪板刀片长度 /mm		850	电动机功率 /kW		7.5

② 斜口剪床上的剪切工艺。剪切前应检查被剪板料的剪切线是否清晰，钢板表面必须清理干净。然后才可以将钢板置于剪床上进行剪切。当剪切条料时，如剪切线很短，仅有100～200mm 时，应使剪切线对准下刀口一次剪断。剪切时两手应扶住钢板，以免在剪切时移动，影响质量。

当剪切较大的钢板时，应用行车配合将钢板吊起，高度比下剪口略低，钢板四周由5～6 人同时扶住，如图 3-55 所示，主要的剪切工作由位置 1 和位置 3 的两人负责，其余协同配合，当开始剪切时由位置 1 人员负责对线与初剪，即钢板开口，开口以后的剪切对线基本上由位置 3 人员负责。对线时，可配合必要的手势，以便相互配合调控钢板的位置。每剪切一段长度后，必须协同钢板推进，当钢板剪过一段长度后，位置 2 人员可跑至对面位置，以压住被剪下的钢板，使钢板不被卡在剪刀上。钢板初剪正确与否，会影响整个钢板的剪切质量，如果初剪时有了偏差，在剪切过程中就很难进行校正。

为使初剪能正确进行，应将钢板上的剪切线对准下刀口，第一次剪切长度不宜过长，约3～5mm，以后再以 20～30mm 的长度进行剪切，待钢板的剪开长度达 200mm 左右，能足以卡住上下剪刀时，初剪才算完成，以后只要将钢板推足，对准剪切线进行剪切即可。

如果一张钢板上有几条相交的剪切线时，必须确定剪切的先后次序，不能任意剪切，如图 3-56 所示的几条剪切线，应按图中数字次序的先后剪切为宜，否则会使剪切造成困难。选择剪切先后次序的原则是，应使每次剪切能将钢板分成两块。

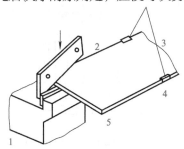

图 3-55　斜口剪床上人员站立的位置

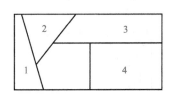

图 3-56　剪切顺序的选择

在斜口剪床上除能剪切直线外，还可以剪切曲率半径较大的曲线，因为这样的曲线可以近似看作是由一段段很短的直线组成的。剪切曲线时，根据其弯曲程度的不同，选择较小的进刀量，而且每剪一次都要调整一下钢板，使剪刀对准剪切线。由于钢板容易卡在刀口上，钢板的调整比较困难，这时常要借助于压低或抬高钢板。在剪切外弯曲线的前半段钢板时，应将钢板的外半块抬高，内半块下压，如图3-57（a）所示，图中的箭头为加力的方向，使剪切方向向外。当剪切后半块钢板时，应将钢板的外半块下压，内半块抬高，使剪切方向向内。如图3-57（b）所示为剪切内弯曲线的前半段时，应将钢板的外半块压低，内半块抬高，剪切后半段时相反。压低或抬高的程度，应根据曲线的曲率而定。用抬高或压低钢板的方法来调整剪切的方法，同样也可以用于剪切直线时的调整。

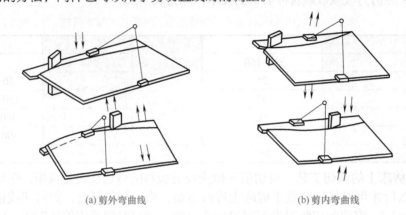

(a) 剪外弯曲线　　　　　　　　　　(b) 剪内弯曲线

图3-57　在斜口剪床上剪切曲线

（2）龙门剪床及龙门剪床上的剪切工艺

① 龙门剪床。龙门剪床是应用最广的一种剪切设备。它能剪切板料的宽度受剪刀刀刃长度的限制，因此是一条剪缝，不能像斜口剪床那样进行分段剪切。龙门剪床的刀刃长度要比斜口剪床长得多，以能剪切较宽的板料，剪切的厚度受剪床功率限制。根据传动装置的布置位置，龙门剪床分上传动和下传动两种。

下传动龙门剪床的传动装置布置在剪床的下部，优点是机架较轻巧，缺点是剪床周围部分的占地面积较大，因而对工作不便，这种剪床适用于剪切厚度在5mm以下的板材；上传动龙门剪床的传动装置在剪床的上部，它的结构比下传动复杂，用于剪切厚度在6mm以上的板料。

如图3-58所示为Q11-13×2500型剪板机，它的传动部分布置在剪床的上部，所以是上传动式。

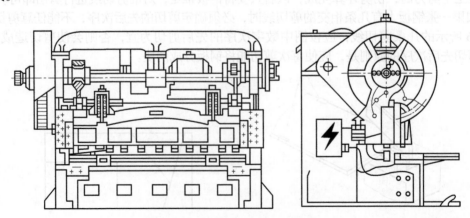

图3-58　Q11-13×2500型剪板机

剪板机型号的含义如下：

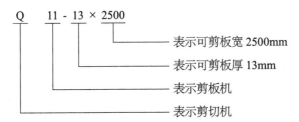

Q 11 - 13 × 2500

— 表示可剪板宽 2500mm
— 表示可剪板厚 13mm
— 表示剪板机
— 表示剪切机

该剪板机（图 3-59）由电动机经两级齿轮减速带动双曲柄轴，通过连杆带动上刀架上下运动。

板料在剪切前必须首先压紧，以防剪切过程中的移动或翘起，因此剪床上都有压紧装置，如图 3-60 所示为压料结构，当上刀架向下运动时，压料架随着下降，借弹簧压缩时的弹力压紧板料，压料力随着上刀架向下而增大，因此在剪切短料时，应尽量将板料放在刀片右边，这样压得较紧。

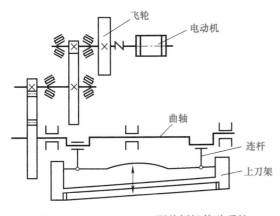

图 3-59　Q11-13×2500 型剪板机传动系统

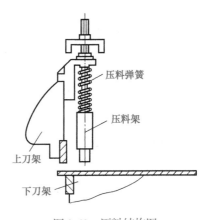

图 3-60　压料结构图

该剪板机采用转键式离合器，它是通过键的回转使主轴运动或停止。如图 2-61 所示为转键式离合器的结构，离合器安装在主轴的大齿轮轮壳中，齿轮轮壳与齿轮接合圈的外周用平键连接成一体，同时两青铜衬套压入齿轮轮壳的两端，并用定位螺钉连接。

通过拉杆系统使挡杆脱离，转键打手在拉力弹簧的作用下发生转动，转动角度为 30°。转键打手通过平面使转键一起回转一个角度，这时齿轮接合圈上的半圆形槽与转键啮合，齿轮通过键带动主轴旋转，当主轴旋转一周后，转键打手碰到挡杆，使转键回复到原位，齿轮与主轴脱离，弹簧处于拉紧状态。离合器左面部分是用于剪床倒车时的装置（见图 3-61 B—B 剖视），当将弹簧销插入时，使爪子与外接合圈的外圆轮槽啮合，剪床主轴就可以进行倒转，这种情况只有在剪床发生故障使刀架卡住时才使用。

龙门剪床的制动器常采用带式刹车，用凸轮控制刹车装置，使上刀架停在最高位置。如图 3-62 所示为制动器结构。制动盘装在剪床主轴上，用键连接，制动凸轮与制动盘用螺栓连成一体，弯脚的一端设有滚轮，与凸轮的外周接触。制动带绕在制动盘的外周上，一端固定在机架上，另一端与弹簧杆相连，弹簧杆上装有压力弹簧，使制动带张紧。当制动凸轮处于图示位置时，制动带张紧，上刀架停在最高位置，当剪床启动后，主轴按逆时针方向转动，为避免由于上刀架的重量而在下行时加速，制动带在弹簧的张力作用下仍有很大的摩擦力。当主轴旋转 180° 后，上刀架开始上行，制动带就松开，当刀架移至最高位置时，制动带又开始拉紧，使主轴停止转动。制动带通过工作时承受摩擦和拉力实现制动。制动带由两层组成，内层为铜丝石棉，以承受摩擦，外层用钢皮，以承受拉力，两层用铆钉连接。制动力的大小可用弹簧杆上的螺母调整。

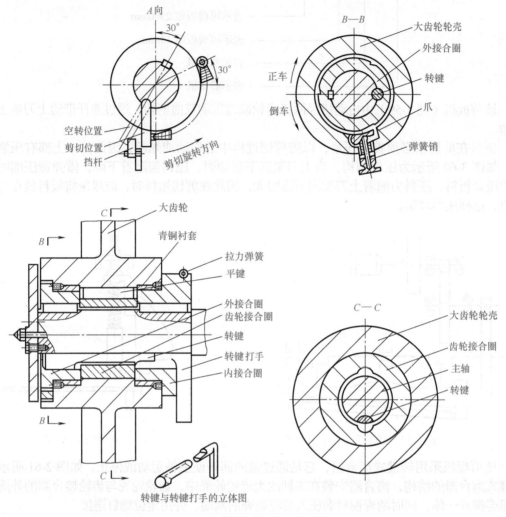

图 3-61　转键式离合器的结构

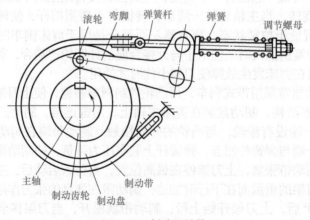

图 3-62　制动器结构

剪切时为使板料便于送进，在剪床的台面上设有滚珠装置，如图 3-63（a）所示为一种简单的送料滚珠结构，滚珠比台面略高，滚珠依靠弹簧顶住。如图 3-63（b）所示为液压式的送料滚珠，由液压控制，当压紧装置压住板料，在剪刀运动之前，它已凹入工作台面以下，当剪切工作结束，它立即凸出工作台面以上 3～4mm。当不用送料滚珠时，可将通往送料滚珠管路的截门关闭，这时送料滚珠便凹入工作台面以下 2～3mm。

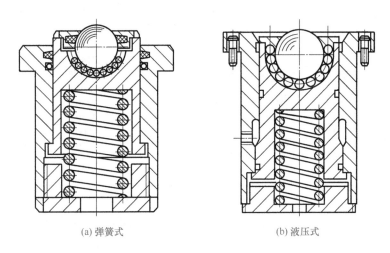

(a) 弹簧式　　　　　　　　　　　(b) 液压式

图 3-63　送料滚珠

龙门剪板机除用机械传动结构外，还有的用液压作为动力，利用油压推动活塞，带动上刀架运动，这种剪板机称为液压剪板机。

如图 3-64 所示为 QY11-20×4000 型液压龙门剪板机油缸及上刀架。两个油缸左右对称地布置在机器的两侧，缸体 1 通过轴 2 支承在机架 3 上，活塞杆 4 用轴 5 与上刀架 6 连接，下刀 8 固定在下刀架上。上刀架为焊接结构，具有良好的刚性，它以偏心轴为中心做往复摆式运动。转动偏心轴可改变上下刀口间的间隙。

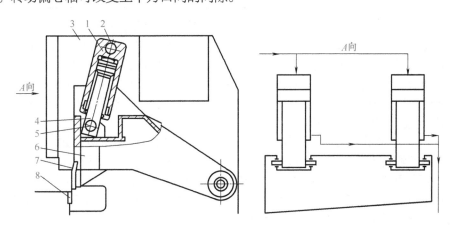

图 3-64　QY11-20×4000 型液压龙门剪板机油缸及上刀架示意图
1—缸体；2,5—轴；3—机架；4—活塞杆；6—上刀架；7—上刀刃；8—下刀

当油缸内通入高压油后推动活塞与活塞杆运动，通过轴 5 使上刀架绕偏心轴转动，使上刀刃 7 向下进行剪切。改变高压油的通路，使上刀架复位。

常用龙门剪床的型号和技术参数见表 3-21 和表 3-22。

表3-21 几种机械式龙门剪床的型号和技术参数

技术参数		型 号						
		Q11-20×3200	Q11-8×2500	Q11-8×1500	Q11-6×2500	Q11-4×2000	Q11-3×1500	Q11-3×1300
最大厚度/mm		20	8	8	6	4	3	3
最大宽度/mm		3200	2500	1500	2500	2000	1500	1300
强度极限/MPa		≤450	≤450	≤450	≤450	≤450	≤450	≤450
连续行程次数/（次/min）		20	50	50	50	55	60	50
满负荷剪切次数/（次/min）		—	8	8	10	8	10	8
剪切角度		3°	2°14′	2°14′	2°14′	2°14′	1°35′	2°14′
挡料长度/mm		750	10～580	10～550	10～580	8～340	8～340	8～340
电动机功室/kW		—	11	7.5	7.5	5.5	3	3
外形尺寸/mm	长	4153	3560	2523	3523	2880	2300	2130
	宽	3150	1700	1655	1655	1430	1400	1300
	高	3210	1690	1602	1602	1700	1650	1600
质量/kg		14200	5600	4400	5200	3100	1650	1430

表3-22 几种液压式龙门剪床的型号和技术参数

技术参数		型 号						
		QC12Y-6×2500	QC12Y-8×2500	QC12Y-8×4000	QC12Y-12×2500	QC12Y-12×3200	QC12Y-16×2500	QC12Y-20×2500
最大厚度/mm		6	8	8	12	12	16	20
最大宽度/mm		2500	2500	4000	2500	3200	2500	2500
空行程次数/（次/min）		15	14	10	12	12	16	20
剪切角度		1°30′	1°30′	1°30′	1°40′	1°40′	2°	2°30′
挡料长度/mm		20～500	20～500	20～600	20～600	20～600	20～600	20～800
电动机功率/kW		7.5	11	155	18.5	18.5	22	37
外形尺寸/mm	长	3040	3040	4640	3140	3880	3140	3440
	宽	1610	1700	1950	2150	2150	2150	2300
	高	1620	1700	1700	2000	2000	2000	2500
质量/kg		5500	6200	8000	10000	11500	11000	15000

　　② 龙门剪床上的剪切工艺。剪切前同样需要将钢板表面清理干净，并画出剪切线。然后将钢板吊至剪床的工作台面上，并使钢板重的一端放在剪床的台面上，以提高它的稳定性，然后调整钢板，使剪切线的两端对准下刀口。要两人操作，其中一人指挥，两人分别站立在钢板的两旁。剪切线对准后，控制操纵机构，剪床的压紧机构先将钢板压牢，接着进行剪切。一次就可以完成线段的剪切，而不像斜口剪床那样分几段进行，所以剪切操作要比斜口剪床容易。龙门剪床上的剪切长度不超过下刀口长度。

　　剪切狭料时，在压料架不能压住板料的情况下，可加垫板和压板，如图3-65所示。将被剪板料的剪切线对准下刀刃，选择厚度相同的板料作为垫板，置于板料的后面，再用一压板盖在被剪板料和垫板上，剪切时，压紧装置压在压板上，借助压板使板料压紧，当剪切尺寸相同而数量又较多的钢板时，可利用挡板定位，这样可免去画线工序。剪切时也不必对线，将钢板靠紧挡板进行剪切，从而可大大提高剪切的效率。

　　挡板分前挡板、后挡板和角挡板三种，如图3-66所示。

　　用后挡板剪切时，必须先调节后挡板位置，使之与下刀刃距离为所需的剪切尺寸，然后将挡板固定，便可进行剪切，如图3-66（a）所示。利用前挡板进行剪切时，应调节前挡板的位置，使之与下刀刃的距离为所需的尺寸，如图3-66（b）所示。利用角挡板可剪切平行四边形或不规则四边形的板料。调整角挡板时，可先将样板放在剪床的床面上，并对齐下刀刃，然后调整一只或两只角挡板，使之与样板边靠紧并固定，取出样板后就可剪切，如图

3-66（c）、（d）所示。

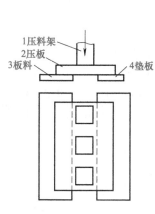

图 3-65　利用垫板压紧的剪切

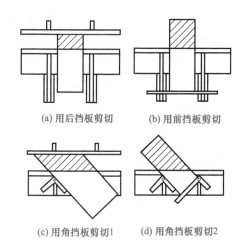

(a) 用后挡板剪切　　　(b) 用前挡板剪切

(c) 用角挡板剪切1　　(d) 用角挡板剪切2

图 3-66　利用挡板剪切

　　凡利用挡板进行剪切时，必须先进行试剪，并检验被剪尺寸是否正确，然后才能成批剪切。

　　（3）振动剪

　　振动剪是一种万能性的板材加工机械，除能进行剪切外，还可用来冲孔、冲型、冲槽、切口、翻边、成形等，用途相当广泛，适用于板件的中、小批和单件生产，被加工的板料厚度一般在 10mm 以下。这种剪床由于具有体积小、重量轻、容易制造、工艺性广、工具简单等优点，具有一定的推广价值。如图 3-67 所示为振动剪床，它是通过曲柄连杆机构带动刀杆做高速往复运动进行剪切的，行程数由每分钟数百次到数千次不等，刀杆上装有冲头，能沿着画线或靠模对被加工板料进行逐步剪切或冲压成形。

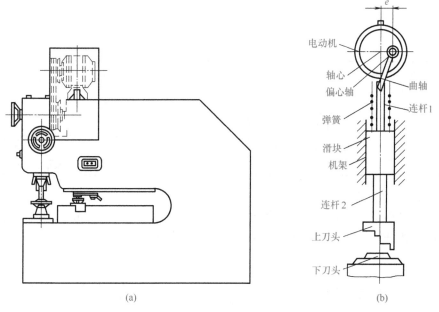

(a)　　　　　　　　　　　　(b)

图 3-67　振动剪床外形及原理

　　如图 3-67（b）所示为振动剪床的工作原理，主轴围绕轴心转动。主轴端有偏心轴，曲轴就装在上面，曲轴连着连杆 1，连杆 2 连着滑块及上刀头，滑块由机架导向。当电动机转动时，偏心轴绕轴心旋转，因此通过曲轴连杆机构，使上刀头上下运动，进行剪切或冲压（下刀头固定不动）。上刀头的最大行程为偏心距 e 的 2 倍。上刀头的行程可以调节，这时只要改变轴心上的位置，当偏心轴的轴心与主轴的轴心重合时，行程等于零。弹簧的作用在于：使刀头上下时不致有突然的冲击。

这种剪切机的刀头可以做成回转的，当剪切直线时，不必回转刀头，而当剪切曲线时，可以不必转动板料，而只要转动刀头即可。当被剪材料的曲率半径较小时，切口长度应较短（3～5mm）；曲率半径较大时，切口长度可较长（7～10mm）。所以振动剪的行程可调节。

当振动剪用作冲槽、翻边、成形等时，可调换上下刀头，改用别的附件进行操作。

（4）剪床的安全技术及维护

在启动剪床前，必须清除周围一切可能妨碍正常工作或安全操作的物件，工作台上切勿放置杂物工具，以免轧入刀口，造成事故。对剪好的材料要及时运走。

剪切时必须按操作程序进行，不许过载和数块板料重叠起来剪切。在斜口剪床上操作时，两手不能离刀口很近，以免剪切时材料翻翘而造成事故。在龙门剪床上操作时，手虽不会触及刀口，但不能置于压紧装置的下部。剪床在启动后，不得进行检修或做清洁工作。如在使用时，发生不正常的现象，应立即停止使用，迅速切断电源，进行检修。

电器线路应有良好的绝缘，电动机和其他电器应接地。

刀片刃口应保持锋利，如发现损坏或迟钝应及时检修磨砺或调换。

各润滑点必须按规定时间加油。但刀刃处不可加油，并应保持干燥，否则当剪切较厚的尤其是脆性的材料时容易被推开，造成事故。

（5）剪切对钢材质量的影响

剪切是一种高效率切割金属的方法，切口也较光洁平整，但也有一定的缺点，例如材料经剪切后会发生弯扭变形，剪后必须进行矫正。此外，如果刀片间隙不适当，剪切断面粗糙并带有毛刺。在剪切过程中，由于切口附近金属受剪力作用发生挤压、弯曲而变形，由此引起金属的硬度、屈服强度提高，而塑性下降，材料变脆，这称为冷作硬化，硬化区域的宽度与下列因素有关，见表 3-23。

表 3-23　剪切对钢材质量的影响因素

类别	说　明
钢材的力学性能	钢材的塑性越好，则变形区域越大，硬化区域的宽度也越大；反之，材料的硬度越高，则硬化区域宽度越小
钢板的厚度	厚度越大则变形越大，硬化区域宽度也越大；反之，则越小
刀片间隙 S	间隙越大，则材料受弯情况越严重，故硬化区域也越宽
上刀刃斜角 ϕ	斜角 ϕ 越大，当剪切同样厚度的钢板时，如果剪切力越小，则硬化区域宽度也越小
刀刃的锐利程度	刀刃越钝，则剪力越大，硬化区域宽度也增大
压紧装置的位置与压紧力	当压紧装置越靠近刀刃，而压紧力越大时，材料就越不易变形，硬化区域宽度也就减少

综上所述，由于剪切而引起钢材冷作硬化的宽度与多种因素有关，是一个综合的结果。当被剪钢板厚度小于 25mm 时，其硬化区域的宽度一般在 1.5～2.5mm 范围内。因此，对于制造重要的结构件时，应将硬化区域用铣削或刨削法去除。

第三节　冲裁下料

冲模是通过冲裁模来完成板料的分离。冲裁也是钢材切割下料的一种方法，在大批量生产时，采用冲裁分离可以提高生产率，易于实现机械化和自动化，因此在机械制造、汽车、拖拉机、国防工业等方面，得到广泛的应用。

冲裁分落料和冲孔两种。如果冲裁时，沿封闭曲线以内被分离的板料是零件时，称为落料。反之，封闭曲线以外的板料作为零件时，称为冲孔。例如冲制一个平板垫圈，冲其外形时称为落料。冲内孔时称为冲孔。落料和冲孔的原理相同，但在考虑模具工作部分的具体尺寸时，有所区别。

冲裁可以制成成品零件，也可以为弯曲、压延和成形等工艺准备毛坯。冲裁用的主要设备是曲柄压力机和摩擦压力机等。

一、冲裁原理

如图 3-68 所示为简单冲裁模，它是由凸模、凹模和模架组成。模架包括上、下模座，导向装置，承料导料装置和卸料装置。冲裁出外形称为落料，冲裁出内孔称为冲孔。一般情况下，凸模在上，凹模在下，板料位于凸凹模之间。凸模安装在压力机的模座上。模具的工作部分是凸模和凹模，它们都具有锋利的刃口。凸凹模之间具有一定的间隙，凸模向下运动时穿过板料进入凹模，板料在模具间隙的区域内由于剪切和拉伸作用形成断裂层，使板料分离而完成冲裁过程。该过程如图 3-69 所示。

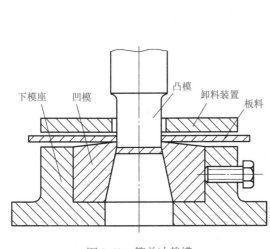

图 3-68　简单冲裁模

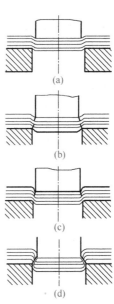

图 3-69　冲裁时板料的分离过程

① 在凸模的压力作用下，在板料与凸凹模刃口接触处，产生很小的压缩弯曲圆角，并形成弹性弯曲，如图 3-69（a）所示。

② 凸模继续压下，部分板料被压入凹模内，板料受到拉伸和弯曲，板料的内应力超过了屈服极限，开始产生塑性变形，部分金属被挤入凹模，板料在凸模和凹模刃口部位，产生应力集中，开始出现微裂纹，如图 3-69（b）所示。

③ 由于凸模的继续下压，板料在刃口处的裂纹扩展，形成光亮的剪切断面，当上下层裂纹重合时，板料分离，如图 3-69（c）、（d）所示。

冲裁过程的板料变形与剪切相同，经过弹性变形、塑性变形、裂纹扩张断裂，断面出现如图 3-70 所示的圆角带 A、光亮带 B 和断裂带 C。圆角带 A 是在冲裁过程中塑性变形开始时，由金属纤维的弯曲和拉伸造成的；光亮带 B 是在金属产生塑性剪切变形时形成的，表面比较光亮；断裂带 C 是拉应力作用，使金属纤维断裂而形成的。在孔的断面上，也有相应的三个区域，但分布位置与冲裁件相反。

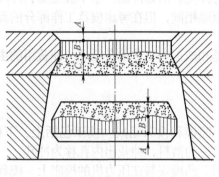

图 3-70　冲裁件断面

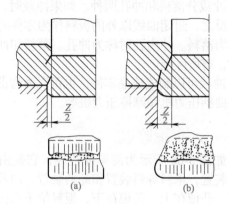

图 3-71　间隙不合理时板料的断面情况

二、冲裁件的质量

（1）冲裁件的质量指标

冲裁件的质量指标主要有：断面质量、尺寸精度和毛刺状态。

（2）影响冲裁质量的因素

影响冲裁质量的因素主要有：凸、凹模间的间隙大小及其分布均匀性，刃口状态，模具制造精度，冲裁件材料的性质，冲裁速度等。

（3）冲裁件的质量分析

冲裁件的质量分析见表 3-24。

表 3-24　冲裁件的质量分析

类别		说　明
断面质量		影响断面质量的主要因素是凸模与凹模的间隙，如间隙合理，冲裁时上、下刀口处所产生的裂纹就能重合，如图 3-70 所示。当间隙过小或过大时，就会使上、下裂纹不能重合。间隙过小时，凸模刃口处的裂纹比合理间隙时向外错开一段距离。如图 3-71（a）所示，上、下两裂纹中间的一部分材料，随着冲裁的进行，将被第二次剪切，在断面上形成第二光亮带。在两个光亮带之间，形成撕裂的毛刺和层片。间隙过大时，凸模刃口处的裂纹向里错开一段距离，如图 3-71（b）所示，材料受拉伸和弯曲，使断面光亮带减小，毛刺圆角和锥度都会增大
尺寸精度	冲模的制造精度不够	冲模的制造精度对冲裁件的尺寸精度有着直接的影响，冲模的制造精度越高，则冲裁件的精度也越高
	材料性质和厚度	材料的相对厚度 t/D（t 为厚度；D 为冲裁件直径）越大，弹性变形量越小，因而冲裁零件的尺寸精度就越高
	凸模和凹模间的间隙	落料时，如果间隙过大，材料除剪切外，还产生拉伸弹性变形，冲裁后由于回弹而使零件尺寸有所减小，减小的程度随间隙的增大而增大。如间隙过小，材料除剪切外，还产生压缩弹性变形，冲裁后由于回弹而使零件尺寸有所增大，增大的程度随间隙的减小而增加
	冲裁零件的形状和尺寸等	冲裁件的尺寸越小，形状越简单，其尺寸精度则要比形状复杂、尺寸大的零件高
毛刺		除冲裁间隙不合理能造成零件的毛刺外，凸模或凹模的刃口因磨损而形成圆角时，零件的边缘也会出现毛刺，如图 3-72 所示。凸模刃口变钝时，在零件的边缘产生毛刺；凹模刃口变钝时，在孔口的边缘产生毛刺；凸模和凹模刃口都变钝时，则在零件的边缘与孔口边缘都会产生毛刺。不均匀的间隙也会使零件产生局部毛刺。对于产生的毛刺应查明原因，加以解决。很大的毛刺是不允许的，如有不可避免的微小毛刺，应在冲裁后设法消除

类别	说　明
毛刺	 (a) 凸模刃口弯钝　　(b) 凹模刃口弯钝　　(c) 凸、凹模刃口弯钝 图 3-72　刃口变钝时毛刺的形成
冷作硬化	在接近冲裁模刃口处的金属，由于有很大的塑性变形而产生冷作硬化现象，使材料的硬度提高约 40%～60%，同时改变材料的物理性能（如磁性降低），冷作硬化层的深度（半径方向）与材料的性质和厚度有关，约为（30%～60%）t（t 是材料厚度），因此在某些情况下，为了继续作冷变形和恢复其物理性能，冲裁后的零件需经退火处理

三、冲床基本结构与工作原理

冲裁一般在冲床上进行。常用的冲床有曲轴冲床和偏心冲床两种，两者的工作原理相同，差异主要是工作的主轴不同。

曲轴冲床的基本结构如图 3-73 所示，工作原理如图 3-74 所示。冲床的床身与工作台是一体的，床身上有与工作台面垂直的导轨，滑块可沿导轨做上下运动。上、下冲裁模分别装在滑块和工作台面上。

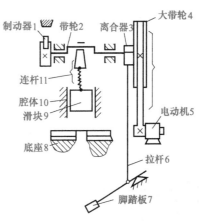

图 3-73　曲轴冲床结构　　　　图 3-74　曲轴冲床工作原理

冲床工作时，先是电动机 5 通过 V 带带动大带轮 4 空转。踏下脚踏板 7 后，离合器 3 闭合，并带动带轮 2 旋转，再经过连杆 11 带动滑块 9，沿导轨做上下往复运动，进行冲裁。如果将踏板踏下后立即抬起，滑块冲裁一次后，便在制动器 1 的作用下，停止在最高位置上；如果一直踩住踏板，滑块就不停歇地做上、下往复运动，以进行连续冲裁。

冲床的技术参数对冲裁工作影响较大。进行冲裁加工，要根据技术性能参数选择冲床。冲床吨位与额定功率是两项标志冲床工作性能的指标，实际冲裁零件所需的冲裁力与冲裁功必须小于冲床的这两项指标。薄板冲裁时，所需的功率较小，一般可不考虑。

冲床的闭合高度，即滑块在最低位置时，下表面至工作台的距离。冲床的闭合高度与模具的闭合高度相适应。滑块在最高位置至最低位置所滑行的距离，也称冲程。冲床滑块行程的大小，应能保证冲床冲裁时顺利进、退料。

冲裁时模具尺寸应与冲床工作台面尺寸相适应，应保证模具牢固地安装在台面上。其他技术参数影响较小，可根据具体情况适当选定。

四、冲裁模具结构、间隙及尺寸的确定

冲裁加工的零件多种多样，冲裁模具的类型也很多，常用的模具是在冲床每一次冲程中只完成一道冲裁工序的简单冲裁模。这里，以简单冲裁模为主，介绍有关冲裁模具的一些知识。

（1）冲裁模具结构

冲裁模具的结构形式很多，但无论何种形式，其结构组成都要考虑以下几个方面，见表3-25。

表3-25　冲裁模具结构的组成

结构组成	说　明
凸模和凹模	这是直接对材料产生剪切作用的零件，是冲裁模具的核心部分。由图3-75中凸模10和凹模8组成，凸模10固定在上模板2上，凹模8固定在下模板6上
定位装置	其作用是保证冲裁件在模具中的准确位置。由图3-75中导板11和定位销9组成，固定在下模架上，控制条料的送进方向和送进量
卸料装置	卸料装置包括出料零件，其作用是使板料或冲裁下的零件与模具脱离。当冲裁结束，凸模10向上运动时，连带在凸模上的条料被刚性卸料板12挡住落下。此外，凹模上向下扩张的锥孔，有助于冲裁下的材料从模具中脱出
导向装置	其作用是保证模具的上、下两部分具有正确的相对位置。图3-75中导套3和导柱4即此模具的导向装置。工作时，装在导模板上的导套在导柱上滑动，使凸模与凹模得以正确配合
装卡、固定装置	其作用是保证模具与机床、模具与零件间连接的稳定、可靠。图3-75中的上模板2、下模板6、模柄1、压板5和7及图中未画出的螺柱、螺钉等，都属装卡、固定零件。靠这些零件将模具各部分组合装配，并固定在冲床上

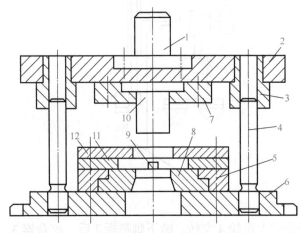

图3-75　简单冲裁模具组成

1—模柄；2—上模板；3—导套；4—导柱；
5,7—压板；6—下模板；8—凹模；
9—定位销；10—凸模；11—导板；12—卸料板

冲裁模具还可根据不同冲裁件的加工要求，增加其他装置。例如为防止冲件起皱和提高冲裁断面质量而设置压料圈等。

（2）冲裁模具间隙

冲裁模的凸模尺寸总要比凹模小，其间存在一定的间隙。设凸模刃口部分尺寸为d，凹模刃口部分尺寸为D，如图3-76所示，则冲裁模具间隙Z（双边）可用下式表示：

$$Z=D-d$$

冲裁模具是一个重要的工艺参数。合理的间隙除能保证工件良好的断面质量和较高的尺寸精度外，还能降低冲裁力，延长模具的使用寿命。

合理的间隙值，是一个尺寸范围。

间隙尺寸范围的上限称为最大合理间隙Z_{max}，下限为最小合理间隙Z_{min}。凸模与凹模在工作过程中，必然会有磨损，使间隙逐渐增大。因此，制造新模具时，应采用合理间隙最小值。但对尺寸精度要求不高的零件，为减少模具的磨损，可采用大一些的间隙。

合理间隙大小与很多因素有关，其中最主要的是材料的力学性能和板厚。钢板冲裁时的合理间隙值，可以由表3-26查得。

表 3-26 冲裁模具的合理间隙值（双边）　　　　　　　　　　　　　　　　单位：mm

材料厚度	08、10、35、09Mn、Q235-A		16Mn		40、50		65Mn	
	Z_{min}	Z_{max}	Z_{min}	Z_{max}	Z_{min}	Z_{max}	Z_{min}	Z_{max}
< 0.5	无间隙							
0.5	0.040	0.060	0.040	0.060	0.040	0.060	0.040	0.060
0.6	0.048	0.072	0.048	0.072	0.048	0.072	0.048	0.072
0.7	0.064	0.092	0.064	0.092	0.064	0.092	0.064	0.092
0.8	0.072	0.104	0.072	0.104	0.072	0.104	0.064	0.092
0.9	0.090	0.126	0.090	0.126	0.090	0.126	0.090	0.126
1.0	0.100	0.140	0.100	0.140	0.100	0.140	0.090	0.126
1.2	0.126	0.180	0.132	0.180	0.132	0.180	—	—
1.5	0.132	0.240	0.170	0.240	0.170	0.230	—	—
1.75	0.220	0.320	0.220	0.320	0.220	0.320	—	—
2.0	0.246	0.360	0.260	0.380	0.260	0.380	—	—
2.1	0.260	0.380	0.280	0.400	0.280	0.400	—	—
2.5	0.360	0.500	0.380	0.540	0.380	0.540	—	—
2.75	0.400	0.560	0.420	0.600	0.420	0.600	—	—
3.0	0.460	0.640	0.480	0.660	0.480	0.660	—	—
3.5	0.540	0.740	0.580	0.780	0.580	0.780	—	—
4.0	0.640	0.880	0.680	0.920	0.680	0.920	—	—
4.5	0.720	1.000	0.680	0.960	0.780	1.040	—	—
5.5	0.940	1.280	0.780	1.100	0.980	1.320	—	—
6.0	1.080	1.440	0.840	1.200	1.140	1.500	—	—
6.5	—	—	0.940	1.300	—	—	—	—
8.0	—	—	1.200	1.680	—	—	—	—

（3）凸模与凹模刃口尺寸的确定

冲裁件的尺寸、尺寸精度和冲裁模间隙，都取决于凸模和凹模刃口尺寸和公差。因此，正确地确定冲裁模刃口尺寸及其公差十分重要。由于冲裁时，落料件的尺寸接近于凹模刃口的尺寸，冲孔件的尺寸接近于凸模刃口的尺寸，如图 3-77 所示，因此凸模与凹模的刃口尺寸，应按照表 3-27 给出的原则确定。

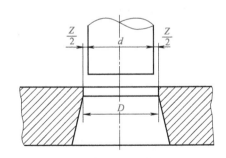

图 3-76　冲裁模具间隙

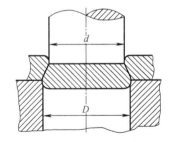

图 3-77　冲裁件尺寸与凸、凹模尺寸的关系

表 3-27　凸模与凹模刃口尺寸的确定原则

类别	说　明
落料时，先确定凹模刃口尺寸	凹模刃口的名义尺寸，取接近或等于孔的最小极限尺寸，以保证凹模磨损在一定范围内也能冲出合格的零件。凸模刃口的名义尺寸，则按凹模刃口的名义尺寸减小一个最小合理间隙
冲孔时，先确定凸模刃口尺寸	凸模刃口的名义尺寸，取接近或等于孔的最大极限尺寸，以保证凸模磨损在一定范围内也能使用。而凹模刃口的名义尺寸，则按凸模刃口的名义尺寸加一个最小合理间隙。 根据上述原则，得到冲裁模刃口尺寸的关系式：

类别	说　明
冲孔时，先确定 凸模刃口尺寸	落料：$D_凹=(D_{max}-x\Delta)+\delta_凹$ 　　　$D_凸=(D_凹-Z_{min})-\delta_凸$ 冲孔：$d_凸=(d_{min}+x\Delta)-\delta_凸$ 　　　$d_凹=(d_凸+Z_{min})+\delta_凹$ 式中　$D_凹,D_凸$——落料凹、凸模公称尺寸，mm； 　　　$d_凹,d_凸$——冲孔凹、凸模公称尺寸，mm； 　　　D,d——落料、冲孔件的公称尺寸，mm； 　　　Δ——零件的制造公差，mm； 　　　Z_{min}——最小合理间隙，mm； 　　　$\delta_凸,\delta_凹$——凸、凹模的制造公差（可由表3-28查得），mm； 　　　x——磨损系数，取0.5～1，与制造精度有关。可查表3-29或按下面关系选取 　　　　制件精度5级以下，$x=1$；制件精度6～7级，$x=0.75$；制件精度8级以上， 　　　　$x=0.5$ 当凸、凹模按图样分别加工时，应保证下述关系： $$\delta_凸+\delta_凹\leqslant Z_{max}-Z_{min}$$ 式中　Z_{max}——最大合理间隙，mm 　　　实际上，目前广泛采用"配作法"来加工冲模，尤其是对于Z_{max}和Z_{min}差很小的冲模，或刃口形状较复杂的冲模更要采用配作法。应用配作法，落料时应先计算尺寸制出凹模，然后根据凹模的实际尺寸，按最小合理间隙配制凸模；冲孔时则先按计算尺寸制造凸模，然后根据凸模的实际尺寸，按最小合理间隙配制凹模。这种制造冲模方法的特点是模具的间隙由配制保证，工艺比较简单，不必校$\delta_凸+\delta_凹\leqslant Z_{max}-Z_{min}$的条件，并且在加工基准件时，可适当放宽公差（通常取$\delta=1/4\Delta$），使加工容易进行
凸模与凹模 配合加工	由于凸、凹模分开加工的方法，对模具制造公差要求小，而造成模具制造困难，成本提高，特别是单件生产时采用这种方法更不经济。因此，对于单件生产的模具或冲制复杂零件的模具，其凸、凹模常常采用配合加工的方法。配合加工的方法是先按制件的尺寸和公差加工凹模（或凸模），然后以此为基准加工凸模（或凹模）。这种方法不仅容易保证间隙，而且还可以放大模具的制造公差，故目前一般工厂都采用这种方法 冲裁件及模具如图3-78所示。配合加工刃口尺寸计算方法见表3-30 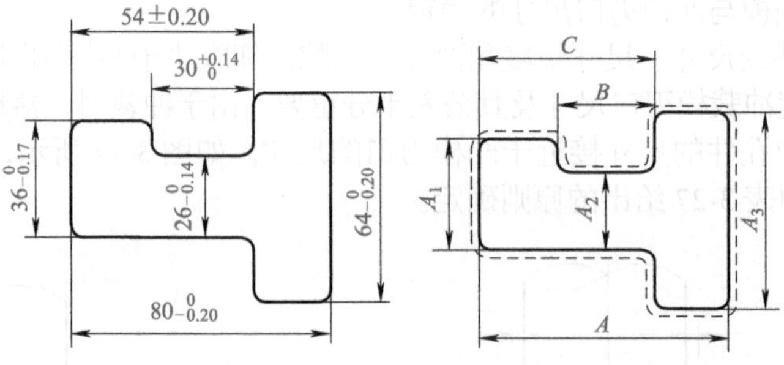 图3-78　冲裁件及模具

表3-28　规则形状（圆形、方形）冲裁凸、凹模的制造公差

公称尺寸/mm	凸模偏差$\delta_凸$/mm	凹模偏差$\delta_凹$/mm
＜18		+0.020
＞18～30	−0.020	+0.025
＞30～80		+0.030
＞80～120	−0.025	+0.040
＞120～180	−0.030	+0.040
＞180～260		+0.045
＞260～360	−0.035	+0.050
＞360～500	−0.040	+0.060
＞500	−0.050	+0.070

表 3-29　磨损系数 x

材料厚度 t/mm	非圆形 /mm			圆形 /mm	
	1	0.75	0.5	0.75	0.5
	制件公差 /mm				
～1	<0.16	0.17～0.35	≥0.36	<0.16	≥0.16
>1～2	<0.20	0.21～0.41	≥0.42	<0.20	≥0.20
>2～4	<0.24	0.25～0.49	≥0.50	<0.24	≥0.24
>4	<0.30	0.31～0.59	≥0.60	<0.30	≥0.30

表 3-30　配合加工刃口尺寸计算方法

类别	说　明
落料	落料时应以凹模为基准件来配作凸模，并按凹模磨损后尺寸变大、变小、不变的规律分三种情况进行计算： ① 凹模磨损后可能变大的尺寸，如图 3-78（b）所示尺寸 A_1、A_2、A_3，按一般落料凹模尺寸公式计算： $$A_凹 = (A - x\Delta)^{+\delta_凹}$$ ② 凹模磨损后变小的尺寸，如图 3-78（b）中尺寸 B，按一般冲孔凸模公式计算： $$B_凹 = (B + x\Delta)_{-\delta_凹}$$ ③ 凹模磨损后没有变化的尺寸，如图 3-78（b）中尺寸 C，可分为三种情况： 第一种：当制件尺寸标注为 $C^{+\Delta}$ 时，计算公式为 $$C_凹 = (C + 0.5\Delta) \pm \delta_凹$$ 第二种：当制件尺寸标注为 $C_{-\Delta}$ 时，计算公式为 $$C_凹 = (C - 0.5\Delta) \pm \delta_凹$$ 第三种：当制件尺寸标注为 $C \pm \Delta'$ 时，计算公式为 $$C_凹 = C \pm \delta_凹$$ 上述公式中，$A_凹$、$B_凹$、$C_凹$ 为凹模尺寸；A、B、C 为相应的制件名义尺寸；Δ 为制件公差；Δ' 为制件偏差；$\delta_凹$ 为凹模制造偏差 通过取 $\delta_凹 = \Delta/4$，当标注为 $\pm\delta_凹$ 时，取 $\delta_凹 = \Delta/8$ 以上是落料时凹模尺寸的计算方法，相应的凸模尺寸按凹模尺寸配制，并保证最小间隙 Z_{min}。在图纸技术要求上应注明：凸模尺寸按凹模实际尺寸配制，保证最小间隙 Z_{min}
冲孔	材料为 40 钢，厚为 6mm，尺寸如图 3-79 所示。确定其凹、凸模刃口尺寸及制造公差 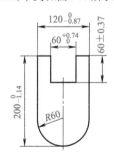 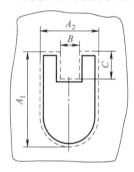 图 3-79　支板歪料示意 ① 凹模磨损后，尺寸 A_1 和 A_2 增大。即按一般落料凹模尺寸公式计算： $$A_{1凹} = (200 - 0.5 \times 1.14)^{+(1/4) \times 1.14} = 199.43^{+0.285}$$ $$A_{2凹} = (120 - 0.5 \times 0.87)^{+(1/4) \times 0.87} = 119.565^{+0.22}$$ 由表 3-29 查得 $x_1 = 0.5$，$x_2 = 0.5$ ② 凹模磨损后，尺寸 B 减小，它在凹模上相当于冲孔凸模尺寸公式计算： $$B_凹 = (60 + 0.5 \times 0.74)_{-(1/4) \times 0.74} = 60.37_{-0.19}$$ 由表 3-29 查得 $x = 0.5$ ③ 凹模磨损后，尺寸 C 没有变化。制件尺寸标注为 60 ± 0.37，故按下式进行计算： $$C_凹 = C \pm \delta_凹 = 60 \pm (1/8) \times 0.74 = 60 \pm 0.09$$ 查表 3-26 得 $Z_{min} = 1.14$。凸模尺寸按凹模实际尺寸配作，保证 1.14mm 间隙

五、冲裁力

冲裁力是指冲裁时，材料对凸模的最大抵抗力，它是检验冲模强度的依据。

有关冲裁力的计算及降低冲裁力的方法如下：

（1）冲裁力的计算公式（在平刃冲模上冲裁时所需的冲裁力）

冲裁力的计算公式为：

$$P=KLt\tau$$

式中　P——冲裁力，N；

　　　L——冲裁零件的周长，mm；

　　　t——冲裁零件的厚度，mm；

　　　τ——材料的抗剪强度，MPa；

　　　K——系数。

由于冲模刃口的磨损，凸模与凹模间间隙值的变动或分布不均，板料的力学性能和厚度变化，等，可能使实际所需的冲裁力比计算结果大，一般取 $K=1.3$。

为计算方便可用公式：

$$P=Lt\sigma_b$$

式中　σ_b——材料的抗拉强度，MPa。

（2）降低冲裁力的方法

用平刃冲模进行冲裁时，是沿着整个零件的外形轮廓同时发生剪切作用，所以冲裁力较大。为了降低冲裁力，实现用小设备冲裁大工件，可采用带斜刃的冲模、凸模的阶梯布置法和加热方法等（表 3-31）。

表 3-31　降低冲裁力的方法

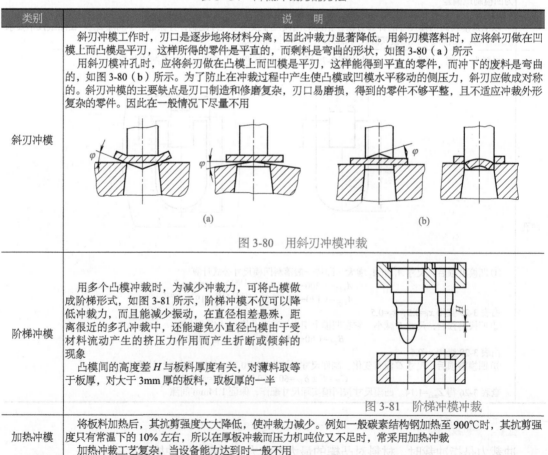

类别	说　明
斜刃冲模	斜刃冲模工作时，刃口是逐步地将材料分离，因此冲裁力显著降低。用斜刃模落料时，应将斜刃做在凹模上而凸模是平刃，这样所得的零件是平直的，而剩料是弯曲的形状，如图 3-80（a）所示 用斜刃模冲孔时，应将斜刃做在凸模上而凹模是平刃，这样能得到平直的零件，而冲下的废料是弯曲的，如图 3-80（b）所示。为了防止在冲裁过程中产生使凸模或凹模水平移动的侧压力，斜刃应做成对称的。斜刃冲模的主要缺点是刃口制造和修磨复杂，刃口易磨损，得到的零件不够平整，且不适应冲裁外形复杂的零件。因此在一般情况下尽量不用 （a）　　　　　　　　　（b） 图 3-80　用斜刃冲模冲裁
阶梯冲模	用多个凸模冲裁时，为减少冲裁力，可将凸模做成阶梯形式，如图 3-81 所示，阶梯冲模不仅可以降低冲裁力，而且能减少振动，在直径相差悬殊，距离很近的多孔冲裁中，还能避免小直径凸模由于受材料流动产生的挤压力作用而产生折断或倾斜的现象 凸模间的高度差 H 与板料厚度有关，对薄料取等于板厚，对大于 3mm 厚的板料，取板厚的一半 图 3-81　阶梯冲模冲裁
加热冲模	将板料加热后，其抗剪强度大大降低，使冲裁力减少。例如一般碳素结构钢加热至 900℃时，其抗剪强度只有常温下的 10% 左右，所以在厚板冲裁而压力机吨位又不足时，常采用加热冲裁 加热冲裁工艺复杂，当设备能力达到时一般不用

六、冲裁加工的一般工艺要求

冲裁加工的一般工艺要求见表3-32。

表3-32　冲裁加工的一般工艺要求

类别	说　明
搭边值的确定	为保证冲裁质量和寿命，冲裁时，材料在凸模工作刃口外侧应留有足够的宽度，即所谓搭边。搭边值 a 一般可根据冲裁件的板厚 t 按如下关系选取： 圆形零件 $a \geqslant 0.7t$ 方形零件 $a \geqslant 0.8t$
合理排样	冲裁加工时的合理排样，是降低生产成本的有效途径。合理排样，是在保证必要搭边值的前提下，尽量减少废料，如图3-82（a）所示。如图3-82（b）所示为不合理的排样。 （a）　　　　　　　　　　　　　　　　（b） 图3-82　排样 各种冲裁件的具体排样方法，应根据冲裁件形状、尺寸和材料规格，灵活考虑
可能冲裁的最小尺寸	零件冲裁加工部分尺寸越小，则所需的冲裁力也越小。但尺寸过小，将造成凸模单位面积上的压力过大，使其强度不足。零件冲裁加工部分的最小尺寸，与零件的形状、板厚及材料的力学性能有关。采用一般冲模，在软钢材料上所能冲出的最小尺寸为： 圆形零件最小直径 $=t$（板厚） 方形零件最小边长 $=0.9t$ 矩形零件最小短边 $=0.8t$
使用冲床应注意的事项	①使用前，对冲床的各部分要进行检查，并注加润滑油 ②安装模具时，要使模具压力中心与冲床压力中心相吻合，且要保证凸、凹模间隙均匀 ③启动开关后，空车试转 $3 \sim 5$ 次，检查操纵装置及运转状态是否正常。冲裁时，精神要集中，不能随意踩踏板，要防止手伸向模具间或头部接触模块，以免发生事故或造成废品 ④不能冲裁过硬或经淬火的材料，而且冲床绝不允许超载工作 ⑤停止冲裁后，需切断电源或上保险开关。冲裁出的零件及边角料应及时运走，保持冲床周围无工作障碍物 ⑥长时间冲裁，要注意检查模具有无松动，间隙是否均匀

第四节　气割下料

一、气割操作基础

气割是利用气体火焰的热能将工件切割处预热到燃烧温度（燃点），再向此处喷射高速切割氧流，使金属燃烧，生成金属氧化物（熔渣），同时放出热量，熔渣在高压切割氧的吹力下被吹掉。所放出的热和预热火焰又将下层金属加热到燃点，这样继续下去逐步将金属切开。所以，气割是一个预热→燃烧→吹渣的连续过程，即金属在纯氧中的燃烧过程，如图3-83所示。

钣金工的气割加工主要用于下料，有时也用于开坡口。

（1）气割的特点及应用范围

气割的优点是设备简单、使用灵活、操作方便、生产效率高、

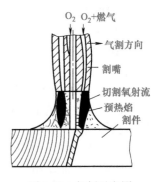
图3-83　气割示意图

成本低，能在各种位置上进行切割，并能在钢板上切割各种形状复杂的零件；气割的缺点是对切口两侧金属的成分和组织产生一定的影响，并会引起工件的变形等。常用材料的气割特点及应用范围见表3-33。

表3-33　常用材料的气割特点及应用范围

类别	说　明
碳钢	低碳钢的燃点（约1350℃）低于熔点，易于气割；随着碳含量的增加，燃点趋近熔点，淬硬倾向增大，气割过程恶化
铸铁	碳、硅含量较高，燃点高于熔点；气割时生成的二氧化硅熔点高，黏度大，流动性差；碳燃烧生成的一氧化碳和二氧化碳会降低氧气流的纯度；不能用普通气割方法，可采用振动气割方法切割
高铬钢和铬镍钢	生成高熔点的氧化物（Cr_2O_3、NiO）覆盖在切口表面，阻碍气割过程的进行；不能用普通气割方法，可采用振动气割法切割
铜、铝及其合金	导热性好，燃点高于熔点，其氧化物熔点很高，金属在燃烧（氧化）时，放热量少，不能气割
气割的应用范围	气体火焰切割主要用于切割纯铁、各种碳钢、低合金钢及钛等，其中淬火倾向大的高碳钢和强度等级高的低合金钢气割时，为了避免切口处淬硬或产生裂纹，应采取适当加大预热火焰能率、放慢切割速度，甚至切割前先对工件进行预热等工艺措施，厚度较大的不锈钢板和铸铁件冒口，可以采用特种气割方法进行气割。随着各种自动、半自动气割设备和新型割嘴的应用，特别是数控火焰切割技术的发展，使得气割可以代替部分机械加工。有些焊接坡口可一次直接用气割方法切割出来，切割后可直接进行焊接。气体火焰切割精度和效率的大幅度提高，使气体火焰切割的应用领域更加广阔

（2）气割火焰

对气割火焰的要求、获得及适用范围见表3-34。

表3-34　对气割火焰的要求、获得及适用范围

类别		说　明
对气割火焰的要求		气割火焰是预热的热源，火焰的气流又是熔化金属的保护介质。气割时要求火焰应有足够的温度、体积小、焰芯直、热量集中，还要求火焰具有保护性，以防止空气中的氧、氮对熔化金属的氧化及污染
气割火焰的获得及适用范围		氧与乙炔的混合比不同，火焰的性能和温度也各异。为获得理想的气割质量，必须根据所切割材料来正确地调节和选用火焰
	碳化焰	打开割炬的乙炔阀门点火后，慢慢地开放氧气阀增加氧气，火焰即由橙黄色逐渐变为蓝白色，直到焰芯、内焰和外焰的轮廓清晰地呈现出来，此时即为碳化焰。视内焰长度（从割嘴末端开始计量）为焰芯长度的几倍，而把碳化焰称为几倍碳化焰
	中性焰	在碳化焰的基础上继续增加氧气，当内焰基本上看不清时，得到的便是中性焰。如发现调节好的中性焰过大需调小时，先减少氧气量，然后将乙炔调小，直至获得所需的火焰。中性焰适用于切割件的预热
	氧化焰	在中性焰基础上再加氧气量，焰芯变得尖而短，外焰也同时缩短，并伴有"嘶、嘶"声，此时即为氧化焰。氧化焰的氧化度，以其焰芯长度比中性焰的焰芯长度的缩短率来表示，如焰芯长度比中性焰的焰芯长度缩短1/10，则称为1/10或10%氧化焰。氧化焰主要适用于切割碳钢、低合金钢、不锈钢等金属材料，也可作为氧丙烷切割时的预热火焰

（3）气割的应用条件

气割的实质是被切割材料在纯氧中燃烧的过程，不是熔化过程。为使切割过程顺利进行，被切割金属材料一般应满足以下条件：

① 金属在氧气中的燃点应低于金属的熔点，气割时金属在固态下燃烧，才能保证切口平整。如果燃点高于熔点，则金属在燃烧前已经熔化，切口质量很差，严重时无法进行切割。

② 金属的熔点应高于其氧化物的熔点，在金属未熔化前，熔渣呈液体状态从切口处被吹走，如果生成的金属氧化物熔点高于金属熔点，则高熔点的金属氧化物将会阻碍下层金属与切割氧气流的接触，使下层金属难以氧化燃烧，气割过程就难以进行。

高铬或铬镍不锈钢、铝及其合金、高碳钢、灰铸铁等氧化物的熔点均高于材料本身的熔点，所以就不能采用氧气切割的方法进行切割。如果金属氧化物的熔点较高，则必须采用熔剂来降低金属氧化物的熔点。常用金属材料及其氧化物的熔点见表3-35。

表 3-35 常用金属材料及其氧化物的熔点

金属材料名称	熔点 / ℃		金属材料名称	熔点 / ℃	
	金属	氧化物		金属	氧化物
黄铜，锡青铜	850～900	1236	纯铁	1535	1300～1500
铝	657	2050	低碳钢	约1500	1300～1500
锌	419	1800	高碳钢	1300～1400	1300～1500
铬	1550	约1900	铸铁	约1200	1300～1500
镍	1450	约1900	紫铜	约1083	约1236
锰	1250	1560～1785			

③ 金属氧化物的黏度应较低，流动性应较好，否则，会粘在切口上，很难吹掉，影响切口边缘的整齐度。

④ 金属在燃烧时应能放出大量的热量，用此热量对下层金属起到预热作用，维持切割过程的延续。如低碳钢切割时，预热金属的热量少部分由氧乙炔火焰供给（占30%），而大部分热量则依靠金属在燃烧过程中放出的热量供给（占70%）。金属在燃烧时放出的热量越多，预热作用也就越大，越有利于气割过程的顺利进行。若金属的燃烧不是放热反应，而是吸热反应，则下层金属得不到预热，气割过程就不能进行。

⑤ 金属的导热性能应较差，否则，由于金属燃烧所产生的热量及预热火焰的热量很快地传散，切口处金属的温度很难达到燃点，切割过程就难以进行。铜、铝等导热性较强的非铁金属，不能采用普通的气割方法进行切割。

⑥ 金属中含阻碍切割过程进行和提高金属淬硬性的成分及杂质要少。合金元素对钢的气割性能的影响见表3-36。

表 3-36 合金元素对钢的气割性能的影响

元素	影 响
C	$\omega(C) < 0.25\%$，气割性能良好；$\omega(C) < 0.4\%$，气割性能尚好；$\omega(C) > 0.5\%$，气割性能显著变坏；$\omega(C) > 1\%$，不能气割
Mn	$\omega(Mn) < 4\%$，对气割性能没有明显影响，含量增加，气割性能变坏；当$\omega(Mn) \geq 14\%$时，不能气割；当钢中$\omega(C) > 0.3\%$，且$\omega(Mn) > 0.8\%$时，淬硬倾向和热影响区的脆性增加，不宜气割
Si	硅的氧化物使熔渣的黏度增加。钢中硅的一般含量，对气割性能没有影响，$\omega(Si) < 4\%$时，可以气割；含量增大，气割性能显著变坏
Cr	铬的氧化物熔点高，使熔渣的黏度增加；$\omega(Cr) \leq 5\%$时，气割性能尚可；含量大时，应采用特种气割方法
Ni	镍的氧化物熔点高，使熔渣的黏度增加；$\omega(Ni) < 7\%$，气割性能尚可，含量较高时，应采用特种气割方法
Mo	钼提高钢的淬硬性，$\omega(Mo) < 0.25\%$时，对气割性能没有影响
W	钨增加钢的淬硬倾向，氧化物熔点高，一般含量对气割性能影响不大，含量接近10%时，气割困难；超过20%时，不能气割
Cu	$\omega(Cu) < 0.7\%$时，对气割性能没有影响
Al	$\omega(Al) < 0.5\%$时，对气割性能影响不大；$\omega(Al)$超过10%，则不能气割
V	含有少量的钒，对气割性能没有影响
S，P	在允许的含量内，对气割性能没有影响

注：ω为质量分数，括号内表示某元素。

当被切割材料不能满足上述条件时，则应对气割方式进行改进，如采用振动气割、氧熔剂切割等，或采用其他切割方法，如等离子弧切割来完成材料的切割任务。

（4）常用金属材料的气割特点（表3-37）

综上所述，氧气切割主要用于切割低碳钢和低合金钢，广泛用于钢板下料、开坡口，在钢板上切割出各种外形复杂的零件等。在切割淬硬倾向大的碳钢和强度等级高的低合金钢时，为了避免切口淬硬或产生裂纹，在切割时，应适当加大火焰能率和放慢切割速度，甚至在切割前进行预热。对于铸铁、高铬钢、铬镍钢、铜、铝及其合金等金属材料常用氧熔剂切割、等离子弧切割等其他方法进行切割。

表 3-37 常用金属材料的气割特点

类别	说　明
碳钢	低碳钢的燃点（约 1350℃）低于熔点，易于气割，但随着含碳量的增加，燃点趋近熔点，淬硬倾向增大，气割过程恶化
铸铁	含碳、硅量较高，燃点高于熔点。气割时生成的二氧化硅熔点高，黏度大，流动性差。碳燃烧生成的一氧化碳和二氧化碳会降低氧气流的纯度，不能用普通气割方法，可采用振动气割方法切割
高铬钢和铬镍钢	生成高熔点的氧化物（Cr_2O_3、NiO）覆盖在切口表面，阻碍气割过程的进行，不能用普通气割方法，可采用振动气割法切割
铜、铝及其合金	导热性好，燃点高于熔点，其氧化物熔点很高，金属在燃烧（氧化）时放热量少，不能气割

二、快速优质切割

氧气切割中，铁在氧气中燃烧形成熔渣被高速氧气吹开而达到被切割的目的。通过割嘴的改造，使之获得流速更高的气流，强化燃烧和排渣过程，可使切割速度进一步提高的方法称为快速气割或高速气割。

（1）快速割嘴的结构、工作原理及气割的特点（表 3-38）

表 3-38　快速割嘴的结构、工作原理及气割的特点

类别	说　明
GK 及 GKJ 系列快速割嘴的结构	如图 3-84 所示为 GK 及 GKJ 系列快速割嘴的结构，图中（括号外数字为 30° 尾锥面割嘴的配合尺寸；括号内数字为 45° 尾锥面割嘴的配合尺寸）快速嘴可与 JB/T 7949 和 JB/T 6970 规定的割炬配套使用 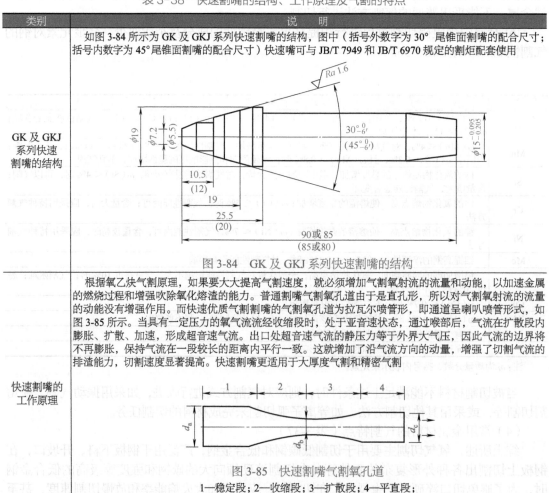 图 3-84　GK 及 GKJ 系列快速割嘴的结构
快速割嘴的工作原理	根据氧乙炔气割原理，如果要大大提高气割速度，就必须增加气割氧射流的流量和动能，以加速金属的燃烧过程和增强吹除氧化熔渣的能力。普通割嘴气割氧孔道由于是直孔形，所以对气割氧射流的流量的动能没有增强作用。而快速优质气割割嘴的气割氧孔道为拉瓦尔喷管形，即通道呈喇叭喷管形式，如图 3-85 所示。当具有一定压力的氧气流流经收缩段时，处于亚音速状态，通过喉部后，气流在扩散段内膨胀、扩散、加速，形成超音速气流。出口处超音速气流的静压力等于外界大气压，因此气流的边界将不再膨胀，保持气流在一段较长的距离内平行一致。这就增加了沿气流方向的动量，增强了切割气流的排渣能力，切割速度显著提高。快速割嘴更适用于大厚度气割和精密气割

图 3-85　快速割嘴气割氧孔道

1—稳定段；2—收缩段；3—扩散段；4—平直段；

d_a—入口直径；d_b—喉部直径；d_c—出口直径

类别	说 明
快速气割的特点	快速气割的途径是向气割区吹送充足的、高纯度的高速氧气流，以加快金属的燃烧过程。与普通气割相比，特点是：采用快速气割，切割速度比普通气割高出 30% ~ 40%，切割单位长度的耗氧量与普通气割并无明显差别，切割厚板时，成本还有所降低；切割速度快，传到钢板上的热量较少，降低切口热影响区宽度和气割件的变形；氧气的动量大，射流长，有利于切割较厚的钢板；切口表面粗糙度可达 $Ra6.3 ~ 3.2\mu m$，并可提高气割件的尺寸精度

（2）快速割嘴喉部直径的选择

快速割嘴的喉部直径 d_b 取决于被气割钢板厚度，见表 3-39。扩散段出口马赫数 M（气流速度与声速的比值）取决于气割氧孔道供气压力对气割速度的要求，一般取 $M=2$ 或更低些，当要求气割速度更高时，可选用 2.5 或更高值。出口直径 d_e 取决于喉部直径 d_b 和出口马赫数。

表 3-39　快速割嘴喉部直径的选择

钢板厚度 /mm	5 ~ 50	50 ~ 100	100 ~ 200	200 ~ 300	300 以上
喉部直径 /mm	0.5 ~ 1	1 ~ 1.5	1.5 ~ 2	2 ~ 3	> 3

（3）快速气割对设备、气体及火焰的要求

要求调速范围大、行走平稳、体积小、重量轻等；行车速度在 200 ~ 1200mm/min，可调；为保证气流量的稳定，一般以 3 ~ 5 瓶氧气经汇流排供气；使用高压、大流量减压器；氧气橡胶管要能承受 2.5MPa 的压力，内径在 4.8 ~ 9mm；采用射吸式割炬 G01-100 型改装，也可采用等压式割炬；乙炔压力应 > 0.1MPa，最好采用乙炔瓶供应乙炔气。当预热火焰调至中性焰时，应保证火焰形状匀称且燃烧稳定；切割氧气流在正常火焰衬托下，目测时应位于火焰中央，且挺直、清晰、有力，在规定的使用压力下，可见切割氧气流长度应符合表 3-40。

表 3-40　可见切割氧气流长度

割嘴规格号	1	2	3	4	5	6	7
可见切割氧气流长度 /mm	≥ 80	≥ 100		≥ 120		≥ 150	≥ 180

（4）快速气割的工艺特点

气割时，气割氧压力只取决于气割氧出口马赫数并保持在设计压力范围内，不随气割厚度的变化而变化。如 $M=2.0$ 系列割嘴，氧气压力只能为 0.7 ~ 0.8MPa，过高或过低都会使气割氧气流边界成锯齿形，导致气割速度和气割质量下降。直线气割 30mm 以下厚度的钢板，割炬后倾角为 5° ~ 30°，以利于提高气割速度；对于 30mm 以上的钢板，不宜用后倾角。气割速度加快时，后拖量增加，切口表面质量下降，所以应在较宽范围内根据切口表面质量的不同来选择气割速度，气割速度对切口表面粗糙度的影响见表 3-41。

表 3-41　气割速度对切口表面粗糙度的影响

气割速度 /（cm/min）	20	30	40	50
纹路深度 /μm	14.3 ~ 18.4	17.7 ~ 19.5	19.8 ~ 22	41.9
表面粗糙度 Ra/μm	3.2	3.2	6.3	12.5

（5）快速气割参数的选择

采用 $M=2.0$ 系列快速割嘴气割不同厚度钢板时的气割参数见表 3-42。大轴和钢轨的气割参数见表 3-43。

表 3-42　*M*=2.0 系列快速割嘴气割参数

钢板厚度 / mm	割嘴喉部直径 / mm	气割氧压力 / MPa	燃气压力 / MPa	气割速度 / (cm/min)	切口宽度 / mm
≤ 5 5 ~ 10 10 ~ 20 20 ~ 40 40 ~ 60	0.7	0.75 ~ 0.8		110.0 85.0 ~ 110.0 60.0 ~ 85.0 35.0 ~ 60.0 25.0 ~ 35.0	≈1.3
20 ~ 40 40 ~ 60 60 ~ 100	1	0.75 ~ 0.8	0.02 ~ 0.04	45.0 ~ 65.0 38.0 ~ 45.0 20.0 ~ 38.0	≈2.0
60 ~ 100 100 ~ 150	1.5	0.7 ~ 0.75		27.0 ~ 43.0 20.0 ~ 27.0	≈2.8
100 ~ 150 150 ~ 200	2	0.7		25.0 ~ 30.0 17.0 ~ 25.0	≈3.5

表 3-43　大轴和钢轨的气割参数

割件	割嘴孔径 / mm	切割氧压力 / MPa	预热氧压力 / MPa	燃气压力 / MPa	切割速度 / (mm/min)
大轴	4	1.0 ~ 1.2	0.3	0.04	120 ~ 180
钢轨	2.5	0.55 ~ 0.6	0.15	0.04	120[1], 430[2], 90[3]

① 采用 CG2-150 型仿形气割机。
② 大轴气割机，可采用钢棒引割。
③ 钢轨的气割速度，也可以按最大厚度选用。

三、氧乙炔气割操作

氧乙炔气割操作见表 3-44。

表 3-44　氧乙炔气割操作

类别	说　明
气割前的准备	①按照零件图样要求放样、号料。放样画线时应考虑留出气割毛坯的加工余量和切口宽度。放样、号料时应采用套裁法，可减少余料的消耗 ②根据割件厚度选择割炬、割嘴和气割参数。气割之前要认真检查工作场所是否符合安全生产的要求。乙炔瓶、回火防止器等设备是否能保证正常工作。检查射吸式割炬的射吸能力是否正常，然后将气割设备按操作规程连接完好。开启乙炔气瓶阀和氧气瓶阀，调节减压器，使氧气和乙炔气达到所需的工作压力 ③应尽量将割件垫平，并使切口处悬空，支点必须放在割件以内。切勿在水泥地面上垫起割件气割，如确需在水泥地上切割，应在割件与地板之间加一块铜板，以防止水泥爆溅伤人 ④用钢丝刷或预热火焰清除切割线附近表面上的油漆、铁锈和油污 ⑤点火后，将预热火焰调整适当，然后打开切割阀门，观察风线形状，风线应为笔直和清晰的圆柱形，长度超过厚度的 1/3 为宜，切割气流的形状和长度如图 3-86 所示

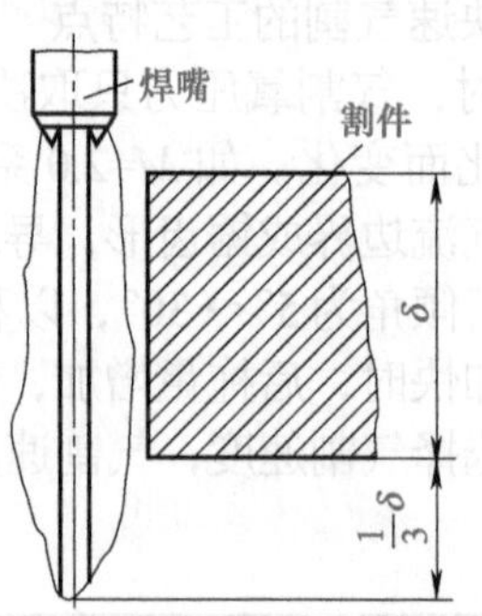

图 3-86　切割气流的形状和长度

| 操作姿势 | 点燃割炬调好火焰之后就可以进行切割。双脚成外八字形蹲在工件的一侧，右臂靠住右膝盖，左臂放在两腿中间，便于气割时移动。右手握住割炬手把并以右手大拇指和食指握住预热氧调节阀，便于调整预热火焰能率，一旦发生回火能及时切断预热氧。左手的大拇指和食指握住切割氧调节阀，便于切割氧的调节，其余三指平稳地托住射吸管，使割炬与割件保持垂直。气割过程中，割炬运行要均匀，割炬与割件的距离保持不变。每割一段需要移动身体位置时，应关闭切割氧调节阀，等重新切割时再度开启 |

类别	说　　明
预热	开始气割时，将起割点材料加热到燃烧温度（割件发红），称为预热。起割点预热后，才可以慢慢开启切割氧调节阀进行切割。预热的操作方法，应根据零件的厚度灵活掌握 　　①对于厚度＜50mm的割件，可采取割嘴垂直于割件表面的方式进行预热。对于厚度＞50mm的割件，预热分两步进行，如图3-87所示。开始时将割嘴置于割件边缘，并沿切割方向后倾10°～20°加热，如图3-87（a）所示，待割件边缘加热到暗红色时，再将割嘴垂直于割件表面继续加热，如图3-87（b）所示 　　②气割件的轮廓时，对于薄件可垂直加热起割点；对于厚件应先在起割点处钻一个孔径约等于切口宽度的通孔，然后再加热该孔边缘作为起割点预热

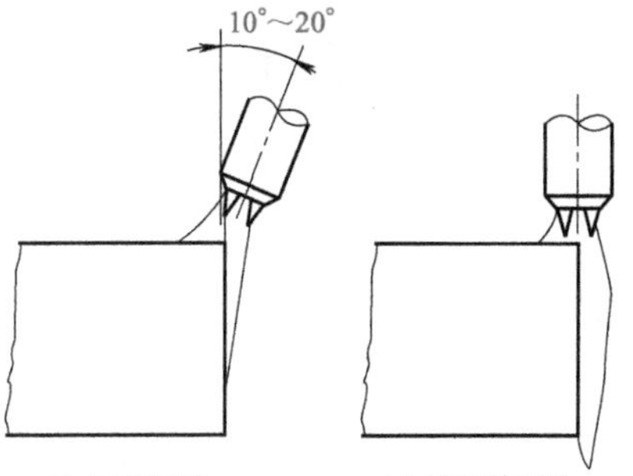

图 3-87　厚割件的预热

起割	①首先应点燃割炬，并随即调整好火焰（中性焰），火焰的大小应根据钢板的厚度调整适当。将起割处的金属表面预热到接近熔点温度（金属呈亮红色或"出汗"状），此时将火焰局部移出割件边缘并慢慢开启切割氧阀门，当看到钢水被氧射流吹掉，再加大切割气流，待听到"噗、噗"声时，则可按所选择的气割参数进行切割 　　②起割薄件内轮廓时，起割点不能送在毛坯的内轮廓线上，应选在内轮廓线之内被舍去的材料上，待该割点割穿之后，再将割嘴移至切割线上进行切割。起割薄件内轮廓时，割嘴应向后倾料20°～40°，如图3-88所示

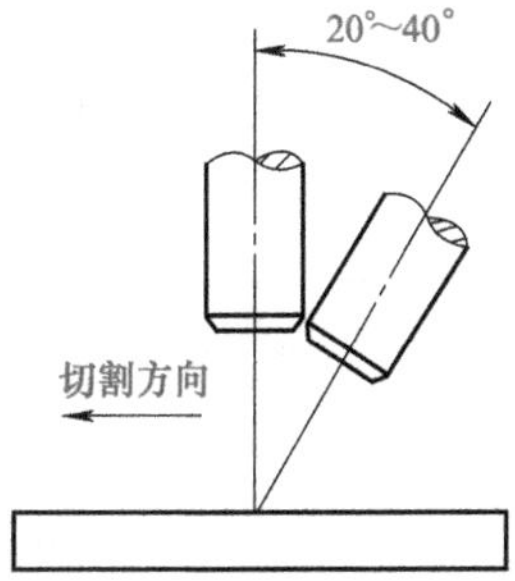

图 3-88　起割薄件内轮廓时割嘴的倾角

气割收尾	①气割临近结束时，将割嘴后倾一定角度，使钢板下部先割透，然后再将钢板割断 　　②切割完毕应及时关闭切割氧调节阀并抬起割炬，再关乙炔调节阀，最后关闭预热氧调节阀 　　③工作结束后（或较长时间停止切割）应将氧气瓶阀关闭，松开减压器调压螺钉，将氧气胶管中的氧气放出，同时关乙炔瓶阀，放松减压调节螺钉，将乙炔胶管中的乙炔放出
气割注意事项	①在切割过程中，应经常注意调节预热火焰，保持中性焰或轻微的氧化焰，焰芯尖端与割件表面距离为3～5mm。同时应将切割氧孔道中心对准钢板边缘，以利于减少熔渣的飞溅 　　②保持熔渣的流动方向基本上与切口垂直，后拖量尽量小 　　③注意调整割嘴与割件表面间的距离和割嘴倾角 　　④注意调节切割氧气压力与控制切割速度 　　⑤防止鸣爆、回火和熔渣溅起、灼伤 　　⑥切割厚钢板时，因切割速度慢，为防止切口上边缘产生连续珠状渣，防止上边缘被熔化成圆角和减少背面的黏附挂渣，应采取较弱的火焰能率 　　⑦注意身体位置的移动。切割长的板材或做曲线形切割时，一般在切割长度达到300～500mm时，应移动一次操作位置。移位时，应先关闭切割氧调节阀，将割炬火焰抬离割件，再移动身体的位置。继续施割时，割嘴一定要对准割透的接割处并预热到燃点，再缓慢开启切割氧调节阀继续切割 　　⑧若在气割过程中，发生回火而使火焰突然熄灭，应立即将切割氧气阀关闭，同时关闭预热火焰的氧调节阀，再关乙炔阀，过一段时间再重新点燃火焰进行切割
提高手工气割质量和效率的方法	①提高工人操作技术水平 　　②根据割件的厚度，正确选择合适的割炬、割嘴、切割氧压力、乙炔压力和预热氧压力等气割参数 　　③选用适当的预热火焰能率 　　④气割时，割炬要端平稳，使割嘴与割线两侧的夹角为90° 　　⑤要正确操作，手持割炬时人要蹲稳。操作时呼吸要均匀，手勿抖动 　　⑥掌握合理的切割速度，并要求均匀一致。气割的速度是否合理，可通过观察熔渣的流动情况和切割时产生的声音加以判别，并灵活控制 　　⑦保持割嘴整洁，尤其是割嘴内孔要光滑，不应有氧化铁渣的飞溅物粘到割嘴上 　　⑧采用手持式半机械化气割机，它不仅可以切割各种形状的割件，具有良好的切割质量，还由于它保证了均匀稳定的移动，所以可装配快速割嘴，大大地提高切割速度。如将G01-30型半自动气割机改装后，切割速度可从原来7～75cm/min提高到10～240cm/min，并可采用晶闸管无级调速 　　⑨手工割炬如果装上电动匀走器，如图3-89所示，利用电动机带动滚轮使割炬沿割线匀速走，既减轻劳动强度，又提高了气割质量

类别	说　明
提高手工气割质量和效率的方法	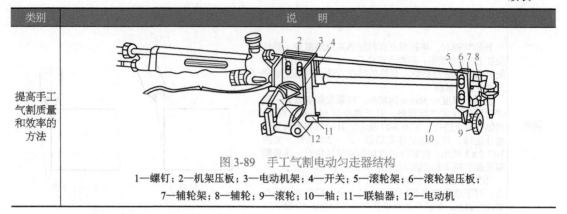 图 3-89　手工气割电动匀走器结构 1—螺钉；2—机架压板；3—电动机架；4—开关；5—滚轮架；6—滚轮架压板； 7—辅轮架；8—辅轮；9—滚轮；10—轴；11—联轴器；12—电动机

四、氧液化石油气切割

（1）氧液化石油气切割优缺点及预热火焰与割炬的特点（表 3-45）

表 3-45　氧液化石油气切割优缺点及预热火焰与割炬的特点

类别	说　明
切割优点	①成本低，切割燃料费比氧乙炔切割降低 15%～30%；②火焰温度较低（约 2300℃），不易引起切口上缘熔化，切口齐平，下缘黏渣少、易铲除，表面无增碳现象，切口质量好；③液化石油气的汽化温度低，不需使用汽化器，便可正常供气；④气割时不用水，不产生电石渣，使用方便，便于携带，适于流动作业；⑤适宜于大厚度钢板的切割，氧液化石油气火焰的外焰较长，可以到达较深的切口内，对大厚度钢板有较好的预热效果；⑥操作安全，液化石油气化学活泼性较差，对压力、温度和冲击的敏感性低。燃点为 500℃以上，回火爆炸的可能性小
切割缺点	①液化石油气燃烧时火焰温度低，因此，预热时间长，耗氧量较大；②液化石油气密度大（气态丙烷为 1.867kg/m³），对人体有麻醉作用，使用时应防止漏气和保持良好的通风
预热火焰与割炬的特点	①氧液化石油气火焰与氧乙炔火焰构造基本一致，但液化石油气耗氧量大，燃烧速度约为乙炔焰的 27%，温度低于 500℃，但燃烧时发热量比乙炔高出 1 倍左右；②为了适应燃烧速度低和氧需要量大的特点，一般采用内嘴芯为矩形齿槽的组合式割嘴；③预热火焰出口孔道总面积比乙炔割嘴大 1 倍左右，且该孔道与切割氧孔道夹角为 10° 左右，以使火焰集中；④为了使燃烧稳定，火焰不脱离割嘴，内嘴芯顶端至外套出口端距离应为 1～1.5mm；⑤割炬多为射吸式，且可用氧乙炔割炬改制。氧液化石油气割炬技术参数见表 3-46

表 3-46　氧液化石油气割炬技术参数

割炬型号	割嘴号码	割嘴孔径 / mm	切割厚度 / mm	可换割嘴数量 / 个	氧气压力 / MPa	丙烷压力 / MPa
G07-100	1～3	1～1.3	100 以内	3	0.7	0.03～0.05
G07-300	1～4	2.4～3.0	300 以内	4	1	0.03～0.05

（2）气割参数的选择

氧液化石油气气割参数的选择如下：

① 预热火焰。一般采用中性焰；切割厚件时，起割用弱氧化焰（中性偏氧），切割过程中用弱碳化焰。

② 割嘴与割件表面间的距离。一般为 6～12mm。

（3）氧液化石油气切割操作

① 由于液化石油气的燃点较高，故必须用明火点燃预热火焰，再缓慢加大液化石油气流量和氧气量。

② 为了减少预热时间，开始时采用氧化焰（氧与液化石油气混合比为 5∶1），正常切割时用中性焰（氧与液化石油气混合比为 3.5∶1）。

③ 一般的工件气割速度稍低，厚件的切割速度和氧乙炔切割相近。直线切割时，适当选择割嘴后倾，可提高切割速度和切割质量。

④ 液化石油气瓶必须旋转在通风良好的场所，环境温度不宜超过 60℃，要严防气体泄漏，否则，有引起爆炸的危险。

除上述几点外，氧液化石油气切割的操作方法与氧乙炔切割的操作方法基本相同。

五、氧丙烷气割

（1）气割特点

氧丙烷气割时使用的预热火焰为氧丙烷火焰，根据使用效果、成本、气源情况等综合分析，丙烷是比较理想的乙炔代用燃料，目前丙烷的使用量在所有乙炔代用燃气中用量最大。氧丙烷切割要求氧气纯度高于 99.5%，丙烷气的纯度也要高于 99.5%。一般采用 G01-30 型割炬配用 GKJ4 型快速割嘴。与氧乙炔火焰切割相比，氧丙烷火焰切割的特点如下：

① 切割面上缘不烧塌，熔化量少；切割面下缘黏性熔渣少，易于清除；切割面的氧化皮易剥落，切割面的表面粗糙度精度相对较高。

② 切割厚钢板时，不塌边、后劲足，棱角整齐，精度高。

③ 倾斜切割时，倾斜角度越大，切割难度越高；比氧乙炔切割成本低，总成本约降低 30% 以上。

（2）气割操作

氧丙烷火焰的温度比氧乙炔低，所以切割预热时间比氧乙炔要长。氧丙烷火焰温度最高点在焰芯前 2mm 处。手工切割时，由于手持割炬不平稳，预热时间差异很大；机械切割时预热时间差别很小，具体见表 3-47。手工切割热钢板时，咬缘越小越可减少预热时间。预热时采用氧化焰（氧与丙烷混合比为 5：1）可提高预热温度，缩短预热时间。切割时调成中性焰（混合比为 3.5：1）。用外混式割嘴机动气割钢材的气割参数见表 3-48。气割 U 形坡口割嘴配置如图 3-90 所示，气割参数见表 3-49。

表 3-47　机械切割时的预热时间

切割厚度 /mm	预热时间 /s	
	乙炔	丙烷
20	5（30）	8（34）
50	8（50）	10（53）
100	10（78）	14（80）

注：括号内为穿孔时间。

表 3-48　外混式割嘴机动气割钢材的气割参数

气割参数		割嘴型号		
		F411-600	F411-1000	F411-1500
割缝宽度 /mm		15～20	25～30	25～35
切割厚度 /mm		600	1000	1500
切割速度 /（mm/min）		60～160	25～30	25～30
丙烷气	压力 /MPa	0.04	0.04	0.04
	流量 /（m³/h）	7.4	13	13
预热氧	压力 /MPa	0.059	0.059	0.059
	流量 /（m³/h）	11	20	20
切割氧	压力 /MPa	0.588～0.784	0.588～0.784	0.588～0.784
	流量 /（m³/h）	120	240	300

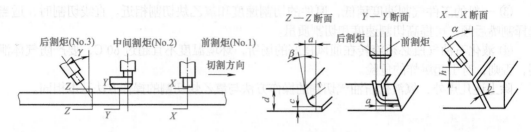

图 3-90　气割 U 形坡口的割嘴配置

表 3-49　U 形坡口的气割参数

板厚 δ/mm	割炬	α/(°)	β/(°)	γ/(°)	h/mm	b/mm	d/mm	a/mm	c/mm	r/mm	预热氧压力/kPa	切割氧压力/kPa	丙烷压力/kPa	切割速度/(mm/min)
60	前割炬 No.1	16	—	—	5	2.5					200	600	30	240
	中间割炬 No.2	—	4	—	8	—	≈6	≈20	10	23	500	368	30	240
	后割炬 No.3（直切割钝边）			10	5	15					200	200	30	240

使用丙烷气割与氧乙炔气割的操作步骤基本一样，只是氧丙烷火焰略弱，切割速度较慢一些。可采取如下措施使切割速度提高：

① 预热时，割炬不抖动，火焰固定于钢板边缘一点，适当加大氧气量，调节火焰成氧化焰。

② 换用丙烷快速割嘴使割缝变窄，适当提高切割速度。

③ 直线切割时，适当使割嘴后倾，可提高切割速度和切割质量。

六、氧熔剂气割

（1）气割特点

氧熔剂气割法又称为金属粉末切割法，是向切割区域送入金属粉末（铁粉、铝粉等）的气割方法。可以用来切割常规气体火焰切割方法难以切割的材料，如不锈钢、铜和铸铁等。氧熔剂气割方法虽设备比较复杂，但切割质量比振动切割法好。在没有等离子弧切割设备的场合，是切割一些难切割材料的快速和经济的切割方法。

氧熔剂气割是在普通氧气切割过程中，在切割氧气流内加入纯铁粉或其他熔剂，利用它们的燃烧热和除渣作用实现切割的方法。通过金属粉末的燃烧产生附加热量，利用这些附加热量生成的金属氧化物使得切割熔渣变稀薄，易于被切割氧气流排除，从而达到实现连续切割的目的。金属粉末切割的工作原理如图 3-91 所示。

对切割熔剂的要求是在被氧化时能放出大量的热量，使工件达到能稳定地进行切割的温度，同时要求熔剂的氧化物应能与被切割金属的难熔氧化物进行激烈的相互作用，并在短时间内形成易熔、易于被切割氧气流吹出的熔渣。熔剂的成分主要是铁粉、铝粉、硼砂、石英砂等，铁粉与铝粉在氧气流中燃烧时放出大量的热，使难熔的被切割金属的氧化物熔化，并与被切割金属表面的氧化物熔在一起；加入硼砂等可使熔渣变稀，易于流动，从而保证切割过程的顺利进行。

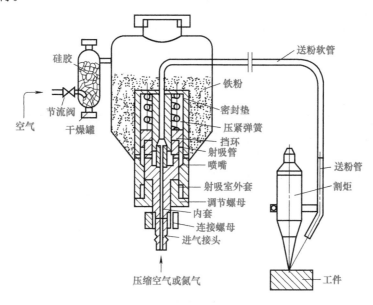

图 3-91　金属粉末切割的工作原理

（2）气割操作

氧熔剂气割方法的操作要点在于除了有切割氧气的气流外，同时还有由切割氧气流带出的粉末状熔剂吹到切割区，利用氧气流与熔剂对被切割金属的综合作用，借以改善切割性能，达到切割不锈钢、铸铁等金属的目的。氧熔剂气割所用的设备、器材与普通气割设备大体相同，但比普通氧燃气切割多了熔剂及输送熔剂所需的送粉装置。切割厚度＜ 300mm 的不锈钢可以使用一般氧气切割用的割炬和割嘴（包括低压扩散形割嘴）；切割更厚的工件时，则需使用特制的割炬和割嘴。氧熔剂切割按照输送熔剂的方式不同，可将氧熔剂切割分为体内送粉式和体外送粉式两种，如图 3-92（a）、（b）所示。

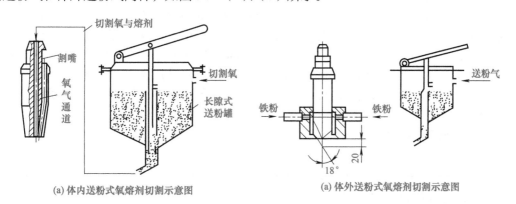

（a）体内送粉式氧熔剂切割示意图　　　　　　（a）体外送粉式氧熔剂切割示意图

图 3-92　金属粉末切割的工作原理

体内送粉式氧熔剂切割是利用切割氧通入长隙式送粉罐后，把熔剂粉带入割炬而喷到切割部位的。为防止铁粉在送粉罐中燃烧，一般采用 0.5 ～ 1mm 的粗铁粉，由于铁粉粒度大，送粉速度快，铁粉不能充分燃烧，只适于切割厚度＜ 500mm 的工件。

体外送粉式氧熔剂切割是利用压力为 0.04 ～ 0.06MPa 的空气或氮气，单独将细铁粉（＞ 140 目）由嘴芯外部送入火焰加热区的。由于铁粉粒度小，送粉速度慢，铁粉能充分燃烧放出大量的热量，有效地破坏切口表面的氧化膜，因此，体外送粉式氧熔剂气割可用于切割厚度＞500mm的工件。

采用氧熔剂气割不锈钢、铸铁，其切割厚度可大大提高，目前，国内已能切割厚度1200mm的金属材料。内送粉式和外送粉式氧熔剂不锈钢的气割参数分别见表3-50和表3-51。

表3-50　1Cr18Ni9Ti不锈钢氧溶剂的气割参数（内送粉式）

气割参数项目	板厚/mm					
	10	20	30	40	70	90
割嘴号码	1	1	2	2	3	3
氧气压力/kPa	440	490	540	590	690	780
氧气耗量/（kL/h）	1.1	1.3	1.6	1.75	2.3	3.0
燃气（天然气）/（kL/h）	0.11	0.13	0.15	0.18	0.23	0.29
铁粉耗量/（kg/h）	0.7	0.8	0.9	1.0	2.0	2.5
切割速度/（mm/min）	230	190	180	160	120	90
切口宽度/mm	10	10	11	11	12	12

注：铁粉粒度0.1～0.05mm。

表3-51　18-8不锈钢氧溶剂的气割参数（外送粉式）

气割参数项目	板厚/mm				
	5	10	30	90	200
氧气压力/kPa	245	315	295	390	490
氧气耗量/（kL/h）	2.64	4.68	8.23	14.9	23.7
乙炔压力/kPa	20	20	25	25	40
乙炔耗量/（kL/h）	0.34	0.46	0.73	0.90	1.48
铁粉耗量/（kg/h）	9	10	10	12	15
切割速度/（mm/min）	416	366	216	150	50

注：铁粉粒度0.1～0.05mm。

切割不锈钢及高铬钢时，可采用铁粉作为熔剂；切割高铬钢时，可采用铁粉与石英砂按1：1比例混合的熔剂。切割时，割嘴与金属表面距离应比普通气割时稍大些，为15～20mm，否则容易引起回火。切割速度比切割普通低碳钢稍低一些，预热火焰能率比普通气割高15%～25%。氧熔剂气割铸铁时，所用熔剂为65%～70%的铁粉加30%～35%的高炉磷铁，割嘴与工件表面的距离为30～50mm。与普通气割参数相比，氧熔剂气割的预热火焰能率要大15%～25%，割嘴倾角为5°～10°，割嘴与工件表面距离要大些，否则，容易引起割炬回火。氧熔剂气割铜及其合金时，应进行整体预热，割嘴距工件表面的距离为30～50mm。

铸铁氧熔剂的气割参数见表3-52。

表3-52　铸铁氧熔剂的气割参数

气割参数项目	厚度/mm					
	20	50	100	150	200	300
切割速度/（mm/min）	80～130	60～90	40～50	25～35	20～30	15～22
氧气消耗量/（m³/h）	0.70～1.80	2～4	4.50～8	8.50～14.50	13.5～22.5	17.50～43
乙炔消耗量/（m³/h）	0.10～0.16	0.16～0.25	0.30～0.45	0.45～0.65	0.60～0.87	0.90～1.30
熔剂消耗量/（kg/h）	2～3.50	3.50～6	6～10	9～13.5	11.50～14.50	17

氧熔剂气割紫铜、黄铜及青铜时，采用的熔剂成分是铁粉70%～75%、铝粉15%～20%、磷铁10%～15%。切割时，先将被切割金属预热到200～400℃。割嘴和被

切割金属之间的距离根据金属的厚度决定，一般在 20 ～ 50mm 之间。

七、气割操作实例

实例（一）：钢板开孔的气割

钢板的气割开孔分水平气割开孔和垂直气割开孔两种情况。

（1）钢板水平气割开孔

气割开孔时，起割点应选择在不影响割件使用的部位。在厚度＞ 30mm 的钢板开孔时，为了减少预热时间，用錾子将起割点铲毛，或在起割点用电焊焊出一个凸台。将割嘴垂直于钢板表面，采用较大能量的预热火焰加热起割点，待其呈亮红色时，将割嘴向切割方向后倾 20° 左右，慢慢开启切割氧调节阀。随着开孔度增加，割嘴倾角应不断减小，直至与钢板垂直。起割孔割穿后，即可慢慢移动割炬，沿切割线割出所要求的孔洞，如图 3-93 所示。利用上述方法也可以气割图 3-94 所示的"8"字形孔洞。

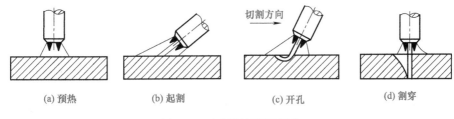

(a) 预热　　(b) 起割　　(c) 开孔　　(d) 割穿

图 3-93　水平气割开孔操作

（2）钢板垂直气割开孔

处于铅垂位置的钢板气割开孔的操作方法与水平位置气割基本相同，只是在操作时割嘴向上倾斜，并向上运动以便预热待割部分，如图 3-95 所示。待割穿后，可将割炬慢慢移至切割线割出所需孔洞。

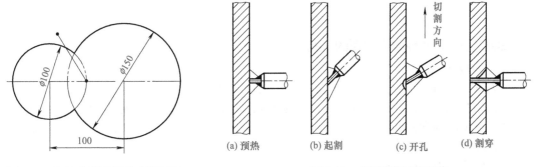

图 3-94　"8"字形孔洞的水平气割

(a) 预热　　(b) 起割　　(c) 开孔　　(d) 割穿

图 3-95　垂直气割开孔操作

实例（二）：坡口的气割

（1）钢板坡口的气割

气割无钝边 V 形坡口时，如图 3-96 所示，首先，要根据厚度 δ 和单边坡口角度 α 计算画线宽度 b，$b=\delta\tan\alpha$，并在钢板上画线。调整割炬角度，使之符合 α 角的要求，采用后拖或前推的操作方法切割坡口，如图 3-97 所示。为了使坡口宽度一致，也可以用简单的靠模进行切割，如图 3-98 所示。

（2）钢管坡口的气割

如图 3-99 所示为钢管坡口气割示意图，操作步骤如下：

① 由 $b=(\delta-p)\tan\alpha$，计算画线宽度 b，并沿外圆周画出切割线。

② 调整割炬角度 α，沿切割线切割。

③ 切割时除保持割炬的倾角不变之外，还要根据在钢管上的不同位置，不断调整好割炬的角度。

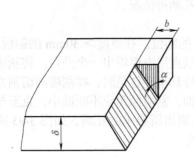

图 3-96　V形坡口的手工气割

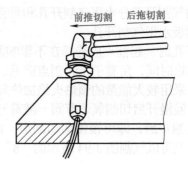

图 3-97　手工气割坡口的操作方法

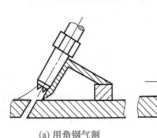

(a) 用角钢气割

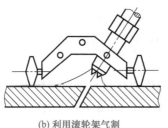

(b) 利用滚轮架气割

图 3-98　用辅助工具进行手工气割坡口

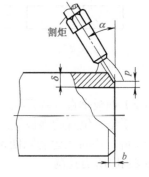

图 3-99　钢管坡口的气割

实例（三）：各种厚度钢板的气割

（1）薄板切割

切割 2 ~ 4mm 的薄板时，因板薄，加热快，散热慢，容易引起切口边缘熔化，熔渣不易吹掉，粘在钢板背面，冷却后不易去，且切割后变形很大。若切割速度稍慢，预热火焰控制不当，易造成前面割开后面又熔合在一起的现象。因此，气割薄板时，为了获得较为满意的效果，应采取如下措施：

① 应选用 G01-30 型割炬和小号割嘴。

② 预热火焰要小，割嘴后倾角加大到 30° ~ 45°，割嘴与工件距离加大到 10 ~ 15mm，切割速度尽可能快些。

③ 如果薄板成批下料或切割零件时，可将薄板叠在一起进行气割。这样，生产率高，切割质量也比单层切割好。叠成多层切割之前，要把切口附近的铁锈、氧化皮和油污清理干净。要用夹具夹紧，不留间隙。

④ 为保证上、下表面不致烧熔，可以用两块 6 ~ 8mm 的钢板作为上、下盖板叠在一起。为了使开始切割顺利，可将上、下钢板错开使端面叠成 3° ~ 5° 的斜角，如图 3-100 所示。叠板气割可以切割 0.5mm 以上的薄板，总厚度不应大于 120mm。

用切割机对厚 6mm 以下的零件进行成形气割，为获得必要的尺寸精度，可在切割机上配以洒水管，如图 3-101 所示，边切割边洒水，洒水量为 2L/min。薄钢板的机动气割参数见表 3-53。

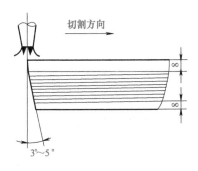

图 3-100　叠板气割图

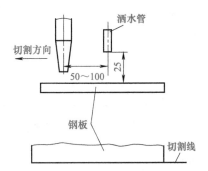

图 3-101　切割薄板时洒水管的配置

表 3-53　薄钢板的机动气割参数

板厚 /mm	割嘴号码	割嘴高度 / mm	切割速度 / （mm/min）	切割氧压力 / MPa	乙炔压力 / MPa
3.2	0	8	650	0.196	0.02
4.5	0	8	600	0.196	0.02
6.0	0	8	550	0.196	0.02

（2）中厚度碳钢板切割

气割 4 ~ 20mm 厚度的钢板时，一般选用 01-100G 型割炬，割嘴与工件表面的距离大致为焰芯长度加上 2 ~ 4mm，切割氧风线长度应超过工件板厚的 1/3。气割时，割嘴向后倾斜 20° ~ 30°，切割钢板越厚，后倾角应越小。

（3）大厚度碳钢板切割

通常把厚度超过 100mm 的工件切割称为大厚度切割。气割大厚度钢板时，由于工件上下受热不一致，使下层金属燃烧比上层金属慢，切口易形成较大的后拖量，甚至割不透，熔渣易堵塞切口下部，影响气割过程的顺利进行。

① 应选用切割能力较大的（G01-300 型）割炬和大号割嘴，以提高火焰能率。

② 氧气和乙炔要保证充分供应，氧气供应不能中断，通常将多个氧气瓶并联起来供气，同时使用流量较大的双级式氧气减压器。

③ 气割前，要调整好割嘴与工件的垂直度。即割嘴与割线两侧平面成 90° 夹角。

④ 气割时，预热火焰要大。先从割件边缘棱角处开始预热，如图 3-102 所示，并使上、下层全部均匀预热，如图 3-102（a）所示。如图 3-102（b）所示上、下预热不均匀，会产生如图 3-102（c）所示的未割透。大截面钢件气割的预热温度参数见表 3-54。

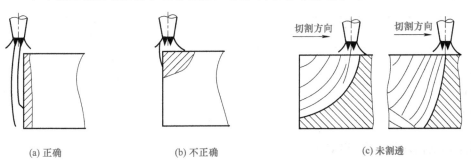

(a) 正确　　　　(b) 不正确　　　　(c) 未割透

图 3-102　大厚度钢板气割的预热

表 3-54　大截面钢件气割的预热温度参数

材料牌号	截面尺寸	预热温度 /℃
35，45	1000mm×1000mm	250
5CrNiMo，5CrMnMo	800mm×1200mm	450
14MnMoVB	1200mm×1200mm	
37SiMn2MoV，60CrMnMo	ϕ830mm	
25CrNi3MoV	1400mm×1400mm	

操作时，注意使上、下层全部均匀预热到切割温度，逐渐开大切割氧气阀并将割嘴后倾，如图 3-103（a）所示，待割件边缘全部切透时，加大切割氧气流，且将割嘴垂直于割件，再沿割线向前移动割嘴。切割过程中，还要注意切割速度要慢，而且割嘴应做横向月牙形小幅摆动，如图 3-103（b）所示，但此时会造成割缝表面质量下降。当气割结束时，速度可适当放慢，使后拖量减少并容易将整条割缝完全割断。有时，为加快气割速度，可先在整个气割线的前沿预热一遍，然后再进行气割。若割件厚度超过 300mm，可选用重型割炬或自行改装，将原收缩式割嘴内嘴改制成缩放式割嘴内嘴，如图 3-104 所示。

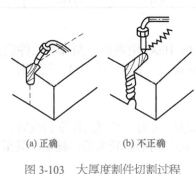

(a) 正确　　　　　　(b) 不正确

图 3-103　大厚度割件切割过程

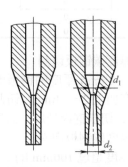

(a) 收缩式　　(b) 缩放式

图 3-104　割嘴内嘴

⑤ 手工气割大厚度（300～600mm）钢板的气割参数见表 3-55。在气割过程中，若遇到割不穿的情况，应立即停止气割，以免气涡和熔渣在割缝中旋转使割缝产生凹坑，重新起割时应选择另一方向作为起割点。整个气割过程，必须保持均匀一致的气割速度，以免影响割缝宽度和表面粗糙度。并应随时注意乙炔压力的变化，及时调整预热火焰，保持一定的火焰能率。

表 3-55　手工气割大厚度（300～600mm）钢板的气割参数

工件厚度 / mm	喷嘴号码	预热氧压力 / MPa	预热乙炔压力 / MPa	切割氧压力 / MPa
200～300	1	0.3～0.4	0.08～0.1	1～1.2
300～400	1	0.3～0.4	0.1～0.12	1.2～1.6
400～500	2	0.4～0.5	0.1～0.12	1.6～2
500～600	3	0.4～0.5	0.1～0.14	2～2.5

实例（四）：难切割材料的气割

难切割材料的气割方法见表 3-56。

表 3-56 难切割材料的气割方法

气割方法	说　明
不锈钢的振动气割	不锈钢在气割时生成难熔的 Cr_2O_3，所以不能用普通的火焰气割方法进行切割。不锈钢切割一般采用空气等离子弧切割，在没有等离子弧切割设备或需切割大厚度钢板的情况下，也可以采用振动气割法。振动气割法是采用普通割炬使割嘴不断摆动来实现切割的方法，这种方法虽然切口不够光滑，但突出的优点是设备简单、操作技术容易掌握，而且被切割工件的厚度可以很大，甚至可达 300mm 以上。不锈钢振动气割如图 3-105 所示。不锈钢振动气割的操作要点如下： ①采用普通的 G01-300 型割炬，预热火焰采用中性焰，其能率比气割相同厚度的碳钢要大一些，且切割氧压力也要加大 15% ~ 20%。 ②切割开始时，先用火焰加热工件边缘，待其达到红热熔融状态时，迅速打开切割氧阀门，稍抬高割炬，熔渣即从切口处流出。 ③起割后，割嘴应做一定幅度的上下、前后振动，以此来破坏切口处高熔点氧化膜，使铁继续燃烧。利用氧流的前后、上下的冲击作用，不断将焊渣吹掉，保证气割顺利进行。割嘴上下、前后振动的频率一般为 20 ~ 30 次 /min，振幅为 10 ~ 15mm 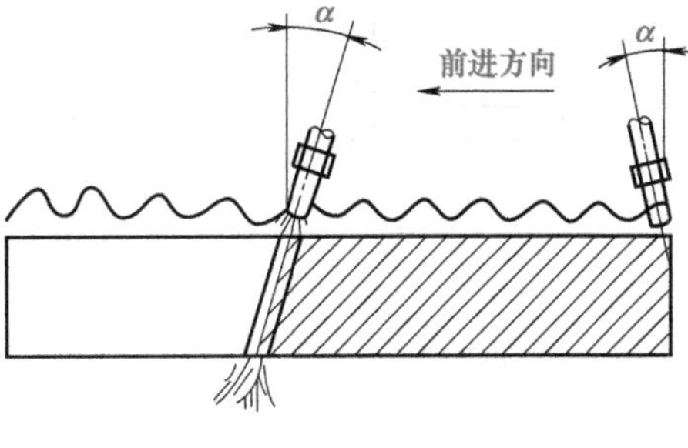 图 3-105　不锈钢振动气割
不锈钢的加丝气割	气割不锈钢还可以采用加丝法，选用直径为 4 ~ 5mm 的低碳钢丝 1 根，在气割时由一专人将该钢丝以与切割表面成 30° ~ 45° 方向不断送入切割气流中，利用铁在氧中燃烧产生最大的热量，使切割处金属温度迅速升高，而燃烧所生成的氧化铁又与三氧化二铬形成熔渣，熔点降低，易被氧吹走，促使切割顺利进行，如图 3-106 所示。采用加丝法气割时，割炬和割嘴与碳钢相同，不必加大号码 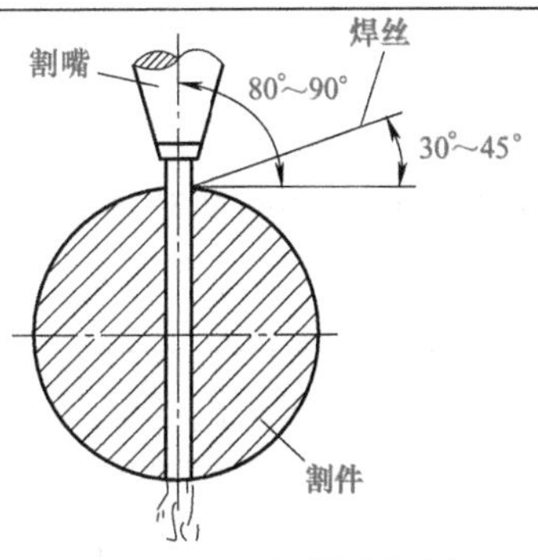 图 3-106　加丝法气割
复合钢板的气割	不锈复合钢板的气割不同于一般碳钢的气割。由于不锈钢复合层的存在，给切割带来一定的困难，但它比单一的不锈钢板容易切割。用一般切割碳钢的气割参数来切割不锈复合钢板，经常发生切不透的现象。保证不锈复合钢板切割质量的关键是使用较低的切割氧气压力和较高的预热火焰氧气压力。因此，应选用等压式割炬。切割不锈复合钢板时，基层（碳钢面）必须朝上，切割角度应向前倾，以增加切割氧气流所经过的碳钢的厚度，这对切割过程非常有利。操作中应注意将切割氧阀门开得较小一些，而预热火焰调得较大一些 切割 16mm+4mm 复合钢板时，采用半自动气割机分别送氧的气割参数：切割氧压力为 0.2 ~ 0.25MPa，预热气压力为 0.7 ~ 0.8MPa。改用手工气割后所采用的气割参数：切割速度为 360 ~ 380mm/min，氧气压力为 0.7 ~ 0.8MPa，割嘴直径为 2 ~ 2.5mm（G01-300 型割炬，2 号嘴头），嘴头与工件距离为 5 ~ 6mm
铸铁的振动气割	铸铁材料的振动气割原理和操作方法基本上与不锈钢振动切割相同。切割时，以中性火焰将铸铁切口处预热至熔融状态后，再打开切割氧阀门，进行上、下振动切割。每分钟上、下振动 30 次左右，铸铁厚度在 100mm 以上时，振幅为 8 ~ 15mm。当切割一段后，振动次数可逐渐减少。甚至可以不用振动，而像切割碳钢板那样进行操作，直至切割完毕 切割铸铁时，也可采用沿切割方向前后振动或左右横向振动的方法进行振动切割。如采用横向振动，根据工件厚度的不同，振动幅度可在 8 ~ 10mm 范围内变动

第五节　等离子弧下料

等离子弧切割与焊接是利用高温的等离子弧来进行切割和焊接的工艺方法，这种新的工艺方法不仅能切割和焊接常用工艺方法所能加工的材料，而且还能切割或焊接一般工艺方法所难以加工的材料，因而它在焊接领域中是一种较有发展前途的先进工艺。

利用等离子弧的热能实现切割的方法，称为等离子弧切割。等离子弧切割的原理是以

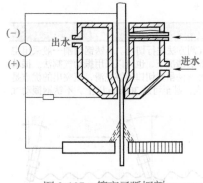

图 3-107 等离子弧切割

高温、高速的等离子弧作为热源，将被切割件局部熔化，并利用压缩的高速气流的机械冲刷力，将已熔化的金属或非金属吹走的过程，如图 3-107 所示。

等离子弧是一种较理想的切割，它可切割氧-乙炔焰和普通电弧所不能切割的铝、铜、镍、钛、铸铁、不锈钢和高合金钢等，而且切割速度快，生产效率高，热影响区变形小，割口比较狭窄、光洁、整齐、不粘渣，质量好。等离子弧切割均采用具有陡降外特性的直流电源，要求具有较高的空载电压和工作电压，一般空载电压在 150～400V，其电极材料目前常用的是含少量钍的钨极和铈钨极。

等离子弧切割的工艺参数，主要有空载电压、切割电流、工作电压、气体流量、切割速度、喷嘴到割件的距离、钨极到喷嘴端面的距离及喷嘴的尺寸等。工艺参数选择的方法是：首先根据割件的厚度和材料的性质选择合适的功率，根据功率选择切割电流的大小，然后决定喷嘴孔径和电极直径，再选择适当的气体流量及切割速度，便可获得质量良好的割缝。

一、等离子弧的产生原理及特点

等离子弧的产生原理及特点见表 3-57。

表 3-57　等离子弧的产生原理及特点

类别		说　　明
产生原理		自由电弧中通常无法做到使气体完全电离。若使气体完全电离，形成完全由带正电的正离子和带负电的电子所组成的电离气体，就称为等离子体 一般的焊接电弧未受到外界的压缩，弧柱截面随着功率的增加而增加，因而弧柱中的电流密度近乎常数。其温度也就被限制在 5730～7730℃，这种电弧称为自由电弧。如在提高电弧功率的同时，限制弧柱截面的增大或减少弧柱的直径，即对自由电弧进行"压缩"，就能获得导电截面收缩得比较小，能量更加集中，弧柱中气体几乎可达到全部等离子状态的电弧，就叫等离子弧 对自由电弧的弧柱进行强迫压缩作用称为"压缩效应"，使弧柱产生"压缩效应"有机械压缩效应、热收缩效应和磁收缩效应三种形式
特点	温度高、能量密度大	等离子弧的导电性高，承受电流密度大，因此温度高（15000～30000℃）。又因其截面很小，则能量密度高度集中（可达 $10^5 \sim 10^6 \text{W/cm}^2$）
	电弧挺度好	自由电弧的扩散角约为 45°，而等离子电弧的扩散角仅为 5°，如图 3-108 所示，故挺度好
	具有很强的机械冲刷力	等离子弧发生装置中通常加入常温压缩气体，受电弧高温作用而膨胀，在喷嘴的阻碍下使气体的压缩力大大增加，当高压气流由喷嘴细小通道中喷出时，可达到很高的速度（300m/s），所以等离子弧具有很强的机械冲刷力

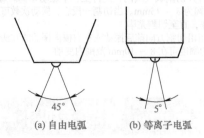

(a) 自由电弧　　　(b) 等离子电弧

图 3-108　自由电弧与等离子弧的比较

二、切割机的使用

LGK-100 空气等离子切割机的使用方法见表 3-58。

表 3-58　LGK-100 空气等离子切割机的使用方法

	类别	说　明
切割机前面板	气检／切割转换开关（K1）	处于气检位置时，检查气路是否正常；处于切割位置时，进行正常切割
	自锁／非自锁转换开关（K2）	处于非自锁位置时，按下割枪开关可正常切割，松开开关即停止切割，适合短割缝的切割；处于自锁位置时，按下割枪开关引弧成功后，可松开开关正常切割，当再次按下割枪开关时停止切割，适合长割缝的切割
	工作指示灯	指示切割机是否接通输入电源
	保护指示灯	指示切割机内是否温度过高，指示灯亮时自动停止工作
	电流调节旋钮	用于调节切割电流的大小
	输出电缆接线柱	通过输出电缆接被割工件
	转移弧接线柱	接切割枪的转移弧引线
	切割枪气电接线柱	接切割枪的气电接头
	控制插座	接切割枪的控制插头
切割机后面板	自动空气开关	主要作用是在切割机过载或发生故障时自动断电，以保护切割机。一般情况下，此开关向上扳至接通位置
	空气过滤器	通过气管接空气压缩机，其作用是减压及滤除空气水分。调节其旋钮，可改变过滤器输出空气压力，压力值见压力表，一般不应超过 0.7MPa。积水杯积水不应触及滤芯，应及时松开下部水阀，将水放出。如果积水过多进入切割枪，将会影响引弧和切割质量

三、切割工艺

（1）切割气体的选择

根据被切割材料的不同选择不同的气体。常用的有氮、氮+氩、氩+氢、氮+氢+氩等。气体的纯度（质量分数）应大于 99%。普通钣金的切割选用 3：2 的混合气体，切割 5mm 以下钣金和耐热合金板时可再加入少量氮气，以改善切口质量。氮气通常作为水再压缩等离子弧切割用气体。空气等离子弧切割采用压缩空气作切割气体，用以切割碳钢和低合金钢，切口毛刺少。

（2）切割工艺参数（表 3-59）

表 3-59　切割工艺参数

类别	说　明
切割电流	它与电极尺寸、喷嘴孔径、切割速度有关。电流过大，易烧损电极、喷嘴，易产生双弧，易造成切口表面粗糙。其他参数一定时，切割电流 l 与喷嘴孔径 d 的关系如下述经验公式： $$l=（70～100）d$$
空载电压	根据选定的割枪结构、喷嘴高度及气体流量，配用相应空载电压的电源
切割速度	取决于被割材料的材质和厚度、切割电流、空载电压、气体种类及流量、喷嘴孔径及离割件的高度等。切割速度的快慢影响着切口质量
气体流量	气体流量要与喷嘴孔径相适应。气体流量大，利于压缩电弧，使等离子弧的能量更为集中，提高了工作电压，有利于提高切割速度和及时吹除熔化金属。但气体流量过大，从电弧中带走过多的热量，降低了切割能力，不利于电弧稳定
喷嘴距工件的高度	在电极内缩量一定时，喷嘴距工件的高度一般为 6～8mm。空气等离子弧切割和水再压缩等离子弧切割的喷嘴距离工件高度可略小

常用金属的切割工艺参数参见表 3-60 和表 3-61。

表 3-60　水再压缩等离子弧切割工艺参数

材料	板厚／mm	喷嘴孔径／ϕ/mm	切割电压／V	切割电流／A	压缩水流量／（L/min）	氮气流量／（L/min）	切割速度／（cm/min）
低碳钢	3	3	145	260	2	52	500
	3	4	140	260	1.7	78	500
	6	3	160	300	2	52	380
	6	4	145	380	1.7	78	380
不锈钢	3	4	140	300	1.7	78	500
铝	3	4	140	300	1.7	78	572

表 3-61 空气等离子弧切割工艺参数

材料	板厚 / mm	喷嘴孔径 φ/mm	空载电压 / V	切割电压 / V	切割电流 / A	压缩空气流量 / （L/min）	切割速度 / （cm/min）
不锈钢	8	1	210	120	30	8	20
	6	1	210	120	30	8	38
	5	1	210	120	30	8	43
碳钢	8	1	210	120	30	8	24
	6	1	210	120	30	8	42
	5	1	210	120	30	8	56

四、切口表面质量

评定切口表面质量的指标有表面粗糙度、割口宽度、切口上下表面平行度、切口背面切瘤、切口上表面下塌等。

良好切口的标准是：宽度要窄，切口横断面呈矩形，切口表面光洁，无熔渣或挂渣，切口表面硬度应不妨碍切割后的机械加工。

切口表面质量除与割枪结构有关外，主要取决于切割规范参数。若采用的切割规范参数合适而切口表面质量不理想时，要重点检查电极与喷嘴的同心度以及喷嘴结构是否合适。喷嘴的烧损会严重影响切口表面质量。

等离子弧的切口比氧乙炔的宽，且上宽下窄，呈一定斜度。表 3-62 列出了几种常用材料等离子弧切割时的切口缺陷及产生原因。

表 3-62 常用材料等离子弧切割时的切口缺陷及产生原因

缺陷类型	产生原因		
	低碳钢	不锈钢	铝
上表面切口呈圆形	速度过快，喷嘴距离过大	速度过快，喷嘴距离过大	此缺陷不经常出现
上表面有割瘤	喷嘴距离过大	喷嘴距离过大，气流中氢气含量过高	喷嘴距离过大
侧面呈凸形	速度太快	速度太快，气流中氢气含量太小	此缺陷不常出现
上表面粗糙	此缺陷不常出现	喷嘴距离过大，气流中氢含量过高，速度太慢	气流中氢含量过小
侧面呈凹形	此缺陷不常出现	气流中氢含量过大	气流中氢气比例过大，速度慢
背面有割瘤	气流中氢含量过大，速度慢	速度太慢，气流中氢比例大	速度过快
背面粗糙	喷嘴距离过小	此缺陷不常出现	气流中氢含量太小
背面边缘呈圆形	速度过快	此缺陷不常出现	此缺陷不常出现

五、切割实例

（1）操作准备

① 割件。不锈钢板，δ=12mm，尺寸为 200mm×300mm。

② 切割设备。LGK-100 型等离子切割机（配备空气压缩机）。

③ 材料。空气、铈钨极（φ=5.5mm）。

④ 工具。防护用具、扳手等。

（2）操作要领

① 工艺参数选择见表 3-63。

表 3-63 板厚 20mm 不锈钢等离子切割工艺参数

电极直径 / mm	电极内缩量 / mm	喷嘴至割件的距离 / mm	喷嘴直径 / mm	空载电压 / V	工作电流 / A	工作电压 / V	切割速度 / （cm/min）
5.5	10	3 ~ 5	3	160	200	120 ~ 125	53 ~ 67

② 切割机操作步骤。切割前先将割件仔细清理，使其导电良好，然后按图样画割线，并在割线上打上样冲眼，然后按下述步骤进行操作。

a. 连接好切割机的气路、水路和电路。通电后应观察到工作指示灯亮，轴流风扇工作。

b. 把小车、割件安放在适当的位置，使割件与电路正极牢固连接。

c. 打开水路并检查是否有漏水现象；将 K1 拨至 "气检" 位置，机内气阀开通，预通气 1min，以除去割枪中的冷凝水汽，调节非转移弧气流和转移弧气流的流量，然后将 K1 拨至 "切割" 位置。

d. 接通控制线路，检查电极同心度是否最佳。

e. 启动切割电源，查看空载电压是否正常，并初步选定工作电流。

③ 切割过程

a. 将切割割枪喷嘴离开工件 3 ~ 5mm 后启动高频引弧，引弧后白色焰流接触被割工件。

b. 待电弧穿透割件后，以均匀的速度移动割枪。

c. 停止切割时，应先待等离子弧熄灭后再将割枪移开工件。

d. 切断电源电路，关闭水路和气路。

等离子切割的空载电压较高，操作时要防止触电。电源一定要接地，割炬的手柄绝缘要可靠。切割过程中如发现割缝异常、断弧、引弧困难等问题，应检查喷嘴、电极等易损件，如损耗过大应及时更换。

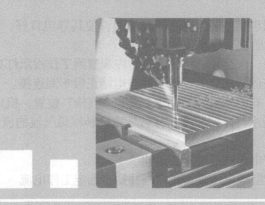

第四章
弯曲成形

把平板毛坯、型材和管材弯成一定的曲率、角度，从而形成一定形状的零件，这样的加工方法为弯曲成形。弯曲成形在金属结构制造中应用很多。

弯曲成形可以在常温下进行，也可以在材料加热后进行（大多数的弯曲成形是在常温下进行的）。

第一节　薄板手工弯曲

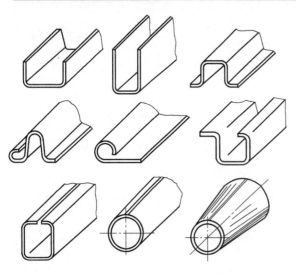

图 4-1　常见的一些弯曲件形状

手工弯曲是指利用手工将薄板按要求形状弯曲成形的一种工艺方法，它是钣金工中最基本的一种操作方法，如图 4-1 所示为常见的一些弯曲件形状。

一、薄板弯曲成形过程及特点

弯曲成形加工所用的材料通常为钢材等塑性材料，这些材料的变形过程及特点如下：

当材料上作用有弯曲力矩 M 时，就会发生弯曲变形。材料变形区内靠近曲率中心一侧（内层）的金属，在弯矩引起的压应力作用下被压缩缩短；远离曲率中心一侧（外层）的金属，在弯矩引起的拉应力作用下被拉伸伸长。在内层和外层之间，存在着金属既不伸长也不缩短的一个层面，称为中性层，如图 4-2 所示。

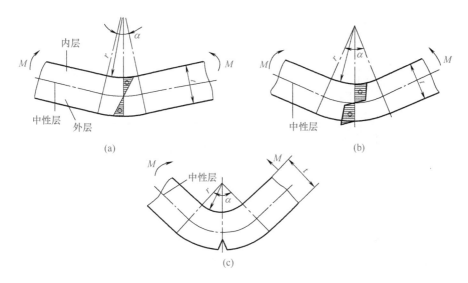

图 4-2　材料的弯曲变形过程

在材料弯曲的初始阶段，外弯矩的数值不大，材料内应力的数值尚小于材料的屈服极限，仅使材料发生弹性变形，如图 4-2（a）所示。当外弯矩的数值继续增大时，材料的曲率半径随之减小，材料内应力的数值开始超过其屈服极限，材料的变形区的外表面由弹性变形状态过渡到塑性变形状态，塑性变形由内、外表面逐步地向中心扩展，如图 4-2（b）所示。材料在发生塑性变形以后，若继续增大外弯矩，当曲率半径小到一定程度，将因变形超过材料自身变形能力的限度，在材料受拉伸的外层表面，首先出现裂纹，如图 4-2（c）所示，并向内延伸，致使材料发生断裂破坏。这在成形加工中是不应发生的。

二、典型形状工件的操作

根据弯曲零件下好展开料，画出弯曲线，弯曲时如图 4-3 所示，将弯曲线对准规铁的角，左手压住板料，右手用木槌先在两端将工件敲弯成一定角度，以便定位，然后再全部弯曲成形。

如图 4-4 所示零件，当下好料开好孔后进行弯曲，当尺寸 a 和 c 很接近时，应先下料画好弯曲线，再以中间方孔定位，将模具夹在虎钳上，如图 4-5 所示，弯曲两边。弯曲时用力要均匀，且有往下压的分力，以免把孔边拉出。

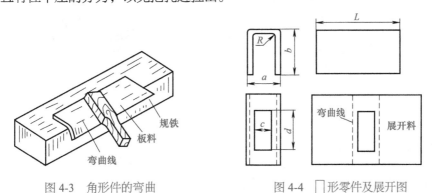

图 4-3　角形件的弯曲　　　　图 4-4　⊓形零件及展开图

要弯曲如图 4-6 所示的⊓形零件，先根据图 4-7（a）、（b）弯曲成⊔形，装夹时，要使规铁高出钳口 2 ~ 3mm，弯曲线对准规铁的角，而后如图 4-7（c）所示弯曲成形。

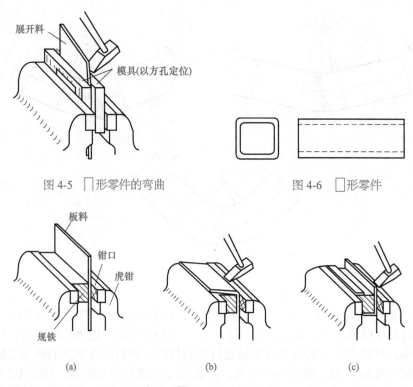

图 4-5　□形零件的弯曲　　　　　　图 4-6　□形零件

图 4-7　□形零件的弯曲示意

（1）圆筒的弯制

无论是用薄板还是厚板弯制圆筒，都应从两头端部弯制好。在圆钢上打直头时，应使板与圆钢平行放置，如图 4-8（a）所示，再锤打。然后，对钢板进行弯曲。对于薄钢板，可用木块或木槌逐步向内锤击，当接头重合，即施点固焊，焊后进行修圆，如图 4-8（b）所示。对于厚板，可用弧锤和大锤在两根圆钢之间从两端向内锤打，基本成圆后焊接接口，再修圆，如图 4-8（c）所示。

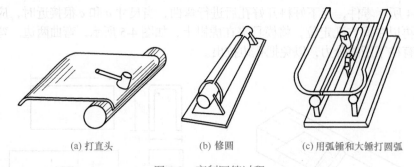

(a) 打直头　　　　　　(b) 修圆　　　　　　(c) 用弧锤和大锤打圆弧

图 4-8　弯制圆筒过程

（2）圆锥形工件的弯曲

要制作圆锥形工件，先下好料，并画出弯曲件的素线。做好弯曲样板。用弧锤和大锤按素线弯曲锤击，先弯两头，后弯中间，待接口重合后，固焊修圆，直至符合要求。

三、卷边

在板料的一端画出两条卷边线，$L=2.5d$ 和 $L_1=1/4L \sim 1/3L$，然后进行弯形（表 4-1）。

表 4-1　卷边方法

序号	图示	说明
1		把板料放到平台上，露出 L_1 长并弯成 90°
2		边向外伸料边弯曲，直到 L 长为止
3		翻转板料，敲打卷边向里扣
4		将合适的铁丝放入卷边内，边放边锤扣
5		翻转板料，接口靠紧平台缘角，轻敲接口咬紧

四、放边

放边方法及计算见表4-2。

表 4-2　放边方法及计算

类别	说　明
"打薄"放边	"打薄"捶放是将零件的某一边（或某一部分）打薄，使该部分伸展变形，达到预想的要求。用"打薄"来放边，效果显著，但表面不太光滑，厚度不够均匀 生产凹曲线弯边的零件如图4-9（a）、（b）所示，将角形弯曲的坯料放在铁砧或平台上捶放边缘，使边缘材料厚度变薄，面积增大，弯边伸长，使直线角材逐渐捶放成曲线弯边零件。在捶放过程中，越靠近角材边缘处捶放，伸长量越大，则厚度变化大些；越靠近内缘捶放，伸长量越小，则厚度变化小些 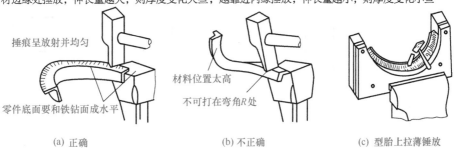 捶痕呈放射并均匀　　零件底面要和铁砧面成水平　　材料位置太高　不可打在弯角R处 （a）正确　　　　（b）不正确　　　　（c）型胎上拉薄锤放 图 4-9　"打薄"捶放示意 "打薄"的准备工作是，先计算然后画线并剪出展开毛料，再画出弯曲线，在折弯机或其他设备上弯成角材，进而进行捶放。放边时，角材底面必须与铁砧表面保持水平，不能太高或太低，否则角材要产生翘曲。锤痕要均匀并呈放射线形，锤击面积占弯边宽度的3/4，不能沿角材的R处敲打，捶击的位置要在弯曲的部分。有直线段的角形零件，在直线段内不能敲打 在放边过程中，材料会产生冷作硬化，此时，应做退火处理后再进行捶打，否则容易发生裂现象。放边速度不宜太快，随时用样板或量具进行外形检查，避免放边局部过量 弯制凹曲线零件，也可将零件夹在型胎上，用木槌或铁锤通过打击顶木进行放边，如图4-9（c）所示，顶木使坯料伸展拉长，完成放边工作

类别	说　明
"拉薄" 捶放	"拉薄"捶放是将零件的某一边（或某一部分）拉薄，增加面积，达到捶放的效果。这种方法捶放出来的表面光滑，厚度较均匀，但加工过程中容易拉裂。"拉薄"捶放应将坯料放在厚的硬橡皮或木墩上用木槌或铁锤进行捶放，利用橡皮和木墩既软又有弹性的特点，使坯料伸展拉长。为了防止出现裂纹，可先放展坯料，再弯制弯边，两者应交替进行，形成凹曲线弯边零件
放边零件展 开尺寸的 计算	如图 4-10 所示，半圆形零件的展开宽度可用弯曲型材展开宽度的计算公式来计算： 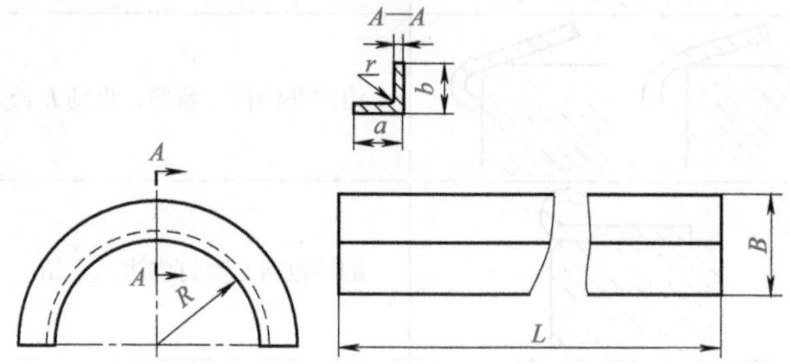 图 4-10　半圆形零件 $$B = a + b - \left(\frac{r}{2} + \delta \right)$$ 式中　B——展开料宽度，mm； 　　a、b——弯边宽度，mm； 　　r——圆角半径，mm； 　　δ——材料厚度，mm 展开长度 L 按放边一边的宽度一半处的弧长来计算： $$L = \pi \left(R + \frac{b}{2} \right)$$ 式中　L——展开料长度，mm； 　　b——放边一边的宽度，mm； 　　R——零件弯曲半径，mm 如图 4-11 所示的直角形零件，其展开长度 L 为直线部分和曲线部分之和： 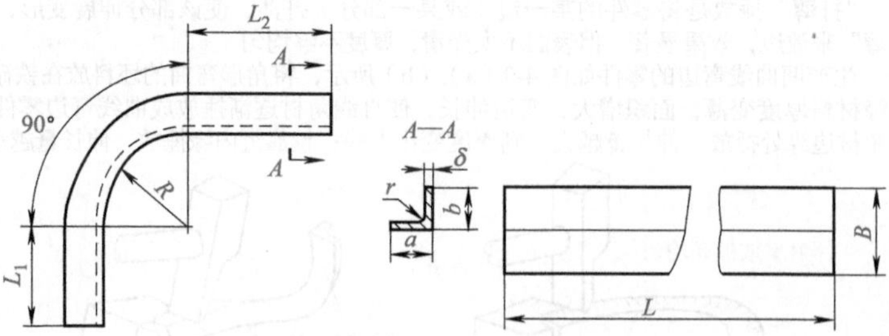 图 4-11　直角形零件 $$L = L_1 + L_2 + \frac{\pi}{2} \left(R + \frac{b}{2} \right)$$ 式中　L_1、L_2——直线部分长度，mm； 　　R——弯曲半径，mm； 　　b——放边一边的宽度，mm

五、收边

角钢形零件内弯时，其内侧边缘长度必然会缩短，由于不能顺利缩短而产生折皱，收边就是在弯制时，人为地将板料边缘造成折皱波纹，使零件达到要求的曲率，然后再把折皱处在防止伸直复原的情况下压平，此时材料边缘折皱消除，长度被缩短，厚度增大，保持了需要的形状。至于厚度增大的程度，由材料的性质、厚度、零件形状和弯曲半径所决定。材料塑性好、厚度大、弯曲半径大、零件宽度窄，则收边容易。对于硬又薄的零件，收边就较难。

起皱时的波纹分布要均匀，波纹高度要低，波纹高度最好小于或等于波纹宽度，波纹长度约等于零件宽度的 3/4，防止产生曲率非常小的皱壁（死皱），因为这样敲击时，容易产生折皱，甚至破裂，而且波纹和零件过渡圆角也需要大（平坦）。

收边的方法及计算见表 4-3。

表 4-3　收边方法及计算

类别		说　　明	
收边方法	起皱钳收边	用起皱钳将待弯的零件毛坯边缘起皱，然后放在垫铁上用木槌敲平。在敲击过程中如发现已产生冷作硬化，应及时退火，否则容易破裂。退火工作可能不止一次	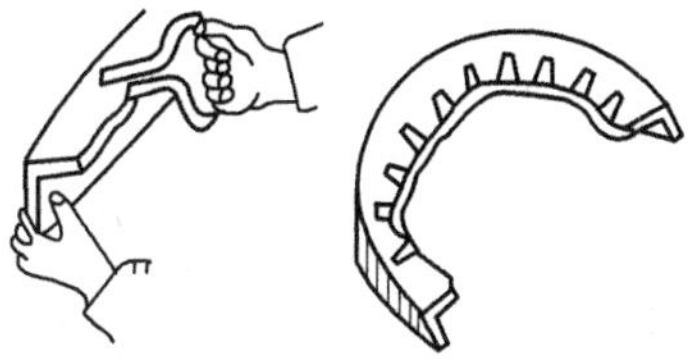
	起皱模收边	对于稍厚的坯料起皱，也可用硬木制成的起皱模进行，将待弯的坯料放在模上，用錾口锤锤出波纹，然后再放到垫铁上，消除折皱波纹，达到收边的目的	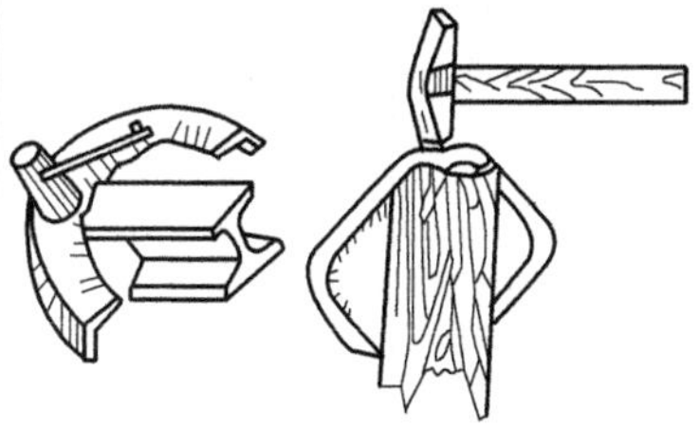
	搂弯收边	就是用木槌搂的方法。弯曲凸曲线弯边零件，将坯料夹在型胎上，用顶棒顶住毛坯，并用木槌敲打顶住的部分，使它弯曲逐渐靠模	
零件展开尺寸的计算	角材收边成半圆形零件	如图 4-12 所示，其展开料的计算公式为： 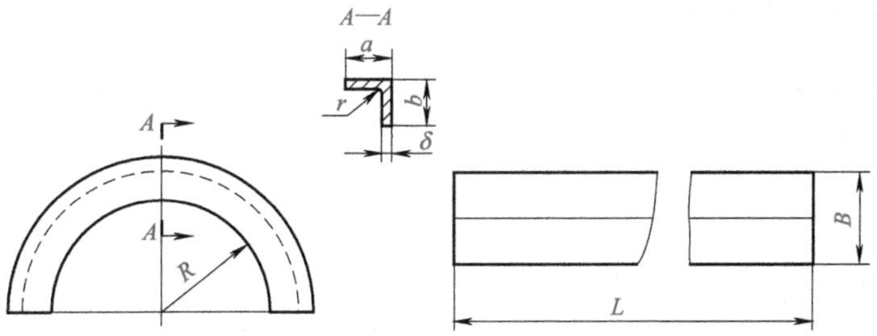 图 4-12　半圆形零件	

类别		说　明
零件展开尺寸的计算	角材收边成半圆形零件	$$B = a + b - \left(\frac{r}{2} + \delta\right)$$ $$L = \pi\,(R + b)$$ 式中　a、b——弯边宽度，mm； 　　　　r——圆角半径，mm； 　　　　R——变曲半径，mm； 　　　　δ——材料厚度，mm
	角材收边成直角形零件	如图4-13所示，其展开料的计算公式为： 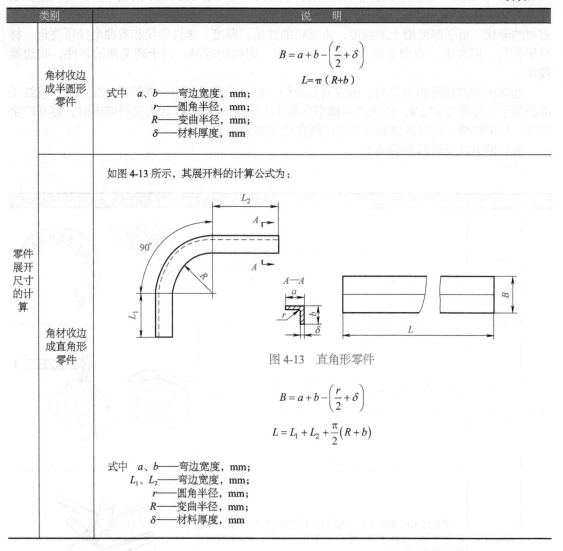 图4-13　直角形零件 $$B = a + b - \left(\frac{r}{2} + \delta\right)$$ $$L = L_1 + L_2 + \frac{\pi}{2}(R + b)$$ 式中　a、b——弯边宽度，mm； 　　　L_1、L_2——弯边宽度，mm； 　　　　r——圆角半径，mm； 　　　　R——变曲半径，mm； 　　　　δ——材料厚度，mm

六、拔缘

拔缘就是利用放边和收边的方法，使板料边缘弯曲。拔缘分内拔缘（也称孔拔缘）和外拔缘两种。内拔缘是在孔边加工出凸缘，目的是增加刚性，减轻重量；外拔缘主要是增加刚性。

拔缘的方法见表4-4。

表4-4　拔缘的方法

拔缘方法	说　明
自由外拔缘的方法	①计算出坯料直径 D，划出加工的外缘宽度线（即分出环形部分和圆柱形部分），一般坯料直径 D 与零件直径 D_1 之比为 0.8～0.85。剪切坯料，去毛刺 ②在铁砧上，按照零件外缘宽度线，用木槌敲打进行拔缘，先将坯料周边弯曲，在竖边上制出折皱，然后打平折皱，使弯曲边收缩成凸边。这样经过多次制出折皱、打平折皱，才能制成零件，操作过程如图4-14所示 ③拔缘时，锤击点的分布和锤击力的大小要稠密、均匀，不能操之过急，否则可能出现弯边形成细纹折皱，从而产生裂纹

拔缘方法	说　明
自由外拔缘的方法	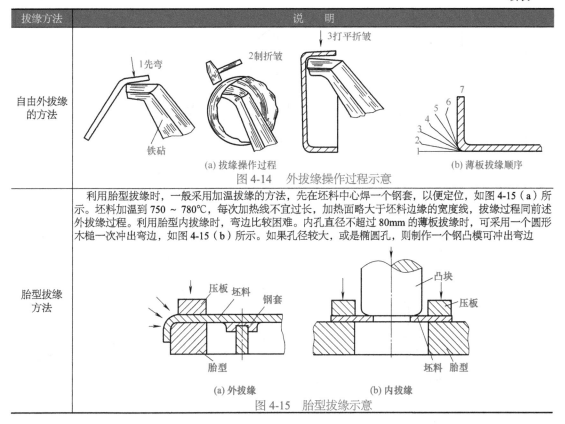图 4-14　外拔缘操作过程示意
胎型拔缘方法	利用胎型拔缘时，一般采用加温拔缘的方法，先在坯料中心焊一个钢套，以便定位，如图 4-15（a）所示。坯料加温到 750～780℃，每次加热线不宜过长，加热面略大于坯料边缘的宽度线，拔缘过程同前述外拔缘过程。利用胎型内拔缘时，弯边比较困难。内孔直径不超过 80mm 的薄板拔缘时，可采用一个圆形木槌一次冲出弯边，如图 4-15（b）所示。如果孔径较大，或是椭圆孔，则制作一个钢凸模可冲出弯边 图 4-15　胎型拔缘示意

七、拱曲

拱曲是把板料用手工捶击成半球形或其他凸凹曲面状的零件。通过捶击，如图 4-16 所示，板料四周起皱向里收边，厚度变厚，中间打薄捶放，厚度变薄。拱曲分为冷拱曲和热拱曲两种，其方法见表 4-5。

八、咬缝

咬缝基本类型有五种，如图 4-20 所示。与弯形操作方法基本相同，下料留出咬缝量（缝宽 × 扣数），操作时应根据咬缝种类留余量，决不可以搞平均。一弯一翻做好扣，二板扣合再压紧，边部敲凹防松脱，如图 4-21 所示。

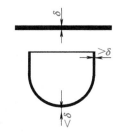
图 4-16　拱曲件厚度的变化

表 4-5　拱曲形式及方法

拱曲形式		操作方法
冷拱曲	用顶杆手工拱曲法	拱曲深度较大的零件，如图 4-17 所示，可用顶杆和手工捶击的方法进行。坯料应处于焖火状态，在加工的过程中发现有冷作硬化时，应及时进行退火处理，以免产生裂纹 拱曲时，先把坯料的边缘作出折皱，然后在顶杆上将边缘的折皱慢慢打平，使边缘向内弯曲，同时用木槌轻而均匀地捶击坯料中部，使中部的材料伸展拱曲。捶击的位置要稍稍超过支承点，敲打的位置要准确，否则容易打出凹痕，甚至打裂。捶击时，用力要轻而均匀，击点要稠密，边捶击边旋转坯料。根据需要随时调整捶击的部位，使表面保持光滑、均匀，对凸出的部位不应继续捶击，否则越打越凸起。捶击到坯料的中心部位时，坯料应不停地转动，不能集中在一处捶击，以免坯料的某部位伸展过多而出现凸起。依次收边捶击中部，并不断地检查，直至达到要求为止。考虑到材料的弹性变形，加工后的拱曲度应稍大一些。修光后，消除了弹性变形，零件正好合格 最后用平头锤在圆杆顶上，把拱曲成形好的零件进行修光，然后按要求划线，并进行切割、锉光边缘

拱曲形式	操作方法
冷拱曲	**用顶杆手工拱曲法** 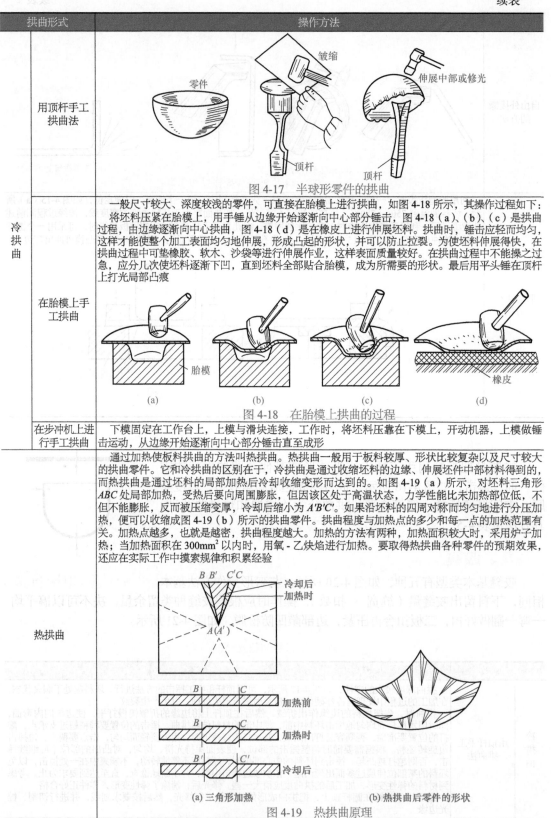 图 4-17　半球形零件的拱曲
	在胎模上手工拱曲　一般尺寸较大、深度较浅的零件，可直接在胎模上进行拱曲，如图4-18所示，其操作过程如下：将坯料压紧在胎模上，用手锤从边缘开始逐渐向中心部分锤击，图4-18（a）、（b）、（c）是拱曲过程，由边缘逐渐向中心拱曲，图4-18（d）是在橡皮上进行伸展坯料。拱曲时，锤击应轻而均匀，这样才能使整个加工表面均匀地伸展，形成凸起的形状，并可以防止拉裂。为使坯料伸展得快，在拱曲过程中可垫橡胶、软木、沙袋等进行伸展作业，这样表面质量较好。在拱曲过程中不能操之过急，应分几次使坯料逐渐下凹，直到坯料全部贴合胎模，成为所需要的形状。最后用平头锤在顶杆上打光局部凸痕 （a）　　（b）　　（c）　　（d） 图 4-18　在胎模上拱曲的过程
	在步冲机上进行手工拱曲　下模固定在工作台上，上模与滑块连接，工作时，将坯料压靠在下模上，开动机器，上模做锤击运动，从边缘开始逐渐向中心部分锤击直至成形
热拱曲	通过加热使板料拱曲的方法叫热拱曲。热拱曲一般用于板料较厚、形状比较复杂以及尺寸较大的拱曲零件。它和冷拱曲的区别在于，冷拱曲是通过收缩坯料的边缘、伸展坯件中部材料得到的，而热拱曲是通过坯料的局部加热后冷却收缩变形而达到的。如图4-19（a）所示，对坯料三角形ABC处局部加热，受热后要向周围膨胀，但因该区处于高温状态，力学性能比未加热部位低，不但不能膨胀，反而被压缩变厚，冷却后缩小为$A'B'C'$。如果沿坯料的四周对称而均匀地进行分压加热，便可以收缩成图4-19（b）所示的拱曲零件。拱曲程度与加热点的多少和每一点的加热范围有关。加热点越多，也就是越密，拱曲程度越大。加热的方法有两种，加热面积较大时，采用炉子加热；当加热面积在$300mm^2$以内时，用氧-乙炔焰进行加热。要取得热拱曲各种零件的预期效果，还应在实际工作中摸索规律和积累经验 （a）三角形加热　　　　（b）热拱曲后零件的形状 图 4-19　热拱曲原理

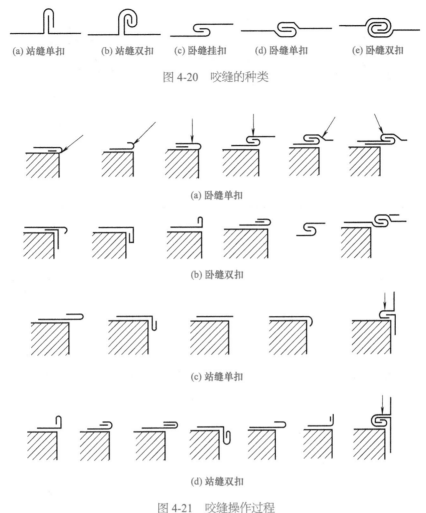

(a) 站缝单扣　　(b) 站缝双扣　　(c) 卧缝挂扣　　(d) 卧缝单扣　　(e) 卧缝双扣

图 4-20　咬缝的种类

(a) 卧缝单扣

(b) 卧缝双扣

(c) 站缝单扣

(d) 站缝双扣

图 4-21　咬缝操作过程

第二节　卷板弯曲成形

卷板是使板材通过旋转轴辊而弯曲成形的方法，如图 4-22 所示，将板材放置在下轴辊时，其下面与下轴辊的 b、c 两点接触，板材的上面与上轴辊 a 点接触。卷板时，压下上轴辊，并使两下辊旋转，此时板材即发生连续弯曲而卷弯成形。

一、常用卷板机的特点及作用范围

（1）剩余直边

板料在卷板机上弯曲时，两端边缘卷不到的部

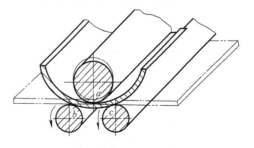

图 4-22　卷板机工作方法

分称为剩余直边，如图 4-23 所示，其数值的大小与卷板机的类型有关。一般卷弯的理论剩余直边值见表 4-6。

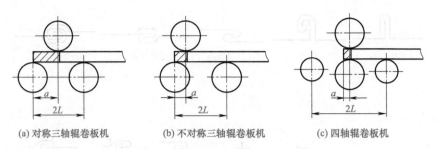

(a) 对称三轴辊卷板机　　　(b) 不对称三轴辊卷板机　　　(c) 四轴辊卷板机

图 4-23　常用卷板机的不同剩余直边示意

表 4-6　一般卷弯的理论剩余直边值

卷制方法	卷板机			压力机模具压弯
	对称三轴辊	不对称三轴辊	四轴辊	
冷卷	$a=L$ [①]	$(1.5\sim2)t$ [②]	$(1\sim2)t$	$1.0t$
热卷	$a=L$	$(1.3\sim1.5)t$	$(0.75\sim1)t$	$0.5t$

① L 为 $1/2$ 的两侧轴辊的中心距。

② t 为板料厚度。

（2）冷热卷的确定

卷弯时，板材中性层外侧的纤维被拉伸长，内侧纤维被压缩短。当外侧的纤维伸长越多或内侧纤维被压缩短越多，则说明板材的塑性变形量越大。一般规定，碳钢冷卷时，其塑性变形应不超过 5%（即卷圆板材外圆周长与内圆周长之差同内圆周长之比值）。即：

$$\frac{\pi(D_内+2t)-\pi D_内}{\pi D_内}\times100\%\leqslant5\%$$

式中　$D_内$——板材卷圆的内径，mm；

　　　t——板材厚度，mm。

化简后得：

$$D_内\geqslant40t \text{或} t\leqslant\frac{1}{40}D_内$$

当 $D_内<40t$ 时，板材应采用热卷。

对合金钢材料，由于其缺口敏感性高，冷卷时的塑性变形，一般控制在 3% 以内，否则应采用热卷。

（3）常用卷板机的特点及使用范围（表 4-7）

表 4-7　常用卷板机的特点及使用范围

类别	图示	说明
对称三轴辊		结构简单、质量轻、维修方便，两下轴辊距离小，成形较准确，但有较大的剩余直边

类别	图示	说明
不对称三轴辊	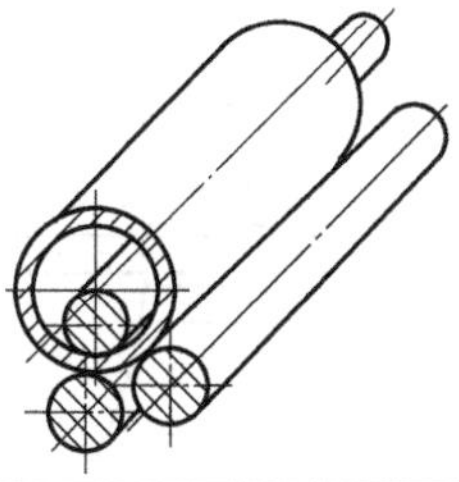	结构简单、剩余直边小，不必预弯剩余直边，但板料需要调头卷弯，操作麻烦。轴辊排列不对称、受力大、卷弯能力较小
四轴辊	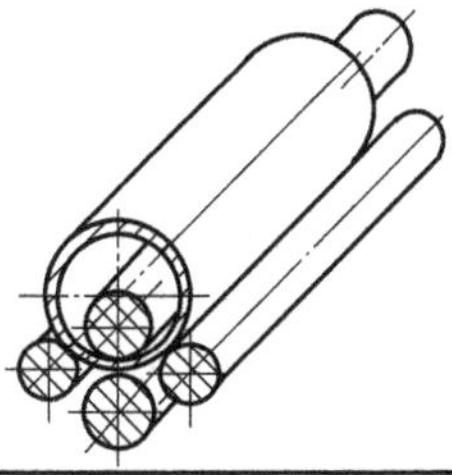	板材对中方便，能一次完成卷弯工作。但结构复杂，两侧轴辊相距较远，操作技术不易掌握

二、常见卷板机的操作方法

常见卷板机的操作方法见表4-8。

表4-8 常见卷板机的操作方法

类别		说明
卷制圆筒	三轴辊卷板机	三轴辊卷板机如图4-24所示。其操作方法如下： ① 预弯。板料两端边缘先预弯到符合要求的曲率半径 ② 对中。把预弯好的板料，送入卷板机，并把板边缘对准下轴辊的槽子 ③ 卷弯。上轴辊下压，一般采用多次进给法滚弯，并用样板检查各部分曲率半径，直至达到符合要求为止 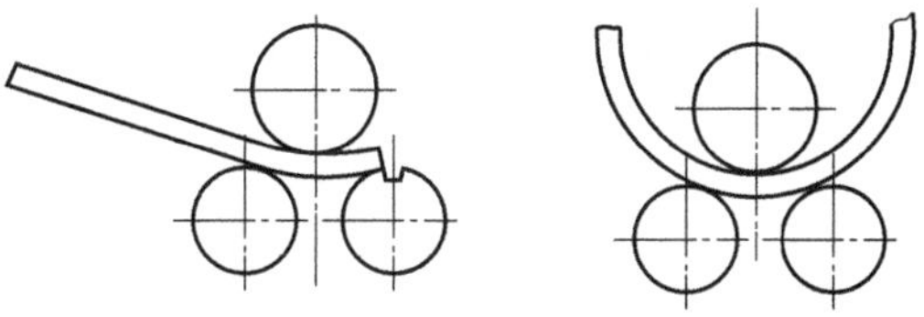 图4-24　在三轴辊卷板机上卷制圆筒
	四轴辊卷板机	四轴辊卷板机如图4-25所示，其操作方法如下： ① 对中和预弯。把板料送入Ⅰ、Ⅱ辊之间对中压紧，然后升起Ⅲ辊，使板料弯成适当曲率 ② 卷弯。板料经卷弯后，由于末端还有一段尚未被滚弯，所以必须再升起侧辊Ⅳ进行卷弯，直至达到要求 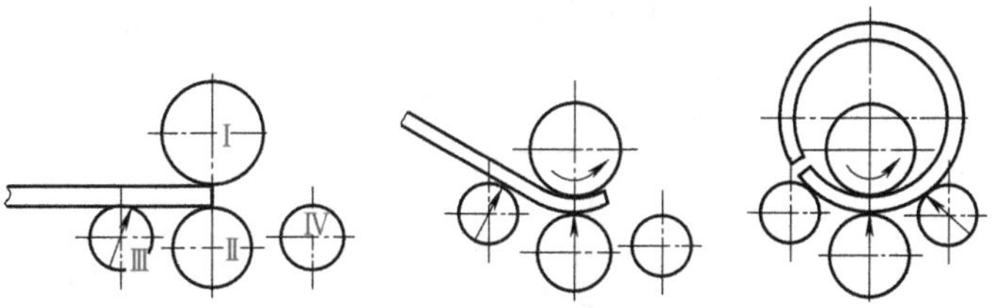 图4-25　在四轴辊卷板机上卷制圆筒

续表

类别	说　　　明
卷制圆锥体	卷制圆锥体如图4-26所示 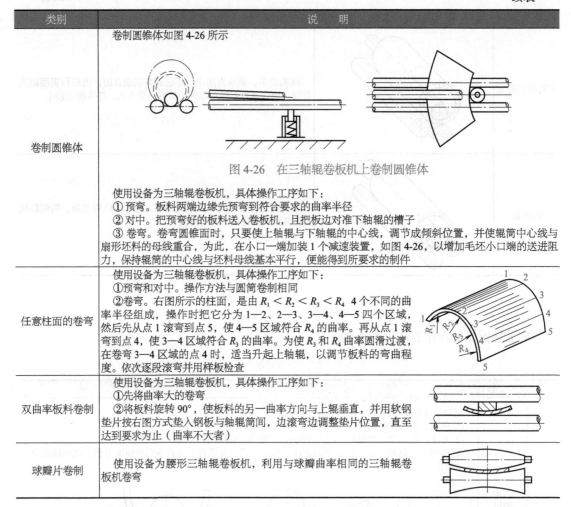 图4-26　在三轴辊卷板机上卷制圆锥体 使用设备为三轴辊卷板机，具体操作工序如下： ①预弯。板料两端边缘先预弯到符合要求的曲率半径 ②对中。把预弯好的板料送入卷板机，且把板边对准下轴辊的槽子 ③卷弯。卷弯圆锥面时，只要使上轴辊与下轴辊的中心线，调节成倾斜位置，并使辊筒中心线与扇形坯料的母线重合，为此，在小口一端加装1个减速装置，如图4-26，以增加毛坯小口端的送进阻力，保持辊筒的中心线与坯料母线基本平行，便能得到所要求的制件
任意柱面的卷弯	使用设备为三轴辊卷板机，具体操作工序如下： ①预弯和对中。操作方法与圆筒卷制相同 ②卷弯。右图所示的柱面，是由$R_1 < R_2 < R_3 < R_4$　4个不同的曲率半径组成，操作时把它分为1—2、2—3、3—4、4—5四个区域，然后先从点1滚弯到点5，使4—5区域符合R_4的曲率。再从点1滚弯到点4，使3—4区域符合R_3的曲率。为使R_3和R_4曲率圆滑过渡，在卷弯3—4区域的点4时，适当升起上轴辊，以调节板料的弯曲程度。依次逐段滚弯并用样板检查
双曲率板料卷制	使用设备为三轴辊卷板机，具体操作工序如下： ①先将曲率大的卷弯 ②将板料旋转90°，使板料的另一曲率方向与上辊垂直，并用软钢垫片按右图方式垫入钢板与轴辊筒间，边滚弯边调整垫片位置，直至达到要求为止（曲率不大者）
球瓣片卷制	使用设备为腰形三轴辊卷板机，利用与球瓣曲率相同的三轴辊卷板机卷弯

三、卷板操作

（1）预弯

预弯即是将板料两端边缘的剩余直边，预先弯曲到符合要求的曲半径的操作。常见的预弯方法见表4-9。

表4-9　常见的预弯方法

类别	简图	说明
压力机与成形模		在压力机上使用与工件曲率半径相同的上、下压模进行预弯。适用于大批量的制品预弯
压力机与通用模		在压力机上使用通用模具，进行多次压弯成形。适用于各种不同曲率半径的预弯

类别	简图	说明
对称三轴辊卷板机与模板	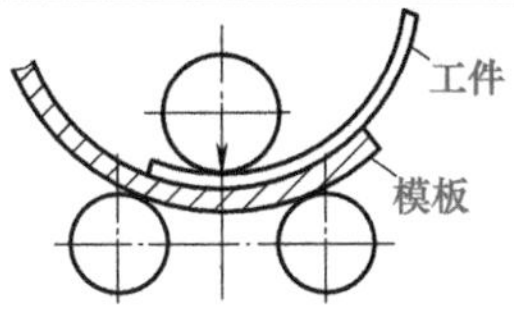 工件 模板	在三轴辊卷板机下轴辊上，放置一块预先弯好的模板（模板厚为工件厚度的2倍以上，宽度略大于工件），把板料放在模板上面，一起进行卷弯。适用于弯曲功率不超过设备能力的60%
对称三轴辊卷板机与平板	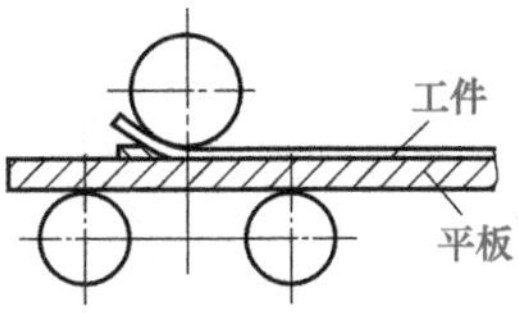 工件 平板	在三轴辊卷板机上利用厚平板（平板厚度大于2倍工件厚度）及楔形、垫板预弯。适用于弯曲功率不超过设备能力的60%
对称三轴辊卷板机与楔形垫板	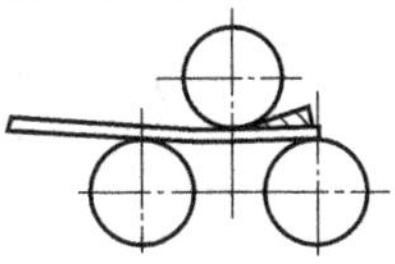	在三轴辊卷板机上利用楔形垫板，直接预弯。适用于较薄的板

（2）对中

为了防止卷板时板料发生歪扭，板料的边缘必须与轴辊中心线严格保持平行。常用的对中方法见表4-10。

表4-10　常用的对中方法

简图	使用设备	名称	操作方法
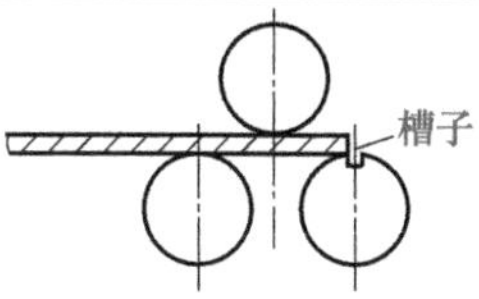 槽子	三轴辊	对中槽	在三轴辊卷板机上，利用下轴辊的槽子转到最高点作为基准来对中
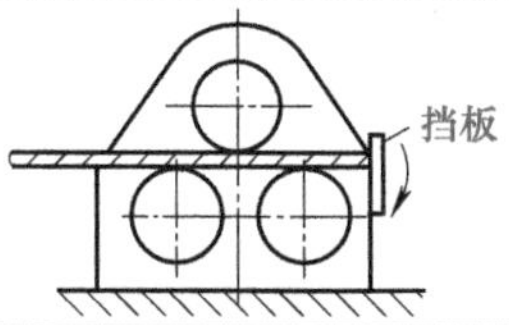 挡板		对中挡板	在三轴辊卷板机上，装置1个活络挡板作为基准来对中
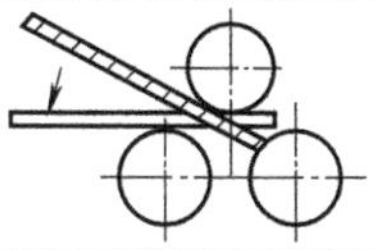		对中下辊	在三轴辊卷板机上，利用板边紧靠下轴辊对中
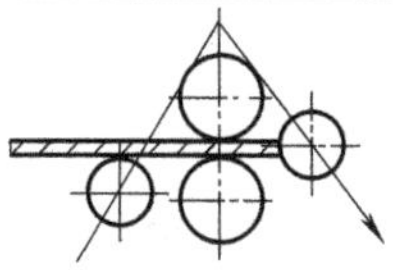	四轴辊	对中侧辊	在四轴辊卷板机上，利用侧辊对中

（3）卷弯

板料一般需经多次进给滚弯，才能达到所要求的曲率半径，每次上轴辊的压下量一般为5～10mm。卷弯前，可根据所要弯制板料的曲率半径，计算出上、下轴辊的相对位置，以便控制卷弯终了时上轴辊的位置。

① 三轴辊卷板机卷弯时，如图4-27所示，上、下轴辊的垂直距离的计算公式为：

$$h = \sqrt{(R+t+r_2)^2 - L^2} - (R-r_1)$$

式中　R ——工件的曲率半径，mm；
　　　h ——上、下轴辊的垂直距离，mm；
　　　t ——工件的厚度，mm；
　　　r_1 ——上轴辊的半径，mm；
　　　r_2 ——下轴辊的半径，mm；
　　　L ——1/2 的两个下轴辊的中心距，mm。

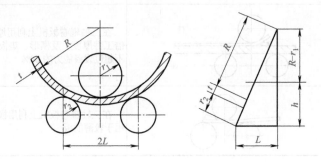

图 4-27　三轴辊卷板机卷弯终了时上轴辊的相对位置

② 四轴辊卷板机卷弯时，如图 4-28 所示，下、侧轴辊的垂直距离的计算公式为：

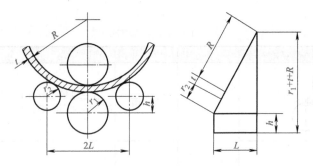

图 4-28　四轴辊卷板机卷弯终了时下、侧轴辊的相对位置

$$h = r_1 + R + t - \sqrt{(r_2 + t + R)^2 - L^2}$$

式中　R ——工件的曲率半径，mm；
　　　h ——下轴辊与侧辊的垂直距，mm；
　　　t ——工件的厚度，mm；
　　　r_1 ——下轴辊的半径，mm；
　　　r_2 ——侧轴辊的半径，mm；
　　　L ——1/2 的两下轴辊的中心距，mm。

　　例　已知三辊卷板机的上辊直径为 280mm，下辊直径 250mm，两下辊中心距 359mm。现卷筒直径为 502mm，板厚 12mm，求上、下辊的中心距 h。

　　解：已知 R=502mm/2=251mm
　　　　　　t=12mm
　　　　　　r_1=280mm/2=140mm
　　　　　　r_2=250mm/2=125mm
　　　　　　L=359mm/2=179.5mm

　　所以

$$h = \sqrt{(R+t+r_2)^2 - L^2} - (R-r_1)$$
$$= \sqrt{(251+12+125)^2 - 179.5^2} - (251-140)$$
$$= 233.98(\text{mm})$$

上、下辊中心距应为233.98mm。

由于板材有回弹，因此上述计算值供参考。

在卷板机上，所能卷弯最小圆筒的直径为上辊直径的1.1~1.2倍。

（4）矫圆

圆筒卷弯焊接后会出现棱角等变形，可用表4-11所示方法在卷板机上矫圆。

表4-11 矫正棱角的方法

简图	使用设备	变形名称	操作方法
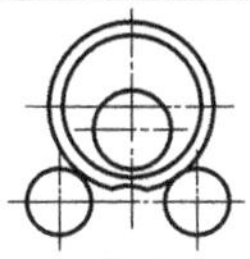	三轴辊卷板机	内棱角	在三轴辊卷板机上，直接利用上轴辊下降，来回多次卷弯
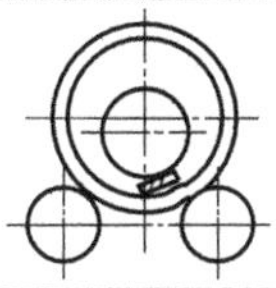			圆筒内放置一块板料于内棱角处，来回多次滚轧
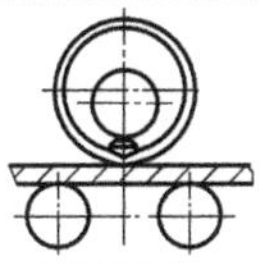		外棱角	在三轴辊卷板机上，放置一块平板，并在圆筒内也放置一块板料于外棱角处，进行滚轧
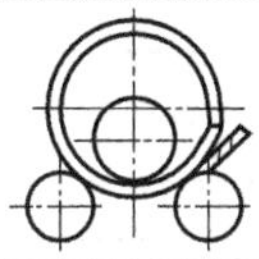			在圆筒棱角处的外壁放置一块板料，来进行矫正
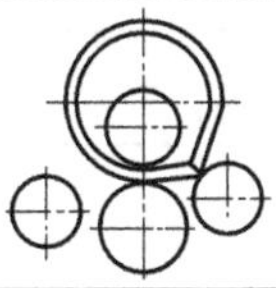	四轴辊卷板机		在四轴辊卷板机上，直接调节侧辊，来矫正外棱角变形

（5）卷弯筒体的周长伸长量

板材卷弯时，由于受外力的作用，其长度会增加。周长伸长量计算公式如下：

$$\Delta L = K\pi t\left(1 + \frac{t}{D_{内}}\right)$$

式中　ΔL——周长伸长量，mm；

　　　t——筒体厚度，mm；

　　　$D_{内}$——筒体的内径，mm；

　　　K——卷制条件系数，热卷时取K=0.10~0.12，冷卷时低碳钢取K=0.06~0.08，低合金钢取K=0.03。

例　现卷制内径为1200mm，板厚16mm，材质为20g的筒体时，求卷制后的伸长量。

解：已知，$D_{内}$=1200mm，t=16mm，K=0.07（冷卷）。

　　所以

$$\Delta L = K\pi t\left(1+\frac{t}{D_{内}}\right) = 0.07\times\pi\times16\times\left(1+\frac{16}{1200}\right)$$

$$= 3.56(\text{mm})$$

经过冷卷后实际周长伸长量为 3.56mm。

由上例可知，经过卷弯后的板材一定是伸长的。如果筒体卷弯后不再加工纵缝余量且又要精确时，可适当扣去伸长量。

（6）卷弯筒体的回弹量

冷卷时板材要产生回弹。为此在卷制时，应卷弯成略小于要求的曲率半径，使卷板机卸载后，刚好回弹到要求的曲率。回弹前的曲率（在上、下轴辊压力下）计算公式如下：

$$D'_{内} = \frac{1-\dfrac{K_0\sigma_s}{E}}{1+\dfrac{K_1\sigma_s D_{内}}{Et}}D_{内}$$

式中　$D'_{内}$——回弹前的筒体内径，mm；

　　　K_0——相对强化系数（见表4-12）；

　　　E——弹性模量（一般碳钢 $E=2.02\times10^5$MPa）；

　　　K_1——截面形状系数（卷制板材的 $K_1=1.5$）；

　　　σ_s——板材屈服点，MPa；

　　　$D_{内}$——筒体内径，mm；

　　　t——筒体板厚，mm。

表4-12　常用钢材的相对强化系数 K_0

材料牌号	K_0
1Cr18Ni9Ti、1Cr18Ni12Ti	6
10、15、20	10
25、20g、22g、Q235、12Cr1MoV、15CrMo	11.6
30、35	14
15Cr、20Cr、20CrNi	17.6

四、热卷

（1）加热温度的确定

板材的加热温度可取钢材正火温度的上限或略高些，见表4-13。

表4-13　常用钢材的热卷温度

材料牌号	加热温度 /℃	终卷温度 /℃
Q235、15、20g、22g	900 ~ 1050	700
16Mn、16MnRE、15MnV、15MnvR	950 ~ 1050	750
18MnMoNb	1000 ~ 1050	800
15MnV	950 ~ 980	800
Cr5Mo、12CrMo、15CrMo	950 ~ 1000	750
12Cr1MoV、1Cr18Ni9Ti	1000 ~ 1050	800
0Cr13、1Cr13	1000 ~ 1100	850

（2）热卷时出现的问题

热卷回弹小，卷制筒体时只要控制好坯料的下料尺寸，卷制到闭合即可。但热卷时会出现以下问题：

①板材加热到高温时，其表面会产生氧化皮。

②由于高温板材强度低，壁厚有轧薄现象，约为原厚度的 5% ~ 6%，但长度则增加。

③高温条件下劳动强度大，操作困难。

④卷弯过程中，氧化皮的危害较严重，会使板材内外表面产生麻点和压坑。

（3）热卷后工件的放置方法

热卷工件的一般放置方法如下：

①将热卷的工件，在终卷的曲率下不断滚动，直至表面颜色发暗，一般 < 500℃时，再从卷板机上卸下。

②将热卷后的工件，竖直放置于平台上。

③将热卷后的工件，卧放于平台上，两边用斜楔塞住。

④将热卷后的弧形板，放置于平台上，两边用斜楔塞住。

第三节　管材的弯曲

一、弯曲原理

（1）变管时受力分析

管材在受弯矩 M 的作用下（图 4-29）弯曲时，靠外侧的材料受到拉力 F_1 的作用，会使管壁拉伸减薄；靠内侧的材料受压力 F_2 作用，会使管壁压缩增厚或折皱。又因外侧拉力 F_1 的合力 N_1' 从外侧壁垂直于中性轴方向作用于管壁，F_2 的合力 N_2' 从内侧面垂直于中性轴方向作用于管壁，两合力产生的压力使管子断面有压扁的趋势，因而管材的横断面会变成椭圆形。

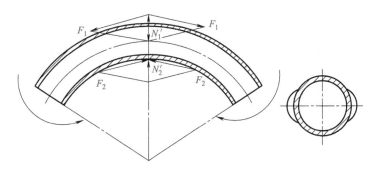

图 4-29　管材弯曲受力图

（2）管材断面的变形

管材在弯曲时，由受力分析可知，管材总会发生椭圆形变形，但在不同弯曲条件下，其具体的变形也不相同。弯曲条件如下：

①自由弯曲。管材在自由弯曲时，断面会变成椭圆形，如图 4-30 所示。

②模具上弯曲。厚壁管在半圆形槽模具上弯曲时的变形情况如图 4-31（a）所示。薄壁管在半圆形槽模具上弯曲时，管材断面外壁处因受拉而出现凹陷，如图 4-31（b）所示。

管材弯曲时的变形程度取决于相对弯曲半径和相对壁厚的大小。相对弯曲半径是指管材中心层弯曲半径与管材外径之比；相对壁厚是指管材壁厚与管材外径之比。当相对弯曲半径和相对壁厚值愈小,则管材的变形愈大,严重时会引起管材外壁破裂,内壁起皱成波浪形。

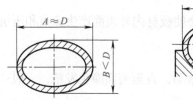

图 4-30　自由弯曲时的情况

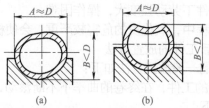

图 4-31　薄壁管在槽模具上弯曲的情况

管子的变形程度常用椭圆度衡量,其值用下式计算:

$$椭圆度 = \frac{D_{最大} - D_{最小}}{D} \times 100\%$$

式中　　D——管子的名义外径,mm;

$D_{最大}$,$D_{最小}$——在管子同一横截面的任意方向,测得的两个极限尺寸,mm。

弯管椭圆度越大,管壁外层的减薄量也越大,因此弯管椭圆度常用来作为检验弯管质量的一项重要指标。在管子弯曲过程中要注意尽可能地减少管子的椭圆度。

二、管材的最小弯曲半径

（1）管材的最小弯曲半径计算公式（表 4-14）

表 4-14　管材的最小弯曲半径计算公式

管材	简图	弯曲类别	计算公式
无缝钢管		冷弯	$D \leqslant 20$ 时,$R \approx 2D$ $D > 20$ 时,$R \approx 3D$
不锈耐酸钢管		充砂加热	$R_{min} = 3.5D$
		气焊加热	$R_{min} = 3.5D$（内侧有皱纹）
		无砂冷弯	$R_{min} = 4D$（用专用弯曲机）

注：热弯为灌砂加热,冷弯为常温弯曲（可灌铅或穿芯）。

（2）管材的最小弯曲半径数值

管材等的最小弯曲半径数值见表 4-15 ~ 表 4-21。

表 4-15　管材的最小弯曲半径

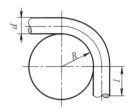

R 为最小弯曲半径。

焊接钢管

d (mm)	d (in)	壁厚/mm	R/mm 热	R/mm 冷	l_{min}/mm
13.5	1/4	—	40	80	40
17.0	3/8	—	50	100	45
21.2	1/2	2.75	65	130	50
26.8	3/4	2.75	80	160	55
33.5	1	3.25	100	200	70
42.2	1¼	3.25	130	250	85
48.0	1½	3.5	150	290	100
60.0	2	3.5	180	360	120
75.5	2½	3.75	225	450	150
88.5	3	4.0	265	530	170
114	4	4.0	340	680	230
125	5	—	400	—	—
150	6	—	500	—	—

不锈钢管

d/mm	壁厚/mm	R/mm
14	2	18
18	2	28
22	2	50
25	2	50
32	2.5	60
38	2.5	70
45	2.5	90
57	2.5	110
76	3.5	225
89	4	250
102	4	360
133	4	400
139	4	450

无缝不锈钢管

d/mm	壁厚/mm	R/mm
6	1	15
8	1	15
10	1.5	20
12	1.5	25
14	1.5	30
16	1.5	30
18	1.5	40
20	1.5	40
22	1.5	60
25	3	60
32	3	80
38	3	80
41	3	100
57	4	180
76	4	220
89	4	270
102	6	321
108	6	340
133	6	420
159	6	600
194	10	800
219	12	900

铝管

外径 d/mm	壁厚/mm	R/mm	外径 d/mm	壁厚/mm	R/mm
6	1	10	20	1.5	30
8	1	15	25	1.5	50
10	1	15	30	1.5	60
12	1	20	40	1.5	80
14	1	20	50	2	100
16	1.5	30	60	2	125

紫铜管与黄铜管

d/mm	壁厚/mm	R/mm	l_{min}/mm
5	1	10	—
6	1	10	18
7	1	15	—
8	1	15	25
10	1	15	30
12	1	20	35
14	1	20	—
15	1	30	45
16	1.5	30	—
18	1.5	30	50
20	1.5	30	—
24	1.5	40	55
25	1.5	40	—
28	1.5	50	
35	1.5	60	
45	1.5	80	
55	2.0	100	

无缝钢管

d/mm	壁厚/mm	R/mm	d/mm	壁厚/mm	R/mm
6	1	15	45	3.5	90
8	1	15	57	3.5	110
10	1.5	20	57	4	150
12	1.5	25	76	4	180
14	1.5	30	89	4	220
14	3	18	102	4	255
16	1.5	30	108	4	270
18	1.5	40	133	4	340
18	3	28	159	4.5	450
20	1.5	40	159	6	420
22	3	50	194	6	500
25	3	50	219	6	500
32	3	60	245	6	600
32	3.5	60	273	8	700
38	3	80	325	8	800
38	3.5	70	371	10	900
44.5	3	100	426	10	1000

表4-16 钢管、铜管、铝管的最小弯曲半径

类别	弯曲工序		外径 d/mm	最小弯曲半径 /mm				说　明
钢管	热弯		任意值	3d				
	冷弯	焊接钢管	任意值	6d				
		无缝钢管	5 ~ 20	壁厚 ≤ 2	4d	壁厚 > 2	3d	
			> 20 ~ 35		5d		3d	
			> 35 ~ 60				4d	
			> 60 ~ 140				5d	
铜管	冷弯		≤ 18	2d				
铝管			> 18	3d				

L 为管端最短直管长度，一般 L=2d，但应 > 45

表4-17 圆管拉弯的最小弯曲半径 1

外径 D/mm	壁厚 /mm	最小弯曲半径 /mm			
		无芯棒	有芯棒		模具与球形 芯棒合并使用
			柱状芯棒	球状芯棒	
12.7 ~ 22.2	0.89	6.5	2.5	3.0	1.5
	1.25	5.5	2.0	2.5	1.2
	1.65	4.0	1.5	1.8	1.0
25.4 ~ 38.1	0.89	9.0	3.0	4.5	2.0
	1.25	7.5	2.5	3.0	1.8
	1.65	6.0	2.0	2.5	1.5
41.3 ~ 54.0	1.25	8.5	3.5	4.5	2.2
	1.65	7	3.0	3.5	1.8
	2.11	6	2.5	3.0	1.5
57.2 ~ 76.2	1.65	9	3.5	4.0	2.5
	2.11	8	3.0	3.5	2.2
	2.77	7	2.5	3.0	2.0
88.9 ~ 101.6	2.11	9	3.5	4.5	3.0
	2.77	8	3.0	4.0	2.5

表4-18 圆管拉弯的最小弯曲半径 2

外径 D/mm	壁厚 /mm	最小弯曲半径 /mm			
		有芯棒时弯曲角		无芯棒时弯曲角	
		90°	180°	90°	180°
9.5	0.71	2.0	2.3	3.3	6.7
	0.81	2.0	2.3	3.3	4.7
	0.89	1.7	2.0	3.0	4.7
	1.25	1.5	2.0	2.7	4.0
12.7	0.81	2.0	2.2	3.0	4.0
	0.89	1.8	2.0	3.0	4.0
	1.25	1.5	1.8	2.8	3.5
	1.65	1.5	1.8	2.5	3.5
15.9	0.89	1.6	2.0	3.2	4.0
	1.25	1.4	2.0	2.8	4.0
	1.65	1.2	1.8	2.4	3.6
19.0	0.89	1.8	2.0	3.0	4.0
	1.25	1.7	1.9	3.0	4.0
	1.65	1.5	1.7	2.7	3.3
	2.12	1.3	1.5	2.7	3.3

外径 D/mm	壁厚 /mm	最小弯曲半径 /mm			
		有芯棒时弯曲角		无芯棒时弯曲角	
		90°	180°	90°	180°
22.2	0.89	1.9	2.0	2.9	4.0
	1.25	1.6	1.9	2.9	3.7
	1.65	1.4	1.8	2.6	3.7
	2.12	1.3	1.6	2.6	3.4
25.4	1.25	1.6	1.9	3.0	4.5
	1.65	1.5	1.5	3.0	4.0
	2.12	1.2	1.5	2.8	4.0
	2.77	1.2	1.6	2.8	3.8
28.6	1.25	1.7	2.1	3.1	4.0
	1.65	1.6	2.0	2.8	4.0
	2.12	1.4	1.9	2.7	3.8
	2.77	1.4	1.8	2.7	3.8
	3.05	1.5	1.8	2.7	3.8
31.8	1.25	1.8	2.1	3.2	4.0
	1.65	1.7	2.0	3.0	3.8
	2.12	1.5	1.5	3.0	3.6
	2.77	1.4	1.7	2.5	3.6
	3.05	1.4	1.7	2.5	3.6
34.9	1.25	1.5	2.1	3.3	4.4
	1.65	1.7	2.0	3.1	4.0
	2.12	1.6	1.9	3.0	4.0
	2.77	1.5	1.7	2.9	3.6
	3.05	1.5	1.6	2.7	3.6
38.1	1.25	1.8	2.1	3.2	4.7
	1.65	1.8	1.9	3.0	4.3
	2.12	1.5	1.5	2.5	4.3
	2.77	1.4	1.7	2.5	4.0
	3.05	1.4	1.6	2.7	4.0
44.5	1.25	2.0	2.1	3.1	4.6
	1.65	1.7	1.9	3.0	4.3
	2.12	1.5	1.6	3.0	4.3
	2.77	1.3	1.6	2.9	4.0
	3.05	1.2	1.5	2.9	4.0
50.8	1.25	2.0	2.1	3.2	4.5
	1.65	1.8	1.9	3.0	4.2
	2.12	1.8	1.9	3.0	4.2
	2.77	1.7	1.8	3.0	4.0
	3.05	1.6	1.8	2.9	4.0
57.2	1.25	2.0	2.1	4.4	5.3
	1.65	1.8	1.9	3.1	4.2
	2.12	1.8	1.9	3.0	4.2
	2.77	1.7	1.8	3.0	4.0
	3.05	1.7	1.8	2.9	4.0
63.5	1.65	1.8	1.9	3.2	4.0
	2.12	1.8	1.9	3.0	4.0
	3.05	1.7	1.8	2.8	3.8
76.2	1.65	1.8	2.0	—	—
	2.12	1.8	1.8	3.0	—
	3.05	1.7	1.8	3.0	—
88.9	1.65	2.1	2.3	—	—
	2.12	2.0	2.2	—	—
	3.05	2.0	2.1	—	—
101.6	1.65	2.2	2.4	—	—
	2.12	2.1	2.2	—	—
	3.05	2.0	2.1	—	—
127.0	1.65	2.5	2.5	—	—
	2.12	2.4	2.5	—	—
	3.05	2.3	2.4	—	—

表 4-19　薄壁管的最小弯曲半径

材料	外径 /mm	壁厚 /mm	最小弯曲半径 /mm	弯曲角 /(°)
321SS	63.5	0.31	76.2	90
AM350CRES 钢	38.1	0.71	38.1	180
钛 A40	101.6	0.89	152.4	90
耐腐蚀耐热镍基合金	88.9	0.71	88.9	45
因科镍铬合金	38.1	0.46	38.1	90
铝 6061T6-0	50.8	0.71	44.5	90
304SS	177.8	0.89	177.8	180

表 4-20　矩形管的最小弯曲半径

壁厚 /mm		2.11	1.65	1.24	0.89
边长 /mm	12.7	41.3	44.5	49.6	50.0
	19.0	50.8	50.8	63.5	76.2
	25.4	76.2	76.2	88.9	101.6
	20.6	76.2	76.2	88.9	101.6
	31.8	88.9	88.9	101.6	—
	38.1	114.3	114.3	127.0	—
	44.5	152.4	165.1	177.8	—
	50.8	177.8	215.9	228.6	—
	63.5	228.6	266.7	—	—
	76.2	304.8	381.0	—	—

表 4-21　硬聚氯乙烯管的最小弯曲半径

外径 d/mm	壁厚 /mm	最小弯曲半径 /mm	外径 d/mm	壁厚 /mm	最小弯曲半径 /mm
12.5	2.25	30	65	4.5	240
15	2.25	45	76	5	330
25	2	60	90	6	400
28	2	80	114	7	500
32	3	110	140	8	600
40	3.5	150	166	8	800
51	4	180	—	—	—

三、常用弯管方法

常用的弯管方法有压弯、滚弯、回弯和挤弯四种，具体弯管方法见表 4-22。

表 4-22　常用的弯管方法

弯曲方法	简图
简单压弯：这种压弯不用专用模具，在压力机上即可完成	
滚弯：是在卷板机或型钢弯曲机上，用带槽滚轮弯曲，曲率均匀	
碾压式回弯：碾压式回弯是在立式或卧式弯管机上弯曲	

弯曲方法	简图
型模式挤弯：管子断面形状规则，一般采用冷挤	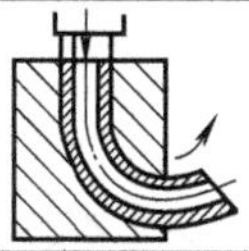
带矫正的压弯：这种压弯方法管子不易压扁	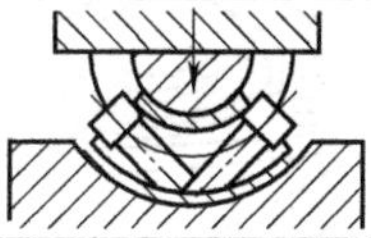
芯棒式挤弯：这种挤弯一般为热挤	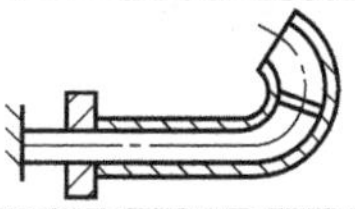
拉拔式回弯：也是在立式或卧式弯管机上弯曲，只是装夹要紧些，使之产生纵向拉力	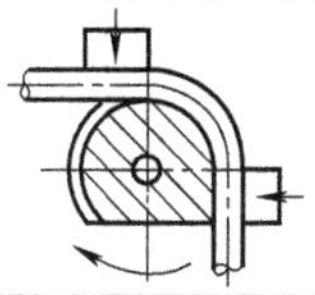

四、手工弯管

在无弯曲设备或单件小批生产中，弯头数量少，而制作冷弯模又不经济，在这种情况下采用手工弯曲。手工弯曲的主要工序有灌砂、画线、加热和弯曲。具体工艺见表4-23。

表4-23　手工弯管工艺

类别	说　　明
画线	按图纸尺寸定出弯曲部分中点位置，并由此向管子两边量出弯曲的长度，再加上管子的直径，这样确定加热长度是最合适的
灌砂	①灌砂的目的是防止变形。用锥形木塞将管子的一端塞住，在木塞上开有出气孔，以使管内空气受热膨胀时自由泄出，然后向管内灌砂 ②装砂后将管子的另一端也用木塞塞住 ③对于直径较大的管子，不便使用木塞时，可采用图4-32所示的钢制塞板。在管子的端头放置塞板，用螺钉将其固定 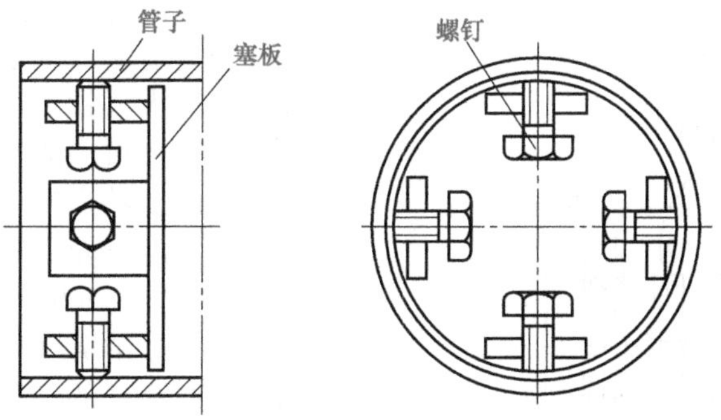 图4-32　钢制塞板
加热	加热可用木炭、焦炭、煤气或重油作燃料。普通锅炉用的煤，不适宜用作加热管子，因为煤中含有较多的硫，而硫在高温时会渗入钢的内部，使钢的质量变坏。加热应缓慢均匀。加热温度随钢的性质而定。普通碳素钢的加热温度一般在1050℃左右，当管子加热到这个温度后，应保持一定的时间，以使管内的砂也达到相同的温度，这样不致使管子冷却过快。弯曲应尽可能在加热后一次完成。增加加热次数，会使金属质量变坏，增加管子氧化层的厚度，导致管壁减薄
弯曲	管子在炉中加热到所需要的温度后，即可取出。如果管子的加热部分过长，可将不必要的受热部分浇水冷却，然后把管子置于模子上进行弯曲 　　模子具有与管子外径相适应的半圆形凹槽。如图4-33（a）所示，模子固定在平台1上，管子2一端置于模子3凹槽中，并用压板固定。用手扳动杠杆5时，杠杆上固定的滚轮4便压紧管子，迫使管子按模子进行弯曲。这种手工弯管的装置，只适用于弯曲小直径的薄壁管

类别	说　明
弯曲	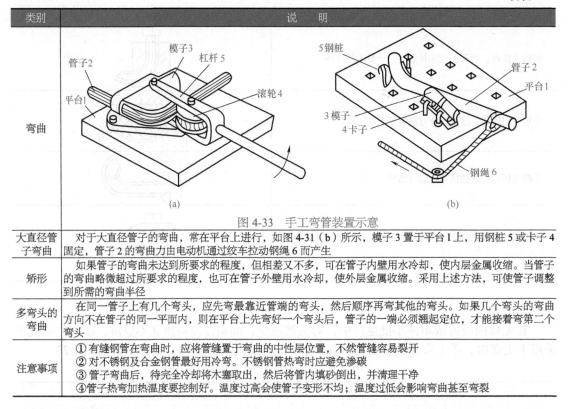 图 4-33　手工弯管装置示意
大直径管子弯曲	对于大直径管子的弯曲，常在平台上进行，如图 4-31（b）所示，模子 3 置于平台 1 上，用钢桩 5 或卡子 4 固定，管子 2 的弯曲力由电动机通过绞车拉动钢绳 6 而产生
矫形	如果管子的弯曲未达到所要求的程度，但相差又不多，可在管子内壁用水冷却，使内层金属收缩。当管子的弯曲度微超过所要求的程度，也可在管子外壁用水冷却，使外层金属收缩。采用上述方法，可使管子调整到所需的弯曲半径
多弯头的弯曲	在同一管子上有几个弯头，应先弯最靠近管端的弯头，然后顺序再弯其他的弯头。如果几个弯头的弯曲方向不在管子的同一平面内，则在平台上先弯好一个弯头后，管子的一端必须翘起定位，才能接着弯第二个弯头
注意事项	①有缝钢管在弯曲时，应将管缝置于弯曲的中性层位置，不然管缝容易裂开 ②对不锈钢及合金钢管最好用冷弯。不锈钢管热弯时应避免渗碳 ③管子弯曲后，待完全冷却将木塞取出，然后将管内填砂倒出，并清理干净 ④管子热弯加热温度要控制好。温度过高会使管子变形不均；温度过低会影响弯曲甚至弯裂

　　手工弯管是较常用的方法。灌砂时管内充装的填料种类有石英砂、松香和低熔点金属等。对较大直径的管子，一般使用砂。灌砂的松紧程度将直接影响到弯管的质量，装入管中的砂应该清洁干燥，颗粒度一般在 2mm 以下，因此在使用前，砂必须经过水冲洗、干燥和过筛。因为砂中含有杂质和水分，加热时杂质的分解物将沾污管壁，同时水分变成气体时体积膨胀，使压力增大，甚至将端头木塞顶出。如果砂的颗粒度过大，就不容易填充紧密，使管子断面变形；颗粒度过小成粉状时，填充过于紧密，弯时不易变形，甚至使管子破裂。灌入管内的砂必须紧密，为此一面灌砂一面用手锤锤击管子产生振动，使管内的砂填紧。

　　手工灌砂的劳动强度大、效率低。如图 4-34 所示为机械灌砂的设备，它由电动机 2 带动带式输送器 1，砂由带式输送器送入漏斗 3 中，并经软管 9 送入管子 8 中。为使砂能填紧管子，在管外必须进行敲击振动，这是由装在套管 6 上的冲击杆实现的，传动轴 5 上装有与冲击杆相同数目的凸轮，当圆锥齿轮 4 带动传动轴 5 旋转时，凸轮迫使冲击杆敲击管子，使管内的砂填紧。绞车 7 可带动套管 6 沿传动轴 5 作上下移动，使整个管子长度上的砂灌紧。手工弯管应紧张而有序进行，保证一次弯管成功。

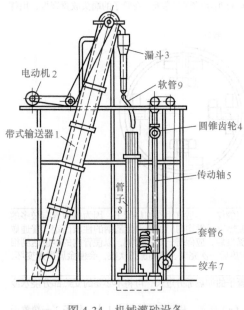

图 4-34　机械灌砂设备

五、冷弯机弯管

冷弯机弯管是在冷态下，管内不填任何填料，用芯棒或不用芯棒对管材进行的弯曲。

（一）有芯弯管

（1）管芯的结构及特点

有芯弯管是在弯管机上利用芯轴沿模具回弯管子。芯轴的作用是防止管子弯曲时断面变形。芯轴的形式有圆头式、尖头式、勺式、单向关节式、万向关节式和软轴式等，各种管芯的结构及特点见表4-24。

表 4-24　管芯的结构及特点

类别	简图	特点
圆头式	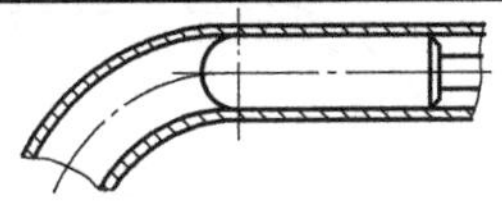	圆头式芯轴制造方便，但防扁效果差
尖头式	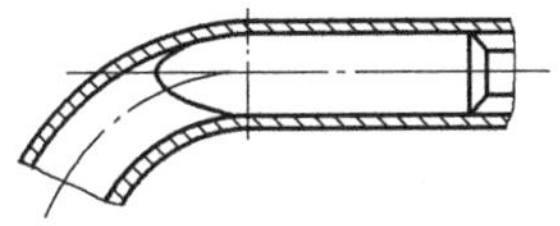	尖头式芯轴可向前伸进，以减小与管壁的间隙，防扁效果较好，且有一定的防皱作用
勺式	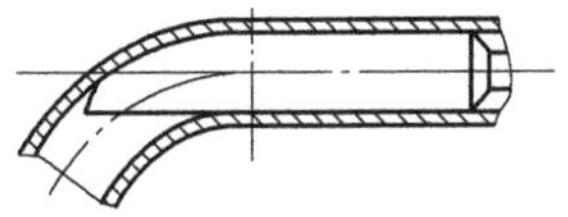	勺式芯轴与外壁支承面更大，防扁效果比尖头式好，具有一定的防皱作用
单向关节式、万向关节式和软轴式芯轴	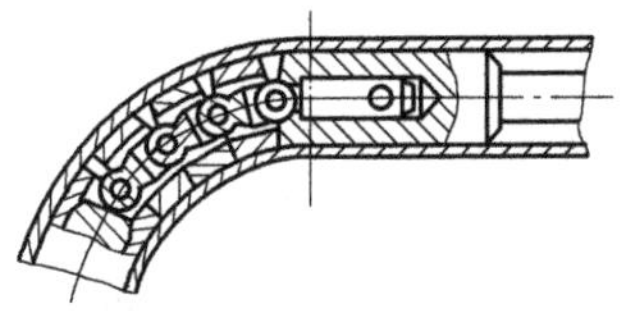 单向关节式 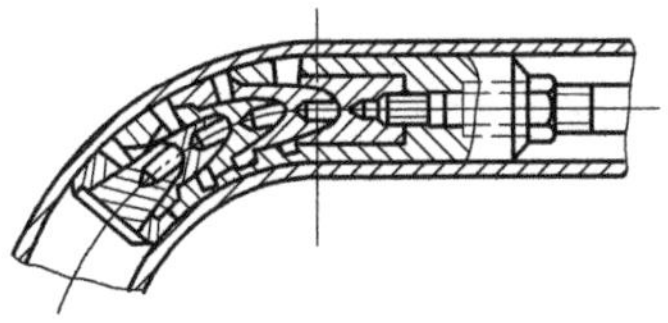 万向关节式 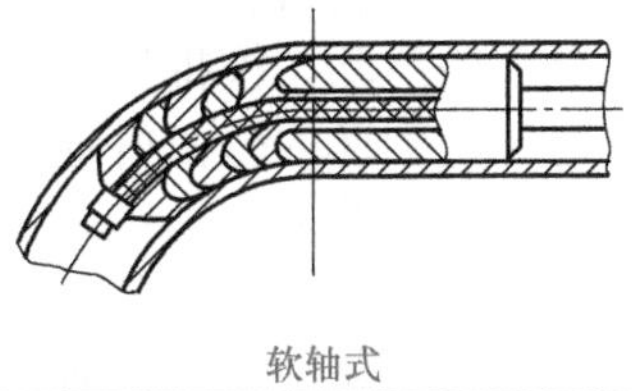 软轴式	能深入管子内部，与管子一起弯曲，防扁效果更好。弯后借油缸抽出芯轴，可对管子进行矫圆

（2）有芯弯管的工作原理

有芯弯管的工作原理如图4-35所示，具有半圆形凹槽的弯管模1，由电动机经过减速装置带动旋转，管子4置于弯管模盘上用夹块2压紧，压紧导轮3用来压紧管子的表面，芯轴5利用芯轴杆6插入管子的内孔中，它位于弯管模的中心线位置。当管子被夹块夹紧，同模子一起转动时，便紧靠弯管模发生弯曲。管子的弯曲角度由挡块控制，当弯管模转到一定角度时，撞击挡块，电动机即停止转动。管子弯曲成不同的半径时，应具有一套相应的弯管模。

（3）芯轴的尺寸和位置

有芯弯管的质量取决于芯轴的形状、尺寸及伸入管内的位置，如图4-36所示。

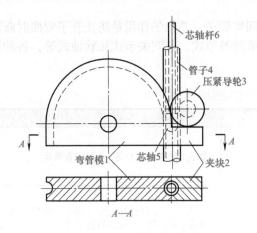

图4-35　有芯弯管工作原理

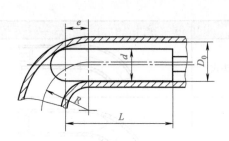

图4-36　芯轴的位置和尺寸

① 芯轴的直径 d（mm）

$$d=D_0-（0.5 \sim 0.75）\text{ 或 } d \geqslant 0.9D_0$$

式中　D_0——管材的内径，mm。

② 芯轴的长度 L（mm）

$$L=（3 \sim 5）d$$

当 d 大时，系数取小值，反之取大值。

③ 芯轴超前弯管模中心的距离 e。e 的大小应根据管子直径、弯曲半径和管子与芯轴间的间隙大小而定，e 值可按下式计算：

$$e=\sqrt{2\left(R+\frac{D_0}{2}\right)Z-Z^2}$$

式中　R——管材的中心层弯曲半径，mm；

D_0——管材的内径，mm；

Z——管材内径与芯棒之间的间隙，即：$Z=D_0-d$。

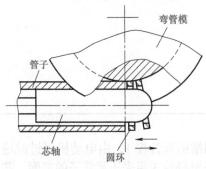

图4-37　用圆环确定芯轴的位置

为简便起见，可将管材切成若干短圆环，将圆环沿弯管模的半圆槽滑动，模拟出弯头的轨迹，同时调节芯轴的位置，使圆环内壁恰好通过，用圆环确定芯轴的位置，如图4-37所示。

（4）弯管模半径

冷弯时弯管将产生一定的回弹，因此弯管模的半径应比需要的弯曲半径小，其值可按经验确定。

当 $\frac{R}{D}$ =3 ~ 4 时，对合金钢管 R_1=0.94R，对碳素

钢管 R_1=（0.96 ~ 0.98）R；当 $\frac{R}{D}$ 较大时，取小值，反

之取大值。式中，R_1 为弯管模半径；R 为弯曲半径；D 为管材外径。

为保证弯管的质量，弯管前必须将管子分组，对同一种规格的管子，由于制造时的误差，使壁厚和内径均有所不同，要得到满意的椭圆度，芯轴的直径必须和管子的内径相适应，所以先要将管子按内径分为若干组，并选择适当的芯轴，以适应管子的内径。此外，管子在运输和保管过程中，管子内部难免要生锈和有污物进入管内，这种铁锈和污物的存在以及芯轴和管内壁之间的摩擦，弯曲过程中极易引起管子内壁的拉伤甚至裂开，而这些拉伤大多是无法发现的。为了保证弯管质量，弯时管子的内壁必须清理和涂油润滑，或采用喷油芯轴。

（二）无芯弯管

无芯弯管是在弯管机上利用反变形法来控制管子断面的变形，它使管子在进入弯曲变形区前，预先给以一定量的反向变形，而使管子外侧向外凸出，用以抵消或减少管子在弯曲时断面的变形，从而保证弯管的质量。

（1）无芯弯管的工作原理

如图 4-38 所示为无芯弯管的工作原理，管子 5 置于弯管模 1 与反变形滚轮 3 之间，用夹块 2 压紧于弯管模上，当弯管模由电动机带动旋转时，管子发生弯曲。反变形滚轮使管子 5 压紧产生反变形，导向轮 4 的凹槽为半圆形，只起引导管子进入弯管模的作用。如图 4-38（a）所示是采用反变形滚轮的无芯弯管，另一种形式是如图 4-38（b）所示的用反变形滑槽的无芯弯管。

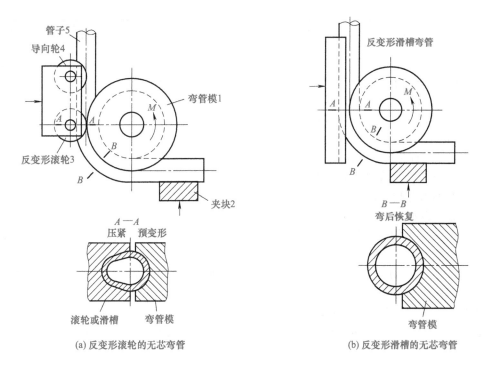

(a) 反变形滚轮的无芯弯管　　　　　(b) 反变形滑槽的无芯弯管

图 4-38　无芯弯管的工作原理

在理想的情况下，只要反变形槽尺寸适当，弯头部分的椭圆度可降为零。此时，在管子的终弯点部分出现一定的椭圆度，如图 4-39 所示中的阴影区 A，该部分的反变形量无法恢复，影响外观。如果增大压紧轮的直径，可使该区的外观质量得到改善，因此采用滑槽形式的反变形比滚轮好。

（2）反变形滚轮或滑槽

反变形滚轮或滑槽与弯管模的断面形状如图 4-40 所示，滚轮凹槽采用双圆弧 R_2、R_3 鸡蛋形，其深度 H 大于管子的半径 R_1。弯管模凹槽采用半圆形，其深度比管子半径 R_1 小 1mm，R_1、R_2、R_3 的尺寸与相对弯曲半径和管子外径 D 有关，见表 4-25。表中 $R_x = R/D$，R 为管子中心层弯曲半径，mm；D 为管子外径，mm。

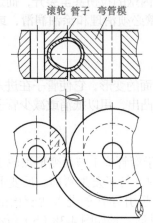
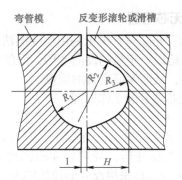

图 4-39　反变形法终弯点变形区　　图 4-40　反变形滚轮式滑槽与弯管模的断面形状

表 4-25　反变形滚轮弯曲半径的确定

相对弯曲半径 R_x/mm	R_1	R_2	R_3	H
1.5 ~ 2	0.5D	0.95D	0.37D	0.56D
2 ~ 3.5	0.5D	1.0D	0.4D	0.545D
≥ 3.5	0.5D	—	0.5D	0.5D

考虑到管子弯曲后的回弹，弯管模的半径应小于管子的弯曲半径，通常按下列经验数据来确定：对于合金钢管子 $R'=0.94R$，对于碳素钢管子 $R'=(0.96 ~ 0.98)R$，式中，R' 为弯管模半径，mm；R 为管子的弯曲半径，mm。

无芯弯管与有芯弯管相比有如下优点：

① 大大减少弯管前的准备工作，提高了劳动生产率。

② 管内不需要润滑，节省润滑液和喷油设备。

③ 避免芯轴消耗。

④ 质量好，不但保证椭圆度，同时管壁拉薄和内壁因振动而引起的波浪情况也有很大改善。

⑤ 弯曲时无振动现象，没有芯轴与管子间的摩擦，降低了弯管力矩，延长弯管机的使用寿命和提高了使用能力。

无芯弯管由于具有上述一系列优点，所以得到了广泛的应用。当管子的弯曲半径大于管子直径的 1.5 倍时，一般都采用无芯弯管。只有对直径较大、壁厚较薄的管子才采用有芯弯管。

六、挤压弯管

挤压弯管用于弯曲小半径的管子，有冷挤压弯管和芯棒热推挤弯管两种。

（1）冷挤压弯管

利用金属的塑性，在常温状态下将管子压入带有弯形槽的模具中，形成管子弯头，如图 4-41（a）所示。

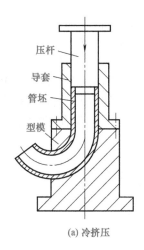
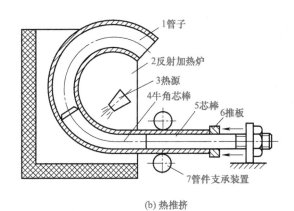

图中标注：

（a）冷挤压
- 压杆
- 导套
- 管坯
- 型模

（b）热推挤
- 1 管子
- 2 反射加热炉
- 3 热源
- 4 牛角芯棒
- 5 芯棒
- 6 推板
- 7 管件支承装置

图 4-41　挤压弯管示意图

管子在挤弯时，除受弯曲力矩外，还受轴向力和与轴向力方向相反的摩擦力作用。这样的作用力可大大改善管子外侧壁厚的减薄量和椭圆度。

冷挤压弯管能弯制的最小相对弯曲半径 $R/D \approx 1.3$，弯头的椭圆度小（≤ 3% ~ 5%），外侧管壁的减薄量小（≤ 9%），模具的结构简单，不需要专用机床且生产率高。冷挤压弯管一般要求管子的相对壁厚 $t/D = 0.06$（t 为管子壁厚，D 为管子外径），否则易失稳起皱。

（2）芯棒热推挤弯管

芯棒热推挤弯管，如图 4-41（b）所示。管子 1 套于芯棒 5 上，由管件支承装置 7 支承，推板 6 位于管子的端头，产生轴向推力。管子在推力作用下，用反射加热炉 2 的热源 3 边加热边向前移动，从牛角芯棒 4 处挤出。由于受推力和芯棒阻力的作用，使管子产生周向扩张和轴向弯曲变形，从而将小直径的管子推挤成较大直径的弯头。管子的内侧比外侧加热温度高，内侧金属向两侧流动，使部分金属重新分布，所以只要选择合适的管子，就能得到管壁厚度均匀一致的弯头，弯头椭圆度很小（≈1%）。其缺点是不能形成带直段的弯头，牛角芯棒制造困难；而且需要专用的挤压机。

管子弯曲后，必须检验弯管质量是否符合要求。管子椭圆度可用钢球通过整个管子内孔的方法来检查，钢球的直径可视管子的要求而定，一般为管子内径的 85% ~ 90%。管子的弯曲角度可用量角器或样板进行检验。整个管子弯曲形状的正确性，可在工作台上按放出的实样进行检查，或用按实样弯出的样杆进行检查。

七、折皱弯管

（1）折皱弯管的原理

管材弯曲时，管材的中性层一般通过其中心线，在中性层外侧的管壁受到很大的拉伸，内侧则受到很大的压缩。因此，在弯曲大直径薄壁管时，会产生外侧壁拉裂，内侧壁折皱，管材断面被压扁等严重缺陷。

折皱弯管法是将管材在弯曲时的中性层，位于管材的最外侧，因此，管材弯曲时整个管壁都产生压缩变形，依靠偏心折皱所产生的不均匀收缩而弯曲，如图 4-42 所示。一个折皱只造成一个较小的弯曲角度，多个折皱就可以造成较大的弯曲角度，这种方法适用于弯曲相对弯曲半径较小的大直径薄壁管。

（2）折皱弯管的方法

折皱弯管是在直管上造成偏心折皱，其方法是利用胎具从管材内部向外胀起折皱，同

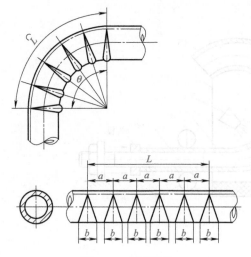

图 4-42　折皱弯管

时在管材外部用胎具限制折皱的宽度和偏心度。为此，应先在管壁上画出全部所需折皱的大小和位置，如图 4-42 所示中对边为 b 的三角形，然后利用模具将直管按顺序加工出一个个偏心折皱，使直管弯曲成所需角度。必须指出，当管材是用薄板卷制后咬接而成时，则咬缝应布置在中性线的位置上。

八、火焰加热弯管

火焰加热弯管是采用火焰加热圈加热，弯管原理与中频弯管相同，但省掉了中频机组，所以火焰弯管机的结构更简单，造价更低，维修容易，但由于火焰加热热效率不高，适用于弯制薄壁管。

火焰加热圈如图 4-43 所示。以氧 - 乙炔混合气体作为燃料。加热圈的内圆周上开有一圈火焰喷孔（孔径 ϕ0.5mm 左右，孔距 3 ～ 4mm），在加热圈背着弯管方向的一面圆周上，开有一圈喷水孔（孔径 ϕ0.8 ～ 1.0mm，孔距 9 ～ 10mm）。氧气压力约为 0.5 ～ 1.0MPa，乙炔压力约为 0.05 ～ 0.1MPa。火焰加热圈的尺寸见表 4-26。

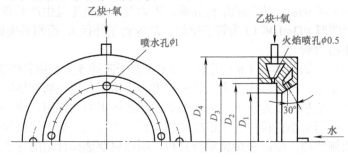

图 4-43　火焰加热圈

表 4-26　火焰加热圈的尺寸

外径尺寸 /mm	火焰加热圈的尺寸 /mm			
	D_1	D_2	D_3	D_4
102	111	123	135	167
108	117	129	141	173
114	123	135	147	179
133	142	154	166	198
159	168	180	192	224

火焰弯管时的喷水量应很好控制，如喷水太多，则火焰不稳定，甚至会熄灭，因此，必须在生产实践中调整和掌握喷水量，以获得良好的弯管质量。

九、中频加热弯管

（1）工作原理

中频弯管的加热是依靠套在管子外面的中频感应圈，将管内局部环形加热至 900℃左右，随即对加热部分进行弯曲，并立即喷水冷却。由于管子被加热区很窄，而两侧温度低，管子的刚性大，限制了断面的椭圆度和折皱。因此，管件内外壁都不必支承，一般用在相对弯曲半径 $R_x \geqslant 15$ 的场合。

中频加热弯管需要专门的设备，根据弯管的受力形式，可分为拉弯和推弯两种形式，如图 4-44 所示。拉弯是电动机经过减速器带动转臂旋转，把管子弯曲成形，如图 4-44（a）所示。中频感应加热圈位于旋转中心线上，由感应圈发出的中频电流的电磁场作用加热，温度可达 800 ~ 1200℃（根据钢材的化学成分而定），位于弯曲区域后方的管子，由装在感应圈上的环形装置喷水冷却，使管子获得足够的刚性。三个支承滚轮用于确定管子的轴线位置。管子的弯曲半径由夹头在转臂上的位置而定。夹头的位置可在转臂上调节，所以管子的弯曲半径受转臂调节范围的限制。用拉弯方法得到管子的弯曲半径较均匀，且调整方便，可弯曲 180°弯头，但管子外壁厚度的减薄大。

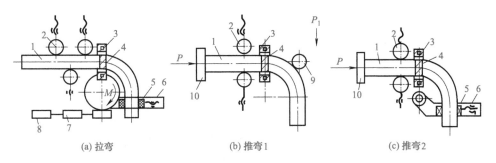

(a) 拉弯　　　　　　　　　(b) 推弯1　　　　　　　　　(c) 推弯2

图 4-44　中频加热弯管

1—管材；2—支承滚轮；3—加热圈；4—加热区；5—夹头；6—转臂；7—减速器；8—电动机；9—推力轮；10—推力挡板

如图 4-44（b）所示的推弯方法能弯曲任意的弯管半径，管子外壁厚度减薄小，但对起弯段的弯曲半径较难保证，且调整困难。如图 4-44（c）所示的推弯方法弯得的曲率半径均匀，且调整方便，弯曲角一般≤90°，但弯曲半径受转臂调整范围的限制。

（2）特点

① 大直径厚壁管冷弯时，需要庞大的弯管机，占地大，造价高，还要昂贵的模具。而中频弯管除中频感应机组耗电量大、初投资较大外，因不需要模具，弯曲半径调整方便。

② 弯管机结构比较简单，电动机功率较小。

③ 加热迅速，热效率高，弯头表面不会产生氧化皮。

④ 弯头外形好，椭圆度较小，弯曲半径调整方便，适应性强，尤其适用于弯制单个或小批量的大直径管子。

十、顶压弯管

随着科学技术的不断发展，要求机器能获得紧凑的结构。为此，要求管子的弯曲半径越小越好。但如果用普通的有芯或无芯弯管方法，弯曲半径与管子直径的比例有一定的限制，否则管子的横截面明显地变成椭圆形。

用有芯或无芯弯管法弯曲碳素无缝钢管时，弯曲半径 R 与直径 D 比值的最小极限在 1.5 ~ 3.5 范围内，即：

$$R/D=1.5 ~ 3.5$$

顶压弯管能弯制 $R=D$ 的小半径管子，它在弯曲的同时沿管子的轴向加一顶压力 P，如图 4-45 所示。由于这个附加的顶压力，改变了管子在弯曲过程中的应力分布情况，它使弯曲中性层由弯管的内侧 O_1—O_1，移至外侧 O—O，中性层的弯曲半径 r 大于管子的弯曲半径 R，这样减少了压向管子的合力，改善了弯头处横断面的椭圆度和管壁的减薄量。

顶压力 P 的大小直接影响到弯管质量，P 不能太大，因为顶压力在减少弯管外壁的减薄量的同时，又能增加管子内壁的厚度。顶压力太小时起不到应有的作用。

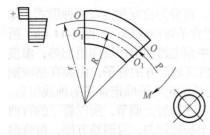

图 4-45　顶压弯管时管子的应力分布图

顶压力施加的速度与弯头的质量也有很大的关系。实践证明，当顶压速度略大于弯曲速度时，可获得良好的弯管质量。

如图 4-46 所示为顶压弯管机的弯管装置。它是在有芯弯管的基础上附加一顶压机构，利用顶压油缸使管子产生沿管子轴向的顶压力 P，防皱板的作用是防止弯头内侧起皱。

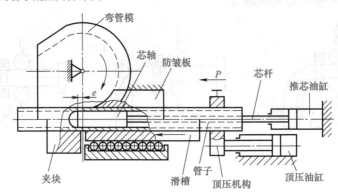

图 4-46　顶压弯管机的弯管装置示意图

第四节　型材的弯曲

一、型材的弯形

型材在自由弯形时，由于重心线与力的作用线不在同一平面上，型材除受弯曲力矩外，还受扭矩的作用，使型材的断面产生畸变，如图 4-45 所示槽钢、角钢、T 字钢和工字钢外弯和内弯时断面的变形。

槽钢和角钢外弯时夹角会增大，内弯时夹角会缩小。型材弯形时断面的变形程度决定于弯曲半径，若型材断面尺寸不变，则弯曲半径越小，断面的变形就越大。由于型材弯形时断面会产生变形，因而在弯形时，必须设法予以防止。

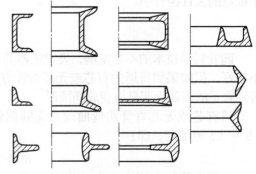

图 4-47　型材弯形时断面的变形

二、型材弯曲时最小弯曲半径

在一般情况下，型材的弯曲半径应大于最小弯曲半径。若由于结构要求等原因，必须采用小于或等于最小弯曲半径时，则应该分两次或多次弯曲，也可采用热弯或预先退火的方法，以提高材料的塑性。

（1）板材的最小相对弯曲半径

板材的最小相对弯曲半径参照表见表 4-27 及表 4-28。

表4-27 板材最小相对弯曲半径 r/t

材料	最小相对弯曲半径 r/t					
	退火状态		冷作硬化状态		淬火状态	
	弯曲线与轧制纤维方向关系					
	垂直	平行	垂直	平行	垂直	平行
钢材　08、10、Q195、Q215	0.1	0.4	0.4	0.8	0.4	0.8
15、20、Q235	0.1	0.5	0.5	1.0	0.5	1.0
25、30、Q255	0.2	0.6	0.6	1.2	0.6	1.2
35、40、Q275	0.3	0.8	0.8	1.5	0.8	1.5
45、50	0.5	1.0	1.0	1.7	1.0	1.7
55、60	0.7	1.3	1.3	2.0	1.3	2.0
Cr18Ni9	1	2	3	4	—	—
65Mn、T7	1.0	2.0	2.0	3.0	—	—
铝及其合金　铝	0.1	0.35	0.5	1.0	0.3	0.8
硬铝（软）	1.0	1.5	1.5	2.5	1.5	2.5
硬铝（硬）	2	3	3	4	3	4
铝合金（$t \leqslant 2$）	2.0[2]	3.0[2]	4.0[3]	5.0[3]	—	—
铜及其合金　纯铜	0.1	0.35	1.0	2.0	0.2	0.5
软黄铜	0.1	0.35	0.35	0.8	0.4	0.8
半硬黄铜	0.1	0.35	0.5	1.2	1.0	2.0
磷青铜	—	—	1	3	—	—
磷铜	—	—	1	3	—	—
镁合金　MA1-M	2.0[1]	3.0[1]	6.0[3]	8.0[3]		
MA8-M	1.5[1]	2.0[1]	5.0[3]	6.0[3]		
钛合金　BT$_1$	1.5	3.0	6.0	8.0		
BT$_2$	3.0	4.0	5.0	6.0		

① 加热至 300 ~ 400℃。
② 加热至 400 ~ 500℃。
③ 冷作状态。
注：1. 当弯曲线与纤维方向成一定角度时，可采用垂直和平行纤维方向两者的中间值。
　　2. 在冲裁或剪切后没有退火的毛坯弯曲时，应作为硬化的金属选用。
　　3. 弯曲时应使有毛刺的一边处于弯角的内侧。

表4-28 压弯板材最小相对弯曲半径 r/t

材料及其状态		最小相对弯曲半径 r/t		材料及其状态		最小相对弯曲半径 r/t	
		弯曲线与轧制纤维方向垂直	弯曲线与轧制纤维方向平行			弯曲线与轧制纤维方向垂直	弯曲线与轧制纤维方向平行
08F、08A1		0.2	0.4	HPb59-1	Y	1.5	2.5
					M	0.3	0.4
10、15、Q195		0.5	0.8	BZn15-20	Y	2.0	3.0
					M	0.3	0.5
20、Q215、Q235、09 MnXtL		0.8	1.2	H62	Y	0.3	0.8
					Y2	0.1	0.2
25、30、35、40、Q255A、10Ti、16MnL、13Mn、Ti、16MnXtL		1.3	1.7		M	0.1	0.1
65Mn	T	2.0	4.0	QSn6.5-0.1	Y	1.5	2.5
	Y	3.0	6.0		M	0.2	0.3
1Cr18Ni9	I	0.5	2.0	QBe2	Y	0.8	1.5
	B1	0.3	0.5		M	0.2	0.2
	R	0.1	0.2	T2	Y	1.0	1.5
1J79	Y	0.5	2.0		M	0.1	0.1
	M	0.1	0.2	L3、L4	Y	0.7	1.5
3J1	Y	3.0	6.0		M	0.1	0.2
	M	0.3	0.6	LC4	CSY	2.0	3.0
3J53	Y	0.7	1.2		M	1.0	1.5
	M	0.4	0.7	LF5、LF6、LF21	Y	2.5	4.0
TA1	冷作硬化	3.0	4.0		M	0.2	0.3
TA5		5.0	6.0	LY12	CZ	2.0	3.0
TB2		7.0	8.0		M	0.3	0.4

注：本表适用于原材料为供应状态，90° V 形校正压弯，毛坯板厚小于 20mm，宽度大于 3 倍板厚，毛坯剪切断面的光亮带在弯曲角外侧的场合。

（2）型材最小弯曲半径计算公式

型材最小弯曲半径计算公式见表4-29。

表4-29　型材最小弯曲半径计算公式

型材	弯曲形式	图　　示	弯曲类别	最小弯曲半径计算公式
扁钢弯曲	—	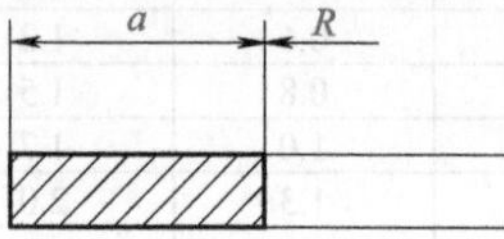	热弯	$R_{min}=3a$
			冷弯	$R_{min}=12a$
方钢弯曲	—	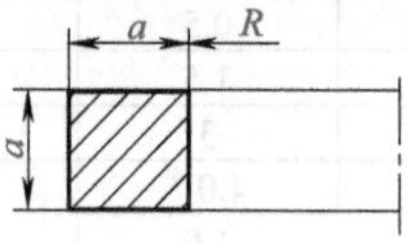	热弯	$R_{min}=a$
			冷弯	$R_{min}=2.5d$
圆钢弯曲	—	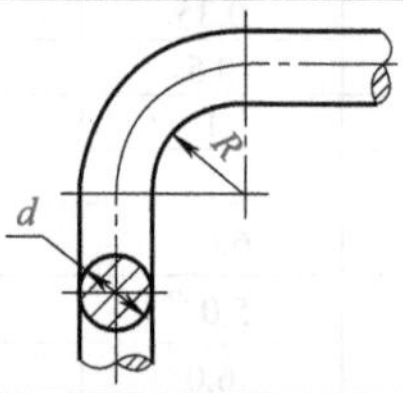	热弯	$R_{min}=d$
			冷弯	$R_{min}=2.5d$
圆不锈钢弯曲	—	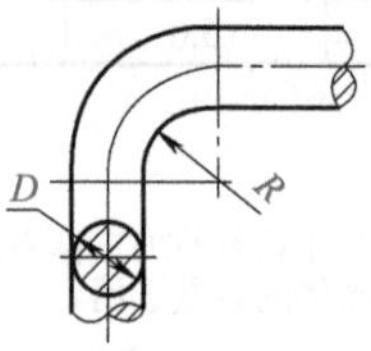	热弯	$R_{min}=D$
			冷弯	$R_{min}=(2～2.5)D$
等边角钢	外弯	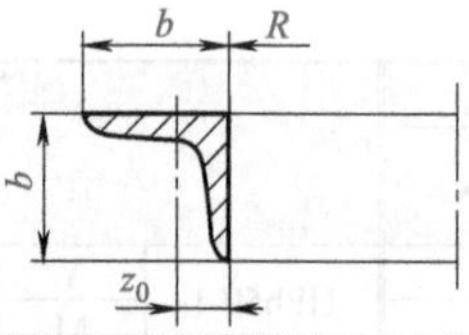	热弯	$R_{min}=\dfrac{b-z_0}{0.14}-z_0$
			冷弯	$R_{min}=\dfrac{b-z_0}{0.04}-z_0$
	内弯	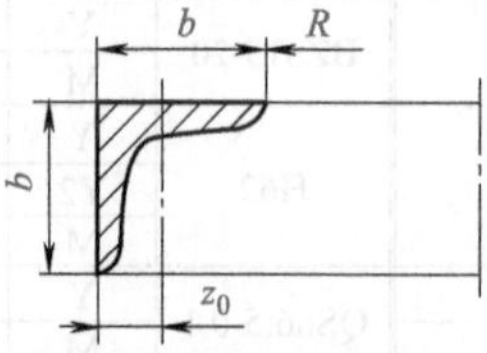	热弯	$R_{min}=\dfrac{b-z_0}{0.14}-b+z_0$
			冷弯	$R_{min}=\dfrac{b-z_0}{0.04}-b+z_0$
不等边角钢	小边外弯	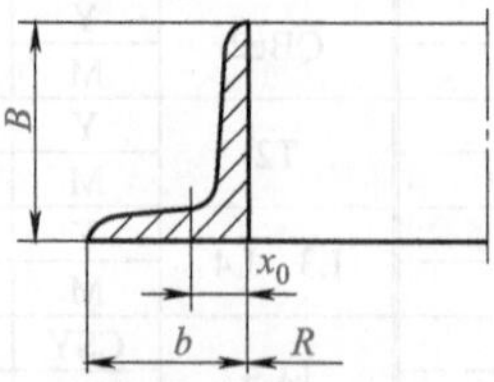	热弯	$R_{min}=\dfrac{b-x_0}{0.14}-x_0$
			冷弯	$R_{min}=\dfrac{b-x_0}{0.04}-x_0$
	大边外弯	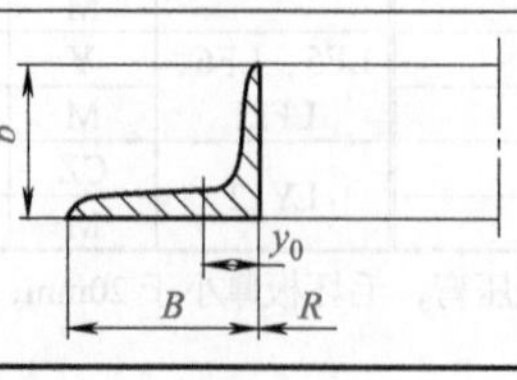	热弯	$R_{min}=\dfrac{B-y_0}{0.14}-y_0$
			冷弯	$R_{min}=\dfrac{B-y_0}{0.04}-y_0$

型材	弯曲形式	图　　示	弯曲类别	最小弯曲半径计算公式
不等边角钢	小边内外弯	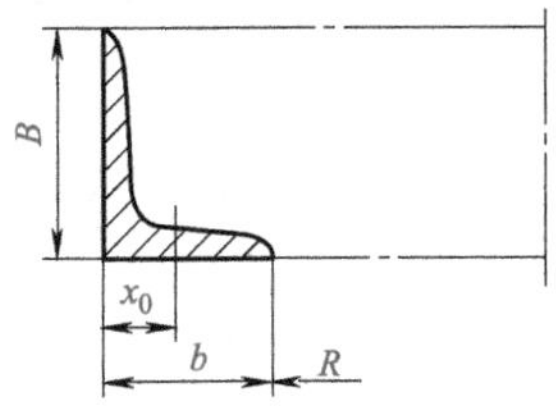	热弯	$R_{min} = \dfrac{b - x_0}{0.14} - b + x_0$
			冷弯	$R_{min} = \dfrac{b - x_0}{0.04} - b + x_0$
	大边内弯	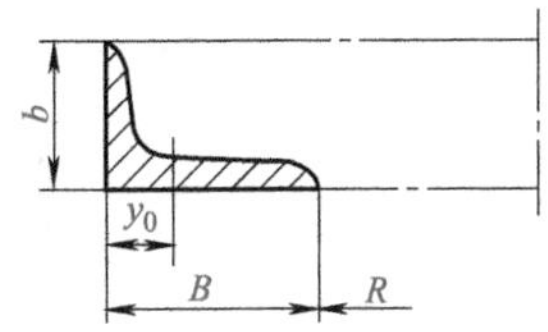	热弯	$R_{min} = \dfrac{b - y_0}{0.14} - b + y_0$
			冷弯	$R_{min} = \dfrac{b - y_0}{0.04} - b + y_0$
工字钢	绕 Y_0—Y_0 轴弯曲	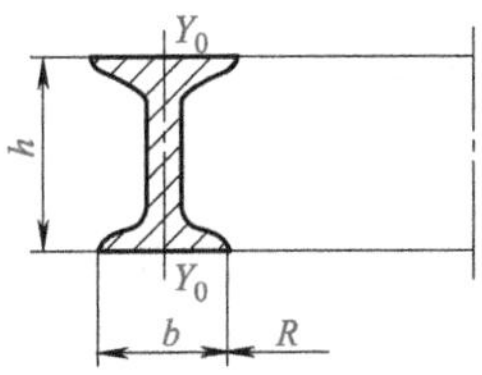	热弯	$R_{min} = \dfrac{b}{2 \times 0.14} - \dfrac{b}{2}$
			冷弯	$R_{min} = \dfrac{b}{2 \times 0.04} - \dfrac{b}{2}$
	绕 X_0—X_0 轴弯曲	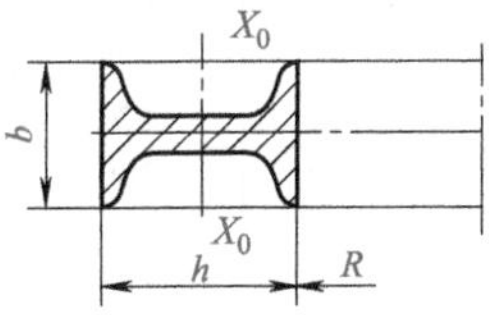	热弯	$R_{min} = \dfrac{h}{2 \times 0.14} - \dfrac{h}{2}$
			冷弯	$R_{min} = \dfrac{h}{2 \times 0.04} - \dfrac{h}{2}$
槽钢	绕 Y_0—Y_0 轴弯曲 1	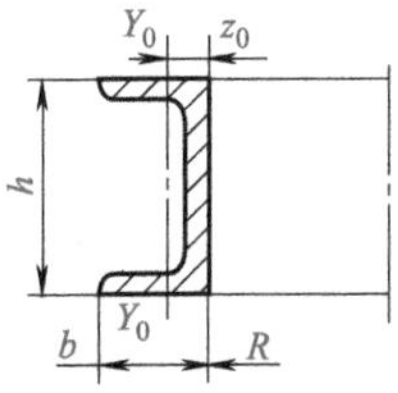	热弯	$R_{min} = \dfrac{b - z_0}{0.14} - z_0$
			冷弯	$R_{min} = \dfrac{b - z_0}{0.04} - z_0$
	绕 Y_0—Y_0 轴弯曲 2	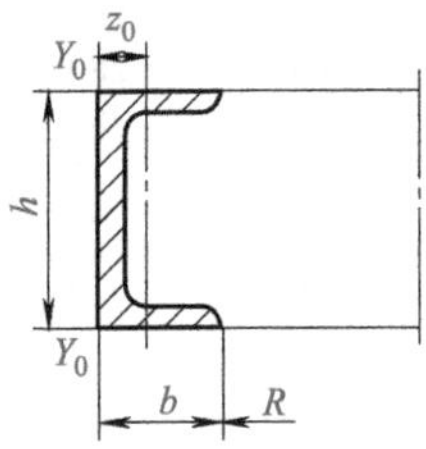	热弯	$R_{min} = \dfrac{b - z_0}{0.14} - b + z_0$
			冷弯	$R_{min} = \dfrac{b - z_0}{0.04} - b + z_0$
	绕 X_0—X_0 轴弯曲	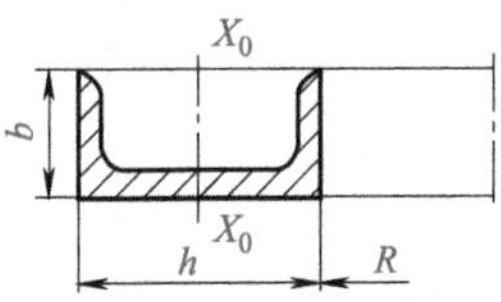	热弯	$R_{min} = \dfrac{h}{2 \times 0.14} - \dfrac{h}{2}$
			冷弯	$R_{min} = \dfrac{h}{2 \times 0.04} - \dfrac{h}{2}$

注：x_0、y_0、z_0 为角钢和槽钢的重心距。

（3）型材最小弯曲半径数值

① 热轧等边角钢的最小弯曲半径数值见表 4-30。

表 4-30　热轧等边角钢的最小弯曲半径数值

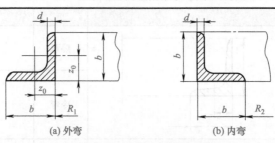

(a) 外弯　　　　　　　　(b) 内弯

b—边宽；d—边厚；z_0—重心距离

型号	尺寸 /mm		理论质量 / (kg/m)	z_0/cm	最小弯曲半径 /mm			
	b	d			热弯		冷弯	
					R_1	R_2	R_1	R_2
2	20	3	0.889	0.60	95	85	345	335
		4	1.145	0.64	90	85	335	325
2.5	25	3	1.124	0.73	120	110	435	425
		4	1.459	0.76	115	105	425	415
3	30	3	1.373	0.85	145	130	530	515
		4	1.786	0.89	140	130	520	505
3.6	36	3	1.656	1.00	175	160	640	625
		4	2.163	1.04	170	155	630	615
		5	2.654	1.07	170	145	620	605
4	40	3	1.852	1.09	195	180	735	715
		4	2.422	1.13	195	175	705	690
		5	2.976	1.17	190	170	695	680
4.5	45	3	2.088	1.22	220	200	810	790
		4	2.736	1.26	220	200	800	775
		5	3.369	1.30	215	195	790	770
		6	3.985	1.33	215	195	780	760
5	50	3	2.332	1.34	250	225	900	880
		4	3.059	1.38	245	220	880	860
		5	3.770	1.42	240	220	880	860
		6	4.465	1.46	240	220	870	850
5.6	56	3	2.624	1.48	280	255	1000	1090
		4	3.446	1.53	275	250	1000	980
		5	4.251	1.57	270	250	990	965
		8	6.568	1.68	265	240	965	940
6.3	63	4	3.907	1.70	310	285	1135	1105
		5	4.822	1.74	310	280	1120	1095
		6	5.721	1.78	305	280	1110	1085
		8	7.469	1.85	300	275	1090	1065
		10	9.151	1.93	295	270	1070	1045
7	70	4	4.372	1.86	350	315	1265	1235
		5	5.397	1.91	345	315	1255	1220
		6	6.406	1.95	340	310	1240	1210
		7	7.398	1.99	340	310	1230	1200
		8	8.373	2.03	335	305	1225	1195
7.5	75	5	5.818	2.04	370	335	1345	1310
		6	6.905	2.07	365	335	1335	1305
		7	7.976	2.11	365	330	1330	1295
		8	9.030	2.15	360	330	1330	1285
		10	11.09	2.22	355	325	1300	1265
8	80	5	6.211	2.15	395	360	1440	1400
		6	7.376	2.19	395	360	1430	1390
		7	8.525	2.23	390	355	1420	1385
		8	9.658	2.27	385	350	1420	1375
		10	11.87	2.35	380	345	1390	1355

型号	尺寸 /mm		理论质量 /（kg/m）	z_0/cm	最小弯曲半径 /mm			
					热弯		冷弯	
	b	d			R_1	R_2	R_1	R_2
9	90	6	8.350	2.44	445	405	1615	1575
		7	9.656	2.48	440	400	1605	1565
		8	10.946	2.52	440	400	1600	1560
		10	13.476	2.59	435	395	1575	1535
		12	15.940	2.67	425	390	1555	1515
10	100	6	9.366	2.67	495	450	1815	1765
		7	10.830	2.71	495	450	1795	1745
		8	12.276	2.76	485	440	1780	1740
		10	15.120	2.84	485	440	1765	1720
		12	17.898	2.91	475	435	1740	1700
		14	20.611	2.99	470	430	1720	1680
		16	23.257	3.06	465	425	1705	1665
11	110	7	11.928	2.96	555	505	1980	1930
		8	13.532	3.01	550	490	1965	1915
		10	16.690	3.09	535	490	1945	1895
		12	19.782	3.16	530	480	1930	1880
		14	22.809	3.24	520	475	1910	1860
12.5	125	8	15.504	3.37	620	560	2245	2190
		10	19.133	3.45	610	555	2225	2170
		12	22.696	3.53	600	550	2205	2150
		14	26.193	3.61	600	545	2205	2150
14	140	10	21.488	3.82	690	625	2500	2440
		12	25.522	3.90	680	620	2485	2425
		14	29.490	3.98	675	615	2460	2400
		16	33.393	4.06	670	610	2440	2380
16	160	10	24.729	4.31	790	720	2875	2805
		12	29.391	4.39	785	715	2855	2785
		14	33.987	4.47	775	705	2840	2765
		16	38.518	4.55	775	705	2815	2745
18	180	12	33.159	4.89	890	805	3230	3150
		14	38.383	4.97	880	800	3210	3130
		16	43.542	5.05	875	795	3190	3110
		18	48.634	5.13	870	790	3160	3080
20	200	14	42.894	5.46	985	895	3575	3485
		16	48.680	5.54	980	890	3565	3475
		18	54.401	5.62	970	885	3535	3445
		20	60.056	5.69	965	880	3525	3435
		24	71.168	5.87	950	870	3470	3390

② 不等边角钢的最小弯曲半径数值见表 4-31。

表 4-31　不等边角钢的最小弯曲半径数值

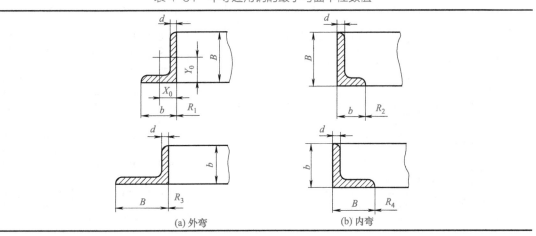

(a) 外弯　　　　　　　　(b) 内弯

型号	尺寸/mm			理论质量/(kg/m)	Y_0/cm	X_0/cm	最小弯曲半径/mm							
							向短边方向弯				向长边方向弯			
							热弯		冷弯		热弯		冷弯	
	B	b	d				R_1	R_2	R_1	R_2	R_3	R_4	R_3	R_4
2.5/1.6	25	16	3	0.912	0.86	0.42	80	75	290	285	110	100	400	395
			4	1.176	0.90	0.46	75	70	280	280	105	100	390	385
3.2/2	32	20	3	1.171	1.08	0.49	100	90	370	360	140	130	520	510
			4	1.522	1.12	0.53	100	90	360	360	140	130	510	500
4/2.5	40	25	3	1.484	1.32	0.59	130	115	470	470	180	130	655	655
			4	1.936	1.37	0.63	125	115	460	460	175	160	645	630
4.5/2.8	45	28	3	1.687	1.47	0.64	150	135	535	535	200	185	745	730
			4	2.203	1.51	0.68	145	130	520	525	200	185	735	720
5/3.2	50	32	3	2.908	1.60	0.73	170	150	610	610	225	210	835	815
			4	2.494	1.65	0.77	165	150	600	600	220	190	820	790
5.6/3.6	56	36	3	2.153	1.78	0.80	190	170	690	690	255	235	935	915
			4	2.818	1.82	0.85	190	170	680	680	250	230	925	905
			5	3.466	1.87	0.88	185	165	670	670	250	230	915	895
6.3/4	63	40	4	3.185	2.04	0.92	210	190	760	760	285	260	1045	1020
			5	3.920	2.08	0.95	210	185	755	750	285	260	1035	1005
			6	4.638	2.12	0.99	205	185	745	745	280	255	1025	1005
			7	5.339	2.15	1.03	200	180	730	730	275	255	1015	995
7/4.5	70	45	4	3.570	2.24	1.02	240	215	860	860	320	295	1165	1140
			5	4.403	2.28	1.06	235	215	850	850	315	290	1160	1135
			6	5.218	2.32	1.09	235	210	840	840	310	290	1145	1125
			7	6.011	2.36	1.13	230	210	830	830	310	285	1140	1115
7.5/5	75	50	5	4.808	2.40	1.17	260	235	945	945	340	315	1255	1225
			6	5.699	2.44	1.21	260	235	935	935	335	310	1240	1215
			8	7.431	2.52	1.29	252	230	915	915	330	305	1220	1195
			10	9.098	2.60	1.36	245	225	895	890	325	300	1200	1175
8/5	80	50	5	5.005	2.60	1.14	265	235	955	955	360	330	1325	1295
			6	5.936	2.65	1.18	260	235	945	945	355	330	1310	1285
			7	6.848	2.69	1.21	260	235	935	935	355	325	1305	1275
			8	7.745	2.73	1.25	255	230	925	925	350	325	1295	1265
9/5.6	90	56	5	5.661	2.91	1.25	300	265	1075	1075	405	375	1495	1460
			6	6.717	2.95	1.29	295	265	1065	1065	405	375	1485	1450
			7	7.756	3.00	1.33	290	260	1055	1055	400	370	1470	1440
			8	8.779	3.04	1.36	290	260	1045	1045	395	365	1460	1430
10/6.3	100	63	6	7.550	3.24	1.43	335	300	1205	1170	455	415	1660	1620
			7	8.722	3.28	1.47	330	295	1195	1160	450	415	1645	1615
			8	9.878	3.32	1.50	325	290	1185	1150	440	410	1635	1600
			10	12.14	3.40	1.58	320	290	1165	1130	440	405	1615	1585
10/8	100	80	6	8.350	2.95	1.97	410	370	1485	1490	475	435	1730	1690
			7	9.656	3.00	2.01	410	370	1480	1480	470	430	1720	1680
			8	10.95	3.04	2.05	405	365	1470	1460	470	430	1710	1670
			10	13.48	3.12	2.13	400	360	1445	1450	460	425	1690	1650
11/7	110	70	6	8.350	3.53	1.57	370	335	1340	1340	500	460	1835	1795
			7	9.656	3.57	1.61	370	330	1330	1335	495	460	1820	1780
			8	10.95	3.62	1.65	365	330	1325	1320	490	455	1810	1775
			10	13.48	3.70	1.72	360	325	1305	1305	485	450	1790	1750
12.5/8	125	80	7	11.07	4.01	1.80	425	380	1530	1530	570	525	2080	2035
			8	12.55	4.06	1.84	420	380	1520	1520	565	520	2070	2025
			10	15.47	4.14	1.92	415	375	1500	1500	555	515	2050	2010
			12	18.33	4.22	2.00	410	370	1480	1480	550	510	2030	1980
14/9	140	90	8	14.16	4.50	2.04	480	430	1720	1720	635	585	2330	2280
			10	17.48	4.58	2.12	470	420	1700	1700	630	580	2315	2265
			12	20.72	4.66	2.19	465	420	1680	1680	620	575	2290	2245
			14	23.91	4.74	2.27	460	415	1660	1660	615	570	2270	2225

型号	尺寸/mm			理论质量/(kg/m)	Y_0/cm	X_0/cm	最小弯曲半径/mm							
							向短边方向弯				向长边方向弯			
	B	b	d				热弯		冷弯		热弯		冷弯	
							R_1	R_2	R_1	R_2	R_3	R_4	R_3	R_4
16/10	160	100	10	19.87	5.24	2.28	530	475	1905	1910	720	660	2640	2580
			12	23.59	5.32	2.36	525	470	1900	1885	710	655	2600	2565
			14	27.25	5.40	2.43	515	465	1870	1870	705	655	2595	2545
			16	30.84	5.48	2.51	510	460	1845	1845	700	645	2575	2525
18/11	180	110	10	22.27	5.89	2.44	590	525	2115	2115	810	745	2980	2910
			12	26.46	5.98	2.52	580	520	2095	2095	800	740	2940	2880
			14	30.59	6.06	2.59	575	520	2075	2085	795	735	2930	2870
			16	34.65	6.14	2.67	510	510	2055	2055	790	730	2900	2840
20/12.5	200	125	12	29.76	6.54	2.83	665	595	3030	2390	900	830	3295	3225
			14	34.44	6.62	2.91	655	590	3025	2370	890	820	3275	3205
			16	39.05	6.70	2.99	650	590	3020	2350	890	815	3255	3190
			18	43.59	6.78	3.06	640	580	3015	2330	880	815	3240	3180

③ 热轧普通槽钢的最小弯曲半径数值见表4-32。

表4-32 热轧普通槽钢的最小弯曲半径数值

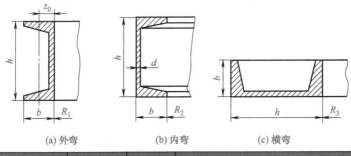

(a) 外弯　　　　(b) 内弯　　　　(c) 横弯

型号	尺寸/mm			理论质量/(kg/m)	z_0/cm	最小弯曲半径/mm					
						热弯			冷弯		
	h	b	d			R_1	R_2	R_3	R_1	R_2	R_3
5	50	37	4.5	5.44	1.35	155	145	155	575	565	600
6.3	63	40	4.8	6.63	1.36	175	160	195	645	635	755
8	80	43	5.0	8.04	1.43	190	175	245	700	685	960
10	100	48	5.3	10.00	1.52	220	200	305	805	790	1200
12.6	126	53	5.5	12.37	1.59	250	230	385	910	890	1510
14a	140	58	6.0	14.53	1.71	270	250	430	1005	980	1680
14b	140	60	8.0	16.73	1.67	295	265		1065	1010	
16a	160	63	6.5	17.23	1.80	305	275	490	1105	1080	1920
16	160	65	8.5	19.74	1.75	320	290		1170	1140	
18a	180	68	7.0	20.17	1.88	335	305	555	1210	1180	2160
18	180	70	9.0	22.99	1.84	350	315		1270	1240	
20a	200	73	7.0	22.63	2.01	360	325	615	1300	1270	2400
20	200	75	9.0	25.77	1.95	375	340		1370	1335	
22a	220	77	7.0	24.99	2.10	380	345	675	1380	1345	2640
22	220	79	9.0	28.45	2.03	400	360		1450	1410	
25a	250	78	7.0	27.47	2.06	390	350	770	1415	1380	2995
25b	250	80	9.0	31.39	1.98	410	370		1485	1445	
25c	250	82	11.0	35.32	1.92	430	385		1550	1505	
28a	280	82	7.5	31.42	2.10	415	375	860	1505	1465	3360
28b	280	84	9.5	35.81	2.02	445	400		1575	1530	
28c	280	86	11.5	40.21	1.95	455	410		1640	1595	

型号	尺寸/mm			理论质量/(kg/m)	z_0/cm	最小弯曲半径/mm					
						热弯			冷弯		
	h	b	d			R_1	R_2	R_3	R_1	R_2	R_3
32a	320	88	8.0	38.22	2.24	445	405		1620	1575	
32b	320	90	10	43.25	2.16	455	420	985	1690	1640	3840
32c	320	92	12	48.28	2.09	485	435		1770	1710	
36a	360	96	9.0	47.80	2.44	490	445		1775	1720	
36b	360	98	11	53.45	2.37	505	455	1105	1835	1795	4320
36c	360	100	13	59.10	2.34	525	470		1890	1840	
40a	400	100	10.5	58.91	2.49	515	460		1855	1805	
40b	400	102	12.5	65.19	2.44	530	475	1230	1915	1860	4800
40c	400	104	14.5	71.47	2.42	555	490		1970	1915	

④ 热轧普通工字钢的最小弯曲半径数值见表4-33。

表4-33 热轧普通工字钢的最小弯曲半径数值

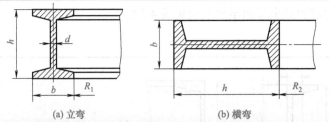

(a) 立弯 (b) 横弯

型号	尺寸/mm			理论质量/(kg/m)	最小弯曲半径/mm			
					热弯		冷弯	
	h	b	d		R_1	R_2	R_1	R_2
10	100	68	4.5	11.2	210	305	815	1200
12.6	126	74	5.0	14.2	225	385	890	1510
14	140	80	5.5	16.9	245	430	960	1680
16	160	88	6.0	20.5	270	490	1055	1920
18	180	94	6.5	24.1	290	555	1130	2160
20a	200	100	7.0	27.9	305	615	1200	2400
20b	200	102	9.0	31.1	315		1220	
22a	220	110	7.5	33.0	340	675	1320	2640
22b	220	112	9.5	36.4	345		1345	
25a	250	116	8.0	38.1	355	770	1390	2995
25b	250	118	10.0	42.0	365		1415	
28a	280	122	8.5	43.4	375	860	1465	3360
28b	280	124	10.5	47.9	380		1490	
32a	320	130	9.5	52.7	400	985	1560	3840
32b	320	132	11.5	57.7	405		1585	
32c	320	134	13.5	62.8	410		1610	
36a	360	136	10.0	59.9	420	1105	1630	4320
36b	360	138	12.0	65.6	425		1655	
36c	360	140	14.0	71.2	430		1680	
40a	400	142	10.5	67.6	435	1230	1705	4800
40b	400	144	12.5	73.8	440		1730	
40c	400	146	14.5	80.1	450		1750	
45a	450	150	11.5	80.4	460	1380	1800	5395
45b	450	152	13.5	87.4	465		1825	
45c	450	154	15.5	94.5	475		1850	
50a	500	158	12.0	93.6	485	1535	1895	6000
50b	500	160	14.0	101.0	490		1920	
50c	500	162	16.0	109.0	500		1940	

型号	尺寸 /mm			理论质量 /(kg/m)	最小弯曲半径 /mm			
	h	b	d		热弯		冷弯	
					R_1	R_2	R_1	R_2
56a	560	166	12.5	106.2	510		1995	
56b	560	168	14.5	115.0	515	1720	2015	6720
56c	560	170	16.5	123.9	520		2035	
63a	630	176	13.0	121.6	540		2110	
63b	630	178	15.0	131.5	545	1935	2135	7560
63c	630	180	17.0	141.0	565		2160	

三、型材的弯曲方法

（1）手工弯曲

型材的手工弯曲法基本相同，现以角钢为例说明其弯曲方法。角钢分外弯和内弯两种。

角钢应在弯曲模上弯曲，由于弯曲变形和弯力较大，除小型角钢用冷弯外，多数采用热弯，加热的温度随材料的成分而定，对碳钢加热温度应不超过 1050℃。必须避免温度过高而烧坏，如图 4-48（a）所示是在平台 1 上用模子 3 进行内弯时的情形。模子用螺栓 7 固定于平台上。将加热后的角钢 2 用卡子 4 和定位钢桩 5 固定于模子上，然后进行弯曲，为不使角钢边向上翘起，必须边弯边用大锤 6 锤打角钢的水平边，直至弯到所需的角度。

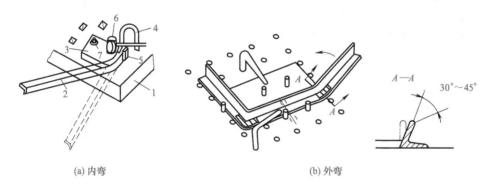

(a) 内弯　　　(b) 外弯

图 4-48　角钢的手工弯曲

1—平台；2—角钢；3—模子；4—卡子；5—定位钢桩；6—大锤；7—螺栓

弯制曲率很大的外弯角钢框时，如图 4-48（b）所示，由于角钢的平面外侧受到严重的拉伸，容易出现凹缺，所以对宽度在 50mm 以内的等边角钢弯曲时，应在角钢平面 4/5 宽的范围内，用火焰进行局部加热（图中的阴影线处为加热区）。在热弯时，常出现角钢立面向外倾斜使夹角变小（＜90°）和平面上翘现象，如图 4-48（b）中 A—A 剖面图，这时，可用大锤顺立面 30°～45°的倾斜角锤击立面而矫正。如图 4-49 所示是在平台 5

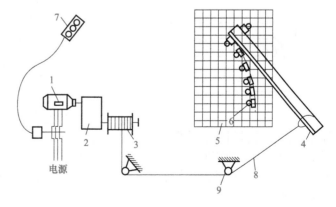

电源

图 4-49　用卷扬机弯曲示意

1—电动机；2—减速箱；3—卷筒；4—角钢；5—平台；
6—钢桩；7—控制开关；8—钢丝绳；9—滚轮

上用钢桩 6 组成弯曲模，依靠卷扬机来弯曲角钢 4，电动机 1 经过减速箱 2 带动具有凸缘的卷筒 3，其上绕有钢丝绳 8，钢丝绳绕过滚轮 9，绳的另一端套于被弯角钢 4 上，控制开关 7 用于启动电动机，使钢丝绳卷绕于卷筒上，材料逐渐被弯曲。采用这种方法弯曲，设备简单，劳动强度低，可弯曲各种型钢。

（2）卷弯

型材可在专用的弯曲机上弯形，其工作部分有 3～4 个辊轮，如图 4-50 所示，辊轮轴线一般成垂直位置，两个辊轮为主动辊，由电动机带动，另一个为从动辊，调节从动辊位置，可获得所需的弯曲度。型材弯形时，断面被辊轮卡住，以防止弯形时起皱，只要变换辊轮就可弯曲圆、方、扁钢等多种型材。

型材也可在卷板机上弯曲，卷弯角钢时把两根并合在一起并用点焊固定，并合后的角钢成"Ⅱ"形，弯曲方法与钢板相同。

在卷板机辊筒上也可以套上辅助套筒进行弯曲，套筒上开有一定形状的槽，便于将需要弯曲的型钢边嵌在槽内，以防弯曲时产生折皱，当型钢内弯时，套筒装在上辊，如图 4-51（a）所示，外弯时，套筒装在两个下辊上，如图 4-51（b）所示，弯曲的方法与钢板相同。

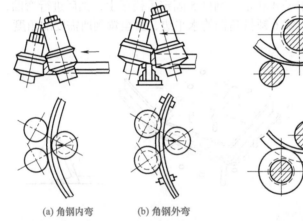

(a) 角钢内弯　　　　(b) 角钢外弯

图 4-50　三辊卷弯机工作部分

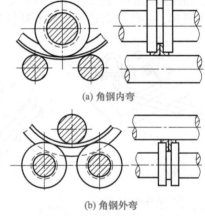

(a) 角钢内弯

(b) 角钢外弯

图 4-51　在三辊卷弯机上弯曲型钢

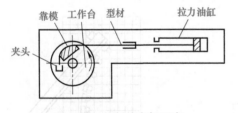

图 4-52　型材拉弯机示意

（3）拉弯

拉弯时型材同时受到拉伸与弯曲的作用，将型材弯曲的，若在型材拉弯机上弯曲时（图 4-52），型材的两端由两夹头夹住，一个夹头固定在工作台上，另一夹头在拉力油缸的作用下，使型材产生拉应力，旋转工作台，型材在拉力作用下沿模具发生弯曲。拉弯时，拉伸应力应稍大于材料的屈服强度，使材料内、外层均处在拉应力状态下，使之在同一方向产生回弹。这样弯曲后材料的回弹，比普通弯曲时要小得多，故拉弯制件的精度较高，模具可不考虑回弹值。用普通方法弯形时，型材断面中性层的外层受拉应力，内层受压应力，内外层受力方向相反，故弯形后回弹较大。

（4）压弯

在撑直机或压力机上，利用模具对型材产生的压力进行 1 次或多次弯曲，使型材成形。在撑直机上压弯时，可将型材置于支座和顶头之间，依靠顶头的往复运动弯曲型材的端头弯形时，可加放垫板，使之与垫板一起弯曲，如图 4-53 所示。

（5）回弯

将型材的一端固定在弯曲模上，弯曲模旋转时，型材沿模具发生弯曲。如槽钢回弯时，弯曲模具与槽钢外形的凹槽一样，为防止槽钢弯形时翼缘的变形，可利用压紧螺杆，将槽钢的一端压紧在弯曲模上，当弯曲模由电动机带动旋转时，槽钢便绕模子发生弯曲，控制弯曲模的旋转角度，便能弯成各种形状，如图 4-54 所示。

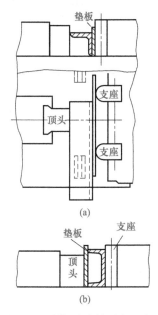

图 4-53　型钢端头的压弯示意

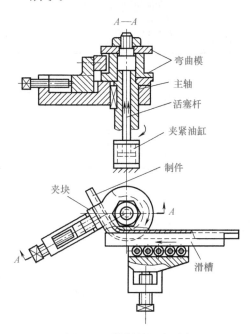

图 4-54　槽钢的回弯示意

第五节　水火弯板

一、水火弯板的基本原理

水火弯板是利用金属材料热胀冷缩的特性进行变形加工。通过对被加工金属的局部加热，该处的金属发生膨胀而受到周围冷金属的限制被压缩，冷却后尺寸减小对周围产生拉应力而发生预期的变形。之所以用水火弯板，主要是为了提高效率。水火弯板的主要变形形式为：对于厚板单面加热并控制其加热深（厚）度，使其产生角变形；对于不太厚的板局部加热使其形成曲面。

水火弯板的效果如何，主要取决于工艺参数的选择。其主要工艺见表 4-34。

表 4-34　水火弯板的工艺

类别	说　明
火焰性质	水火弯板一般采用中性焰加热
火焰功率	火焰的功率尽量大一些，在不产生过烧的情况下，选用大号焊炬和焊嘴。H01-6 型焊炬一般不被采用，多用 H01-12 和 H01-20 型
加热温度	水火弯板的加热温度一般在 600℃以上，但一般不允许达到奥氏体转变温度。不同的材料其加热温度也有所不同，其温度和火焰的距离见表 4-35

类别	说　明
加热速度	加热速度要适当，要根据板厚不同而定
加热位置和方向	加热的位置和方向也是非常重要的参数。必须选择需要产生变形并且允许产生变形的位置加热，这个位置在各工件上是不同的，要具体分析。加热的方向也视不同的工件而有所不同
冷却方式	对于强度较高、淬硬倾向大的钢板宜于空冷；对于绝大部分塑性较好、适合进行水火加工的钢材，为了提高生产效率适于水冷；对于厚度方向上要提高温差时，应在反面水冷
水流量	冷却水的流量能使加热区得到充分冷却即可，冷却后的水温 70 ~ 80℃为宜
辅助方法	在某些特殊的情况下，为了改善成形效果往往可以借助一些其他设备配合作业，能更好地提高水火弯板的生产效率和成形效果，如利用平台上的夹具使其弯曲后再进行水火加工，或制造专用夹具用于辅助水火加工。也可以在工作场地根据变形的需要将工件垫起来，借助重力提高加工效果

表 4-35　不同材料的加热温度和火焰的距离

材料	表面加热温度 /℃	颜色	火焰距离 /mm
普通碳素钢	600 ~ 850	暗红色至樱红色	50 ~ 100
低强度低合金钢	600 ~ 750	暗红色至暗樱红色	120 ~ 150
中强度低合金钢	600 ~ 700	暗红色	150
高强度低合金钢	600 ~ 650	暗红色	在空气中自然冷却

二、典型工件的水火弯板工艺

典型工件的水火弯板工艺见表 4-36。

表 4-36　典型工件的水火弯板工艺

类别	说　明
单向单面弯曲板的水火弯曲（U 形弯）	单向单面弯曲板的水火弯曲（U 形弯，如图 4-55 所示），其弯曲工艺如下： ①加热方式。采用线状加热，其加热位置和方向与弯曲方向垂直 ②加热温度。加热温度根据材质而定，见表 4-35 ③辅助方法。将板的两端垫起来，使中间悬空，能有效提高弯曲的效果。但要注意垫铁的高度一致，以防出现扭曲 ④注意事项。这种弯板方式要注意加热深度，一般加热深度控制在板厚的 1/3 ~ 1/2 的范围内。深度过大会影响弯曲效果，甚至产生不应有的变形；深度过小会降低工作效率 此种方法适用于厚度大于 12mm 的板的弯曲，较薄的工件应采用机械方法弯曲为佳  图 4-55　U 形弯示意
单向两面弯曲面的水火弯曲（S 形弯）	这种弯曲如图 4-56 所示，与前一种的加工方法相同，只是在加工完一个弯曲部分后，需将板翻过来加工另一个弯曲部分。其注意事项与前者相同，在此不再重复  图 4-56　S 形弯示意
扭曲面的水火弯曲	①加热方式。制作扭曲板的加热方式也是线状加热，其加热线方向垂直于弯曲方向，如图 4-57 所示 ②操作时的辅助方法。由于扭曲板的变形较大，仅靠火焰的作用效率太低。加热前应先将上翘的两端垫起，以提高弯板的效率。当弯曲变形量相当大时，应在铆工平台上操作，在上翘的两端垫起的同时，将另外两角用卡具压在工作台上，其弯曲的效率会更显著地提高，如图 4-58 所示。这种扭曲板的制作厚度一般不会很大，否则平台上的卡具不能起到辅助成形的作用 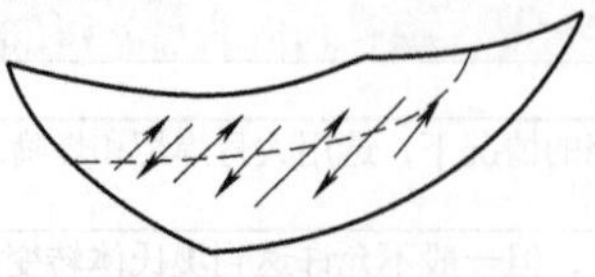 　 图 4-57　扭曲板示意 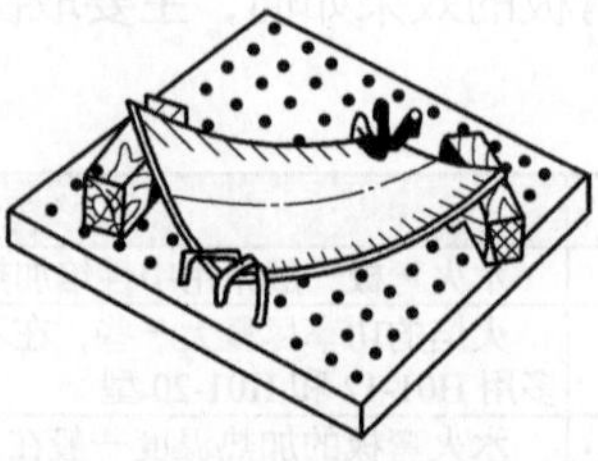　　图 4-58　工作台上扭曲板的成形

类别	说　明
双曲面的水火弯曲	双曲面的弯曲一般分两个过程，第一步先弯成扭曲板，第二步再弯成双曲板。弯成扭曲板的方法前面已经讲过，不再重复。由扭曲板弯成双曲板仍在平台上完成 将扭曲板翻过来放在平台上，将一个高角垫起，将两个低角用卡具压在平台上，如图4-59所示，使其在外力作用下具有一定双曲变形的趋势，然后加热板的中间部分，其加热方法是从卡具压住的一角起，逐渐走向另一卡具压住的角，在两侧再取加热线，并保持与第一条加热线平行，直至达到变形量为止。双曲面板与扭曲板一样，厚度不会太大 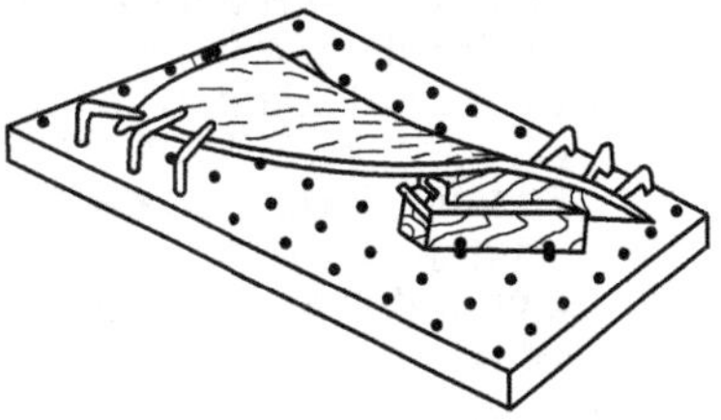 图 4-59　异型双曲面板的成形
球面的水火弯曲	球面工件一般是球罐上的各部分结构件，球罐的极帽一般都应在压力机上成形，但在单件生产时，如果没有压力机或模具，也可用水火弯曲的方法制成球面，具体工艺见表4-37
厚板折角的水火弯曲	钢板折角一般可在压力机上完成，但当板的厚度较大（超过30mm）时，折角则比较困难了，有时不得不进行切割后再重新焊接的复杂操作。对于折角角度不大并且允许有圆弧的情况，用水火弯曲加工，既保持了结构的整体性，又能节省工时，节约材料，是比较合理的选择。水火弯曲的加工步骤为：先制作一个支架，支架的主要工作部分是两根平行的钢管，如图4-60所示，将钢板置于支架（虚线所示）上。用H01-20的焊炬和4～5号焊嘴，点燃火焰按弯曲线方向进行线状加热，首先加热图中两侧位置。然后检查其弯曲角度是否够大，如弯曲度不够，再对折角的中心位置进行线状加热  由于厚板加热速度较慢，因此必须控制火焰的移动速度，保证加热至板厚的1/3～1/2 加热线 图 4-60　厚板折角的加工
帆形板的水火弯曲	帆形板是水火弯板的一个特例，其应用不多，但却是水火弯板的典型工件。其结构如图4-61。这种形状的加工应由两个步骤完成：先将平板在压力机或卷板机上弯成圆柱面，然后再进行火焰加热，其加热线在板的两条直边上，加热线的宽度为10～12mm，加热线的长度一般在板宽的1/4左右，两条加热线间的距离100mm左右。其加热顺序应由两端向中间，在加热过程中应注意成形情况。注意防止出现过度弯曲 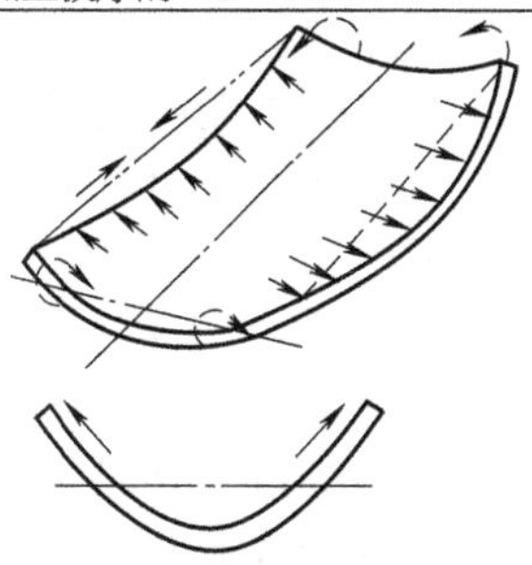 图 4-61　帆形板的结构

表 4-37　球面的水火弯曲工艺

类别	说　明
极帽	按照球罐的内径制作一个样板，如图4-62（a）所示。样板可以用厚度不大于1.5mm的钢板或铝板制作，也可以用厚纸板制作。将极帽放平，四周垫起。如果能有一个圆环形的架将其垫起是最好的，也可以用砖类物垫起，以起到辅助弯板的作用。按图4-62（b）中123456线的顺序进行线状加热。当一圈加热完毕后，边缘已经翘起，球面形状显现出来，但不规则。按图4-62（b）中abcdef线的顺序加热，当一圈加热结束后，球面已经非常接近，然后用样板检验 　　当检验发现有形状不规则的地方时，应继续进行火焰加工，直至各处曲率与样板吻合，如图4-63所示。在矫形时往往采用点状加热矫正的方式进行 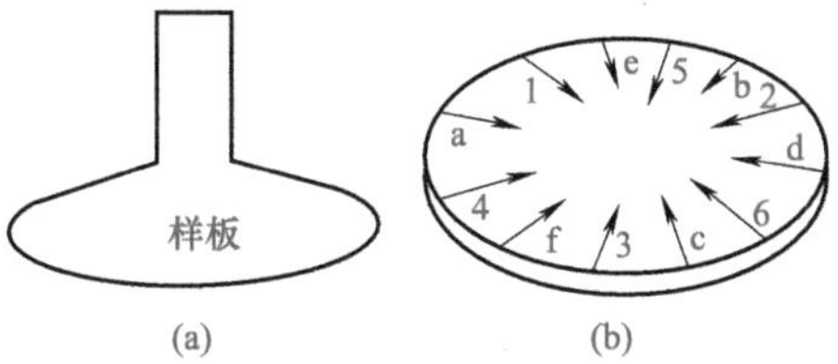 样板 （a）　　　　　　（b） 图 4-62　球面（极帽）的火焰加工 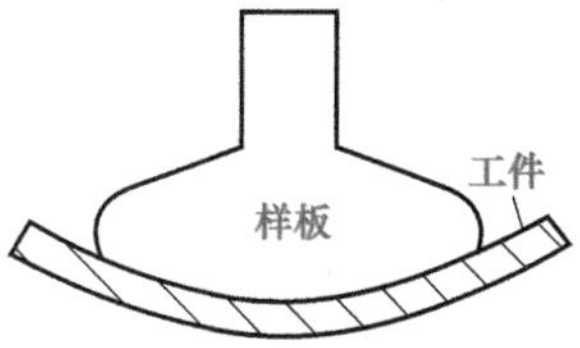　　工件　样板 图 4-63　样板检验

类别	说　　明
球瓣	球罐下料有四种展开方法：一是分瓣展开；二是分带展开；三是分块展开；四是按球瓣展开。其中分带展开应用极少，其他三种展开方法均有应用。对于特大型的球罐一般采用分块展开，小型球罐可用分瓣展开或球瓣展开。对于分瓣展开的球罐每一瓣都应加工成球面。如图 4-64 所示是球罐的结构和瓣的加工示意图。球瓣的弯曲制作步骤是： 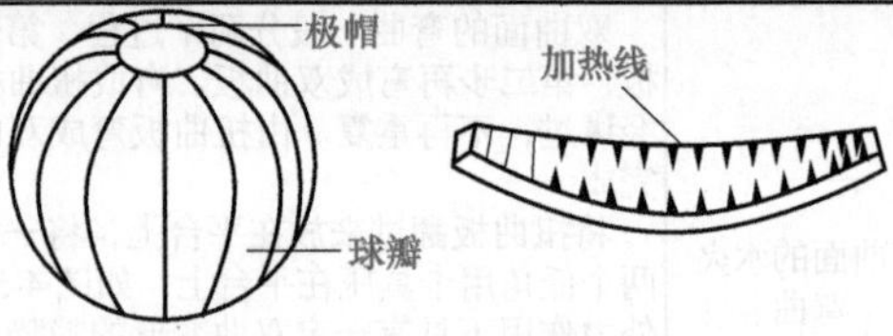 图 4-64　球罐的结构和瓣的加工示意图 　　①将下好料的球瓣（平板）放平，两端轻轻垫起，不要垫得太高 　　②点燃焊炬，按图中所标各条加热线，从两端向中间加工 　　③在加工的过程中，两端会随变形逐渐翘起，在加工过程中不断调整两端垫的高度和位置，以利于弯曲加工 　　④加工结束后用样板进行检查，对不符合要求的地方进行矫正性调整
注意事项	①在加工极帽时，对加热深度没有严格要求，但加热宽度边缘应稍大一些 　　②由于这种形状排水不利，可不用水冷，或者不在水平位置加工 　　③由于这种成形方法工件没有延伸，故展开下料时应考虑水火弯板与压制成形的差别，留出相应的余量，以保证加工后的形状和尺寸 　　④加工火焰应采用中性焰，火焰功率大一些，一般采用 H01-20 的焊炬 　　⑤对于分块展开或球瓣展开的球罐也可以用此法成形，但都要考虑收缩余量

三、水火弯板加工时的注意事项

　　水火弯板是一种特殊的加工工艺，在进行水火弯板加工时，应注意下列事项：

　　① 硬度和脆性较大的材料，水火加工时变形能力差，并容易产生裂纹甚至出现断裂，因此不宜进行水火弯板加工。

　　② 水火弯板操作时，水火的距离要适当。一般来说，板的厚度大，水火距离应远些；板的厚度小，水火距离应近些。

　　③ 在进行水火弯板加工时，应考虑适当采用机械成形，当机械成形无法进行时，再进行水火弯板加工。不要受火焰加工的限制。

　　④ 水火弯板的加热温度，要随工件的不同而有所差别。钢板可以进行水火弯曲，有色金属也可以进行水火弯曲，但加热温度要有所差别，一般为熔点的 1/2 ~ 2/3 的范围。

　　⑤ 弯板过程中，第二次加热的区域应与第一次加热的区域错开，或者经分析应力的状态，寻找压应力区进行二次加热。

　　⑥ 关于加热深度，许多书上都有一些数据，各书还有不同，主要是因为对加热的概念理解不同。不论是在厚度方向上还是在板面方向上，其温度都是由高向低分布。各种书上所讲的加热深度仅供参考。一般来说加热深度应该是对弯曲变形产生作用的温度以上的加热区间，这个温度应是 450℃或 500℃以上。

　　⑦ 在压力加工能力能够满足加工要求的情况下，应尽量采用压力加工，只有在无法进行压力加工时才采用水火弯曲。

　　⑧ 由于水火弯板要使用燃气瓶、氧气瓶等压力容器，要严守这些设备的使用规则。在操作时要注意防止火灾。

第五章
压制成形

第一节　压制设备

一、板料折弯压力机

板料折弯压力机用于将板料弯曲成各种形状，一般在上模作一次行程后，便能将板料压成一定的几何形状，如采用不同形状模具或通过几次冲压，还可得到较为复杂的各种截面形状。当配备相应的装备时，还可用于剪切和冲孔。

板料折弯压力机有机械传动和液压传动两种。液压传动的板料折弯压力机是以高压油为动力，利用油缸和活塞使模具产生运动，如图 5-1 所示为 W67Y-160 型液压传动的板料折弯压力机。

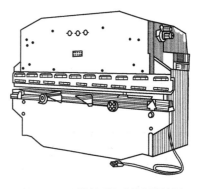

图 5-1　W67Y-160 型液压传动的板料折弯压力机

机械传动的板料折弯压力机结构都是双曲轴式的。如图 5-2 所示为 WA67-160A 型机械传动的板料折弯压力机传动系统。滑块的运动和上下位置的调节是两个独立的传动系统，由于折板厚度及形状不同，因此上下模具的位置必须作应有的调整，其中主要是调整滑块的位置。滑块位置由单独的调节电动机控制，能作微量调节，调节电动机通过两对蜗杆蜗轮带动连杆螺钉旋转，连杆螺钉与连杆内螺纹啮合，通过电动机换向，便可调节滑块的位置，保证上下模具的正常间隙。

滑块的运动是由主电动机通过带轮、齿轮带动传动轴转动，经传动轴两端的齿轮带动曲轴转动，通过连杆使滑块上下运动。上模安装在滑块上，下模置于工作台上。

气动块式摩擦离合器及制动器相互用机械连锁，即用脚踏开关与按钮控制。当摩擦离合器作用（工作）时，制动器脱开；当制动器作用（非工作）时，摩擦离合器脱开。

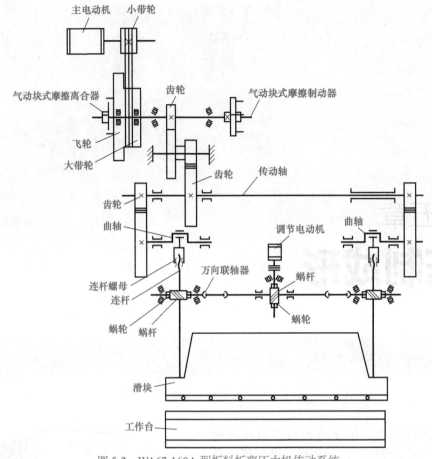

图 5-2　WA67-160A 型板料折弯压力机传动系统

板料折弯压力机的前后设有前后挡料机构，以便折弯板料时作定位用。WA67-160A 型板料折弯压力机的主要性能见表 5-1。

表 5-1　WA67-160A 型板料折弯压力机的主要性能

性能	参数	性能	参数
滑块公称压力	160tf（1600kN）	单次最大折板次数	8 次 /min
工作台长度	4050mm	最大开启距离	450mm
工作台宽度	200mm	滑块调节最大距离	125mm
喉口深度	320mm	主电动机功率	15kW
滑块行程	90mm	调节电动机功率	2.2kW
行程次数	8 次 /min		

（1）板料折弯压力机的操作过程

根据被折板料的规格、折弯工件的形状，确定工件的折弯力应小于或等于滑块的公称压力。开动主电动机，待运转正常后，调节微动按钮，使上模渐渐下降至下死点，使上下模接近，这时再按滑块升降按钮，根据需要调节并测对上下模具之间的间隙后，进行若干次单行程，确认机器运转正常，然后进行试折工件，当试折件的质量达到要求时，就可进行成批生产。

（2）操作时的注意事项

为了确保安全生产，操作时必须注意以下几点：

① 在开车前，要清除机床周围的障碍物，上下模具间不准放有任何物件，并润滑机床。

② 检查机床各部分工作是否正常，发现问题应及时修理。特别要仔细检查脚踏（离合器）是否灵活好用；如发现有连车现象，绝不允许使用。

③ 开车后待电动机和飞轮的转速正常后，再开始工作。

④ 不允许超负荷工作，在满负荷时，必须把板料放在两立柱上，使两边负荷均匀。

⑤ 保证上下模具之间有间隙，间隙值的大小按折板的要求来决定，但不得小于被折板料的厚度，以免发生"卡住"现象，造成事故。

⑥ 工件表面不准有焊疤与毛刺。

⑦ 电气绝缘与接地必须良好。

二、曲柄压力机

曲柄压力机是通用性的压制设备，可用于冲裁、落料、切边、压弯、压延等工作，是冲压生产中应用最普遍的设备之一。曲柄压力机按机架形式分开式和闭式两种，按连杆数目分单点式和双点式两种。

开式压力机的工作台结构有固定台、可倾式和升降台三种，如图 5-3 所示。开式固定台压力机的刚性和抗振稳定性好，适用于较大吨位。可倾式压力机的工作台可倾斜 20°～30°，工件或废料可靠自重滑下。升降台压力机适用于模具高度变化的冲压工作。

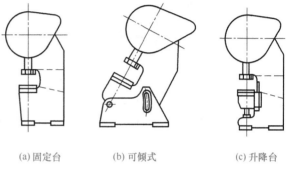

(a) 固定台　　　(b) 可倾式　　　(c) 升降台

图 5-3　开式压力机形式

曲柄压力机的结构主要是曲柄连杆机构，它有偏心轴和曲轴两种传动形式。

如图 5-4（a）所示为开式曲柄压力机（偏心冲床）简图。床身呈 C 形，工作台三面敞开，便于操作。电动机经齿轮和减速后带动偏心轴旋转。连杆把偏心轴的回转运动转变为滑块的直线运动，滑块在床身的导轨中作往复运动，凸模固定于滑块上，凹模固定在工作台上，工作台可上下调节。为了控制凸模的运动和位置，设有离合器和制动器。离合器的作用是控制曲柄连杆机构的启动或停止，工作时只要踩下脚踏板，离合器啮合，偏心轴旋转，通

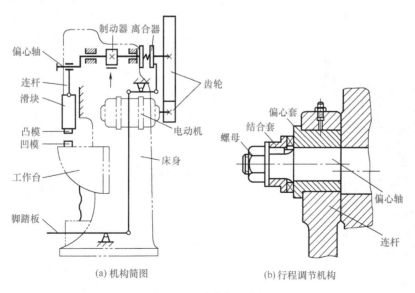

(a) 机构简图　　　　　　　　(b) 行程调节机构

图 5-4　开式曲柄压力机

过连杆带动滑块和凸模做上下往复运动，进行冲压。制动器的作用是当离合器脱开后使凸模停在最高位置。

为了适应不同高度模具的冲压，滑块的行程通过改变偏心距进行调节，行程调节机构如图 5-4（b）所示。在偏心轴销与连杆之间有一个偏心套，偏心套的端面有齿形嵌牙，它与轴套的结合套上的嵌牙相结合，用螺母固定，这样，轴销的圆周运动便通过偏心套变成连杆的直线运动。其行程是主轴中心与偏心套中心之间距离的 2 倍。只要松开螺母、结合套后，转动偏心套就可改变偏心套中心与主轴中心的距离，从而使滑块行程得到调节。

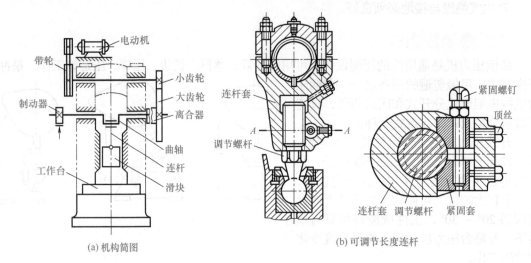

(a) 机构简图

(b) 可调节长度连杆

图 5-5 闭式压力机

开式压力机吨位不能太大，一般为 4 ~ 400t，因为在受力时床身易产生角变形，影响模具寿命。

如图 5-5（a）所示为闭式压力机（曲轴冲床）机构简图，其工作原理基本上与开式压力机相同，只是将偏心轴改成曲轴而已。床身由横梁、左右立柱和底座组成，用螺栓拉紧，刚性好。曲轴的两端由固定于床身上的轴承支承，滑块由连杆与曲轴相连，床身两边的导轨对滑块起导向作用。滑块由电动机、带轮、小齿轮、大齿轮（飞轮）经离合器带动运动，制动器起制动作用。滑块的行程为曲轴偏心距的 2 倍，偏心距固定不变，但滑块的行程可在一定范围内通过改变连杆的长度来调节。如图 5-5（b）所示为可调节长度的连杆，旋转紧固螺钉和顶丝，使紧固套松开，用扳手转动调节螺杆，使其旋入或退出连杆套，连杆的长度就可得到调节。大型曲轴压力机连杆的调节是由单独的电动机通过减速机构来旋转调节的。

闭式压力机所受的负荷较均匀，所以能承受较大的冲压力，一般压力为 1600 ~ 20000kN。曲柄压力机的传动机构属刚性结构，滑块的运动是强制性的，因此一旦发生超负荷，容易引起机床的损坏。

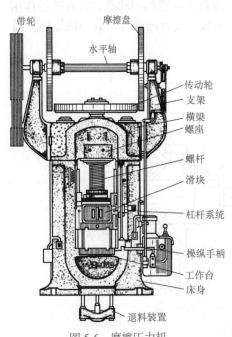

图 5-6 摩擦压力机

三、摩擦压力机

摩擦压力机的结构如图 5-6 所示。它由床身、滑块、螺杆、传动轮、摩擦盘、操纵手柄等组成。床身与工作台连成一体，横梁中间固定着螺座，它与螺杆的螺纹相啮合。为了提高传动效率，螺杆采用多头的方牙螺纹，螺杆的下端与滑块相连，上端固定着传动轮。传动轮的外缘包有牛皮或橡胶带。滑块可沿床身的导轨做上下往复运动。横梁两端伸出两只支架，上面支承着可沿轴向作水平移动的水平轴，轴上装有摩擦盘，摩擦盘由电动机经过带轮带动旋转。两摩擦盘之间的距离稍大于传动轮的直径。

工作时扳动操纵手柄，使其向下（或向上）时，通过杠杆系统使水平轴上的摩擦盘与传动轮边缘接触，从而带动传动轮和螺杆作顺时针（或逆时针）旋转，螺杆带动滑块和凸模一起升降进行冲压工作。退料装置用于将工件从模子中顶出。当操纵手柄位于中间水平位置时，传动轮位于两摩擦轮之间，滑块和凸模不动。

摩擦压力机的优点是构造简单，当超负荷时，由于传动轮和摩擦盘之间产生滑动，从而保护机件不致损坏。但缺点是传动轮轮缘的磨损大，生产效率比曲柄压力机低。

第二节　压　弯

在生产中，经常需要将工件（钢板）折成一定角度，而弯角处的弯曲半径又很小，这种工艺即为压弯。压弯利用模具对板料施加外力，使它弯成一定角度或一定形状。

一、压弯的特点

如图 5-7 所示为在 V 形弯曲模上材料压弯时的变形过程：开始阶段材料是自由弯曲，如图 5-7（a）所示；随着凸模的下压，材料与凹模表面逐渐靠紧，弯曲半径 r_0 变为 r_1，弯曲力臂也由 l_0 变为 l_1，如图 5-7（b）所示；凸模继续下压时，材料的弯曲区不断减小，直到与凸模三点接触，这时弯曲半径由 r_1 变为 r_2，力臂由 l_1 变为 l_2，如图 5-7（c）所示；当凸模继续下压时，材料的直边部分就向与开始时的相反方向弯曲，到行程的最低点时，材料与凸模完全贴紧，如图 5-7（d）所示。

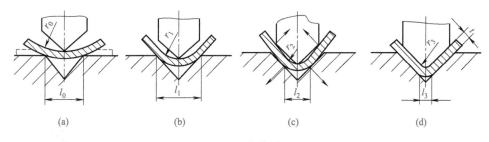

(a)　　　　　　　(b)　　　　　　　(c)　　　　　　　(d)

图 5-7　弯曲过程

弯曲过程中，材料的横截面形状也要发生变化。例如板料弯曲时，将出现图 5-8 所示的两种变化情况。

在弯曲窄板条（$B \leqslant 2t$）时，内层金属受到切向压缩后，便向宽度方向流动，使内层宽度增加；而外层金属受到切向拉伸后，其长度方向的不足，便由宽度、厚度方向来补充，使宽度变窄，因而整个横截面产生扇形畸变，如图 5-8（a）所示。宽板（$B \geqslant 2t$）弯曲时，由于宽度方向尺寸大、刚度大，金属在宽度方向流动困难，因而宽度方向无显著变形，横截面仍接近为一个矩形，如图5-8（b）所示。

此外，无论宽板、窄板，在变形区内材料的厚度均有变薄现象。这种材料变薄现象，在结构的弯曲加工中应予以考虑。

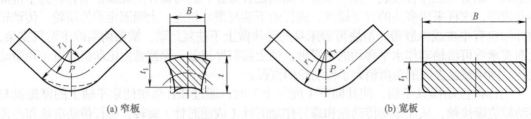

(a) 窄板   (b) 宽板

图 5-8 板料弯曲时横截面的变形

二、钢材的变形特点对弯曲加工的影响

弯曲成形加工时被弯曲材料按规定的加工要求，发生塑性变形，而被弯曲材料自身，又有一定的变形特点。因此，为获得良好的弯曲成形件，就必须了解被弯曲材料的变形特点及对弯曲加工的影响，以求能正确、合理地确定弯曲成形加工的方法和工艺参数。钢材弯曲变形特点对弯曲加工的影响，主要有以下几个方面（表5-2）。

表 5-2 钢材弯曲变形特点对弯曲加工的影响

类别		说 明
弯曲力		弯曲成形是使弯曲材料发生塑性变形，而塑性变形只有在被弯曲材料内应力超过其屈服极限时才能发生。因此，无论采用何种弯曲成形方法，其弯曲力都必须能使被弯曲材料的内应力超过其屈服极限。 实际弯曲力的大小，要根据被弯曲材料的力学性能、弯曲方式和性质、弯曲件形状等多方面因素来确定
回弹现象		弯曲成形时，被弯曲材料的变形由弹性变形过渡到塑性变形，通常在材料发生塑性变形时，总还有部分弹性变形存在。而弹性变形部分在卸载时（除去外弯矩），要恢复原态，以致被弯曲件内层被压缩的金属又有所伸长，外层被拉伸的金属又有所缩短，结果使弯曲件的曲率和角度发生了变化，这种现象叫作回弹。回弹现象的存在，直接影响弯曲件的几何精度，弯曲加工中必须加以控制
影响弯曲回弹的因素	材料的力学性能	材料的屈服极限越高，弹性模数越小，加工硬化越激烈，回弹也越大
	材料的相对弯曲半径 r/t	r/t 越大，材料的回弹程度就越小，反之，则回弹也越大
	弯曲角 α	在弯曲半径一定时，弯曲角 α 越大，表示变形区的长度越大，回弹也越大
	制件的形状	一般 U 形比 V 形制件的回弹要小
	模具间隙	弯曲 U 形制件时，间隙对回弹的影响较大，间隙愈大，回弹也愈大。如图5-9所示为自由弯曲 V 形件时，由试验得出不同碳钢的回弹角 (a) 08～10钢　(b) 15～20钢　(c) 35钢 图 5-9　不同碳钢的回弹角

由于影响弯曲件回弹的因素很多，所以到目前为止，还无法用公式计算出各种弯曲条件下的准确回弹值，生产中多靠对各种弯曲加工条件的综合分析及实际经验来确定回弹值。批量弯曲加工时，则需要经试验确定

	类别	说 明
减少弯曲件回弹的方法	修正模具的形状	在单角弯曲时，将凸模角度减少一个回弹角。在双角弯曲中，将凸模壁做出等于回弹角的倾斜度，如图 5-10（a）所示，或将凸模和顶板做成弧形曲面，利用曲面部分回弹补偿两直边的张开 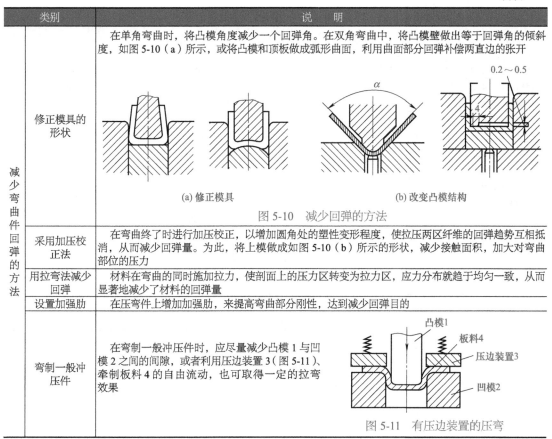 (a) 修正模具　　　　　　(b) 改变凸模结构 图 5-10　减少回弹的方法
	采用加压校正法	在弯曲终了时进行加压校正，以增加圆角处的塑性变形程度，使拉压两区纤维的回弹趋势互相抵消，从而减少回弹量。为此，将上模做成如图 5-10（b）所示的形状，减少接触面积，加大对弯曲部位的压力
	用拉弯法减少回弹	材料在弯曲的同时施加拉力，使剖面上的压力区转变为拉力区，应力分布就趋于均匀一致，从而显著地减少了材料的回弹量
	设置加强肋	在压弯件上增加加强肋，来提高弯曲部分刚性，达到减少回弹目的
	弯制一般冲压件	在弯制一般冲压件时，应尽量减少凸模 1 与凹模 2 之间的间隙，或者利用压边装置 3（图 5-11）、牵制板料 4 的自由流动，也可取得一定的拉弯效果

图 5-11　有压边装置的压弯

三、钢材加热对弯曲成形的影响

钢材经过加热后，力学性能将发生变化，一般钢材在加热至 500℃ 以上时，屈服极限降低，塑性显著提高，弹性变形明显减小。所以加热弯曲时，弯曲力下降，回弹现象消失，最小弯曲半径减小，有利于按加工要求控制变形。但热弯曲工艺比较复杂，高温下材料表面容易氧化、脱碳，因而影响弯曲件的表面粗糙度、尺寸精度和力学性能。若加热操作不慎，还会造成材料的过热、过烧，甚至熔化，并且高温下作业劳动条件差。因此，热弯曲多用于常温下成形困难的弯曲件的加工。另外，由于热弯曲模具简单，在成批弯曲加工时，采用热弯曲可以降低成本、减少工时。

热弯曲要在材料的再结晶温度之上进行，钢材的化学成分对确定加热温度影响很大。不同化学成分的钢材，其再结晶温度也不同，特别当钢中含有微量的合金元素时，会使其再结晶温度显著提高。不同化学成分的钢材，对加热温度范围有其特殊的要求。例如，普通碳钢在 250 ~ 350℃ 和 500 ~ 600℃ 两个温度范围内，韧性明显下降，不利于弯曲成形；奥氏体不锈钢在 450 ~ 850℃ 温度范围内加热后会产生晶间腐蚀敏感性。因此，在确定钢材的热弯曲温度时，必须充分考虑钢材化学成分的影响。

钢材的加热温度范围，一般在技术文件中规定。表 5-3 为常用材料的热弯曲温度。

四、压弯力计算

压弯力的经验计算公式见表 5-4。

表 5-3　常用材料热弯曲温度

材料牌号	热弯曲温度 /℃	
	加热	终止（不低于）
Q235-A、15、15g、20、20g、22g	900 ~ 1050	700
16Mn、16MnR、15MnV、15MnVR	950 ~ 1050	750
15MnTi、14MnMoV	950 ~ 1050	750
18MnMoNb、15MnVN	950 ~ 1050	750
15MnVNRe	950 ~ 1050	750
Cr5Mo、12CrMo、15CrMo	900 ~ 1000	750
14MrlMoVBRe	1050 ~ 1100	850
12MnCrNiMoV	1050 ~ 1100	850
14MnMoNhB	1000 ~ 1100	750
0Cr13、1Cr13	1000 ~ 1100	850
1Crl8Ni9Ti、12CrlMoV	950 ~ 1100	850
黄铜 H62、H68	600 ~ 700	400
铝及铝合金 L2、LF2、LF21	350 ~ 450	250
钛	420 ~ 560	350
钛合金	600 ~ 840	500

表 5-4　压弯力的经验计算公式

压弯方式	图示	计算公式
单角自由压弯	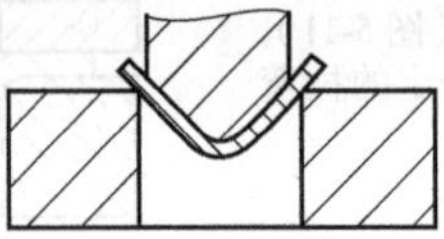	$F_{自} = \dfrac{0.6Bt^2\sigma_b}{R+t}$
单角校正压弯	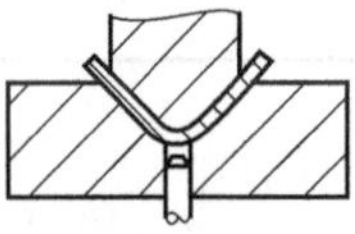	$F_{校} = gA$
双角自由压弯	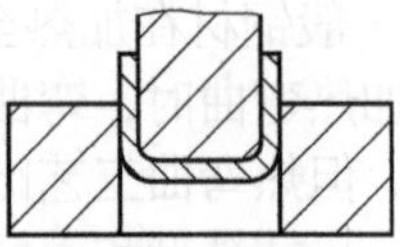	$F_{自} = \dfrac{0.7Bt^2\sigma_b}{R+t}$
双角校正压弯	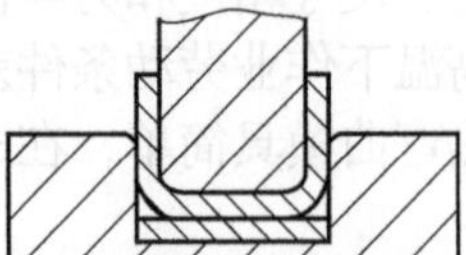	$F_{校} = gA$
曲面自由压弯	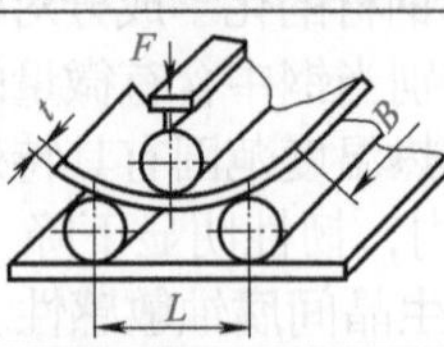	$F_{自} = \dfrac{t^2B\sigma_b}{L}$

式中　B——板料的宽度，mm；
$\quad\quad R$——压弯件的内弯曲半径，mm；
$\quad\quad A$——压弯件被校正部分投影面，mm；
$\quad\quad F$——压弯力，N；
$\quad\quad \sigma_b$——材料的抗拉强度，MPa；
$\quad\quad g$——单位校正压力（见表 5-5），MPa；
$\quad\quad t$——材料厚度，mm

表 5-5　单位校正压力 g　　　　　　　　　　　　　　　　　　单位：MPa

材料	板材厚度 /mm			
	1	> 1 ~ 3	> 3 ~ 6	> 6 ~ 10
10 ~ 20 钢	0.3 ~ 0.4	0.4 ~ 0.6	0.6 ~ 0.8	0.8 ~ 1.0
25 ~ 30 钢	0.4 ~ 0.5	0.5 ~ 0.7	0.7 ~ 1.0	1.0 ~ 1.2
铝	0.15 ~ 0.2	0.2 ~ 0.3	0.3 ~ 0.4	0.4 ~ 0.5
黄铜	0.2 ~ 0.3	0.3 ~ 0.4	0.4 ~ 0.6	0.6 ~ 0.8

五、压弯模尺寸的确定

（一）单角压弯模尺寸的确定

单角压弯模尺寸的确定如图 5-12 所示。其凹模的宽度 $L_凹$ 尺寸计算为：

$$L_凹 = 2(L_0 + R_凹 + t)\sin\frac{a_凸}{2}$$

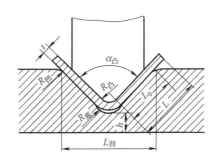

图 5-12　单角压弯模工作部分尺寸　　　图 5-13　双角压弯模工作部分尺寸

（二）双角压弯模尺寸的确定（图 5-13）

（1）凸模圆角半径 $R_凸$

$R_凸$ = 工件圆角半径 R（但不能小于材料允许的最小弯曲半径）

（2）凹模圆角半径 $R_凹$

$R_凹$ 工件由板厚决定：

当 $t < 2mm$ 时，$R_凸 = (3 ~ 6)t$ 且 $R_凹$ 不小于 3mm；

$t = 2mm$ 时，$R_凸 = (2 ~ 3)t$；

$t > 2mm$ 时，$R_凸 = 2t$。

（3）凹模深度 L_0

当弯曲 U 形件边长不大或要求两边平直时，则 $L_0 > L$。当弯曲件边长较大，而对平面度要求不高时，则 L_0 可查表 5-6 确定。

表 5-6　弯曲 U 形件的凹模深度 L_0　　　　　　　　　　　　　　　　单位：mm

弯曲件边长 L	板厚				
	< 1	1 ~ < 2	2 ~ < 4	4 ~ < 6	6 ~ 10
< 50	15	20	25	30	35
50 ~ < 75	20	25	30	35	40
75 ~ < 100	25	30	35	40	40
100 ~ < 150	30	35	40	50	50
150 ~ 200	40	45	55	65	65

（4）双角压模凸凹模宽度（表 5-7）

表5-7 双角压模凸凹模宽度计算公式

标注部位	制件尺寸与公差	模具宽度	
外形	$A\pm\Delta$	$A_{凹}=\left(A-\dfrac{\Delta}{2}\right)+\delta_{凹}$	$A_{凸}=A_{凹}-2Z$
	$A-\Delta$	$A_{凹}=\left(A-\dfrac{3}{4}\Delta\right)+\delta_{凹}$	$A_{凸}=A_{凹}-2Z$
内形	$A\pm\Delta$	$A_{凹}=A_{凸}+2Z$	$A_{凸}=\left(A+\dfrac{\Delta}{2}\right)-\delta_{凸}$
	$A+\Delta$	$A_{凹}=A_{凸}+2Z$	$A_{凸}=\left(A+\dfrac{3}{4}\Delta\right)-\delta_{凸}$

式中 $\delta_{凸}$、$\delta_{凹}$——凸凹模制公差，mm；

Z——单边间隙，取 $Z=(0.02\sim0.08)t$，mm；

Δ——板厚公差，mm

（三）瓦片压模尺寸的确定

瓦片压模用于压制半圆形或圆弧形制件，如图5-14所示为典型的瓦片压模，凸凹模都为半圆形，凸模由托架支承固定在压力机的滑块上，凹模置于压力机工作台上，模具用铸钢或铸铁制成。

热压时为了考虑制件冷却时的收缩，凸模尺寸必须加大一定收缩量。

（1）凸模直径 $A_{凸}$

$$A_{凸}=A(1+\rho)$$

式中 A——制件的名义尺寸，mm；

ρ——热压收缩率，%，取值见表5-8。

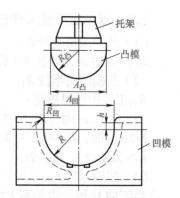

图5-14 瓦片压模工作部分

表5-8 热压收缩率

A/mm	$\leqslant600$	$>600\sim1000$	$>1000\sim1800$	>1800
ρ/%	$0.50\sim0.60$	$0.60\sim0.70$	$0.70\sim0.80$	$0.80\sim0.90$

（2）凸模圆弧半径 $R_{凸}$

$$R_{凸}=A_{凸}/2$$

（3）凹模直径 $A_{凹}$

$$A_{凹}=A_{凸}+2t+Z$$

式中　　t——板料厚度，mm；

　　　　Z——模具双边间隙，取 $Z=(0.05 \sim 0.10)t$，mm。

（4）凹模圆弧半径 R

$$R=A_{凹}/2$$

（5）凹模圆角半径 $R_{凹}$

$$R_{凹}=(1.5 \sim 2.5)t（厚壁工件取下限）$$

（6）凹模直边高度 h

$$h=(1 \sim 2)t$$

六、弯裂和最小弯曲半径

材料压弯时，由于外层纤维受拉伸应力，其值超过材料的屈服极限，所以常常由于各种因素而促使材料发生破裂，造成报废。拉伸应力的大小，主要取决于弯曲件的弯曲半径（即凸模圆角半径）。弯曲半径愈小，则外层纤维的拉应力愈大，为防止弯曲件的破裂，必须对弯曲半径加以限制。使弯曲件的外层纤维接近于拉裂时的弯曲半径，称为最小弯曲半径。影响材料最小弯曲半径的因素见表 5-9。

表 5-9　影响材料最小弯曲半径的因素

类别	说　明
材料的力学性能	材料的塑性越好，其允许变形的程度越大，则最小弯曲半径越小
弯曲角 α	在相对弯曲半径 r/t 相同的条件下，弯曲角 α 越小，材料外层受拉伸的程度越小而不易开裂，最小弯曲半径可以小些；反之，弯曲角 α 越大，最小弯曲半径也相应增大
材料的方向性	轧制的钢材形成各向异性的纤维组织，钢材平行于纤维方向的塑性指标大于垂直于纤维方向的塑性指标。因此，当弯曲线与纤维方向垂直时，材料不易断裂，弯曲半径可以小些。零件弯曲线与钢材纤维方向的关系如图 5-15（a）、（b）所示。当弯曲件有两个互相垂直的弯曲线，弯曲半径又较小时，应按图 5-15（c）所示的方位排料 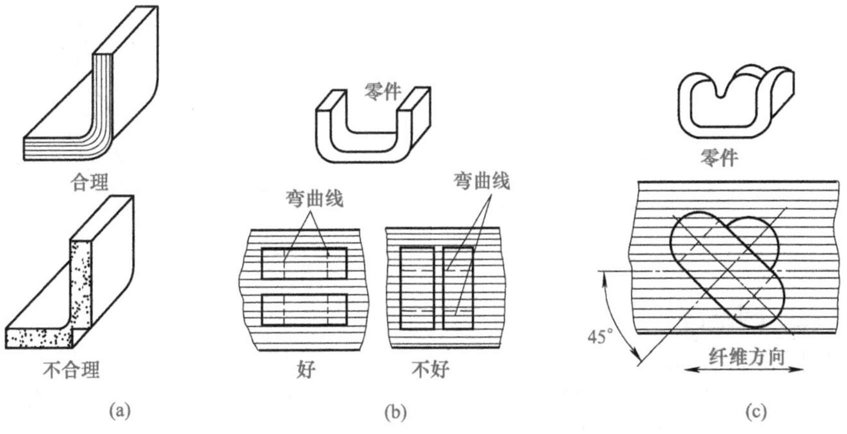 图 5-15　材料纤维方向与弯曲线的关系
材料的热处理状态	材料经冷变形后有加工硬化现象，如果未经退火就进行弯曲，那么最小弯曲半径就应大些，如果退火后进行弯曲，那么最小弯曲半径可小些
材料的表面质量和冲表面的质量	材料经剪切或冲裁加工后，在边缘常出现毛刺或细小的裂纹，弯曲时易形成应力集中而被弯裂，所以最小弯曲半径就应增大。当必须采用较小的弯曲半径时，就应先去掉毛刺。对有较小毛刺的材料，可把有毛刺的一边放在弯曲边的内侧，使它处于受压状态而不易开裂。最小弯曲半径的数值由试验确定，表 5-10 为常用钢材的最小弯曲半径

在一般情况下，零件的圆角半径不应小于最小弯曲半径。如果由于结构要求等原因，必须小于或等于最小弯曲半径时，就应该分两次或多次弯曲，先弯成较大的圆角半径，再弯成要求的圆角半径，使变形区域扩大，以减少外层纤维的拉伸变形。也可采用热弯或预先退火的方法，提高其塑性。

表 5-10　常用钢材的最小弯曲半径

材料	冷作硬化		正火或退火	
	弯曲线位置			
	与纤维垂直	与纤维平行	与纤维垂直	与纤维平行
08、10	0.4t	0.8t	0.1t	0.4t
15、20	0.5t	1.0t	0.1t	0.5t
25、30	0.6t	1.2t	0.2t	0.6t
35、40	0.8t	1.5t	0.3t	0.8t
45、50	1.0t	1.7t	0.5t	1.0t
55、60	1.3t	2.0t	0.7t	1.3t

注：由于钢材的新型号分类太粗，故此表仍采用过去的钢号，且这些钢号仍在现场应用，表中 t 为板厚。

七、压弯工艺

在压弯前，必须检查板料有无麻点、裂纹、毛刺等缺陷，尺寸是否准确。凸凹模应固定装好，并使间隙均匀一致。压弯时，模具内的氧化皮等杂质应及时清理干净，并注意模具的润滑，以提高模具寿命和制件的质量。在压制碳钢时，常用石墨粉加水（或机油）调成糊状作润滑剂。压制不锈钢时，除采用上述润滑剂外，还可用滑石粉加机油再加肥皂水作为润滑剂。开始应预先进行试压，以检查制件的质量是否符合要求，然后再成批压制。下面列举几种常见制件的压弯工艺。

（一）圆筒体

如图 5-16 所示为圆筒体压弯件，采用自由弯曲法压弯。压弯前先在板料上画出与半圆筒轴线相平行的一系列压弯线，间距 20 ~ 40mm。压弯时，先压板料的两端，用样板检查达到要求后，再压中间，最后一部分不能压时（因上模插不进），即用上模直接压在圆筒上。

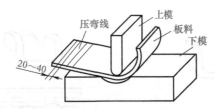

图 5-16　圆筒体压弯件自由弯曲法示意

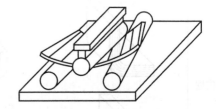

图 5-17　圆锥台压弯件自由弯曲法示意

（二）圆锥台

如图 5-17 所示为圆锥台压弯件，采用自由弯曲法压弯。先在板料上画出呈放射状的压弯线。按锥角调整好下模角度，使上模中心线对准板料压弯线；先压弯板料的两端，再压中间，并随时用样板检查，直至符合要求为止。

（三）不对称 U 形件

如图 5-18 所示为不对称 U 形件，采用模压法。用一般方法压弯，如图 5-18（a）所示，由于中心偏左边，下模受力不均，材料会产生移动；用垂直中心平分法压弯，如图 5-18（b）所示，使模具的垂直中心线平分下模槽口 AB（即 AC=BC），这样虽是倾斜槽口，但当上模垂直中心线下压时，上模尖端接触毛坯位置与下模两边槽口距相等，使板料受力均匀而不会移动。

（四）瓦片压制

瓦片压制方法有自由弯曲法、扇形模压法和整体成形法三种，见表 5-11。

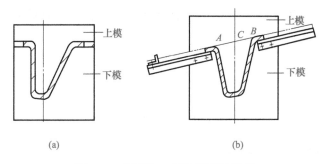

(a)   (b)

图 5-18　不对称 U 形件模压法示意

表 5-11　瓦片压制方法

类别	图示	说明
自由弯曲法		上下模用圆钢制成，控制上模的行程，使板料逐步压弯成形。每次压弯变形不能过大，以免在模子两端部产生缺陷，一般每次压弯的弯曲角在 20°～25° 之间。第 Ⅰ 段压制后，再压第 Ⅱ 段时，相邻两段的压制位置必须重叠 20～30mm，并使压弯量相等
扇形模压法		扇形模压法，常用于冷压。用这种模具只要模压数次即可成形，操作简单，用同一模具能压制几种厚度相近的形状
整体成形法		整体成形法采用一次热压成形，一套模具仅能压制一种规格零件，适用于大批量生产

　　自由压弯前，事先在板料上画出与瓦片轴线相平行的一系列平行线，其间距为 20～40mm，作为压弯时定位的标准，如图 5-19 所示。由于压模的长度往往小于瓦片长度，所以沿瓦片长度方向不能一次压成，而是采用分段压制。整个瓦片的压制顺序应由边缘向内，先压两边、后压中间，如图中的 1、2、3 数字的顺序。压制过程中要用样板检查，并及时校正。

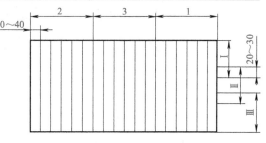

图 5-19　板料压弯前画线示意

　　这种模具结构简单、通用性强、应用范围广，但制件的尺寸不易控制。如果调整下模具两圆钢的角度还能压制锥形瓦片或锥体，一般用于冷压。

　　用整体成形法进行瓦片热压时，如果操作不当，会产生一些压制缺陷，具体缺陷名称及产生原因见表 5-12。

（五）90° 弯头压制

　　半径较小的 90° 弯头，可以采用两个半块分别进行压制，然后拼焊成整体。半片弯头的坯料尺寸必须用试验法确定。如图 5-20 所示为弯头的尺寸和坯料的形状。坯料的圆弧半径 r_0 和 R_0 由下式确定：

$$r_0 = R - \frac{1}{2}(D-t)$$

$$R_0 = r_0 + \frac{\pi}{2}(D-t) \approx R + 1.07(D-t)$$

式中　R——弯头中心线半径，mm；

　　　　t——弯头壁厚，mm；

　　　　D——弯头外径，mm。

表 5-12　瓦片热压时的缺陷形式

类别	图示	说明
形状不准		形状不准是由于模具收缩率选择不当，或工件冷却不均匀所造成。为了防止这种缺陷，应注意工作环境对工件的冷却是否有影响，终锻温度是否太高，锻后放置是否不妥等易使工件变形的因素
直边不直		如果制件脱模温度太高，冷却收缩不均匀，就会造成直边不直的缺陷。另外，如果模具侧隙太小，使其出现挤压伸长的问题也是可能的
扭曲		扭曲是由于坯料定位不准或下模圆角不光滑所导致的。要想防止就应注意上料的定位

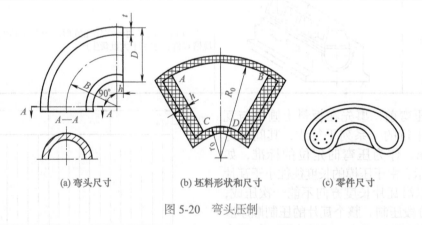

(a) 弯头尺寸　　(b) 坯料形状和尺寸　　(c) 零件尺寸

图 5-20　弯头压制

上式求得 r_0、R_0 值后，作同心圆弧，取 $\overset{\frown}{CD}$ 等于弯头内侧的展开弧长，取 $\overset{\frown}{AB}$ 等于弯头外侧弧长，并放 15% 压制收缩量，即

$$\overset{\frown}{CD} = \frac{\pi}{2}\left[R - \frac{1}{2}(D-t)\right]$$

$$\overset{\frown}{AB} = 1.15 \times \frac{\pi}{2}\left[R + \frac{1}{2}(D-t)\right]$$

当坯料上 A、B、C、D 四点确定后，沿圆弧两端作切线，放出弯头的直段长度 h，并在四面周边各放 15～35mm 余量作切割线，坯料的形状和尺寸即告完成。为了试压后检

验其坯料的正确性，在坯料上画出等距坐标线，并在边线附近的交点打上样冲眼。经试压后按坐标线修正坯料的尺寸。压制弯头的凸模与弯头的内壁形状相同，凹模与外壁形状相同。

（六）折边

把制件的边缘压弯成倾角或一定形状的操作称折边，折边广泛用于薄板制件。薄板经折边后可以大大提高结构的强度和刚度。图 5-21 所示为板料折边后的几种形式。

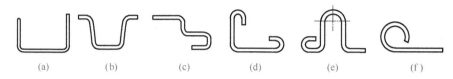

(a)　　　　(b)　　　　(c)　　　　(d)　　　　(e)　　　　(f)

图 5-21　板料折边后的形式

（1）折边模

折边模分通用模和专用模两类。通用模如图 5-22 所示，一般下模在 4 个面上分别制出不同形状、尺寸的 V 形槽口，如图 5-22（a）所示，其长度与设备工作台面相等。一般上模呈 V 形的直臂式［如图 5-22（b）所示］和曲臂式［如图 5-22（c）所示］，上模工作部分的圆角半径有大小不等的一套，较小圆角的上模夹角为 15°。

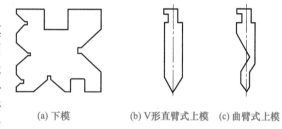

(a) 下模　　　　(b) V形直臂式上模　　(c) 曲臂式上模

图 5-22　折边通用模

（2）折边操作

按不同的弯角、弯曲半径和形状，应进行多次调整挡板和上、下模。一般折弯顺序是由外向内进行。

例如折弯如图 5-23（a）所示的工件时，由于其弯角和弯曲半径均相同，但各边尺寸不同，所以在折弯时，只需调整挡板的位置。下模可用同一个槽口，上模在第一、二、三道工序弯曲时用直臂式的［如图 5-23（b）所示］。最后一次调换曲臂式的，如图 5-23（c）所示。

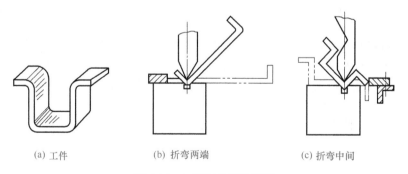

(a) 工件　　　　　(b) 折弯两端　　　　　(c) 折弯中间

图 5-23　U 形工件折边顺序

又如折弯图 5-24（a）所示的工件时，其尺寸和弯曲半径均不等，所以弯制时第一道工序［如图 5-24（b）所示］，按工件的弯曲半径 R_1 和尺寸 a 确定上、下模及调整挡板。第二道工序折角如图 5-24（c）所示，因图中 R_2 与 R_1 的尺寸不同，d 与 a 也不同，所以要更换上模和调整挡板。同样第三道工序也应更换上模与调整挡板，如图 5-24（d）所示。第四道工序需换用曲臂式上模，如图 5-24（e）所示。

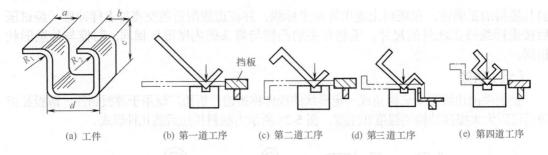

(a) 工件　　(b) 第一道工序　　(c) 第二道工序　　(d) 第三道工序　　(e) 第四道工序

图 5-24　形工件折边顺序

八、压弯件偏移的防止方法

防止偏移的方法是采用压料装置或用孔定位。弯曲时，材料的一部分被压紧，使其起到定位的作用，另一部分则逐渐弯曲成形。因此，压料板或压料杆的顶出长度应比凹模平面稍高一些，还可在压料杆顶面、压料板或凸模表面制出齿纹、麻点、顶锥，以增加定位效果。如图 5-25 所示为防止坯料偏移的几种措施。

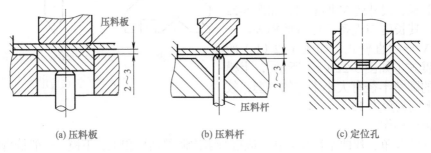

(a) 压料板　　　　　　　(b) 压料杆　　　　　　　(c) 定位孔

图 5-25　防止坯料偏移的方法

第三节　拉　　深

拉深就是将板料在凸模压力作用下，通过凹模形成一个开口空心零件的压制过程。拉深件的形状很多，有圆筒形、阶梯形、锥形、球形、方盒形和其他不规则的形状。拉深具有生产率高、成本低、成形美观等特点，因而在钣金制品和冷作零件的制造中得到广泛的应用。

拉深工艺分变薄拉深和不变薄拉深两种。在冷作工艺中常采用的是不变薄拉深。

一、拉深基本原理

（一）拉深成形过程

如图 5-26 所示为圆筒体的拉深过程。上模下压时，开始与坯料接触，如图 5-26（a）所示；继而强行将坯料压入下模，迫使坯料的一部分转变为筒底和筒壁，如图 5-26（b）所示；随着上模的下降，凸缘逐渐缩小，筒壁部分逐渐增长，如图 5-26（c）所示；最后，凸缘部分全部转变为筒壁，如图 5-26（d）所示。筒形体的拉深过程，就是使凸缘部分逐渐收缩成为筒壁的过程。

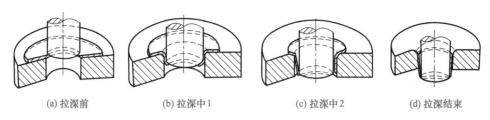

| (a) 拉深前 | (b) 拉深中1 | (c) 拉深中2 | (d) 拉深结束 |

图 5-26　圆筒体拉深过程

（二）拉深件的起皱

在拉深过程中，凸缘部分的坯料受切向压应力的作用，会因失稳而在整个圆周方向出现连续的波浪形弯曲，称为起皱，俗称荷叶边，如图 5-27 所示。

拉深件起皱后，会影响零件的质量，严重时，因起皱部分的金属不能顺利地进入拉深模间隙，而将坯料拉破。防止起皱的有效方法是采用压边圈。压边圈必须安装在坯料上面，与下模表面之间的间隙为 1.15 ～ 1.2 倍板厚。

拉深过程中，由于板料各处所受的应力不同，使拉深件的厚度发生变化，如图 5-28 所示为封头壁厚的变化示意图，图中 t 为板厚。一般变薄最严重处发生在筒壁直段与凸模圆角相切的部位。当壁厚变薄最严重处的材料不能承受拉力时，会产生破裂。如图 5-29 为厚 3mm 坯料拉深后壁厚的变化及破裂现象。影响封头壁厚变化的因素有：

① 材料强度愈低，壁厚变薄量愈大。
② 变形程度愈大，封头底部愈尖，壁厚变薄量愈大。
③ 上、下模间隙及下模圆角愈小，壁厚变薄量愈大。
④ 拉深力过大或过小，都会增大壁厚的变薄量。
⑤ 模具润滑愈好，壁厚变薄量愈小。
⑥ 热压温度愈高，壁厚变薄量愈大；加热不均匀，也会使局部壁厚减薄量增大。

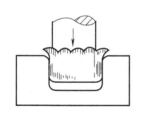

图 5-27　起皱现象示意图

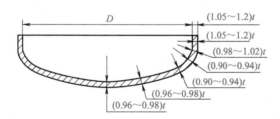

图 5-28　封头壁厚的变化

对于材料强度较大的拉深件，应采用多次拉深，每次拉深后进行退火处理，防止零件在加工过程中产生破裂现象。

拉深时，是否要用压边圈，可根据材料的相对厚度 Δt（$\Delta t = 100t/D$。t 为材料的厚度；D 为拉深件坯料直径）来确定，见表 5-13、表 5-14。

二、拉深件坯料尺寸的计算

（一）拉深件坯料计算的原则

① 不变薄拉深，可采用等面积法计算坯料的尺寸，即坯料的面积等于按拉深件平均直径计算的拉深件面积。

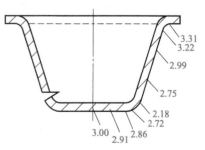

图 5-29　拉深破裂现象

表 5-13　筒形体拉深圈使用表

简图	材料的相对厚度 Δt	使用情况
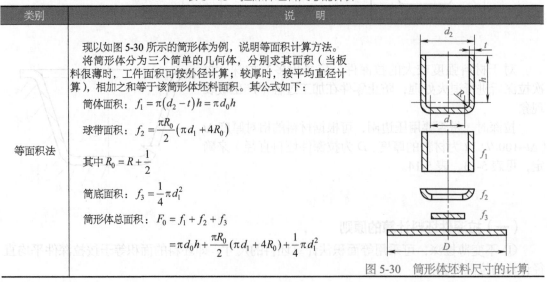	$\Delta t > 2$	可不用压边圈
	$1.5 \leqslant \Delta t \leqslant 2$	按具体情况确定
	$\Delta t < 1.5$	必须使用压边圈

表 5-14　封头拉深圈使用表

简图	名称	使用条件
	椭圆封头	$\Delta t = 1 \sim 1.2$ 或 $D-d \geqslant (18 \sim 20)t$
	球形封头	$\Delta t \leqslant 2.2 \sim 2.4$ 或 $D-d \geqslant (14 \sim 15)t$
	平底封头	$D-d \geqslant (21 \sim 22)t$

② 变薄拉深，可采用等体积法计算坯料的尺寸，即坯料的体积等于拉深件的体积。

③ 拉深件需切边的，在计算坯料时，则应增加切边的工艺余量。

（二）拉深件坯料尺寸的计算

坯料尺寸的计算，常用等面积法、周长法或试验法，具体见表 5-15。

表 5-15　拉深件坯料尺寸的计算

类别	说　明
等面积法	现以如图 5-30 所示的筒形体为例，说明等面积计算方法。 将筒形体分为三个简单的几何体，分别求其面积（当板料很薄时，工件面积可按外径计算；较厚时，按平均直径计算），相加之和等于该筒形体坯料面积。其公式如下： 筒体面积：$f_1 = \pi(d_2 - t)h = \pi d_0 h$ 球带面积：$f_2 = \dfrac{\pi R_0}{2}(\pi d_1 + 4R_0)$ 其中 $R_0 = R + \dfrac{1}{2}$ 筒底面积：$f_3 = \dfrac{1}{4}\pi d_1^2$ 筒形体总面积：$F_0 = f_1 + f_2 + f_3$ $\qquad = \pi d_0 h + \dfrac{\pi R_0}{2}(\pi d_1 + 4R_0) + \dfrac{1}{4}\pi d_1^2$ 图 5-30　筒形体坯料尺寸的计算

类别	说 明
等面积法	坯料面积：$F_坯=\dfrac{1}{4}\pi D_坯^2$（$D_坯$为坯料直径） 按 $F_坯=F_0$，得： $$D_坯=\sqrt{\dfrac{4}{\pi}\times F_0}=\sqrt{d_2^1+4d_0h+2\pi R_0d+8R_D^2}$$ 根据等面积法（即拉深件面积与坯料面积相等）的原则计算坯料尺寸，对于边缘有平直要求的拉深件，还应考虑修边余量。 计算工件表面积时应增加工件修边余量 Δh 或 $\Delta d_凸$，见表 5-16、表 5-17。 旋转体面积和毛坯直径计算公式见表 5-18、表 5-19
周长法	用周长计算法可近似确定坯料尺寸，可简化计算。如图 5-31 所示用周长法计算拉深件的零件，其展开坯料的直径等于该零件截面图板厚中心线长度之和 $D_坯=2(l_1+l_2+l_3)$，其中，$l_1=\pi R\dfrac{90°-\theta}{180°}$，$l_2=\pi r\dfrac{\theta}{180°}$ 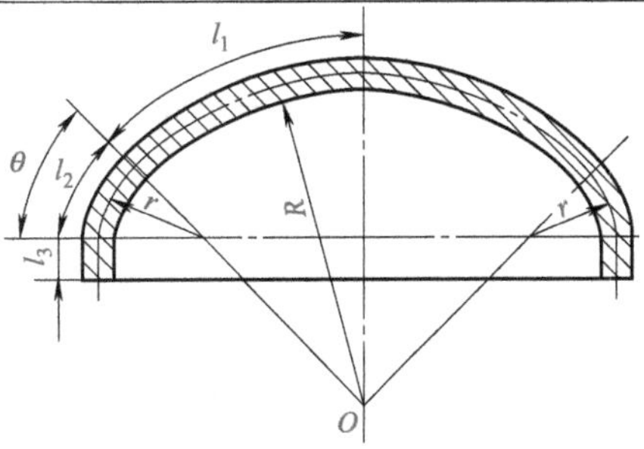 图 5-31　周长计算法可近似确定坯料尺寸
试验法	对较复杂的拉深件，其坯料尺寸很难计算出，则可在等面积法和周长法的基础上，通过多次试压后，逐步修正坯料尺寸，以确定较准确的坯料尺寸
封头的坯料	常见封头的坯料尺寸的计算方法见表 5-20

表 5-16　无凸缘拉深件的修边余量 Δh　　　　　单位：mm

拉深件高度 h /mm	零件相对高度 $\dfrac{h}{d}$ 或 $\dfrac{h}{B}$			
	0.5 ~ 0.8	> 0.8 ~ 1.6	> 1.6 ~ 2.5	> 2.5 ~ 4
10	1	1.2	1.5	2
20	1.2	1.6	2	2.5
50	2	2.5	3.3	4
100	3	3.8	5	6
150	4	5	6.5	8
200	5	6.3	8	10
250	6	7.5	9	11
300	7	8.5	10	12

注：B 为正方形的边宽或矩形的短边宽度。

表 5-17　带凸缘拉深件的修边余量 $\Delta d_凸$ 或 $\Delta B_凸$　　　　　单位：mm

凸缘尺寸 $d_凸$ 或 $B_凸$ /mm	相对凸缘尺寸 $d_凸/d$ 或 $B_凸/B$			
	≤ 1.5	> 1.5 ~ 2	> 2 ~ 2.5	> 2.5 ~ 3
25	1.6	1.4	1.2	1
50	2.5	2	1.8	1.6
100	3.5	3	2.5	2.2
150	4.3	3.6	3	2.5
200	5	4.2	3.5	2.7
250	5.5	4.6	3.8	2.8
300	6	5	4	3

注：B 为正方形的边宽或矩形的短边宽度。

表 5-18　几种旋转体面积计算公式

名称	简图	面积 F
圆形	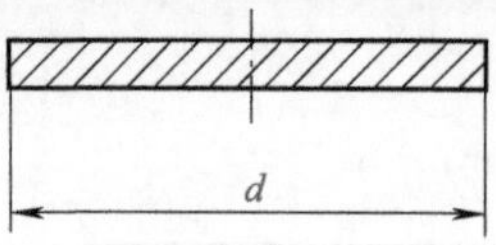	$F = \dfrac{\pi d^2}{4} = 0.785d^2$
圆锥形	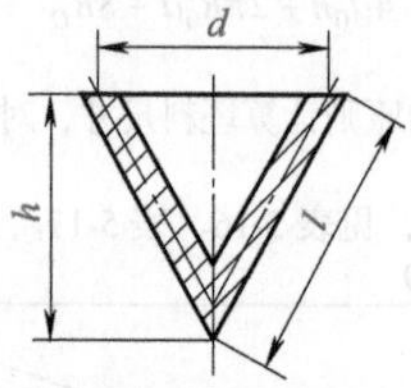	$F = \dfrac{\pi d}{4}\sqrt{d^2 + 4h^2} = \dfrac{\pi dl}{2}$
环形	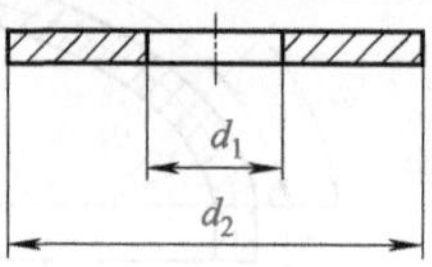	$F = \dfrac{\pi}{4}(d_2^2 - d_1^2)$
球面体	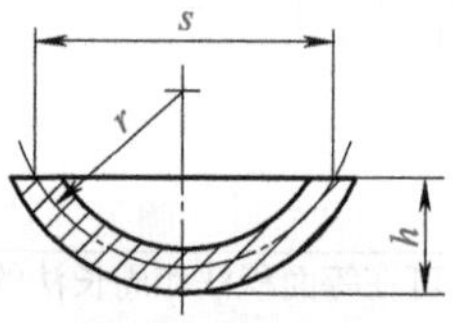	$F = \dfrac{\pi}{4}(s^2 + 4h^2)$ 或 $F = 2\pi rh$
截头锥形	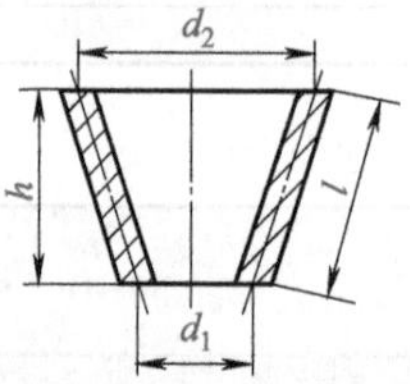	$l = \sqrt{h^2 + \left(\dfrac{d_2 - d_1}{2}\right)^2}$ $F = \dfrac{\pi l}{2}(d_1 + d_2)$
凸形球环	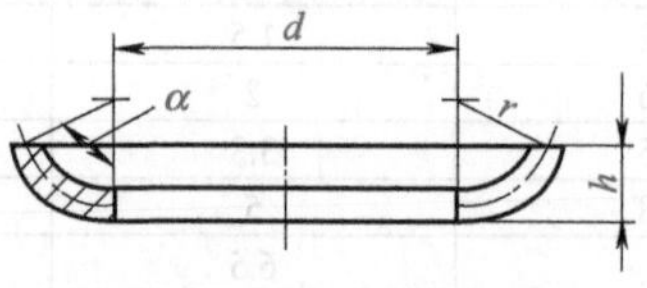	$F = \pi(dl + 2rh)$ $h = r(1 - \cos\alpha)$ $l = \dfrac{\pi r\alpha}{180°}$
四分之一的凸形球环	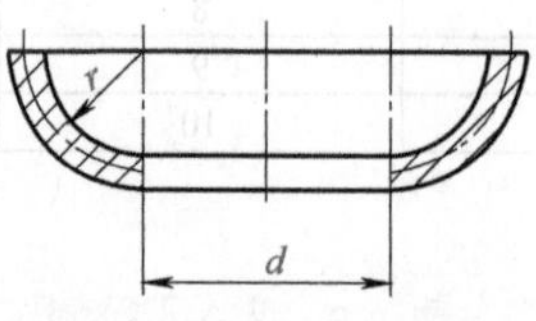	$F = \dfrac{\pi r}{2}(\pi d + 4r)$
四分之一的凹形球环	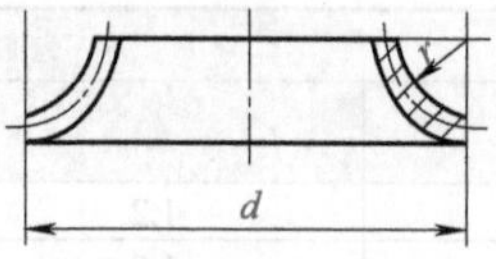	$F = \dfrac{\pi r}{2}(\pi d - 4r)$
半球面	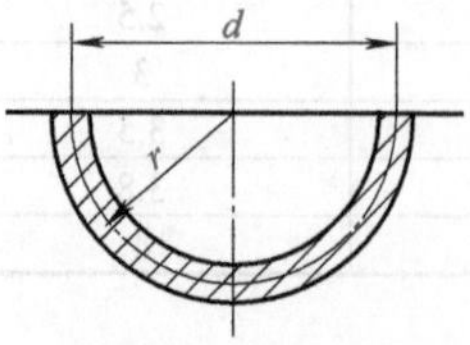	$F = 2\pi r^2$

表 5-19　常用旋转体毛坯直径的计算公式

简图	毛坯直径 D
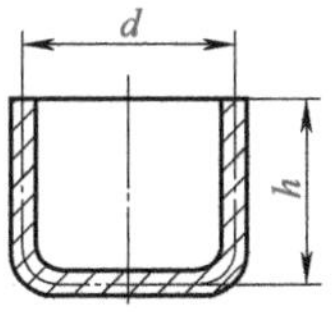	$D = \sqrt{d^2 + 4dh}$
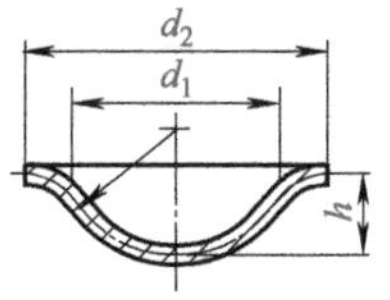	$D = \sqrt{d_2^2 + 4h^2}$
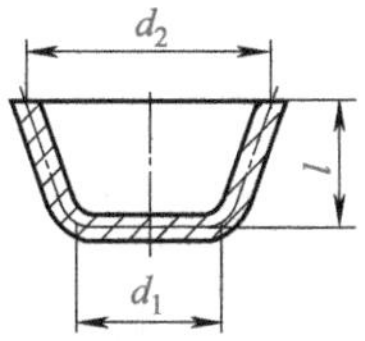	$D = \sqrt{d_1^2 + 2l(d_1 + d_2)}$
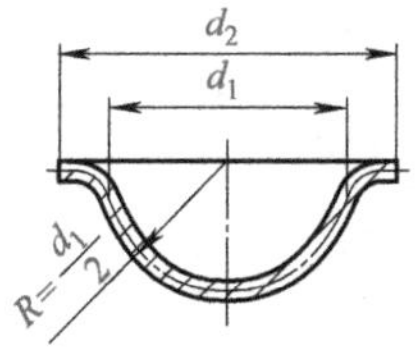	$D = \sqrt{d_1^2 + d_2^2}$
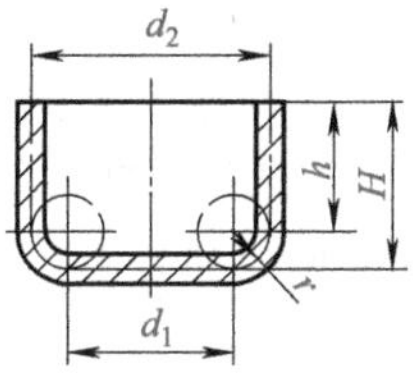	$D = \sqrt{d_1^2 + 4d_2h + 6.28rd_1 + 8r^2}$ 或 $D = \sqrt{d_2^2 + 4d_2H - 1.72rd_2 - 0.56r^2}$
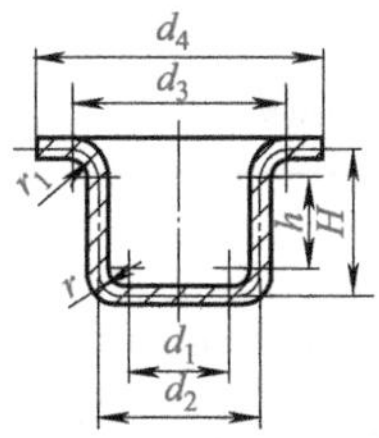	当 $r_1 = r$ 时 $D = \sqrt{d_1^2 + 4d_2h + 2\pi r(d_1 + d_2) + 4\pi r^2 + d_4^2 - d_3^2}$ 或 $D = \sqrt{d_4^2 + 4d_2H - 3.44rd_2}$ 当 $r_1 \neq r$ 时 $D = \sqrt{d_1^2 + 6.28rd_1 + 8r^2 + 4d_2h + 6.28r_1d_2 + 4.56r_1^2 + d_4^2 - d_3^2}$
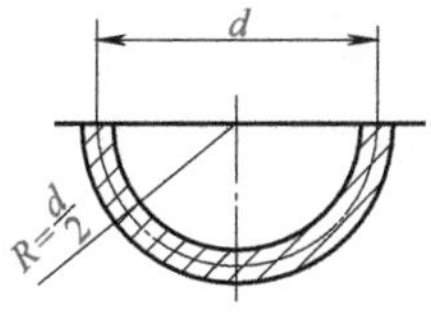	$D = \sqrt{2d^2} = 1.414d$
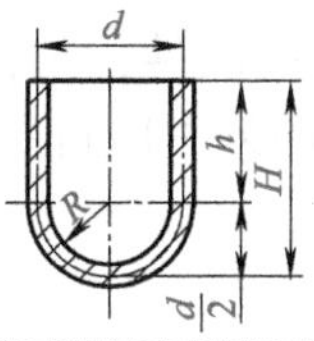	$D = 1.414\sqrt{d^2 + 2dh}$ 或 $D = 2\sqrt{dH}$

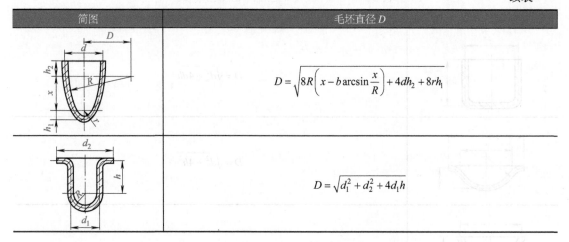

简图	毛坯直径 D
	$D = \sqrt{8R\left(x - b\arcsin\dfrac{x}{R}\right) + 4dh_2 + 8rh_1}$
	$D = \sqrt{d_1^2 + d_2^2 + 4d_1 h}$

表 5-20　常见封头的坯料尺寸的计算方法

封头简图	类型	计算方法	计算公式
	平封头	周长法	$D = d_2 + \pi\left(r + \dfrac{t}{2}\right) + 2h + 2\delta$ 式中，δ 为封头边缘的机械加工余量
		经验公式	$D = d_1 + r + 1.5t + 2h$
		等面积法	$D = \sqrt{(d_1 + t)^2 + 4(d_1 + t)(H + \delta)}$
	椭圆形封头	周长法	$a = 2b$ 时，$D = 1.223d_1 + 2hk_0 - 2\delta$ 式中　d_1——椭圆封头的内径，mm； 　　　　h——椭圆封头的直边高，mm； 　　　　k_0——封头压制时的拉伸系数，通常取 0.75； 　　　　δ——封头边缘的加工余量，mm
		等面积法	$D = \sqrt{1.38(d_1 + t)^2 + 4(d_1 + t)(h + \delta)}$
	球形封头	近似公式	$D = 1.43d + 2h$ 当 $h > 5\%(d-t)$ 时，式中 $2h$ 值应以 $h + 5\%(d-t)$ 代入
		等面积法	$D = \sqrt{2d^2 + 4d(h + \delta)}$

三、拉深系数与拉深次数

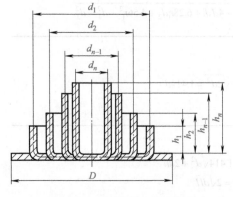

图 5-32　圆筒形件多次拉深

拉深件是否可以一道工序拉成，或是需要几道工序才能拉成，主要取决于拉深时毛坯内部的应力既不超过材料的强度极限，而且还能充分利用材料的塑性，利用最大可能的变形程度。为此要掌握衡量拉深变形的指标，即拉深系数的考核，并得出需要的拉深次数。

（一）拉深系数

对于圆筒形（不带凸缘）的拉深件，每次拉深后圆筒形直径与拉深前毛坯（或半成品）直径的比值称为拉深系数，如图 5-32 所示。

第一次拉深系数：$m_1 = \dfrac{d_1}{D}$

第二次拉深系数：$m_2 = \dfrac{d_2}{d_1}$

第 n 次拉深系数：$m_n = \dfrac{d_n}{d_{n-1}}$

① 无凸缘圆筒形件拉深系数（用压边圈）见表 5-21。

表 5-21　无凸缘圆筒形件拉深系数（用压边圈）

各次拉深系数	毛坯相对厚度 $t/D \times 100$					
	2 ~ 1.5	< 1.5 ~ 1.0	< 1.0 ~ 0.6	< 0.6 ~ 0.3	< 0.3 ~ 0.15	< 0.15 ~ 0.08
m_1	0.48 ~ 0.50	0.50 ~ 0.53	0.53 ~ 0.55	0.55 ~ 0.58	0.58 ~ 0.60	0.60 ~ 0.63
m_2	0.73 ~ 0.75	0.75 ~ 0.76	0.76 ~ 0.78	0.78 ~ 0.79	0.79 ~ 0.80	0.80 ~ 0.82
m_3	0.76 ~ 0.78	0.78 ~ 0.79	0.79 ~ 0.80	0.80 ~ 0.81	0.81 ~ 0.82	0.82 ~ 0.84
m_4	0.78 ~ 0.80	0.80 ~ 0.81	0.81 ~ 0.82	0.82 ~ 0.83	0.83 ~ 0.85	0.85 ~ 0.86
m_5	0.80 ~ 0.82	0.82 ~ 0.84	0.84 ~ 0.85	0.85 ~ 0.86	0.86 ~ 0.87	0.87 ~ 0.88

注：1. 表中拉深系数适用于 08 钢、10 钢、15 钢、H62、H68。当拉深塑性更大的金属时（05 钢、08Z 钢及 10Z 钢、铝等），应比表中数值减小（1.5 ~ 2）%，而当拉深塑性较小的金属时（20 钢、25 钢、Q235、酸洗钢、硬铝、硬黄铜等），应比表中数值增大（1.5 ~ 2）%（符号 S 为拉深钢，Z 为最深拉深钢）。

　　2. 表中较小值适用于大的凹模圆角半径（$R_凹 = 8t \sim 15t$），较大值适用于小的凹模圆角半径（$R_凹 = 4t \sim 8t$）。

② 无凸缘圆筒形件拉深系数（不用压边圈）见表 5-22。

表 5-22　无凸缘圆筒形件拉深系数（不用压边圈）

相对厚度 $t/D \times 100$	各次拉深系数					
	m_1	m_2	m_3	m_4	m_5	m_6
0.8	0.80	0.88	—	—	—	—
1.0	0.75	0.85	0.90	—	—	—
1.5	0.65	0.80	0.84	0.87	0.90	—
2.0	0.60	0.75	0.80	0.84	0.87	0.90
2.5	0.55	0.75	0.80	0.84	0.87	0.90
3.0	0.53	0.75	0.80	0.84	0.87	0.90
> 3.0	0.50	0.70	0.75	0.78	0.82	0.85

③ 带凸缘筒形件（10 钢）第一次拉深系数见表 5-23。

表 5-23　带凸缘筒形件（10 钢）第一次拉深系数

凸缘的相对直径 $\dfrac{d_\varphi}{d_1}$	材料相对厚度 $t/D \times 100$				
	2 ~ 1.5	< 1.5 ~ 1.0	< 1.0 ~ 0.6	< 0.6 ~ 0.3	< 0.3 ~ 0.15
≤ 1.1	0.51	0.53	0.55	0.57	0.59
> 1.1 ~ 1.3	0.49	0.51	0.53	0.54	0.55
> 1.3 ~ 1.5	0.47	0.49	0.50	0.51	0.52
> 1.5 ~ 1.8	0.45	0.46	0.47	0.48	0.48
> 1.8 ~ 2.0	0.42	0.43	0.44	0.45	0.45
> 2.0 ~ 2.2	0.40	0.41	0.42	0.42	0.42
> 2.2 ~ 2.5	0.37	0.38	0.38	0.38	0.38
> 2.5 ~ 2.8	0.34	0.35	0.35	0.35	0.35
> 2.8 ~ 3.0	0.32	0.33	0.33	0.33	0.33

④ 其他金属材料拉深系数见表 5-24。

表 5-24　其他金属材料拉深系数

材料名称	材料牌号	第一次拉深系数 m_1	以后各次拉深系数 m_n
铝和铝合金	8A06O、1035O、5A12O	0.52 ~ 0.55	0.70 ~ 0.75
硬铝	2A120、2A110	0.56 ~ 0.58	0.75 ~ 0.80
黄铜	H62	0.52 ~ 0.54	0.70 ~ 0.72
	H68	0.50 ~ 0.52	0.68 ~ 0.72
纯铜	T2、T3、T4	0.50 ~ 0.55	0.72 ~ 0.80
无氧铜	—	0.50 ~ 0.58	0.75 ~ 0.82
镍、铁镍、硅镍	—	0.48 ~ 0.53	0.70 ~ 0.75
康铜（铜镍合金）	—	0.50 ~ 0.56	0.74 ~ 0.84
白铁皮	—	0.58 ~ 0.65	0.80 ~ 0.85
酸洗钢板	—	0.54 ~ 0.58	0.75 ~ 0.78
不锈钢	Cr13	0.52 ~ 0.56	0.75 ~ 0.78
	Cr18Ni	0.50 ~ 0.52	0.70 ~ 0.75
	1Cr18Ni9Ti	0.52 ~ 0.55	0.78 ~ 0.81
镍铬合金	Cr20Ni80Ti	0.54 ~ 0.59	0.78 ~ 0.84
合金结构钢	30CrMnSiA	0.62 ~ 0.70	0.80 ~ 0.84
可伐合金		0.65 ~ 0.67	0.85 ~ 0.90
钼铱合金		0.72 ~ 0.82	0.91 ~ 0.97
钽		0.65 ~ 0.67	0.84 ~ 0.87

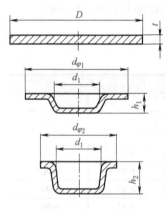

图 5-33　不同凸缘直径和高度的拉深件

由于在拉深带凸缘筒形件时，可在同样的比例关系 $m_1 = d_1/D$ 的情况下，即采用相同的毛坯直径 D 和相同的工件直径 d_1 时，拉深出各种不同凸缘直径 d_φ 和不同高度 h 的工件（图 5-33）。因此，用 $m_1 = \dfrac{d_1}{D}$ 便不能表达各种不同情况下实际的变形程度，为此必须同时考核凸缘的相对直径 d_φ/d_1。

宽凸缘筒形件的拉深方法：在第一道拉深工序时，就应得到宽凸缘的直径 d_φ，而在以后的各次拉深时，d_φ 不变，仅使拉深件的筒部直径减小，高度增加，直至得到零件的尺寸。因此宽凸缘筒形件的第二次及以后各次的拉深系数可参照无凸缘圆筒形件的拉深系数。

（二）拉深次数的判断

用带凸缘筒形件第一次拉深的最大相对深度 $\left[\dfrac{h_1}{d_1}\right]$ 和极限拉深系数 $[m_1]$ 判断。

（1）计算拉深件拉深系数 $m = \dfrac{d}{D}$

当 $m \geqslant [m_1]$ 时，可以一次拉深成形；当 $m < [m_1]$ 时，需多次拉深。

（2）计算拉深工件相对高度 $\dfrac{h}{d}$

当 $\dfrac{h}{d} \leqslant \left[\dfrac{h_1}{d_1}\right]$ 时，可以一次拉深成形；$\dfrac{h}{d} > \left[\dfrac{h_1}{d_1}\right]$ 时，需多次拉深。

式中　$[m_1]$——有凸缘筒形件第一次拉深时的极限拉深系数，见表 5-25；

$\left[\dfrac{h_1}{d_1}\right]$——有凸缘筒形件第一次拉深时的极限相对高度，见表 5-26。

表 5-25 有凸缘筒形件第一次拉深时的极限拉深系数 $[m_1]$

法兰相对直径 $\left[\dfrac{d_\text{凸}}{d_1}\right]$	毛坯相对厚度 $\dfrac{t}{D}\times100$				
	> 0.06 ~ 0.2	> 0.2 ~ 0.5	> 0.5 ~ 1.0	> 1.0 ~ 1.5	> 1.5
≤ 1.1	0.59	0.57	0.55	0.53	0.50
> 1.1 ~ 1.3	0.55	0.54	0.53	0.51	0.49
> 1.3 ~ 1.5	0.52	0.51	0.50	0.49	0.47
> 1.5 ~ 1.8	0.48	0.48	0.47	0.46	0.45
> 1.8 ~ 2.0	0.45	0.45	0.44	0.43	0.42
> 2.0 ~ 2.2	0.42	0.42	0.42	0.41	0.40
> 2.2 ~ 2.5	0.38	0.38	0.38	0.38	0.37
> 2.5 ~ 2.8	0.35	0.35	0.34	0.34	0.33
> 2.8 ~ 3.0	0.33	0.33	0.32	0.32	0.31

注：适用于 08、10 钢。

表 5-26 有凸缘筒形件第一次拉深时的极限相对高度 $\left[\dfrac{h_1}{d_1}\right]$

法兰相对直径 $\left[\dfrac{d_\text{凸}}{d_1}\right]$	毛坯相对厚度 $\dfrac{t}{D}\times100$				
	> 0.06 ~ 0.2	> 0.2 ~ 0.5	> 0.5 ~ 1.0	> 1.0 ~ 1.5	> 1.5
≤ 1.1	0.45 ~ 0.52	0.50 ~ 0.62	0.57 ~ 0.70	0.60 ~ 0.80	0.75 ~ 0.90
> 1.1 ~ 1.3	0.40 ~ 0.47	0.45 ~ 0.53	0.50 ~ 0.60	0.56 ~ 0.72	0.65 ~ 0.80
> 1.3 ~ 1.5	0.35 ~ 0.42	0.40 ~ 0.48	0.45 ~ 0.53	0.50 ~ 0.63	0.58 ~ 0.70
> 1.5 ~ 1.8	0.29 ~ 0.35	0.34 ~ 0.39	0.37 ~ 0.44	0.42 ~ 0.53	0.48 ~ 0.58
> 1.8 ~ 2.0	0.25 ~ 0.30	0.29 ~ 0.34	0.32 ~ 0.38	0.32 ~ 0.46	0.42 ~ 0.51
> 2.0 ~ 2.2	0.22 ~ 0.26	0.25 ~ 0.29	0.27 ~ 0.33	0.31 ~ 0.40	0.35 ~ 0.45
> 2.2 ~ 2.5	0.17 ~ 0.21	0.20 ~ 0.23	0.22 ~ 0.27	0.25 ~ 0.32	0.28 ~ 0.35
> 2.5 ~ 2.8	0.13 ~ 0.16	0.15 ~ 0.18	0.17 ~ 0.21	0.20 ~ 0.24	0.22 ~ 0.27
> 2.8 ~ 3.0	0.10 ~ 0.13	0.12 ~ 0.15	0.14 ~ 0.17	0.16 ~ 0.20	0.18 ~ 0.22

注：1. 适用于 08、10 钢。

2. 较大值相应于零件圆角半径较大情况，即 $r_\text{凹}$、$r_\text{凸}$ 为（10 ~ 20）t；较小值相应于零件圆角半径较小情况，即 $r_\text{凹}$、$r_\text{凸}$ 为（4 ~ 8）t。

四、弯头的拉深

如图 5-34 所示为 50° 弯头尺寸图，在拉深时，可采用两半块分别压制，然后拼焊成形。弯头拉深的工艺如下。

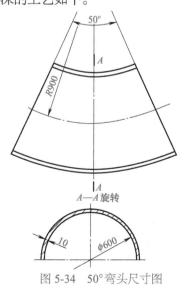

图 5-34　50° 弯头尺寸图

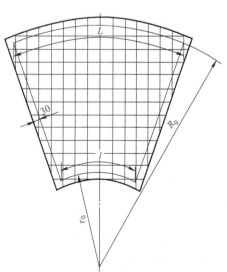

图 5-35　坯料展开尺寸示意图

（一）坯料的确定

坯料展开尺寸计算如图 5-35 所示，计算公式如下：

$$r_0 = R - \frac{D}{2} = 900\text{mm} - \frac{600}{2}\text{mm} = 600\text{mm}$$

$$R_0 = r_0 + \frac{\pi D}{2} = 600\text{mm} + \frac{3.1416 \times 600\text{mm}}{2} = 1542\text{mm}$$

$$l = \frac{\pi r_0 \alpha}{180°} = \frac{3.1416 \times 600\text{mm} \times 50°}{180°} = 524\text{mm}$$

$$L = 1.15 \times \frac{\pi \alpha}{180°}\left(R + \frac{D}{2}\right) = 1.15 \times \frac{3.1416 \times 50°}{180°} \times \left(900\text{mm} + \frac{600\text{mm}}{2}\right) = 1204\text{mm}$$

按计算出的坯料尺寸作出坯料图，并在坯料四周加放 30mm 余量。为便于检验，在坯料上划出等距坐标线，并打上样冲印，以便试压后修整，方能最后确定坯料尺寸。

（二）拉深前的准备工作

① 选择合适的压力机，压力机具备足够的压力、行程和工作台面积。

② 安装拉深模。拉深模安装前要将上、下模清扫干净，将上模用压板螺栓压紧，再反复检验上、下模四周边间隙，也可用与坯料厚度相同的钢板沿四周放置。当上、下模闭合时，将下模牢牢地固定在工作台上，抬起上模，清理杂物，并在下模上涂上润滑剂。

（三）拉深工艺

① 坯料的加热。坯料在加热炉内要均匀堆放，中间留有一定间隙，使坯料加热均匀，加热温度应严格控制。

② 在压制过程中应严格控制拉深时坯料的温度。脱模温度应尽可能一致，以避免在不同温度下产生不同冷缩量而影响工件尺寸。在连续压制时，要注意清除氧化皮和涂刷润滑剂，并注意冷却模具。

③ 压制后工件的堆放。热压后的工件，必须堆放平整，不要碰撞，避免重叠堆放，以防下面的工件受重力作用而变形，影响质量。

五、封头的拉深

椭圆形封头是生产中常遇到的一种零件。按封头的坯料直径 D 与封头内径 d_1 之间差值的大小，可划分为薄壁封头、中壁封头和厚壁封头三种，其划分的范围如下：

薄壁封头：$D - d_1 > 45t$

中壁封头：$6t \leqslant D - d_1 \leqslant 45t$

厚壁封头：$D - d_1 > 6t$

式中　D——坯料直径；

　　　d_1——封头内径；

　　　t——封头壁厚。

（一）薄壁封头的拉深

薄壁封头的拉深方法见表 5-27。

薄壁封头常采用冷压成形，在压制过程中，材料本身除产生塑性变形外，同时还伴有弹性变形。当外力去除后，压延件的尺寸将发生改变。材料的回弹量与其性能、工件形状、变形程度、模具间隙等因素有关，因而正确计算回弹量较困难，故通常用不同材料封头的回弹率来表示，冷压封头的回弹率见表 5-28。

表 5-27　薄壁封头的拉深方法

方法	图示	说明
多次拉深法	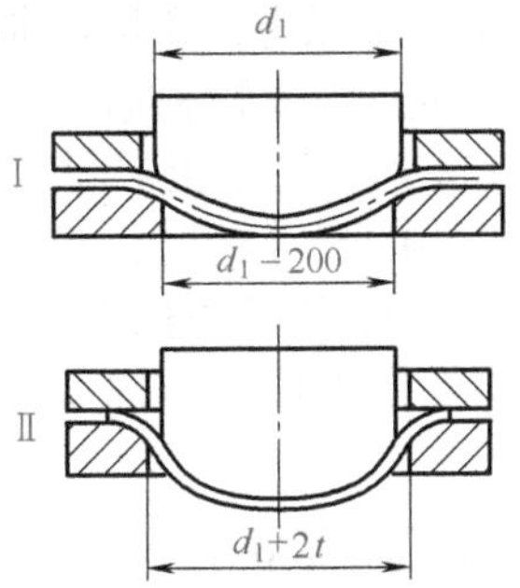	第一次预成形拉深，用比凸模小 200mm 的下模压成蝶子形，可用 2～3 块坯料叠压。第二次用配套成形模压制所需的封头尺寸。适用范围：$d_1 > 2000$mm；$45t < D-d_1 < 100t$
锥面压边圈拉深法	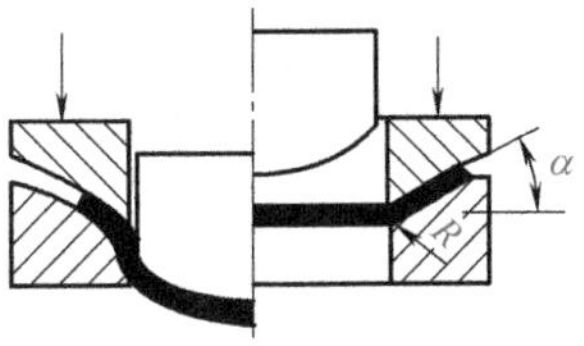	将压边圈及凹模工作面做成圆锥面（锥面斜角 $\alpha=20° ～ 30°$），可改善拉深时坯料的变形情况。适用范围：$45t < D-d_1 < 60t$
槛形拉深筋拉深法	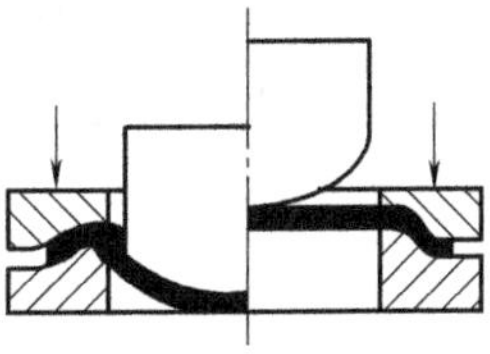	凹模做成突出的槛形，压边圈做成与凹模相应形状，利用槛形拉深筋来增大毛坯边缘的变形阻力和摩擦力以增加径向拉应力，防止边缘起皱，提高压边效果。适用范围：$45t < D-d_1 < 160t$
反拉深法	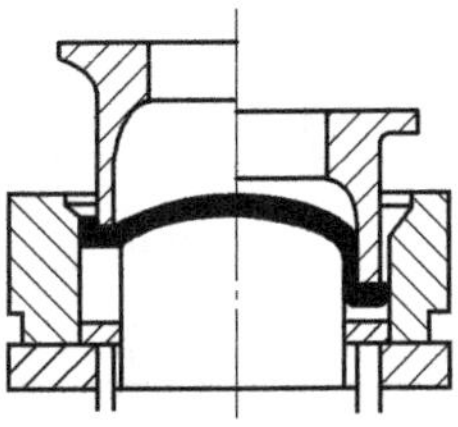	使凸模在下、凹模在上，坯料在凹模向下时拉深成形，以提高工件的压制质量。适用范围：$60t < D-d_1 < 120t$
夹板拉深法	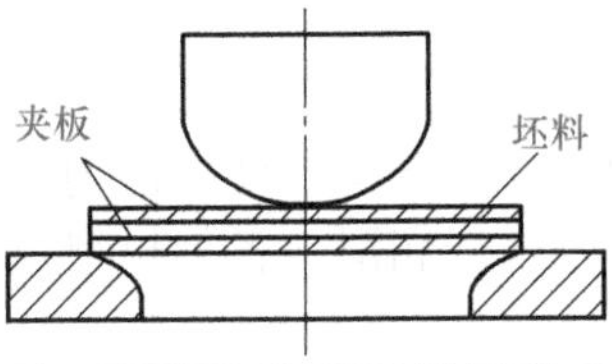	将坯料夹在两厚钢板中间，或将坯料贴附在一厚钢板之上，坯料的周边用焊接连成一体，然后加热拉深。适用范围：板厚小于 4mm 的贵重金属或不宜直接与火接触的材料
加大坯料拉深法	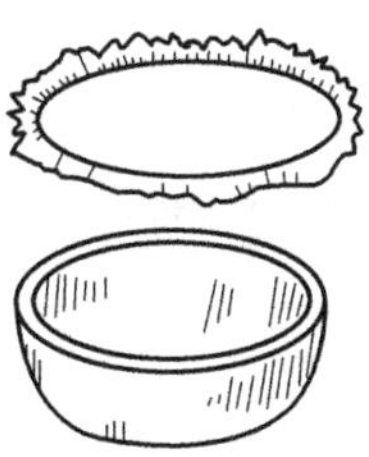	用较大的坯料，其直径比计算值大 10%～15%，但不大于 300mm，因坯料大，可采用多次拉深法，拉深后将凸缘及直边割去，最后再冷压成形。适用范围：$60t < D-d_1 < 160t$

表 5-28　冷压封头的回弹率

材料	碳钢	不锈钢	铝	铜
回弹率 /%	0.20～0.40	0.40～0.70	0.10～0.15	0.15～0.20

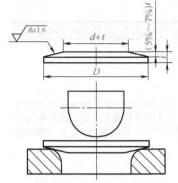

图 5-36　厚壁封头的拉深

D—坯料直径；d—封头公称直径
（内径）；t—封头壁厚

（二）中厚壁封头的拉深

中壁封头通常是一次拉深成形。厚壁封头在拉深过程中，边缘壁厚的增厚率达 10% 以上，所以压制这类封头时，必须加大模具的间隙，以便封头能顺利通过。也可将坯料的边缘削薄，如图 5-36 所示，然后采用正常间隙的模具进行压制。

为了保证热压封头的尺寸精度，必须考虑到封头冷却后的收缩因素，热压封头的收缩率可按表 5-29。

常用钢号的加热始压温度及拉深结束时的脱模温度参见表 5-30。

（三）不锈钢及有色金属的拉深

对不锈钢尽可能采用冷压，以避免加热时增碳；热压时，由于不锈钢冷却速度快，操作应迅速，同时模具最好预热至 300 ~ 350℃，热压后应进行热处理。热压铝及铝合金封头时，模具要预热至 250 ~ 320℃。铜及铜合金一般在退火状态下冷压。

表 5-29　热压封头收缩率

封头直径 /mm	≤ 600	> 600 ~ 1000	> 1000 ~ 1800	> 1800
收缩率 /%	0.50 ~ 0.60	0.60 ~ 0.70	0.70 ~ 0.80	0.80 ~ 0.90

注：1. 薄壁封头取下限，厚壁封头取上限。

2. 不锈钢封头收缩率按表增加 30% ~ 40%。

表 5-30　各种钢号的热压温度

钢号	热压温度 /℃			钢号	热压温度 /℃		
	始压温度	脱模温度			始压温度	脱模温度	
	不高于	不高于	不低于		不高于	不高于	不低于
15	1100	830	700	40	1050	850	750
20	1100	830	700	45	1050	850	750
30	1100	850	730	50	1030	870	780
35	1100	850	730	—	—	—	—

（四）拉深时的润滑

在拉深过程中，坯料与凹模壁及压边圈表面会产生摩擦，使拉深力增加，坯料很容易被拉破，此外还会加速模具的磨损。为此，拉深时应进行润滑。各种材料在拉深时常用的润滑剂见表 5-31。

表 5-31　拉深时常用的润滑剂

材料	润滑剂主要成分
低碳钢	①石墨粉与水（或机油）调成糊状 ②脂肪油及矿物油的皂基乳浊液与白粉（或锌钛白）细粉末填料
不锈钢	①石墨粉与水（或机油）调成糊状 ②滑石粉加机油加肥皂水调匀
铝	①机油 ②工业凡士林
铜和黄铜	①浓度较高的脂肪酸乳浊液，用肥皂作乳化剂 ②乳化液内含游离脂肪酸不少于 2%
钛	①二硫化钼 ②石墨粉、云母粉、水调匀 ③云母布

在使用时，润滑剂应涂在凹模圆角部位和压料面上，以及与此相接触的坯料表面上。勿涂在凸模表面及与凸模接触的坯料面上，防止坯料的滑动、延展与变薄。

（五）封头压制的缺陷及防止方法

封头在压制过程中，由于操作、工艺等因素，容易产生缺陷。常见的缺陷及防止方法见表 5-32。

表 5-32　封头压制缺陷及其防止方法

压制缺陷	简图	产生原因	防止方法
皱折	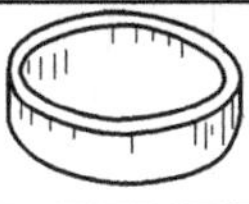	由于加热不均匀，压边力太小或不均匀，模具间隙及凹模圆角过大等原因，封头在压制过程中，其变形区的坯料出现周向压应力，使坯料失稳而产生皱折或鼓包	坯料加热时，火焰要均匀。按坯料的材质、厚度，选择合适的凹模圆角半径和模具的间隙。对于材料强度较大的拉深件，采用多次拉深，并在每次拉深后进行退火处理
鼓包	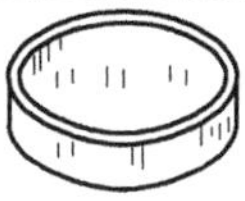		
直边拉痕和压坑	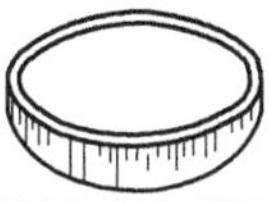	凹模、压边圈工作表面粗糙或拉毛，润滑不好，坯料气割熔渣未清除等	适当提高模具和压边圈的表面粗糙度合理选择、使用润滑剂及时清除熔渣等杂质
外表面微裂纹	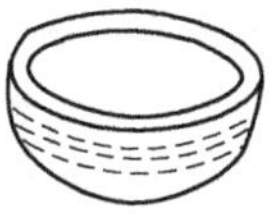	坯料加热不规范不合理，凹模圆角太小。坯料尺寸过大，压制速度过快或过慢等	选择正确的加热规范适当增大凹模圆角半径采用正确的坯料尺寸按工艺规程正确操作
纵向撕裂	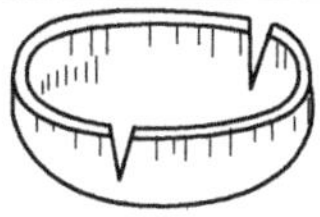	坯料边缘不光滑或有缺口，加热规范不合理，封头脱模温度太低等	焊补坯料缺口，并打磨边缘采用正确的加热规范及合理的脱模温度
偏斜	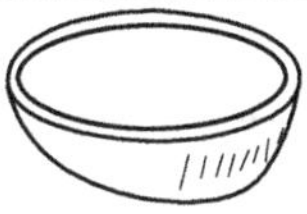	坯料受热不均匀，其定位不准，压边力不均匀等	采用定位装置调整模具，使压边均匀
椭圆	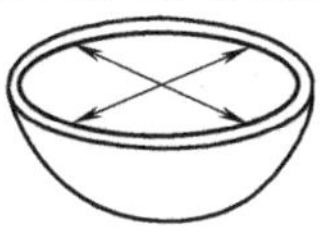	脱模方法不好，封头起吊、转运温度太高等	采用合适脱模方法吊运时封头温度不能过高
直径大小不一	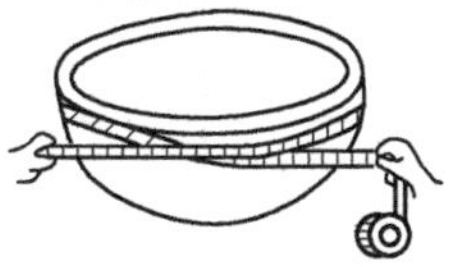	成批热压封头脱模温度不一致，模具受热膨胀	脱模温度要一致连续压制，注意冷却模具
人孔边缘撕裂	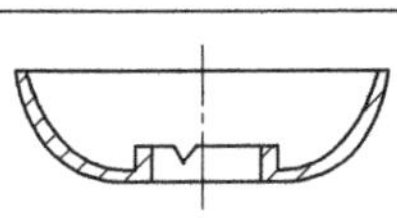	翻孔系数过小，气割开孔不光滑，加热温度太低或不均匀	内孔尽可能机加工采用二次翻孔正确加热坯料
人孔中心偏斜	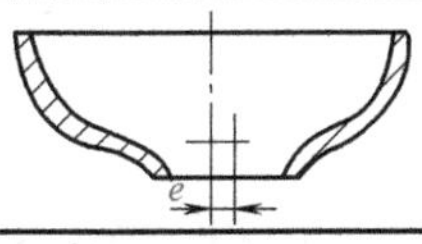	两次压制时，定位不准	尽可能一次压制，或采用定位装置

（六）封头的质量检验

封头的质量检验主要包括检验其表面状况、几何形状与几何尺寸偏差等方面。

① 封头的表面状况。封头表面不允许有裂纹，对人孔扳边处大于 5mm 的裂口，在不影响质量的前提下，可进行补焊或修磨。对于凸起、凹陷和刻痕等缺陷，其深度不应超过板厚

的 10%，且最大不超过 3mm。

② 封头的几何形状及几何尺寸的偏差。如图 5-37 所示为封头的几何形状及尺寸偏差。表 5-33 及表 5-34 规定封头检验的允许偏差值。

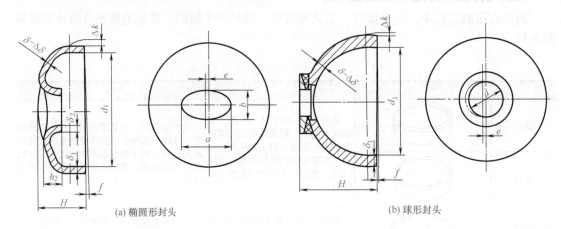

(a) 椭圆形封头　　　　　　　　　(b) 球形封头

图 5-37　封头的几何形状及尺寸偏差

表 5-33　封头几何尺寸允许偏差

名　　称	封头的公称内径（d_1）/mm		
	≤ 1000	1000 < d_1 ≤ 1500	> 1500
	允许偏差值 /mm		
内径偏差（Δd_1）	+3 -2	+5 -3	+7 -4
圆度（$d_{max} - d_{min}$）	4	6	8
端面倾斜度（f）	1.5	1.5	2.0
圆柱部分厚度（δ_1）	≤ $\delta + 10\% \delta$		
人孔板边处厚度（δ_2）	≥ 0.7δ		

注：δ 为封头的公称壁厚。

表 5-34　封头形状尺寸允许偏差

名称		符号	偏差值 /mm
总高度 /mm		H	+10 -3
圆柱部分倾斜	$\delta < 30$	Δk	≤ 2
	$\delta \geq 30$		≤ 3
过渡圆弧处变薄量	标准椭圆形	$\Delta \delta$	≤ 10% δ
	深椭圆或球形		≤ 15% δ
人孔扳边高度		h_2	±3
人孔尺寸	椭圆形	a、b	+4 -2
	圆形	d	±2
人孔中心线偏移		e	≤ 5

第四节　旋　压

一、旋压成形的过程

旋压是一种成形金属空心回转体件的工艺方法。在毛坯随芯模旋转或旋压工具绕毛坯与芯模旋转中，旋压工具与芯模相对进给，从而使毛坯受压并产生连续逐点地变形。

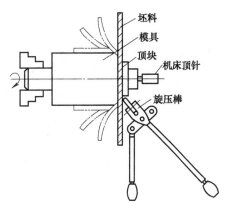

图 5-38　旋压压延的过程

旋压可完成零件的拉深、翻边、收口、胀形等不同成形工序。旋压不需要大型压力机和模具。与拉深相比，旋压设备简单、机动性好，可用简单的模具制造出规格多、数量少、形状复杂的零件，大大缩短了生产准备周期，对于制造大型零件优势尤为明显。板料在旋压时的变形，以旋压压延变形最为复杂。旋压压延的过程如图 5-38 所示。坯料通过机床顶针和顶块夹紧在模具上，机床主轴带动模具和坯料一起旋转，操纵旋压棒对坯料施加压力，同时旋压棒又作轴向运动，使坯料在旋压棒的作用下，产生由点到线、由线到面的变形，并逐渐地被赶向模具，直到最后包覆于模具而成形。

旋压与普通拉深不同，在旋压过程中，旋压棒与坯料之间基本上是点接触。由于接触面积小，所以产生的应力集中较大，使板料局部产生凹陷，而导致塑性流动，并螺旋式地由筒底向外发展，逐渐遍及整个坯料，使坯料产生切向收缩和径向延伸，其最后与模具外形完全一致。

二、旋压工艺

旋压一般用于加工厚度在 1.5 ~ 2mm 以下的碳钢，或厚度在 3mm 以下的有色金属零件。对于较厚的零件，必须采用加热旋压。现介绍几种典型零件的旋压工艺。

（一）封头旋压

封头旋压有立式和卧式两种。大型封头一般在立式旋压机上进行旋压，这种旋压机多数与普通压力机配合使用，由普通压力机预压出圆顶后，再在旋压机上旋压翻边，也可直接在旋压机上压出圆顶和翻边。如图 5-39 所示为立式旋压机上旋压封头，封头通过上、下转筒 1 和 2 固定在主轴 3 上，主轴由设在底座 4 下的电动机、减速器带动；内滚轮 5 的外形与封头内壁形状一致，能通过水平轴 6 及垂直轴 7 做横向或上下运动；在旋压前调节好内滚轮的位置，旋压过程中内滚轮位置固定不动。内滚轮的回转是依靠封头内壁之间的摩擦力作用而进行的。

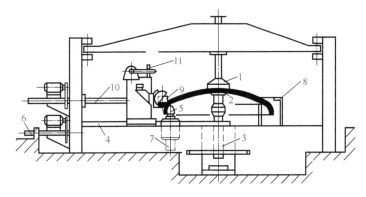

图 5-39　立式旋压机上旋压封头示意

1—上转筒；2—下转筒；3—主轴；4—底座；5—内滚轮；6, 10—水平轴；7, 11—垂直轴；8—加热炉；9—外滚轮

封头圆角部分的加热是在加热炉 8 上进行的，点燃火焰加热器进行局部加热。由于封

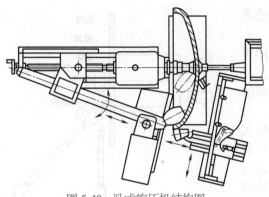

头以主轴为中心不停地旋转，所以使封头在圆周方向的加热均匀。旋压是依靠外滚轮 9 的作用，由水平轴 10 和垂直轴 11 调节外滚轮在水平和垂直方向的位置，加上外滚轮本身也可自由变动，所以在旋压过程中外滚轮始终能与封头很好地接触。

如图 5-40 所示为卧式旋压机，主轴呈水平位置，封头绕主轴转动，在内外滚轮的作用下旋压成形。内滚轮既可沿轴向调节，又可绕支点转动。外滚轮在水平和垂直方向都能调节。旋压是由中心向边缘进行。旋压机由直流

图 5-40 卧式旋压机结构图

电动机驱动，转速为 2 ~ 300r/min。

旋压封头的成形准确，基本上无椭圆度和折皱，尺寸较精确。在旋压机上还能进行切边和坡口加工等操作。

（二）旋压收口

小直径的封闭式筒形件（如锅炉联箱），采用旋压收口成形代替端盖焊接，使加工、焊接工作量大大减少。旋压收口是在如图 5-41（a）所示的旋压收口机上进行的，收口机由装夹和旋转工件的主轴箱、可移动的旋压滚轮拖板及可移式加热炉三大部分组成。

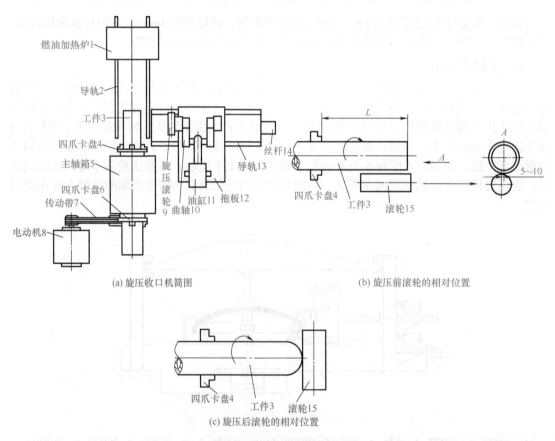

(a) 旋压收口机简图　　　　　　　　　　　(b) 旋压前滚轮的相对位置

(c) 旋压后滚轮的相对位置

图 5-41　旋压收口机结构

工件 3 从收口机的主轴内伸出装夹长度后，用四爪卡盘 4、6 调整并夹紧。工件由电动

机 8、传动带 7 经主轴箱 5 带动旋转。燃油加热炉 1 可沿导轨 2 移动，移动燃油加热炉 1，套住工件的端头进行加热，加热长度约 150mm、温度约 1100℃，旋压滚轮的位置由拖板 12、导轨 13 和丝杆 14 调节。调整旋压滚轮 9 的位置，使其与主轴中心线差 5 ~ 10mm，利用油缸 11 推动曲轴 10 回转，则旋压滚轮绕曲轴的轴线慢慢转动，当滚轮接触工件后，被工件带动旋转，工件在滚轮的压力下产生变形，直径逐渐缩小，直至最后收口。

旋压收口的过程如图 5-41（b）、（c）所示，工件 3 伸出装夹长度后，用四爪卡盘 4 夹紧。旋压收口前的滚轮 15 的位置如图 5-41（b）所示，当旋压滚轮转到如图 5-41（c）所示的位置时，收口即告完成。

由于旋压收口是在空气中热态进行的，所以在封口的中心位置总会存在氧化皮、杂质等缺陷，另外在收口端部的壁厚变薄，影响强度，因此必须采用机械加工出直径约 70mm 的小孔，以消除缺陷，然后用圆板进行封焊。在薄壁零件收口时，为增加其刚性，可将零件套在模具上进行旋压收口。

（三）旋压胀形

对于制造中间直径比两端大的这种鼓形空心旋转体零件，不能用压延法成形，一般采用旋压成形比较方便。如图 5-42 所示为旋压胀形的装置，毛坯为空心筒形件，用顶杆将毛坯夹紧在机床的主轴圆盘上。主轴由电动机带动旋转，旋压滚轮位于直角形支架的端头，支架可做横向与纵向调节，圆筒的外壁装有靠模滚轮。当主轴带动工件旋转时，调节旋压滚轮的位置，使滚轮对圆筒内壁产生压力而变形，旋压滚轮由内向外调节时，圆筒的直径逐渐增大，直到筒壁与靠模滚轮接触为止。

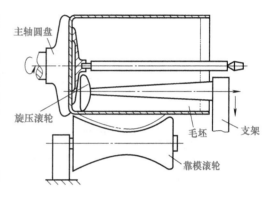

图 5-42　旋压胀形装置

（四）锥体旋压翻边

将卷制好的锥体在锥体翻边机上进行旋压翻边，如图 5-43 所示。锥体置于中心架上，由火焰加热器对锥体进行局部加热，同时锥体由主动轮带动旋转，待加热均匀后再由压紧轮压住，利用外滚轮向下运动，就能把锥体翻边成形。

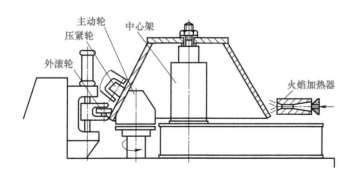

图 5-43　锥体翻边机上旋压翻边示意

三、旋压件质量分析

旋压零件常产生起皱、硬化、变薄和脱底等质量问题，见表 5-35。

表 5-35 旋压零件常产生的质量问题

质量问题	产生原因	防止方法
起皱	①在旋压过程中当坯料直径太大，旋压模的直径太小时，坯料悬空部分过宽，旋压时容易起皱。②坯料的外缘加力太大，或过多次旋压；因该处材料的稳定性较差而容易起皱。但在离外缘较远处，由于刚性较好，可以施加较大的压力。如果在旋压的第一阶段坯料不起皱，则随着锥形的逐渐缩小，刚性不断提高，起皱的可能性也随之减少	①旋压应从内缘开始，由内向外赶碾坯料的外缘，使坯料变成锥形；接着再赶碾锥形件的内缘，使这部分材料贴模；然后再轻赶外缘，使外缘始终保持刚性较大的圆锥形，直到零件完全贴模为止。②在旋压过程中，坯料的外缘不宜加力太大，或过多旋压。③可采用二次或多次旋压
硬化	坯料经过多次反复旋压会引起严重的冷作硬化，在边缘容易引起脆性破裂	进行中间退火
变薄	①由于旋压棒与坯料的接触面积很小，压力很大，因此材料的变薄要比压延严重，有时可达 30% ~ 50%。变薄最严重的部位是在内缘的圆角处。②旋压时模具的转速太高，则材料与旋压棒的接触次数太多，也容易使材料过度变薄。③当旋压带凸缘的零件时（如图 5-44 所示），在凸缘圆角处材料容易变薄 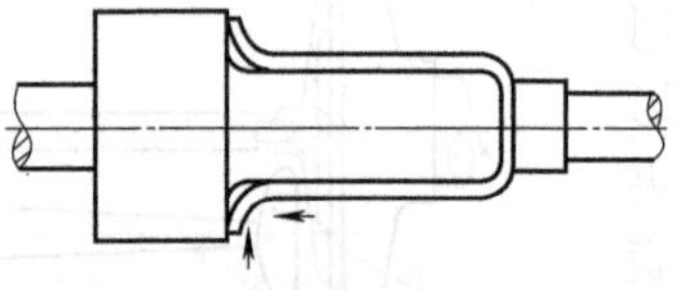 图 5-44 带凸缘零件的旋压示意	①合理的旋压转速一般约 200 ~ 600r/min。②应从凸缘的外缘向内进行赶辗。③如果对零件的厚度要求严格，为减少变薄，以增加旋压次数
脱底	脱底是由于操作不当而引起的。例如，开始旋压时，坯料内缘赶辗过多，用力过大，造成底部圆角处材料过分变薄和冷作硬化而引起脱底；如果底部圆角处还尚未贴模就赶辗外缘，致使底部材料悬空；在旋压过程中，材料受到反复弯曲和扭转，也会使底部脱落；此外，凸模圆角太小，底面面积相对较小，也可能会产生脱底	操作时注意对内缘不要过分赶辗

第六章
连接

第一节 铆 接

利用铆钉将两个或两个以上的零件或构件连接为一个整体，这种连接方法称为铆接，如图 6-1 所示。铆接时，将铆钉插入两个工件（或两个以上的工件）的孔内，并把铆钉头紧贴着工件表面，然后将铆钉杆的一端镦粗而成铆合头，这样就把两个工件（或两个以上的工件）相互连接起来。

一、铆接种类

（1）按其使用的要求不同分类

铆接的种类按其使用的要求不同分类，可分为以下两种。

① 活动铆接（或称铰链铆接）。接合部位是相互转动的，如各种手用钳、剪刀、圆规、卡钳、铰链等的铆接。

② 固定铆接。接合的部位是固定不动的，这种铆接按用途和要求不同，又可分为以下三种。

a. 强固铆接。用于结构需要有足够的强度，承受强大作用力的地方，如叶轮体与叶片、桥梁、车辆和起重机等。

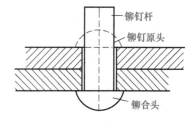

图 6-1 铆接结构

b. 紧密铆接。用于低压容器装置，这种铆接不能承受大的压力，只能承受小的均匀压力。紧密铆接对其接缝处要求非常严密，如气筒、水箱、油罐等。这种铆接的铆钉小而排列密，铆缝中常夹有橡皮或其他填料，以防气体或液体的渗漏。

c. 强密铆接。用于能承受很大的压力、接缝非常严密的高压容器装置，即使在一定的压力下，液体或气体也保持不渗漏，如蒸汽锅炉、压缩空气罐及其他高压容器的铆接都属这一类。

（2）按铆接的方法不同分类

按铆接的方法不同分类可分为冷铆、热铆和混合铆三种：

① 冷铆。铆接时，铆钉不需加热，直接镦出铆合头。因此铆钉的材料必须具有较高的延展性。直径 8mm 以下钢制铆钉都可以用冷铆方法进行铆接。

② 热铆。把铆钉全部加热到一定程度，然后再铆接。铆钉受热后延展性好，容易成形，并且在冷却后铆钉杆收缩，更加大了结合强度。在热铆时要把孔径放大 0.5 ～ 1mm，使铆钉在热态时容易插入。直径大于 8mm 的钢铆钉大多用热铆。

③ 混合铆。在铆接时，不把铆钉全部加热，只把铆钉的铆合头端加热。对很长的铆钉，一般采用这种方法，铆钉杆不会弯曲。

二、铆接设备及工具

（1）铆钉枪

铆钉枪因其外形不同，可分为直式、闭合式、手枪式、弯式等类型。其中手枪式铆钉枪应用较广泛。

能使用铝铆钉的铆钉枪，一般也能使用钢铆钉，但使用钢铆钉的直径则要比使用铝铆钉直径相应减小一个规格。铆钉枪型号的选用，要根据铆钉的材料、直径和产品结构形式的不同进行选用，材料硬、直径大的铆钉应选用功率大的铆钉枪。风动铆钉枪所用的压缩空气压力与铆钉直径关系见表 6-1。

表 6-1　风动铆钉枪用压缩空气压力与铆钉直径关系

铆钉直径 /mm	13	16	19	22
空气压力 /MPa	0.3	0.4	0.35	0.6

（2）罩模（又称窝头）

罩模是安装在铆钉枪枪筒上传递活塞的冲击力打击铆钉而形成镦头，是完成铆接工作的主要工具。罩模分为手工铆接用罩模和铆钉枪用罩模。铆钉枪用罩模又可分为正铆法用罩模和反铆法用罩模。

罩模的外形和接触铆钉部位工作面的形状和尺寸，是根据铆接件的构造、铆钉头形状、铆接方法而设计制造的。罩模的尾杆直径和长度，是根据不同型号、不同功率的铆钉枪枪筒直径的大小以及铆钉枪枪筒中活塞对罩模尾杆冲击力的大小而设计的。选用罩模的原则如下：

① 根据铆钉枪枪筒直径选择相应直径和长度的罩模，罩模的尾杆要求光滑，表面粗糙度一般为 $Ra0.8\mu m$。根据铆钉材料类型的不同，罩模的材料也不相同。一般罩模采用碳素工具钢或合金工具钢制成，为了保证一定的尺寸精度和罩模的硬度，通常罩模都要经过必要的热处理。

② 根据铆钉头形状，选择相应工作面的罩模。根据铆钉直径按照罩模的规格标注选择相应直径的罩模。罩模工作面的表面粗糙度一般为 $Ra0.8\mu m$。

③ 罩模的质量应与铆钉枪功率相匹配。若罩模过重，则冲击效率低，影响镦头质量及铆钉头部质量。

④ 铆钉枪用罩模不能用于手工铆接中，罩模尾杆一旦损坏将影响铆接效率。

⑤ 采用正铆法应选择正铆法用罩模，采用反铆法应选用反铆法用罩模，不可互相代用。

（3）手锤

手锤是手工铆接最常用的工具，大多是圆头锤，其质量大小按铆钉直径选取。当铆钉直径为 0.25 ～ 3.6mm 时，手锤质量为 0.3 ～ 0.4kg；当铆钉直径为 4 ～ 6mm 时，手锤质量为 0.4 ～ 0.5kg。

（4）顶把

顶把是支承铆钉或在铆钉枪冲击时利用其反作用力完成铆钉镦头成形的主要工具。根据所使用的铆钉直径、铆钉材料及铆接方法的不同，所选用的顶把质量也不同，因铆接件形状、位置不同，顶把的形状变化较多，大小不一。顶把的质量与铆钉直径、材料的关系可直接按表6-2选取。

表6-2　顶把的质量与铆钉直径、材料的关系　　　　　　　　　单位：kg

铆钉材料	铆接方法	铆钉直径/mm								
		2.0	2.5	3.0	3.5	4.0	5.0	6.0	7.0	8.0
硬铝铆钉	正铆	4.0	5.0	6.0	7.0	8.0	10.0	12.0	14.0	16.0
	反铆	1.0	1.3	1.5	1.8	2.0	2.5	3.0	3.5	4.0
钢铆钉	正铆	8.0	10.0	12.0	14.0	16.0	20.0			
	反铆	2.0	2.5	3.0	3.5	4.0	5.0	6.0	7.0	

顶把的形状是根据铆接部位的结构特点确定的，其要求是能容易接近铆钉，握持方便，不易碰伤旁边零件。顶把可分为通用顶把和专用顶把。

（5）手提式铆接机

手提式铆接机结构简单、轻便，使用维修方便，但因钳口尺寸小，只能铆接结构边缘处的铆钉。它是利用斜面杠杆作用产生铆接力，而且铆接力是随着铆接行程而增加的。更换其固定臂和活动臂，可以改变喉深 H 和钳口高度尺寸 M，以适应不同铆接结构的铆接。常用的手提式铆接机型号与性能见表6-3。

表6-3　常用的手提式铆接机型号与性能

型号	铆接力/kN	铝合金铆钉直径/mm	钳口高度/mm	喉深/mm	上模行程/mm		质量/kg
					总行程	有效行程	
GSF-A	35	4.0	30	40	7	5	18
GSF-M	35	4.0	35	60	7	5	20

（6）大型铆接机

① 固定式单个铆接机。固定式单个铆接机适用于铆接中、小型组合件，如框架、房梁、小型铆接件等。常用的 Krl-204 型气动杠杆式固定单个铆接机的主要技术参数如下。

空气压力为 506.625kPa（5 个大气压）时铆接力：50kN；

可铆接的硬铝铆钉：ϕ6mm；

可铆接的钢制铆钉：ϕ5mm；

柱塞工作行程：7mm；

空行程：53mm；

每分钟行程次数：15 ～ 20 次；

弯臂钳口尺寸（长 × 高）：1000mm×260mm；

轮廓尺寸（长 × 宽 × 高）：1700mm×800mm×1800mm。

② 弓臂式固定成组铆接机。弓臂式固定成组铆接机适用于铆接铆钉线为直线的梁式组合件和中型板材铆接件。常用的 KII-503 型铆接机的最大铆接力为 250kN。一次铆接的铆钉数量见表6-4。

表6-4　弓臂式固定成组铆接机一次铆接的铆钉数量

铆钉直径/mm	3	3.5	4	5	6	7	8	10
硬铝铆钉数量/个	24	17	12	8	5	4	3	2

其他主要技术参数如下：

下铆头辅助行程：300mm；

下铆头的压铆行程：16mm；

上铆头的行程：150mm；

外形尺寸（长×宽×高）：2675mm×750mm×2530mm；

弓形钳口尺寸（长×高）：1200mm×465mm。

③ 龙门式固定成组铆接机。龙门式固定成组铆接机属于大型铆接设备，它适用于铆接大型板型铆接件。常用的 KH-602 型铆接机最大铆接力：700kN。一次铆接的铆钉数量见表 6-5。

表 6-5　龙门式固定成组铆接机一次铆接的铆钉数量

铆钉直径 /mm	4	5	6	8
铆钉数量 / 个	36	22	16	8

其他主要技术参数如下：

每分钟行程次数：3 ～ 4 次；

下铆头工作行程：200mm；

上、下压铆模支承面之间最大距离：450mm；

轮廓尺寸（长×宽×高）：28000mm×6700mm×3250mm。

（7）铆接模具

① 铆接模具的作用

a. 预先压紧铆接件，消除铆缝间隙。

b. 使铆钉杆形成镦头。

c. 用于单个铆接机用的铆接模具可以定位铆钉中心。

d. 用于成组铆接的铆接模具，还应具有控制铆钉镦头高度并传递自动铆接循环信息等功能。

② 铆接模具的要求

a. 铆接模具与铆钉、铆接件的接触表面应光滑，不得有夹角及局部凸、凹处。

b. 铆接模具与铆接机安装尺寸应配合良好，并能迅速变换。

c. 铆接模具的材料硬度应高于铆钉材料。

d. 铆接模具应具有良好的刚性和尺寸稳定性。

三、铆接的形式及其主要参数

（1）铆接的形式

铆接的形式见表 6-6。

表 6-6　铆接的形式

类别		简图	说明
搭接	平板搭接		将一块板料搭接在另一块板料上进行铆接。一般多采用平板搭接，如果要求接触表面平整时，可采用折板搭接
	折板搭接		

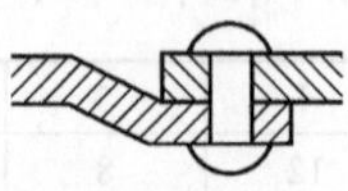

类别		简图	说明
对接	单盖板对接	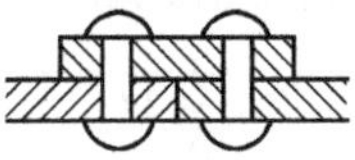	将两块板料置于同一平面，使用一块或两块盖板，用铆钉连接在一起
	双盖板对接		
角接		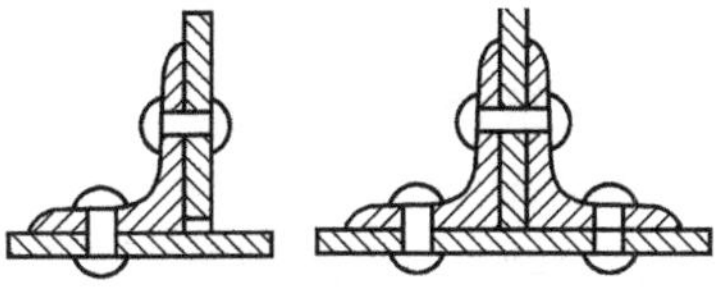 单角钢式　　双角钢式	利用角钢和铆钉，将两块互相垂直或成一定角度的板料连接在一起
板型结合		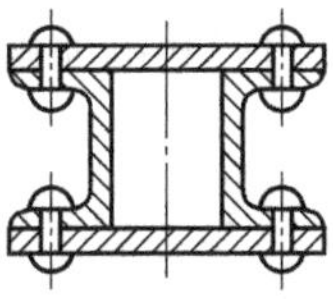	将型钢或成型制件与板料用铆钉连接在一起

（2）铆接的主要结构参数

在铆接结构中，铆钉的排列如图 6-2 所示，分别是单排铆钉、双排铆钉和多排铆钉。双排铆钉以上的铆钉排列分布又有平行排列、交错排列的差别，如图 6-3 所示。

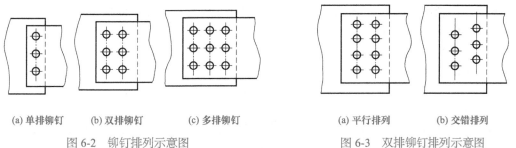

(a) 单排铆钉　　(b) 双排铆钉　　(c) 多排铆钉

图 6-2　铆钉排列示意图

(a) 平行排列　　(b) 交错排列

图 6-3　双排铆钉排列示意图

铆接中最常见的尺寸参数是铆钉直径 d 和被连接件（铆接件）板厚 δ。此外，铆接中的其他主要结构参数有钉距 t、排距 a、边距 l 和 l_1、对角线铆钉孔中心距 t_1、铆钉孔直径 d。铆接主要结构参数如图 6-4 所示。其主要结构参数说明见表 6-7。

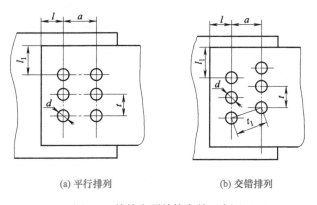

(a) 平行排列　　　　　　(b) 交错排列

图 6-4　铆接主要结构参数示意图

表6-7　铆接主要结构参数说明

名称	符号	说　明
钉距	t	指在一排铆钉中，相邻两个铆钉孔中心的距离。当铆钉呈单排或双排平行排列时，常取值为 $3d \leqslant t \leqslant 8d$
排距	a	指相邻两排铆钉孔中心的距离，常取值为 $a \geqslant 3d$
边距	l、l_1	指外侧铆钉孔中心到铆接件边缘的距离。沿受力方向的边距记为 l，垂直于受力方向的边距记为 l_1

四、铆接结构的强度计算及设计规范

（1）铆接结构的受力分析

铆接结构在铆接件和铆钉组成的连接组合中承受拉力，连接组合容易破坏，而承受压力连接组合较为安全，为此，应针对铆接结构失效特征进行受力分析。当铆接件在铆接结构中受到拉力作用时，铆钉受到切力和张力作用。如果铆接件强度大于铆钉强度，在外力作用下，铆钉被拉长，就会出现铆钉松动、铆钉镦头脱落或铆钉中间被剪断等现象。反之，如果铆钉强度超过铆接件强度，在外力作用时，铆接件上的铆钉孔将发生变形、铆钉孔尺寸变大或铆钉孔破裂。

在铆接结构理论强度计算中主要使用等强度原则，而在铆接结构产品设计时，其承载能力应大于实际使用应力，因此必须具有一定的安全系数。要保证铆接结构的安全使用，就必须依赖于铆钉和铆接件都能正常工作。因为在铆接结构的定期维护、修理中，更换铆钉较为容易，且生产成本低，所以在铆接结构实际设计时，铆接件强度应略大于铆钉强度，以保证铆接件具有更长的使用周期。

铆钉的承载能力与铆钉所用材料和铆钉直径、长度、数量有直接关系。钢制铆钉的强度大于铜制、铝制铆钉，具有较高的承载能力。铆钉承载能力与铆钉直径、铆钉数量成正比。铆钉直径越大、数量越多，铆钉的承载能力越高；反之，铆钉直径越小、数量越少，则铆钉的承载能力越低。铆钉承载能力与铆钉长度、铆接件厚度成反比。铆钉长度越长，铆接件厚度越大，铆钉承载能力越低；铆钉长度越短，铆接件厚度越小，则铆钉承载能力越高。

铆接件上铆钉孔尺寸与数量也直接影响铆接件的承载能力。铆钉孔直径和数量的增加，都会降低铆接件的承载能力。

通常铆钉在铆接结构中并不直接承受剪切力，而是通过铆紧铆接件，从而在接触面上产生摩擦来平衡外力，直到外力大于此摩擦力之后，铆钉才直接受力。

（2）铆接结构的强度计算

选择典型的铆接结构，即承受单向拉伸的单排铆钉连接，受力分析如图6-5所示。强度计算有以下几种情况。

① 如果铆接件板厚较大，而铆钉直径较小，可能发生的失效为铆钉杆被切断。假如总数为 n 个铆钉中的每个铆钉均承受相同的载荷，那么其中一个铆钉的剪切载荷计算公式如下：

$$\frac{F}{n} \leqslant \frac{\pi d^2}{4}\tau$$

式中　τ——铆钉材料剪切许用应力。

② 如果铆接件板厚较薄，而铆

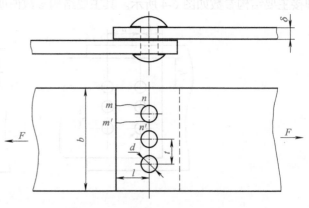

图6-5　单排铆钉连接受力分析示意图

钉直径较大，则会导致铆钉孔前沿的金属因承受较高的压应力，而发生塑性变形，致使铆钉孔成为椭圆形状。在这种趋势下，铆接件将被铆钉冲坏，这时铆接件局部承载能力计算公式如下：

$$\frac{F}{n} \leqslant \frac{\pi d^2}{2} \delta \sigma_c$$

式中　σ_c——铆接件材料挤压许用应力。

③ 当钉距过小时，铆接件可能会在通过铆钉线的最小承载面发生断裂，这时铆接件承载能力的计算公式如下：

$$\frac{F}{n} \leqslant (t-d) \delta \sigma_p$$

式中　σ_p——铆接件材料拉伸许用应力。

④ 如果铆钉线与铆接板边缘的尺寸不足，铆钉会沿平面 m—n 和 m'—n' 把铆接件剪断，这时铆接件承载能力计算公式如下：

$$\frac{F}{n} \leqslant 2l \delta \tau'$$

式中　τ'——铆接件材料剪切许用应力。

（3）铆接结构中常用参数的设计

选择在铆接结构的强度计算中，按照各种可能的破坏形式，根据各部分零件材料等强的原则，可基本确定铆接结构中常用参数的相互关系。对于常见的几种铆接形式，其结构参数见表6-8。

表 6-8　几种铆接形式的结构参数

结构参数	单排铆接		双排交错铆接	
	搭接	双盖板对接	搭接	双盖板对接
铆钉直径 d	2δ	$(150 \sim 175)\delta$	2δ	1.5δ
钉距 t	$3d$	$3d$	$2d$	$2d$
排距 a			$4d$	$6d$
边距 l	$2d$	$2d$	$1.5d$	$1.5d$
强度系数 φ	0.67	0.67	0.75	0.84

根据铆接结构强度计算和实际数据对比，规定铆钉排列的尺寸参数如下：

① 铆钉多排排列时的钉距（或排距）$t \geqslant 3d$。

② 当铆钉交错排列时处于对角线上的铆钉孔中心距 $t_1 \geqslant 3.5d$。

③ 平行于受力方向的边距 $l \geqslant 2d$；垂直于受力方向的边距，如果板边是剪切制成的，则 $l_1 \geqslant 1.5d$；如果板边是碾压而成的，则取 $l_1 \geqslant 1.2d$。

④ 为了保证铆接件板板紧密贴合，保持铆钉与铆钉之间的稳定性，铆钉排距最大值应加以控制，$a_{max} \leqslant 8d$ 或 $a_{max} \leqslant 12\delta$（$\delta$ 为铆接件中最小厚度）。如果排距太大，会使铆钉间的板材凸起，贴合不紧密。如采用角钢固定，可提高铆接件刚性，排距可适当加大。

⑤ 可以板边能否互相贴合紧密为原则，控制边距的最大值 $l_{max} \leqslant 4d$ 或 $l_{max} \leqslant 8\delta$。

五、铆钉长度的确定

（1）铆钉

按形状不同，铆钉可分为平头、半圆头、沉头和皮带铆钉等几种。部分铆钉的形状和用途见表6-9。按材料不同，铆钉又分为钢质、铜质、铝质等几种，钢质铆钉具有较高的韧性和延展性。

表6-9　铆钉的名称、形状与用途

图　形	铆钉名称	用　途
	平头铆钉	常用于一般无特殊要求的铁皮箱、防护罩及其结合件的铆接中
	半沉头铆钉	常用于薄板、皮革、帆布、木材、塑料等允许表面有微小凸起的铆接中
	半圆头铆钉	多用于强固接缝或强密接缝处，如钢结构的屋架、桥梁、车辆、船舶及起重机连接部件的铆接
	平锥头铆钉	
	沉头铆钉	用于制品的表面要求平整、不允许有外露的铆接
	空心铆钉	用于铆接处有空心要求的地方，如电器组件的铆接或用于受剪切力不大的地方
	抽芯铆钉	各有沉头和扁圆头两种形式，具有铆接效率高、工艺简单等特点，适用于单面与盲面的薄板和型钢与型钢的连接
	击芯铆钉	

（2）铆钉直径的确定

铆钉直径的大小与被铆合的板料厚度有关，其直径一般为板厚的1.8倍。在实际生产中，铆钉直径也可根据板料厚度参考表6-10选定。

表6-10　铆钉直径的选择

板料厚度/mm	1.5	2.0	2.5	3.0	3.5	4.0	4.5	5.0
铆钉直径/mm	2.5	2.5～3.0	3.0～3.5	3.5	3.5～4.0	4.0～4.5	4.5～5.0	5.0～6.0
板料厚度/mm	5.5	6.0	6.0～8.0	8.0～10	10～12	12～16	16～24	24～30
铆钉直径/mm	5.0～6.0	6.0～8.0	8.0～10	10～11	11	14	17	20
板料厚度/mm	30～38	38～46	46～54	54～62	62～70	70～76	76～82	
铆钉直径/mm	23	26	29	32	35	38	41	

（3）铆钉长度的确定

铆钉的长度对铆接的质量有较大的影响。铆钉的圆杆长度除铆合板料的厚度外，还有留作铆合头的部分，其长度必须足够。通常半圆头铆钉伸出部分的长度，应为铆钉直径的1.25～1.5倍，沉头铆钉的伸出部分应为铆钉直径的0.8～1.2倍。当铆合头的质量要求比较高时，伸出部分的长度应通过试铆来确定，尤其是铆合件数量比较大时，更应如此。

在实际生产中，铆钉圆杆长度，也可以用下列的计算公式来计算。因铆钉种类不同，计算公式区别如下。

半圆头铆钉：$L = S + (1.25 \sim 1.5)d$

沉头铆钉：$L = S + (0.8 \sim 1.2)d$

击芯铆钉：$L = S + (2 \sim 3)$

抽芯铆钉：$L = S + (3 \sim 6)$

式中　d——铆钉直径，mm；

　　　L——铆钉圆杆长度，mm；

　　　S——铆接件板料的总厚度，mm。

（4）铆接时工件通孔的确定

铆接时被铆合板料上（工件上）的通孔直径，对铆接质量也有较大的影响。通孔直径加工小了，铆钉插入困难，通孔直径加工大了，铆合后工件会产生松动，尤其是在铆钉杆比较长的时候，会造成铆合后铆钉杆在孔内产生弯曲的现象。合适的铆钉通孔直径，可参照表6-11中的数值进行选取。

表6-11　铆钉通孔直径与沉孔直径

铆钉直径 /mm		2	2.5	3	3.5	4	5	6	7	8	10	11.5	13	16	19	22
通孔直径 /mm	精配	2.1	2.6	3.1	3.6	4.1	5.2	6.2	7.2	8.2	10.5	12	13.5	16.5	20	23
	中等装配					4.2	5.5	6.5	7.5	8.5	10.5	12	13.5	16.5	20	23
	粗配	2.2	2.7	3.4	3.9	4.5	5.8	6.8	7.8	8.8	11	12.5	14	17	21	24
用于沉头钢铆钉	大端直径 D/mm	4	5	6	7	8	10	11.2	12.6	14.4	16	18.5	20.5	24.5	30	35
	沉孔角度 α/mm	90									75			60		

六、铆钉的铆接及拆卸方法

（1）铆接方法

钳工常用的铆接方法多为冷铆，在常温下用手工直接镦出铆合头。其铆接操作方法见表6-12。

表6-12　铆接操作方法

类别	说　明
半圆头铆钉的铆接	如图6-6所示。大致流程为：工件彼此贴合→按图样给出的尺寸划线钻孔→孔口倒角→将铆钉插入孔内→用压紧冲头压紧板料，如图6-6（a）所示→镦粗铆钉伸出部分，如图6-6（b）所示→初步铆打成形，如图6-6（c）所示→用罩模修整，如图6-6（d）所示。如果采用圆钢料作为铆钉，应同时将钢料两头均匀镦粗，初步铆打成形并用罩模修磨两端铆合头 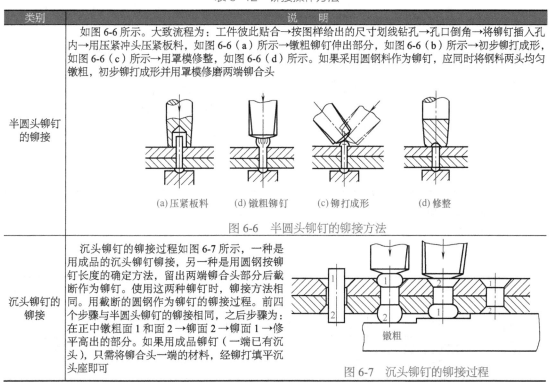（a）压紧板料　（d）镦粗铆钉　（c）铆打成形　（d）修整　图6-6　半圆头铆钉的铆接方法
沉头铆钉的铆接	沉头铆钉的铆接过程如图6-7所示，一种是用成品的沉头铆钉铆接，另一种是用圆钢按铆钉长度的确定方法，留出两端铆合头部分后截断作为铆钉。使用这两种铆钉时，铆接方法相同。用截断的圆钢作为铆钉的铆接过程。前四个步骤与半圆头铆钉的铆接相同，之后步骤为：在正中镦粗面1和面2→铆面2→铆面1→修平高出的部分。如果用成品铆钉（一端已有沉头），只需将铆合头一端的材料，经铆打填平沉头座即可

图6-7　沉头铆钉的铆接过程

类别	说　　明
空心铆钉的铆接	空心铆钉的铆接如图 6-8 所示。把板料互相贴合、划线、钻孔并孔口倒角，将铆钉插入后，先用样冲（或类似的冲头）冲压一下，使铆钉孔口张开与工件孔口贴紧，再用特制冲头使翻开的铆钉孔口贴平于工件孔口 图 6-8　空心铆钉的铆接
抽芯铆钉的铆接	把板料贴合，经划线、钻孔、孔口倒角后，将抽芯铆钉插入孔内，并将伸出铆钉头的钉芯部分插入拉铆枪头部孔内，启动拉铆枪，钉芯被抽出，钉芯头部凸缘将伸出板料的铆钉杆部头端膨胀成铆合头，钉芯即在钉芯头部的凹槽处断开而被抽出，如图 6-9 所示。这种铆钉由于使用简便、易于操作、快速铆合的特点，使用越来越广泛 (a) 启动拉铆枪　　　(b) 铆合状态 图 6-9　抽芯铆钉的铆接
击芯铆钉的铆接	把板料贴合，经划线、钻孔、孔口倒角后，将击芯铆钉插入铆合件孔内，用手锤敲击铆钉芯，当钉芯被敲到与铆钉头平齐时，钉芯便被击至铆钉杆的底部，铆钉伸出铆件的部分即被四面胀开，工件被铆合。这种铆钉使用简单、易于操作，如图 6-10 所示 (a) 锤击钉芯　　　(b) 铆合状态 图 6-10　击芯铆钉的铆接

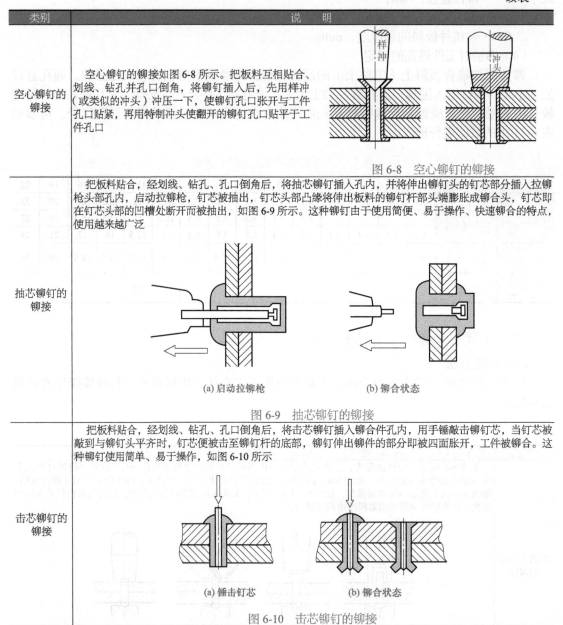

（2）铆钉的拆卸方法

铆钉的拆卸方法见表 6-13。

表 6-13　铆钉的拆卸方法

类别	图示	说　　明
半圆头铆钉的拆卸		直径小的铆钉，可用凿子、砂轮或锉刀将一端铆钉头加工掉修平，再用小于铆钉直径的冲子，将铆钉冲出。直径大的铆钉，可用上述方法在铆钉半圆头上加工出一个小平面，然后用样冲冲出中心，再用小于铆钉直径 1mm 的钻头将铆钉头钻掉，用小于孔径的冲头冲出铆钉

类别	图示	说　明
沉头铆钉的拆卸	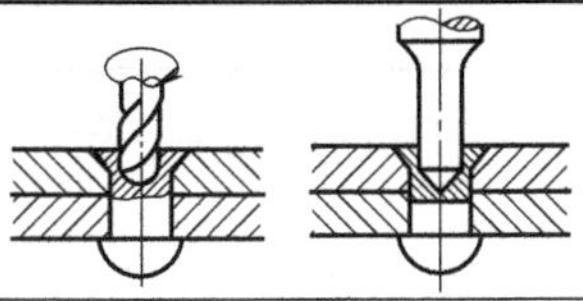	拆卸沉头铆钉时，可用样冲在铆钉头上冲个中心孔，再用小于铆钉直径1mm的钻头将铆钉头钻掉，然后用小于孔径的冲头将铆钉冲出
抽芯铆钉的拆卸	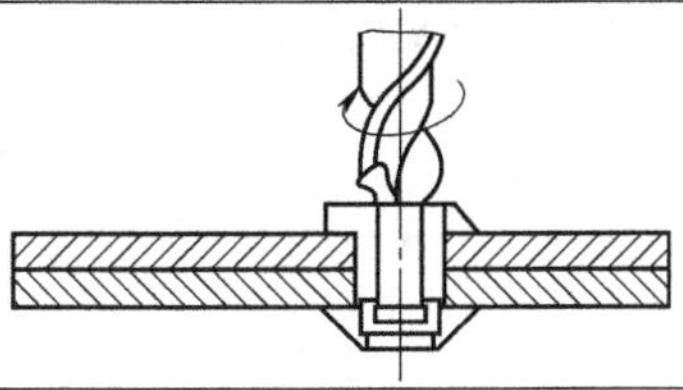	用与铆钉杆相同直径的钻头，对准钉芯孔扩孔，直至铆钉头落掉，然后用冲子将铆钉冲出
击芯铆钉的拆卸	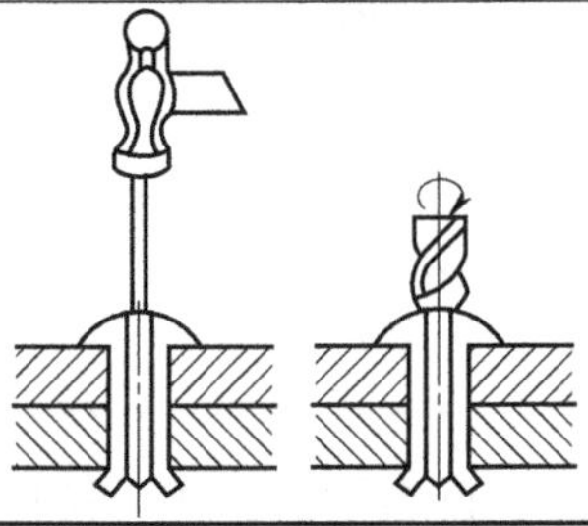	用冲钉冲击钉芯，再用与铆钉杆相同的钻头，钻掉铆钉基体。如果铆件比较薄，可直接用冲头将铆钉冲掉

七、铆接工艺要点及实例

（1）铆接工艺的主要内容

铆接工艺的主要内容见表6-14。

表6-14　铆接工艺的主要内容

类别	说　明
工艺规程	工艺规程是指导加工零件的具体文件，是生产准备的基础，也是检验的重要依据
工艺规程的编制原则	①保证产品质量。②提高生产效率。③降低生产成本。④改善劳动条件。⑤缩短生产周期
一般工艺规程的主要内容	①填写零件图号、名称、数量、材料牌号、规格等。②详细介绍加工工序、加工基准、工艺参数及每道工序所用设备、工装、技术要求、检验等事项。③提供简图及辅助说明，如加工留量、工艺孔位置等
铆接工艺的主要内容	①选择铆接的形式，确定搭接、对接、角接等连接形式。②确定铆钉的排列方式及其结构尺寸参数，如铆钉数量、排距、钉距、边距等。③选择铆钉的种类、材料、规格。④选择铆钉孔加工方法及加工设备、刀具、加工参数等。⑤确定铆接设备、工具及装配工装。⑥选择合理的铆接顺序等技术措施及工艺参数。⑦确定铆钉的加热、接钉、穿钉、顶钉、铆接等操作要点及需要的工人技术等级。⑧铆接质量检验及返修方法

（2）铆接工艺中的几个技术问题

铆接工艺在经过广泛应用后，其技术也在不断发展、创新。在铆接工艺中应主要考虑以下工艺问题，见表6-15。

（3）铆接生产的安全操作技术

① 保持环境清洁，有足够操作空间，工件、工具定置管理，摆放整齐。

② 热铆时采用的加热炉要有良好的防火、防尘、排烟设施。每次使用后，要熄灭加热

炉内余火，并清理干净。

表6-15　铆接工艺中应主要考虑的工艺问题

类别	说　明
铆接件的合理装配	通常大型铆接结构由许多部件、零件组成。在分离铆接结构时，产生许多设计分离面和工艺分离面。设计分离面一般采用可卸连接，工艺分离面一般都采用不可卸连接。 铆接结构的尺寸偏差通常取决于大、小零件或部件的加工精度、装配精度及铆接变形大小。合理选择工艺分离面组合顺序和选择正确的装配基准，对保证铆接结构尺寸精度尤为重要。因此作为装配基准的工艺分离面大多有较高的加工要求。在铆接件装配过程中，铆接件的定位、固定至关重要。常用的定位方法有划线定位、工艺孔定位、胎夹具工装定位等方法。已定位零件多采用固定铆钉、固定工艺螺栓、定位销、穿心夹等加以固定，以便进行铆接，并保证在铆接过程中铆接件之间保持正确位置尺寸关系
有效控制铆接变形	在铆接过程中，由于铆钉杆在镦粗时挤压铆钉孔壁，同时钉头、镦头挤压铆接件表面而产生内应力，在此应力作用下，铆钉附近的材料将延伸。当铆钉镦粗时，挤压力并不是沿铆钉杆全长均匀分布的，越靠近镦头处挤压力越大。另外当不同材料或不同厚度的铆接件生产时，延伸量也不一样。当产品结构比较复杂，同时铆接方法和铆接顺序也不相同，就极易产生变形，致使铆接件产生弯曲、扭曲等不同形式的变形。 预防控制铆接变形常用的措施如下： ①在进行工装设计时，应正确地选择定位基准。 ②铆接件应具有一定的刚度。 ③铆接件应具有足够加工精度，特别是装配基准面应有较高的加工精度。 ④采用合理的铆接顺序，可采用中心法或边缘法。 ⑤选择合适的铆钉枪及顶把等铆接工具

③加热后的铆钉在进行扔、接时，操作工具应齐全，配合协调，扔、接技术要正确。

④使用铆钉枪时，严禁平端对人，停止使用时，一定要将枪头罩模取下，随用随上，保持实用、规范的安全操作习惯。

⑤手工铆接时，要掌握正确的手锤操作方法。

⑥个人防护用品要齐全。

（4）铆接实例

矩形通风管端部是由薄板与矩形法兰铆接而成的。薄板经折边后加工成矩形断面，矩形法兰则由四根角钢组焊成矩形框架。矩形通风管端部如图6-11所示。采用手工电钻钻铆钉孔，选取相应的铆钉。矩形通风管法兰尺寸见表6-16。铆接前，先对称固定几点，复查尺寸后，再铆接剩余铆钉。通风管铆接时，既可以手工铆接，也可以采用铆接机铆接。为了实现密封，铆接后铆钉四周与法兰接缝处应涂上密封胶。

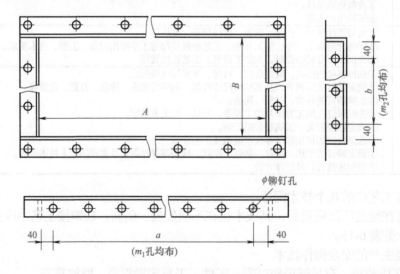

图6-11　矩形通风管端部示意图

表 6-16　矩形通风管法兰尺寸　　　　　　　　　　　　　　　单位：mm

序号	风管规格		角钢规格	铆钉孔直径 φ	a	b	孔数 / 个	铆钉规格
	A	B						
1		202				122	14	
2		252				172	16	
3	502	322			422	242	16	
4		402				322	18	
5		502				422	20	
6		652	∟25×4	4.5				
7		322				172	18	
8	632	402			552	242	18	
9		502				322	20	
10		632				422	22	
						552	24	
11		322				242	20	
12		402				322	22	
13	802	502			722	422	24	
14		632				552	26	
15		802				722	28	
16		322				242	22	
17		402				322	24	
18	1002	502	∟30×4	5.5	922	422	26	φ5×10
19		632				552	28	
20		800				722	26	
21		1002				922	28	
22		402				322	28	
23		502				422	30	
24	1252	632			1172	552	32	
25		802				722	34	
26		1002				922	36	
27		502				422	34	
28	1602	632	∟40×4		1522	552	36	
29		802				722	38	
30		1002				922	40	

八、铆接质量检查及铆接缺陷与预防措施

（1）铆接质量检查

① 铆接后用目测方法直接检查镦头，不准有伤痕、压坑、裂纹等缺陷。镦头与铆接件的表面应贴合，允许在不超过半圆周的范围内间隙 ≤0.05mm，但数量不超过铆钉总数的 10%，而且不允许连续出现。

② 铆接后的结构构件中在铆钉间距内允许存在局部间隙，见表 6-17。

表 6-17　铆钉间距内允许存在的局部间隙　　　　　　　　　　单位：mm

铆接件厚度	铆钉间距	允许间隙	铆接件厚度	铆钉间距	允许间隙
<1.5	>40	<0.5	1.6～2.0	10～40	<0.3
	<40	<0.3	>2.0	20～40	<0.2

③ 对于一般结构铆钉周围的钢板允许凹陷量小于 0.2mm。难于铆接的部位铆钉周围的钢板允许凹陷量小于 0.3mm。

④ 用样板检验镦头，判断镦头质量、镦头尺寸和偏差，见表 6-18。

（2）铆接缺陷产生原因与预防措施

铆接缺陷产生原因与预防措施见表 6-19。

表 6-18　镦头尺寸和偏差　　　　　　　　　　　　　　　　单位：mm

项目	数值							
铆钉直径	2.0	2.5	3.0	3.5	4.0	5.0	6.0	8.0
镦头直径	3.0	3.8	4.5	5.2	6.0	7.5	8.7	11.6
镦头直径允许偏差	±0.2	±0.25	±0.3		±0.4	±0.5	±0.6	±0.8
镦头最小高度	0.8	1.0	1.2	1.4	1.6	2.0	2.4	3.2
镦头对铆钉轴线偏移	0.2		0.3			0.4	0.5	0.6

表 6-19　铆接缺陷产生原因与预防措施

缺陷种类	简图	产生原因	预防措施	消除方法
镦头偏移或钉杆歪斜		铆接时，铆钉枪与板面不垂直	铆钉枪与钉杆应在同一轴线上	偏心 ≥0.1d 更换铆钉
		风压过大，使钉杆弯曲	开始铆接时风门由小至大逐步打开	
		钉孔倾斜	钻、铰孔时，刀具与板面垂直	
镦头四周未与板件表面贴合		孔径过小或钉杆有缺陷	铆接前检查孔径，去除毛刺和氧化皮	更换铆钉
		风压不够	发现风压不够，停止铆接	
		顶钉力不够或未顶严	加大顶钉力	
铆钉头局部未与板件表面贴合		罩模偏斜	铆钉枪应保持垂直	更换铆钉
		钉杆长度不够	正确计算铆钉长度	
板料结合面间有缝隙		装配时螺栓未紧固或过早地被拆卸	拧紧螺母，待铆接后再拆除螺栓	更换铆钉
		孔径过小	检查孔径大小	
		板件间相互贴合不严	铆接前检查板件是否贴合紧密	
铆钉形成突头及刻伤板料		铆钉枪位置偏斜	铆接时铆钉枪与板件垂直	更换铆钉
		钉杆长度不足	计算钉杆长度	
		罩模直径过大	更换罩模	
铆钉杆在钉孔内弯曲		铆钉杆与钉孔的间隙过大	选用适当直径的铆钉	更换铆钉
		风压太大	开始铆接时，风压应减小	
铆钉头上有裂纹		铆钉材料塑性不好	进行铆钉材质和铆钉塑性试验	更换铆钉
		加热温度不适当	控制并准确测量加热温度	
铆钉头周围帽缘过大		钉杆太长	正确选择钉杆长度	a ≥3mm b ≥1.5～3mm 更换铆钉
		罩模直径太小	更换罩模	
		铆接时间太长	减少打击次数	
铆钉头过小高度不够		钉杆较短或孔径过大	加长钉杆	更换铆钉
		罩模直径过大	更换罩模	
铆钉头上有伤痕		罩模击打在铆钉头上	应紧握铆钉枪防止跳动过高	更换铆钉
铆钉头不成半圆形		开始铆接时钉杆弯曲	罩模施力要均匀	更换铆钉
		未将钉头镦粗	更换罩模	

第二节 胀 接

一、胀接的特点

胀接是利用管子和管板变形来实现密封和紧固的一种连接方法。它可以采用不同的方法，如机械、爆炸和液压等方法，扩胀管口直径，使管子端部产生均匀的径向塑性变形，管板孔壁产生弹性变形，利用管板孔壁的回弹对扩张的管子施加径向压力，使管子与管板保持紧密接触，并具有足够的胀接强度，以保证连接接头工作时，管子不会从管孔中脱落出来。同时可以具有较好的密封性，在承受工作压力时，可以保证设备内的介质不会从连接接头处泄漏出来。

胀接广泛用于加热器、冷凝器、冷油器、省煤器等热交换器，在锅炉和中央空调设备生产中，使用也极为普遍。

胀接是通过管的塑性变形和管板的弹性变形实现的，是管与管板连接的一种特殊形式。由于缝隙腐蚀因素的存在，焊接的管板与换热管间的缝隙还需通过胀接消除（如图 6-12 所示）。所以，胀接不仅仅是管与管板连接的一种特殊形式，也是消除缝隙腐蚀的基本措施，因此，焊接不能完全取代胀接，并且胀接部位的根部不得存在间隙，如图 6-12（a）、（b）所示。

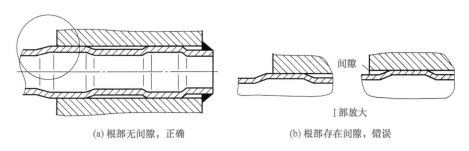

(a) 根部无间隙，正确   (b) 根部存在间隙，错误

图 6-12 胀接部位的根部间隙

二、胀接结构的形式及胀接类型

（1）胀接结构的形式

胀接结构的形式见表 6-20。

表 6-20 胀接结构的形式

形式	胀前简图	胀后简图	应用场合
光孔胀接			$L \leqslant 20mm$ $P \leqslant 0.6MPa$ $T < 300℃$
孔壁开槽胀接			$L \leqslant 20mm$ $P \leqslant 4MPa$ $T < 300℃$

形式	胀前简图	胀后简图	应用场合
翻边胀接			低压锅炉常用
胀接加端面焊接			高温高压
双重胀接	见图 6-12（a）		适用于管板厚度较大的换热器的换热管的胀接

（2）胀接类型

根据管端的处理状况，分为光孔胀接和扳边胀接。

① 光孔胀接。拉脱力和耐压力随胀接长度的增加而增加，当管壁开槽后，拉脱力的承受由孔壁转向了孔壁槽。这时增加胀接长度，对拉脱力的增加无明显影响。

② 扳边胀接。胀接结束后，将管端扳成锥形［图 6-13（a）］，以提高接头的胀接强度，增加胀接接头的拉脱力和密封性，性能的提高与扳边角度的增大呈正相关。连接强度一般比光孔胀接提高 50%。扳边胀接的角度一般为 12°～15°。扳边的位置要达到锥形的根部，并深入管板 1～2mm，以保证扳边的效果。当所翻的边全部与管板接触，则成为翻边，如图 6-13（b）所示。管板孔壁表面存在的具有贯穿性的纵向或螺旋形划痕，是严重降低耐压能力的主要因素。允许存在的环向划痕深度小于 0.5mm。在钻孔结束，钻头退出时应缓慢进行，且不得停车。提高孔壁的精度，能提高耐压力，但有降低拉脱力的趋势。一般孔的粗糙度为 $Ra12.5～6.5\mu m$。

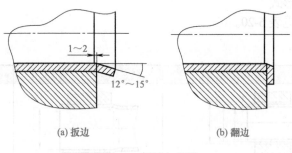

(a) 扳边　　　　　　　　(b) 翻边

图 6-13　扳边与翻边

三、胀接方法

（一）胀管的操作

换热器的换热管与管板的连接有焊接、胀接、胀焊结合等方式。下面就胀管的操作予以叙述。

（1）胀管前的准备

胀接接头质量的好坏以及胀接工作的顺利与否，与胀管前的准备工作是否完善有着很大的关系，见表6-21。

表6-21 胀管前的准备

准备	说明
选择胀管器和其他工具	首先根据胀接接头钢管的内径和胀接长度，来确定是采用前进式还是后退式的胀管方法，然后再按管子内径的大小和翻边与否，选定合适的胀管器。如果管端需要翻边，可以根据管子直径和管子壁厚，选择合适的压脚。如果胀接接头数量不多，可采用手动胀接，即用扳手扳动胀杆进行胀接，扳手最好采用带棘轮的倒顺扳手，操作比较方便。当接头数量较多时，则应考虑使用机械胀接，以减轻劳动强度和提高效率
管子端部退火	在胀接过程中，要求管子产生较大的塑性变形，而使管壁仅产生弹性变形，同时管端在扳边或拔头时不要产生裂纹，因此要求管子端部硬度必须低于管孔壁的硬度（碳钢管的硬度应比管板孔壁低30HB）。当胀接管子的硬度高于管板的硬度，或管子硬度大于170HB时，应进行低温退火处理，以降低其硬度，提高塑性。 退火温度，对碳钢管取600～650℃，对合金钢管取650～700℃。管子的退火长度，一般取管板的厚度再加100mm。退火时，将管子的另一端堵住，以防止因空气对流而影响加热。在加热过程中，还应该经常转动管子，使整个圆周受热均匀，避免局部过热。保温时间为10～15min。将取出后的管子埋在温热的干砂或石棉中以及硅藻土等保温材料中进行缓冷，待冷却到50～60℃后取出空冷。 必须注意的是，退火温度不能超过其临界点，以免降低管子金属的抗拉强度，影响胀接接头的强度。另外加热用的燃料，不能采用含硫量较高的烟煤，以避免硫使管子金属产生脆性
检查和清理管孔及管端	管子与管孔壁之间不能有杂物存在，否则胀接后不但影响胀接强度，而且也很难保证接头的严密性，因此在胀接前，必须对管孔及管端加以清理。 清除管孔上的尘土、水分、油污和铁锈时，可先用纱头（回丝）或废布将尘土、水分及油污擦净，然后再用钢玉砂布（铁砂布）沿管子圆周方向清擦，直至全部现出金属光泽为止，同时不允许有锈斑和纵向贯穿的刻痕（刀痕），以及两端延伸到孔壁外的环向螺旋形刻痕存在。另外，管孔边缘的锐边和毛刺也应刮除。如果管子数量较多，可用机械法抛磨。 检查管端内外表面，若有凹陷、较深的锈斑和深的纵向刻痕、裂缝等缺陷时，应予报废。对于合格的管子，端部外表面用细锉刀进行修磨（修磨长度约为管板的厚度再加30～40mm），直至全部现出金属光泽为止（如管子数量较多，也可采用专用的抛磨装置进行）。管子经修磨后，尺寸应在允许偏差范围内

（2）管子初胀（定位）

为了保证产品装配后的尺寸符合要求，胀管时，不能对每个接头一次就全部胀好，而需要分两次进行，先初胀定位，然后进行复胀。为避免管子和管孔光亮的表面再次被氧化，必须尽可能地缩短从清理后到开始初胀的间隔时间。若表面上有油污时，可用丙酮等清洗。将清理好的管子，按规定的伸出长度和正确的方位（指U形管）塞进管孔。用已经涂好黄油或2#机油的胀管器将管端扩大，当管子不再在管孔内晃动后，用小锤轻轻敲击管端，如果不再发出由于间隙所造成的"嚓嚓"声时，说明管壁与孔壁已紧密接触，并无间隙存在，然后再适当胀大约0.2～0.3mm，这样可避免胀管用的润滑剂渗透到间隙中而影响接头质量。

这时管子虽已达到定位和紧固的目的，但还没有完全胀好。

（3）复胀和扳边（胀紧和扩喇叭口）

管子经初胀后，各处尺寸基本固定，然后进行复胀。当初胀结束后，仍需防止接合面再次被氧化，故初胀与复胀的间隔时间也应尽可能缩短。复胀就是将已经初胀的管接头再次进行胀紧，达到规定的胀接率，若管端还需扳边的，就可采用前进式扳边胀管器进行，这样使胀紧和扳边工作同时完成，将管端扩成需要的喇叭形。

（4）胀紧程度的控制

为了得到良好的胀接接头，在胀接时管子的扩胀量必须控制在一定的范围内。当扩胀量不足（欠胀）时，就不能保证接头的胀接强度和密封性，若扩胀过量（过胀），会导致管孔的四周过分地胀大而失去弹性，不能对管子产生足够的径向压力，因此密封性和胀接强度均相应降低，所以欠胀或过胀都不能保证质量。

经验证明：在胀管时，扩胀程度起初增加时，接头的强度和密封性都随着它的增加而增加，但到了一定的极限后，随着扩胀程度的增加接头强度和密封性反而下降，得到相反的结果。因此有一个最佳扩胀程度（也称胀接率），如果超过此值，接头质量不但不会提高，反而会下降，这种现象即通常所说的过胀。

另外，管子的扩胀程度，可以凭操作者的手感，或者听到胀管器运转时发出的声音以及观察管子的变形情况，来确定是否达到要求。因为当胀接率符合要求时，手臂的用力程度是一定的。还有因管孔受胀后周围发生弹性变形和轻微的塑性变形时，管板平面、孔的周围便会出现氧化层裂纹及剥落的现象，这时说明扩胀程度已达到要求，当然这需要凭经验才能判断出。

（二）管接头的胀接顺序

管子的胀接顺序妥当与否，直接关系到能否保证管板的几何形状以及所在的位置是否达到公差要求，同时还关系到胀接其中一个接头时，对邻近的胀接接头松动程度影响的大小。

（1）集箱和汽包（圆弧形管板）的胀接顺序

在集箱或汽包上进行胀接时，应当采取反阶式胀接的顺序，如图6-14（a）、（b）所示。因为它的本体就是圆弧形管板，并且在轴向的方向较长，在胀接过程中，管板受到胀接而引起扩张伸长。如果渐次胀接，集箱或汽包将变成单侧伸长，由于自由膨胀的结果，使本体产生挠曲，因而改变了它的几何形状和位置。如因管子的牵制，使其得不到自由膨胀，则每个管子胀接接头只产生附加应力，影响接头质量。因此采取反阶式顺序胀接，逐段定位，这样能使每个接头的附加应力趋于均匀。

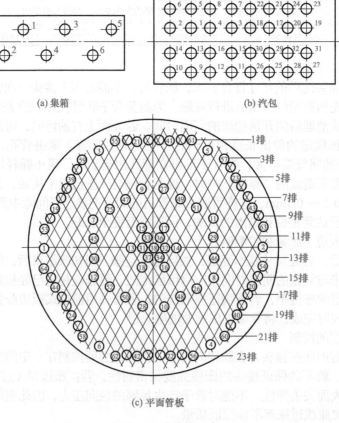

(a) 集箱   (b) 汽包

(c) 平面管板

图 6-14　胀接的顺序

（2）平面管板的胀接顺序

① 产生变形的原因与后果。平面管板多数用于管箱或 U 形管系与平管板的连接，如果两头均为管板的管箱，若胀接顺序不当，就会产生变形。

当胀接第一块管板时，由于管子在胀接过程中能自由地向另一端伸长，故不会引起管板的变形。而开始胀第二块（另一端）管板时，如胀接顺序不正确，将引起管板较大的变形，产生变形的原因是由于初胀的一些管子已将两管板的距离固定，如其他管子渐次胀接，则管子的轴向伸长受到管板的阻碍，因此每根管子顶推管板使之变形。

可能引起的变形有管板变成蝶形或弯曲以及管板倾斜（与管子不垂直），管板的变形又将引起管板与密封面密封失效，管板的变形还将妨碍管系顺利装进壳体。

② 正确的胀管顺序。平面管板正确的胀管顺序如图 6-14（c）所示，在胀接编号为 1～6 号管子的过程中，必须保证两管板的距离及管板与管子相互垂直。胀接 7～64 号管子时，为了增加管板的刚性，应首先胀接单数排管子，然后再胀接双数排管子（胀接顺序是从左至右，最好也采取反阶式顺序，以使每个接头上的附加应力均匀）。如图 6-14（c）所示的顺序已适当地考虑到防止邻近的胀接接头发生松动的因素。

四、胀接缺陷

由于胀管过程中的操作或工具的使用等原因产生的缺陷，大多数可凭经验作出判断，然后采取适当措施予以补救，具体见表 6-22。

表 6-22　胀管缺陷原因与补救措施

缺陷名称	简图	现象	产生原因	补救措施
未胀牢	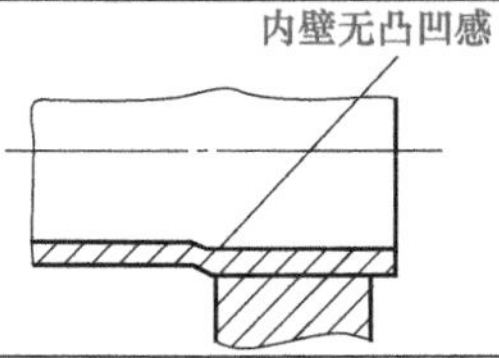 内壁无凸凹感	手摸管内壁无凸凹感觉	欠胀	补胀
胀接长度不足	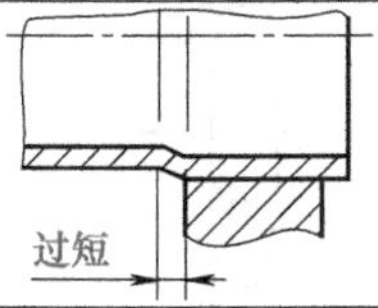 过短	管末端胀接长度不足 3～7mm	胀子过短；欠胀	换胀子补胀
胀口有间隙	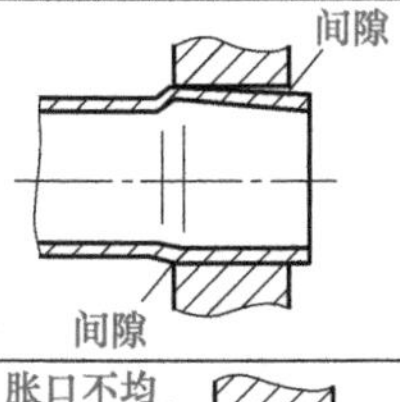 间隙 间隙	胀口上端或下端有间隙	胀管器取出过早或装入距离过小；胀子过短；胀子和杆锥度不适	换合格胀管器补胀
胀偏	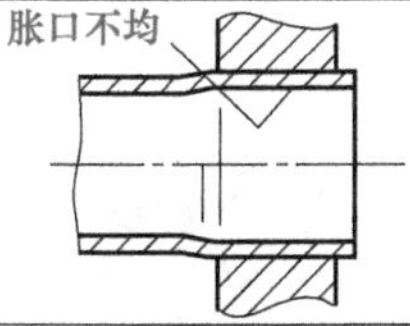 胀口不均	管口大小不均	胀管器安装不正	装正胀管器重胀，严重时重胀
切口	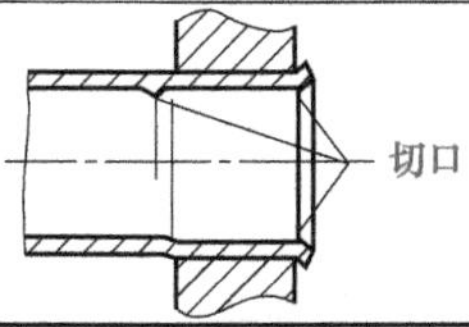 切口	管内壁过渡带有棱角式挤压痕沟	胀子下端锥度过小；胀子与翻边滚子结合处过渡不圆滑	换合格胀管器；换管重胀

缺陷名称	简图	现象	产生原因	补救措施
过胀	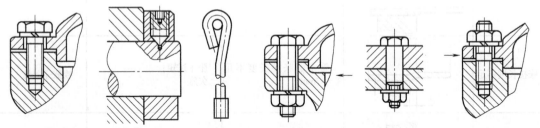 过长 / 被切	管下端凸出过大；管端伸长量过大；管内壁起皮；管板后壁管外表面被切	胀接率过大	换管重胀
翻边开裂	裂纹	管翻边部位有裂纹或裂开	管端未退火；管端伸出过长	管端退火，换管重胀

第三节　螺纹连接

　　螺纹连接是一种可拆卸的固定连接。它具有结构简单、连接可靠、装拆方便等优点，所以在固定连接中应用广泛。螺纹连接可分为普通螺纹连接和特殊螺纹连接两大类。常用的螺纹连接件是由螺钉或螺栓构成，称为普通螺纹连接。

一、螺纹连接的种类及装配要求

（一）螺纹连接的种类

　　普通螺纹连接的种类及形式如图 6-15 所示。

(a) 普通螺钉连接　(b)紧定螺钉连接　(c) 地脚螺栓连接　(d)普通螺栓连接　　(e) 紧配螺栓连接　(f) 双头螺栓连接

图 6-15　普通螺纹连接的种类及形式

　　用于螺纹连接的螺母种类很多，常用的有六角螺母、带槽六角螺母、方螺母、圆螺母、蝶形螺母等，如图 6-16 所示。

(a) 六角螺母　(b) 带槽六角螺母　　(c) 方螺母　　(d) 圆螺母　　(e) 蝶形螺母

图 6-16　螺母的种类

　　螺钉头部形状除六角形外，还有圆柱头内六角、圆柱头、半圆头、沉头、十字槽等形状，如图 6-17 所示。

(a)圆柱头内六角　(b) 圆柱头　(c) 半圆头　(d) 沉头　(e) 十字槽

图 6-17　普通螺钉头部形状

（二）螺纹连接的装配要求

① 螺栓不应有歪斜或弯曲现象，螺母应与被连接件接触良好。

② 被连接件平面要有一定的紧固力，受力均匀，连接牢固。

③ 拧紧力矩或预紧力的大小要根据装配要求确定，一般紧固螺纹连接无预紧力要求，可由装配者按经验控制。一般预紧力要求不严的紧固螺纹拧紧力矩值可参照表 6-23，涂密封胶的螺塞可参照表 6-24 所列拧紧力矩值。

表 6-23　一般螺纹拧紧力矩

螺纹直径 d/mm	螺纹强度级别				螺纹直径 d/mm	螺纹强度级别			
	4.6	5.6	6.8	10.9		4.6	5.6	6.8	10.9
	许用拧紧力矩 /（N·m）					许用拧紧力矩 /（N·m）			
6	3.5	4.6	5.2	11.6	22	190	256	290	640
8	8.4	11.2	12.6	28.1	24	240	325	366	810
10	16.7	22.3	25	56	27	360	480	540	1190
12	29	39	44	97	30	480	650	730	1620
14	46	62	70	150	36	850	1130	1270	2820
16	72	96	109	240	42	1350	1810	2030	4520
18	110	133	149	330	48	2300	2710	3050	6770
20	140	188	212	470					

表 6-24　涂密封胶的螺塞拧紧力矩

螺纹直径 d/in[①]	拧紧力矩/（N·m）	螺纹直径 d/in	拧紧力矩/（N·m）
3/8	15±2	3/4	26±4
1/2	23±3	1	45±4

① 1in=25.4mm。

④ 在多点螺纹连接中，应根据被连接件形状和螺栓的分布情况，按一定顺序逐次（一般 2～3 次）拧紧螺母，如图 6-18 所示。如有定位销，拧紧要从定位销附近开始。

（三）预紧力螺纹连接装配方法

（1）力矩控制法

用定力矩扳手（手动、电动、气动、液压）控制，即拧紧螺母达到一定拧紧力矩后，可指示出拧紧力矩的数值，到达预先设定的拧紧力矩时发出信号或自行终止拧紧。如图 6-19 所示为手动指针式扭力扳手，在工作时，扳手弹性杆 5 和刻度板一起向旋转的方向弯曲，因此指针尖 6 就在刻度板上指出拧紧力矩的大小。力矩控制法的缺点是接触面的摩擦因数及材料弹性系数对力矩值有较大影响，误差大。优点是使用方便，力矩值便于校正。

（2）力矩—转角控制法

先将螺母拧至一定起始力矩（消除结合面间隙），再将螺母转过一固定角度后，扳手停转。由于起始拧紧力矩值小，摩擦因数对其影响也较小。因此，拧紧力矩值的精度较高。但在拧紧时必须计量力矩和转角两个参数，而且参数需事先进行试验和分析确定。

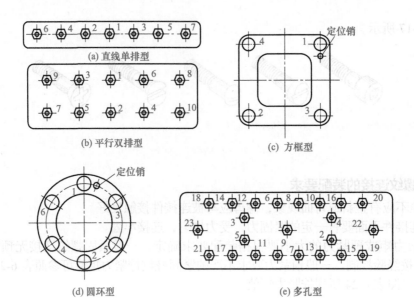

(a) 直线单排型

(b) 平行双排型

(c) 方框型

定位销

(d) 圆环型

(e) 多孔型

图 6-18　螺纹连接拧紧顺序

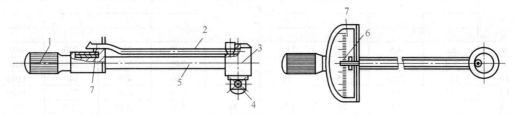

图 6-19　手动指针式扭力扳手

1—手柄；2—长指针；3—柱体；4—钢球；5—弹性杆；6—指针尖；7—刻度板

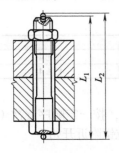

图 6-20　测量螺栓伸长量

（3）控制螺栓伸长法（液压拉伸法）

如图 6-20 所示，螺母拧紧前，螺栓的原始长度为 L_1，按规定的拧紧力矩拧紧后，螺栓的长度为 L_2，测定 L_1 和 L_2，根据螺栓的伸长量，可以确定拧紧力矩是否准确。

这种方法常用于大型螺栓，螺栓材料一般采用中碳钢或合金钢。用液压拉伸器使螺栓达到规定的伸长量，以控制预紧力，螺栓不承受附加力矩，误差较小。

二、螺纹连接件的装配

（一）螺钉和螺母的装配要求

① 螺钉或螺母与零件接触的表面要光洁、平整，否则将会影响连接的可靠性。

② 拧紧成组的螺母或螺钉时，要按一定的顺序进行，并做到分几次逐步拧紧，否则会使被连接件产生松紧不均匀和不规则的变形。例如拧紧长方形分布的成组螺母时，应从中间的螺母开始，依次向两边对称地扩展；在拧紧方形或圆形分布的成组螺母时，必须对称地进行。

③ 当用螺钉固定时，所装零件或部件上的螺栓孔与机体上的螺孔不相重合。有时孔距有误差或角度有误差。当误差不太大时用丝锥回攻校正，不得将螺钉强行拧入，否则将损坏螺钉或螺孔，影响装配质量。用丝锥回攻时，应先拧紧两个或两个以上螺钉，使所装配零件或部件不会偏移，若装配时有精度要求，则应进行测量，达到要求后，再用丝锥依次回攻螺

孔。如果误差较大无法用丝锥回攻，若零件允许修整，则可将零件或部件在铣床上用立铣刀将螺栓孔铣成腰形孔，但事先必须作好距离和方向的标记，以免铣错。

（二）双头螺栓的装配要求

① 双头螺栓与机体螺纹的连接必须紧固，在装拆螺母过程中，螺栓不能有任何松动现象，否则容易损坏螺孔。

② 双头螺栓的轴心线必须与机体表面垂直，通常用90°角尺检验或目测判断，当稍有偏差时，可采用锤击螺栓校正或用丝锥回攻来校正螺孔；若偏差较大时，则不得强行校正，以免影响连接的可靠性。装入双头螺栓时，必须加润滑油，以免拧入时产生螺纹拉毛现象，同时可以防锈，为以后拆卸更换时提供方便。双头螺栓的装拆可参照如图 6-21 所示的几种方法。

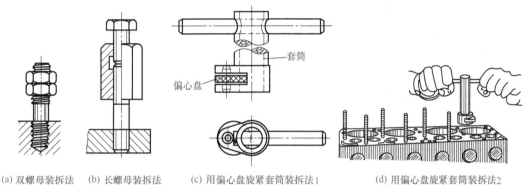

(a) 双螺母装拆法　　(b) 长螺母装拆法　　(c) 用偏心盘旋紧套筒装拆法1　　(d) 用偏心盘旋紧套筒装拆法2

图 6-21　双头螺栓的装拆方法

图 6-21（a）所示为双螺母装拆法。先将两个螺母相互锁紧在双头螺栓上，拧紧时可扳动上面一个螺母；拆卸时则需扳动下面一个螺母。如图 6-21（b）所示为长螺母装拆法，使用时先将长螺母旋在双头螺栓上，然后拧紧顶端止动螺钉，装拆时只要扳动长螺母，即可使双头螺栓旋紧。装配后应先将止动螺钉回松，然后再旋出长螺母。如图 6-21（c）、（d）所示，为用带有偏心盘的旋紧套筒装配双头螺栓。偏心盘的圆周上有滚花，当套筒套入双头螺栓后，依旋紧方向转动手柄，偏心盘即可楔紧双头螺栓的外圆，而将它旋入螺孔中。回松时，将手柄倒转，偏心盘即自行松开，故套筒便可方便地取出。

（三）螺纹连接的防松装置

作紧固用的螺纹连接，一般都具有自锁性，但当工作中有振动或冲击时，必须采用防松装置，以防止螺钉和螺母回松。常见的防松装置见表 6-25。

表6-25　常见的防松装置

类别	图　示	说　明
紧定螺钉防松		用紧定螺钉防松，装上紧定螺钉，拧紧紧定螺钉即可防止螺纹回松。为了防止紧定螺钉损坏轴上螺纹，装配时需在螺钉前端装入塑料或铜质保护块，避免紧定螺钉与螺纹直接接触

类别	图　示	说　明
锁紧螺母防松	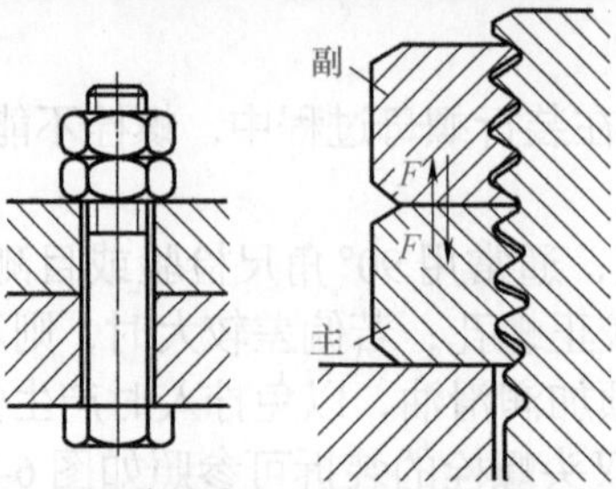	用锁紧螺母防松，装配时先将主螺母拧紧至预定位置，然后再拧紧副螺母锁紧，依靠两螺母之间产生的摩擦力来达到防松的目的
开口销与带槽螺母防松	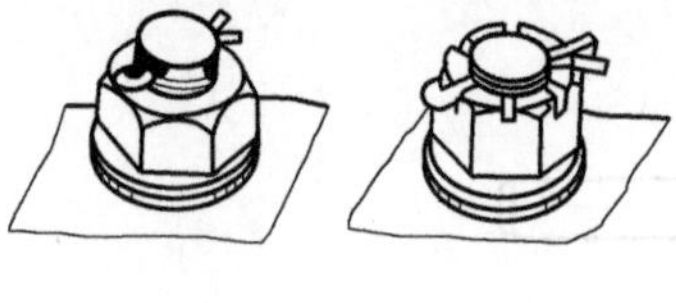 (a)用开口销与带槽螺母防松 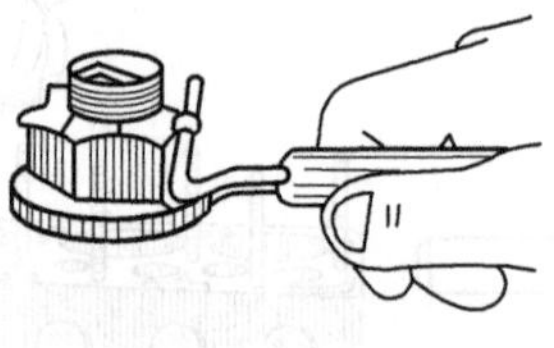 (b) 拆卸开口销工具	用开口销与带槽螺母防松，装配时将带槽螺母拧紧后，用开口销穿入螺栓上销孔内，拨开开口处，便可将螺母直接锁在螺栓上。这种装置防松可靠，但螺栓上的销孔位置不易与螺母最佳锁紧槽口吻合。拆卸开口销时，很容易把圆头部分夹坏，用拆卸工具就可避免损坏开口销
弹簧垫圈防松	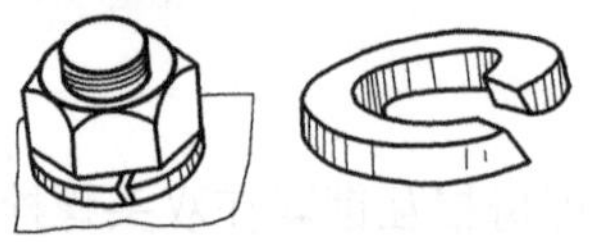	用弹簧垫圈防松，装配时将弹簧垫圈放在螺母下，当拧紧螺母时，垫圈受压，由于垫圈的弹性作用把螺母顶住，从而在螺纹间产生附加摩擦力。同时弹簧垫圈斜口的尖端抵住螺母和支承面，也有利于防止回松。这种装置容易刮伤螺母和支承面，因此不宜多次拆装
止动垫圈防松	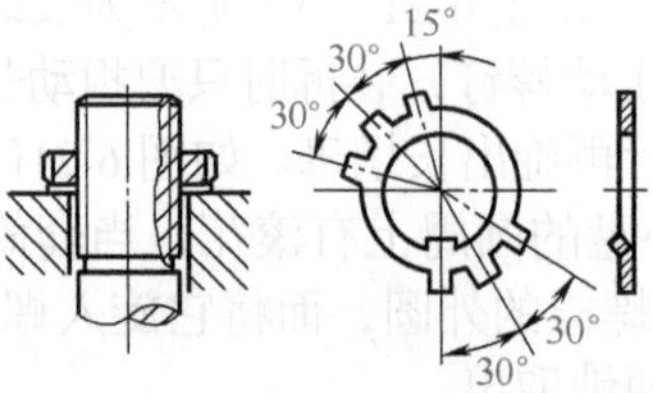 (a) 圆螺母止动垫圈 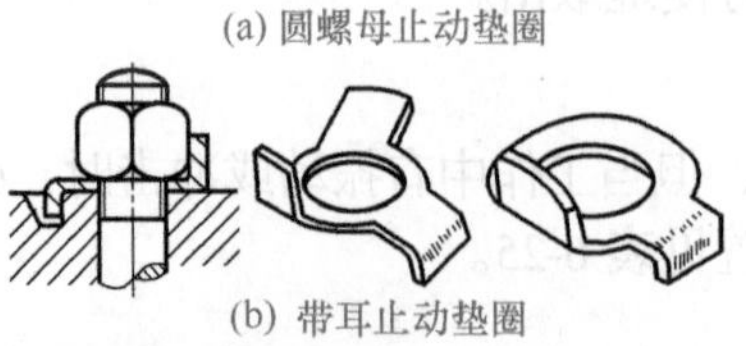 (b) 带耳止动垫圈	用止动垫圈防松，圆螺母止动垫圈防松装置，在装配时先把垫圈的内翅插入螺杆的槽内，然后拧紧螺母，再把外翅弯入圆螺母槽内。带耳止动垫圈可以防止六角螺母回松。当拧紧螺母后，将垫圈的耳边弯折，使其与零件及螺母的侧面贴紧，以防止螺母回松
串联钢丝防松	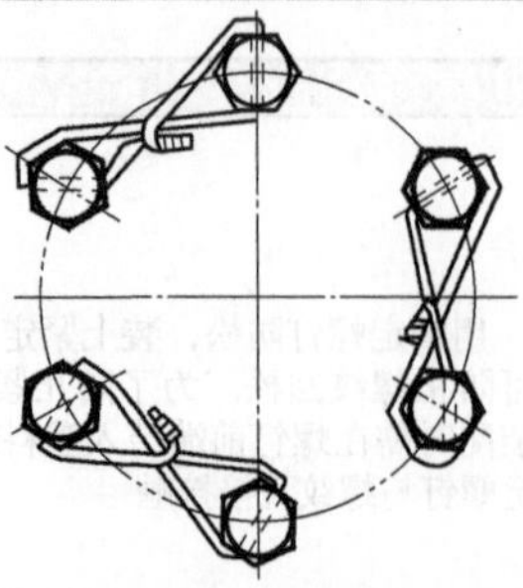 (a) 成对螺钉	用串联钢丝防松，对成对或成组的螺钉或螺母，可用钢丝穿过螺钉头部的小孔，利用钢丝的牵制作用来防止回松。它适用于布置紧凑的成组螺纹连接。装配时需用钢丝钳或尖嘴钳拉紧钢丝，钢丝穿绕的方向必须与螺纹旋紧的方向相同。如图（b）所示用虚线所示的钢丝穿绕方向是错误的，因为螺母并未被牵制住，仍有回松的余地

类别	图　　示	说　　明
串联钢丝防松	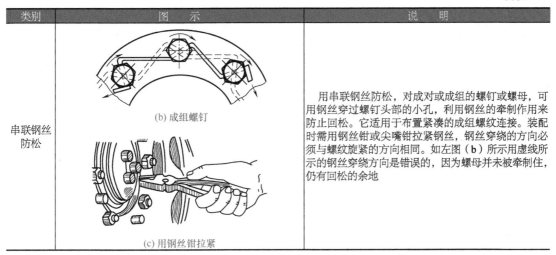 (b) 成组螺钉 (c) 用钢丝钳拉紧	用串联钢丝防松，对成对或成组的螺钉或螺母，可用钢丝穿过螺钉头部的小孔，利用钢丝的牵制作用来防止回松。它适用于布置紧凑的成组螺纹连接。装配时需用钢丝钳或尖嘴钳拉紧钢丝，钢丝穿绕的方向必须与螺纹旋紧的方向相同。如左图（b）所示用虚线所示的钢丝穿绕方向是错误的，因为螺母并未被牵制住，仍有回松的余地

第四节　焊　　接

　　钣金的连接除了铆接、胀接外，焊接也是一种常见的连接方法，并广泛用于钣金工件的制造加工中。钣金焊接是指通过适当的手段，使两个分离的钣金工件产生原子（分子）间结合而形成一体的连接方法。

一、焊接方法的分类与选择

（一）焊接方法的分类

　　焊接的种类很多，根据母材是否熔化将焊接方法分成熔焊、压焊和钎焊三大类，然后再根据加热方式、工艺特点或其他特征进行下一层次的分类，见表6-26所示。这种方法的最大优点是层次清楚，主次分明，是最常用的一种分类方法。

表6-26　焊接方法的分类

第一层次 （根据母材是否熔化）	第二层次	第三层次	第四层次	代号	是否易于实现 自动化
压焊： 　利用摩擦、扩散和加压等物理作用，克服两个连接表面的不平度，除去氧化膜及其他污染物，使两个连接表面上的原子相互接近到晶格距离，从而在固态条件下实现连接的方法	闪光对焊	—	—	24	—
	电阻对焊	—	—	25	▲
	冷压焊	—	—	—	△
	超声波焊	—	—	41	▲
	爆炸焊	—	—	441	△
	锻焊	—	—	—	△
	扩散焊	—	—	45	△
	摩擦焊	—	—	42	▲
熔焊： 　利用一定的热源，使构件被连接部位局部熔化成液体，然后再冷却结晶成一体的方法	电弧焊	熔化极电弧焊	手工电弧焊	111	△
			埋弧焊	121	▲
			熔化极气体保护焊	131	▲
			CO_2	135	▲
			螺柱焊	—	△
		非熔极电弧焊	钨极氩弧焊	141	▲
			等离子弧焊	15	▲
			氢原子焊	—	△

第一层次 （根据母材是否熔化）	第二层次	第三层次	第四层次	代号	是否易于实现 自动化
熔焊： 利用一定的热源，使构件被连接部位局部熔化成液体，然后再冷却结晶成一体的方法	气焊	氧-氢火焰	—	311	△
		氧-乙炔火焰	—	—	△
		空气-乙炔火焰	—	—	△
		氧-丙烷火焰	—	—	△
		空气-丙烷火焰	—	—	△
	铝热焊	—	—	—	△
	电渣焊	—	—	72	▲
	电子束焊	高真空电子束焊	—	76	▲
		低真空电子束焊	—		▲
		非真空电子束焊	—		▲
	激光焊	—	CO_2激光焊	751	▲
		—	YAG激光焊		▲
	电阻点焊	—	—	21	▲
	电阻缝焊	—	—	22	▲
钎焊： 采用熔点比母材低的材料作钎料，将焊件和钎料加热至高于钎料熔点但低于母材熔点的温度，利用毛细作用使液态钎料充满接头间隙，熔化钎料润湿母材表面，冷却后结晶形成冶金结合的方法	火焰钎焊	—	—	912	△
	感应钎焊	—	—	—	△
	炉中钎焊	空气炉钎焊	—	—	△
		气体保护炉钎焊	—	—	△
		真空炉钎焊	—	—	△
	盐浴钎焊	—	—	—	△
	超声波钎焊	—	—	—	△
	电阻钎焊	—	—	—	△
	摩擦钎焊	—	—	—	△
	金属浴钎焊	—	—	—	△
	放热反应钎焊	—	—	—	△
	红外线钎焊	—	—	—	△
	电子束钎焊	—	—	—	△

注：▲—易于实现自动化；△—难以实现自动化。

焊接工艺对能源的要求是能量密度大、加热速度快，以减小热影响区，避免接头过热。焊接用的能源主要有电弧、火焰、电阻热、电子束、激光束、超声波、化学能等。电弧是应用最广泛的一种焊接热源，主要用于电弧焊、堆焊等。电渣焊或电阻焊利用电阻热进行焊接。锻焊、摩擦焊、冷压焊及扩散焊等利用机械能进行焊接，通过顶压、锤击、摩擦等手段，使工件的结合部位发生塑性流变，破坏结合面上的金属氧化膜，并在外力作用下将氧化物挤出，实现金属的连接。气焊依靠可燃气体（如乙炔、氢、天然气、丙烷、丁烷等）与氧混合燃烧产生的热量进行焊接。热剂焊利用金属与其他金属氧化物间的化学反应所产生的热量作能源，利用反应生成的金属为填充材料进行焊接，应用较多是铝热剂焊。爆炸焊利用炸药爆炸释放的化学能及机械冲击能进行焊接。常用焊接热源的主要特性见表6-27。

表6-27 常用焊接热源的主要特性

焊接热源	最小加热面积/cm^2	最大功率密度/（W/cm^2）	正常温度/K
氧-乙炔火焰	10^{-2}	2×10^3	3470
手工电弧焊电弧	10^{-3}	10^4	6000
钨极氩弧（TIG）	10^{-3}	1.5×10^4	8000
埋弧自动焊电弧	10^{-3}	2×10^4	6400
电渣焊热源	10^{-3}	10^4	2273
熔化极氩弧（MIG）	10^{-4}	$10^4 \sim 10^5$	
CO_2焊电弧	10^{-4}	$10^4 \sim 10^5$	
等离子弧	10^{-5}	1.5×10^5	$18000 \sim 24000$
电子束	10^{-7}		
激光束	10^{-8}		

表6-28 不同金属材料所适用的焊接方法

材料	厚度/mm	手工电弧焊	埋弧焊	喷射过渡	渣路过渡(潜弧)	短路过渡脉冲喷射	管状焊丝气体保护焊	钨极气体保护焊	等离子弧焊	电渣焊	气电立焊	电阻焊	闪光焊	气焊	扩散焊	摩擦焊	电子束焊	激光焊	火焰钎焊	炉中钎焊	感应加热钎焊	电阻加热钎焊	浸渍钎焊	红外线钎焊	扩散钎焊	软钎焊
铸铁	3~6	○	—	—	—	—	—	—	—	—	—	—	—	○	—	—	—	—	○	—	○	—	—	—	○	○
	≥6~19	○	○	○	—	—	○	—	—	—	—	—	—	○	—	—	—	—	○	—	○	—	—	—	○	○
	≥19	○	○	○	—	—	—	—	—	—	—	—	—	○	—	—	—	—	—	—	—	—	—	—	○	—
碳钢	≤3	○	○	—	—	○	○	○	○	—	—	○	○	○	○	○	○	○	○	○	○	○	○	○	○	○
	3~6	○	○	○	○	○	○	○	○	—	○	○	○	○	○	○	○	○	○	○	○	○	○	○	○	○
	≥6~19	○	○	○	○	○	○	—	○	○	○	—	○	○	○	○	○	—	○	—	○	—	—	—	○	—
	≥19	○	○	—	○	—	—	—	—	○	○	—	—	—	—	○	○	—	—	—	—	—	—	—	○	—
低合金钢	≤3	○	—	—	—	○	○	○	○	—	—	○	○	○	○	○	○	○	○	○	○	○	○	○	○	○
	3~6	○	○	○	○	○	○	○	○	—	○	○	○	○	○	○	○	○	○	○	○	○	○	○	○	○
	≥6~19	○	○	○	○	○	○	—	○	○	○	—	○	○	○	○	○	—	○	—	○	—	—	—	○	—
	≥19	○	○	—	○	—	—	—	—	○	○	—	—	—	—	○	○	—	—	—	—	—	—	—	○	—
不锈钢	≤3	○	—	—	—	○	○	○	○	—	—	○	○	○	○	○	○	○	○	○	○	○	○	○	○	○
	3~6	○	○	○	○	○	○	○	○	—	○	○	○	○	○	○	○	○	○	○	○	○	○	○	○	○
	≥6~19	○	○	○	○	○	○	—	○	○	○	—	○	○	○	○	○	—	○	—	○	—	—	—	○	—
	≥19	○	○	—	○	—	—	—	—	○	○	—	—	—	—	○	○	—	—	—	—	—	—	—	○	—
镍及其合金	≤3	○	—	—	—	○	—	○	○	—	—	○	○	—	○	—	○	○	○	○	○	○	○	○	○	○
	3~6	○	○	○	○	○	—	○	○	—	—	○	○	—	○	—	○	○	○	○	○	○	○	○	○	○
	≥6~19	○	○	○	○	○	—	—	○	—	—	—	○	—	○	—	○	—	○	—	○	—	—	—	○	—
	≥19	○	○	—	○	—	—	—	—	—	—	—	—	—	—	—	○	—	—	—	—	—	—	—	○	—
铝及其合金	≤3	—	—	—	—	○	—	○	○	—	—	○	○	○	○	—	○	○	○	○	○	○	○	—	○	○
	3~6	○	—	○	—	○	—	○	○	—	—	○	○	○	○	—	○	○	○	○	○	○	○	—	○	○
	≥6~19	○	—	○	—	○	—	○	○	—	—	—	○	○	○	—	○	—	○	—	○	—	—	—	○	—
	≥19	—	—	—	—	—	—	—	—	—	—	—	—	—	—	—	○	—	—	—	—	—	—	—	○	—
钛及其合金	≤3	—	—	—	—	—	—	○	○	—	—	○	—	—	○	—	○	○	—	—	—	—	—	—	○	—
	3~6	—	—	—	—	—	—	○	○	—	—	—	—	—	○	—	○	○	—	—	—	—	—	—	○	—
	≥6~19	—	—	—	—	—	—	○	○	—	—	—	—	—	○	—	○	—	—	—	—	—	—	—	○	—
	≥19	—	—	—	—	—	—	—	—	—	—	—	—	—	—	—	○	—	—	—	—	—	—	—	○	—
铜及其合金	≤3	—	—	—	—	○	—	○	○	—	—	○	○	○	○	—	○	○	○	○	○	○	○	—	○	○
	3~6	○	—	○	—	○	—	○	○	—	—	○	○	○	○	—	○	○	○	○	○	○	○	—	○	○
	≥6~19	○	—	○	—	○	—	○	○	—	—	—	○	○	○	—	○	—	○	—	○	—	—	—	○	—
	≥19	○	—	—	—	—	—	—	—	—	—	—	—	—	—	—	○	—	—	—	—	—	—	—	○	—
镁及其合金	≤3	—	—	—	—	○	—	○	○	—	—	○	○	—	—	—	—	—	—	—	—	—	—	—	—	—
	3~6	—	—	—	—	○	—	○	○	—	—	○	○	—	—	—	—	—	—	—	—	—	—	—	—	—
	≥6~19	—	—	—	—	○	—	○	○	—	—	—	○	—	—	—	—	—	—	—	—	—	—	—	—	—
	≥19	—	—	—	—	—	—	—	—	—	—	—	—	—	—	—	—	—	—	—	—	—	—	—	—	—
难熔金属	3~6	—	—	—	—	—	—	○	○	—	—	○	—	—	○	—	○	○	—	—	—	—	—	—	—	—
	≥6~19	—	—	○	—	—	—	○	○	—	—	—	—	—	○	—	○	—	—	—	—	—	—	—	—	—
	≥19	—	—	—	—	—	—	—	—	—	—	—	—	—	—	—	—	—	—	—	—	—	—	—	—	—

注：○—被推荐的焊接方法。

常用的焊接方法有手工电弧焊、气焊、CO_2 气体保护焊、埋弧焊、钨极氩弧焊、熔化极氩弧焊、电渣焊、电子束焊、激光焊、电阻焊、钎焊等。

（二）焊接方法的选择

选择的焊接方法首先应能满足技术要求及质量要求，在此前提下，尽可能地选择经济效益好，劳动强度低的焊接方法。表 6-28 给出了不同金属材料适用的焊接方法，不同焊接方法所适用材料的厚度不同。

不同焊接方法对接头类型、焊接位置的适应能力是不同的。电弧焊可焊接各种形式的接头，钎焊、电阻点焊仅适用于搭接接头。大部分电弧焊接方法均适用于平焊位置，而有些方法，如埋弧焊、射流过渡的气体保护焊不能进行空间位置的焊接。表 6-29 给出了常用焊接方法所适用的接头形式及焊接位置。

表 6-29　常用焊接方法所适用的接头形式及焊接位置

适用条件		手工电弧焊	埋弧焊	电渣焊	熔化极气体保护焊				氩弧焊	等离子焊	气电立焊	电阻点焊	缝焊	凸焊	闪光对焊	气焊	扩散焊	摩擦焊	电子束焊	激光焊	钎焊
					喷射过渡	潜弧	脉冲喷射	短路过渡													
碳钢	对接	☆	☆	☆	☆	☆	☆	☆	☆	☆	☆	○	○	○	☆	☆	☆	☆	☆	☆	○
	搭接	☆	☆	★	☆	☆	☆	☆	☆	☆	○	☆	☆	☆	○	☆	☆	○	★	☆	☆
	角接	☆	☆	★	☆	☆	☆	☆	☆	☆	★	○	○	○	○	☆	☆	☆	☆	☆	○
焊接位置	平焊	☆	☆	○	☆	☆	☆	☆	☆	☆						☆			☆	☆	☆
	立焊	☆	○	☆	★	○	☆	☆	☆	☆						☆			☆	☆	☆
	仰焊	☆	○	○	○	○	☆	☆	☆	☆						☆			☆	☆	☆
	全位置	☆	○	○	○	○	☆	☆	☆	☆						☆			☆	☆	☆
设备成本		低	中	高	中	中	中	中	低	高	高	高	高	高	高	低	高	高	高	高	低
焊接成本		低	低	低	中	低	中	低	中	中	低	中	中	中	低	高	低	高	中	中	中

注：☆—好；★—可用；○——般不用。

尽管大多数焊接方法的焊接质量均可满足实用要求，但不同方法的焊接质量，特别是焊缝的外观质量仍有较大的差别。产品质量要求较高时，可选用氩弧焊、电子束焊、激光焊等。质量要求较低时，可选用手工电弧焊、CO_2 气体保护焊、气焊等。

自动化焊接方法对工人的操作技术水平要求较低，但设备成本高，管理及维护要求也高。手工电弧焊及半自动 CO_2 气体保护焊的设备成本低，维护简单，但对工人的操作技术水平要求较高。电子束焊、激光焊、扩散焊设备复杂，辅助装置多，不但要求操作人员有较高的操作水平，还应具有较高的文化层次及知识水平。选用焊接方法时应综合考虑这些因素，以取得最佳的焊接质量及经济效益。

二、焊接接头的特点及形式

（一）焊接接头的特点

焊接接头是一个化学和力学不均匀体，焊接接头的不连续性体现在四个方面：几何形状不连续；化学成分不连续；金相组织不连续；力学性能不连续。

影响焊接接头的力学性能的因素主要有焊接缺陷、接头形状的不连续性、焊接残余应力和变形等。常见的焊接缺陷的形式有焊接裂纹、熔合不良、咬边、夹渣和气孔。焊接缺陷中的未熔全和焊接裂纹往往是接头的破坏源。接头的形状和不连续性主要是焊缝增高及连接处的截面变化造成的，此处会产生应力集中现象，同时由于焊接结构中存在着焊接残余应力和残余变形，导致接头力学性能的不均匀。在材质方面，不仅有热循环引起的组织变化，还有复杂的热塑性变形产生的材质硬化。此外，焊后热处理和矫正变形等工序，都可能影响接头的性能。

（二）焊接接头的形式

焊接生产中，由于焊件厚度、结构形状和使用条件不同，其接头形式和坡口形式也不同，焊接接对形式可分为：对接接头、搭接接头、T字接头及角接接头四种，见表6-30。

表6-30　焊接接头的形式

类别	说　明
对接 接头	对接接头是焊接结构中使用最多的一种接头形式。按照焊件厚度和坡口准备的不同，对接接头一般可分为卷边、不开坡口、V形坡口、X形坡口、单U形坡口和双U形坡口等形式，如图6-22所示 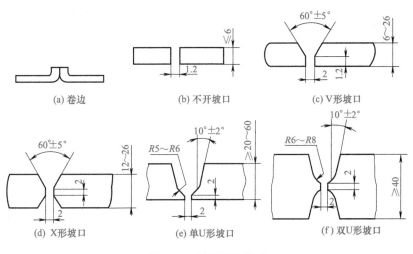 图6-22　对接接头形式
搭接 接头	搭接接头根据其结构形式和对强度的要求，可分为不开坡口、圆孔内塞焊、长孔内角焊三种形式，如图6-23所示 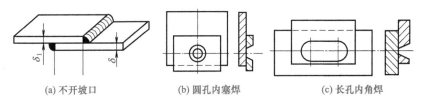 图6-23　搭接接头形式 不开坡口搭接接头，一般用于厚度12mm以下钢板，其重叠部分为≥2(δ_1+δ)，并采用双面焊接。这种接头的装配要求不高，接头的承载能力低，所以只用在不重要的结构中。 当遇到重叠钢板的面积较大时，为了保证结构强度，可根据需要分别选用圆孔内塞焊和长孔内角焊的接头形式。这种形式特别适于被焊结构狭小处以及密闭的焊接结构。圆孔和长孔的大小和数量应根据板厚和对结构的强度要求而定。 开坡口可以保证焊缝根部焊透，便于清除熔渣，获得较好的焊缝成形，而且坡口能起调节基本金属和填充金属的比例作用。钝边是为了防止烧穿，钝边尺寸要保证第一层焊缝能焊透。间隙也是为了保证根部能焊透。选择坡口形式时，主要考虑的因素为：保证焊缝焊透，坡口形状容易加工，尽可能提高生产效率、节省焊条，焊后焊件变形尽可能小。 钢板厚度在6mm以下，一般不开坡口，但重要结构，当厚度在3mm时就要求开坡口。钢板厚度为6～26mm时，采用V形坡口，这种坡口便于加工，但焊后焊件容易发生变形。钢板厚度为12～60mm时，一般采用X形坡口，这种坡口比V形坡口好，在同样厚度下，它能减少焊着金属量1/2左右，焊件变形和内应力也比较小，主要用于大厚度及要求变形较小的结构中。单U形和双U形坡口的焊着金属量更少，焊后产生的变形也小，但这种坡门加工难，一般用于较重要的焊接结构

类别	说　明
搭接接头	对于不同厚度的板材焊接时，如果厚度差（$\delta_1-\delta$）未超过以下表 6-31 的规定，则焊接接头的基本形式与尺寸应按较厚板选取；否则，应在较厚的板上作出单面或双面的斜边，如图 6-24 所示，其削薄长度 $L \geqslant 3(\delta-\delta_1)$，厚度差范围如表 6-31 所示 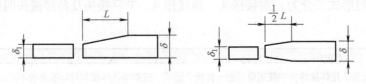 图 6-24　不同厚度板材的对接
T 字接头	T 字接头的形式，如图 6-25 所示。这种接头形式应用范围比较广，在船体结构中，约 70% 的焊缝是采用这种接头形式。按照焊件厚度和坡口准备的不同，T 字接头可分为不开坡口、单边 V 形坡口、K 形坡口以及双 U 形坡口四种形式。 　　当 T 字接头作为一般连接焊缝，并且钢板厚度 2～30mm，可不必开坡口。若 T 字接头的焊缝，要求承受载荷时，则应按钢板厚度和对结构的强度要求，开适当的坡口，使接头焊透，以保证接头强度 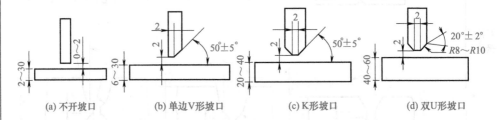 (a) 不开坡口　　　(b) 单边V形坡口　　　(c) K形坡口　　　(d) 双U形坡口 图 6-25　T 字接头
角接接头	角接接头的形式，如图 6-26 所示。根据焊件厚度和坡口准备的不同，角接接头可分为不开坡口、单边 V 形坡口、V 形坡口以及 K 形坡口四种形式 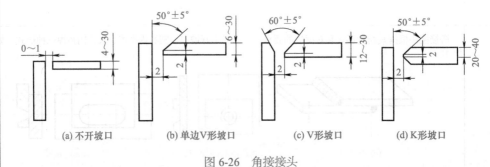 (a) 不开坡口　　　(b) 单边V形坡口　　　(c) V形坡口　　　(d) K形坡口 图 6-26　角接接头

表 6-31　厚度差范围表

较薄板的厚度 /mm	2～5	6～8	9～11	≥12
允许厚度差 /mm	1	2	3	4

三、焊缝的符号及应用

　　焊缝符号一般由基本符号与指引线组成。必要还可以加上辅助符号、补充符号、引出线和焊缝尺寸符号；并规定基本符号和辅助符号用粗实线绘制，引出线用细实线绘制。其主要用于金属熔化焊及电阻焊的焊缝符号表示。

（一）基本符号

　　根据《焊接符号表示方法》（GB/T 324—2008）的规定，基本符号是表示焊缝横剖面形状的符号，它采用近似于焊缝横剖面形状的符号来表示。其基本符号表示方法见表 6-32。

表 6-32　焊缝的基本符号

名称	符号	图　　示
卷边焊缝 （卷边完全熔化）	八	
I 形焊缝	‖	
V 形焊缝	V	
单边 V 形焊缝	V	
带钝边 V 形焊缝	Y	
带钝边单边 V 形焊缝	Y	
带钝边 U 形焊缝	Y	
带钝边 J 形焊缝	Y	
封底焊缝	⌣	
角焊缝	◿	
塞焊缝或槽焊缝	⊓	
点焊缝	○	电阻焊　　　　熔焊
缝焊缝	⊖	电阻焊　　　　熔焊
陡边焊缝	V	
单边陡边焊缝	V	
端接焊缝	‖‖	
堆焊	⌒⌒	

（二）辅助符号

辅助符号是表示焊缝表面形状特征的符号，符号及其应用见表 6-33。如不需要确切说明缝表面形状时，可以不用辅助符号。

表6-33 辅助符号及应用

名称	符号	图示	说明	辅助符号应用示例	
				焊缝名称	符号
平面符号	—		焊缝表面齐平（一般通过加工）	平面 V 形对接焊缝	
凹面符号	⌣		焊缝表面凹陷	凹面角焊缝	
凸面符号	⌢		焊缝表面凸起	凸面 V 形焊缝	
				凸面 X 形对接焊缝	
焊趾平滑过渡符号			角焊缝具有平滑过渡的表面	平滑过渡融为一体的角焊缝	

四、焊缝的基本形状、尺寸及位置

（一）焊缝的基本形状及尺寸

　　焊缝形状和尺寸通常是指焊缝的横截面，焊缝形状特征的基本尺寸如图 6-27 所示。c 为焊缝宽度，简称熔宽；s 为基本金属的熔透深度，简称熔深；h 为焊缝的堆敷高度，称为余高量；焊缝熔宽与熔深的比值称为焊缝形状系数 ψ，即 $\psi=c/s$，焊缝形状系数 ψ 对焊缝质量影响很大，当 ψ 选择不当时，会使焊缝内部产生气孔、夹渣、裂纹等缺陷。通常，形状系数 ψ 控制在 $1.3 \sim 2$ 较为合适。这对溶池中气体的逸出以及防止夹渣、裂纹等均有利。

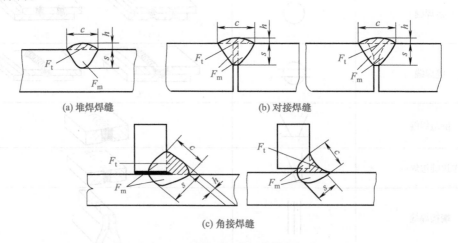

(a) 堆焊焊缝　　　　　(b) 对接焊缝

(c) 角接焊缝

图 6-27　焊缝形状特征的基本尺寸

（二）焊缝的空间位置

　　按施焊时焊缝在空间所处位置的不同，可分为立焊缝、横焊缝、平焊缝及仰焊缝四种形式，如图 6-28 所示。

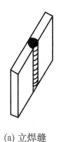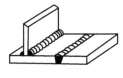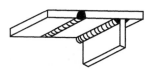

| (a) 立焊缝 | (b) 横焊缝 | (c) 平焊缝 | (d) 仰焊缝 |

图 6-28　各种位置的焊缝

五、焊条电弧焊

焊条电弧焊的方法是利用焊条与焊件间产生的电弧，作为熔化焊时的热源。

（一）焊条电弧焊的特点及应用范围

（1）焊条电弧焊的特点

设备简单、操作方便、灵活，可达性好，能进行全位置焊接，适合焊接多种金属。电弧偏吹是焊条电弧焊时的一种常见现象，即弧柱轴线偏离焊条轴线的现象，如图 6-29 所示。

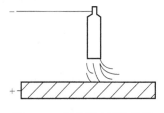

图 6-29　电弧偏吹现象示意

电弧偏吹的种类：由于弧柱受到气流的干扰或焊条药皮偏心所引起的偏吹；采用直流焊机，焊接角焊缝时引起的偏吹；由于某一磁性物质改变磁力线的分布而引起的偏吹。

克服偏吹的措施：尽量避免在有气流影响下焊接；焊条药皮的偏心度应控制在技术标准之内；将焊条顺着偏吹方向倾斜一个角度；焊件上的接地线尽量靠近电弧燃烧处；加磁钢块，以平衡磁场；采用短弧焊接或分段焊接的方法。

（2）应用范围

焊条电弧焊的应用范围见表 6-34。

表 6-34　焊条电弧焊的应用范围

焊件材料	适用厚度 /mm	主要接头形式
低碳钢、低合金钢	2 ～ 60	对接、T 形接、搭接、端接、堆焊
铝、铝合金	≥ 3	对接
不锈钢、耐热钢	≥ 2	对接、搭接、端接
紫铜、青铜	≥ 2	对接、堆焊、端接
铸铁	—	对接、堆焊、补焊
硬质合金	—	对接、堆焊

（二）电源种类、极性及焊接规范的选择

焊条电弧焊要求采用陡降外特性的直流或交流电源。电弧类型对电弧的稳定性、电弧偏吹（磁偏）和噪声的影响见表 6-35。碱性焊条一般采用直流反接，酸性焊条采用交流或直流正接。

表 6-35　电弧类型对电弧的稳定性、电弧偏吹（磁偏）和噪声的影响

项目	弧焊发电机	弧焊整流器	弧焊变压器
电源种类	直流	直流	交流
电弧稳定性	好	好	较差
电弧偏吹	较大	较大	很小
噪声	很小	很小	较小

焊条电弧焊焊接规范的选择见表 6-36。

表 6-36　焊条电弧焊焊接规范的选择

参数		焊接规范的选择原则			
焊件及焊条	焊件厚度 /mm	< 4	4～< 8	8～12	> 12
	焊条直径 /mm	≤板厚	3～< 4	4～< 5	5～6
焊接电源	平焊的焊接电流，按下式计算：$$I_{焊}=Kd$$ 式中，$I_{焊}$ 为焊接电流，A；d 为焊条直径，mm；K 为经验系数，A/mm。d 和 K 取值可按下表计取。				

d/mm	1～2	2～4	4～6
K/（A/mm）	25～30	30～40	40～60

焊接电源	立焊、横焊、仰焊的焊接电流应比平焊小 10%～20%				
焊接层次	焊接层次由焊件厚度而定。除薄板外，一般都采用多层焊，焊接层次过少，每层焊缝厚度必然增大，对焊缝金属的塑性有不利影响。原则上每层焊缝的厚度为 3～5mm				

（三）焊条电弧焊基本操作

（1）引弧

焊条电弧焊时的电弧引燃有划擦法和直击法两种方法。划擦法便于初学者掌握，但容易损坏焊件表面，当位置狭窄或焊件表面不允许损伤时，就要采用直击法。直击法必须熟练地掌握好焊条离开焊件的速度和距离。

划擦法是将焊条在焊件上划动一下（划擦长度约 20mm）即可引燃电弧的方法。当电弧引燃后，立即使焊条末端与焊件表面的距离保持在 3～4mm 左右，然后使弧长保持在与所用焊条直径相适应的范围内就能保持电弧稳定燃烧，如图 6-30（a）所示。使用碱性焊条时，一般使用划擦法，而且引弧点应选在距焊缝起点 8～10mm 的焊缝上，待电弧引燃后，再引向焊缝起点进行施焊。用划擦法由于再次熔化引弧点，可将已产生的气孔消除。如果用直击法引弧，则容易产生气孔。

直击法是将焊条末端与焊件表面垂直地接触一下，然后迅速把焊条提起 3～4mm 左右，产生电弧后，使弧长保持在稳定燃烧范围内，如图 6-30（b）所示。在引弧时，如果发生焊条粘住焊件的现象，只要将焊条左右摆动几下，就可以脱离焊件。如果焊条还不能脱离焊件，就应立即使焊钳脱离焊条，待焊条冷却后，用手将焊条扳掉。

（2）运条

电弧引燃后，焊条要有三个基本方向的运动，才能使焊缝成形良好。这三个方向的运动是：朝熔池方向逐渐送进，做横向摆动，沿焊接方向逐渐移动，如图 6-31 所示。

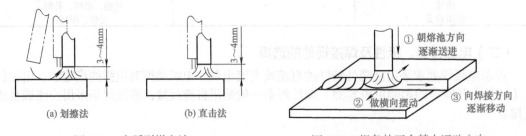

图 6-30　电弧引燃方法　　　　图 6-31　焊条的三个基本运动方向

焊条朝熔池方向逐渐送进，主要是为了维持所要求的电弧长度。为此，焊条的送进速度应该与焊条熔化速度相适应；焊条沿焊接方向移动，主要是使熔池金属形成焊缝。焊条的移动速度，对焊缝质量影响很大。若移动速度太慢，则熔化金属堆积过多，加大了焊缝的断面，并且使焊件加热温度过高，使焊缝组织发生变化，薄件则容易烧穿；移动速度太快，则电弧来不及熔化足够的焊条和基本金属，造成焊缝断面太小以及形成未焊透等缺陷。所以，焊条沿着焊接方向移动的速度，应根据电流大小、焊条直径、焊件厚度、装配间隙及坡口形式等来选取。

焊条横向摆动主要是为了获得一定宽度的焊缝，其摆动范围与所要求的焊缝宽度、焊条直径有关。摆动范围越大，所得焊缝越宽。运条方法应根据接头形式、间隙、焊缝位置、焊条直径与性能、焊接电流强度及焊工技术水平等确定，常用的运条方法有直线运条法、锯齿形运条法、月牙形运条法、三角形运条法、圆圈形运条法、"8"字形运条法等，具体见表6-37。

表6-37　运条方法及应用

名称		图示	特点及应用
直线运条法	普通直线运条		焊接时要保持一定弧长，并沿焊接方向作不摆动的直线前进。 由于焊条不作横向摆动，电弧较稳定，所以能获得较大的熔深，但焊缝的宽度较窄，一般不超过焊条直径的1.5倍。此法仅短途用于板厚3～5mm的不开坡口对接平焊、多层焊的第一层焊道或多层多道焊
	往复运条	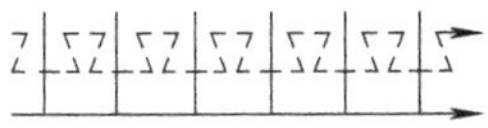	焊条末端沿焊缝的纵向作来回直线形摆动。 焊接速度快、焊缝窄、散热快。此法适用于薄板和接头间隙较大的多层焊的第一层焊道
	小波浪运条		适用于焊接填补薄板焊缝和不加宽的焊缝
锯齿形运条法			焊条末端作锯齿拱连续摆动及向前移动，并在两边稍停片刻，以获得较好的焊缝成形。 操作容易，所以在生产中应用较广，大多数用于较厚钢板的焊接。其适用范围有：平焊、仰焊、立焊的对接接头和立焊的角接接头
月牙形运条法		 (a)  (b)	使焊条末端沿着焊接方向作月牙形的左右摆动，摆动速度要根据焊缝的位置、接头形式、焊缝宽度和电流强度来决定。同时，还要注意在两边作片刻停留，使焊缝边缘有足够的熔深，并防止产生咬边现象。 图（a）：余高较高，金属熔化良好，有较长的保温时间，易使气体析出和熔渣浮到焊缝表面，对提高焊缝质量有好处，适用于平焊、立焊和焊缝的加强焊。 图（b）：余高较高，金属熔化良好，有较长的保温时间，易使气体析出和熔渣浮到焊缝表面，对提高焊缝质量有好处，主要在仰焊等情况下使用
三角形运条法	斜三角形	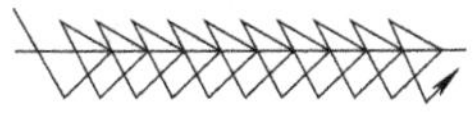	焊条末端做连续的三角形运动，并不断向前移动。能够借焊条的摇动来控制熔化金属，促使焊缝成形良好，适用于焊接平、仰位置T字接头的焊缝和有坡口的横焊缝
	正三角形	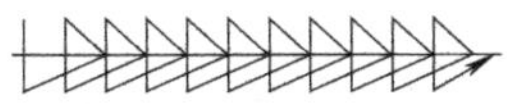	焊条末端做连续的三角形运动，并不断向前移动。一次能焊出较厚的焊缝断面，焊缝不易产生夹渣等缺陷，有利于提高生产效率，只适用于开坡口的对接接头和T字接头焊缝的立焊
圆圈形运条法	正圆圈	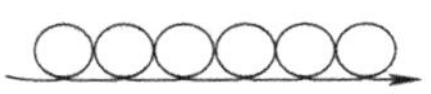	焊条末端连续做圆圈形运动，并不断前移。熔池存在时间长，熔池金属温度高，有利于溶解在熔池中的氧、氮等气体析出和熔渣上浮。只适用于焊接较厚焊件的平焊缝
	斜圆圈	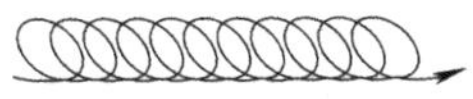	焊条末端连续做圆圈形运动，并不断前移。有利于控制熔化金属不受重力的影响而产生下淌，适用于平、仰位置的T字接头焊缝和对接接头的横焊缝
	椭圆圈	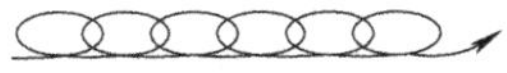	焊条末端连续做圆圈形运动，并不断前移。适用于对接、角接焊缝的多层加强焊
	半圆圈	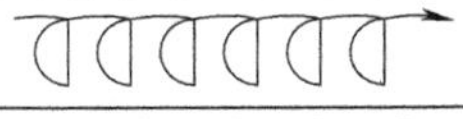	焊条末端连续做圆圈形运动，并不断前移。适用于平焊和横焊位置
"8"字形运条法	单"8"字形	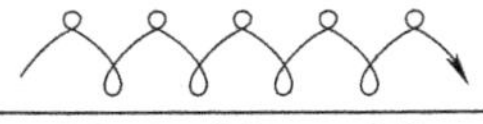	焊条末端连续作"8"字形运动，并不断前移。适用于厚板有坡口的对接焊缝。如焊接两个厚度不同的焊件时，焊条应在厚度大的一侧多停留一会儿，以保证加热均匀，并充分熔化，使焊缝成形良好
	双"8"字形	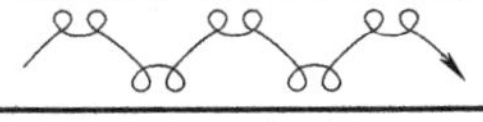	

（3）焊缝的起头、接头及收尾

① 起头操作。焊缝的起头就是指刚开始焊接的部分。在一般情况下，由于焊件在焊接之前温度较低，而引弧后又不能迅速使这部分温度升高，所以起点部分的熔深较浅，使焊缝的强度减弱。因此，应该在引弧后先将电弧稍拉长，对焊缝端头进行必要的预热，然后适当缩短电弧长度进行正常焊接。

② 接头操作。由于焊缝接头处温度不同和几何形状的变化，使接头处最容易出现未焊透、焊瘤和密集气孔等缺陷。当接头处外形出现高低不平时，将引起应力集中，故接头技术是焊接操作技术中的重要环节。焊缝接头方式可分四种，如图 6-32 所示。

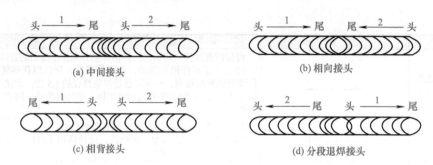

图 6-32　焊缝接头的方式

如何使焊缝接头均匀连接，避免产生过高、脱节、宽窄不一致的缺陷，这就要求焊工在焊缝接头时选用恰当的方式，见表 6-38。

表 6-38　焊缝接头的类型及说明

接头类型	说　明
中间接头	这种接头方式是使用最多的一种。在弧坑前约 10mm 处引弧，电弧可比正常焊接时略长些（低氢型焊条电弧不可拉长，否则容易产生气孔），然后将电弧后移到原弧坑的 2/3 处，填满弧坑后即向前进入正常焊接，如图 6-33（a）所示。采用这种接头法必须注意后移量：若电弧后移太多，则可能造成接头过高；若电弧后移太少，会造成接头脱节、弧坑未填满。此接头法适用于焊多层焊的表层接头 在多层焊的根部焊接时，为了保证根部接头处能焊透，常采用的接头方法有：当电弧引燃后将电弧移到如图 6-33（b）中 1 的位置，这样电弧一半的热量将一部分弧坑重新熔化，电弧另一半热量将弧坑前方的坡口熔化，从而形成一个新的熔池，此法有利于根部接头处的焊透 当弧坑存在缺陷时，在电弧引燃后应将电弧移至如图 6-33（b）中 2 的位置进行接头。这样，由于整个弧坑重新熔化，有利于消除弧坑中存在的缺陷。用此法接头时，焊缝虽然较高些，但对保证质量有利。在接头时，更换焊条愈快愈好，因为在熔池尚未冷却时进行接头，不仅能保证接头质量，而且可使焊缝外表美观

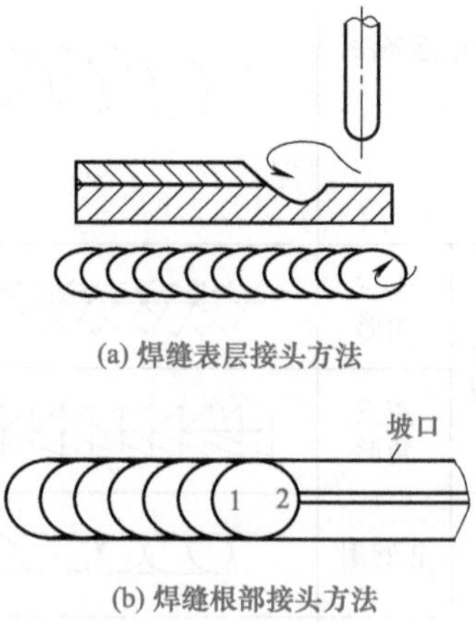

（图 6-33 从焊缝末尾处起焊的接头方法）
(a) 焊缝表层接头方法
坡口
(b) 焊缝根部接头方法
图 6-33　从焊缝末尾处起焊的接头方法

接头类型	说　明
相背接头	相背接头是两条方向不同的焊缝，在起焊处相连接的接头。这种接头要求先焊的焊缝起头处略低些，一般削成缓坡，清理干净后，再在斜坡上引弧。先稍微拉长电弧（但碱性焊条不允许拉长电弧）预热，形成熔池后，压低电弧，在交界处稍顶一下，将电弧引向起头处，并覆盖前焊缝的端头处，即可上铁水，待起头处焊缝焊平后，再沿焊接方向移动，如图 6-34 所示。若温度不够高就上铁水，会形成未焊透和气孔缺陷。上铁水后，停步不前，则会出现塌腰或焊瘤以及熔滴下淌等

图 6-34　从焊缝起头处起焊的接头方式

接头类型	说　明
相向接头	相向接头是两条焊缝在结尾处相连接的接头方式要求后焊焊缝焊到先焊焊缝的收尾处时，焊接速度应略慢些，以便填满前焊缝的弧坑，然后以较快的焊接速度再ParamETER向前焊一些熄弧，如图6-35所示。对于先焊焊缝由于处于平焊，焊波较低，一般不再加工，关键在于后焊焊缝靠近平焊时的运条方法。当间隙正常时，采用连弧法，使先焊焊缝尾部温度急升，此时，对准尾部压低电弧，听见"噗"的一声，即可向前移动焊条，并用反复断弧收尾法收弧 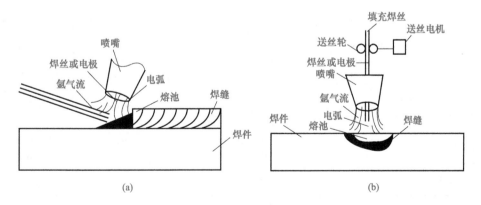 图6-35　焊缝端头处的熄弧方式
分段退焊接头	分段退焊接头的特点是焊波方向相同，头尾温差较大。其接头方式与相向接头方式基本相同，只是前焊缝的起头处，与相背接头情况一样，应略低些。当后焊焊缝靠近先焊焊缝起头处时，改变焊条角度，使焊条指向先焊焊缝的起头处，拉长电弧，待形成熔池后，再压低电弧，往回移动，最后返回原来熔池处收弧。接头连接的平整与否，不但要看焊工的操作技术，而且还要看接头处温度的高低。温度越高，接得越平整。所以中间接头要求电弧中断时间要短，换焊条动作要快。多层焊时，层间接头要错开，以提高焊缝的致密性

③ 收尾操作。焊缝的收尾是指一条焊缝焊完时，应把收尾处的弧坑填满。如果收尾时立即拉断电弧，则会形成低于焊件表面的弧坑。过深的弧坑使焊缝收尾处强度减弱，容易造成应力集中而导致产生裂纹。因此，在焊缝收尾时不允许有较深的弧坑存在。一般收尾方法有以下三种，见表6-39。

表6-39　一般收尾方法

类别	说　明
划圈收尾法	即焊条移至焊缝终点时，做圆圈运动，直到填满弧坑再拉断电弧。此法适用于厚板收尾
反复断弧收尾法	即焊条移到焊缝终点时，在弧坑处反复熄弧、引弧数次，直到填满弧坑为止。此法一般用于薄板和大电流焊接。但碱性焊条不宜采用此法，否则易产生气孔
回焊收尾法	即焊条移至焊缝收尾处立即停住，并且改变焊条角度回焊一小段后灭弧。此法适用于碱性焊条

六、氩弧焊

氩弧焊是利用氩气作为保护气体的气电焊，如图6-36所示。焊接时，电弧在电极与焊件之间燃烧，氩气使金属熔池、熔滴及钨极端头与空气隔绝。

(a)　　　　　　　　　　　(b)

图6-36　氩弧焊示意图

氩气是惰性气体，不溶于液态金属。所以，与其他焊接方法相比，氩弧焊具有如下特点。

① 利用氩气隔绝大气，防止了氧、氮、氢等气体对电弧和熔池的影响，被焊金属及焊丝的元素不易烧损。

② 氩气流对电弧有压缩作用，焊接热量集中。

③ 由于氩气对近缝区的冷却，可使热影响区变窄。

④ 电弧稳定，飞溅少。

⑤ 焊接时不用焊剂，焊缝表面无熔渣；焊接接头组织致密，综合力学性能好。在焊接不锈钢时，焊缝的耐腐蚀性能（特别是晶间腐蚀）好；明弧焊接，操作方便。

（一）氩弧焊的分类及应用

（1）分类

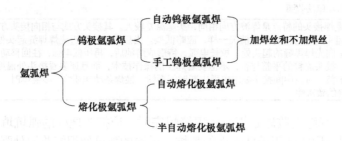

与钨极氩弧焊相比，熔化极氩弧焊有如下特点。

① 适合厚件的焊接。钨极氩弧焊的焊接电流，受钨极直径的限制，焊件在6mm以上时，需开坡口，并要采用多层焊；而熔化极氩弧焊可提高焊接电流，如对铝合金的焊接，当焊接电流为 450～470A 时，熔深可达 15～20mm。

② 熔滴呈射流过渡（或称喷射）。熔化极氩弧焊喷射过渡时，具有熔深大、飞溅小、电弧稳定及焊缝成形好等特点。适于中、厚板的平焊和搭接焊。

③ 容易实现机械化、自动化，生产效率高。

（2）应用范围

氩弧焊几乎可用于所有钢材、有色金属及合金的焊接。通常，多用于焊接铝、镁、钛及其合金，以及低合金钢、耐热钢等。对于熔点低和易蒸发的金属（如铅、锡、锌等）焊接较困难。熔化极氩弧焊常用于中、厚板的焊接，焊接速度快，生产效率要比钨极氩弧焊高几倍。氩弧焊也可用于定位点焊、补焊，反面不加衬垫的打底焊等。氩弧焊的应用范围见表6-40。

表6-40　氩弧焊的应用范围

焊件材料	适用厚度/mm	焊接方法	氩气纯度/%	电源种类
铝及铝合金	0.5～4	钨极手工及自动	99.9	交流或直流反接
	>6	熔化极自动及半自动	99.9	直流反接
镁及镁合金	0.5～5	钨极手工及自动	99.9	交流或直流反接
	>6	熔化极自动及半自动	99.9	直流反接
钛及钛合金	0.5～3	钨极手工及自动	99.98	直流正接
	>6	熔化极自动及半自动	99.98	直流正接
铜及铜合金	0.5～5	钨极手工及自动	99.97	直流正接或交流
	>6	熔化极自动及半自动	99.97	直流反接
不锈钢及耐热钢	0.5～3	钨极手工及自动	99.97	直流正接或交流
	>6	熔化极自动及半自动	99.97	直流反接

注：钨极氩弧焊用陡降外特性的电源；熔化极氩弧焊用平或上升外特性电源。

（二）氩气的保护效果

氩气的保护效果的影响因素主要有：喷嘴、焊炬进气方式、气体流量、喷嘴与焊件距离和夹角、焊接速度、焊接接头形式及直流分量的影响。其提高保护效果要点见表6-41。

表 6-41　提高氩气保护效果要点

类别	说　　明
喷嘴	氩气保护喷嘴包括：钨极氩弧焊用喷嘴和熔化极氩弧焊用喷嘴，如图 6-37 所示。 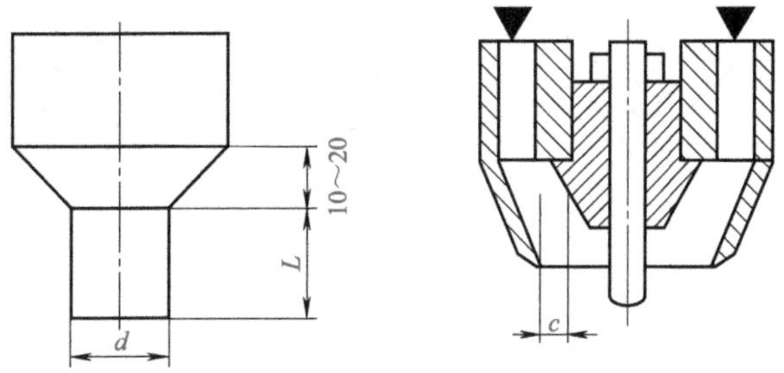 (a) 钨极氩弧焊用喷嘴　　　(b) 熔化极氩弧焊用喷嘴 图 6-37　氩气保护喷嘴 （1）钨极氩弧焊用喷嘴 ①圆柱末端锥形部分有缓冲气流作用，可改善保护效果，长度1～20mm 为宜。 ②圆柱部分的长度 L 不应小于喷嘴孔径 d，以 1.2～1.5 倍为好。 ③喷嘴孔径 d 一般可选用 8～20mm，喷嘴孔径加大，虽然增加了保护区，但氩气消耗增大，可见度变差。 ④喷嘴的内壁应光滑，不允许有棱角、沟槽，喷嘴口不能为圆角，不得沾上飞溅物。 （2）熔化极氩弧焊用喷嘴 ①喷嘴内壁与送丝导管之间的间隙 c，对气流的保护作用有较大的影响。当喷嘴孔径为 25mm 时，间隙 c 在 4mm 左右为宜。 ②导电嘴应制成 4°～5° 的锥形，其端面距喷嘴端面约 4～8mm 为宜。 ③导电嘴要与喷嘴同心
焊炬进气方式	焊炬进气方式如图 6-38 所示。 ①焊炬的进气方式有轴向和径向两种，一般径向进气较好，进气管在焊炬的上部。 ②为使氩气从喷嘴喷出时，成为稳定层流，提高气体保护效果，焊炬应有气体透镜（类似过滤装置）或设挡板及缓冲室 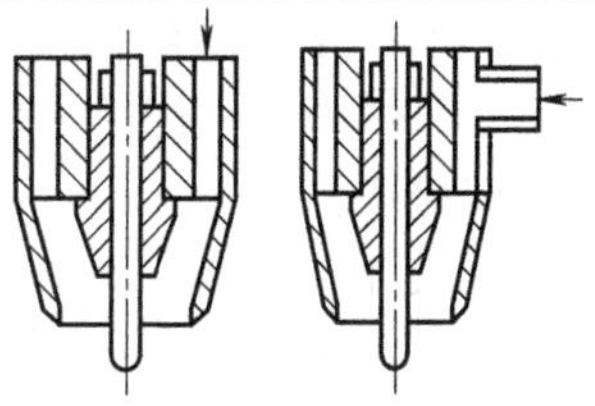 (a) 轴向进气　　(b) 径向进气 图 6-38　焊炬进气方式
气体流量	①喷嘴孔径一定时，气体流量增加，保护性能提高。但超过一定限度时，反而使空气卷入，破坏保护效果。 ②对于孔径为 12mm 左右的喷嘴，气体流量在 10～15L/min 之间，保护效果最好
喷嘴与焊件距离和夹角	喷嘴与焊件距离和夹角如图 6-39 所示。 ①当喷嘴和流量一定时，喷嘴与焊件距离越小，保护效果越好，但会影响焊工视线。 ②喷嘴与焊件距离加大，需增加气体流量。 ③对于孔径为 8～12mm 的喷嘴，距离一般不超过15mm。 ④平焊时，喷嘴与焊件间的夹角一般为 70°～85° 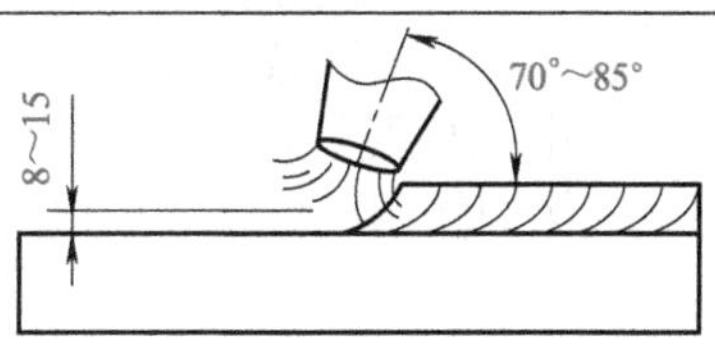 图 6-39　喷嘴与焊件距离和夹角示意图
焊接速度	焊接速度如图 6-40 所示。 ①为不破坏氩气流对熔池的保护作用，焊接速度不宜太快。 ②为提高焊接效率，应以焊后的焊缝金属和母材不被氧化为准则，尽量提高焊接速度 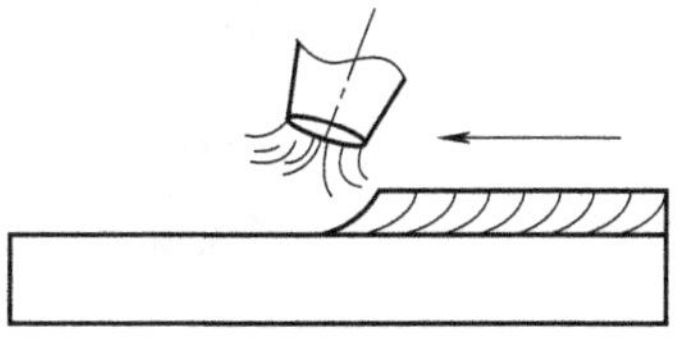 图 6-40　焊接速度示意图

类别	说　明
焊接接头形式	焊接接头形式如图 6-41 所示。 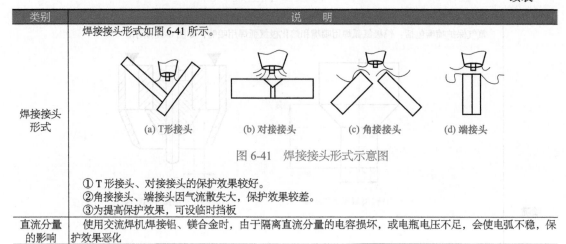 图 6-41　焊接接头形式示意图 ①T形接头、对接接头的保护效果较好。 ②角接接头、端接头因气流散失大，保护效果较差。 ③为提高保护效果，可设临时挡板。
直流分量的影响	使用交流焊机焊接铝、镁合金时，由于隔离直流分量的电容损坏，或电瓶电压不足，会使电弧不稳，保护效果恶化

（三）氩弧焊规格选择

钨极氩弧焊焊接规范主要是电弧电压、焊接电流、焊接速度、钨极直径和形状、气体流量与喷嘴直径等参数。这些参数的选择主要根据焊件的材料、厚度、接头形式以及操作方法等因素来决定。

（1）电弧电压

电弧电压增加或减少，焊缝宽度将稍有增大或减小，而熔深稍有下降或稍为增加。当电弧电压太高时，由于气体保护不好，会使焊缝金属氧化和产生未焊透缺陷。所以钨极氩弧焊时，在保证不产生短路的情况下，应尽量采用短弧焊接，这样气体保护效果好，热量集中，电弧稳定，焊透均匀，焊件变形也小。

（2）焊接电流

随着焊接电流增加或减少，熔深和熔宽将相应增大或减小，而余高则相应减小或增大。当焊接电流太大时，不仅容易产生烧穿、焊缝下陷和咬边等缺陷，而且还会导致钨极烧损，引起电弧不稳及钨夹渣等缺陷；反之，焊接电流太小时，由于电弧不稳和偏吹，会产生未焊透、钨夹渣和气孔等缺陷。

（3）焊接速度

当焊枪不动时，氩气保护效果如图 6-42（a）所示。随着焊接速度增加，氩气保护气流遇到空气的阻力，使保护气体偏到一边，正常的焊接速度氩气保护情况如图 6-42（b）所示，此时，氩气对焊接区域仍保持有效的保护。当焊接速度过快时，氩气流严重偏移一侧，使钨极端头、电弧柱及熔池的一部分暴露在空气中，此时，氩气保护情况如图 6-42（c）所示，这使氩气保护作用破坏，焊接过程无法进行。因此，钨极氩弧焊采用较快的焊接速度时，必

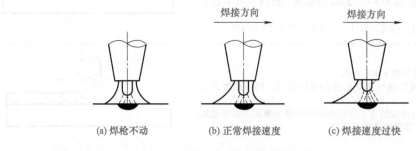

图 6-42　氩气的保护效果

须采用相应的措施来改善氩气的保护效果，如加大氩气流量或将焊枪后倾一定角度，以保持氩气良好的保护效果。通常，在室外焊接都需要采取必要的防风措施。

（4）钨极

①钨极的选用及特点。钨极的选用及特点见表6-42。

表6-42　钨极的选用及特点

钨极种类	牌号	特　点
纯钨	W1，W2	熔点和沸点都较高，其缺点是要求有较高的工作电压。长时间工作时，会出现钨极熔化现象
铈钨极	WCe20	纯钨中加入一定量的氧化铈，其优点是引弧电压低，电弧弧柱压缩程度好，寿命长，放射性剂量低
钍钨极	WTh7，WTh10，WTh15，WTh30	由于加入了一定量的氧化钍，使纯钨的缺点得以克服，但有微量放射线

②钨极直径。钨极直径的选择主要是根据焊件的厚度和焊接电流的大小来决定。当钨极直径选定后，如果采用不同电源极性时，钨极的许用电流也要做相应的改变。采用不同电源极性和不同直径钍钨极的许用电流范围见表6-43。

表6-43　不同电源极性和不同直径钍钨极的许用电流范围

电极直径 /mm	许用电流范围 /A		
	交流	直流正接	直流反接
1.0	15～80	—	20～60
1.6	70～150	10～20	60～120
2.4	150～250	15～30	100～180
3.2	250～400	25～40	160～250
4.0	400～500	40～55	200～320
5.0	500～750	55～80	290～390
6.4	750～1000	80～125	340～525

③钨极端部形状。钨极端部形状对电弧稳定性和焊缝的成形有很大影响，端部形状主要有锥台形、圆锥形、半球形和平面形，如图6-43所示，各自的适用范围见表6-44，一般选用锥形平端的效果比较理想。

(a) 平面形　　(b) 半球形　　(c) 圆锥形　　(d) 锥台形

图6-43　钨极端部形状

表6-44　钨极端部形状的适用范围

钨极端部形状	适用范围	电弧稳定性	焊缝成形
平面形	—	不好	一般
半球形	交流	一般	焊缝不易平直
圆锥形	直流正接，小电流	好	焊道不均匀
锥台形	直流正接，大电流，脉冲 TIG 焊	好	良好

（5）喷嘴直径和氩气流量

① 喷嘴直径。喷嘴直径的大小直接影响保护区的范围。如果喷嘴直径过大，不仅浪费氩气，而且会影响焊工视线，妨碍操作，影响焊接质量；反之，喷嘴直径过小，则保护不良，使焊缝质量下降，喷嘴本身也容易被烧坏。一般喷嘴直径为 5 ～ 14mm，喷嘴的大小可按经验公式确定，即：

$$D = (2.5 \sim 3.5)d$$

式中　D——喷嘴直径，mm；

　　　d——钨极直径，mm。

喷嘴距离工件越近，则保护效果越好；反之，保护效果越差。但过近造成焊工操作不便，一般喷嘴至工件距离为 10mm 左右。

② 氩气流量。气体流量越大，保护层抵抗流动空气影响的能力越强，但流量过大，易使空气卷入，应选择恰当的气体流量。氩气纯度越高，保护效果越好。氩气流量可以按照经验公式来确定，即：

$$Q = KD$$

式中　Q——氩气流量，L/min；

　　　D——喷嘴直径，mm；

　　　K——系数，$K = 0.8 \sim 1.2$，使用大喷嘴时 K 取上限，使用小喷嘴时取下限。

（四）氩弧焊的基本操作

氩弧焊的基本操作方法见表 6-45。

表 6-45　氩弧焊的基本操作方法

类别	说　　明
引弧与定位焊	手工钨极氩弧焊的引弧方法有以下两种： ①高频或脉冲引弧法。首先提前送气 3 ～ 4s，并使钨极和焊件之间保持 5 ～ 8mm 距离，然后接通控制开关，再在高频高压或高压电脉冲的作用下，使氩气电离而引燃电弧。这种引弧方法的优点是能在焊接位置直接引弧，能保证钨极端部完好，钨极损耗小，焊缝质量高。它是一种常用的引弧方法，特别是焊接有色金属时更为广泛用。 ②接触引弧法。当使用无引弧器的简易氩弧焊机时，可采用钨极直接与引弧板接触进行引弧。由于接触的瞬间会产生很大的短路电流，钨极端部很容易被烧损，因此一般不宜采用这种方法，但因焊接设备简单，故在氩弧焊打底、薄板焊接等方面仍得到应用
定位焊	为了固定焊件的位置，防止或减小焊件的变形，焊前一般要对焊件进行定位焊。定位焊点的大小、间距以及是否需要添加焊丝，要根据焊件厚度、材料性质以及焊件刚性来确定。对于薄壁焊件和容易变形、容易开裂以及刚性很小的焊件，定位焊点的间距要短些。在保证焊透的前提下，定位焊点应尽量小而薄，不宜堆得太高，并要注意点焊结束时，焊枪应在原处停留一段时间，以防焊点被氧化
运弧	手工钨极氩弧焊时，在不妨碍操作的情况下，应尽可能采用短弧焊，一般弧长为 4 ～ 7mm。喷嘴和焊件表面间距不应超过 10mm。焊枪应尽量垂直或与焊件表面保持 70° ～ 85° 夹角，焊丝置于熔池前面或侧面，并与焊件表面呈 15° ～ 20° 夹角，如图 6-44 所示。焊接方向一般由右向左，环缝由下而上。焊枪的运动形式有： ①焊枪等速运行。此法电弧比较稳定，焊后焊缝平直均匀，质量稳定，因此，是常用的操作方法。 ②焊枪断续运行。该方法是为了增加熔透深度，焊接时将焊枪停留一段时间，当达到一定的熔深后添加焊丝，然后继续向前移动，此法主要适宜于中厚板的焊接。 ③焊枪横向摆动。焊接时，焊枪沿着焊缝横向做摆动。此法主要用于开坡口的厚板及盖面层焊缝，通过横向摆动来保证焊缝两边缘良好地熔合。 ④焊枪纵向摆动。焊接时，焊枪沿着焊缝纵向往复摆动，此法主要用在小电流焊接薄板时，可防止焊穿和保证焊缝良好成形 

图 6-44　手工钨极氩弧焊时焊枪、焊丝和焊件间的夹角

续表

类别	说　明
填丝	焊丝填入熔池的方法一般有下列几种： ①间歇填丝法。当送入电弧区的填充焊丝在熔池边缘熔化后，立即将填充焊丝移出熔池，然后再将焊丝重复送入电弧区。以左手拇指、食指、中指捏紧焊丝，焊丝末端应始终处于氩气保护区内。填丝动作要轻，不得扰动氩气保护层，防止空气侵入。这种方法一般适用于平焊和环缝的焊接。 ②连续填丝法。将填充焊丝末端紧靠熔池的前缘连续送入。采用这种方法时，送丝速度必须与焊接速度相适应。连续填丝时，要求焊丝比较平直，用左手拇指、食指、中指配合动作送丝，无名指和小指夹住焊丝控制方向。此法特别适用于焊接搭接和角接焊缝。 ③靠丝法。焊丝紧靠坡口，焊枪运动时，既熔化坡口又熔化焊丝。此法适用于小直径管子的氩弧焊打底。 ④焊丝跟着焊枪做横向摆动。此法适用于焊波要求较宽的部位。 ⑤反面填丝法。该方法又叫内填丝法，焊枪在外，填丝在里面，适用于管子仰焊部位的氩弧焊打底，对坡口间隙、焊丝直径和操作技术要求较高。 无论采用哪一种填丝方法，焊丝都不能离开氩气保护区，以免高温焊丝末端被氧化，而且焊丝不能与钨极接触发生短路或直接送入电弧柱内；否则，钨极将被烧损或焊丝在弧柱内发生飞溅，破坏电弧的稳定燃烧和氩气保护气氛，造成夹钨等缺陷。为了填丝方便、焊工视野宽和防止喷嘴烧损，钨极应伸出喷嘴端面，伸出长度一般是：焊铝、铜时钨极伸出长度为 2 ～ 3mm，管道打底焊时为 5 ～ 7mm。钨极端头与熔池表面距离 2 ～ 4mm，若距离小，焊丝易碰到钨极。在焊接过程中，由于操作不慎，钨极与焊件或焊丝相碰时，熔池会立即被破坏而形成一阵烟雾，从而造成焊缝表面的污染和夹钨现象，并破坏了电弧的稳定燃烧。此时必须停止焊接，进行处理。处理的方法是将焊件的被污染处，用角向磨光机打磨至漏出金属光泽，才能重新进行焊接。当采用交流电源时，被污染的钨极应在别处进行引弧燃烧清理，直至熔池清晰而无黑色时，方可继续焊接，也可重新磨换钨极；而当采用直流电源焊接时，发生上述情况，必须重新磨换钨极
收弧	收弧时常采用以下几种方法： ①增加焊速法。当焊接快要结束时，焊枪前移速度逐渐加快，同时逐渐减少焊丝送进量，直至焊件不熔化为止。此法简单易行，效果良好。 ②焊缝增高法。与上法正好相反，焊接快要结束时，焊接速度减慢，焊枪向后倾角加大，焊丝送进量增加，当弧坑填满后再熄弧。 ③电流衰减法。在新型的氩弧焊机中，大部分都有电流自动衰减装置，焊接结束时，只要闭合控制开关，焊接电流就会逐渐减小，从而熔池也就逐渐缩小，达到与增加焊速法相似的效果。 ④应用收弧板法。将收弧熔池引到与焊件相连的收弧板上，焊完后再将收弧板割掉。此法适用于平板的焊接

（五）各种位置的焊接操作

各种位置的焊接操作见表 6-46。

表 6-46　各种位置的焊接操作

类别	说　明
平焊	平焊时要求运弧尽量走直线，焊丝送进要求规律，不能时快时慢，钨极与焊件的位置要准确，焊枪角度要适当。采用几种常见接头形式进行平焊时，焊枪、焊丝和焊件间的夹角如图 6-45 所示 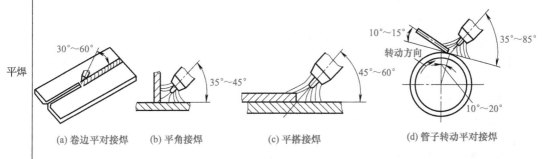 图 6-45　常见接头形式进行平焊时焊枪、焊丝和焊件间的夹角
横焊	横焊虽然比较容易掌握，但要注意掌握好焊枪的水平角度和垂直角度，焊丝也要控制好水平和垂直角度。如果焊枪角度掌握不好或送丝速度跟不上，很可能产生上部咬边、下部成形不良等缺陷
立焊	立焊比平焊难度要大，主要是焊枪角度和电弧长短在垂直位置上不易控制。立焊时以小规为佳，电弧不宜拉得过长，焊枪下垂角度不能太小，否则会引起咬边、焊缝中间堆积过高等缺陷。焊丝送进方向以操作者顺手为原则，其端部不能离开保护区
仰焊	仰焊的难度最大，对有色金属的焊接难度更加突出。焊枪角度与平焊相似，仅位置相反。仰焊时电流应小些，焊接速度要快，这样才能获得良好的成形。 为使氩气有效地保护焊接区，熄弧后需继续送气 3 ～ 5s，避免钨极和焊缝表面氧化

（六）自动与手动钨极氩弧焊的操作技能

（1）自动钨极氩弧焊

如图 6-46 所示为小车式自动钨极氩弧焊原理，焊接小车与埋弧焊小车相似，在生产中，为节省成本，也可通过将埋弧焊小车改造成自动钨极氩弧焊设备使用。

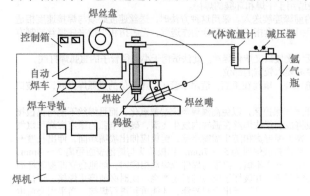

图 6-46　小车式自动钨极氩弧焊示意

根据钨极氩弧焊的特点，电极是不熔化的，所使用的电流密度不大，电弧具有下降并过渡到平直的外特性。因此，只需要一般陡降的外特性电源，便可以保证电弧燃烧和焊接规范的稳定。

焊枪在焊接电流 180A 以下可采用自然冷却，焊接电流在 180A 以上的必须用水冷却；同时，焊枪要求应接触和导电良好，保证有足够的有效保护区域和气流挺度，焊枪上所有转动零件的同心度不应大于 0.2mm。如果焊接时需加填焊丝，送焊丝的焊丝嘴应随着焊丝直径的不同而更换。如所使用的焊丝直径为 0.8mm、1mm、1.6mm 和 3mm，则焊丝嘴的内径相应为 0.9mm、1.1mm、1.65mm 和 2.1mm 适宜。

① 焊前准备。对于焊件焊前焊缝坡口准备及工件的清理工作与手工钨极氩弧焊相同，可参考相应内容。但要注意的是，自动钨极氩弧焊对坡口组对的质量要求高，组对后的错边量越小越好。允许的局部间隙和错边量见表 6-47。如果对接间隙超过表 6-47 所允许的数值，在焊接时容易出现烧穿。

表 6-47　自动钨极氩弧焊允许的局部间隙与错边量

焊接方式	线材厚度 /mm	允许的局部间隙 /mm	允许的错边量 /mm
不加填焊丝	0.8 ～ 1	0.15	0.15
	1 ～ 1.5	0.2	0.2
	1.5 ～ 2	0.3	0.2
加填焊丝	0.8 ～ 1	0.2	0.15
	1 ～ 1.5	0.25	0.2
	1.5 ～ 2	0.3	0.2

② 焊接规范的影响。焊接规范参数是控制焊缝尺寸的重要因素。不加填焊丝的自动钨极氩弧焊的焊缝形状如图 6-47 所示。

要想获得理想的焊缝形状和优质的焊接接头，除了使用正确的焊接技术外，还必须选择合适的焊接规范。影响焊缝尺寸的焊接规范参数有焊接电流、焊接速度和电弧长度，此外，钨极直径和对接间隙也有一定的影响。

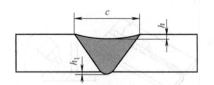

图 6-47　自动钨极氩弧焊（不加填焊丝）
的焊缝形状

c—焊缝宽度；h—凹陷量；h_1—背部焊透高度

焊接电流 I、电弧长度 L 和焊接速度 V 对焊缝形状及尺寸的影响如图 6-48 所示。

从图 6-48 中可以看到，随着焊接电流的增加，焊缝形状尺寸相应的增加；随着焊接电流的减小，焊缝形状尺寸也相应减小，如图 6-48（a）所示。随着电弧长度增加，焊缝宽度稍有增加，而凹陷量和焊透高度稍有减小；反之，随着电弧长度的减小，焊缝宽度稍有减小，而凹陷量和焊透高度稍有增加，如图 6-48（b）所示。随着焊接速度的增加，焊缝形状

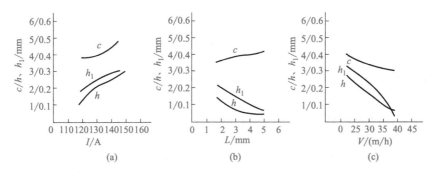

图 6-48　焊接参数对焊缝形状及尺寸的影响

尺寸相应地减小；反之，随着焊接速度的减小，焊缝形状尺寸相应地增加，如图 6-48（c）所示。

③ 自动钨极氩弧焊焊接操作。自动钨极氩弧焊的操作技术比手工钨极氩弧焊要容易掌握，但同样需要经过培训才能熟练掌握。其焊接操作技能如下。

a. 焊件可用加填焊丝或不加填焊丝的手工钨极氩弧焊进行定位焊，定位焊合格后，要将定位焊点与基本金属打磨齐平后再进行焊接。如果将焊件在焊接夹具上固定后进行焊接，则可不用进行定位焊。

b. 焊接前，应使钨极中心对准焊件的对接缝，其偏差不得超过 ±0.2mm。钨极伸出喷嘴的长度应在 5 ～ 8mm 范围内，即喷嘴到焊件间的距离应在 7 ～ 10mm 范围内，钨极端头到焊件的距离，即电弧长度应在 0.8 ～ 3mm 范围内。其中，对于不加填焊丝的自动钨极氩弧焊，弧长最好在 0.8 ～ 2mm 范围内；对于加填焊丝的自动钨极氩弧焊，弧长最好在 2.5 ～ 3mm 范围内。

c. 引弧前要先送氩气，以吹净焊枪和管路中的空气，并调整好所需要的氩气流量，然后按下"启动"按钮，使焊接电源与自动焊车电源接通。采用高频引弧时，可用高频振荡器引弧，但电弧引燃后，应立即切断振荡器电源，也可采用接触法引弧，用炭精棒轻轻触及钨极，使钨极与引弧板短路而引燃电弧。

d. 停止焊接时，按"停止"按钮，切断焊接电源与自动焊车电源。电弧熄灭后，再停止送氩气，以防止钨极被氧化。

e. 为了消除直焊缝的起始端和末端的烧缺，应在焊缝的起始端和末端加装引弧板和引出板（熄弧板），引弧板、引出板与焊件材料相同，厚度相同，尺寸约为 30mm×40mm，并在引弧板引出板上进行引弧和熄弧的操作。

f. 焊接需要保护焊缝背面未氧化的材料（如奥氏体不锈钢）时，应在焊缝背面垫上带沟槽的铜垫板，也可焊接时在焊缝背面通氩气，其流量为焊接时保护气体流量的 30% ～ 50%。铜垫板的沟槽尺寸见表 6-48。

表 6-48　铜垫板的沟槽尺寸

图示	线材厚度 /mm	铜垫板沟槽尺寸	
		宽度 a/mm	深度 b/mm
	0.8 ～ 1.5	2 ～ 4	0.5
	1.5 ～ 3	3 ～ 6	0.8

g. 当自动钨极氩弧焊需加填焊丝时，焊丝表面应清理干净，焊丝应有条理地盘绕在焊丝盘内，并应均匀送进，不应有打滑现象。焊丝伸出焊丝嘴的长度应在 10 ～ 15mm 范围内，

焊丝与钨极的夹角应保持在85°～90°，焊丝与焊件水平方向的夹角保持在5°～10°，钨极与焊件水平方向的夹角保持在80°～85°。钨极自动氩弧焊时焊丝、焊件与钨极的位置如图6-49所示。

h.自动钨极氩弧焊焊接环缝前，焊件必须进行对称定位焊，定位焊点要求熔透均匀。正式焊接前，必须掌握好焊枪与环缝焊件中心之间的偏移角度，其角度的大小主要与焊接电流、焊件转动速度及焊件直径等参数有关。偏移一定的角度便于送丝和保证焊缝的良好成形。在引弧后，应逐渐增加焊接电流到正常值，同时输送焊丝，进行正常焊接。在焊接收尾时，应使焊缝重叠25～40mm的长度。重叠开始后，降低送丝速度，同时，衰减焊接电流到一定数值后，再停止送丝切断电源，以防止在收弧时产生弧坑缩孔和裂纹等缺陷。自动钨极氩弧焊焊接环缝示意图如图6-50所示。

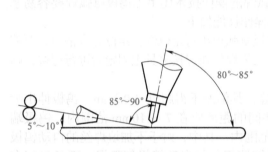

图6-49 钨极自动氩弧焊时焊丝、焊件与钨极的位置

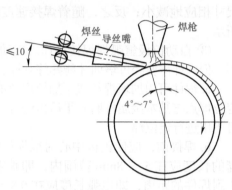

图6-50 自动钨极氩弧焊焊接环缝示意

（2）手动钨极氩弧焊

①引弧与熄弧。

a.引弧时应提前送气3～5s。

b.熄弧前，先减小焊接电流或适当提高焊接速度，以消除弧坑。熄弧后，继续送气5～10s。

c.必要时采用引弧板、引出板。

②焊接。

a.弧长（加填焊丝）约3～6mm。钨极伸出喷嘴端部的长度一般在5～8mm之间。

b.焊炬应尽量垂直焊件或与焊件表面保持较大的夹角（70°～80°）。

c.喷嘴与焊件表面的距离不超过10mm。

d.厚度小于4mm（含4mm）的焊件，一般采用向上立焊。

e.为使焊缝得到必要的宽度，焊炬除了直线运动外，还可以作横向摆动，但不宜跳动。

f.平焊、横焊、仰焊时，可采用左焊法或右焊法，一般多采用左焊法。

g.填充焊丝加入时，不要扰乱氩气流的保护，而且焊丝端部应始终置于氩气保护区内。

七、气焊

气焊主要是使用氧气和燃气（常用氧-乙炔）火焰组合作为热源的焊接方法。

（一）气焊的优缺点及应用范围

（1）气焊的优点和缺点

气焊的优点是火焰的温度比焊条电弧温度低，火焰对熔池的压力及对焊件的热输入量调节方便。焊丝和火焰各自独立，熔池的温度、形状，以及焊缝尺寸、焊缝背面成形等容易控制，同时便于观察熔池。在焊接过程中利用气体火焰对工件进行预热和缓冷，有利于焊缝成形，确保焊接质量。气焊设备简单，焊炬尺寸小，移动方便，便于无电源场合的焊接。适合焊接薄件及要求背面成形的焊接。

缺点是气焊温度低，加热缓慢，生产率不高，焊接变形较大，过热区较宽，焊接接头的显微组织较粗大，力学性能也较差。

氧-乙炔火焰的种类及各种金属材料气焊时所采用的火焰见表6-49、表6-50。

表6-49 氧-乙炔火焰的种类

种类	火焰形状	O₂/C₂H₂	特点
还原焰		≈ 1	乙炔稍多，但不产生渗碳现象。最高温度2930～3040℃
中性焰		1～1.2	氧与乙炔充分燃烧，没有氧或乙炔过剩。最高温度3050～3150℃
碳化焰		< 1	乙炔过剩，火焰中有游离状碳及过多的氢，焊低碳钢等有渗碳现象。最高温度2700～3000℃
氧化焰		> 1.2	氧过剩，火焰有氧化性，最高温度3100～3300℃

注：还原焰也称"乙炔稍多的中性焰"。

表6-50 各种金属材料气焊时所采用的火焰

焊接材料	火焰种类
低碳钢、中碳钢、不锈钢、铝及铝合金、铅、锡、灰铸铁、可锻铸铁	中性焰或乙炔稍多的中性焰
低碳钢、低合金钢、高铬钢、不锈钢、紫铜	中性焰
青铜	中性焰或氧稍多的轻微氧化焰
高碳钢、高速钢、硬质合金、蒙乃尔合金	碳化焰
纯镍、灰铸铁及可锻铸铁	碳化焰或乙炔稍多的中性焰
黄铜、锰铜、镀锌铁皮	氧化焰

（2）气焊的应用范围

气焊常用于薄板焊接、熔点较低的金属（如铜、铝、铅等）焊接、壁厚较薄的钢管焊接，以及需要预热和缓冷的工具钢、铸铁的焊接（焊补），详见表6-51。

表6-51 气焊的应用范围

焊件材料	适用厚度/mm	主要接头形式
低碳钢、低合金钢	≤ 2	对接、搭接、端接、T形接
铸铁		对接、堆焊、补焊
铝、铝合金、铜、黄铜、青铜	≤ 14	对接、端接、堆焊
硬质合金		堆焊
不锈钢	≤ 2	对接、端接、堆焊

（二）气焊焊接工艺的规范与选择

气焊焊接工艺的规范与选择见表6-52。

表6-52 气焊焊接工艺的规范与选择

参数		规范选择原则				
焊件及焊丝	焊件厚度/mm	1.0～2.0	2.0～3.0	3.0～5.0	5.0～10.0	10.0～15.0
	焊丝直径/mm	1.0～2.0	2.0～3.0	3.0～4.0	3.0～5.0	4.0～10.0
焊嘴与焊件夹角		焊嘴与焊件夹角根据焊件厚度、焊嘴大小、施焊位置来确定。焊接开始时夹角大些，接近结束时角度要小				
焊接速度		焊接速度随所用火焰强弱及操作熟练的程度而定，在保证焊件熔透的前提下，应尽量提高焊接速度				
焊嘴号码		根据焊件厚度和材料性质而定				

（三）气焊基本操作

（1）焊炬的操作方法

焊炬的操作方法见表6-53。

表6-53　焊炬的操作方法

操作方法	说　　明
焊炬的握法	一般操作者多用左手拿焊丝，右手握住焊炬的手柄，将大拇指放在乙炔开关位置，由拇指向伸直方向推动乙炔开关，用食指拨动氧气开关，有时也可用拇指来协助打开氧气开关，这样可以随时调节气体的流量
火焰的点燃	先逆时针方向微开氧气开关放出氧气，再逆时针方向旋转乙炔开关放出乙炔，然后将焊嘴靠近火源点火，点火后应立即调整火焰，使火焰达到正常形状。开始练习时，可能出现连续的放炮声，原因是乙炔不纯，应放出不纯的乙炔，然后重新点火；有时会出现不易点燃的现象，多是因为氧气量过大，应重新微关氧气开关。点火时，拿火源的手不要正对焊嘴，也不要将焊嘴指向他人，以防烧伤
火焰的调节	开始点燃的火焰多为碳化焰，如要调成中性焰，则要逐渐增加氧气的供给量，直至火焰的内焰与外焰没有明显的界线时，即为中性焰。如果再继续增加氧气或减少乙炔，就得到氧化焰；若增加乙炔或减少氧气，即可得到碳化焰
火焰的熄灭	焊接工作结束或中途停止时，必须熄灭火焰。正确的熄灭方法是：先顺时针方向旋转乙炔阀门，直至关闭乙炔，再顺时针方向旋转氧气阀门关闭氧气，以避免出现黑烟和火焰倒袭。关闭阀门时，不漏气即可，不要关得太紧，以防止磨损过快，降低焊炬的使用寿命
火焰的异常现象及消除方法	点火和焊接中发生的火焰异常现象，应立即找出原因，并采取有效措施加以排除，具体现象及消除方法见表6-54

表6-54　火焰的异常现象及消除方法

异常现象	产生原因	消除方法
火焰熄灭或火焰强度不够	①乙炔管道内有水； ②回火保险器性能不良； ③压力调节器性能不良	①清理乙炔橡胶管，排除积水； ②把回火保险器的水位调整好； ③更换压力调节器
点火时有爆声	①混合气体未完全排除； ②乙炔压力过低； ③气体流量不足； ④焊嘴孔径扩大、变形； ⑤焊嘴堵塞	①排除焊炬内的空气； ②检查乙炔发生器； ③排除橡胶管中的水； ④更换焊嘴； ⑤清理焊嘴及射吸管积炭
脱水	乙炔压力过高	调整乙炔压力
焊接中产生爆声	①焊嘴过热，黏附脏物； ②气体压力未调好； ③焊嘴碰触焊缝	①熄灭后仅开氧气进行水冷，清理焊嘴； ②检查乙炔和氧气的压力是否恰当； ③使焊嘴与焊缝保持适当距离
氧气倒流	①焊嘴被堵塞； ②焊炬损坏无射吸力	①清理焊嘴； ②更换或修理焊炬
回火（有"嘘嘘"声），焊炬把手发烫	①焊嘴孔道污物堵塞； ②焊嘴孔道扩大、变形； ③焊嘴过热； ④乙炔供应不足； ⑤射吸力降低； ⑥焊嘴离工件太近	①关闭氧气，如果回火严重，还要拨开乙炔胶管； ②关闭乙炔； ③水冷焊炬； ④检查乙炔系统； ⑤检查焊炬； ⑥使焊嘴与焊缝熔池保持适当距离

（2）焊炬和焊丝的摆动

焊炬和焊丝的摆动方式与焊件厚度、金属性质、焊件所处的空间位置及焊缝尺寸等有关。焊炬和焊丝的摆动应包括三个方向的动作。

第一个方法的动作：沿焊接方向移动。不间断地熔化焊件和焊丝，形成焊缝。第二个方法的动作：焊炬沿焊缝做横向摆动。使焊缝边缘得到火焰的加热，并很好地熔透，同时借助火焰气体的冲击力把液体金属搅拌均匀，使熔渣浮起，从而获得良好的焊缝成形，同时，还可避免焊缝金属过热或烧穿。第三个方法的动作：焊丝在垂直于焊缝的方向送进并做上下移动。如在熔池中发现有氧化物和气体时，可用焊丝不断地搅动金属熔池，使氧化物浮出或排出气体。

平焊时常见的焊炬和焊丝的摆动方法如图6-51所示。

（3）焊接方向

气焊时，按照焊炬和焊丝的移动方向，可分为右向焊法和左向焊法两种，如图6-52所示。

右向焊法。如图6-52（a）所示，焊炬指向焊缝，焊接过程从左向右，焊炬在焊丝面前移动。焊炬火焰直接指向熔池，并遮盖整个熔池，使周围空气与熔池隔离，所以能防止焊缝金属的氧化和减少产生气孔的可能性，同时还能使焊好的焊缝缓慢地冷却，改善了焊缝组织。由于焰芯距熔池较近，火焰受焊缝的阻挡，火焰的热量较集中，热量的利用率也较高，使熔深增加，并提高生产效率。所以右向焊法适合焊接厚度较大以及熔点和热导率较高的焊件。右向焊法不易掌握，一般较少采用。

左向焊法。如图6-52（b）所示，焊炬是指向焊件未焊部分，焊接过程自右向左，而且焊炬是跟着焊丝走。由于左向焊法火焰指向焊件未焊部分，对金属有预热作用，因此，焊接薄板时生产效率很高，这种方法操作简便，容易掌握，是普遍应用的方法。但左向焊法的缺点是焊缝易氧化，冷却较快，热量利用率低，故适用于薄板的焊接。

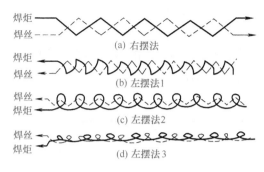

图 6-51　焊炬和焊丝的摆动方法

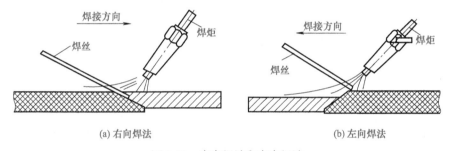

图 6-52　右向焊法和左向焊法

（4）焊缝的起头、连接和收尾

焊缝的起头。由于刚开始焊接，焊件起头的温度低，焊炬的倾斜角应大些，对焊件进行预热并使火焰往复移动，保证起焊处加热均匀，一边加热一边观察熔池的形成，待焊件表面开始发红时将焊丝端部置于火焰中进行预热，一旦形成熔池立即将焊丝伸入熔池，焊丝熔化后即可移动焊炬和焊丝，并相应减少焊炬倾斜角进行正常焊接。

焊缝的连接。在焊接过程中，因中途停顿又继续施焊时，应用火焰把连接部位5～10mm的焊缝重新加热熔化，形成新的熔池，再加少量焊丝或不加焊丝重新开始焊接，连接处应保证焊透和焊缝整体平整及圆滑过渡。

焊缝的收尾。当焊到焊缝的收尾处时，应减少焊炬的倾斜角，防止烧穿，同时要增加焊接速度并多添加一些焊丝，直到填满为止，为了防止氧气和氮气等进入熔池，可用外焰对熔池保护一定的时间（如表面已不发红）后再移开。

（5）焊后处理

焊后残存在焊缝及附近的熔剂和焊渣要及时清理干净，否则会腐蚀焊件。清理时，先在60～80℃热水中用硬毛刷洗刷焊接接头，重要构件洗刷后再放入60～80℃、质量分数为2%～3%的铬酐水溶液中浸泡5～10min，然后再用硬毛刷仔细洗刷，最后用热水冲洗干净。

清理后若焊接接头表面无白色附着物即可认为合格，或用质量分数为 2% 硝酸银溶液滴在焊接接头上，若没有产生白色沉淀物，即说明清洗干净。

铸造合金补焊后为消除内应力，可进行 300 ～ 350℃退火处理。

（四）T形接头和搭接接头的气焊

T 形接头和搭接接头的气焊操作形式及说明见表 6-55。

表 6-55　T形接头和搭接接头的气焊操作形式及说明

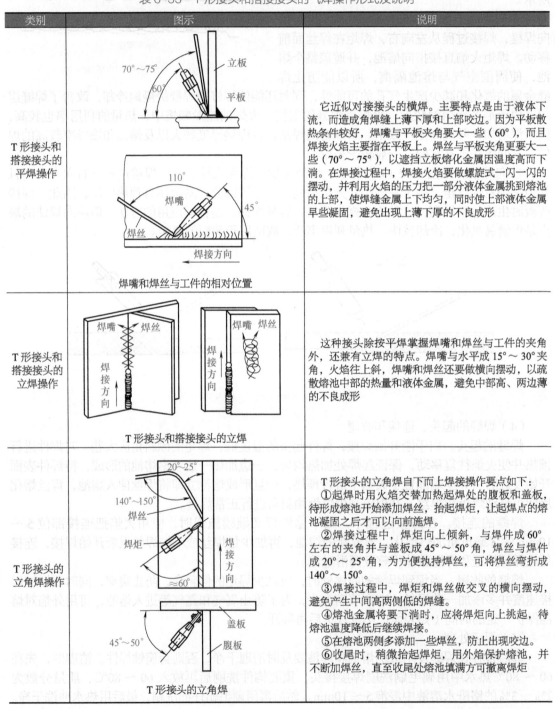

类别	图示	说明
T形接头和搭接接头的平焊操作	焊嘴和焊丝与工件的相对位置	它近似于对接接头的横焊。主要特点是由于液体下流，而造成角焊缝上薄下厚和上部咬边。因为平板散热条件较好，焊嘴与平板夹角要大一些（60°），而且焊接火焰主要指在平板上。焊丝与平板夹角更要大一些（70°～75°），以遮挡立板熔化金属因温度高而下淌。在焊接过程中，焊丝火焰要做螺旋式一闪一闪的摆动，并利用火焰的压力把一部分液体金属挑到熔池的上部，使焊缝金属上下均匀，同时使上部液体金属早些凝固，避免出现上薄下厚的不良成形
T形接头和搭接接头的立焊操作	T形接头和搭接接头的立焊	这种接头除按平焊掌握焊嘴和焊丝与工件的夹角外，还兼有立焊的特点。焊嘴与水平成15°～30°夹角，火焰往上斜，焊嘴和焊丝还要做横向摆动，以疏散熔池中部的热量和液体金属，避免中部高、两边薄的不良成形
T形接头的立角焊操作	T形接头的立角焊	T 形接头的立角焊自下而上焊操作要点如下： ①起焊时用火焰交替加热起焊处的腹板和盖板，待形成熔池开始添加焊丝，抬起焊炬，让起焊点的熔池凝固之后才可以向前施焊。 ②焊接过程中，焊炬向上倾斜，与焊件成60°左右的夹角并与盖板成45°～50°角，焊丝与焊件成20°～25°角，为方便执持焊丝，可将焊丝弯折成140°～150°。 ③焊接过程中，焊炬和焊丝做交叉的横向摆动，避免产生中间高两侧低的焊缝。 ④熔池金属将要下淌时，应将焊炬向上挑起，待熔池温度降低后继续焊接。 ⑤在熔池两侧多添加一些焊丝，防止出现咬边。 ⑥收尾时，稍微抬起焊炬，用外焰保护熔池，并不断加焊丝，直至收尾处熔池填满方可撤离焊炬

类别	图示	说明
T形接头的侧仰焊操作	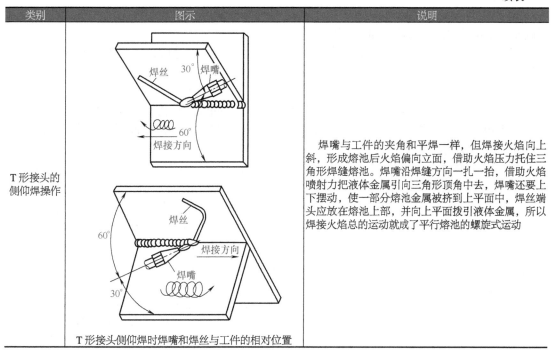 T形接头侧仰焊时焊嘴和焊丝与工件的相对位置	焊嘴与工件的夹角和平焊一样,但焊接火焰向上斜,形成熔池后火焰偏向立面,借助火焰压力托住三角形焊缝熔池。焊嘴沿焊缝方向一扎一抬,借助火焰喷射力把液体金属引向三角形顶角中去,焊嘴还要上下摆动,使一部分熔池金属被挤到上平面中,焊丝端头应放在熔池上部,并向上平面拨引液体金属,所以焊接火焰总的运动就成了平行熔池的螺旋式运动

（五）各种焊接位置气焊的操作

气焊时经常会遇到各种不同焊接位置的焊缝,有时同一条焊缝就会遇到几种不同的焊接位置,如固定管子的吊焊。熔焊时,焊件接缝所处的空间位置称为焊接位置,焊接位置可用焊缝倾角和焊缝转角来表示,分为平焊、立焊、横焊和仰焊等。

（1）平焊位置气焊操作

如图 6-53 所示为水平旋转的钢板平对接焊。焊缝倾角在 0°～5°、焊缝转角在 0°～10° 的焊接位置称为平焊位置,在平焊位置进行的焊接即为平焊。水平放置的钢板平对接焊是气焊焊接操作的基础。平焊的操作要点如下:

① 采用左焊法,焊炬的倾角 40°～50°,焊丝的倾角也是 40°～50°。

② 焊接时,当焊接处加热至红色时,尚不能加入焊丝,必须待焊接处熔化并形成熔池时,才可加入焊丝。当焊丝端部粘在池边沿上时,不要用力

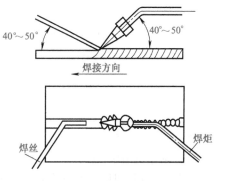
图 6-53 水平旋转的钢板平对接焊

拔焊丝,可用火焰加热粘住的地方,让焊丝自然脱离。如熔池凝固后还想继续施焊,应将原熔池周围重新加热,待熔化后再加入焊丝继续焊接。

③ 焊接过程中若出现烧穿现象,应迅速提起火焰或加快焊速,减小焊炬倾角,多加焊丝,待穿孔填满后再以较快的速度向前施焊。

④ 如发现熔池过小或不能形成熔池,焊丝熔滴不能与焊件熔合,而仅仅敷在焊件表面,表明热量不够,这是由焊炬移动过快造成的。此时应降低焊接速度,增加焊炬倾角,待形成正常熔池后,再向前焊接。

⑤ 如果熔池不清晰且有气泡,出现火花、飞溅等现象,说明火焰性质不适合,应及时

调节成中性焰后再施焊。

⑥ 如发现熔池内的液体金属被吹出，说明气体流量过大或焰芯离熔池太近，此时应立即调整火焰能率或使焰芯与熔池保持正确距离。

⑦ 焊接时除开头和收尾另有规范外，应保持均匀的焊接速度，不可忽快忽慢。对于较长的焊缝，一般应先做定位焊，再从中间开始向两边交替施焊。

（2）平角焊位置气焊操作

焊缝倾角为0°，将互相成一定角度（多为90°）的两焊件焊接在一起的焊接方法称为平角焊。平角焊时，由于熔池金属的下淌，往往在立板处产生咬边和焊脚两边尺寸不等两种缺陷，如图6-54所示，操作要点如下。

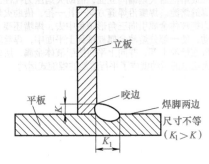

图 6-54 平角焊接缺陷

① 起焊前预热，应先加热平板至暗红色再逐渐将火焰转向立板，待起焊处形成熔池后，方可加入焊丝施焊，以免造成根部焊不透的缺陷。

② 焊接过程中，焊炬与平板之间保持45°～50°夹角，与立板保持20°～30°夹角，焊丝与焊炬夹角约为100°，焊丝与立板夹角为15°～20°，如图6-55所示。焊接过程中焊丝应始终浸入熔池，以防火焰对熔化金属加热过度，避免熔池金属下淌。操作时，焊炬做螺旋式摆动前进，可使焊脚尺寸相等。同时，应注意观察熔池，及时调节倾角和焊丝填充量，防止咬边。

③ 接近收尾时，应减小焊炬与平面之间的夹角，提高焊接速度，并适当增加焊丝填充量。收尾时，适当提高焊炬，并不断填充焊丝，熔池填满后，方可撤离焊炬。

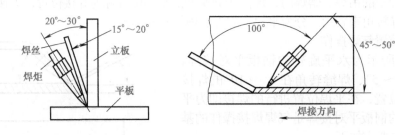

图 6-55 平角焊位置气焊操作

（3）横焊位置气焊操作

焊缝倾角为0°～5°、焊缝转角为70°～90°的对接焊缝，或焊缝倾角为0°～5°、焊缝转角为30°～55°的角焊缝的焊接位置称为横焊位置，如图6-56所示。平板横对接焊由于金属熔池下淌，焊缝上边容易形成焊瘤或未熔等缺陷，需注意如下操作要点。

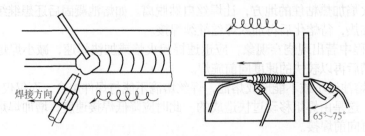

图 6-56 横焊位置气焊操作

① 选用较小的火焰能率（比立焊的稍小些）。适当控制熔池温度，既保证熔透，又不能使熔池金属因受热过度而下坠。

② 操作时，焊炬向上倾斜，并与焊件保持65°～75°，利用火焰的吹力来托住熔池金属，防止下淌，焊丝要始终浸在熔池中，并不断把熔化金属向上边推去，焊丝做来回半圆形或斜环形摆动，并在摆动的过程中被焊接火焰加热熔化，以避免熔化金属堆积在熔池下面而形成咬边、焊瘤等缺陷。在焊接薄件时，焊嘴一般不做摆动；焊接较厚件时，焊嘴可做小的环行摆动。

③ 为防止火焰烧手，可将焊丝前端50～100mm处加热弯成小于90°（一般为45°～60°）的形式，手持的一端宜垂直向下，见图6-56所示。

（4）立焊位置气焊操作

焊缝倾角在80°～90°、焊缝转角在0°～180°的焊接位置称为立焊位置，焊缝处于立面上的竖直位置。立焊时熔池金属更容易下淌，焊缝成形困难，不易得到平整的焊缝。立焊的操作要点如下。

① 立焊时，焊接火焰应向上倾斜，与焊件成60°夹角，并应少加焊丝，采用比平焊小15%左右的火焰能率进行焊接。焊接过程中，在液体金属即将下淌时，应立即把火焰向上提起，待熔池温度降低后，再继续进行焊接。一般为了避免熔池温度过高，可以把火焰较多地集中在焊丝上，同时增加焊接速度来保证焊接过程的正常进行。

② 要严格控制熔池温度，不能使熔池面积过大，深度也不能过深，以防止熔池金属下淌。熔池应始终保持扁圆或椭圆形，不要形成尖形。焊炬沿焊接方向向上倾斜，借助火焰的气流吹力托住熔池金属，防止下淌。

③ 为方便操作，可将焊丝弯成120°～140°，从而便于手持焊丝正确施焊。焊接时，焊炬不做横向摆动，只做单一上下跳动，给熔池一个加快冷却的机会，保证熔池受热适当，焊丝应在火焰气流范围内做环形运动，将熔滴有节奏地添加到熔池中。

④ 立焊2mm以下厚度的薄板，应加快焊速，使液体金属不等下淌就会凝固。不要使焊接火焰做上下的纵向摆动，可做小的横向摆动，以疏散熔池中间的热量，并把中间的液体金属带到两侧，以获得较好的成形。

⑤ 焊接2～4mm厚的工件可以不开坡口，为了保证熔透，应使火焰能率适当大些。焊接时，在起焊点应充分预热，形成熔池，并在熔池上熔化出一个直径相当于工件厚度的小孔，然后用火焰在小孔边缘加热熔化焊丝，填充圆孔下边的熔池，一面向上扩孔，一面填充焊丝完成焊接。

⑥ 焊接5mm以上厚度的工件应开坡口，最好也能先烧一个小孔，将钝边熔化掉，以便焊透。

平板的立焊一般采用自下而上的左焊法，焊嘴、焊丝的相对位置如图6-57所示。

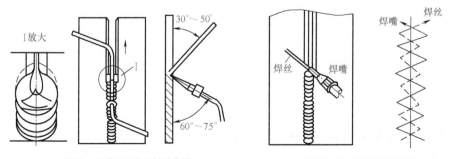

(a) 焊丝、焊嘴与工件的相对位置　　　　　　(b) 焊丝和焊嘴的摆动方法

图6-57　立焊位置气焊操作

（5）仰焊位置气焊操作

焊缝倾角在0°～15°、焊缝转角在165°～180°的对接焊缝，焊缝倾角在0°～15°、焊缝转角在115°～180°的角焊缝的焊接位置称为仰焊位置。焊接火焰在工件下方，焊工需仰视工件方能进行焊接，平板对接仰焊操作如图6-58所示。

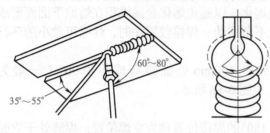

图6-58　平板对接仰焊操作

仰焊由于熔池向下，熔化金属下坠，甚至滴落，劳动条件差，生产效率低，所以难以形成满意的熔池及理想的焊缝形状和焊接质量，仰焊一般用于焊接某些固定的焊件。仰焊操作要点如下。

① 选择较小的火焰能率，所用焊炬的焊嘴较平焊时小一号。严格控制熔池温度、形状和大小，保持液态金属始终处于黏团状态。应采用较小直径的焊丝，以薄层堆敷上去。

② 仰焊带坡口或较厚的焊件时，必须采取多层焊，防止因单层焊熔滴过大而下坠。

③ 对接接头仰焊时，焊嘴与焊件表面成60°～80°夹角，焊丝与焊件夹角35°～55°。在焊接过程中焊嘴应不断做扁圆形横向摆动，焊丝做"之"字形运动，并始终浸在熔池中，以疏散熔池的热量，让液体金属尽快凝固，获得良好的焊缝成形。

④ 仰焊可采用左焊法，也可用右焊法。左焊法便于控制熔池和送入焊丝，操作方便，采用较多；右焊法焊丝的末端与火焰气流的压力能防止熔化金属下淌，使得焊缝成形较好。

⑤ 仰焊时应特别注意操作姿势，防止飞溅金属微粒和金属熔滴烫伤面部及身体，并应选择较轻便的焊炬和细软的橡胶管，以减轻焊工的劳动强度。

八、CO_2气体保护焊

CO_2气体保护焊的过程如图6-59所示。CO_2气体保护焊的焊接电源均使用平硬式缓降外特性直流电源。按焊枪和送丝系统方式，可分为推丝式焊枪、拉丝式焊枪和推拉丝焊枪。按焊枪结构形状可分为手枪式和鹅颈式。

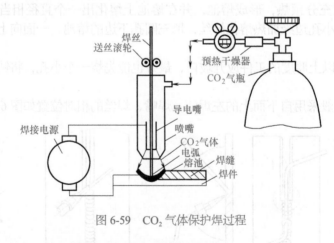

图6-59　CO_2气体保护焊过程

（一）CO_2气体保护焊的特点及焊接参数的选用

（1）CO_2气体保护焊的特点

CO_2气体保护焊的特点及说明见表6-56。

表 6-56　CO_2 气体保护焊的特点及说明

特点	说明
CO_2 气体的氧化性	焊接时 CO_2 气体被大量的分解，分解出来的氧原子具有强烈的氧化性；常用的脱氧措施是加入铝、钛、硅、锰脱氧剂。其中硅、锰用得最多
气孔	由于气流的冷却作用，熔池凝固较快，很容易在焊缝中产生气孔。但有利于薄板焊接，焊后变形也小。其气孔形式如下： ①一氧化碳气孔。在焊接熔池开始结晶过程中，熔池中的碳与 FeO 反应生成的 CO 气体来不及逸出，而形成气孔。若在焊丝中加入较多的脱氧元素，并限制碳的含量，产生 CO 气孔的可能性很小。 ②氮气孔。原因是保护气层遭到破坏，使大量空气侵入焊接区所致。 ③氢气孔。主要来自油污、铁锈及水分。CO_2 气体具有氧化性，可以抑制氢气孔的产生，只要焊接前对 CO_2 气体进行干燥处理，去除水分，则产生氢气孔的可能性很小。 因此，CO_2 气体保护焊焊缝产生的气孔，主要气体是氮气。加强保护是防止气孔的重要措施
抗冷裂性	由于焊接接头含氢量少，所以 CO_2 气体保护焊具有较高的抗冷裂能力
飞溅	飞溅是 CO_2 气体保护焊的主要缺点。产生飞溅的原因有以下几个方面： ①由 CO 气体造成的飞溅。CO_2 气体分解后具有强烈的氧化性，使碳氧化成 CO 气体，CO 气体受热急剧膨胀，造成熔滴爆破，产生大量细粒飞溅。减少这种飞溅可采用脱氧元素多、含碳量低的脱氧焊丝，以减少 CO 气体的生成。 ②斑点压力引起的飞溅。用正极性焊接时，熔滴受斑点压力大，飞溅也大。采用反极性可减少飞溅。 ③短路时引起的飞溅。发生短路时，焊丝与熔池间形成液体小桥（细颈部），由于短路电流的强烈加热及电磁收缩力作用，使小桥爆断而产生细颗粒飞溅。在焊接回路中串联合适的电感值，可减少这种飞溅

（2）CO_2 气体保护焊焊接参数的选用

CO_2 气体保护焊的主要焊接参数是指焊接电流、电弧电压、焊接速度、焊丝直径、焊丝干伸长度和气体流量等（见表 6-57）。焊工应该根据施焊时的实际情况、飞溅的大小及焊缝的外观成形，来分别判断所选定的焊接参数是否正确，并加以适当调整。

表 6-57　CO_2 气体保护焊参数的选用

特点	说　　明
短路电流	短路过渡采用细焊丝，常用焊丝直径为 0.6～1.2mm，随着焊丝直径增大，飞溅颗粒也相应增大
焊接电流	CO_2 气体保护焊时，如果焊接电流过小，则熔滴粗大，熔深浅，电弧稳定性差；若焊接电流过大，则焊接过程不稳定，熔滴来不及过渡，致使焊丝插入熔池，并形成大颗粒的飞溅；CO_2 气体保护焊采用短路过渡形式时焊接参数的选用见附表 1 附表 1　焊接参数的选用 <table><tr><td>焊接参数</td><td colspan="3">参数值</td></tr><tr><td>焊丝直径 / mm</td><td>0.8</td><td>1.2</td><td>1.6</td></tr><tr><td>焊接电流 / A</td><td>100～110</td><td>120～135</td><td>140～180</td></tr><tr><td>电弧电压 / V</td><td>18</td><td>19</td><td>20</td></tr></table>
焊接电压	电弧电压应与焊接电流配合选择。随焊接电流增加，电弧电压也应相应加大。短路过渡时，电压为 16～24V。粗滴过渡时，电压应为 25～45V。电压过高或过低，都会影响电弧的稳定性并导致飞溅增加
焊接速度	焊接速度对焊缝成形、接头性能都有影响。速度过快会引起咬边、未焊透及气孔等缺陷。速度过慢则效率低，输入焊缝的热量过多，接头晶粒粗大，变形大，焊缝成形差。一般半自动焊速度为 15～40m/h
焊丝直径	焊丝直径分细丝和粗丝两大类。半自动 CO_2 气体保护焊多用直径 0.4～1.6mm 的细丝；自动 CO_2 气体保护焊多用直径 1.6～5mm 的粗丝；焊丝直径大小根据焊件的厚度和施焊位置进行选择，见附表 2 附表 2　焊丝直径大小的选择 <table><tr><td>焊丝直径 /mm</td><td>熔滴过渡形式</td><td>可焊板厚 /mm</td><td>焊缝位置</td></tr><tr><td rowspan="2">0.5～0.8</td><td>短路过渡</td><td>0.4～3.2</td><td>全位置</td></tr><tr><td>射滴过渡</td><td>2.5～4</td><td>水平</td></tr><tr><td rowspan="2">1.0～1.4</td><td>短路过渡</td><td>2～8</td><td>全位置</td></tr><tr><td>射滴过渡</td><td>2～12</td><td>水平</td></tr><tr><td rowspan="2">1.6</td><td>短路过渡</td><td>3～12</td><td>全位置</td></tr><tr><td>射滴过渡</td><td>＞8</td><td>水平</td></tr><tr><td>2.0～5.0</td><td>射滴过渡</td><td>＞10</td><td>水平</td></tr></table>

特点	说　明
焊丝干伸长度	焊丝干伸长度应为焊丝直径的 10 ～ 20 倍。干伸长度过大，焊丝会成段熔断，飞溅严重，气体保护效果差；过小，不但易造成飞溅物堵塞喷嘴，影响保护效果，还会影响焊工视线
气体流量及纯度	气体流量小，电弧不稳定，焊缝表面成深褐色，并有密集网状小孔；气体流量过大，会产生不规则湍流，焊缝表面呈浅褐色，局部出现气孔；适中的气体流量，电弧燃烧稳定，保护效果好，焊缝表面无氧化色。通常焊接电流在 200A 以下时，气体流量选用 10 ～ 15L/min；焊接电流大于 200A 时，气体流量选用 15 ～ 25L/min；CO_2 气体保护焊气体纯度不得低于 99.5%

对接接头半自动、自动 CO_2 气体保护焊焊接参数的选用见表 6-58。

表 6-58　对接接头半自动、自动 CO_2 气体保护焊焊接参数的选用

焊件厚度 /mm	坡口形式	焊接位置	有无垫板	焊丝直径 /mm	坡口或坡口面角度 /(°)	根部间隙 /mm	钝边 /mm	根部半径 /mm	焊接电流	电弧电压	气体流量 /(L/min)	自动焊焊接速度 /(m/h)	极性
1.0 ～ 2.0	I	平	无	0.5 ～ 1.2		0 ～ 0.5			35 ～ 120	17 ～ 21	6 ～ 12	18 ～ 35	直流反接
		平	有	0.5 ～ 1.2		0 ～ 1.0			40 ～ 150	18 ～ 23	6 ～ 12	18 ～ 30	
		立	无	0.5 ～ 0.8		0 ～ 0.5			35 ～ 100	16 ～ 19	8 ～ 15		
		立	有	0.5 ～ 1.0		0 ～ 1.0			35 ～ 100	16 ～ 19	8 ～ 15		
2.0 ～ 4.5	I	平	无	0.8 ～ 1.2		0 ～ 2.0			100 ～ 230	20 ～ 26	10 ～ 15	20 ～ 30	
		平	有	0.8 ～ 1.6		0 ～ 2.5			120 ～ 260	21 ～ 27	10 ～ 15	20 ～ 30	
		立	无	0.8 ～ 1.2		0 ～ 1.5			70 ～ 120	17 ～ 20	10 ～ 15		
		立	有	0.8 ～ 1.0		0 ～ 2.0			70 ～ 120	17 ～ 20	10 ～ 15		
5.0 ～ 9.0	I	平	无	1.2 ～ 1.6		1.0 ～ 2.0			200 ～ 400	23 ～ 40	15 ～ 20	20 ～ 42	
		平	有	1.2 ～ 1.6		1.0 ～ 3.0			250 ～ 420	26 ～ 41	15 ～ 25	18 ～ 35	
10 ～ 12	I	平	无	1.6		1.0 ～ 2.0			350 ～ 450	32 ～ 43	15 ～ 25	20 ～ 42	
5 ～ 60	Y	平	无	1.2 ～ 1.6	45 ～ 60	0 ～ 2.0	0 ～ 5.0		200 ～ 450	23 ～ 43	15 ～ 25	20 ～ 42	
		平	有	1.2 ～ 1.6	30 ～ 50	4.0 ～ 7.0	0 ～ 3.0		250 ～ 450	26 ～ 43	15 ～ 25	18 ～ 35	
		立	无	1.2 ～ 1.6	45 ～ 60	0 ～ 2.0	0 ～ 3.0		100 ～ 150	17 ～ 21	15 ～ 25		
		立	有	0.8 ～ 1.2	35 ～ 50	4.0 ～ 7.0	0 ～ 2.0		100 ～ 150	17 ～ 21	10 ～ 15		
		横	无	1.2 ～ 1.6	40 ～ 50	0 ～ 2.0	0 ～ 5.0		200 ～ 400	23 ～ 40	15 ～ 25		
		横	有	1.2 ～ 1.6	30 ～ 50	4.0 ～ 7.0	0 ～ 3.0		250 ～ 400	26 ～ 40	15 ～ 20		
10 ～ 100	K	平	无	1.2 ～ 1.6	40 ～ 50	0 ～ 2.0	0 ～ 5.0		200 ～ 450	23 ～ 43	15 ～ 25	20 ～ 42	
		立	无	0.8 ～ 1.2	45 ～ 50	0 ～ 2.0	0 ～ 3.0		100 ～ 150	17 ～ 21	15 ～ 25		
		横	无	1.2 ～ 1.6	45 ～ 50	0 ～ 3.0	0 ～ 5.0		200 ～ 400	23 ～ 40	15 ～ 25		
	双V	平	无	1.2 ～ 1.6	45 ～ 50	0 ～ 2.0	0 ～ 3.0		100 ～ 150	19 ～ 21	15 ～ 25		
20 ～ 60	U	平	无	1.2 ～ 1.6	10 ～ 12	0 ～ 2.0	2.0 ～ 5.0	8.0 ～ 10	200 ～ 450	23 ～ 43	20 ～ 25	20 ～ 42	
40 ～ 100	双U	平	无	1.2 ～ 1.6	10 ～ 12	0 ～ 2.0	2.0 ～ 5.0	8.0 ～ 10	200 ～ 450	23 ～ 43	20 ～ 25	20 ～ 42	

（二）CO_2 气体保护焊熔滴过渡形式

CO_2 气体保护焊有三种溶滴过渡形式：短路过渡、滴状过渡及射滴（射流）过渡。

（1）短路过渡

熔滴短路过渡的形式如图 6-60 所示。在较小焊接电流和较低电弧电压下，熔化金属首先集中在焊丝的下端，并开始形成熔滴，如图 6-60（a）所示。然后熔滴的颈部变细加长，如图 6-60（b）所示，这时颈部的电流密度增大，促使熔滴的颈部继续向下伸延。当熔滴与熔池接触发生短路时，如图 6-60（c）所示，电弧熄灭，这时短路电流迅速上升，随着短路电流的增加，在电磁压缩力和熔池表面张力的作用下，使熔滴的颈部变得更细。当短路电流

增大到一定数值后，部分缩颈金属迅速汽化，缩颈即爆断，熔滴全部进入熔池。同时，电流电压很快恢复到引燃电压，于是电弧又重新点燃，焊丝末端又重新形成熔滴，如图6-60（d）所示，重复下一个周期的过程。短路过渡时，在其他条件不变的情况下，熔滴质量和过渡周期主要取决于电弧长度。随着电弧长度（电弧电压）的增加，熔滴质量和过渡周期增大。如果电弧长度不变，增加电流，则过渡频率增高，熔滴变细。

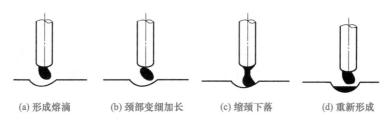

(a) 形成熔滴　　(b) 颈部变细加长　　(c) 缩颈下落　　(d) 重新形成

图6-60　熔滴短路过渡形式

（2）滴状过渡

当电弧长度超过一定值时，熔滴依靠表面张力的作用，可以保持在焊丝端部上自由长大。当促使熔滴下落的力大于表面张力时，熔滴就离开焊丝落到熔池中，而不发生短路，如图6-61所示。这种过渡形式又可分为大滴状过渡和细滴状过渡。细滴状过渡的熔滴尺寸和过渡参数主要取决于焊接电流，而电压的影响则相对较小。

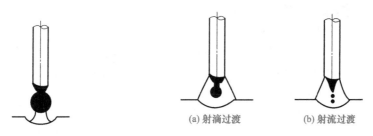

(a) 射滴过渡　　(b) 射流过渡

图6-61　滴状过渡形式　　　　图6-62　射滴、射流过渡形式

（3）射滴（射流）过渡

射滴过渡和射流过渡形式如图6-62所示。射滴过渡时，过渡熔滴的直径与焊丝直径相近，并沿焊丝轴线方向过渡到熔池中，这时的电弧呈钟罩形，焊丝端部熔滴大部分或全部被弧根所笼罩。射流过渡在一定条件下形成，其焊丝端部的液态金属呈"铅笔尖"状，细小的熔滴从焊丝尖端一个接一个地向熔池过渡。射流过渡的速度极快，脱离焊丝端部的熔滴加速度可达到重力加速度的几十倍；射滴过渡和射流过渡形式具有电弧稳定，没有飞溅，电弧熔深大，焊缝成形好，生产效率高等优点，因此适用粗丝气体保护焊。如果获得射滴（射流）过渡以后继续增加电流到某一值时，则熔滴作高速螺旋运动，叫作旋转喷射过渡。CO_2气体保护焊这三种熔滴过渡形式的特点及应用范围如下。

① 特点。

a. 短路过渡。电弧燃烧、熄灭和熔滴过渡过程稳定，飞溅小，焊缝质量较高。

b. 滴状过渡。焊接电弧长，熔滴过渡轴向性差，飞溅严重，工艺过程不稳定。

c. 射滴（射流）过渡。焊接过程稳定，母材熔深大。

② 应用应用范围。

a. 短路过渡。多用于ϕ1.4mm以下的细焊丝，在薄板焊接中广泛应用，适合全位置焊接。

b. 滴状过渡。生产中很少应用。

c. 射滴（射流）过渡。常用于中厚板平焊位置焊接。

（三）定位焊

定位焊的作用是为装配和固定焊件上的接缝位置。定位焊前应把坡口面及焊接区附近的油污、油漆、氧化皮、铁锈及其他附着物用扁铲、錾子、回丝等清理干净，以免影响焊缝质量。

定位焊缝在焊接过程中将熔化在正式焊缝中，所以其质量将会直接影响正式焊缝的质量，因此，定位焊用焊丝与正式焊缝施焊用焊丝应该相同，而且操作时必须认真细致。为保证焊件的连接可靠，定位焊缝的长度及间隔距离应该根据焊件的厚度来进行选择，如图 6-63 所示。

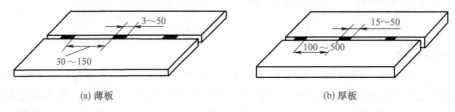

(a) 薄板   (b) 厚板

图 6-63　定位焊焊件的选择

（四）CO_2 气体保护焊的基本操作

（1）焊枪操作的基本要领

① 焊枪开关的操作。所有准备工作完成以后，焊工按合适的姿势准备操作，首先按下焊枪开关，此时整个焊机开始工作，即送气、送丝和供电，接着就可以引弧，开始焊接。焊接结束时，释放焊枪开关，随后就停丝、停电和停气。

② 喷嘴与焊件间的距离。距离过大时保护不良，容易在焊缝中产生气孔，喷嘴高度与产生气孔的关系见表 6-59。从表 6-59 中可知，当喷嘴高度超过 30mm 时，焊缝中将产生气孔。但喷嘴高度过小时，喷嘴易黏附飞溅物并且妨碍焊工的视线，使焊工操作时难以观察焊缝。因此操作时，如焊接电流加大，为减少飞溅物的黏附，应适当提高喷嘴高度。不同焊接电流时喷嘴高度的选用见表 6-60。

表 6-59　喷嘴高度与产生气孔的关系

喷嘴高度/mm	气体流量/(L/min)	外部气孔	内部气孔	喷嘴高度/mm	气体流量/(L/min)	外部气孔	内部气孔
10	20	无	无	40	20	少量	较多
20		无	无	50		较多	很多
30		微量	少量				

表 6-60　不同焊接电流时喷嘴高度的选用

焊丝直径/mm	焊接电流/A	气体流量/(L/min)	喷嘴高度/mm	焊丝直径/mm	焊接电流/A	气体流量/(L/min)	喷嘴高度/mm
1.2	100	15～20	10～15	1.6	300	20	20
	200	20	15		350	20	20
	300	20	20～25		400	20～25	20～25

③ 焊枪的指向位置。根据焊枪在施焊过程中的指向位置，CO_2 气体保护焊有两种操作

方法：焊枪自右向左移动时，称为左焊法；焊枪自左向右移动时，称为右焊法。左焊法操作时焊工易观察焊接方向，熔池在电弧力的作用下，熔化金属被吹向前方，使电弧不能直接作用在母材上，因此熔深较浅，焊道平坦且变宽，飞溅较大，但保护效果好。右焊法操作时，熔池被电弧力吹向后方，因此电弧能直接作用到母材上，熔深较大，焊道变得窄而高，飞溅略小。左焊法和右焊法时焊枪角度的选择如图 6-64 所示。左焊法和右焊法在各种焊接接头上的应用见表 6-61。

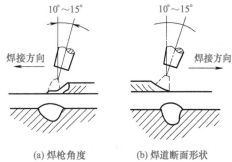

图 6-64　左焊法和右焊法时焊枪角度的选择

表 6-61　左焊法和右焊法在各种焊接接头上的应用

接头形状	左焊法	右焊法
薄板焊接（板厚 0.8～4.5mm） $b \geqslant 0$	①可得到稳定的背面成形 ②焊缝余高小、变宽 ③b 大时作摆动能容易焊接线	①易烧穿、不易得到稳定的背面焊道 ②焊道高而窄 ③b 大时不易焊接
中厚板的双面成形焊接 p、$b \geqslant 0$	①可得到稳定的背面成形 ②b 大时作摆动，根部能焊好	①易烧穿 ②不易得到稳定的背面焊道 ③b 大时立即烧穿
平角焊缝，焊脚尺寸在 8mm 以下	①因容易看到焊接线可准确地瞄准焊缝 ②周围易附着细小的飞溅	①不易看到焊接线，但能看到余高，余高易呈圆弧状 ②基本上无飞溅 ③根部熔深大
船形焊焊脚尺寸在 10mm 以上	①余高呈凹形 ②熔化金属向焊枪前流动，焊趾部位易产生咬边	①余高平滑 ②不易产生咬边 ③根部熔深大
Y 形坡口对接焊	①根部熔深浅（易发生未焊透） ②焊枪摆动时易产生咬边	①容易看到余高 ②熔化金属不往前跑 ③焊缝宽度、余高容易控制
I 形、Y 形坡口横焊 $b \geqslant 0$	①容易看清焊接线 ②b 大时也能防止烧穿，焊道整齐	①电弧熔深大，易烧穿，飞溅少 ②焊道成形不良，窄而高 ③熔宽及余高不易控制 ④易生成焊瘤
高速度焊接 （平、立、横焊等）	可利用焊枪倾角的大小来防止飞溅	①容易产生咬边 ②易产生沟状连续咬边 ③焊道窄而高

④ 焊枪的倾角。焊枪倾角的大小，对焊缝外表成形及缺陷影响很大。平板对接焊时，焊枪对垂直轴的倾角应为 $10° \sim 15°$，见图 6-65 所示。平角焊时，当使用 250A 以下的小电流焊接，要求焊脚尺寸为 5mm 以下，此时焊枪与垂直板的倾角为 $40° \sim 50°$，并指向尖角处，如图 6-65（a）所示。当使用 250A 以上的大电流焊接时，要求焊脚尺寸为 5mm 以上，此时焊枪与垂直板的倾角应为 $35° \sim 45°$，并指向水平板上距尖角 $1 \sim 2mm$ 处，如图 6-65（b）所示。准确掌握焊枪倾角的大小，能保持良好的焊缝成形，否则，容易在焊缝表面产生缺陷。例如，当焊枪的指向偏向于垂直板时，垂直板上将会产生咬边，而水平板上易形成焊瘤，如图 6-66 所示。

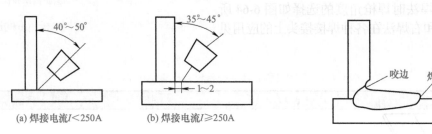

(a) 焊接电流 $I < 250A$ (b) 焊接电流 $I \geqslant 250A$

图 6-65　焊枪的倾角示意　　　　　　　图 6-66　焊瘤的形成示意

⑤ 焊枪的移动方向及操作姿势。为了焊出外表均匀美观的焊道，焊枪移动时应严格保持既定的焊枪倾角和喷嘴高度，如图 6-67 所示。同时还要注意焊枪的移动速度要保持均匀，移动过程中焊枪应始终对准坡口的中心线。半自动 CO_2 气体保护焊时，因焊枪上接有焊接电缆、控制电缆、气管、水管和送丝软管等，所以焊枪的质量较大，焊工操作时很容易疲劳，时间一长就难以掌握焊枪，影响焊接质量。为此，焊工操作时，应尽量利用肩部、脚部等身体可利用的部位，以减轻手臂的负荷。

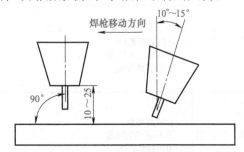

图 6-67　焊枪移动方向示意

（2）引弧

CO_2 气体保护焊，通常采用短路接触法引弧。由于平特性弧焊电源的空载电压低，又是光焊丝，在引弧时，电弧稳定燃烧点不易建立，使引弧变得比较困难，往往造成焊丝成段地爆断，所以引弧前要把焊丝伸出长度调好。如果焊丝端部有粗大的球形头，应用钳子剪掉。引弧前要选好适当的引弧位置，起弧后要灵活掌握焊接速度，以避免焊缝始端出现熔化不良和使焊缝堆得过高的现象。CO_2 气体保护焊的引弧过程如图 6-68 所示，具体操作步骤如下：

① 引弧前先按遥控盒上的点动开关或按焊枪上的控制开关，点动送出一段焊丝，伸出长度小于喷嘴与工件间应保持的距离。

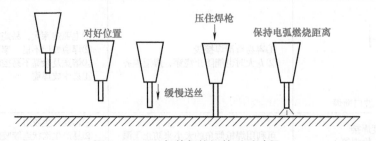

图 6-68　CO_2 气体保护焊的引弧过程

② 将焊枪按要求（保持合适的倾角和喷嘴高度）放在引弧处，此时焊丝端部与工件未接触。喷嘴高度由焊接电流决定。若操作不熟练时，最好双手持枪。

③ 按焊枪上的控制开关，焊机自动提前送气，延时接通电源，保持高电压。当焊丝碰撞工件短路后，自动引燃电弧。短路时，焊枪有自动顶起的倾向，引弧时要稍用力下压焊枪，防止因焊枪抬高，电弧太长而熄火。

（3）运弧

为控制焊缝的宽度和保证熔合质量，CO_2 气体保护焊施焊时也要像焊条电弧焊那样，焊枪要做横向摆动。通常，为了减小热输入、热影响区，减小变形，不应采用大的横向摆动来获得宽焊缝，应采用多层多道焊来焊接厚板。焊枪的主要摆动形式及应用范围见表 6-62。

表 6-62 焊枪的主要摆动形式及应用范围

摆动形式	应用范围及要点
 →	薄板及中厚板打底焊道
 ←→	薄板根部有间隙，坡口有钢垫板时
 ∧∧∧∧∧	坡口小时及中厚板打底焊道，在坡口两侧需停留 0.5s 左右
 MMMMM	厚板焊接时的第二层以后横向摆动，在坡口两侧需停留 0.5s 左右
 ℓℓℓℓℓ	多层焊时的第一层
 ⫷⫷⫷⫷	坡口大时，在坡口两侧需停留 0.5s 左右

（4）收弧

CO_2 气体保护焊机有弧坑控制电路，则焊枪在收弧处停止时，同时接通此电路，焊接电流与电弧电压自动变小，待熔池填满时断电。如果焊机没有弧坑控制电路，或因焊接电流小没有使用弧坑控制电路时，在收弧处焊枪停止前时，并在熔池未凝固时，反复断弧、引弧几次，直至弧坑填满为止。操作时动作要快，如果熔池已凝固才引弧，则可能产生未熔合及气孔等缺陷；收弧时应在弧坑处稍作停留，然后慢慢抬起焊枪，这样就可以使熔滴金属填满弧坑，并使熔池金属在未凝固前仍受到气体的保护。若收弧过快，容易在弧坑处产生裂纹和气孔。

（5）焊缝的始端、弧坑及接头处理

无论是短焊缝还是长焊缝，都有引弧、收弧（产生弧坑）和接头连接的问题。实际操作过程中，这些地方又往往是最容易出现缺陷之处，所以应给予特殊处理。

① 焊缝始端处理。焊接开始时，焊件温度较低，因此焊缝熔深就较浅，严重时会引起母材和焊缝金属熔合不良。为此，必须采取相应的工艺措施，见表 6-63。

表 6-63 焊缝始端处理工艺措施

类别	说　明
使用引弧板	在焊件始端加焊一块引弧板，在引弧板上引弧后再向焊件方向施焊，将引弧时容易出现缺陷的部位留在引弧板上，如图 6-69（a）所示。这种方法常用于重要焊件的焊接
倒退焊接法	在始焊点倒退焊接 15～20mm，然后快速返回按预定方向施焊，如图 6-69（b）所示。这种方法适用性较广
环焊缝的始端处理	环焊缝的始端与收弧端会重叠，为了保证重叠处焊缝熔透均匀和表面圆滑，在始焊处应以较快的速度焊 1 条窄焊缝，最后重叠时再形成所需要的焊缝尺寸，始焊处的窄焊道长 15～20mm，如图 6-69（c）所示

类别	说 明

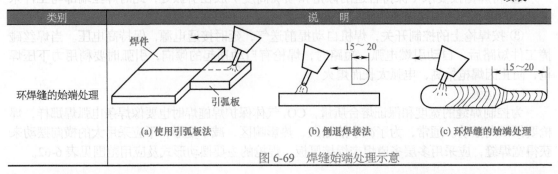

(a) 使用引弧板法　　　　(b) 倒退焊接法　　　　(c) 环焊缝的始端处理

图 6-69　焊缝始端处理示意

② 弧坑处理。焊缝末尾的弧坑处残留的凹坑，由于熔化金属厚度不足，容易产生裂纹和缩孔等缺陷。根据施焊时所用焊接电流的大小，CO_2 气体保护焊时可能产生两种类型的弧坑，如图 6-70 所示。其中图 6-70（a）所示为小焊接电流、短路过渡时的弧坑形状，弧坑比较平坦；图 6-70（b）所示为大焊接电流、喷射过渡时的弧坑形状，弧坑较大且凹坑较深，这种弧坑危害较大，往往需要加以处理。处理弧坑的措施有两种：一种是使用带有弧坑处理装置的焊机，收弧时，弧坑处的焊接电流会自动地减少到正常焊接电流的 60% ~ 70%，同时电弧电压也相应降低到匹配的合适值，将弧坑填平。另一种是使用无弧坑处理装置的焊机，这时采用多次断续引弧填充弧坑的方式，直至填平为止，如图 6-71 所示。此外，在可采用引弧板的情况下，也可以在收弧处加引出板，将弧坑引出焊件。

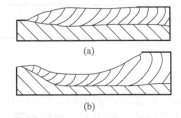

图 6-70　弧坑处理示意

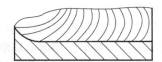

图 6-71　断续引弧填充弧坑的方式

③ 焊缝连接接头处理。长焊缝是由短焊缝连接而成的，连接处接头的好坏将对焊缝质量的影响较大，接头的处理如图 6-72 所示。直线焊道连接的方式是：在弧坑前方 10 ~ 20mm 处引弧，然后将电弧引向弧坑，到达弧坑中心时，待熔化金属与原焊缝相连后，再将电弧引向前方，进行正常操作，如图 6-72（a）所示。摆动焊道连接的方式是：在弧坑前方 10 ~ 20mm 处引弧，然后以直线方式将电弧引向接头处，从接头中心开始摆动，在向前移动的同时，逐渐加大摆幅，转入正常焊接，如图 6-72（b）所示。

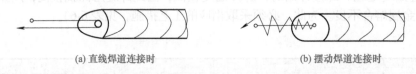

(a) 直线焊道连接时　　　　　　　　(b) 摆动焊道连接时

图 6-72　焊道连接接头的处理

（五）CO_2 电弧点焊焊接技术

CO_2 电弧点焊是把两张或两张以上的钢板重叠在一起，从单面利用电弧进行点焊的方法，它不需要特殊的焊接设备，只是在普通 CO_2 焊接设备上附加一套控制系统，使保护气体、电源电压、送丝速度及电弧燃烧时间按照一定的顺序动作完成电弧点焊。CO_2 电弧点焊对工件表面的油、锈等脏物比较敏感，焊接前应仔细清除，同时要将上下两铁板之间压紧，防止未熔合，一般要使用较大的焊接电流。CO_2 电弧点焊的典型焊接规范见表 6-64。

表 6-64　CO_2 电弧点焊的典型焊接规范

上板厚度 /mm	下板厚度 /mm	焊接电流 /A	电弧电压 /V	燃弧时间 /s
1.2	2.3	320	31	0.6
	3.2	350	32	0.7
	6	390	33	1.1
1.6	2.3	340	32	0.6
	3.2	370	33	0.7
	6	460	35	0.7
3.2	3.2	400	32	1.0
	4.5	400	33	1.5
	6	480	35	2.0

（六）CO_2 气体保护焊常见缺陷及原因

CO_2 气体保护焊常见缺陷、原因及预防措施见表 6-65。

表 6-65　CO_2 气体保护焊常见缺陷、原因及预防措施

缺陷名称	产生原因	防止措施
气孔	①焊丝或焊件有油、锈和水 ②CO_2 气体纯度不良 ③气体减压阀冻结，不能供气 ④喷嘴被飞溅物堵塞 ⑤输气管路堵塞 ⑥有风	①仔细脱脂，除锈和水 ②更换气体或采取脱水措施 ③串接预热器 ④清除附着喷嘴内壁的飞溅物 ⑤检查气路有无堵塞和弯折处 ⑥采用挡风措施
裂纹	①焊丝或焊件有油、锈和漆 ②焊缝中 C、S 含量高，Mn 含量低 ③多层焊第一道焊缝过薄 ④熔深过大	①仔细脱脂，除锈和漆 ②调整焊丝、焊件 ③增加焊道厚度 ④调整焊接参数
飞溅	①电感量过大或过小 ②电弧电压太高 ③导电嘴磨损严重 ④送丝不均匀 ⑤焊丝与焊件表面清理不良	①仔细调整 ②调节电弧电压 ③更换新导电嘴 ④检查送丝轮和送丝软管 ⑤仔细清理
电弧不稳	①导电嘴内孔过大 ②导电嘴磨损过大 ③焊丝纠结 ④送丝轮沟槽磨耗太大 ⑤送丝轮压紧力不合适 ⑥焊机输出电压不稳定 ⑦送丝软管阻力大	①更换导电嘴 ②更换导电嘴 ③仔细解开 ④更换送丝轮 ⑤重新调整 ⑥检查整流元件和电缆接头 ⑦矫正弯曲、清理弹簧软管
蛇形焊道	①焊丝伸出长度过大 ②焊丝的校正机构调整不良 ③导电嘴磨损严重	①减少焊丝伸出长度 ②重新调整 ③更换新导电嘴

　　CO_2 气体保护焊的突出缺陷是飞溅较大，严重的飞溅不但恶化了工作环境，而且使焊件表面黏附大量飞溅物和堵塞喷嘴。当飞溅物颗粒较大时，黏附在焊件表面很难去除，对于焊后表面要求高的焊件十分不利。另一方面，喷嘴堵塞将破坏 CO_2 气体的保护效果。为了消除飞溅的影响，操作时可以使用飞溅防粘剂和焊接喷嘴防堵剂。飞溅防粘剂的型号为 S-1，这是一种水质溶液，焊前涂抹在接缝两侧 100～150mm 范围内。焊接时，大多数飞溅物都粘不上，能自动滚落下去，个别飞溅物虽残留在焊件上，但很容易被清除。S-1 飞溅防粘剂对焊缝金属的性能影响不大，焊后焊缝金属的化学成分和力学性能均能符合技术条件的要求。

喷嘴防堵剂的型号为 P-3，呈膏状，焊前涂在喷嘴内壁和导电嘴端面。焊接开始后，在电弧高温作用下，膏状物汽化，只剩下极薄的保护层。焊接一段时间后，在喷嘴内壁堆积的飞溅物形成一个渣壳，当渣壳达到一定厚度时，在重力作用下会自动脱落，喷嘴又恢复原状。每涂一次防堵剂可连续使用 4h。

九、钎焊

（一）钎焊的分类、质量及应用范围

（1）钎焊的分类

根据使用钎料的不同，钎焊一般分为：软钎焊和硬钎焊。

① 软钎焊——钎料液相线温度低于 450℃。

② 硬钎焊——钎料液相线温度高于 450℃。

（2）钎焊质量

钎焊质量除了与钎焊方法、钎料、钎剂（或保护气体）有关外，还在很大程度上取决于焊前的表面清理、接头间隙精度、焊后清洗等条件。

搭接接头间隙是影响钎缝致密性和接头强度的主要因素。

① 间隙太小，妨碍钎料流入；间隙过大，破坏钎缝的毛细作用，钎料不能填满间隙。

② 必要时采用负间隙（过盈配合），强度最大。

③ 异种材料钎焊时必须考虑两种不同材料的线胀系数对钎焊间隙的影响。

（3）应用范围

适合钎焊的同种和异种材料有碳钢、碳素工具钢、低合金钢、硬质合金、高速钢、铸铁、不锈钢、耐热合金、铝及铝合金、铸铝合金、钛及钛合金、银、陶瓷、陶瓷-金属、铝-铜等。

钎焊广泛用于制造铝换热器、铜换热器、大型板式换热器、夹层结构、硬质合金刀具、电真空器件、波导、飞机结构、火箭发动机部件等。

（二）常用材料的钎焊性及钎料、钎剂的选择

常用材料的钎焊性及钎料、钎剂的选择见表 6-66。

表 6-66　常用材料的钎焊性及钎料、钎剂的选择

材料		钎焊性		钎料	钎剂	备注
		硬钎焊	软钎焊			
碳钢、低合金结构钢		优	优	铜锌钎料（H62） 紫铜 银基钎料 锡铅钎料	硼砂或硼砂＋硼酸混合物 硼砂或保护气体钎焊剂 剂 104 氯化锌或加氯化铵水溶液	
碳素工具钢		良		H62 紫铜 银基钎料	硼砂或硼砂＋硼酸混合物 硼砂或保护气体钎焊剂 剂 102、剂 104	
高速钢和碳钢		良		高碳锰铁	硼砂	
硬质合金		良		H62、料 104 料 315	硼砂或硼砂＋硼酸混合物 剂 102	
铸铁		良		H62 银基钎料	硼砂或硼砂＋硼酸混合物 剂 102	
不锈钢	（18-8）	良	良	HLCuNi30-2-0.2 铜 银基钎料 镍基钎料 锰基钎料 锡基钎料	201 号 气体钎焊剂 剂 102、剂 104 201 号、气体或真空钎焊 磷酸水溶液、氯化锌 盐酸水溶液	

材料		钎焊性		钎料	钎剂	备注
		硬钎焊	软钎焊			
不锈钢	1Cr13	良		HLCuNi30-2-0.2 铜 银基钎料 镍基钎料 锰基钎料 锡基钎料	201号 气体钎焊剂 剂102、剂104 201号、气体或真空钎焊 磷酸水溶液、氯化锌 盐酸水溶液	
高温合金		良		银基钎料 铜 镍基钎料	剂102 保护气体或真空钎焊 保护气体或真空钎焊	
银		优	优	锰基钎料 锡基钎料	剂102、剂104 松香酒精溶液	
铜、黄铜、青铜		优	优	铜磷钎料 铜锌钎料 银基钎料 镉基钎料 铝基钎料 锡铅钎料	焊铜不用钎剂；铜合金用硼砂或硼砂+硼酸混合物 硼砂或硼砂+硼酸混合物 剂102、剂104 剂205 氯化锌水溶液 松香酒精溶液、氯化锌水溶液、氯化氨水溶液	
铝及铝合金	L2、LF21 LF1 — — LF2 — — — —	优	优	铝基钎料 料501 料607 料505 铝钎焊板 铝基钎料 料501 料502 料607 料505 铝钎焊板	剂201、剂206 刮擦法、剂203 剂204 剂202 浸沾钎剂1号、2号 剂201、剂202 刮擦法 剂203 剂204 剂202 浸沾钎剂1号、2号	真空钎焊不用钎剂
	LF5 LF6 LD2 LD5 LD6 LY12 LC4	差 良 良 困难 困难 差 差		铝基钎料 料402	剂201、剂206 浸沾钎剂1号、2号	注意防止过烧，建议用浸沾钎剂 不宜钎焊
铸铝合金	Al-Cu系 Al-Si系 Al-Mn系 Al-Zn系 压铸件	困难 困难 差 良 差		料505 料401、料505 铝基钎料	剂202 剂201、剂202 剂201、剂206	容易过烧 润湿性差 表面氧化 母材起泡
钛和钛合金		良		Ag-5Al-0.5Mn Ti-15Cu-15Ni Al-1.2Mn	真空或气体保护钎焊 真空氩气保护钎焊	接头塑性差
金刚石和钢				料104、H62	硼砂	防止裂纹
铝和铜				90Sn-10Zn 99Zn-1Pb	剂203 松香酒精浸沾钎焊	
陶瓷和金属				72Ag-28Cu+Ti粉	真空或气体保护钎焊	陶瓷金属化后钎焊

（三）不同钎焊方法的主要特点

（1）热源及性质

热源及性质见表6-67。

表 6-67　热源及性质

类别	说　明
烙铁钎焊	温度低
火焰钎焊	设备简单，通用性好，生产率低，要求操作技能高
电阻钎焊	加热快，生产率高，操作技术容易掌握
感应钎焊	加热快，生产率高，可局部加热，零碎件变形小，接头洁净，受零碎件大小限制
浸沾钎焊	加热快，生产率高，当设备能力大时，可同时焊多件
炉中钎焊	炉内气可控。炉温控制准确，焊件整体加热，变形小，可同时焊多件、多缝，适于大量生产，成本低。焊件尺寸受炉大小限制

（2）不同钎焊方法的特点

不同钎焊方法的主要特点见表 6-68。

表 6-68　不同钎焊方法的主要特点

类别	说　明
烙铁钎焊	①适用于钎焊温度低于 300℃ 的软钎焊（用锡—铅或锡基钎料）； ②钎焊薄件、小件，需用钎剂
火焰钎焊	①适于钎焊某些受焊件形式、尺寸及设备等限制，不能用真石方法钎焊的焊件； ②可用火焰自动钎焊； ③可焊钢、不锈钢、硬质合金、铸铁、铜、银、铝等及其合金； ④常用钎料有铜锌、铜磷、银基、铝基及锌铝钎料
电阻钎焊	①可在焊件上接通低电压，在焊件上产生电阻热，也可用碳电极通电，产生电阻热，间接加热焊件； ②钎焊接头面积小于 380mm² 时，经济效果好； ③特别适于某些不宜整体加热的焊件； ④最宜焊铜，使用铜磷钎料可不用钎剂，也可焊铜合金、银、钢、硬质合金等； ⑤使用的钎料有铜锌、铜磷、银基，常用于钎焊刀具、导线端头等
感应钎焊	①钎料需预置，一般需用钎剂或用保护气体真空钎焊； ②加热时间短，宜采用熔化温度范围小的钎料； ③适用于铝、镁外的各种材料及异种材料钎焊，特别是焊接形状对称的管接头； ④钎焊异种材料时，应考虑不同磁性及线胀系数的影响； ⑤常用的钎料有银基、铜基
浸沾钎焊	①在熔融钎料槽内浸沾钎焊，软钎焊用于钎焊铜、铜合金，特别适用于钎缝多的复杂焊件，如换热器、电枢导线等；硬钎焊主要用于焊小件，缺点是钎料消耗量大； ②在熔盐槽中钎焊，焊件需预置钎料和钎剂，浸入熔盐中，在熔盐中钎焊； ③所有熔盐不仅起到钎剂的作用，而且能在钎焊同时向焊件渗碳、渗氮； ④适于焊铜、钢、铝及铝合金，使用铜基、银基、铝基钎料
炉中钎焊	①在空气中钎焊，软钎料钎焊钢、铜合金，铝基钎料钎焊铝合金；虽用钎剂，焊件氧化仍很严重，故较少应用； ②在还原气体如氢、分解氨的保护气体中，不需焊剂，可用铜基、银基钎料钎焊钢、不锈钢、无氧铜等； ③在惰性气体如氩的保护气氛中，不用钎剂，可用含锂的银铜钎料钎焊钢、不锈钢，银铜钎料焊铜镍（或少用钎剂），以银基钎料焊钢，铜基钎料焊不锈钢；使用钎剂时，可用镍基钎料焊不锈钢、高温合金、钛合金； ④在真空炉中钎焊，不需钎剂，以铜基、镍基钎料焊不锈钢、高温合金（尤以钛、铝含量高的高温合金为宜）；用银铜钎料焊铜合金、镍合金、银合金、钛合金；用铝基钎料焊铝合金、钛合金

（四）焊接工艺

（1）材料钎焊性

① 低合金结构钢焊件在调质热处理后钎焊，宜用熔点低的钎料，以免焊件软化。

② 高碳钢焊件，如果钎焊后需进行热处理，宜用铜钎料（固相线 1083℃，而一般渗碳或淬火温度很少大于 940℃），也可用固相线比热处理温度高的黄铜钎料。钎焊和热处理两工序同时进行。

③ 可锻铸铁、球墨铸铁比灰铸铁更容易钎焊。可锻铸铁中碳、硅含量少，石墨呈团絮状。铸铁钎焊前，允许清除待焊面上的石墨。

④ 不锈钢钎焊时，应考虑焊件的工作温度。低于 230℃用铜钎料，不能用铜锌、铜磷钎料，防止开裂；低于 70℃用银钎料；低于 600℃用铜镍钎料、锰基钎料；低于 900℃用镍基钎料。

⑤ 铜及铜合金（除磷脱氧铜、无氧铜外）不能在氢气中钎焊；黄铜（含锌25%～40%）不应在氨气中钎焊，以免产生裂纹；含铅量小于 3% 的铅黄铜、磷青铜钎焊前，应加热消除应力，并避免产生应力集中；白铜（含镍量大于 20%）易产生应力裂纹，除进行消应力处理外，焊前预热，冷却应均匀缓慢，可用不含磷的银钎料；含铅量大于 5% 的铅黄铜，不能硬钎焊；铝青铜（含铝量不大于 8%）可用低熔点高银钎料钎焊；铍青铜（含镍量大于 30% 的白铜）不能用铜磷钎料钎焊。

⑥ 铝及铝合金，一般均可钎焊，但应注意以下几点：含镁较高的防锈铝 LF5、LF6 其润湿性差；熔点较高的高强度硬铝（如 LC4、LY12）极易过烧，难钎焊；铸造铝合金，因气孔多，不能钎焊。

⑦ 锡和铜硬钎焊时，将产生低熔点的脆性共晶。

⑧ 钎焊不锈钢、镍基合金时，也可能产生应力裂纹。

⑨ 钢及钛、可伐合金、镍、蒙乃尔、高温合金等材料的钎焊时，可先覆铝（浸熔于铝中），然后和铝硬钎焊（用铝基钎料），但钎焊时间要短，防止产生脆性物。

（2）影响润湿性的因素

① 钎料和母材成分：当液态钎料与母材在液态下不发生作用时，它们之间的润湿性较差。

② 钎焊温度：钎焊温度增高，有利于提高钎料对母材的润湿性，但温度过高，会发生钎料流失现象。

③ 金属表面的氧化物：金属表面的氧化物的存在，会妨碍钎料的原子与母材接触，使液态钎料团聚成球状，这是一种不润湿现象。

④ 母材表面的状态：钎料在粗糙表面的润湿性比在光滑表面要好，因为纵槽交错的沟槽，对液体钎料起着特殊的毛细作用，促进了钎料沿钎焊表面的流动。

（3）钎料与钎剂的工艺性

① 钎料。

a. 钎料的熔点：应低于钎焊金属的熔点，在高温下工作的零件，钎料的熔点应高于工作温度。

b. 钎料的润湿能力：熔融的钎料应能很好地润湿金属，并容易在金属表面漫流。

c. 扩散和溶解的能力：钎料要有和母材相互扩散和溶解的能力，以获得牢固的接头。

d. 钎料的成分：钎料中不应含有对母材有害的成分（如用铜磷合金钎焊钢就不合适）或容易形成气孔的成分。

e. 钎料物理性质：尽可能与母材相似。

f. 抗氧化性：钎料金属应不易被氧化，或形成氧化物后容易除去。

g. 经济性：钎料成分中一般不应选用稀有和昂贵的原材料。

② 钎剂。

钎焊时钎剂起着如下所述的重要作用：

a. 减小钎料的表面张力，改善钎料对钎焊金属的润湿性。

b. 净化钎焊金属表面。

c. 溶解液态钎料表面的氧化物。

d. 在钎焊过程中保护母材和熔融的钎料不被氧化。

e. 钎剂作为电解液，使钎料的润湿性得到显著改善。

由于钎剂应具有上述作用，对钎剂要求如下：

a. 钎剂的熔化温度应低于钎料的熔化温度，钎剂的蒸发温度则比钎料的熔化温度高。

b. 钎剂应能很好地溶解氧化物，或与氧化物形成易熔化合物。

c. 在钎焊温度下，钎剂应有良好的流动性，使其容易均匀地在钎焊表面流动，但流动不宜过大，以免流失。

d. 钎剂最易溶解氧化物和其他化合物的温度，应比钎料的熔化温度稍低些。

e. 钎剂及其分解物不应与钎焊金属和钎料发生有害的化学作用。

f. 钎剂应形成一层均匀的覆盖层，以防止钎缝金属的继续氧化。

g. 钎剂及其分解物的密度尽可能小，以便于浮在钎缝表面，不致形成夹杂物。

h. 钎剂的残渣有腐蚀作用（松香除外），因此，钎焊后钎剂的残渣应容易除去。

i. 钎剂对金属不应有腐蚀作用，在钎焊过程中不应放出有害气体。

（4）钎料和钎剂的应用

① 钎料。

a. 钎料通常制成丝状、箔状及粉末状等，也可制成双金属钎料片。一般根据零件形状、生产量的多少而定。

b. 除火焰钎焊和电弧钎焊外，钎料和钎剂要放在接头里面或尽可能靠近接头。

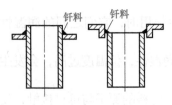

图 6-73　钎料的放置示意

c. 如果必要，在装配和加热时，应备有放钎料的槽或其他衬托，如图 6-73 所示。

② 钎剂。

a. 粉末状钎剂常用调和剂制成膏状，涂刷或挤敷在连接的接缝部位。

b. 钎焊小焊件时，钎剂可用眼药滴管或注射器针管挤敷；大焊件则采用喷涂、刷涂或浸沾方法。

第七章

矫正

　　矫正是消除材料或制件的弯曲、扭曲、波浪形和凹凸不平等缺陷的一种加工方法。根据矫正时材料的温度可分为冷矫和热矫两种：前者是在常温下进行的，适用于变形较小、塑性较好的钢材；后者是将钢材加热到 700 ～ 1000℃进行的，适用于变形严重、塑性较差的钢材。根据作用外力的来源与性质可分为手工矫正、机械矫正和火焰矫正三种。

第一节　常用矫正方法

一、手工矫正

　　常用手工矫正的矫正力小，劳动强度大，效率低，所以适用于尺寸较小、塑性较好的钢材。常用手工矫正方法见表 7-1。

表 7-1　常用手工矫正方法

变形	图示	矫正方法
薄板		
纵向波浪形	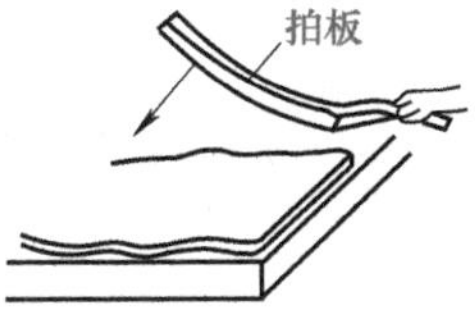 拍板	用拍板抽打，只适用于初矫；此法也适用于有色金属变形的矫正
不规则变形	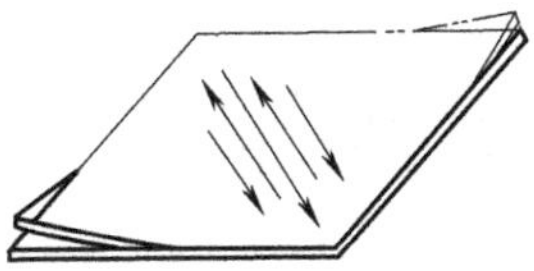	薄板发生扭曲等不规则变形（如对角翘起），则应沿另一没有翘起的对角线进行锤击，使其延伸而矫平

続表

变形	图示	矫正方法
中间凸起		矫正时锤击板的四周，由凸起的周围开始，逐渐向四周锤击，越往边锤击的密度应越大，锤击力也越大，使薄板四周的纤维伸长。矫正薄钢板，可选用手锤或木槌；矫正合金钢板，应用木槌或紫铜锤。若薄板表面相邻处有几个凸起处，则应先在凸起的交界处轻轻锤击，使若干个凸起处合并成一个，然后再锤击四周而展平
边缘波浪形		矫正时应从四周向中间逐步锤击，且锤击点的密度向中间应逐渐增加，锤击力也越大，使中间处的纤维伸长而矫平
厚板		
—		由于厚板的刚性较好，可直接垂击凸处，使凸处的纤维受压缩短而矫平
扁钢		
立弯	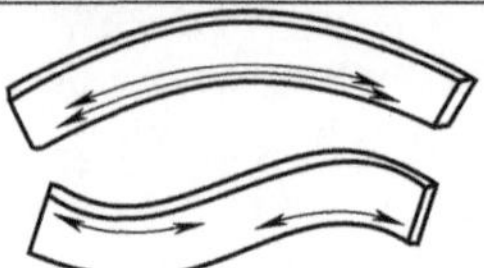 (a) 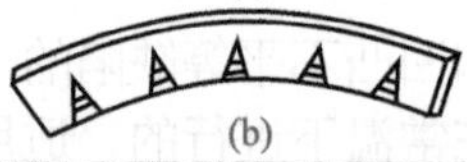 (b)	如图（a）所示，当扁钢在厚度方向弯曲时，应将扁钢的凸起向上，锤击凸处就可以矫平。当扁钢在宽度方向弯曲时，说明扁钢的内层纤维比外层短，所以用锤依次锤击扁钢的内层。在内层的三角形区域内进行锤击，如图（b）所示，使其延伸而矫平
扭曲	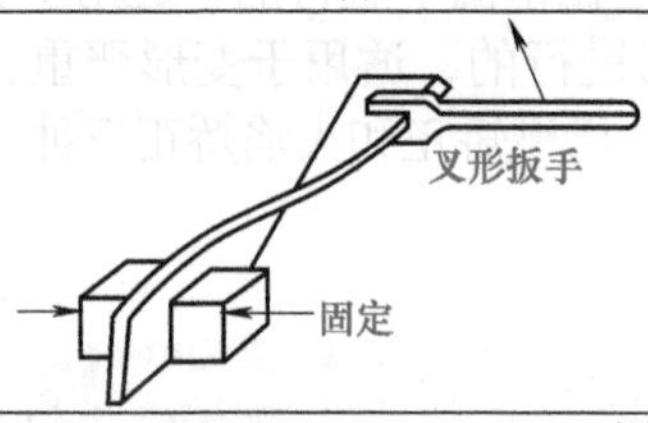 叉形扳手 固定	将扁钢的一端用虎钳夹住，用叉形扳手夹持另一端反方向扭转，扭曲变形消除后，再用锤击法矫平。扭曲轻微时，也可以直接锤击矫正。锤击时将扁钢斜置于平台上，使平的部分搁置在台面上，而扭曲翘起的部分伸出平台之外，用锤锤击稍离平台边外向上翘起的部分，锤击点离台边的距离约为板厚的2倍，慢慢使工件往平台移动，然后翻转180°再进行同样的矫正，直至矫平
圆钢或钢管		
弧弯变形	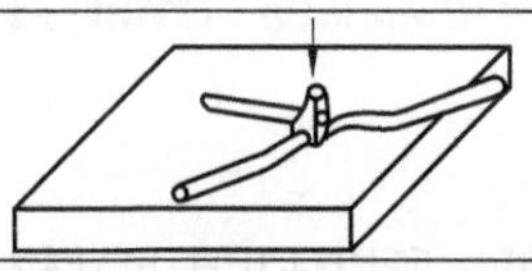	圆钢或钢管材料弧弯变形，矫正时，应使凸处向上，用锤锤击凸处，使其反向弯曲而矫直。对于外形要求较高的圆钢，矫正时可选用合适的摔锤置于圆钢的凸处，然后锤击摔锤的顶部
角钢		
外弯	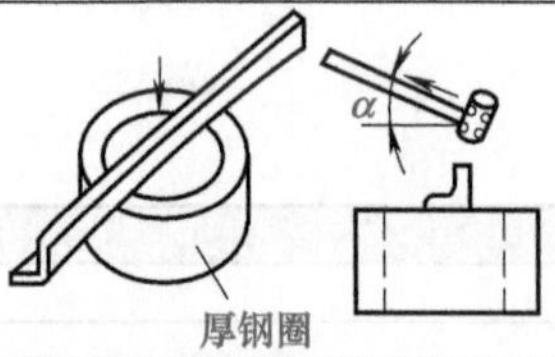 厚钢圈	角钢应平放在钢圈上，锤击时为了不致使角钢翻转，锤柄应稍微抬高或放低5°左右。在锤击的瞬间，除用力打击外，还捎带有向内拉（锤柄后手抬高时）或向外推的力（锤柄后手放低时），具体视锤击者所站立的位置而定
内弯	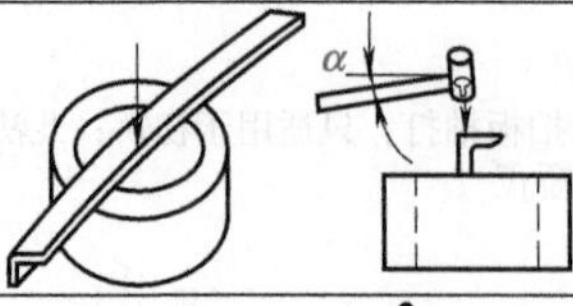	将角钢背面朝上立放，然后锤击矫正。同样，为了不使角钢打翻，锤击时锤柄后手高度也应略做调整（约5°），并在打击瞬间捎带拉或推
扭曲	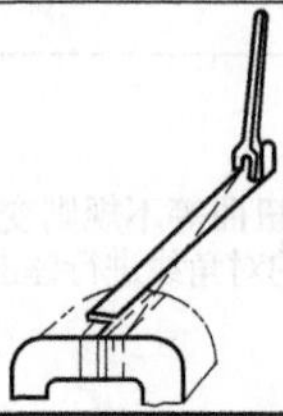	将角钢一端用虎钳夹持，用扳手夹持另一端并做反向扭转。待扭曲变形消除后，再用锤击进行修整（也可以采用矫正扁钢扭曲的锤击法来矫正）

变形	图示	矫正方法
角变形	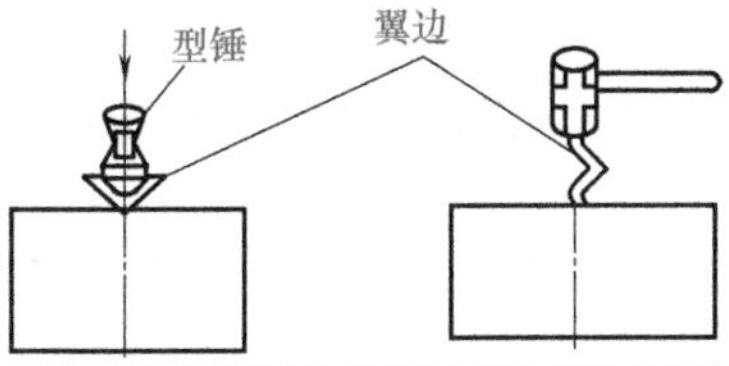	角钢角变形方法，具体操作方法如下： ①锤击翼边或用型锤扩张翼边。 ②角钢角变形小于90°时，应将角钢仰放于平台上，然后在角钢的内侧垫上型锤后锤击，使其角度扩大。 ③角钢的角变形大于90°时，应将其置于V形槽铁内，用大锤打击外倾部分；或将角钢边斜立于平台上，用大锤锤击，使其夹角变小
复合变形	—	角钢同时出现几种变形时，应先矫正变形较大的部位，然后矫正变形较小的部位，如角钢既有弯曲变形又有扭曲变形，应先矫正扭曲，再矫正弯曲

槽钢

变形	图示	矫正方法
弯曲	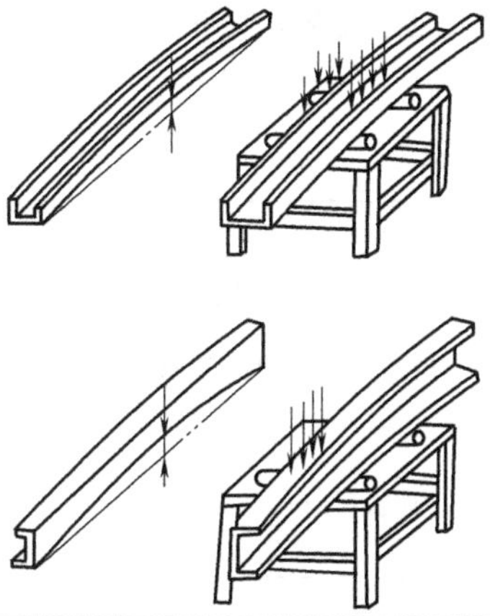	矫正槽钢立弯（腹板方向弯曲）时，可将槽钢置于用两根平行圆钢组成的简易矫正台上，并使凸部向上，用大锤锤击（锤击点应选择在腹板处）。矫正槽钢旁弯（翼板方向弯曲）时，可同样用大锤锤击翼板材
扭曲变形	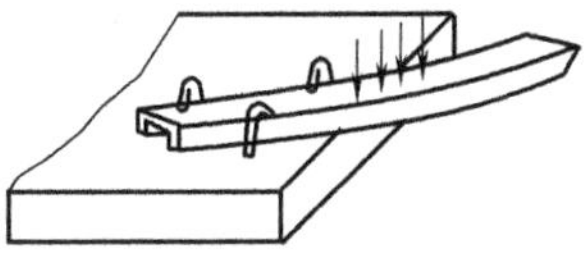	一般扭曲可用冷矫，扭曲严重时需加热矫。矫正时可将槽钢斜置在平台上，使扭曲翘起的部分伸出平台外，然后用大锤或卡子将槽钢压住，锤击伸出平台部分翘起的一边，边锤击边使槽钢向平台移动，然后再调头进行同样的锤击，直至矫直
翼板变形	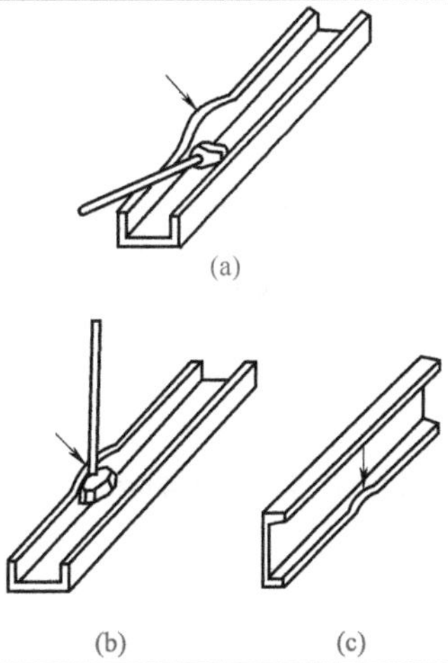	槽钢翼板有局部变形时，可用一个锤子垂直抵住［如图（a）所示］或横向抵住［如图（b）所示］翼板凸起部位，用另一个锤子锤击翼板凸处。当翼板有局部凹陷时，也可将翼板平放［如图（c）所示］锤击凸起处，直接矫平

工字钢及罩壳

变形	图示	矫正方法
工字钢旁弯变形矫正	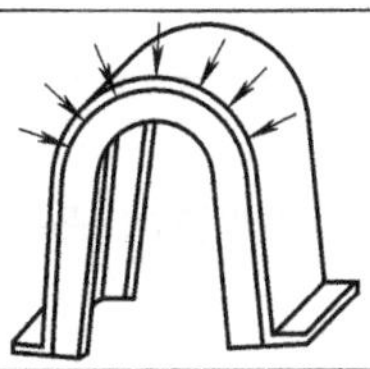	用弯轨器矫正弯曲处凸部

变形	图示	矫正方法
罩壳焊后尺寸变大矫正	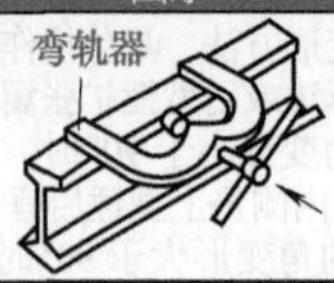 弯轨器	锤击焊缝，使焊缝伸长而实现矫正

二、机械矫正

钢材或制件的机械矫正是在外力作用下使材质产生过量的塑性变形，以达到平直的目的，它适用于尺寸较大、塑性较好的钢材制件。当钢材变形既有扭曲又有弯曲时，应先矫正扭曲后矫正弯曲；当槽钢变形既有旁弯又有上拱时，应先矫正上拱后矫正旁弯。

（1）机械矫正相关机器及适用范围（表7-2）

表7-2　钢材或制件的机械矫正相关机器及适用范围

矫正方法	图示	适用范围
拉伸机		薄板、型钢的扭曲，管材、扁钢和线材的弯曲
平板机	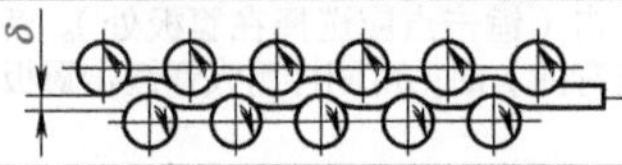	薄板弯曲及波浪形变形
	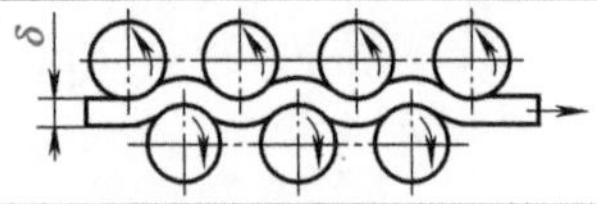	中厚板弯曲
压力机	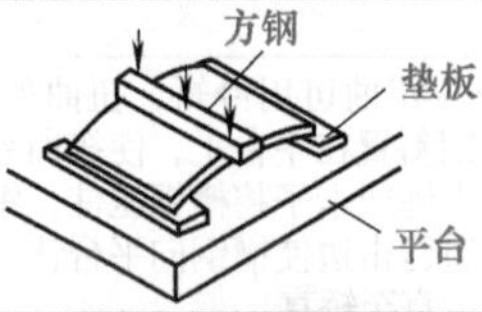 方钢　垫板　平台 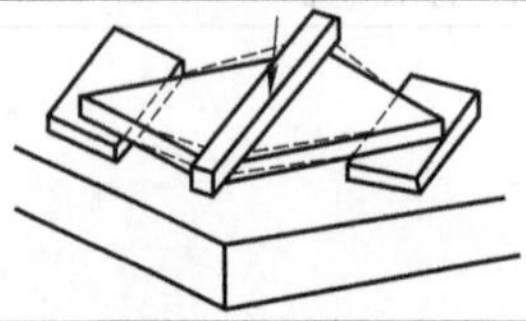	板材、管子和型钢的局部矫正
	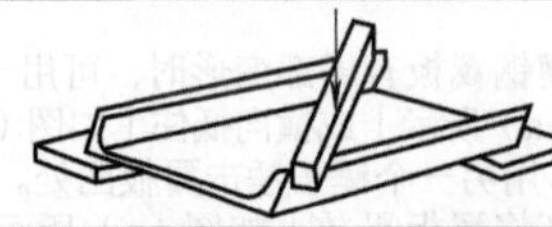	型钢扭曲的矫正
	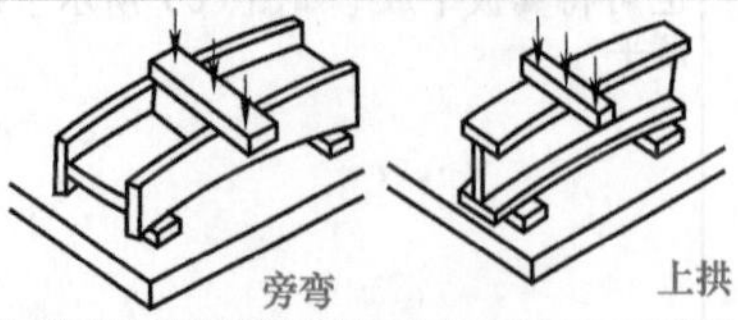 旁弯　上拱	工字钢、箱形梁的旁弯和上拱
	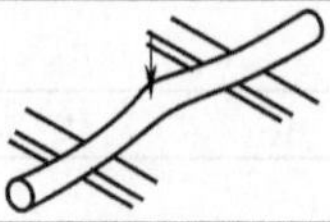	钢管、圆钢的弯曲
卷板机	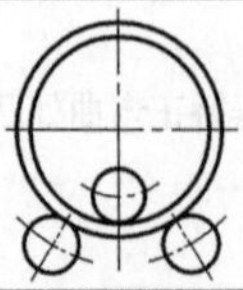	钢板拼接在焊缝处凹凸等缺陷矫正

矫正方法	图示	适用范围
多辊矫正机		薄壁管和圆钢
	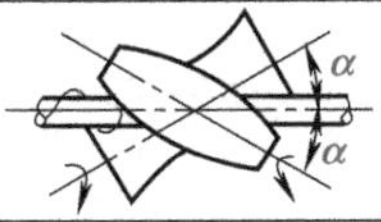	厚壁管和圆钢
撑直机		圆钢的弯曲
	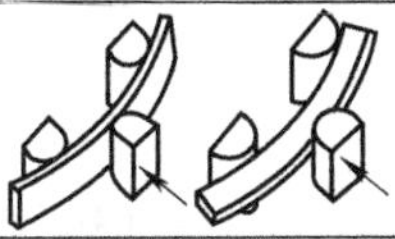	较长而窄的钢板弯曲及旁弯
		槽钢、工字钢等上拱及旁弯的矫正
型钢矫正机	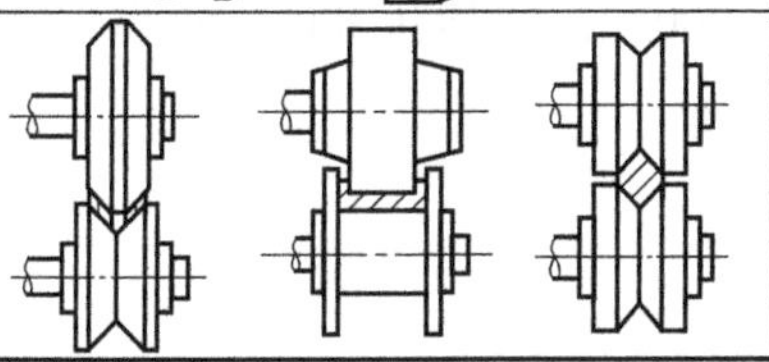	角钢、槽钢和方钢的弯曲变形矫正

（2）其他常用机械矫正法

其他常用机械矫正法见表 7-3。

表 7-3　其他常用机械矫正法

类别	说　明
用液压机矫正厚板	厚板矫正可用液压机进行。在工件凸起处施加压力，使材料内应力超过屈服极限，产生塑性变形，从而纠正原有变形。但应适当采用矫枉过正的方法，因为在矫正时材料由塑性变形而获得平整，但在卸载后还是有部分弹性恢复，如图 7-1 所示。 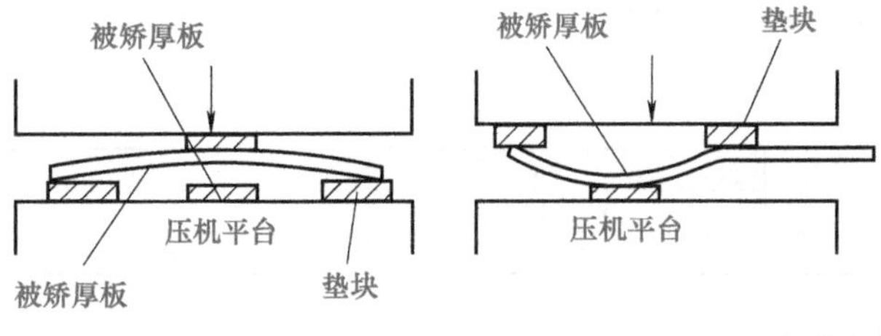 被矫厚板　　垫块 压机平台 被矫厚板　　垫块 压机平台 图 7-1　用液压机矫正厚板
用滚板机矫正板料	用滚板机矫正板料时，厚板辊少，薄板辊多，上辊双数，下辊单数，如图 7-2（a）所示。矫正厚度相同的小块板料，可放在一块大面积的厚板上同时滚压多次，并翻转工件，直至矫平，如图 7-2（b）所示 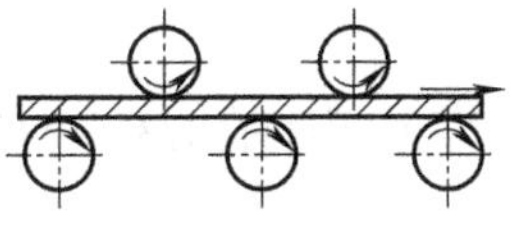 (a) 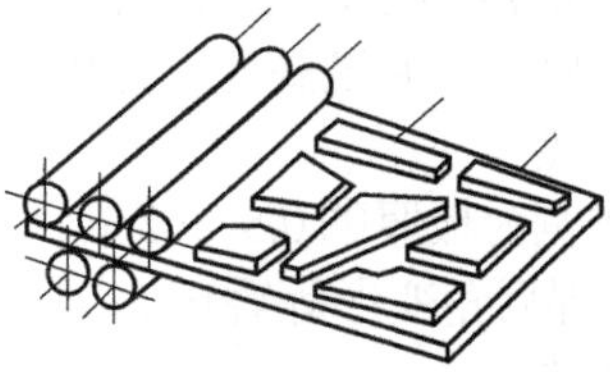　　　　　　(b) 图 7-2　用滚板机矫正板料

类别	说　明
用三辊滚圆机矫正板料	用三辊滚圆机矫正板料（图 7-3）是通过材料反复弯曲变形而使应力均匀，从而提高板料的平正度 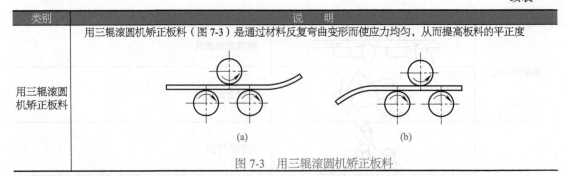 （a）　　　　　　　　　（b）

图 7-3　用三辊滚圆机矫正板料

三、火焰矫正

钢材或制件的火焰矫正是利用火焰对材质局部加热时，被加热处金属由于膨胀受阻而产生压缩塑性变形，使较长的金属纤维冷却后缩短达到矫正的目的，它适用于变形严重、塑性变形好的材料。加热温度随材质而不同，低碳钢和普通低合金结构钢制件采用 $600 \sim 800℃$ 的加热温度，厚钢板和变形较小的可取 $600 \sim 700℃$，严禁在 $300 \sim 500℃$ 时矫正，以防脆裂。

（一）钢材表面颜色及其相应温度

钢材表面颜色及其相应温度见表 7-4。

表 7-4　钢材表面颜色及其相应温度（在暗处观察）

颜色	温度 /℃	颜色	温度 /℃
深褐红色	$550 \sim 580$	亮樱红色	$830 \sim 900$
褐红色	$580 \sim 650$	橘黄色	$900 \sim 1050$
暗樱红色	$650 \sim 730$	暗黄色	$1050 \sim 1150$
深樱红色	$730 \sim 770$	亮黄色	$1150 \sim 1250$
樱红色	$770 \sim 800$	白黄色	$1250 \sim 1300$
浅樱红色	$800 \sim 830$		

（二）点状加热有关参数

点状加热有关参数见表 7-5。

表 7-5　点状加热有关参数

板厚 /mm	加热点直径 /mm	加热点间距 /mm	加热温度 /℃
≤ 3	$8 \sim 10$	50	$300 \sim 500$
> 4	> 10	100	$500 \sim 700$

（三）火焰加热方式

（1）点状加热

变形大，加热点距小，加热点直径适当大些；板薄，加热温度低些。反之，则点距大些，点径小些；板厚，温度高些。适用于薄板凹凸不平、钢管弯曲等矫正。

（2）线状加热

一般加热线宽为板厚的 $0.5 \sim 2$ 倍，加热深度为板厚的 $1/3 \sim 1/2$。适用于中厚板的弯曲、T 字梁、工字梁焊后角变形等矫正。

（3）三角加热

加热高度与底部宽为型材高度的 $1/5 \sim 2/3$。适用于变形严重、刚性较大的构件变形的矫正。

在实际矫正工作中，常在加热后用水急冷加热区，以加速金属的收缩，它与单纯的火焰矫正法相比，功效可提高三倍以上，这种方法又称水火矫正法。当矫正厚度为 2mm 的低碳钢板时，加热温度一般不超过 600℃，此时水火之间距离 L 应小些；当矫正厚度为 4～6mm 的钢板时，加热温度应取 600～800℃，水火之间距离 L 为 25～30mm。当矫正具有淬硬倾向的钢板（如普通低合金钢板）时，应把水火距离 L 拉得大些。不过，此法有一定的局限性，当矫正厚度大于 8mm 钢板时一般不采用，以免产生较大的应力；对淬硬倾向较大的材料（如 12 钼铝钒钢）就不能采用。

（四）几种常见的钢制件的火焰矫正方法及说明

几种常见的钢制件的火焰矫正方法及说明见表 7-6。

表 7-6　钢制件的火焰矫正方法及说明

变形	图示	矫正方法
薄钢板		
中间凸起	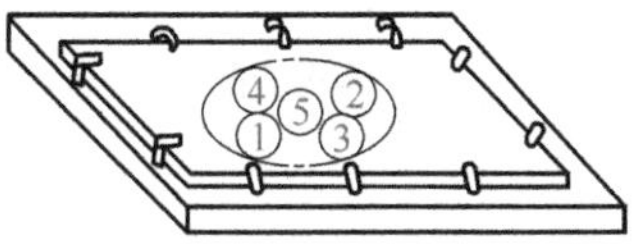 (a) 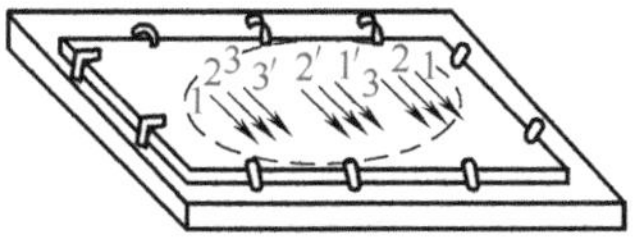 (b)	中间凸起较小，用点状加热，加热顺序如图（a）（b）中数字所示。中间凸起较大，用线状加热，加热顺序从两侧向中间围拢
边缘呈波浪形	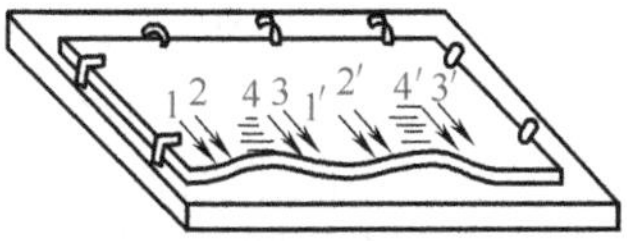	波浪形变形，用线状加热，加热顺序从两侧向凸起处围拢。如一次加热不能矫平则进行二次矫正
局部弯曲变形	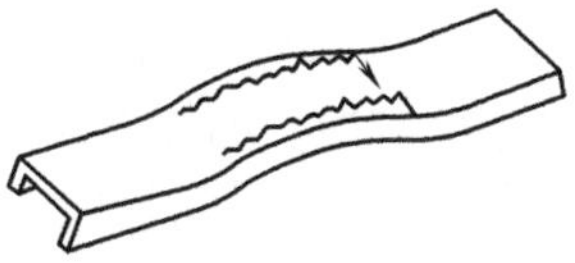	在两翼板处同时向一个方向做线状加热，加热宽度按变形程度大小而定
型钢		
上拱	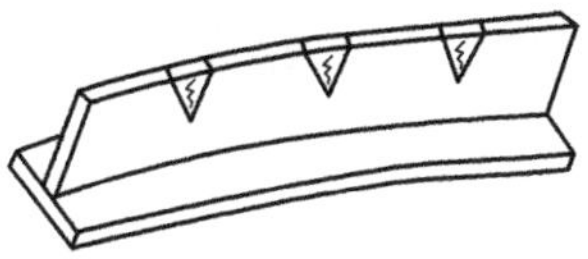	在垂直立板凸起处进行三角形状加热矫正
旁弯	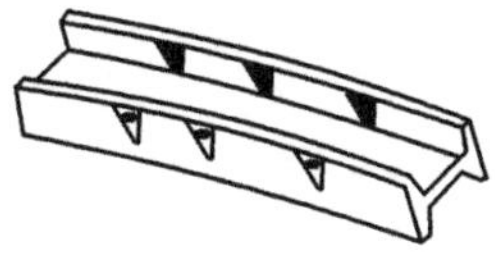	在翼板凸起处进行三角形状加热矫正
钢管		
局部弯曲	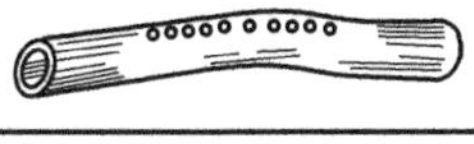	在钢管凸起处进行点状加热，加热速度要快

变形	图示	矫正方法
	焊接梁	
角变形	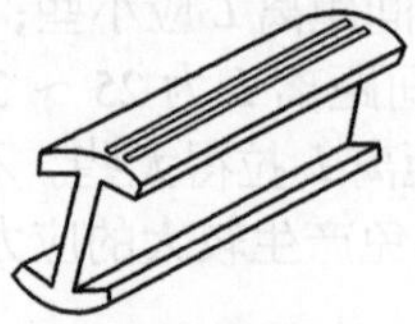	在凸起处进行线状加热，若板厚，可在两条焊缝背面同时加热矫正
上拱		在上拱翼板上用线状加热，在腹板上用三角形状加热矫正
旁弯	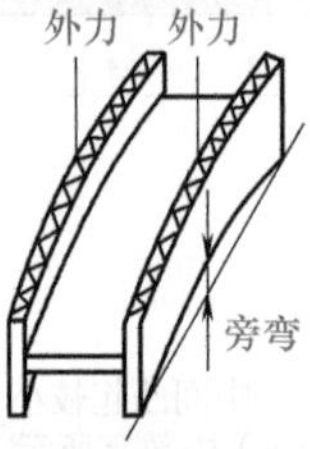	在两翼板凸起处同时进行线状加热，并附加外力矫正

四、高频热点矫正

高频热点矫正是在火焰矫正的基础上发展起来的一种新工艺。用它可以矫正任何钢材的变形，尤其对一些尺寸较大、形状复杂的工件效果更显著。

高频热点矫正法的原理和火焰矫正相同，所不同的是热源不用火焰而是用高频感应加热。当用交流电通入高频感应圈后；感应圈随即产生交变磁场。当感应圈靠近钢材时，由于交变磁场的作用，使钢材内部产生感应电流，由于钢材电阻的热效应而发热，使温度立即升高，从而进行加热矫正。因此，用高频热点矫正时，加热位置的选择与矫正相同。

加热区域的大小取决于感应圈的形状和尺寸，而感应圈的形状和尺寸又取决于工件的形状和大小。感应圈一般不宜过大，否则因加热速度减慢、加热面积增大而影响矫正的效果和质量。加热时间应根据工件变形大小而定，变形大，则时间长些，一般为 $4 \sim 5s$，温度约 800℃ 左右。感应圈采用 6mm × 6mm 紫铜管，制成宽 $5 \sim 20mm$、长 $20 \sim 40mm$ 的矩形，感应圈内应通水冷却。

高频热点矫正与火焰矫正相比，不但效果显著，生产率高，而且操作简单，使用安全，不易发生火灾。

第二节 矫正偏差

矫正后的工件一般应符合下列要求。

一、平板表面翘曲度

平板表面翘曲度见表 7-7。

表 7-7 平板表面翘曲度

平板厚度 /mm	3 ~ 5	6 ~ 8	9 ~ 11	> 12
允许翘曲度 / (mm/m)	≤ 3.0	≤ 2.5	≤ 2.0	≤ 1.5

二、钢材矫正后的允许偏差

钢材矫正后的允许偏差见表 7-8。

表 7-8 钢材矫正后的允许偏差

偏差名称		图示	允许偏差
钢板	局部平面度	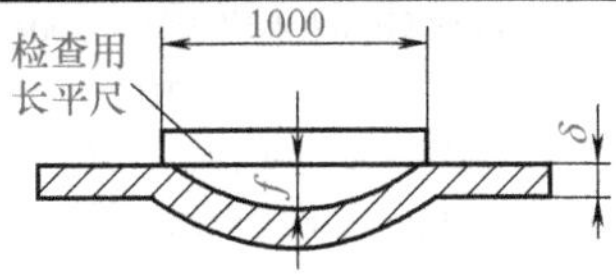 检查用长平尺 1000 δ f	在 1m 范围内： $\delta \leq 14$，$f \leq 2$； $\delta > 14$，$f \leq 1$
角钢	局部波状及平面度	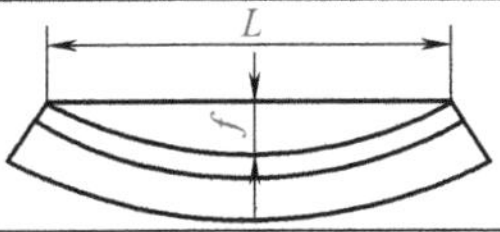 L f	全长直线度 $f < 0.001L$ 且局部波状及平面度在 1m 长度内不超过 2mm
		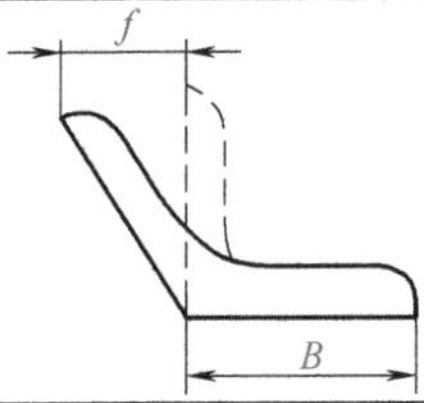 f B	$f < 0.01B$，但不大于 1.5mm（不等边角钢按长腿宽度计算），且局部波状及平面度在 1m 长度内不超过 2mm
槽钢和工字钢	直线度	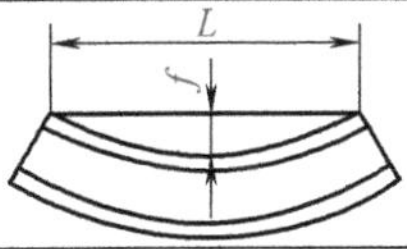 L f	全长直线度 $f < 0.0015L$ 且局部波状及平面度在 1m 长度内不超过 2mm
	歪扭	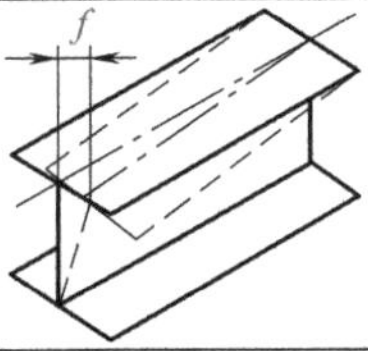 f	歪扭： $L < 10000$mm，$f < 3$mm； $L \geq 10000$mm，$f < 5$mm。 局部波状及平面度在 1m 长度内不超过 2mm
		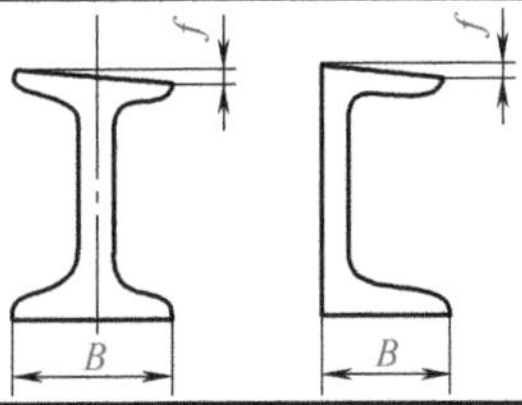 f f B B	$f \leq 0.01B$，且局部波状及平面度在 1m 长度内不超过 2mm

参考文献

［1］ 机械工业职业技能鉴定指导中心．高级冷作工技术［M］．北京：机械工业出版社，2000.
［2］ 钣金冲压工艺手册编委会．钣金冲压工艺手册［M］．北京：国防工业出版社，1985.
［3］ 杨玉杰．钣金展开200例［M］．北京：机械工业出版社，2004.
［4］ 章飞．钣金工展开与加工工艺［M］．北京：机械工业出版社，1993.
［5］ 高忠民．钣金工基本技术［M］．北京：金盾出版社，1998.
［6］ 梁绍华．新编钣金展开计算实用手册［M］．北京：机械工业出版社，2003.
［7］ 梁绍华，梁继舟．钣金工放样技术基础.2版［M］．北京：机械工业出版社，2010.
［8］ 周宇辉．钣金工简明用手册［M］．南京：江苏科学技术出版社，2008.
［9］ 翟洪绪，翟纯雷．实用钣金展开计算法［M］．北京：化学工业出版社，2000.
［10］ 黄鸿根．新编实用钣金展开300［M］．福州：福建科学技术出版社，2006.
［11］ 刘光启．钣金工速查速算手册［M］．北京：化学工业出版社，2010.
［12］ 苏仁，马德成．实用钣金工手册［M］．北京：航空工业出版社，1995.
［13］ 杨玉英．实用冲压工艺及模具设计手册［M］．北京：机械工业出版社，2004.